FLORE
MYCOLOGIQUE
DE LA FRANCE
ET DES PAYS LIMITROPHES

PAR

LUCIEN QUÉLET

PRÉSIDENT HONORAIRE DE LA SOCIÉTÉ MYCOLOGIQUE DE FRANCE
LAURÉAT DE L'INSTITUT

Cousin la Couvertrie

PARIS

OCTAVE DOIN, ÉDITEUR
8, PLACE DE L'ODÉON, 8

1888

FLORE MYCOLOGIQUE

DE LA FRANCE

ET DES PAYS LIMITROPHES

FLORE
MYCOLOGIQUE
DE LA FRANCE
ET DES PAYS LIMITROPHES

PAR

LUCIEN QUÉLET

PRÉSIDENT HONORAIRE DE LA SOCIÉTÉ MYCOLOGIQUE DE FRANCE
LAURÉAT DE L'INSTITUT

PARIS
OCTAVE DOIN, ÉDITEUR
8, PLACE DE L'ODÉON, 8

1888

INTRODUCTION

La *classification* est d'une importance capitale en mycologie : c'est grâce à elle que le naturaliste parvient à se diriger sûrement dans le dédale compliqué des espèces fongiques, si nombreuses et si variables. Déterminer l'espèce ou la distinguer de ses voisines par des caractères différentiels certains, lui assigner le nom qui lui convient le mieux, et la ranger, d'après son affinité, à côté de ses congénères, tel est le but qu'elle s'efforce d'atteindre. Source et point de départ des progrès de tout ordre, anatomique, physiologique, descriptif et même économique, elle répond à une nécessité primordiale : sans elle, nous n'aurions des êtres vivants qu'une vue trouble et confuse; égarés au milieu d'un chaos inextricable, nous ne pourrions recueillir et transmettre le fruit de nos observations.

La forme et le volume du peridium ou hyménophore, ainsi que le relief de l'hymenium ou thalamium, furent longtemps — depuis l'antiquité grecque jusqu'à nos jours — la seule base de classification des champignons. Telle était, à l'époque de leur étude initiale, celle d'Hermolaus, en 1526, qui les groupait ainsi : 1. *Fungi ovati*, 2. *digi-*

telli, 3. *spongioli*, 4. *porriginosi*, 5. *pezicæ*, 6. *prunuli*, *spinuli* et *cardeoli*, 7. *laciniæ*, 8. *igniarii*; et celle de Tournefort, en 1709, encore plus imparfaite : 1. *fungus*, 2. *fungoides*, 3. *boletus*, 4. *lycoperdon*, 5. *agaricus*, 6. *coralloides*, 7. *tuber*.

Micheli, en 1729, puis Bulliard, en 1780, poursuivant avec éclat les travaux des botanistes des XVIe et XVIIe siècles, jetèrent les fondements de la vraie mycologie. La première *taxinomie* digne de ce nom fut établie par Persoon[1], puis modifiée par Link et par Nees[2] et excellemment améliorée par Fries[3]. A l'instar de celle des plantes, elle était *contre-évolutionniste* et descendait des genres les plus parfaits aux plus simples, d'*Amanita* à *Corticium*. Les observations micrographiques de Corda et celles, plus exactes et plus heureuses, de Léveillé[4] dévoilèrent la structure de l'hymenium, conquête inappréciable qui donna à la méthode une base plus scientifique. Enfin, René Tulasne[5] reconnut la *polymorphie* des organes reproducteurs ainsi que les *métamorphoses* et le *parasitisme alternant* ou *hétérœcie* de certains champignons. Fries avait soupçonné, Léveillé avait préparé cette découverte féconde qui, en éclairant d'une vive lumière les points les plus obscurs, transforma et simplifia la mycologie qu'elle parut alors bouleverser de fond en comble.

Tandis que les progrès de la flore et de l'organographie s'accumulaient incessamment, la théorie de l'*évolution* avait acquis, sur tout l'ensemble des sciences naturelles, une influence chaque jour plus décisive. Un arrangement

[1] *Synopsis methodica fungorum*, 1801.

[2] *System der Pilze und Schwæmme*. 1817.

[3] *Systema mycologicum*, 1821-29.

[4] *Mémoire sur l'hymenium des champignons*. Soc. philomatique, 1837.

[5] *Recherches sur l'appareil reproducteur des champignons*. Acad. des sciences, 1851-3.

conforme à cette théorie et procédant du simple au composé parut dès lors plus rationnel. La *classification évolutionniste*, qui sera suivie dans cet ouvrage, réunit, d'après l'affinité, les genres *gymnobasidiés* en familles, tribus et séries disposées comme les rayons d'un cercle[1] : les plus simples, réduits parfois à l'hymenium, partent en rayonnant de plus ou moins près du centre, les plus parfaits atteignent plus ou moins la périphérie et les analogues — ceux qui sont arrivés parallèlement à un égal degré de développement — forment une même zone concentrique. Ces rayons — composés quelquefois de deux genres (*Porotheli* et *Asterospori*) ou même d'un seul (*Schizophyllei*) — progressent, en s'écartant l'un de l'autre, depuis les *Auricularii*, famille qui paraît la plus simple, jusqu'aux *Porotheli* et de là dégénèrent jusqu'au point de départ de ce cycle synthétique. Une telle disposition a l'avantage de mettre en relief, sous une forme saisissante, le développement progressif et l'enchaînement continu des genres et des espèces.

La *forme*, ou l'ensemble des caractères extérieurs, est, pour les champignons comme pour les autres productions de la nature, la clé de la distribution taxinomique. Malgré quelques ressemblances trompeuses, l'examen du dehors trahit presque toujours la constitution du dedans aux yeux de l'observateur exercé et attentif. La disposition systématique traditionnelle n'a subi, en somme, avec le temps que des changements assez légers, sauf dans le cas où l'analyse microscopique dévoilait, chez une espèce, des particularités d'organisation incompatibles avec le

[1] Ce *cercle* est la projection, sur le plan de sa base, de l'un des *cônes* élémentaires dont l'ensemble constituerait une *sphère* idéale, représentative de toute la classification naturelle. L'*Echinops à tête ronde* en donne, par ses fleurons, une image assez juste quoique triviale.

genre où elle avait d'abord trouvé place. L'étude simultanée des éléments de la structure, tant externe qu'interne, en fait ressortir l'harmonie et la mutuelle dépendance; la méthode les subordonne, au profit de la clarté et de la simplification, d'après leur degré d'utilité et leur valeur propre : ainsi, graduellement, la classification perd son caractère empirique pour devenir de plus en plus naturelle.

I. L'**habitat** des champignons est un premier fait dont le classificateur doit tenir grand compte. Certains genres, certains groupes surtout, sont exclusivement terrestres (*Amanita*, *Psaliota*, *Globaria*, *Morilla*) ; plusieurs ont une existence souterraine (*Hymenangii*, *Tuberei*) ; d'autres sont lignicoles (*Calathinus*, *Pholiota*, *Lenzites*). Parmi les espèces hypogées ou terrestres, beaucoup paraissent végéter également bien dans tous les sols, mais il en est qui se montrent décidément calcicoles (*Hymenogaster*, *Gyrophila Georgii*, *Collybia collina*) ou, au contraire, silicicoles (*Scleroderma aurantium*, *Gyrophila columbetta*, *Amanita junquillea*). Dans le genre *Hygrophorus*, on voit le groupe *Limacium* rechercher les bois et le groupe *Hygrocybe* les pâturages et les prairies. Les *Cortinarius* sont des habitants des forêts, ainsi que la plupart des *Amanita*, des *Hylophila* et des *Tricholoma*.

Chez les champignons épiphytes, la spécialisation de l'habitat est plus frappante encore. A côté d'espèces à peu près indifférentes à la nature du bois qui leur sert de support, telles que *Dryophila mutabilis*, *Mycena galericulata*, *Omphalia mellea*, on en peut citer un grand nombre d'autres qui font preuve, sous ce rapport, d'une singulière exigence. *Dryophila astragalina*, *epixantha* ne se montrent jamais que sur les conifères. Il en est de même pour *Omphalina marginella*, *Dryophila chrysophylla*, *Calathinus porrigens*, etc. *Dryophila destruens* vit sur le peu plier, *Collybia mucida* sur le hêtre, *Marasmius pilosus* est confiné sur les feuilles du houx et *Marasmius buxi* sur celles du buis, *Xerocomus parasiticus* sur le peridium des *Scleroderma*, *Cordyceps Dittmarii* sur les guêpes mortes. Bien plus, des champignons terrestres semblent ne pouvoir se passer de l'ombrage ou plutôt des feuilles mortes de certains arbres déterminés : *Euryporus cavipes*, *Ixocomus flavus* et *Hygrophorus lucorum* sont inséparables des mélèzes, *Ixocomus fusipes* du pin strobus, *Mycena Seynii* des pins maritime et d'Alep.

Lorsque les plantes et les arbres meurent ou s'endorment, la plupart des champignons naissent ou se réveillent ; cependant leur apparition est réglée par les vicissitudes atmosphériques, aussi bien et souvent plus que par l'ordre des saisons : *Dictyopus edulis* paraît souvent au mois de mai et *Gyrophila Georgii* se montre quelquefois en novembre. La **durée** végétative, plus ou moins variable d'un genre à l'autre, est à peu près constante pour toutes les espèces d'un même genre : elle dépend de la nature et de la consistance des tissus, modifiés eux-mêmes par l'habitat et par le climat[1]. La texture d'un champignon est d'autant plus molle, son existence est d'autant plus éphémère qu'il naît sur des substances plus azotées : *Coprinus radiatus* ne vit qu'un moment, il est flétri en un clin d'œil sous un rayon de soleil. Mais l'exiguïté de la taille est compensée par le nombre infini des individus et par une prolification extrêmement rapide : *Aspergillus glaucus* couvre instantanément un fruit en voie de décomposition ; *Coprinus disseminatus* tapisse, en quelques heures, les souches et les pierres des lieux humides. Les espèces humicoles sont ordinairement charnues : elles végètent quelques jours ou une saison

[1] Le climat ou l'habitat peut modifier dans une certaine mesure, mais non changer du tout, au tout les propriétés physiologiques d'une espèce.

entière ; elles bravent rarement la gelée, comme *Gyrophila aggregata*, ou la sécheresse, comme *Marasmius oreades*. Les espèces lignicoles d'une texture coriace croissent en tout temps et même en hiver, comme *Pleurotus velutipes ;* celles dont la consistance est subéreuse ou ligneuse peuvent supporter les alternatives de chaud et de froid et deviennent tantôt pérennes, comme *Leucoporus calceolus*, tantôt vivaces, comme *Placodes igniarius* qui peut subsister aussi longtemps que l'arbre qui le porte. Chez beaucoup de *Polypori*, le peridium seul est vivace ; l'hymenium meurt chaque année, se convertit en tissu péridial et se recouvre, l'année suivante, d'une nouvelle couche hyméniale appliquée sur la précédente, avec ou sans interposition de tissu non fructifère. Cette stratification fournit un caractère souvent utilisé pour la détermination. Certains *Panus*, *Lentinus*, *Merulius*, *Lenzites* résistent à la pourriture, grâce à leur tissu élastique et conservent l'apparence de la vie, alors même que leurs fonctions vitales ont cessé depuis longtemps. Les *Marasmius*, les *Tremellini*, les *Pezizei*, les *Patellariei* se comportent d'une manière différente : la dessiccation les racornit, les déforme entièrement. En cet état — c'est celui des herbiers mycologiques — leur existence est pour ainsi dire suspendue, et ils sont devenus indifférents aux variations de la température ; mais il suffit de quelques gouttes d'eau et du séjour dans un milieu humide pour leur restituer en un instant leur volume et leur aspect primitifs.

II. Le **mycelium** est le véritable appareil végétatif : on l'a comparé à un arbre dont le champignon serait le fruit. Son étude est restée à peu près stationnaire, depuis le temps où Léveillé, dans un travail classique[1], décrivit ses principales formes. Comme il se confond à l'origine

[1] *Mémoire sur le genre Sclerotium*. Ann. d'hist. nat., oct. 1843.

soit avec le voile (*Angiascii*), soit avec le stipe (*Gymnobasidii*), on le comprend ordinairement, d'une façon plus ou moins sommaire, dans la même description. Il serait cependant bien digne d'exciter l'intérêt des mycologues : alors même que l'importance de ses fonctions physiologiques ne suffirait pas à provoquer de nouvelles recherches, la taxinomie pourrait, du moins, utiliser largement les données qu'il fournit, car elles sont à la fois très constantes dans une même espèce, et très variables d'une espèce à l'autre (*Collybia tuberosa* et *grammocephala*, *Omphalia vermicularis*, *Coprinus radians* et *oblectus*, *Clavaria flaccida*, *Phallus impudicus*, *Helotium æruginosum*, etc.).

On accuse aujourd'hui les champignons lignicoles de détruire les arbres par un vrai *parasitisme* du mycelium : l'effet paraît avoir été pris pour la cause. La fréquence des champignons est loin d'être en rapport avec le nombre des troncs secs ou pourrissants et ils se développent non sur les parties saines, mais sur celles qui sont déjà plus ou moins altérées. C'est ce qu'exprimaient les anciens en disant que les champignons naissent de la « pituite des arbres ». Un certain degré de décomposition, variable suivant les exigences particulières de chaque espèce fongique, est même nécessaire pour qu'on voie apparaître ces prétendus parasites, nuisibles seulement au bois mort dont ils hâtent la désorganisation[1]. Une souche d'épicéa se couronne, la première année, de *Gyrophila rutilans*, deux ou trois ans après, elle se couvre de *Dryophila mutabilis; Lenzites tricolor* attaque un cerisier desséché plusieurs années avant *Phellinus cinnabarinus*. Les souches produisent ainsi une succession d'espèces différentes, jusqu'à leur complète réduction en terre végétale.

Par contre, le mycelium des *Hypogei*, *Tuberei*, etc., qui

[1] Boudier. *De l'effet pernicieux des champignons sur les arbres et les bois*. Bull. Soc. d'horticulture de Senlis, 1887.

enveloppe les radicelles des arbres, loin d'être un parasite nuisible, est considéré comme un appareil auxiliaire de nutrition, auquel on a donné le nom de *mycorhiza*[1]. Les filaments mycéliens et les radicelles vivraient côte à côte, en collaboration pour ainsi dire, le mycelium apportant aux racines les sels et l'eau, et leur empruntant le carbone. Ce phénomène de *symbiose*, s'il était rigoureusement démontré, confirmerait la théorie suivant laquelle certains êtres vivants (microbes, bactéries) servent d'intermédiaires entre les végétaux et le milieu où ils se développent, en provoquant dans ce milieu des transformations préliminaires, favorables à la fonction assimilatrice.

III. Dans les genres inférieurs, le **peridium** consiste en un tissu très ténu, souvent indistinct du mycelium ou même du substratum; dans les genres plus parfaits, membraneux ou constitué par un parenchyme épais, il affecte presque toujours la forme *sphérique* et se cache plus ou moins, en naissant, sous le sol ou dans la substance organique qui l'abrite et le nourrit en même temps. Il s'entr'ouvre dès que l'hymenium se couvre de spores, plus ou moins tôt suivant l'espèce, et reste fixé par le mycelium (sessile) ou par le stipe qui se développe simultanément (stipité).

Le peridium naissant est protégé, soit par le mycelium ou par le substratum lui-même, soit par un **voile** plus ou moins épais et variant depuis la pruine légère du *Mycena lactea* jusqu'au volva résistant du *Peplophora coccola*. Le voile est quelquefois *contigu* ou distinct de la cuticule[2] du

[1] Frank. *Mycorhiza*. Berichte der Deutschen Botanischen Gesellschaft. Bd. III (4 Hefte). Berlin, 1885. — De Ferry de la Bellone. *La Truffe*, Paris, 1888.

[2] Cette cuticule est plus ou moins adhérente ou séparable, mais c'est là un moyen de diagnose à peine digne de confiance dans un très petit nombre de cas.

peridium et caractérise les genres *Amanita*, *Volvaria*, *Coprinus*, *Eriocorys*, *Globaria*, etc.; il est plus souvent *continu* ou indistinct de cette cuticule, c'est-à-dire qu'il s'est oblitéré ou confondu avec elle, par l'effet du développement du peridium, ce qui produit des papilles, des fibrilles, des mèches ou des écailles tantôt adnées (ayant la pointe libre) et tantôt innées (entièrement immergées). Il devient alors un caractère des genres *Lepiota*, *Dryophila*, *Gyrophila*, *Inocybe*, *Xerocomus*, *Scleroderma*, etc. Il contribue surtout, quoique fugace, à différencier les groupes et les espèces, selon qu'il est pruineux, farineux, furfuracé, floconneux, aranéeux, soyeux, pubescent, velouté, tomenteux, pelucheux, poilu, hispide, grenelé, verruqueux, écailleux, résineux ou visqueux. Souvent il forme un **voile hyménial** (*anneau*, *collerette*, *bracelet*, *cortine* ou *frange*) qui caractérise beaucoup de groupes ou de sous-genres : *Armillaria*, *Cyclopus*, *Psaliota*, *Peplopus*, etc. ; mais cette partie du voile ne constitue rien moins qu'un caractère constant, car nombre d'espèces, atrophiées ou luxuriantes, suivant la nature du sol, la diversité du climat ou les variations de l'atmosphère, sont tantôt dépourvues de voile apparent et tantôt ornées d'une frange ou d'une collerette ou même des deux ensemble : *Peplophora ovoidea* et *junquillea*, *Gyrophila striata* (*subannulata*) et *argyracea* (*ramentacea*), *Omphalia mellea* (*gymnopodia*), *Dryophila marginata*, *Hylophila pellucida* (*furfuracea*), *Geophila coronilla* et *stercoraria*, *Drosophila appendiculata* (*spintrigera*, *coronata*), etc. D'autres parfois présentent deux anneaux comme *Pratella campestris* dans la variété *bitorquis*, une gaine comme le même *Pratella* dans la forme *peronata* et *Lepiota aspera* dans la forme *ocreata*, un voile volviforme comme *Cortinarius delibutus* dans le prétendu genre *Locellina*, enfin un voile intérieur, rarement complet, comme *Phallus impudicus* devenant *Hyme-*

nophallus togatus et *Geaster hygrometricus* devenant *duplicatus*, etc.

IV. Par sa structure[1] et par sa forme, le peridium caractérise les familles, les tribus et beaucoup de genres *anotropes*, les tribus des *Polyphyllei* et les genres des *Lycoperdinei*, *Podaxinei*, *Phalloidei* et *Nidularici*. Son tissu, formé par la réunion de cellules juxtaposées et de filaments entre-croisés, est plus dur et plus tenace à la base (ou dans le stipe) où les cellules sont plus effilées, plus épaisses et plus serrées. Ce tissu devient plus tendre et plus fragile en se rapprochant de l'hymenium, sous lequel les cellules sont plus dilatées, plus ténues et plus lâches. De là aussi son état gélatineux[2], déliquescent, hygrophane, spongieux, charnu, subéreux ou carbonacé. La présence de vaisseaux lactifères et laticifères, la couleur fugace et variable des tissus (*Cortinarius*, *Dictyopus*), la coloration changeante des sucs (*Lepiota*, *Inocybe*, *Pratella*), l'odeur (*Marasmius alliatus*, *Orcella*, *Dryophila radicosa*) et la saveur (*Marasmius urens*, *Ixocomus piperatus*, *Gyrophila acerba*), constituent autant de caractères spécifiques des plus précieux.

Plus le peridium est parfait, plus les espèces sont distinctes; lorsqu'il est absent ou renversé, comme dans les genres *Corticium*, *Mucronella*, *Poria*, *Odontia*, *Merulius*, *Propolis*, etc., la détermination spécifique devient plus difficile et plus incertaine. Il est ordinairement simple (*Ulraria*, *Gyrophila*, *Peziza*), rarement double (*Globaria*,

[1] Forquignon. *Les Champignons supérieurs*. Paris, 1886. — Boudier. *Considérations sur l'étude microscopique des champignons*. Soc. myc. de France, 1886.

[2] La plupart des familles renferment un genre, soit entièrement gélatineux, comme *Heliomyces*, *Tremellodon*, *Laschia*, *Calocera*, *Auricularia*, *Bulgaria*, *Podisoma*, soit partiellement, comme *Gyrophila palmata*, *Pleurotus petaloides*, *Calathinus algidus*, *Glœoporus*, etc. Ces divers genres ne peuvent donc constituer une même famille des *Tremellinei*.

Geaster, Phallus), quelquefois cellulaire (*Hymenangii, Podaxinei, Morilla*) ou garni à l'intérieur de peridioles (*Nidulariei*). Sa forme varie à l'infini : dans l'espèce même, elle change avec l'âge, la station et parfois la saison; outre les déviations ou les anomalies qui sont d'une fréquence extrême, elle offre souvent les aspects les plus bizarres et les plus trompeurs.

Chez les *catotropes*, de sphérique le peridium devient semi-globuleux, conique, plan, cupulaire, cyathiforme, flabelliforme, réniforme, conchoïde ou infundibuliforme : ces différentes configurations contribuent à limiter les groupes et les espèces. Chez les *Polyphyllei*, la marge du peridium, suivant qu'elle est droite, incurvée ou enroulée et l'insertion des lamelles[1] autour du stipe, caractère corrélatif du précédent, différencient les groupes d'un même genre; par exemple : de *Claudopus* à *Entoloma* dans *Rhodophyllus*; mais elles ne peuvent suffire à caractériser un genre puisqu'elles varient même dans l'espèce suivant son degré de développement. Les genres *Omphalia, Collybia, Mycena* et *Calathinus* ne seraient par suite que des groupes analogues, s'ils ne réunissaient pas un nombre d'espèces plus grand que n'en pourrait contenir un genre. Il en est de même des genres *Galera, Pluteolus, Hylophila* et *Dryophila; Drosophila, Geophila* et *Pratella*. Suivant que cette marge est unie, striée ou sillonnée, opaque ou translucide, elle sert aussi à caractériser maintes espèces.

Le stipe, qui n'est qu'une partie du peridium, sert aussi par sa forme et sa structure, suivant qu'il est plein ou charnu, farci d'une moelle soyeuse ou byssoïde, tubuleux ou fistuleux, bulbeux ou radiciforme, dans la distinction

[1] Un moyen de diagnose aussi faible que séduisant consiste dans l'examen des lamelles interposées, que Krombholz nomme di-tri-tétra ou polydymes, selon qu'elles atteignent la moitié, le tiers, le quart ou moins d'une lamelle entière.

des genres et des groupes de beaucoup de familles. On dit qu'il est *énucléable* lorsque son extrémité supérieure se détache aisément du peridium, par la rupture des cellules tubuleuses de son tissu, plus fragiles en cet endroit. L'énucléation du stipe est quelquefois un excellent caractère générique, comme dans *Queletia*, *Tylostoma;* mais chez les *Polyphyllei* sa valeur est beaucoup moindre, puisqu'il appartient à tous les genres qui ont les lamelles libres ou écartées et qui sont même énucléables en raison directe de la distance des lamelles au stipe, comme : *Amanita*, *Lepiota*, *Pratella*, etc., qu'il contribuait plus spécialement à différencier.

V. Le **tissu sous-hyménial** (hyménophore et trame de Fries), quoique essentiellement identique au tissu même du peridium, est diversement modifié, suivant les genres, par le mode et le degré de cohésion des cellules entre elles. Il forme une couche cellulaire, ordinairement plus tendre et un peu discolore, qui réunit d'une manière continue l'hymenium au peridium, et par laquelle ils se détachent souvent l'un de l'autre, plus ou moins facilement et quelquefois sans laisser aucune trace de rupture. Le *décollement* de l'hymenium est un caractère utile pour la distinction des genres de *Boleti*, de *Polypori*, d'*Hypogei*, de *Tuberei*, d'*Hymenangii* et même de quelques *Utraria;* mais il est négligeable dans la famille des *Polyphyllei* où il se retrouve dans la plupart des genres. Il n'appartient donc plus exclusivement au genre *Paxillus*, comme le supposait son ancienne diagnose. Selon que les tubes ou les alvéoles des *Polyporei* ont la paroi (hymenium et trame) épaisse — ce qui les fait paraître comme creusés dans la substance du peridium — ou qu'ils l'ont mince — ce qui les fait paraître comme membraneux et accolés sans trame intermédiaire — on les appelle *homogènes* ou *hétérogènes* : ce caractère différentiel des genres *Polyporus* et

Polystictus de Fries[1] est encore d'une grande utilité, bien que fondé sur une simple apparence. La *stratification* de l'hymenium, soit uni (*Stereum*), soit tubuleux (*Polypori*), etc., concourt également au même but : ce caractère est lié à la notion si importante de la durée des espèces.

VI. L'**hymenium**, ou couche cellulaire sporigène, constitue la vraie base de la classification naturelle des *Fungi*. Il est **basidé** ou *exosporé* dans le premier ordre, et **ascidé** ou *endosporé* dans le second. Dans l'un des sous-ordres basidés, lorsqu'il se développe librement, il est tourné vers la terre ou **catotrope**[2]; dans l'autre, il est fermé ou **scotobie** ; dans l'un des sous-ordres ascidés, lorsque nul obstacle ne le fait changer de direction, il est tourné vers le ciel ou **anotrope**[3]; dans l'autre, il est replié, plissé en dedans ou **mésotrope** et en même temps *scotobie*. Quoique *amphitrope* chez les *Clavariei* d'un côté et les *Geoglossum* de l'autre et en apparence indifférent, les spores des premiers tombent néanmoins sur le sol, tandis que celles des derniers sont projetées vers le ciel; les uns et les autres établissent comme une transition entre l'hymenium *catotrope* et l'hymenium *anotrope*. *Natura non facit saltum.*

L'hymenium caractérise les familles des *Gymnobasidii* selon qu'il est uni (infère ou amphigène), plissé, lamellé, fissilamellé, poreux ou échiné ; il sert à distinguer les familles et les genres *mésotropes*, *scotobies* et *anotropes*. Par sa couleur, il donne le caractère spécifique auquel on a le plus souvent recours et qui souvent est aussi le plus

[1] Fries. *Novæ Symbolæ mycologicæ in peregrinis terris a botanicis danicis collectæ*, 1851.

[2] Lorsque l'on retourne sens dessus dessous une branche d'arbre portant un champignon catotrope en pleine végétation, un *Dædalea unicolor*, on voit au bout de peu de jours les pores s'oblitérer et se couvrir de poils, tandis que d'autres pores se développent sur le peridium et se substituent aux poils.

[3] Si l'on retourne sens dessus dessous une cupule de gland portant des *Phialea firma*, champignon anotrope, quelques heures après, les stipes allongés et recourbés tourneront de nouveau les hymeniums vers le ciel.

fidèle ; mais cette couleur est passagère, elle change avec la maturité et doit être observée à l'état naissant et à l'état adulte, surtout chez les *Gymnobasidii*, les *Hymenangii*, les *Tuberei* et les *Hypogei*. Elle est fugace chez les *Ianthinospori* et les *Melanospori*.

Son mode d'insertion autour du stipe, écarté, libre ou adné et décurrent, donne l'un des moyens de classer les genres ou les sous-genres *catotropes*. La *bordure discolore* des lamelles, des tubes, des pores et des aiguillons fournit aussi chez les catotropes un caractère différentiel des groupes et des espèces.

L'hymenium présente quelquefois un **dimorphisme** très trompeur, qui montre avec quelle facilité s'accomplit l'évolution d'un genre à un autre, et qui explique par quel jeu de la nature un même mycelium produit deux champignons dont l'hymenium diffère génériquement. Le remplacement des lamelles par des plis donne à *Omphalina crispula* et *integrella* un aspect de *Dictyolus*, à *Hylophila semiorbicularis* et *Hygrophorus vitellinus* celui de *Cantharellus ; Marasmius epiphyllus* revêt l'apparence d'un *Dictyolus*, ou même d'un *Helotium* (*melanopus*, Pers.), si les plis hyméniens sont entièrement effacés. Il peut arriver que le réseau veineux qui réunit si souvent les lamelles prenne un développement exagéré, ou bien que les lamelles multiplient accidentellement leurs anastomoses normales. On voit alors apparaître un hymenium alvéolé ou poreux et *Lenzites abietina*, *quercina* et *tricolor* deviennent respectivement *Trametes protracta*, *hexagonoides* et *rubescens*. Par un phénomène inverse, les cloisons des pores, des alvéoles disparaissant plus ou moins, *Trametes gibbosa* passe aux *Lenzites*, et le genre *Xerocomus* aboutit au genre *Phylloporus*[1]. Chez les *Erinacei*, on retrouve des faits

[1] M. Forquignon a eu l'occasion d'observer des *Ixocomus piperatus* dont

analogues : *Sarcodon repandum* a quelquefois l'hymenium d'un *Sistotrema* et *Irpex pachyodon* celui d'un *Dryodon*.

Il ne faut pas confondre ce dimorphisme vrai de l'hymenium avec les phases de sa configuration, qui font voir des *Grandinia* dans les jeunes *Odontia*, ou *Coriolus abietinus* au lieu de *Irpex violaceus*. Il convient de le distinguer aussi des hypertrophies et des altérations maladives, capables de changer *Poria radula* en *Irpex paradoxus*, ou *Dædalea biennis* en *Sistotrema rufescens* ou *carneum*. Enfin, on doit tenir compte des malformations provenant de causes accidentelles (défaut d'espace, situation défavorable du support, croissance dans l'obscurité), qui produisent *Radulum lætum* aux dépens de *Corticium incarnatum*, *Irpex umbrinus* aux dépens de *Lenzites abietina* et rendent si souvent méconnaissables les champignons vivant dans les souterrains.

VII. La **baside** est un élément hyménien d'une forme très simple et très constante, à quelques exceptions près[1], dans toute la série des champignons basidosporés. Cette uniformité remarquable est précisément un obstacle à l'usage qu'on voudrait pouvoir en faire pour délimiter les genres et les espèces. Cela est vrai aussi de la **thèque**, et même, chez celle-ci, les diversités de forme sont encore moins prononcées. Cependant son mode de *déhiscence*[2], c'est-à-dire la manière dont elle s'ouvre au sommet pour livrer passage aux spores mûres, est susceptible d'être utilisé pour la classification des champignons *anotropes ;* mais ce caractère bienvenu, quoique très délicat, semble fondé sur des apparences purement accidentelles.

l'hymenium, près de la marge, offrait la similitude la plus complète avec *Merulius lacrymans*.

[1] La plus frappante de ces exceptions est celle que présentent les *Trémellinés*, magistralement étudiés par Tulasne (*Observations sur l'organisation des Trémellinées*. Ann. des sc. nat., 1853).

[2] Boudier. *Nouvelle classification des Discomycètes charnus*. Soc. myc. de France, 1885.

De toutes les parties de l'hymenium, ce sont la **cystide** et la **paraphyse** qui varient le plus ; mais ici la variation ne paraît pas assujettie à une loi simple ; elle est brusque, discontinue dans le même genre. Souvent une espèce (*Cyphella amorpha*) — rarement un genre (*Inocybe*) — a des cystides remarquables et l'espèce voisine en est entièrement dépourvue ; quant aux paraphyses, elles paraissent être d'une versatilité aussi capricieuse dans l'espèce que dans le genre même. Il convient d'ajouter qu'on n'est pas parvenu, jusqu'ici, à découvrir la fonction dévolue à ces organes : aussi l'utilisation de leurs caractères est-elle, pour le moment, assez hasardeuse. Néanmoins, l'étude des paraphyses et surtout des cystides conduira probablement à des conséquences plus importantes, lorsqu'elle aura généralisé leur examen comparatif.

VIII. La **spore**, but et terme de la végétation fongique, est le criterium indispensable. Chez les *Basidosporés*, elle tombe en se détachant simplement du stérigmate aussitôt qu'elle est mûre ; chez les *Helvelci* et les *Pezizei*, elle est projetée avec une sorte d'explosion hors de la thèque, dont le sommet se rompt par la dilatation de son contenu, et dont les parois se contractent brusquement.

Par sa couleur, la spore caractérise les séries des *Polyphyllei* et des *Boleti*, quelques genres de *Polypori*, d'*Erinacei* et d'*Auricularii*. L'examen de la *couleur* des spores, idée ingénieuse, émise par Fries et entrevue déjà par Albertini et Schweinitz, était devenu peu à peu le mode presque exclusif de détermination des champignons supérieurs. C'est cet artifice qui contribua de la manière la plus efficace à débrouiller les nombreuses espèces de *Polyphyllei ;* mais, dans l'étude des autres familles, il n'a été que d'un faible secours. Il était réservé aux botanistes de notre époque d'y ajouter l'examen de la *forme* et de la *structure*, éléments d'une importance telle, que désormais la seule coloration de la spore ne peut plus fournir qu'un caractère relativement secondaire.

Par sa forme et son volume, elle différencie, tout en étant un caractère spécifique auxiliaire et bien qu'elle varie parfois dans la même espèce, la plupart des familles et des genres, surtout *hypogés*, *mésotropes* et *anotropes*. Comme elle revêt toutes les couleurs avec toutes les nuances, du blanc au noir, elle affecte aussi une infinité de formes : sphérique, ovoïde, pruniforme, en amande, oculiforme, ellipsoïde, triangulaire, cordiforme, polygonale, cunéiforme, fusiforme, linéaire, capillaire, etc. ; l'*épispore* est lisse, strié, ridé, plissé, réticulé, alvéolé, chagriné, muriqué, verruqueux, épineux ou appendiculé, diaphane ou opaque.

Quoique la structure de l'*endospore* varie quelquefois dans la même espèce et que le relief de l'*épispore* paraisse même parfois dimorphe (*Inocybe geophila*, *Peziza coccinea*, *Erinella calycina*, etc.), la spore fournit néanmoins des caractères vraiment fondamentaux. Mais, quelle que soit leur incontestable valeur, ils ne sauraient suffire, à eux seuls, pour autoriser la création d'un *genre* ou même d'une *espèce*, en l'absence de toute autre variation dans les caractères génériques ou spécifiques. Au contraire, une *variété*, fondée uniquement sur une différence sensible dans la spore, peut être considérée comme parfaitement légitime.

Quant à ces productions, si fréquentes chez tous les champignons supérieurs, et que l'on nomme **conidies**, par une extension peut-être un peu forcée de la terminologie, elles paraissent n'être qu'une altération, une sorte de pseudomorphose de la fructification normale. Leur intérêt pratique est, quant à présent, à peu près nul.

En résumé, les bases de la classification adoptée dans ce livre sont : l'**habitat**, la **durée**, le **mycelium** (*consistance*, *forme* et *couleur*), le **voile** (*texture*, *forme* et *couleur*), le **peridium** (*forme*, *structure*, *consistance*, *couleur*, *saveur* et *odeur*), l'**hymenium** (*relief*, *texture*, *décollement*, *couleur*, *phosphorescence*) et la **spore** (*forme*, *volume*, *structure* et *couleur*); la **baside** et la **thèque** (*émergence*, *ruptilité* par perforation, fente ou opercule) quelquefois, et rarement la **cystide** et la **paraphyse** [1], organes délicats qui réservent encore plus d'une surprise aux investigations des mycologues.

[1] Quélet. *Classification et nomenclature des Hyméniés*. Soc. bot. de France, 1876.

Certaines dénominations, empruntées aux Grecs par Linné, Persoon ou Fries, et détournées de leur antique acception, ont été remplacées par d'autres, plus en harmonie avec la nomenclature actuelle. Telles sont : ἀγαρικόν, *Agaricus* (ἀγαρία, contrée de la Sarmatie), de Dioscoride, répondant à *Polypori; ἀμανίτης*, *Amanita* (ἄμανος, montagne de Cilicie), de Galien, répondant à *Pratella* que les Grecs appellent encore aujourd'hui μανίταρι[1]; βωλίτης, *Boletus* de Galien, répondant à *Peplophora cæsarea;* ὕδνον, *Hydnum* de Théophraste, répondant à *Tuber* et dont on a déjà tiré heureusement les noms des genres: *Hydnangium*, *Hydnotria*, *Hydnocystis* et *Hydnobolites*. D'autres termes de Fries : *Tricholoma*, *Clitocybe*, *Clitopilus*, *Dermocybe*, *Bolbitius*, ont été supprimes à cause de leur sens équivoque ou contradictoire.

[1] Roze *Etude historique des champignons comestibles et vénéneux*. Paris. 1886-7.

Les noms des **variétés**, en caractères gras, sont plus petits que ceux des **espèces**, en caractères égyptiens.

Lorsqu'une espèce a le même *habitat* que les variétés qui la suivent immédiatement, cet *habitat* n'est indiqué qu'une seule fois, après la description de la dernière variété.

En se chargeant de la correction typographique et en m'aidant de ses conseils, M. L. Forquignon, professeur à la faculté des sciences de Dijon, naturaliste érudit et perspicace, a singulièrement allégé le travail pénible de la publication de cet Ouvrage. Je suis heureux de lui renouveler, à cette occasion, l'expression de mon affectueuse gratitude.

Hérimoncourt, le 1er avril 1888.

L. QUÉLET.

I

GYMNOBASIDIÉS

CYCLE SYNTHÉTIQUE DES GYMNOBASIDIÉS

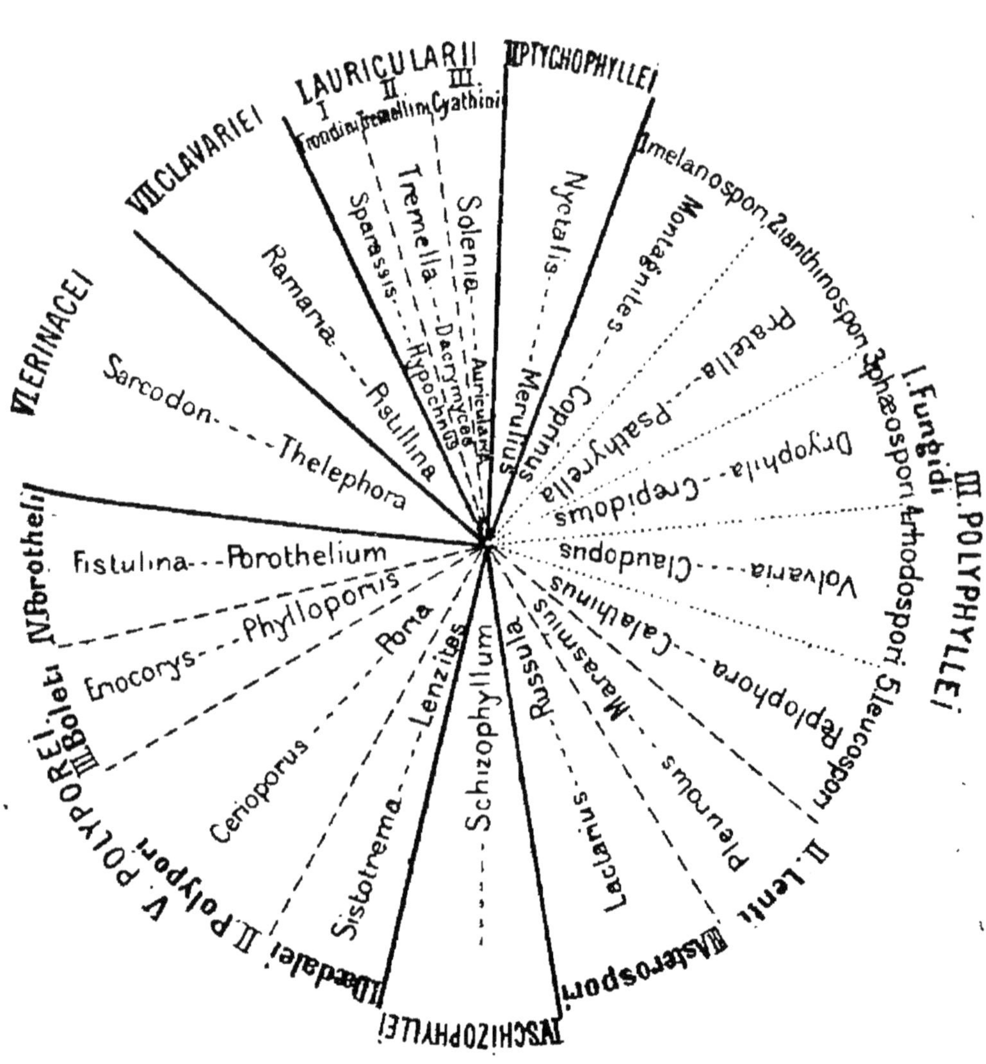

TABLEAU SYNOPTIQUE DE LA CLASSIFICATION DES GYMNOBASIDIES.

Fam. I. AURICULARII.			*Fam. II.* PTYCHOPHYLLEI.	*Fam. III.* POLYPHYLLEI.							*Fam. IV.* SCHIZOPHYLLEI.	*Fam. V.* POLYPOREI.				*Fam. VI.* ERINACEI.	*Fam. VII.* CLAVARIEI.
…I.	Trib. II. TREMELLINI.	Trib. III. CYATHINI.		Trib. I. FUNGINI.					Trib. II. LENTI.	Trib. III. ASTEROSPORI.		Trib. I. DÆDALEI.	Trib. II. POLYPORI.	Trib. III. BOLETI.	Trib. IV. POROTHELEI.		
				Sér. I. MELANOSPORI.	Sér. II. IANTHINOSPORI.	Sér. III. CHROOSPORI.	Sér. IV. RHODOSPORI.	Sér. V. LEUCOSPORI.									
…ns. …ora. …dium. …m. … …tis. …ds.	I. **Dacrymyces.** II. **Exidia.** III. **Ombrophila.** IV. **Guepinia.** V. **Ditiola.** VI. **Tremella.**	I. **Auricularia.** II. **Cytidia.** III. **Calyptella.** IV. **Cyphella.** V. **Solenia.**	I. **Merulius.** II. **Arrhenia.** III. **Dictyolus.** IV. **Craterellus.** V. **Cantharellus.** VI. **Nyctalis.**	I. **Coprinus.** a. *Veliformes.* b. *Pelliculosi.* II. **Panæolus.** III. **Montagnites.**	I. **Drosophila.** 1. *Psathyrella.* 2. *Psathyra.* 3. *Hypholoma.* II. **Geophila.** 1. *Psilocybe.* 2. *Stropharia.* III. **Pratella.** 1. *Pilosæ.* 2. *Psalliota.*	I. **Crepidotus.** II. **Galera.** III. **Pluteolus.** IV. **Hylophila.** 1. *Naucoria.* 2. *Hebeloma.* 3. *Cyclopus.* V. **Inocybe.** VI. **Paxillus.** 1. *Orcella.* 2. *Tapinia.* VII. **Gomphidius.** VIII. **Cortinarius.** 1. *Glutinosi.* 2. *Araneosi.* IX. **Dryophila.** 1. *Flammuloides.* 2. *Flammula.* 3. *Pholiota.*	I. **Rhodophyllus.** 1. *Claudopus.* 2. *Nolanea.* 3. *Eccilia.* 4. *Leptonia.* 5. *Entoloma.* II. **Pluteus.** III. **Annularia.** IV. **Volvaria.**	I. **Calathinus.** II. **Omphalina.** III. **Mycena.** IV. **Collybia.** V. **Omphalia.** VI. **Hygrophorus.** 1. *Hygrocybe.* 2. *Camarophyllus.* 3. *Limacium.* VII. **Gyrophila.** 1. *Gymnaloma.* 2. *Tricholoma.* 3. *Armillaria.* VIII. **Lepiota.** IX. **Amanita.** 1. *Vaginaria.* 2. *Peplophora.*	I. **Marasmius.** a. *Insititii.* b. *Radicosi.* II. **Panus.** III. **Lentinus.** IV. **Pleurotus.** a. *Dimidiati.* b. *Excentrici.*	I. **Russula.** 1. *Xanthosporæ.* 2. *Leucosporæ.* II. **Lactarius.** 1. *Glutinosi.* 2. *Pruinosi.* 3. *Velutini.*	I. **Schizophyllum.**	I. **Lenzites.** II. **Favolus.** III. **Hexagona.** IV. **Trametes.** V. **Dædalea.** VI. **Irpex.** VII. **Sistotrema.**	I. **Poria.** II. **Leptoporus.** 1. *Chionoporus.* 2. *Chrysoporus.* 3. *Chroeporus.* III. **Coriolus.** IV. **Inodermus.** V. **Phellinus.** VI. **Placodes.** VII. **Pelloporus.** VIII. **Leucoporus.** IX. **Caloporus.** X. **Cerioporus.**	I. **Phylloporus.** II. **Euryporus.** III. **Uloporus.** IV. **Ixocomus.** 1. *Gymnopus.* 2. *Peplopus.* V. **Xerocomus.** VI. **Dictyopus.** VII. **Gyroporus.** VIII. **Eriocorys.**	I. **Porothelium.** II. **Fistulina.**	I. **Thelephora.** II. **Mucronella.** III. **Kneiffia.** IV. **Odontia.** V. **Radulum.** VI. **Dryodon.** VII. **Tremellodon.** VIII. **Leptodon.** IX. **Calodon.** X. **Sarcodon.**	I. **Pistillina.** II. **Pistillaria.** III. **Typhula.** IV. **Pterula.** V. **Calocera.** VI. **Clavaria.** 1. *Ceratella.* 2. *Holocoryne.* 3. *Syncoryne.* VII. **Ramaria.**

FLORE MYCOLOGIQUE

DE LA FRANCE

ET DES PAYS LIMITROPHES

ORD. I. BASIDOSPORÉS, LÉV.

Hymenium formé par des basides. Spores portées par des spicules au sommet des basides.

SOUS-ORD. I. *GYMNOBASIDIÉS*, Quél.

Voile membraneux, floconneux, soyeux, aranéeux, pruineux ou visqueux. Peridium s'ouvrant en dessous avant la maturité. Hymenium catotrope, à basides nues.

FAM. I. AURICULARII, *QUÉL.*

Hymenium infère, uni, ondulé ou ridé, charnu, gélatineux ou coriace.

Trib. I. FRONDINI, Quél.

Peridium en forme d'entonnoir, de massue, d'arbre, de membrane ou de croûte.

Gen. I. HYPOCHNUS, Fr.

Hymenium *finement tomenteux*, puis *pulvérulent*, naissant, sans intermédiaire, d'un mycelium très ténu. Spore sphérique, *ovoïde ou ellipsoïde*, fauve ou brune. Lignicoles.

puniceus. Étalé, floconneux, pulvérulent, mince. Hymenium formé de granules sphériques, libres ou agglomérés, d'un rouge cinabre. Spore sphérique (0mm 01), fortement spinuleuse et fauve.

Alb. et Schw. Consp., p. 278. Fr. El., p. 199.

Printemps et automne. — Sur les souches pourries de sapin. Jura.

ferrugineus. Étalé, tomenteux. Hymenium papilleux, pulvérulent, d'un beau fauve rouillé. Spore sphérique (0mm 01), aculéolée, fauve.

(*Thelephora*). Pers. Syn., n° 34. Fr. Obs. II., p. 180.

Hiver-printemps. — Sur le bois pourrissant des arbres feuillus.

chalybeus. Étalé, tomenteux, pulvérulent, avec une bordure fimbriée et blanche. Hymenium glabre, parsemé de fines soies espacées, *violet* ou *bleu d'acier*, puis *gris olive*. Spore sphérique (0mm 006), olivâtre.

(*Thelephora*). Pers. Syn., n° 38.

Hiver. — Sur les troncs pourris, chêne, frêne, etc.

olivaceus. Membraneux byssoïde, *blanc*, séparable. Hymenium finement velouté-tomenteux, *vert-olive* avec une bordure aranéeuse et blanc-crème. Spore ovoïde ou ellipsoïde (0mm 008-10), guttulée et fauve-olive.

Fr. Obs. II., p. 282.

Automne. — Sur les souches et écorces de conifères.

umbrinus. Croûte mince, sèche, très adhérente, large (0m 1-3), brune, bordée de filaments aranéeux. Hymenium *tomenteux*, brun chocolat ou rouillé, puis bistre. Spore sphérique (0mm 007-8), aculéolée, brun fauve.

Alb. et Schw. Consp., p. 281. Fr. El., p. 199.

Été-automne. — Dans les souches de sapin dont il tapisse les cavités.

isabellinus. Etalé, byssoïde, blanc ocracé. Hymenium velouté (à la loupe), *ocracé* avec un liséré blanchâtre. Spore ovoïde pruniforme (0mm 006), chamois.

Fr. Obs. II, p. 281.

Automne-hiver. — Sur les écorces, hêtre, ronce, etc.

violeus. Étalé, ténu, byssoïde, orbiculaire (0m 01-2). Hymenium finement velouté-tomenteux, d'un beau *lilas rosé*, avec une fine bordure plus claire. Spore ovoïde (0mm 006-7), finement grenelée et hyaline.

Quél. Ass. fr. 1882.

Hiver. — Confluent sur les branches sèches. Il ressemble à *Corticium uvidum*.

anthochrous. Étalé, très ténu, ellipsoïde (0m02-3). Hymenium finement velouté-tomenteux, *incarnat rosé* ou *briqueté*, pâlissant, avec une bordure byssoïde pruineuse et blanche. Spore ovoïde sphérique (0mm 005), ocellée, hyaline. (*Thelephora*). Pers. Syn., n° 26. Fr. El. I., p. 207.

Hiver. — Sur les écorces, tremble, ronce. Il ressemble à *Corticium velutinum*.

Gen. II. CONIOPHORA, Pers.

Peridium résupiné, verruqueux-onduleux, charnu. Hymenium *glabre* puis *pulvérulent*. Spore ellipsoïde, ovoïde, *fauve* ou *brune*. Lignicoles.

puteana. Membraneux, étalé, *blanc-jonquille* avec une bordure byssoïde et *blanche*. Hymenium onduleux, pulvérulent, *jonquille pâle* puis *olive*. Spore ellipsoïde pruniforme (0mm 01), guttulée, olivâtre.

Schum. Sæll., p. 397. Fl. dan., t. 2035. Fr. El. I., p. 194.

Automne. — Sur les souches et les troncs des lieux obscurs.

laxa. Membraneux, mou, peu adhérent, tomenteux-aranéeux, blanc, orné d'une frange soyeuse. Hymenium grenelé, pulvérulent, *crème* puis *olivâtre* et enfin *rouillé*. Spore pruniforme-ellipsoïde (0mm 01), pointillée, ocellée, brun-fauve.

Fr. El., p. 196.

Printemps. — Sur les mousses, les écorces, les brindilles et les herbes.

byssoidea. Submembraneux-aranéeux, ténu, séparable, tomenteux, pulvérulent, *jonquille* avec la marge fibrilleuse et blanchâtre et naissant d'un mycelium formé de cordonnets safranés. Spore ovoïde (0mm 005-6), ocellée, citrine.

Pers. Syn., n° 33. Fr. S. M. I., p. 452.

Hiver-printemps. — Sur les branches pourrissantes du pin enfouies dans l'humus.

sulfurea. Étalé, mince, byssoïde, séparable, *jonquille*, bordé d'une large frange soyeuse et *sulfurine*. Hymenium *veiné-réticulé*, *grenelé*, jonquille, puis pulvérulent et *cendré*. Spore ovoïde-sphérique (0mm 004-5), finement aculéolée et citrine. Pers. Obs. myc. I., p. 38. *Phlebia vaga*, Fr. S. M. I., p. 428. Quél. I., p. 281.

Automne-printemps. — Sur les feuilles, les brindilles et les souches pourries.

Gen. III. EXOBASIDIUM, Voron.

Peridium résupiné, crustacé, céracé, floconneux. Hymenium uni, farineux. Spore ellipsoïde incurvée ou réniforme, hyaline, sur un spicule allongé. Baside bispore, flexueuse ou circinée.

rhododendri. Crustacé, bullacé, subglobuleux (0^m 01-3). Hymenium tomenteux, gris glauque.
Été-automne. — Sur les feuilles du R. ferrugineum.

vaccinii. Crustacé, large, épais, céracé. Hymenium farineux, *blanc-glaucescent*. Spore pyriforme ou réniforme (0^{mm} 012).
Fuck. Symb.
Eté-automne. — Sur les feuilles vertes des myrtilles.

andromedæ. Largement étalé, périphérique, mince. Hymenium floconneux, *purpurescent*. Spore ellipsoïde-pyriforme.
Karst. En. fung. Fenn., p. 40.
Été et automne. — Sur la tige et les feuilles de l'andromède.

Gen. IV. CORTICIUM, Fr.

Peridium oblitéré ou remplacé par une couche de mycelium. Hymenium céracé, amphigène, *uni* ou *chagriné*, crevassé ou aréolé par le sec. Spore ellipsoïde, cylindrique ou ovoïde, *hyaline*. *Lignicoles*.

I. Leiostroma.

Etalés, crustacés, avec le bord nu ou légèrement floconneux.

a. *Amphigènes, décorticants, très ténus.*

nigrescens. Tache innée, ténue, jaunâtre. Hymenium papilleux, finement pruineux, *crème ocracé*, puis *noir*.
Schrad. Spic., p. 186. Fr. Epic., p. 565.
Automne. — Sur les branches de chêne et de hêtre.

comedens. Etalé sous l'épiderme des branches, céracé, mou et humide. Hymenium un peu visqueux, glabre, *incarnat*, *briqueté*, puis *blanchâtre*. Spore ellipsoïde cylindrique (0^{mm} 02), arquée, hyaline.
Nees. Syst., f. 255. Fr. Epic., p. 565. *decorticans*, Pers. Myc. I., n° 63.

botrytes. Tubercules agglomérés, pédicellés, crème-ocre.
(*Radulum*). Fr. El.
Automne-hiver. — Sur l'écorce des branches, dont il soulève l'épiderme, chêne, coudrier, prunier.

hydnoideum. Etalé, céracé, parsemé de *papilles* souvent *stalactiformes*. Hymenium glabre, *incarnat orangé* ou *briqueté*.
Pers. Obs. I., p. 15. *Radulum lætum*, Fr. El. I., p. 152.
Automne. — Sous l'épiderme des branches, hêtre, charme.

uvidum. Pellicule byssoïde, ténue et séparable. Hymenium gélatineux, pruineux, *rose lilasin* ou *irisé*. Spore ellipsoïde cylindrique (0mm 01), arquée, hyaline.
Fr. El. I., p. 218.
Automne-hiver. — Sur les branches dénudées, pin, aune, hêtre, coudrier.

typhæ. Croûte mince, byssoïde, *blanc crème*, *bordée de blanc*, finement tomenteuse à la loupe. Spore lancéolée (0mm 02), subfusiforme, 4 guttulée, hyaline.
(*Athelia*). Pers. Myc. I., nº 3.
Automne. — Sur les tiges et feuilles de laiche des marais et de la massette à feuilles larges.

alliaceum. Croûte mince, adhérente (0m 02-3), aranéeuse, blanche, avec une étroite bordure farineuse. Hymenium onduleux, pubescent, pruineux, puis crevassé, *blanc de neige*. Odeur alliacée et fugace, reproduite par l'humidité et le frottement. Spore ellipsoïde allongée (0mm 015), 2-3 guttulée, hyaline.
Quél. Ass. fr. 1883.
Automne. — Sur l'écorce des troncs, saule, peuplier, auzerolle.

puberum. Étalé, membraneux-floconneux, farineux au bord, blanc. Hymenium hérissé de fines soies hyalines. Spore ovoïde pruniforme (0mm 008-9), finement grenelée, hyaline.
Fr. El. I., p. 215.
Automne. — Sur les écorces et le bois pourrissants.

serum. Étalé, tendre, *blanc*. Hymenium grenelé, pruineux, puis finement floconneux, blanc de craie. Spore ovoïde (0mm 006-7), ocellée, hyaline.
Pers. Syn., nº 44. Fr. El. I., p. 211. *sambuci*, Pers. Syn., nº 46.
Automne-hiver. — Sur les troncs secs.

b. *Bordure indistincte.*

calceum. Crustacé, céracé, mince, glabre, blanc. Hymenium lisse, *glacé, blanc* ou *ocré*. Spore en saucisson (0mm 011), hyaline.
Pers. Myc. I., n° 109. Fr El. I., p. 215.
Automne-hiver. — Sur les écorces. Très variable, argileux, chamois, etc.

sebaceum. Stalactite versiforme, empâtant mousses, feuilles et brindilles, céracée, *blanchâtre*. Hymenium pruineux-floconneux, *blanc crème*. Spore pruniforme (0mm 01-12), hyaline.
Pers. Syn., n° 32. Clavar., t. 4, f. 4.
Été-automne. — Sur l'humus des forêts ombragées.

lividum. Etalé, *céracé-gélatineux*, immarginé, glaucescent. Hymenium glabre ou finement pruineux, *hyalin*, avec une teinte lilacine ou glauque. Spore ellipsoïde (0mm 008-9), ou sphérique, guttulée, jaunâtre.
Pers. Obs. I., p. 38. Fr. El., p. 218.
Automne-hiver. — Sur les écorces et les bois.

violaceolividum. Etalé, mince, sans bordure. Hymenium pruineux-pubescent, *gris violeté* ou *lilacin*. Spore ellipsoïde-cylindrique (0mm 01), arquée, hyaline.
Somm. Lap., p. 283. Fr. Epic., p. 564.
Automne. — Sur les écorces, saule, clématite, etc. Ressemble à *cinereum*.

citrinum. Etalé, mince, céracé, tendre, puis crevassé, blanc ou crème. Hymenium lisse, *jonquille*. Spore ovoïde, pruniforme (0mm 008), hyaline.
Pers. Myc., n° 61. Fr. Hym., n° 40. *læticolor?* Karst. Myc. fenn.
Été-automne. — Sur les troncs, sapin, hêtre, etc.

seriale. Etalé, allongé, céracé, mou, immarginé. Hymenium glabre, papilleux, *lie-de-vin*, puis *rose briqueté*, sous une pruine blanche. Spore pruniforme (0mm 012), oblongue, hyaline.
Fr. Epic., p. 563. *subrufescens*, Sec., n° 47.
Automne-printemps. — Sur l'écorce des conifères.

obscurum. Etalé irrégulièrement, ténu, immarginé. Hymenium glabre, *bistre noirâtre*.
Pers. Myc. I., n° 89.
Sur les écorces, bouleau.

limitatum. Etalé, orbiculaire, grumeleux, induré. Hymenium glabre, argileux, bordé d'un *liséré noir*.
Fr. Epic., p. 565. Mont. Ann. Sc. nat., n° 54.
Automne-hiver. — Sur les écorces, sud de la France.

c. *Bordure étroite, floconneuse ou farineuse et fugace.*

cinereum. Etalé, confluent, aride, gris, finement soyeux au bord. Hymenium céracé puis rigide, finement pubescent, *gris cendré*, chatoyant. Spore ellipsoïde cylindrique (0mm 01-12), arquée, hyaline.

Fr. El., p. 221. Ic., t. 198, f. 4. *cinereum, fraxineum, tiliæ, piceæ*, Pers. Myc. I., n° 92, 86, 91 et 23.

Automne. — Sur les branches sèches, plus ténu sur l'écorce.

incarnatum. Etalé, allongé, blanchâtre, incarnat, avec une légère frange byssoïde-farineuse blanche et fugace. Hymenium céracé, pruineux, *incarnat briqueté, orange rosé* ou *aurore*. Spore en saucisson (0mm 012), hyaline, à reflet citrin.

Pers. Syn., n° 18. Fr. El. I., p. 219. *aurantia*, Pers. Syn. *lateritia*, Chaill. in Pers. Myc. I., n° 67. *aurora*, Berk. Outl., p. 276.

Automne-hiver. — Sur le bois et l'écorce.

polygonium. Etalé, orbiculaire (0m 01), ou confluent, blanc rosé avec une étroite bordure pruineuse, blanche ou rosée. Hymenium subpubescent, pruineux, *incarnat rosé* à reflet *glauque lilacin, rose briqueté* à la fin. Spore ellipsoïde oblongue (0mm 01-14), hyaline.

Pers. Disp., p. 30. *maculæforme*, Fr. S. M. I., p. 454.

Automne-printemps — Sur les branches sèches, tremble.

nudum. Etalé, mince, céracé, incarnat-crème pâlissant, avec une fine frange farineuse, *blanche* et fugace. Hymenium lisse, ou légèrement pruineux, *incarnadin, blanchissant*. Spore ovoïde (0mm 008-9), ocellée, hyaline.

Fr. Epic., p. 564.

Hiver-printemps. — Sur les branches mortes, saule, tremble.

confluens. Etalé, mince, submembraneux, avec une bordure farineuse et blanche. Hymenium *lisse, hyalin, blanc* par le sec. Spore ellipsoïde (0mm 012), oblongue, hyaline.

Fr. Epic., p. 564.

Automne-hiver. — Sur les branches mortes.

II. **Himantia.**

Etalés, fibrillo-aranéeux avec une *frange fibrillo-soyeuse.*

a. *Frange et mycélium blancs.*

giganteum. Largement étalé, céracé, gonflé, tendre, puis parcheminé et décollé, bordé de fibrilles rayonnantes e *blanches*. Hymenium *glabre, blanc hyalin* ou *glauque*, puis *blanc*. Spore pruniforme cylindrique (0mm 008-9), hyaline.

Fr. Obs. I., n° 191. Ic., t. 197, f. 3. *pergamenea*, Pers. Myc., n° 99.

Automne. — Sur l'écorce des troncs de pin. Vosges.

lacteum. Etalé, membraneux, ténu, fibrilleux en dessus et bordé de fibrilles, *blanc*. Hymenium céracé, tendre, pruineux, *blanc-crème*, parfois paille. Spore ovoïde pruniforme (0mm 007-8), subtilement aculéolée, hyaline.

Fr. Epic., p. 560. *cariosum*, Pers. Myc. I., n° 105. *arachnoideum*, Berk. Outl., p. 273.

Automne-hiver. — Sur les branches tombées et les feuilles saule, ronce.

læve. Etalé, séparable, villeux en dessus, avec une bordure, byssoïde et blanche. Hymenium épais, céracé, glabre, *incarnat* puis *chamois*. Spore ovoïde pruniforme (0mm 01-12), finement grenelée, hyaline.

Pers. Syn., n° 22. Fr. Epic., p. 560. Ic., t. 198, f. 1.

radiosum. Hymenium *crème chamois* bordé d'une frange *fibrilleuse* et *blanche*.

Fr. Obs. II., n° 238 (sur hêtre).

Automne. — Sur le bois pourrissant, bouleau, saule, noyer, etc.

roseum. Etalé, ténu, incarnat, avec une frange fimbriée et blanche. Hymenium finement tomenteux ou pruineux, *incarnat rosé*, pâlissant. Spore ovoïde (0mm 02-22), hyaline.

Pers. Disp., p. 31. Fr. Epic., p. 560.

Automne. — Sur les branches sèches, saule, tremble, épine de cerf.

cinctulum. Etalé, orbiculaire (0m 02-4), mince, *brun*, bordé d'une étroite frange pubescente et *blanche*. Hymenium pruineux, violacé, brun chocolat. Spore ellipsoïde oblongue (0mm 008), hyaline.

Quél. Ass. fr. 1882. *dichroum*, Chaill. (non Pers.) in herb. Moug.

Hiver-printemps. — Sur les branches d'arbustes, saules, nerprun fragile.

vinosum. Membraneux (0m 05-6), charnu-floconneux, peu adhérent, mou, villeux et blanchâtre en dessous. Hymenium ruguleux, glabre, *lie de vin*, avec une bordure épaisse, pubescente-tomenteuse, *blanche*, puis *concolore*. Spore ovoïde-pruniforme (0mm 01-12), guttulée, finement grenelée, hyaline.

Pers. Syn., n° 37. *fuscum*, Obs. I., p. 38.
Hiver-printemps. — Sur les troncs décortiqués, chêne.

b. ***Frange** et mycelium colorés.*

sanguineum. Etalé (0m 1), membraneux, séparable, *feutré-aranéeux*, purpurin violacé, fimbrié, rosé ou lilacin au bord. Hymenium pruineux, *incarnat violeté*. Spore oblongue, réniforme (0mm 01-14), ponctuée, hyaline.
Fr. Epic., p. 561. Ic., t. 198, f. 2.

lilacinum. Etalé, périphérique, feutré, mince. Hymenium pubérulent, *rose violeté*, puis *vineux*, sous une pruine blanche. Spore réniforme (0mm 01-12), ou pyriforme. Baside *circinée*.
Hiver-printemps. — Sur les rameaux pourrissants, putier, noisetier, pin, etc. Il s'étale aussi sur les racines des arbustes et des plantes en forme de *Thelephora*.
Helicobasidium purpureum, Pat. litt. et Soc. Bot. fr. 1885. Quél. Ench., addenda.
Printemps. — Sur les pétioles du cabaret.

velutinum. Etalé, membraneux, soyeux, bordé de longues fibrilles rosées. Hymenium céracé, *incarnat rosé*, *velouté* de *fils courts*, *serrés*, *mous* et *blanc rosé*. Spore ellipsoïde (0mm 008), allongée, hyaline.
De Cand. Fl. fr. VI., p. 33. Fr. Epic., p. 561.
Été-automne. — Sur les brindilles, les feuilles et le bois des forêts montagneuses.

lactescens. Etalé, céracé, tendre, onduleux et bordé d'une frange incarnate. Hymenium pruineux, *saumon* ou *incarnat*, à *lait aqueux* poivré et *blanc*, (saveur du *Lact. quietus*). Spore ovoïde ou pruniforme (0mm 008), guttulée et hyaline.
Berk. Outl., p. 274. *salicinum*, Pers. Myc. I., n° 47.
Automne. — Sur les souches, saule, orme.

sulfureum. Membraneux soyeux, séparable, jaune, avec une *bordure fibrilleuse*, *satinée* et *citrine*. Hymenium céracé, mou, finement *velouté* de poils courts et hyalins. Spore ellipsoïde (0mm 01), hyaline.
Fr. El., p. 201. *citrinum*, Sec., n° 36.
Automne-printemps. — Sur le bois et les feuilles dans l'humus des forêts.

cinnamomeum. Etalé, confluent, irrégulier, *hérissé* et *bordé* de fibrilles, *brun fauve*. Hymenium céracé, mou, glabre, *cannelle*.
Pers. Myc. I., n° 73. Fr. El. I., p. 201.
Automne. — Sur les bois et écorces, coudrier, chêne.

ochraceum. Etalé, céracé, mou, nankin, avec une fine bordure crème jonquille et fugace. Hymenium glabre, *micacé-doré*, jonquille. Spore amygdaliforme (0mm 02), hyaline, jonquille au centre.

Fr. S. M. I., p. 446.

Automne-printemps. — Sur le bois pourrissant, hêtre, saule.

cæruleum. Etalé, orbiculaire, tomenteux, bleu, grisonnant, avec une frange *byssoïde* et *azurée*. Hymenium céracé, mou, papilleux, finement tomenteux, d'un *beau bleu indigo*. Spore ellipsoïde pruniforme (0mm 01-15), hyaline.

Schrad. Spic. De Cand. Fl. fr. II., p. 107. Pers. Myc. I., n° 90, *phosphoreum*, Sow., t. 350.

Automne-hiver. — Sur l'écorce des branches sèches.

III. Lomatia.

Etalés, marginés ou cupuliformes.

sarcoïdes. Cupuliforme, puis aplani, mou puis flasque, *villeux*, *blanc*. Hymenium charnu, tuberculeux au centre, *incarnat* foncé, pâlissant et gercé par le sec.

Fr. Epic., p. 558.

Hiver. — Sur les branches mortes du bouleau.

versiforme. Cupuliforme (0m 002-3), puis étalé et confluen céracé, ferme, subtomenteux, *orangé* pâlissant. Hymenium *incarnat rouge* sous une pruine blanche. Spore ovoïde (0mm 005), hyaline.

Fr. Epic., p. 559.

Hiver-printemps. — Sur les branches dénudées, chêne, érable.

corticale. Cupuliforme, puis étalé avec la *marge enroulée en dedans*, coriace, scabre, *brun foncé*. Hymenium céracé gélatineux, pruineux, tomenteux à la loupe, *incarnat*, puis *lilacin grisâtre*. Spore ellipsoïde cylindrique (0mm 01-12), arquée, hyaline.

Bull., t. 436, f. 1. *quercinum*, Pers. Syn., n° 16. Fr. Epic., p. 563.

Automne. — Sur les branches sèches, chêne, tilleul, lilas, hêtre. Il ressemble à un *Umbilicaria*.

Gen. V. PHLEBIA, Fr.

Peridium *étalé*, membraneux, *fimbrié*, *gélatineux*. Hymenium *veiné* ou *ridé*. Spore subcylindrique, petite et *hyaline*. Lignicoles.

merismoïdes. Etalé (0m 05-8.), membraneux, *villeux*, incarnat briqueté, bordé d'une *frange laciniée*, mince et *orangée*. Hymenium ridé-plissé et bosselé tuberculeux, incarnat purpurin. Spore ellipsoïde cylindrique (0mm 006), arquée, hyaline.

Fr. S. M. I., p. 427. Grev. Scot., t. 280.

Automne-hiver. — Sur les troncs moussus, chêne, pommier.

radiata. Peridium mince, orbiculaire (0m 01-2), *glabre*, *incarnat rosé* pâle, bordé d'une *frange fimbriée*. Hymenium *radié-plissé*, *incarnat-purpurin*. Spore cylindrique (0mm006-8), arquée et hyaline.

Fr. S. M. I., p. 427. *Auricularia aurantiaca*, Sow., t. 291.

contorta. Plis rameux, flexueux, fasciculés-agglomérés.

Fr. S. M., p. 427. *Ricnophora carnea*, Pers. Myc. II., t. 18, f. 5.

Automne. — Sur les branches sèches, cerisier, sorbier, bouleau, aune.

Gen. VI. STEREUM, Pers.

Peridium *conchoïde* ou *crustacé* et *marginé*, coriace ou ligneux, *persistant*. Hymenium *uni*, céracé-coriace. Spore *ellipsoïde oblongue* et *blanche*. Lignicoles.

I. Peridium crustacé, adné, séparable, immarginé.

odoratum. Largement étalé, mince, *subéreux*, rigide, blanchâtre. Hymenium finement *velouté*, puis glabre, blanc, puis ocracé. Spore pruniforme (0mm 01), finement aculéolée, hyaline.

Fr. S. M. I., p. 445.

Été-automne. — Sur le bois pourri de pin. Vosges.

suaveolens. Largement étalé, subéreux, mou, lisse, blanchâtre. Hymenium pruineux, blanc de lait.

Fr. Epic., p. 553.

Souches de saule. Vosges.

II. Peridium membraneux ou crustacé ; marge étroitement libre ou réfléchie.

a. *Hymenium pubescent ou velouté.*

avellanum. Peridium étalé, coriace, dur, avec le bord étroitement réfléchi, tomenteux, *ocracé*. Hymenium *pruineux-velouté*, puis glabre, blanc jonquille, puis ocracé grisâtre, taché, au toucher, de *rose vineux*. Spore ellipsoïde cylindrique (0mm 01-11), hyaline. Odeur douce.

Fr. S. M. I., p. 442.

Hiver-printemps. — Sur les souches et les branches, coudrier, hêtre. Il ressemble à *rugosum*.

Chailletii. Peridium étalé avec le bord libre, coriace, mince, pubescent, rouillé pâle. Hymenium *pubescent velouté*, *chamois*, chatoyant. Spore ellipsoïde (0mm 009), oblongue, hyaline.

Pers. Myc. I., p. 125. Fr. El., p. 188.

Automne. — Sur les branches de l'if. Jura.

disciforme. Etalé (0m 01-2), coriace, *dur*, pubescent, *chamois*, avec une étroite marge blanche. Hymenium bosselé, finement velouté, *blanc de lait*, grisonnant. Spore ovoïde (0mm 02), hyaline.

De Cand. Fl. fr. V., p. 31. Fr. S. M. I., p. 443.

Automne-hiver. — Sur l'écorce des chênes, charmes.

b. *Hymenium pruineux, stratifié, rigide.*

frustulosum. Etalé (0m 01-5), *bosselé*, ligneux, épais, à marge *enroulée en dehors*, crème puis brunâtre. Hymenium *convexe* stratifié, pruineux, crevassé aréolé, *crème-grisonnant*. Spore ovoïde pruniforme (0mm 012).

Pers. Myc. I., n° 54. Fr. Epic., p. 552.

Automne-hiver. — Sur les vieux bois de charpente, chêne.

repandum. Etalé (0m 02-3), cupuliforme, *épais*, *stratifié*, *corné*, *strié* concentriquement, *bistre ;* marge étroite et retroussée. Hymenium pruineux, *chamois* incarnat. Spore ellipsoïde allongée (0mm 011), hyaline.

Fr. El., p. 190. Ic., t. 197, f., 1.

Automne. — Sur les souches de saule et d'aune.

c. *Hymenium pruineux, non stratifié, rigide.*

rugosum. Etalé (0m 05-10), étroitement marginé, rigide, soyeux, puis glabre, *brun*. Hymenium pruineux, *céracé*, *crème*, ou *incarnat*, pourpre obscur, puis bistre au toucher.

Spore ellipsoïde cylindrique (0^{mm} 012), incurvée, hyaline.

Pers. Myc. I., n° 34. Fr. Epic., p. 552. *corylea*, *peltata*, *rudis*, Pers. Myc., n°s 30-32.

Hiver-printemps. — Sur les souches, hêtre, coudrier, chêne, aune.

abietinum. Etalé, décollé au bord, membraneux, rigide, bai bistre. Hymenium pruineux, *cendré*, *incarnat grisâtre*. Spore pruniforme allongée (0^{mm} 008).

Pers. Syn., n° 17. Fr. Epic., p. 553.

Printemps. — Sur l'écorce du sapin. Jura.

pini. Adné, pelté, (0^{m} 005), d'abord substipité, épais, bosselé, coriace, glabre et paille, bordé d'une marge fimbriée et crispée. Hymenium *purpurin brunissant* sous une fine pruine grise. Spore ellipsoïde cylindrique (0^{mm}008), incurvée, hyaline.

Fr. S. M. I., p. 443.

Automne-hiver. — Sur l'écorce du pin sylvestre.

rufomarginatum. *Tuberculeux*, puis *marginé*, (0^{m} 02-3), coriace, glabre, *rouge brunâtre*. Hymenium bulleux, tuberculeux ou ruguleux, pruineux, *cendré*.

Pers. Myc. I., n° 25. *Auric. cinerea*, Sow., t. 388, f. 3. *rufum*, Fr. Epic., p. 553.

Automne. — Sur les branches sèches du tilleul. Jura.

III. Peridium dimidié ou conchoïde, sessile.

a. *Hymenium glabre.*

gausapatum. Peridium conchoïde, subéreux et mou, *hérissé de fibres*, *brun* pâlissant. Hymenium *radié rugueux*, glabre, plus foncé. Spore pruniforme oblongue (0^{mm} 01).

Fr. El. I., p. 171.

Automne. — Cespiteux, connés et imbriqués sur les souches. Ouest, Alpes-Maritimes.

lilacinum. Peridium conchoïde, coriace et mou, souvent étalé, *tomenteux*, *blanc* ou grisâtre. Hymenium glabre, *lilacin* ou *purpurin*. Spore ellipsoïde oblongue (0^{mm} 006-8), incurvée, hyaline.

Batsch. f. 131. Pers., avec *purpureum*, Obs. II., p. 91. *Auric. reflexa*, Bull., t. 483, f. 1.

vorticosum. Peridium coriace, étalé, réfléchi, faiblement zoné, *hérissé-velouté*, crème. Hymenium légèrement côtelé, glabre, *purpurescent*.

Fr. Obs. II., p. 275. Bull., t. 483, f. 2-4.

Automne-hiver. — Sur les écorces et les troncs des arbres feuillus.

hirsutum. Conchoïde, étalé, réfléchi, coriace, *hérissé-feutré, jonquille*, zoné, *souci* au bord. Hymenium glabre, jaune *souci*, pâlissant. Spore ellipsoïde allongée (0mm 007), incurvée, hyaline.

Willd. Ber., p. 397. *Auric. reflexa*, Bull., t. 274.

Automne-printemps. — Imbriqué sur les branches et les troncs feuillus.

cristulatum. Peridium campanulé, conchoïde (0m 01-3), *mince*, festonné, crispé, substipité, rigide, hérissé, zoné, satiné, *finement rayé*, fauve, mordoré ou rouillé, bordé de blanc. Hymenium glabre, souci clair, *rougissant* au toucher. Spore ovoïde pruniforme (0mm 008-9), blanche.

Quél. Jur. et Vosg. III., p. 15, t. 1, f. 15. *vorticosum*, Enchir., p. 205.

Automne. — Cespiteux imbriqué sur les rameaux, les souches, les tiges d'herbes.

fuscum. Peridium conchoïde, coriace, mince, pubescent, *sillonné zoné*, fauve rouillé. Hymenium glabre, *crème incarnat*, puis fauve.

Schrad. Spic., p. 187. *bicolor*, Pers. Syn., p. 568. Fr. Ic. t. 197, f. 2.

Automne. — Sur les souches des forêts de la plaine.

album. Peridium membraneux coriace, subréniforme (0m 02-3), ou appliqué et lacinié, finement tomenteux, *blanc de lait*. Hymenium *ridé* ou *plissé*, blanc crème ou paille, plus blanc au bord. Spore en saucisson (0mm 007-8), blanche.

Quél. Ass. fr., 1882., p. 15, t. 11, f. 16.

Été-automne. — Sur les branches sèches du sorbier. Vosges.

sanguinolentum. Peridium étalé, réfléchi, coriace, mince, *soyeux*, striolé, blanchâtre ou grisâtre et *bordé* de *blanc*. Hymenium glabre, *gris bistré*, *rouge sanguin* au toucher. Spore ellipsoïde.

Alb. et Schw., p. 274. Fr. Epic., p. 549. Grev. Scot., t. 225.

Automne-printemps. — Sur les branches et troncs de conifères.

ochroleucum. Etalé réfléchi (0m 03-5), *orbiculaire*, confluent, membraneux, coriace, tomenteux, zoné, blanc crème, puis gris chamois. Hymenium pruineux, finement *pubescent* et *soyeux* au bord, *blanc crème* grisonnant avec des zones blanches. Spore sphérique (0mm 004-5), finement grenelée, crème jonquille.

Fr. Epic., p. 557. *Auric. pulverulenta*, Sow., t. 214?

Automne. — Sur l'écorce des branches sèches, bouleau. Jura et Vosges.

spadiceum. Etalé-réfléchi (0m 05-9) ou conchoïde, mou-coriace, cotonneux, zoné, grisâtre ou bistré, crispé et *blanc-crème* au bord. Hymenium ridé, subtomenteux à la loupe, *brun* ou *bistre, pâlissant*, rosé au toucher. Spore ovoïde oblongue (0mm 012), hyaline.

Pers. Syn., p. 568. Fr. El. I., p. 176. Fl. dan., t. 1619. Bull., t. 483, f. 5.

Automne. — Sur les bois recouverts d'humus et de feuilles.

b. *Hymenium velouté de petites soies.* (*Hymenochæte*, Lév.)

ferrugineum. Peridium étalé réfléchi, mince, coriace, *rigide* et *dur, sillonné-zoné, pubescent, brun rouillé*. Hymenium *chatain*, semé de *fines soies baies*.

(*Auricularia*). Bull., t. 378, *rubiginosum*, Schrad. Spic. Fr. Epic., p. 550.

Été-automne. — Imbriqué sur les souches de chêne.

tabacinum. Peridium étalé réfléchi, coriace, mince, *flasque*, soyeux, *chatain* clair, orné de *zônes fauves* ou *mordorées*. Hymenium brun bai, velouté de *soies baies*. Spore ellipsoïde (0mm 008), fauve.

(*Auricularia*) Sow., t. 25. Fr. Epic., p. 550, *variegata*, Schrad.

crocatum. Peridium étroitement réfléchi, pubescent, *rouillé-safrané*. Hymenium jonquille, hérissé de soies rares, bai-rouillé.

Fr. El. I., p. 173.

Été-automne. — Sur les troncs des arbres feuillus, cerisier, aune, coudrier, poirier.

corrugatum. Peridium largement étalé, mince, *plissé-ridé* puis crevassé, *brun cannelle*, rouillé au toucher, naissant d'un mycelium blanc et citrin. Hymenium *velouté* par des *soies* serrées, courtes et bai rouillé. Spore ellipsoïde (0mm 008), brun fauve.

Fr. Obs. I., p. 154. Grev., t. 234. *padi*, Pers. Myc. I., 142.

Hiver-printemps. — Sur les branches sèches, coudrier, hêtre, chêne, putier.

striatum. Peridium étalé réfléchi, membraneux, *strié*, *tomenteux*, *brun* avec une bordure fauve clair. Hymenium gris ou chocolat, *velouté* de *fines soies brunes*. Spore ellipsoïde oblongue (0mm 012), hyaline.

Fr. Epic., p. 551. Schrad. Spic., p. 186. *crispa*, Pers. Syn., nº 8.

Hiver-printemps. — Sur le bois sec des forêts de conifères.

Mougeotii. Peridium étalé réfléchi, céracé puis rigide, finement tomenteux, *brun rouillé*, avec une bordure soyeuse et mordorée. Hymenium tuberculeux ou chagriné, pruineux pubescent, *rouge*, *velouté de fines soies brun pourpre*. Spore ellipsoïde cylindrique (0mm 007-8), hyaline.

Fr. El., p. 188. *cruentum*, Moug. et Nestl., nº 581.

Été-automne. — Sur l'écorce des épicéas. Jura, Vosges.

fuliginosum. Etalé, coriace, mince, *bistre*. Hymenium hérissé de soies fines et serrées, bistre noirâtre.

Pers. Myc. I., nº 87. *fuscopurpureum*, Pers. Myc., nº 76 ?

Eté-automne. — Sur du bois pourri. Il ressemble à *Dematium herbarum*.

Gen. VII. PHLOGIOTIS, Quél.

Auriformes, gélatineux, élastiques, stipités. Hymenium extérieur, vaguement plissé. Spore larmiforme, grenelée et hyaline. Terrestres.

rufa. Spatuliforme ou semi-infundibuliforme (0m 05-8), tendre, épais, diaphane, d'un beau *rose orangé*. Hymenium convexe, uni puis veiné et couvert d'une pruine blanche. Spore ovoïde larmiforme (0mm 01), finement aculéolée, hyaline.

(*Tremella rufa*, Jacq. Misc., t. 14). *Guepinia helvelloides*, Fr. El. II., p. 31 Quél. I., t. 20, f. 4.

Été. — Sur l'humus des sapinières montagneuses. Comestible.

Gen. VIII. SPARASSIS, Fr.

Peridium stipité, divisé en *rameaux foliacés*, charnu-coriace, (0m 1-3). Hymenium céracé et *uni*. Spore *sphérique*, grenelée, *blanche*. Humicoles.

crispa. Stipe épais, *radicant*, fibro-coriace. Peridium formé de *rameaux rubannés*, nombreux, entrelacés, confluents, *cré-*

pés, *blanc-crème*, légèrement *zonés* et *jonquille* au sommet. Spore sphérique (0mm 008), grenelée, blanche à teinte citrine.

(*Clavaria*). Wulf. in Jacq. Misc., t. 14, f. 1. Fr. Sver. sv., 17. *Elvela ramosa*, Schæff., t. 163.

Été. — Dans les forêts de sapins des montagnes. Alpes, Vosges, Jura. Comestible.

laminosa. Stipe épais et rameux. Rameaux foliacés, *dressés*, serrés, concrescents, entiers, unis, *jaune paille*.

Fr. Epic., p. 570. *brevipes*, Kromb., t. 22, f. 4. *foliacea*, Saint-Amans. Fl. Ag., t. 11.

Été. — Parmi les brindilles des forêts de chênes. Comestible.

Trib. II. TREMELLINI, Quél.

Gélatineux, hygrométriques, homogènes, versiformes. Hymenium amphigène ou discoïde. Baside pyriforme quadripartite. Spore ovoïde ou réniforme. Lignicoles.

Gen. I. DACRYMYCES, Nees.

Globuleux, puis plissés à la surface, gélatineux. Baside claviforme puis bifurquée, terminant des cellules tubuleuses septées. Spore ellipsoïde, cylindrique arquée, hyaline. Lignicoles.

a. *Opalins*, *rosés ou rouges*.

hyalinus. Globuleux, puis plissé-bosselé (0m 01), pruineux, *hyalin*, puis *opalin*, translucide. Spore cylindrique arquée (0mm 011-12).

Pers. Myc., p. 105. *albida*, Huds. Eng. bot., t. 2117. *Cerebrina alba*, Bull., t. 386, f. A.

Sur les branches sèches des forêts ombragées.

lilacinus. Arrondi (0m 01), chiffonné, *opalin*, puis *améthyste* ou *lilacin*, translucide. Spore cylindrique incurvée (0mm 012).

Quél. Ass. fr. 1884. *Tremella violacea*, Tul. Trem., t. 12, f. 3-12.

Sur les branches sèches, aubépine, houx.

fragiformis. Arrondi (0m 01-2), lobulé-plissé, *rose rouge*, hyalin en temps humide. Chair ferme, diaphane. Spore cylindrique (0mm 04-6), *triseptée*.

Pers. Ic. pict., t. 10, f. 1. Nees. Syst., p. 155. *macrosporus*, Berk. et Br., n° 1374, t. 7, f. 1.
Automne-printemps. — Sur les branches sèches, aubépine, charme, etc.

syringæ. Orbiculaire (0m 003-4), tuberculeux, atténué en stipe très court, *rouge orangé*.
Schum. Sæll., p. 140. Fl. dan., t. 1857, f. 3.
Sur les branches sèches du lilas.

roseus. Globuleux cupuliforme, *rosé*. Conidie globuleuse.
Fr. El. II., p. 35.
Sur le Jungermannia byssacea. Vosges.

b. *Jaune paille, jaune d'or.*

deliquescens. Arrondi, puis lenticulaire (0m 01), *jaune d'ambre*, souvent avec une teinte aurore. Spore ellipsoïde larmiforme (0m 016), triseptée, citrine.
Bull., t. 455, f. 3. *lacrymalis*, Pers. Syn., p. 628. Tul. Trem., t. 13.
Sur le bois de pin.

stillatus. Globuleux (0m 003-5), puis un peu ombiliqué en dessus, élastique, glabre, *orangé* avec la base villeuse et blanche. Hymenium concave, couvert d'une pruine dorée. Spore ovoïde oblongue (0mm 02-25), incurvée, 6-8 septée.
Nees. Syst., f. 90. Fr. S. M. II., p. 230. Tul. Trem., p. 27.
Sur le bois de pin pourrissant.

chrysocomus. Globuleux, puis cupuliforme (0m 003), et aplani, glabre, *sulfurin-doré*. Spore pruniforme (0mm 008), pointillée, jonquille.
Bull., t. 376, f. 2. *aurea*, Pers. Obs. I., p. 41. Tul. Trem., p. 29.
Sur le bois de sapin et de pin.

succineus. Globuleux, ponctiforme, glabre, jaune d'*ambre*, pâlissant. Hymenium concave.
Fr. Summ. veg., p. 359.
Sur les aiguilles de pin.

Gen. II. EXIDIA, Fr.

Globuleux hémisphériques, distendus par l'humidité. Hymenium discoïde, supérieur, papillé ou rugueux. Spore réniforme, hyaline. Lignicoles.

recisa. Hémisphérique ou obconique (0m 01-2), oblique, *cha-*

griné, veiné, ambre fuligineux. Hymenium plan convexe, un peu plissé, plus clair. Spore cylindrique arquée (0mm015-18), hyaline.

Dittm. ap. Sturm. I., t. 13. Fr. S. M. II., p. 223.

Automne-hiver. — Sur les branches sèches, saule, merisier.

truncata. Hémisphérique (0m 01-2), mou, *chagriné* ou grenelé, *brun bistre.* Hymenium plan, brillant et *noir*, parsemé de *papilles hyalines.* Spore cylindrique arquée (0mm 02), hyaline.

Fr. S. M. II., p. 224. Quél. I., p. 301.

Hiver. — Sur les branches mortes de tilleul, chêne.

straminea. Cupuliforme (0m 06), rugueux à la base, *pubescent* et *paille.* Stipe court, *cannelé.*

Berk. Journ. Bot. III., p. 19.

Sur les branches sèches. Sud de la France.

glandulosa. Globuleux ou lentiforme (0m 01-2), onduleux, pulvérulent, *bistre.* Hymenium amphigène, bosselé, *papillé, bistre noirâtre.* Spore cylindrique arquée (0mm 012), hyaline.

Bull., t. 420, f. 1. Fr. S. M. II, p. 224. *spiculosa*, Pers., p. 624. Tul. Trem., t. 11, f. 2-8.

Automne-hiver. — Sur les branches mortes.

impressa. Lentiforme puis conchoïde et étalé (0m 02-3), *bistre* puis rugueux et *roux brun.*

Pers. Myc., p. 102. Fr. S. M. II., p. 226.

Automne. — Sur les ramilles sèches.

saccharina. Chiffonné tuberculeux, *parsemé* de quelques *papilles, jaune d'ambre.* Spore ellipsoïde arquée (0mm 015), hyaline.

Fr. S. M. II., p. 225.

Automne-hiver. — Sur le bois des conifères.

pitya. Etalé, plan, plissé rugueux, *olive clair.* Hymenium *finement papillé* et *noir.*

Fr. S. M. II., p. 226.

Hiver. — Sur les branches mortes du pin.

Thuretiana. Discoïde (0m 003-5), marginé, hyalin sous un voile byssoïde et fugace. Hymenium pruineux, *blanc-opalin.* Spore cylindrique arquée (0mm 012-14), subréniforme, guttulée, hyaline.

Lév. Ann. Sc. nat. 1848, p. 127.

Hiver. — Sur les souches, ramilles, herbes et mousses. Ressemble à *Tremella albida.*

Gen. III. OMBROPHILA, Quél.

Gélatineux, globuleux puis hémisphériques, marginés et enfin bosselés, difformes. Hymenium *plan, marginé*. Baside tétraspore. Spore ellipsoïde, incurvée, hyaline. *Corticoles.*

pura. Globuleux, obconique (0m 02), glabre, *incarnat-pur purin*. Hymenium plan concave, bordé d'une marginelle flexueuse, diaphane. Spore arquée (0mm 012-15), hyaline.
Pers. Obs. I., p. 40. *Dilangium insigne*, Karst.
Été-automne. — Sur l'écorce des sapins, dans les montagnes.

rubella. Globuleux, cupuliforme (0m 01-2), glabre, pruineux, *rose-purpurin*, plus clair en temps humide. Hymenium concave, puis flexueux et bordé d'une marginelle mince et saillante. Spore ellipsoïde virguliforme (0mm 015).
Pers. Syn., p. 635. Quél. Ass. fr. 1882, t. 11, f. 17. *cerasina*, Wulf.
Été-automne. — Sur l'écorce des cerisiers.

lilacina. Globuleux hémisphérique (0m 01-2), pruineux, *lilacin-bleuâtre*. Hymenium plan, puis convexe, bosselé, bordé d'une étroite marginelle transparente. Spore ellipsoïde fortement incurvée (0mm 018).
(Wulf ?). Quél. Jura et Vosges, II., t. 5, f. 12.
Printemps. — Sur l'écorce du pommier.

Gen. IV. GUEPINIA, Fr.

Cyathiformes, gélatineux-coriaces. Hymenium supère, cupuliforme. Baside bispore, pyriforme. Spore ellipsoïde larmiforme (0mm 01-12). Lignicoles.

merulina. Cyathiforme, stipité (0m 01-3), oblique, avec la marge amincie et crénelée, orné de haut en bas, de *fins plis linéaires*, diaphane et *ambre pâle*. Hymenium concave, concolore. Spore ellipsoïde larmiforme (0mm 01-12), biocellée. Conidie ellipsoïde oblongue (0mm 015), en dehors de la cupule.

Phialea merulina, Pers. Myc. I., n° 157. Quél. Ass. fr. 1883, p. 11. Jura et Vosges, I, t. 20, f. 6.

Cespiteux ou connés sur les branches sèches, noisetier, charme, aune, saule.

peziza. Cupuliforme, membraneux, sessile ou brièvement stipité, tenace. glabre, diaphane, jaune d'ambre. Hymenium concave, luisant, concolore. Spore réniforme, triseptée. Spermatie sphérique (0mm 008), hyaline, subcitrine.

Tul. Trem., Ann. Sc. nat. 1853, p. 32.

Automne. — Sur les troncs dénudés, chêne, ajonc.

Gen. V. DITIOLA, Fr.

Globuleux, puis hémisphériques, gélatineux. Hymenium plan, supérieur, recouvert d'un voile floconneux et fugace. Spore larmiforme, septée et hyaline. Lignicoles.

radicata. Capitule globuleux, puis discoïde (0m 01), d'abord recouvert d'un léger voile *floconneux* et *blanc*. Stipe obconique (0m 01-2), radicant, épais, *villeux* et *blanc*. Chair glauque, subliquescente, douceâtre. Spore ellipsoïde allongée (0mm 02), 8 septée, hyaline.

Alb. et Schw., t. 8, f. 6. *Femsjonia luteo-alba*, Fr. Summ. veg., p. 341. *Exidia pezizæformis*, Lév. Ann. Sc. nat. 1848, p. 127.

Été. — Sur les branches sèches de sapin et de pin.

Gen. VI. TREMELLA, Dill.

Gélatineux, membraneux, foliacés ou chiffonnés. Hymenium amphigène. Baside ovoïde, pyriforme, se divisant en quatre spicules allongés. Spore ovoïde-sphérique, hyaline. Lignicoles.

a. *Pulviniformes ou aplanis.*

intumescens. Aplani (0m 05-8), convexe, chiffonné, mou, luisant, *brun*, puis noirâtre, finement *pointillé* de *gris*. Chair hyaline, fuligineuse.

Eng. Bot. t., 1870. Fr. S. M. II., p. 215.

Sur les souches des bois humides, tremble, saule, bouleau.

viscosa. Aplani, onduleux, un peu visqueux, *hyalin laiteux*.
Schum., p. 397. Fl. dan., t. 1851, f. 1.
Sur le vieux bois.

indecorata. Arrondi, puis aplati (0m03-5), plissé, opaque, humide, *blanchâtre* ou *olivâtre*, bistré par le sec. Spore ovoïde sphérique (0mm 006), finement pointillée.
Somm. Lap., p. 306. Fr. Ic., t. 200, f. 4.
Sur les branches sèches de saule et de tremble.

violacea. Globuleux (0m 003-5), *chagriné*, *chiffonné*, *foncé*, *violet*. Spore ovoïde (0mm 005), pointillée, crème citrin.
Relh. Cant., p. 412. Pers. Syn., p. 623.
Sur les branches pourries, pommier, poirier, des forêts ombragées.

b. *Noyau dur, blanc, farineux au milieu de la chair.*

encephala. Pulviniforme (0m 01-3), plissé, contourné, *incarnat*, transparent, couvert d'une pruine blanche à la maturité. Noyau cartilagineux, radicant et blanchâtre. Spore ovoïde (0mm 006), pointillée.
Willd. Bot. mag. I., t. 4, f. 14.
Sur les sapins des forêts montagneuses.

rubiformis. Globuleux, plissé-tuberculeux, *jaune*.
Fr. Obs. II., p. 370. Cord. Ic. I., f. 299.
Sur les branches mortes.

gemmata. Orbiculaire (0m 01), aplani, plissé chagriné, diaphane, *paille* ou *incarnat*. Noyau oblong ou pyriforme et blanc. Spore ovoïde (0mm 007), finement grenelée.
Lév. Dem. exp., t. 4, f. 1. *nucleata*, Schw.
Sur les branches sèches, orme, coudrier.

virescens. Arrondi, aplati, rugueux-chagriné, *verdoyant*.
Fr. Epic., p. 592, Fl. dan., t. 1857, f. 1.
Sur le bois pourri.

globulus. Arrondi, brun, fuligineux, diaphane, blanc en dedans. Spore gris-jaunâtre.
Cord. Ic. I., f. 299.
Sur les troncs pourrissants, aune.

Grilletii. Globuleux ou lenticulaire (0m 3-4), *grenelé*, pruineux, *lilacin-grisâtre*, translucide. Spore ellipsoïde (0mm 008-10), oblongue, incurvée, ocellée.
Boud. Soc. Bot. fr. 1885., t. 9. f. 4.

Été. — Sur du bois d'aune où il forme des taches cendrées ou lilacines.

neglecta. Globuleux, exigu, blanchâtre.

Tul. Carp.

c. *Membraneux, frondiformes.*

foliacea. Feuillets larges et longs (0m 03-5), lobés, flexueux, plissés à la base, *jonquille-incarnat* puis souci pâle. Hymenium glabre. Spore ovoïde (0mm 005-6), pointillée.

Pers. Obs II., p. 98. Bull., t. 406. A. B. *violascens*, Alb. et Schw., p. 305.

Cespiteux sur les troncs de conifères.

frondosa. Frondes larges et élevées (0m 1-12), ondulées, crispées, plissées à la base, glabres, *crème-jonquille* ou *citrines*. Spore ovoïde (0mm 007), finement pointillée.

Fr. S. M. II., p. 212. Bull., t. 499, f. T.

Hiver. — Sur les vieux troncs, chêne.

fimbriata. Frondes dressées (0m 05-8), lobulées, plissées-rugueuses, *fimbriées*, *olivâtres*, puis *bistre noirâtre*.

Pers. Obs. II., p. 97. *verticalis*, Bull., t. 272. *undulata*, Hoffm. veg., t. 7, f. 1.

Cespiteux sur les branches mortes des forêts humides.

mesenterica. Tuberculeux, puis foliacé, chiffonné (0m 02-3), plissé à la base, glabre, pruineux, *jaune d'or*, pâlissant. Spore ovoïde, sphérique (0mm 006), finement aculéolée.

Retz in Vet. Ac. 1769, p. 249. Jacq. Misc. I, t.. 15. Tul. Trem., t. 10. (*Elvela*), Schæf., t. 168. *chrysocoma*, Bull., t. 174.

Cespiteux sur les branches sèches. Comestible.

lutescens. Tuberculeux, puis foliacé-chiffonné (0m 02-3), lobulé, subliquescent, *crème-citrin* pâle. Spore ovoïde (0mm 007), pointillée.

Pers. Ic. et Desc., t. 8, f. 9. Bull., t. 406, f. B. D.

Cespiteux sur les branches mortes.

nigrescens. Divisé en lobes flexueux, imbriqués, glabres, opaques, *bistre noirâtre*. Spore sphérique (0mm 005), finement aculéolée.

Fr. Summ. veg., p. 341. Quél. I., p. 301. *moriformis*, Eng. Bot., t. 2446.

Sur les troncs, peuplier, sorbier.

Trib. III. CYATHINI, Quél.

Peridium en forme de cupule, de clochette ou de tube.

Gen. I. AURICULARIA, Bull.

Peridium cupulaire ou conchoïde, dimidié ou étalé, *gélatineux*. Hymenium *uni*, *veiné* ou *réticulé*. Spore sphérique, ellipsoïde ou subcylindrique, *hyaline*. Lignicoles.

tremelloïdes. Peridium étalé-réfléchi (0^m 1-3), imbriqué, flexueux, *zoné*, *tomenteux*, *gris* ou *fauve*. Hymenium *plissé*, faiblement réticulé, glauque ou grisâtre, puis *brun violet*. Spore cylindrique ellipsoïde (0^{mm} 02), ocellée, hyaline ou verdâtre.

Bull., t. 290. *corrugata* , Sow., t. 290. *Helvela mesenterica*, Dicks.

lobata. Zones glabres, veloutées ou hispides.

Somm.

Hiver-printemps. — Tapisse les vieux troncs d'arbres, noyer, hêtre, frêne.

auricula Judæ. Cupule hémisphérique, puis auriforme (0^m 02-8), *pubescente*, *grise*, puis olivâtre, translucide. Hymenium uni ou ridé, plissé, *brun purpurin*. Spore ellipsoïde allongée (0^{mm} 015-18), biocellée et hyaline.

Linn. Spec., n° 1625. Bull., t. 427, f. 2.

lactea. Cupule pubescente, diaphane, blanc-paille. Hymenium plissé-veiné, glabre, blanc de neige. Spore en saucisson (0^{mm} 016-20).

Quél. Ass. fr. 1885.

Hiver-printemps. — Sur les troncs de sureau, noyer, lilas, fusain, mûrier blanc, etc.

cucullata. Peridium substipité, campanulé (0^m 02-3), suspendu latéralement, charnu-gélatineux, *velouté*, *brun*, *bistré*. Hymenium fortement *plissé*, bai obscur, brillant.

Brond. Pl. cr. Agenais, 1828, I, t. 2.

nidiformis. Peridium cupuliforme (0^m 02-3), fixé de côté, *velouté*, *châtain*. Hymenium veiné, brun marron.

Lév. Ann. Sc. nat., 1848, t. 15, f. 10.

Automne. — Sur les troncs de saule blanc. Nivernais, Agenais.

Leveillei. Cupule mince, puis renversée en capuchon (0m 01-2), tendre, translucide, *tomenteuse* et *blanche*. Hymenium veiné ridé, fauve ou brun clair. Spore cylindrique ellipsoïde (0mm 012), arquée, hyaline.

Quél. Soc. Bot. fr. 1879. *Cyphella ampla*, Lév. Ann. Sc. nat. 1848.

Automne-hiver. — Sur l'écorce des branches sèches, tremble.

evolvens. Cupule *subglobuleuse*, puis étalée-peltée (0m 01-3), membraneuse, mince, finement *tomenteuse* et *grisâtre*. Hymenium glabre ou ruguleux, crevassé par le sec, *brun* pâle, puis chamois clair. Spore ellipsoïde (0mm 01), hyaline.

(*Corticium*), Fr. Obs. I., no 197, t. 4, f. 1. (*Thelephora*), El., p. 181.

Automne. — Sur les branches sèches, chêne (Jura). Très affine au précédent auquel il ressemble.

Gen. II. CYTIDIA, Quél.

Peridium cupulaire, puis étalé et pelté, *coriace-gélatineux*. Hymenium uni. Spore sphérique. Corticoles.

rutilans. Peridium cupuliforme, puis étalé, pelté ou confluent (0m 01-10), mince, diaphane, *rouge sanguin*, orné de fines *zones pruineuses* et *blanc de neige*. Hymenium glabre, *zoné*, *rouge*, *orangé*. Spore sphérique (0mm 008), hyaline, légèrement rosée.

Pers. litt. ad Mougeot. *Corticium salicinum*, Fr. Epic., p. 558.

Été-automne. — Sur les branches sèches du saule auriculé. Alsace, Vosges.

Gen. III. CALYPTELLA, Quél.

Peridium membraneux, *céracé*, *ténu*, *tendre*, campanulé, *suspendu*, *herbicole*. Hymenium uni ou veiné. Spore ellipsoïde ou pruniforme, hyaline. Epiphytes [1].

a. *Stipités*.

capula. Peridium ténu, ellipsoïde, puis campanulé (0m005-8), et *festonné*, pellucide, *citrin*, passant vite au *blanc*, puis au

[1] Ce genre est affine à *Arrhenia*.

gris et *noircissant* à la fin. Stipe filiforme (0m 002), flexueux, pubescent et blanc à la base. Hymenium glabre, puis veiné, *sulfurin* blanchissant. Spore pruniforme allongée (0mm 012), finement aculéolée.

Holmsk. Ot. II., t. 22. *sulfurea*, Batsch. Cont. I., f. 146. *læta*, Fr. Epic., p. 568. *gibbosa*, Lév. Ann. Sc. nat. 1848.

Printemps. — Sur les tiges entassées, pomme de terre, etc.

b. *Sessiles.*

lacera. Peridium campanulé (0m 002-3), suspendu par un stipe très court, jonquille, blanchissant, puis gris, *rayé de fibrilles noires.* Hymenium ruguleux, concolore puis gris. Spore pruniforme (0mm 01-12).

Fr. S. M. II., p. 202. Alb. et Schw., t. 1, f. 5.

Gilletii. Peridium campanulé (0m 002-3), brièvement stipité, tomenteux avec des *lignes saillantes, violet noir.* Hymenium cendré, violet. Spore ovoïde pruniforme (0mm 01-12).

Pat., tab. 30. (sur l'hièble).

Eté. — Sur les tiges pourrissantes, entassées. Peu différent de *capula.*

Friesii. *Blanc*, digité (0m 001-2), suspendu, sessile, mince, poilu (poils claviformes et fasciculés). Spore pruniforme oblongue, guttulée.

Crn. Fl. t. sup., f. 11.

Sur la fougère impériale.

cirsii. Cupulaire (0m 002-3), pubérulent, gris noircissant, bordé de poils dressés et blancs. Spore sphérique, ocellée.

Crn., Fl.

Sur les tiges herbacées.

nivea. Subhémisphérique (0m 5), bordé de poils hyalins. Spore sphérique.

Crn., Fl.

Sur l'églantier.

Goldbachii. Peridium campanulé (0m 002-4), sessile, mince, pruineux, *blanc.* Hymenium glabre, *blanc crème.* Spore ellipsoïde sphérique (0mm 008).

Weinm. Ross., p. 522. *Chætoscypha variabilis*, Cord. ap. Sturm., t. 63.

Printemps. — Sur les tiges herbacées sèches.

lactea. Peridium campanulé (0m 002-4), tomenteux, *blanc de neige*, cilié de poils claviformes, brillants et blancs. Hymenium uni puis *plissé*, blanc crème. Spore cunéiforme (0mm 012-15), guttulée.

Bres. Fung. Trid., t. 67, f. 2. *Malbranchei*, Pat., tab. 466.

Automne. — Groupé sur un mycelium cotonneux et blanc, sur les tiges d'herbe et de graminées.

faginea. Peridium globuleux, puis campanulé, sessile, recourbé, *pubescent, blanc de neige*. Hymenium glabre et blanc.

Lib. Cr. Ard., n° 331. Desm. Ann. Sc. nat. 1842, t. 17.

Printemps. — Sur les feuilles mortes du hêtre.

episphæria. Peridium cupuliforme (0m 001-2), mince, *poilu, cilié, blanc*. Hymenium concave, glabre, *gris*. Spore ellipsoïde (0mm 01-13).

Mart. ? Quél. III., p. 109.

Printemps. — Sur les sphériacées, valsa, diatrype.

Gen. IV. CYPHELLA, Quél.

Peridium charnu-coriace, *cupuliforme, laineux*. Hymenium concave, ordinairement fermé par le sec. Spore ovoïde ou pruniforme, hyaline. Corticoles.

amorpha. Peridium globuleux, puis *cupulaire* et *confluent* (0m 003-5), tomenteux-laineux et *blanc*. Hymenium creux puis aplani, pubescent à la loupe, *orangé*. Spore ovoïde sphérique, (0mm 025-30), finement pointillée.

(*Peziza*), Pers. Syn., n° 85. (*Corticium*), Fr. El. I., p. 183. Quél. I., p. 290.

Hiver-printemps. — Sur l'écorce des branches sèches du sapin. Jura, Vosges.

taxi. Peridium cupuliforme campanulé (0m 002), *villeux* et *blanc*. Hymenium glabre et blanc, puis *bistré*. Spore ovoïde.

Lév., Ann. Sc. nat. 1841, p. 239, t. 15, f. 6.

Automne-printemps. — Sur un tronc carié d'if.

alboviolascens. Peridium globuleux puis urcéolé (0m 001-2), *laineux*, blanc de neige. Hymenium creux, glauque, gris lilacin, verdâtre ou olivâtre. Spore ovoïde pruniforme (0mm 015).

(*Peziza*), Alb. et Schw., t. 8. f. 4. *fallax*, Pers. Myc. I., n° 118. *Corticium dubium*. Quél. III., p. 16. t. 1, f. 10.

Hiver-printemps, — Groupé sur les écorces des troncs, lilas, vigne, sureau ; feuilles mortes (frêne).

villosa. Peridium globuleux, puis cupulaire (0m 5-10), mince, *laineux*, *blanc* de neige. Hymenium concave, blanc, puis hyalin ou crème. Spore pruniforme (0mm 012), *bossue* à la base.

(*Peziza*), Pers. Syn., n° 76. Quél. Soc. Bot. 1878, n° 19, t. 3. f. 14.

Été. — Sur les tiges des grandes plantes, ortie, verge-à-pasteur, etc.

albocarnea. Peridium ovoïde globuleux, puis urcéolé (0m 001-2), brièvement stipité, laineux, blanc de neige. Hymenium concave, *incarnat rosé*. Spore pruniforme allongée (0mm 01), finement aculéolée.

Quél. Soc. Bot. 1878, n° 20, t. 3, f. 13.

Été. —En troupe sur les branches sèches du tremble. Jura.

griseopallida. Peridium urcéolé (0m 002-4), membraneux, ridé, pubérulent, *gris paille*. Hymenium ruguleux, concolore. Spore ovoïde (0mm 007-8), hyaline.

Weinm. Ross., p. 522. Fr. Epic., p. 567.

Automne. — Sur l'écorce des troncs, tilleul. Jura.

Gen. V. SOLENIA, Hoffm.

Peridium membraneux, coriace, *tubuliforme* ou *pyriforme*. Hymenium concave, uni. Spore sphérique, ovoïde ou pruniforme, hyaline. Lignicoles.

a. *Peridiums libres, non accolés sur un tapis laineux.*

digitalis. Peridium cylindrique, puis campanulé (0m 01), stipité, suspendu, mince, *chamois* ou *brun*, *rayé* de *mèches fibrilleuses brunes*. Hymenium glabre, blanc-crème ou glauque. Spore sphérique (0mm 02), pointillée.

(*Peziza*), Alb. et Schw. Consp., t. 5, f. 1. Fr. S. M. II., p. 201.

Été-automne. — Sur les branches sèches du sapin. Jura, Vosges.

ochracea. Peridium fusiforme (0m 5-10), puis un peu campanulé, brièvement stipité, ténu, floconneux, laineux, *jonquille fauve*. Hymenium glabre, un peu cilié au bord, blanc-crème ou glauque. Spore ovoïde (0mm 006).

Hoffm. Deutsch. Fl. II., t. 8, f. 2. *Friesii*, Quél. III., p. 15, t. 1, f. 7.

Printemps. — Sur les souches creuses, orme. Jura.

fasciculata. Peridium granuliforme puis cylindrique, *claviforme* (0m 2-5), *soyeux* villeux, *blanc*. Hymenium tubuleux, glabre, blanc.

Pers. Myc. I, n° 3, t. 12, f. 8-9. *Peziza solenia*, De Cand. Fl. fr. II., p. 80.

Automne. — Sur les bois pourrissants, sapin. Vosges.

candida. Peridium isolé, cylindrique (0m 002-3), droit, ténu, *glabre* et *blanc*.

Pers. Disp., p. 36. Hoffm. Cr., t. 8, f. 1.

Automne-hiver. — Sur le bois pourrissant, hêtre.

erucæformis. Peridium ovoïde pyriforme (0m 001-2), *laineux soyeux*, *blanc* de neige, suspendu obliquement par un stipe très court. Hymenium concave, blanc ou glauque. Spore ovoïde (0mm 008-9).

Fr. S. M. II., p. 203. Mich., t. 86, f. 16. Quél. I., p. 293. et III., t. 1, f. 12. *albissima*, Pat., t. 464.

Automne. — En troupe sur les branches mortes, tremble. Jura.

b. *Peridiums accolés en forme d'alvéoles sur un tapis cotonneux.*

grisella. Peridium urcéolé (0m 5), *villeux*, *gris perle*, nidulant sur un *tapis laineux* et *gris argenté*. Hymenium concave, bistré ou brun. Spore pruniforme (0mm 01).

Quél. Soc. Bot. 1877, n° 74, t. 6, f. 13.

Automne-hiver. — Sur les branches sèches du sapin. Jura.

poriæformis. Peridium *ellipsoïde*, *tomenteux*, *gris bistré*, nidulant sur un tapis gris. Hymenium *tubuleux*, crème-ochracé. Spore pruniforme (0mm 01-12).

Pers. Syn., n° 60. Fr. S. M. II., p. 106.

Automne. — Sur les souches de saule. N'est peut-être qu'une variété d'*anomala*.

anomala. Peridium ovoïde pyriforme (0m 5-7), puis urcéolé, sessile ou brièvement stipité, *laineux*, *chamois*, variant du gris au brun. Hymenium concave, *jaune de cire*. Spore pruniforme allongée (0mm 014).

(*Peziza*), Pers. Obs. I., p. 29. Fr. S. M. II., p. 106.

stipata. Peridium ovoïde oblong (0m 5), gris brun avec la *marge blanchâtre*. Hymenium noircissant.

Fr. S. M. II., p. 106.

Automne-printemps. — Sur les écorces et le bois secs.

ferruginea. Hémisphérique (0m 002-4.), laineux, jaune ocracé ou rouillé. Spore sphérique, ocellée.

Crn. Fl. t. sup., f. 12.

Ecorces de chêne, saule, ajonc.

populicola. Peridium cupulé (0m 5-6), laineux, brun roux. Hymenium jaune roussâtre. Spore pruniforme-cylindrique (0mm 012-15).

Pat., tab. 457.

Hiver-automne. — Nidulant, accolés dans un mycelium brun, sur le bois du peuplier.

FAM. II. PTYCHOPHYLLEI, *QUÉL.*

Peridium ombellé, cupulé, stipité ou sessile. Hymenium formé de lamelles mousses, radiées et rameuses ou de plis simples, anastomosés ou réticulés.

Gen. I. MERULIUS, Pers. p. p.

Peridium membraneux. Hymenium céracé, formé de *plis* ou de *nervures ramifiées, réticulées* ou *poriformes*. Spore variable. Lignicoles.

1. Phæospori, Quél.

Peridium membraneux, épais, marginé, séparable. Plis *épais, alvéolaires*, *dentés*, *pulvérulents*. Spore *brune.*

lacrymans. Plaque (0m 1-5), charnue, *spongieuse*, humide, *jonquille*, puis *brun rouillé*, avec une large bordure floconneuse et *blanche*. Plis alvéolés, tortueux, dentés, jonquille, souvent rosés ou lilacins, puis bruns. Spore ellipsoïde (0mm 005-6).

Wulf. in Jacq. Coll., t. 8, f. 2. Fr. Sv. sv., t. 70. *vastator*, Tode. *destruens*, Pers.

pulverulentus. Membraneux, sec, zoné, velouté aranéeux en dessous. Plis réticulés, jaune fauve, seulement sur la marge, avec le centre stérile et uni.

Fr. El. I., p. 60.

Été. — Sur les bois des lieux humides qu'il détruit rapidement.

II. Leucospori, Quél.

Peridium membraneux, réfléchi ou étalé. Hymenium plissé ou poriforme. Spore blanche.

a. *Crustacés adnés, bordure à peine byssoïde.*

rufus. Largement étalé, sans bordure, mou, céracé gélatineux, glabre, *incarnat rouge*. Veines *poriformes, sinueuses,* obliques, amincies et saillantes par le sec. Spore ellipsoïde (0mm006), arquée, étroite.
Pers. Syn., n° 24. Myc. II., t. 16, f. 1-2. Fr. S. M. I., p. 327.
Été-automne. — Sur le bois pourrissant, chêne, charme, des forêts ombragées.

serpens. Etalé, membraneux, villeux avec une bordure soyeuse et blanche. Plis fins, puis poriformes, veinés anguleux, *crème-jonquille* puis *ocracés,* d'un *rose-rouge* au toucher. Spore subsphérique (0mm 006-7), hyaline.
Tode. Abhandl., p. 355. Pers. Syn., n° 23. Fr. Ic., t. 193, f. 3.
Automne-printemps. — Sur les branches de conifères.

crispatus. Crustacé, mince, glabrescent, *hyalin-crème*, avec une bordure *byssoïde*. Plis fins (ou rides), puis poriformes, anguleux, *glauques* ou *verdâtres*. Spore ovoïde sphérique (0mm 006), hyaline.
Fl. dan., t. 716, f. 2. Fr. S. M. I., p. 328.
Automne. — Sur les troncs pourrissants, aune, chêne.

b. *Peridium étalé avec une bordure soyeuse ou byssoïde.*

aureus. Etalé, mince, céracé, mou, *jaune d'or*, un peu *orangé*, avec une bordure byssoïde *blanc de neige*. Plis poriformes (0m 001-2), crépés, tortueux. Spore ovoïde (0mm 005), hyaline à reflet citrin.
Fr. El., p. 62. Quél. Soc. Bot. 1877, n° 35.
Été. — Sur le bois sec des forêts de conifères montagneux.

himantioïdes. Etalé, soyeux byssoïde, avec une bordure aranéeuse, *lilacin*. Plis poriformes tortueux, *isabelle*, puis *olivâtres*. Spore ellipsoïde (0mm 006-7), paille olivâtre.
Fr. S. M. I., p. 329. Ic., t. 193, f. 4. Pers. Myc., t. 14 f. 3, 4.

Automne. — Sur le bois pourrissant et les aiguilles de pin, dans les forêts montagneuses. Ressemble à *lacrymans*.

molluscus. Etalé, mince, mou, *blanc* avec une marge byssoïde. Plis poriformes, puis tortueux, *incarnats*. Spore ellipsoïde sphérique (0mm 005-6), ocellée, hyaline.

Fr. S. M. I., p. 329. Ic., t. 193, f. 2. Pers. Myc. II., t. 14, f. 1, 2.

Automne. — Sur le bois de conifères des montagnes.

c. *Peridium marginé et réfléchi, charnu ou gélatineux.*

tremellosus. Membraneux, charnu gélatineux, *tomenteux*, blanc. Plis alvéolaires, dentés, tortueux, *incarnat* pâle. Spore en saucisson (0mm 006), hyaline.

Schrad. Spic., p. 139. Pers. Obs. II., p. 92. Fl. dan., t. 776, f. 1.

Automne. — Sur les souches des forêts feuillues.

papyrinus. Etalé avec le bord réfléchi, charnu floconneux, mince, mou, finement tomenteux et blanc. Nervures *fines*, *réticulées*, *incarnat briqueté*. Spore pruniforme allongée (0mm 008), blanche.

Bull., t. 492. Sow., t. 349. *purpurascens*, De Cand. *corium*, Fr. El., p. 58.

Automne. — Sur les branches sèches des bois ombragés.

niveus. Etalé, fixé par le centre et libre au bord, ténu, mou, glabre, *blanc de neige*. Plis ou rides réticulés. Spore pruniforme allongée (0mm 008).

Fr. El. I., p. 59. *serpens*, Somm. Lap., p. 268.

Automne. — Sur les branches sèches, aune, bouleau, des forêts humides. Vosges, Alpes.

d. *Peridium dimidié, substipité* ou *réfléchi.*

crispus. Peridium substipité ou dimidié (0m 01-2), membraneux, souvent lobé, *villeux*, *fauve*, un peu zoné, avec une bordure *blanc de neige*. Plis ramifiés, étroits, *crispés*, *blancs* ou *glauques*. Spore cylindrique (0mm 005), incurvée, hyaline.

Pers. Ic. et Desc., t. 8, f. 7. Fl. dan., t. 1759. (*Trogia*), Fr. Quél. I., t. 14, f. 4.

Automne. — Sur les branches sèches, cerisier, hêtre, des forêts feuillues.

Gen. II ARRHENIA, Fr.

Peridium membraneux, ténu et tendre, *dimidié-campanulé*. Hymenium *ridé* ou *ruguleux*. Spore sphérique, ellipsoïde, *fauve* ou *incarnate*. Muscicoles.

a. *Sessiles.*

tenella. Peridium étalé-réfléchi (0m 005-6), ténu, mou, *lobé noirâtre*. Hymenium finement plissé-veiné, *brunâtre*.
De Cand. Fl. fr. II., p. 132.(*Merulius*), Fl. dan., t. 129, f. 2.
Été. — Sur les bois pourris.

muscigena. Peridium conchoïde (0m 005), aplani, ténu, villeux-pruineux et *blanc*. Hymenium *ruguleux*, blanc de neige.
(*Thelephora*), Pers. Syn. n° 15, Myc. I., t. 7, f. 6. (*Cyphella*), Fr. Epic., p. 567.
Été-automne. — Sur les grandes mousses, polytrics, etc.

galeata. Peridium cupuliforme (0m 2-5), dénudé, ténu, lisse et *blanc*. Hymenium finement ridé, *ocracé*, puis *roux*. Spore ovoïde sphérique (0mm 007-8), pointillée, fauve bistré.
Schum. (*Merulius*), Fl. dan., t. 2.027, f. 1. Fr. Epic., p. 567. (*Cymbella*), Pat., tab. 467.
Été-automne. — Sur les mousses des rochers.

muscicola. Peridium cupuliforme conchoïde (0m 2-5), mince, *villeux*, blanchâtre. Hymenium uni, puis ruguleux, *blanc*, puis *gris*. Spore ellipsoïde sphérique (0mm 01), pointillée, incarnate.
Fr. S. M. II., p. 202. Fl. dan., t. 2083, f. 2.
Automne. — Sur les mousses des troncs.

b. *Stipités.*

auriscalpium. Stipe fluet, court (0m 003-5), villeux, blanc ou gris. Peridium latéral, conchoïde (0m 004-5), ténu, pruineux, *gris* ou *chamois*. Hymenium finement ridé, pruineux et blanc. Spore sphérique (0mm 02-3), ocellée, glauque.
Fr. Summ. veg., p. 312. *Cantharellus Muhlenbeckii*, Trog. Fl. 1839, p. 437?
Été. — Parmi les mousses, dans les Alpes.

Gen. III. DICTYOLUS, Quél.

Peridium conchoïde, latéral ou suspendu par le sommet, *très tendre*, membraneux. Lamelles ou plis anastomosés ou réticulés. Spore ovoïde oblongue, *blanche*. *Lignicoles* ou *muscicoles*.

a. *Peridium fixé par le sommet, résupiné, puis réfléchi.*

juranus. Peridium cupulaire (0m 001-2), puis festonné, ténu, villeux-aranéeux, *blanc de neige*, naissant d'un mycélium aranéeux. Plis radiés, *rameux*, *larges*, espacés, minces, blanc de lait, puis crème; arète mousse, pubérulente. Spore ovoïde pruniforme (0mm 006-7), finement grenelée et blanche.
Quél. Ass. fr. 1887, t. f.
Été. — Sur bois de sapin pourrissant. Haut Jura.

bryophilus. Peridium cupulaire (0m 003-5), fixé par le sommet stipitiforme, *villeux* et blanc de *neige*. Lamelles dichotomes, *larges*, radiées et *blanches*, à peine mousses au bord.
Pers. Obs. I., t. 3, f. 1. Nees. Syst., f. 237.
Fin-automne. — Sur les grandes mousses.

retirugus. Peridium cupulaire (0m 01-2), très ténu, tendre, festonné, diaphane, gris ou bistré, soyeux, blanchissant. Lamelles veinées, *réticulées*, gris clair ou blanches. Spore ovoïde acuminée (0mm 008), finement aculéolée et blanche.
Bull., t. 498, f. 1. Sow., t. 348. Fr. Epic., p. 368.
Automne. — Sur les stipules et les mousses des forêts humides.

lobatus. Conchoïde ou réniforme (0m 02-3), *lobé*, *crispé*, *ridé*, glabre, hygrophane, translucide, bistré grisâtre, puis chamois ou café au lait, fixé latéralement par une base *cotonneuse* et *blanche*. Lamelles écartées, *réticulées* au centre, ramifiées au bord, bistrées ou grisâtres. Spore ovoïde pruniforme (0mm 01), hyaline.
Pers. Syn., nº 15. Fl. dan., t. 1077. Bolt., t. 177.
Printemps. — Sur les laiches et les hypnes des marécages. Très affine à *muscigenus*.

b. *Peridium latéral, substipité ou sessile.*

muscigenus. Stipe latéral, grêle, court (0m 002-4), *villeux* à la base. Peridium en spatule (0m 03-4), membraneux, tenace, ondulé, glabre, *brun* puis *cendré*, blanchissant et zoné par le sec. Lamelles ramifiées, espacées, épaisses, molles, cendrées. Spore ovoïde acuminée (0mm 01), finement aculéolée et blanche.

Bull., t. 288, 498, f. 2. Pers. Syn., n° 14. *spatulatus*, Fr. El., p. 53.

Automne. — Sur les grandes mousses des marais.

glaucus. Stipe latéral, court, floconneux et blanc. Peridium oblique (0m 01), membraneux, tendre, fibrillosoyeux, diaphane et gris. Plis veineux, dichotomes, espacés, épais, glauques puis cendrés. Spore pruniforme (0mm 01), finement aculéolée, hyaline.

Batsch. t. 123, Fr. Hym., n° 21. Holmsk. Ot. II., t. 23.

Automne. — Sur les mousses, barbula, racomitrium, etc., des rochers.

Gen. IV. CRATERELLUS, Quél.

Peridium charnu, tenace ou membraneux, *putrescent*. Stipe fibro-charnu, le plus souvent fistuleux. Hymenium formé de *plis* ou de *nervures* décurrentes et rameuses. Spore ellipsoïde. Terrestres.

a. *Peridium membraneux. Stipe plein.*

sinuosus. Stipe moelleux, souvent cannelé et caverneux au sommet, *gris*, ocracé en haut. Peridium en coupe (0m 02-25), festonné, mince, *gris bistré, parsemé de petites mèches bistre*. Plis peu marqués ou rides épaisses, flexueuses, décurrentes, *grises*, puis *ocracées*. Spore ellipsoïde pruniforme (0mm 01-13), finement aculéolée et blanche.

Fr. Epic., p. 533. Ic., t. 196, f. 2. Vaill. Par., t. 11, f. 11-13. *floccosus*, Boud. Soc. Bot. 1877, t. 4, f. 3.

Été-automne. — Dans les forêts siliceuses de la plaine.

crispus. Stipe spongieux, grêle, pruineux, *jonquille grisonnant*. Peridium en coupe (0m 01-2), festonné, frisé au bord, membraneux, pruineux, *gris jaunâtre*. Plis peu formés, jonquille ou ocracés. Spore ellipsoïde pruniforme (0mm 01), pointillée, blanche.

(*Elvella*), Sow., t. 75. Fr. Epic., p. 533. Huss. II., t. 78.

Automne. — En troupe dans les bois argilo-sableux. Jura, Vosges. Comestible.

pusillus. Stipe spongieux, fluet, comprimé, pruineux et gris. Peridium convexe ombiliqué (0m 01-12), mince, ridé, *villeux*, cendré. Hymenium uni ou à peine plissé, pruineux, *gris bleuâtre*.

Fr. Epic., p. 533.

Été-automne. — Dans les forêts de hêtres. Paraît être une forme des années sèches.

b. *Peridium submembraneux. Stipe tubuleux.*

tubæformis. Stipe tubuleux, puis comprimé et lacuneux, glabre, *souci* ou jonquille fauve. Peridium en entonnoir, souvent percé (0m 02-3), mince, festonné, lobé, *finement peluché*, *brun*. Plis décurrents, rameux, *jonquille* puis pruineux, *gris d'étain*. Odeur vireuse. Spore pruniforme (0mm 01), finement aculéolée, hyaline.

Fr. S. M. I., p. 319. *hispidus*, Scop., p. 462. *villosus*, Pers. Ic. et Desc., t. 6, f. 1. Dittm. in Sturm., t. 30.

Été-automne. — Sur l'humus ou sur les vieilles souches des forêts ombragées de conifères. Suspect.

infundibuliformis. Stipe tubuleux, glabre, *crème-jonquille*. Peridium en entonnoir (0m 03-4), *percé*, mince, flexueux, *rugueux*, *fibrilleux*, *crème*, *fuligineux*, pâlissant. Plis décurrents, *espacés*, rameux, anastomosés, *crème-jonquille* puis pruineux et *gris*. Inodore. Spore ellipsoïde oblongue (0mm 01-2), finement aculéolée, blanche.

Scop. Carn. II., p. 462. Sow., t. 47. Kromb., t. 46, f. 7-9. Fr. Epic., p. 366.

Été-automne. — Sur les vieilles souches et l'humus des bois de conifères montagneux. A peine distinct du précédent.

lutescens. Stipe tubuleux, ondulé, aminci en bas, glabre, *jaune d'or* à *reflet orangé*. Peridium en trompette (0m 03-4), membraneux, festonné, *fibrilleux*, rayé, *chatain*. Plis fins, flexueux, anastomosés, d'un beau *jaune orangé* ou *aurore*. Odeur fine. Spore ovoïde ellipsoïde (0mm 01), chagrinée et blanche.

Pers. Syn. n° 4. *xanthopus*, Myc. II., t. 13, f. 51. *Elvela tubæformis*, Schæf., t. 157. *Peziza undulata*, Bolt., t. 105. f. 2.

Été. — En troupe dans les bois de pins. Jura, Alpes.

cornucopioïdes. Stipe tubuleux, dilaté en haut, pruineux, *gris cendré* puis bistre. Peridium en corne d'abondance, festonné (0m 03-6), membraneux, gris fuligineux, *moucheté* de *petites mèches bistre*. Plis ou rides peu saillants, décurrents jusqu'au milieu du stipe, gris clair puis cendrés. Spore ovoïde allongée (0mm 01-3), chagrinée et blanche.

(*Peziza*). Linn. Spec. II., 150., Schæf., t. 165, 166. Sow., t. 74.

Eté-automne. — En cercle dans les forêts ombragées. Comestible.

c. *Peridium et stipe charnus.*

clavatus. Stipe charnu, obconique, épais, *blanc lilacin* ou *améthyste*, puis paille. Peridium turbiné puis en coupe (0m 03-6), festonné, pruineux, *lilacin* ou *rose* puis incarnat ocracé. Chair tendre, blanche, douce, odorante. Plis épais, anastomosés, réticulés, décurrents, blanc incarnat ou améthyste puis concolores. Spore ellipsoïde fusiforme (0mm 01), 1-2 ocellée, ocracée.

Pers. Syn., n° 25. Fr. Epic., p. 533. Sv., sv., t. 91. Kromb., t. 45, f. 13-17. *Elvela carnea*, Schæf., t. 164. *Clav. elvelloides*, Wulf. in Jacq. Misc., t. 12, f. 3.

Eté. — En cercle dans les sapinières montagneuses. Jura. Vosges, Alpes. Comestible.

cibarius. Stipe fibrocharnu, aminci en bas, crème-jonquille. Peridium convexe, turbiné puis en coupe et festonné (0m 05-9), glabrescent, d'un beau *jaune d'œuf* clair, rarement *blanc-crème*. Chair ferme, fibreuse, blanc-jonquille, sapide, odeur d'abricot. Plis décurrents, très rameux, souvent anastomosés, jonquille puis souci. Spore ovoïde pruniforme (0mm 011), guttulée, blanche.

Fr. S. M. I., p. 318. Sv. sv., t. 7. Barla, t. 28. Vitt., t. 25. (*Cantharellus*). Linn. Paul., t. 36.

Printemps-été. — En troupe dans les forêts feuillées et aiguillées. Comestible.

ramosus. Stipe charnu, épais, *rameux*, souvent difforme, glabre, jonquille-nankin. Péridiums convexes, turbinés, puis en *entonnoir* (0m 02-4), flexueux, lobés, *jaune indien* clair. Chair ferme, blanche, jonquille en haut, douce. Plis décurrents, rameux, anastomosés, jonquille-nankin.

Schulz., Kalch. Ic. hung., t. 27 f. 4. Fr. Hym., n° 18.

Eté. — Au bord des chemins, dans les forêts siliceuses et montagneuses. Vosges. C'est une forme rare du *cibarius*.

amethysteus. Stipe court, crème jonquille. Peridium conchoïde (0m 1), festonné, *jaune d'œuf* clair, couvert d'un léger *duvet incarnat lilacin*. Chair blanche et sapide. Plis épais, rameux, réticulés, *jonquille*. Spore pruniforme (0mm 011), guttulée, hyaline.

Quél. As. fr., 1882.

Eté. — Dans les bois ombragés de hêtres. Vosges.

Friesii. Stipe plein puis creux, grêle, pruineux, *jonquille*, villeux et *blanc* à la base. Peridium convexe puis en coupe (0m 02-3), festonné, mince, *villeux*, d'un bel *orangé rosé* rapidement décoloré, ocracé. Chair tendre, succulente, blanche, jonquille en haut, aigrelette. Plis décurrents, ramifiés, jonquille incarnat, rosé ou orangé. Spore ellipsoïde (0mm 01), ocellée, crème-jonquille.

Quél. Jur. et Vosg. I., p. 192, t. 23, f. 2. Fr. Hym., n° 2.

Eté. — Dans les forêts de hêtres arénacées. Vosges. Comestible.

Gen. V. CANTHARELLUS, (J. Bauh.), Quél.

Peridium nu, tenace ou charnu, *putrescent*. Stipe fibrocharnu. Lamelles décurrentes, *rameuses* avec l'arête épaisse et *arrondie*. Spore ovoïde, pruniforme, *blanche*. Terrestres.

a. *Espèces membraneuses.*

helvelloides. Stipe plein, court, grêle, pruineux, gris-clair ou lilacin, dilaté, cotonneux et blanc à la base. Peridium cupuliforme (0m 01-15), mince, festonné, strié, *grisâtre*, *lilacin*, puis bistré. Chair ténue, tendre et blanche. Lamelles décurrentes, rameuses, étroites, terminées en nervures sous la marge, *lilacines* ou *gris-clair*. Spore pruniforme (0mm 007-8), finement aculéolée, blanche.

Bull., t. 601, f. 3. *elegans*, Pers. Syn., t. 5, f. 2. *cupulatus*, Fr. Epic., p. 367. Quél., Jur. I., p. 193, t. 13, f. 1.

Automne. — Sur les murs moussus, les sentiers rocheux. Jura. Environs de Blois.

cinereus. Stipe creux, courbé, grêle, fibrillostrié, *gris fuligineux*, puis noirâtre. Peridium convexe puis en entonnoir *percé* souvent (0m 03-5), fibrilleux, *gris bistré*, blanchissant. Lamelles décurrentes, épaisses, *espacées*, étroites, réunies par des nervures, peu rameuses, gris de plomb, puis couvertes d'une pruine blanche. Spore pruniforme (0mm 01), finement aculéolée, blanche. Odeur de mirabelle.

(*Merulius*), Pers. n° 7. Ic. et Desc., t. 3, f. 3. Bull., t. 465, f. 2.
Été-automne. — Groupé dans les forêts de la plaine. Ressemble à *Craterellus cornucopioides*.

carbonarius. Stipe plein, tenace, *radicant, strié*, à peine floconneux et blanc. Peridium en entonnoir (0m 01-5), festonné, *coriace*, hygrophane, fibro-strié, scabre, diaphane, *gris* ou *bistre*. Lamelles décurrentes, droites, ramifiées, étroites, *blanches* puis glauques ou grises, *hérissées*, à la loupe, *d'aiguillons hyalins*. Spore ellipsoïde allongée (0mm01), guttulée, hyaline.

Alb. et Schw. Consp., n° 375. *anthracophilus*, Lév. An. sc. n. 1841, t. 14, f. 2. *radicosus*, Bk. and Br., n° 1134. Saund. and Sm., t. 1. *Xerotus degener*, Fr. Epic., p. 400.

Été. — Sur la terre brûlée, dans les forêts de hêtres et de sapins. Jura, Vosges, environs de Paris.

albidus. Stipe plein, fluet, flexueux, tenace, glabre, *blanc*, rarement crème-citrin. Peridium convexe ombiliqué (0m01-15), ténu, festonné, un peu villeux, *crème jonquille, blanc* au milieu. Lamelles décurrentes, serrées, ramifiées, étroites, *blanches* puis crème ocracé. Spore pruniforme (0mm 006-7), blanche.

Fr. S. M. I., p. 319. Fl. dan., t. 1293, f. 1.

Automne. — Dans la mousse des bois et des prés montueux. Jura. Comestible.

b. *Espèces charnues.*

aurantiacus. Stipe plein, élastique, grêle, floconneux, *jonquille-fauve*, rarement *bistré*, aminci, laineux et blanc à la base. Peridium convexe puis en coupe (0m03-6), *floconneux, souci pâle* ou *chamois*; marge amincie, enroulée et crème jonquille. Chair molle, crème ocracé, un peu vireuse. Lamelles décurrentes, dichotomes, *serrées, orange aurore*. Spore ovoïde pruniforme (0mm005), blanche.

Wulf. Jacq. Misc. II., t. 14, f. 3. Batsch., f. 37. *subcantharellus*, Sow., t. 413. *cantharelloides*, Bull., t. 505.

lacteus. Entièrement blanc.

Été-automne. — Sur l'humus et les vieilles souches, surtout dans les forêts montagneuses. Suspect.

umbonatus. Stipe plein, grêle, tendre, fibrillosoyeux, *gris clair*, cotonneux et blanc à la base. Peridium campanulé (0m02-3), *mamelonné*, soyeux-floconneux, d'un beau *gris*, bordé de blanc. Chair succulente, molle, blanche, rosée à l'air.

Lamelles décurrentes, *dichotomes*, *blanches*. Spore subfusiforme ($0^{mm}01$), finement grenelée.

Pers. Syn., n° 9. *muscoides*, Wulf., Jacq. Misc., II. t. 16, f. 1. Hoffm. Ic., t. 22, f. 2.

Été-automne. — Bruyères et pâturages moussus des montagnes. Vosges.

olidus. Stipe plein, aminci en bas, *incarnat* pâle, cotonneux et blanc à la base. Peridium convexe puis en coupe ($0^{m}02$-3), mince, pruineux, puis rayé-aréolé, *crème-incarnat*, puis chamois, avec la marge enroulée, villeuse et blanche. Chair tendre, blanc-incarnat, douce, odeur de fleur d'oranger (sucre brûlé). Lamelles décurrentes, rameuses, étroites, crème puis incarnates. Spore ovoïde sphérique ($0^{mm}003$-4), finement grenelée, blanche. Comestible.

Quél. III., p. 13, t. 1, f. 2. *rufescens?* Clavis syn., n° 5.

Été-automne. — Dans les sapinières montagneuses. Jura.

canaliculatus. Stipe spongieux puis creux, aminci en bas, villeux et *blanc*, cotonneux à la base. Peridium convexe puis en coupe ($0^{m}02$-3), mince, tenace, festonné, *villeux*, *blanc*, puis crème-jonquille ou ocracé. Lamelles décurrentes, rameuses, crème puis jonquille incarnat, avec l'arête *épaissie* ou *canaliculée*. Spore ovoïde ($0^{mm}006$), hyaline.

Pers. Ic. et Desc., t. 14, f. 1. (*Nyctalis*). Fr. Hym.

Automne. — Dans les forêts de conifères. Nord de la France.

Gen. VI. NYCTALIS, Fr.

Voile pruineux ou villeux. Peridium campanulé ou globuleux convexe, charnu, succulent. Stipe fibrocharnu et tendre. Lamelles adnées, épaisses avec l'*arête arrondie*. Parasites sur les champignons charnus pourrissants.

asterophora. Stipe spongieux, grêle, cylindrique, pruineux, blanc puis fuligineux. Peridium sphérique puis hémisphérique ($0^{m}01$-15), épais, *floconneux pulvérulent*, *blanc de neige* puis *chamois* lorsque les conidies de son parasite habituel, le *Nectria asterophora*, globuleuses ($0^{mm}02$), étoilées et brunâtres, soulèvent son voile. Lamelles adnées, droites, étroites, blanchâtres. Spore ovoïde-pruniforme ($0^{mm}004$-6), hyaline.

Fr. Epic., p. 371. *Ag. lycoperdoides,* Bull., t. 516, f. 1. *Asterophora lycoperdoides*, Dittm. t., 26. *Nyctalis*, var.: *pusilla*, Quél. Jur. I., t. 13, f. 4.

Été-automne. — En troupe sur le *Russula nigricans.*

parasitica. Stipe fistuleux, grêle, courbé, villeux et blanc, hérissé-poilu à la base. Peridium campanulé (0m02-3), mince, *fibrillo-soyeux*, *blanc grisonnant* ou bistré, argenté par le sec. Chair ténue, molle, grise. Lamelles adnées, très épaisses, espacées, *blanches*, puis *cendrées*. Spore ellipsoïde fusiforme (0mm022), ocellée, fauve pâle.

Bull., t. 574, f. 2. Sow., t. 343. Fr. Epic., p. 372. Quél. Jur. I., t. 13, f. 3.

Été-automne. — Cespiteux sur les *Russula delica* et *adusta*. Vosges.

FAM. III. POLYPHYLLEI, *QUÉL.*

Peridium en forme d'ombelle, d'éventail ou de cupule, stipité ou sessile. Hymenium formé de lamelles radiées, amincies au bord, simples ou fourchues, rarement ramifiées.

Trib. I. FUNGIDI, Quél.

Peridium à chair tendre, céracée, floconneuse. Lamelles molles ou peu fragiles, scissiles. Spore ovoïde ou pruniforme, plus rarement sphérique, versicolore.

Sér. I. *MELANOSPORI,* Quél.

Spore bistre-noire ou noire-violetée.

Gen. I. COPRINUS, Pers.

Peridium peu charnu ou membraneux, très mou; chair humide. Lamelles déliquescentes. Spore ovoïde, pruniforme ou sphérique, violet noir, noire ou bistre. Fimicoles ou humicoles, rarement lignicoles.

I. Veliformes, Fr.

Peridium finement membraneux, *plissé*, puis étalé en s'ouvrant par le dos des lamelles qui s'éloignent l'une de l'autre et se réduisent souvent à des lignes noires. Spore baie, violet noir ou bistre noir. Plus souvent marcescents que diffluents.

a. *Hemerobii.*

Peridium glabre.

hemerobius. Stipe fistuleux, fluet, fragile, glabre, crème à reflet incarnat. Peridium ovoïde campanulé (0m 02-3), *radié-plissé*, pruineux micacé, gris glauque avec le centre et les côtes brun clair. Lamelles adnées au sommet dilaté du stipe, lancéolées, crème incarnat puis bai bistré. Spore pruniforme (0mm 015), bai noir.

Fr. Epic., p. 253. *campanulatus*, Bolt., t. 31. Fl. dan., t. 1960, f. 2.

Eté. — Groupé dans les clairières gramineuses.

rapidus. Stipe fistuleux, aminci de bas en haut, striolé, satiné, villeux à la base, blanc. Peridium ellipsoïde (0m 02-3), humide, *côtelé-plissé*, gris hyalin, se fondant dès qu'il s'entr'ouvre. Lamelles libres, étroites, brunes avec un liséré blanc. Spore citriforme (0mm 012), bistre noir.

Fr. Epic., p. 253.

Printemps-été. — Dans les pâturages et dans les forêts.

impatiens. Stipe fistuleux, fluet, titubant, *striolé*, pubescent et blanc. Peridium ovoïde campanulé puis aplani (0m 02-3), très tendre, glabre, *rayé* de *plis flexueux* et *fourchus*, gris clair, fauve pâle au milieu. Lamelles adnées, *espacées*, blanches puis *cendrées*. Spore en amande allongée (0mm 014), bistre noir.

Fr. S. M. I., p. 302.

Eté-automne — Groupé dans les chemins des forêts ombragées.

hiascens. Stipe fistuleux, rigide, fragile, glabre, blanchâtre. Peridium conico-campanulé (0m 02), membraneux, *sillonné*, fendillé, glabre, gris puis ocre jonquille. Lamelles adnées, étroites, *crème jonquille* puis bistre. Spore en amande (0mm 014), bistre noir.

Fr. S. M. I., p. 303. Bull., t. 552, f. 2, F. G.

Printemps-été. — Dans les clairières et chemins des forêts humides.

disseminatus. Stipe fistuleux, fragile, fluet, pubescent, crème ou hyalin, naissant d'un mycelium byssoïde blanc. Peridium ovoïde campanulé (0m 01), sillonné, pruineux ou pubescent puis glabre, *jonquille* puis *gris-pâle*. Lamelles adnées, larges, crème puis brunes ou bistre. Spore pruniforme (0mm 02-12), brun ou bai violeté.

Pers. Syn., p. 403. Quél. Jur. I., t. 8, f. 5. Paul., t. 123, f. 6. 7 (major).

Printemps-automne. — Cespiteux au pied des troncs, sur les souches ou sur le terreau.

velaris. Stipe fistuleux, subfiliforme, fragile, hyalin, *pellucide*, villeux et bulbilleux à la base. Peridium *globuleux* puis hémisphérique et étalé (0m 01-2), *lisse, plissé cannelé*, gris pâle, chamois au milieu. Lamelles adnées au *sommet dilaté* du stipe, arquées, glauques ou grisâtres puis cendrées et noires. Spore pruniforme (0mm 013), bistre.

Fr. Epic., p. 253.

Printemps-été. — Groupé dans les jardins et dans les forêts.

sceptrum. Stipe fistuleux, filiforme, finement pubescent, blanc hyalin. Peridium ovoïde campanulé (0m 005-7), sillonné, glabre, gris, pellucide. Lamelles adnées, lancéolées, blanchâtres puis noires. Spore pruniforme (0mm 015), bistre.

Jungh. Linn., V. t. 6, f. 10. Fr. Epic., p. 253.

Printemps-été. — Dans les vergers et les prairies. Très délicat et très fugace. Affine à *ephemerus*.

plicatilis. Stipe fistuleux, fluet, glabre, crème, translucide. Peridium ovoïde campanulé (0m 02-3), *cannelé, plissé, gris pâle* avec les côtes micacées et *fauves*, brun au centre. Lamelles étroites, adnées à un *disque* formé par le stipe, crème, puis grises et enfin cendrées bistre. Spore ovoïde sphérique (0mm 013), bai noir.

Curt. Lond., t. 200. Sow., t. 364. Bull., t. 553. Quél. Jur. I, t. 8, f. 8 (gracilis).

Printemps-été. — Dans les pâturages ou dans les forêts. Très élégant et marcescent.

albulus. *Blanc*. Stipe fistuleux, filiforme, droit, finement *pubescent* et terminé par une racine effilée. Peridium campanulé hémisphérique (0m 005). membraneux, translucide *strié*, pubérulent à la loupe. Lamelles adnées arquées, serrées, ténues, *blanches* puis *pointillées* de *noir*. Spore pruniforme (0mm 02), bistre noir.

Quél. As. fr. 1883, p. 4, t. 6, f. 11.

Été. — Sur la paille enfouie dans les cultures. Jura. Il ressemble à *Mycena tenerrima*.

subtilis. Stipe fistuleux, filiforme, tendre, glabre et blanc. Peridium campanulé (0m 005-8), *strié*, glabre, *fauve* pâle, *grisonnant* entre les saillies des lamelles, pellucide. Lamelles adnées, ventrues, *crème* puis *baies* avec un fin liséré blanc. Spore pruniforme (0mm01-12), bistre.

Fr. S. M. I., p. 302.

Été. — Sur l'humus des bois ombragés. Ressemble à *sceptrum*, mais il est marcescent.

diaphanus. *Transparent* et *glabre* dans toutes ses parties. Stipe capillaire et hyalin. Peridium convexe plan (0m 006-8), sillonné, *crénelé*, poli, glauque, souvent argenté, avec un point fauve au centre. Lamelles adnées, ténues, très étroites, espacées, *glauques* avec une *bordure noire*. Spore pruniforme (0mm 012), brun noir.

Quél. Soc. bot., XXIV, p. 332, t. 5, f. 7.

Été. — Dans les clairières des forêts. C'est le plus délicat des véliformes.

b. ***Furfurelli***.

Peridium furfuracé ou pulvérulent.

domesticus. Stipe fistuleux, raide, finement soyeux floconneux puis poli, blanc. Peridium ovoïde campanulé (0m 03-6), *rayé* de *sillons* serrés, furfuracé, fuligineux, bistre au milieu. Lamelles libres, étroites, blanches puis incarnates et baies. Spore pruniforme (0mm 012), baie.

Pers. Syn., p. 904. Fr. Ic., t. 140, f. 3.

Printemps-été. — Dans les jardins et les cours. C'est le plus grand des véliformes.

ephemerus. Stipe fistuleux, fluet, tendre, *pellucide*, glabre, blanc hyalin. Peridium ovoïde campanulé puis retroussé (0m 01-12), *radié sillonné*, mamelonné, grisâtre, roux au milieu, d'abord finement *furfuracé*. Lamelles adnées, étroites, blanchâtres, puis bistre ou noires. Spore pruniforme larmeuse (0mm 02), bistre.

Bull., t. 128. Fl. dan., t. 832, f. 2.

Printemps-été. — Dans les lieux vagues, au bord des chemins.

sociatus. Stipe fistuleux, fluet, glabre et blanc. Peridium ovoïde campanulé (0^{m} 03-6), puis retroussé, *radié plissé*, ombiliqué à la fin, *gris clair*, avec les côtes *fourchues*, finement floconneuses et *brunes*. Lamelles *adnées en anneau*, lancéolées, *grises*, puis bistre noir. Spore ellipsoïde oblongue (0^{mm} 01), 1-2 guttulée, baie.

Fr. Epic., p. 252.

Été. — Dans les lieux secs, sur les murs.

Boudieri. Stipe fistuleux, raide, pruineux, pubescent et blanc. Peridium ovoïde campanulé (0^{m} 01-2), *cannelé*, chamois, bistre au sommet, *couvert* d'une *fine pubescence blanche*. Lamelles adnées, crème, puis grises, et enfin noir violeté, avec l'arête micacée et blanche. Spore ovoïde-mitriforme (0^{mm} 01-12), bistre.

Quél. Soc. bot., XXIV, p. 321, t. 5, f. 4.

Été. — Sur la terre brûlée des bois et des pâturages. Affine à *sociatus*.

roris. Stipe fistuleux, filiforme, *villeux floconneux*, blanc ou grisâtre. Peridium convexe, puis ombiliqué (0^{m} 01-15), très délicat, *sillonné*, glauque ou gris perle clair, transparent, marcescent, couvert d'un *voile floconneux*, blanc fauvâtre et caduc. Lamelles adnées, étroites, d'un glauque incarnat ou lilacin, puis *pointillées de noir* sur le bord. Spore pruniforme (0^{mm} 01-12), bistre noir.

Quél. Soc. bot., XXIV, p. 322, t. 5, f. 5.

Eté. — Epars dans les pelouses après une légère rosée. Jura.

radiatus. Stipe fistuleux, filiforme, hyalin, glabre, soyeux et villeux à la base. Peridium en massue, puis étalé (0^{m} 003-5), *radié strié*, grisâtre, transparent, *hérissé* de *fines mèches pileuses*, soyeuses et très caduques, souvent roussâtre au milieu. Lamelles libres, espacées, blanchâtres, puis bistre noir. Spore pruniforme (0^{mm} 012), bistre.

Bolt., t. 39, f. c. Fr. Epic., p. 251. Bull., t. 542, f. L. et E. H.

Dès le printemps, sur la bouse des bois et des pacages. Fugace et flétri en un clin d'œil.

Hendersonii. Stipe capillaire, court, glabre, blanc hyalin. Anneau *très ténu*, *redressé*, *blanc* et *diaphane*. Peridium ovoïde campanulé (0^{m} 002-3), *pulvérulent floconneux* (à la loupe), strié, *blanc* de lait, grisonnant, puis fauve pâle au sommet. Lamelles libres, étroites, hyalines puis noires. Spore sphérique citriforme (0mm 008-9), brun bistre.

Berk. Eng. Fl. V., p. 122. Outl., t. 24, f. 8.

Été. — Sur le fumier dans les cultures, avec *radiatus* auquel il ressemble.

c. *Lanatuli.*

Peridium couvert de petits flocons fugaces.

narcoticus. Stipe fistuleux, aminci vers le haut, mou, légèrement villeux fibrilleux, translucide et blanc. Peridium ellipsoïde puis campanulé (0m 02-3), *tendre*, strié, glauque grisâtre, diaphane, parsemé de fines mèches retroussées, blanches et caduques. Odeur *narcotique ammoniacale*. Lamelles adnées, étroites, blanches puis noires. Spore pruniforme (0mm 012), bistre noir.

Batsch., f. 77. Fr. S. M. I., p. 311. Pers. Myc., t. 26, f. 5.

Printemps-été. — Dans les forêts, sur les places où il y a eu du fumier.

lagopus. Stipe tubuleux, aminci vers le haut, très fragile, *laineux* et blanc. Peridium ellipsoïde puis aplani (0m 02-3), très tendre, sillonné radié, transparent, grisâtre, *hérissé* de *flocons fibrilleux*, blancs et caducs. Lamelles libres puis écartées du stipe, hyalines puis noires. Spore pruniforme (0mm 013), lancéolée, noir violeté.

Fr. Epic., p. 250. Saund. and Sm. Myc. Ill., t. 19. Quél. Jur. et Vosg. I., t. 8, f. 6.

Été. — Dans les sentiers des forêts ombragées.

nycthemerus. Stipe fistuleux, fluet, flasque, glabre, blanc crème; base bulbilleuse. Peridium ovoïde campanulé (0m 015), *floconneux furfuracé*, *strié*, gris pâle, fauve au milieu. Lamelles libres puis écartées, étroites, crème ocre puis brun noircissant. Spore pruniforme ovoïde (0mm 01), brun bistre.

Fr. Epic., p. 251. *ephemerus*, Bull., t. 542, f. D.

Patouillardii. Peridium plissé-sillonné. Spore ovoïde trigone (0mm 012).

Quél. As. fr. 1884. Pat., t. 240.

Été. — Dans les jardins et dans les champs. Affine à *ephemerus*.

gonophyllus. Stipe fistuleux, grêle, glabre, striolé, blanc. Peridium hémisphérique (0m 01-15), *strié*, *gris* obscur et luisant, sous un voile caduc, floconneux submembraneux, blanc, taché de fauve au sommet. Lamelles libres, serrées *triangulaires*. Spore citriforme (0mm008), bai-noir.

Quél. An. h. n. Bordeaux, 1884. t. 1, f. 2.

Eté-automne. — Dans les charbonnières, aux environs de Paris.

d. *Glabrati*.

Peridium nu et glabre.

deliquescens. Stipe fistuleux, *cortiqué*, glabre et blanc. Peridium ovoïde campanulé (0m05), membraneux, glabre, *grenelé* au milieu, strié, fuligineux. Lamelles libres puis écartées du stipe, serrées, flexueuses, étroites, argileuses puis bistre noir.

Bull., t. 558, f. 1. Fr. Epic., p. 249.

Eté-automne. — Dans les feuilles et près des souches dans les forêts.

congregatus. Stipe fistuleux, fluet, court, glabre, blanc. Peridium ellipsoïde cylindrique puis campanulé (0m 02-3), membraneux, strié au bord, glabre, *visqueux*, ocre pâle. Lamelles libres, étroites, blanc-crème puis bai-noir.

Bull., t. 94. Fr. Epic., p. 249.

Eté. — Cespiteux au bord des chemins, dans les forêts.

digitalis. Stipe tubuleux, grêle, fragile, glabre, villeux à la base, blanc. Peridium ellipsoïde (0m02-3), humide, *strié*, glabre, *paille grisonnant*, rouillé pâle au sommet. Lamelles libres, molles, grisâtres puis baies avec un liséré micacé et blanc. Spore en amande (0mm 014), bai-noir.

Batsch., f. 1. Fr. Epic., p. 249.

Eté. — Cespiteux dans les pâturages et les forêts montagneuses.

hydrophorus. Stipe fistuleux, grêle, fragile, raide, glabre, *couvert d'une fine rosée*, blanc. Peridium ellipsoïde campanulé (0m02-3), submembraneux, strié, glabre, incarnat roux, grisonnant au bord. Lamelles adnées, étroites, *gris pâle* puis bistre. Spore en amande (0mm 014), bai purpurin.

Bull., t. 558, f. 2. Fr. S. M. I., p. 304.

Eté-automne. — Cespiteux dans les jardins et dans les forêts.

II. Pelliculosi, Fr.

Peridium charnu membraneux, fendillé par réflexion de la marge.

a. *Micacei.*

Peridium couvert de flocons granulés ou micacés.

micaceus. Stipe fistuleux, soyeux, blanchâtre, villeux à la base. Peridium ovoïde campanulé (0m03-5), submembraneux, *strié*, ocre fauve ou roux, *poudré* de *grains cristallins* et fugaces puis sillonné et fendillé. Lamelles adnées ou libres, lancéolées, blanches puis brun purpurin. Spore pruniforme (0mm 01), baie.

Bull., t. 246, 565. Schæf., t. 66, f. 4-6. Paul., t. 126, f. 3.

Printemps-automne. — Cespiteux dans les vergers et les bois.

truncorum. Stipe grêle, striolé, très fragile, blanc. Peridium globuleux campanulé (0m 02-3), *micacé farineux* puis dénudé et strié, ocracé rouillé. Lamelles blanches, rosées puis bai-noir. Spore pruniforme (0mm 01), brune.

Schæf. Ic., t. 6. Fr. Epic., p. 248.

Printemps-été. — Cespiteux près des souches dans les forêts.

radians. Stipe fistuleux, luisant et blanc, pruineux au sommet, renflé et couvert, à la base, de *longs filaments byssoïdes* et *fauves*. Peridium ovoïde puis ouvert (0m 02-3), cannelé, granuleux au centre, micacé, ocre pâle puis *fauve doré*, violacé au bord. Lamelles adnées, libres, blanches puis brun violacé et noires, avec l'arête farineuse et blanche. Spore pruniforme (0mm 012), brun noir. Mycelium (*Ozonium radians*, Pers. Myc., t. 8, f. 2, et *auricomum*, Linn. Pers. t. 8, f. 3.) fauve-doré.

Desm. An. sc. n. XIII, t. 10, f. 1. *auricomus*, Pat., n° 453.

Hiver-printemps. — Cespiteux sur le bois pourri et contre les murs humides. Voisin de *micaceus*.

oblectus. Stipe fistuleux, grêle, velouté, fibrilleux, incarnat aurore, pâlissant, villeux, *vaginé* ou *annelé* et *rouge feu pâle* à la base. Peridium ovoïde puis retroussé (0m 015-25), strié, *pulvérulent*, *aurore* puis gris perle *poudré* de *rouge*. Chair très mince, blanche. Lamelles libres, grisâtres puis brun noir avec un liséré pulvérulent et aurore. Spore en amande (0mm01), baie.

Bolt., t. 142. *dilectus*, Fr. Ic., t. 140, f. 2. *erythrocephalus*, Lév. An. sc. n. 1841, t. 14, f. 3.

Eté. — Groupé dans les chemins des forêts, sur la terre brûlée et sur les brindilles.

stercorarius. Stipe tubuleux, fragile, glabre ou pruineux, blanc hyalin. Peridium ovoïde campanulé (0m02-3), membraneux, *pulvérulent* au sommet, strié, translucide, *blanchâtre* ou argileux au centre. Lamelles libres, blanches puis noir violeté. Spore en amande ou lenticulaire (0mm012), brun ou bistre violet.

Fr. Epic., p. 251. Bull., t. 542, f. M.

semistriatus. Disque ocracé; marge grise; spore bi-convexe (0mm012-14).

Pat., tab. 435.

Printemps-été. — Au bord des chemins, dans les cultures.

cineratus. Stipe tubuleux, fragile, glabre et blanc, renflé et *entouré* de *filaments soyeux* à la base. Peridium ellipsoïde campanulé (0m 02), membraneux, strié; voile épais, *pulvérulent* et *gris*, formé de *globules hyalins*. Lamelles libres, grisâtres puis noires bordées de blanc. Spore ellipsoïde (0mm01), noire.

Quél. Soc. bot., XXIII, p. 329, t. 2, f. 7.

Eté. — Cespiteux dans les jardins et dans les forêts.

tuberosus. Stipe fistuleux, fluet, flexueux, soyeux, villeux, blanc hyalin, naissant d'un *tubercule brun noir*. Peridium ellipsoïde (0m003-5), membraneux, striolé, *pulvérulent*, blanc, grisonnant. Voile formé de vésicules chagrinées aciculées et hyalines. Lamelles étroites, blanches puis *noir violeté*, micacées sur l'arête. Spore ellipsoïde (0mm012), noire.

Quél. Soc. bot., XXV, p. 289, t. 3. f. 2.

Été. — Détritus végétaux et fumier, dans les prés. Affine à *cineratus*.

ellaris. Stipe fistuleux, filiforme, hyalin, *velouté* de longs poils soyeux et blancs. Peridium ovoïde campanulé (0m001-2), *strié*, puis fendillé étoilé, blanc de neige, grisonnant, *couronné* de *pointes* formées de vésicules (0mm06), diaphanes. Lamelles adnées, étroites, *grisâtres* puis *brunes*. Spore ellipsoïde (0mm008), longtemps *hyaline* puis brun bistre.

Quél. Soc. bot., XXIV, p. 322, t. 5, f. 6.

Printemps et été. — Sur les excréments du renard et de

l'homme, dans les grottes du Jura. Cette très petite espèce est affine à *tuberosus* et à *cineratus* par le voile vésiculeux.

b. *Velati.*

Voile floconneux, pelucheux, ou membraneux.

picaceus. Stipe fistuleux, *bulbeux*, arhize, fragile, glabre, blanc. Peridium ovoïde puis ouvert et retroussé (0m 05-8), mince, crème bistré sous un *voile submembraneux* et *blanc*, puis strié, bistre noir avec des *flocons blancs* et *caducs*. Odeur puante. Lamelles libres, ventrues, blanches puis rosées et enfin noir violeté. Spore en amande (0mm 013), bai-noir.

Bull., t. 206. Fl. dan., t. 1499.

Été-automne. — Sur l'humus des forêts ombragées.

velatus. Stipe fistuleux, villeux, *sillonné*, fragile, blanc. Peridium cylindrique puis aplani (0m 02-3), mince, *sillonné*, blanc ocre sous un *voile membraneux*, mince, caduc et *blanc*. Lamelles blanches puis rosées et enfin brun noir. Spore pruniforme (0mm 01), brun noir.

Quél. Soc. bot., XXIII, p. 329, t. 2, f. 3.

Printemps. — En troupe sur l'humus dans les forêts des collines du Jura.

eburnus. *Blanc* et *brillant*. Stipe fistuleux, *dur*, glabre. Peridium ellipsoïde campanulé (0m 03-4), charnu, *ferme*, mince, *strié*, poli, parsemé de petits flocons retroussés et fugaces. Lamelles libres, lancéolées, blanches puis bai-foncé, fondant tardivement. Spore en amande (0mm 014), violette.

Quél. As. fr. 1883, p. 4, t. 6, f. 9.

Été. — Disséminé dans les pelouses montueuses du Jura.

exstinctorius. Stipe fistuleux, *radicant*, pelucheux vers la base, blanc. Peridium claviforme puis campanulé (0m 02-3), mince, *ferme*, *strié*, *blanc d'ivoire*, couvert de petites mèches fibrilleuses, bistrées, plus caduques sur le bord. Lamelles libres, lancéolées, blanches puis baies et noir pourpré. Spore en amande (0mm 01), ocellée, brun purpurin.

Bull., t. 437, f. 1. Paul., t. 124, f. 7.

Printemps-été. — Groupé près des souches ou sur le terreau des forêts.

fimetarius. Stipe plein puis fistuleux, *bulbeux*, longuement radicant, floconneux puis glabre, blanc. Peridium ovoïde claviforme (0m 03-4), submembraneux, très fragile, *strié*, fissile, blanchâtre, grisonnant, couvert de *mèches fibrilleuses*, caduques du sommet au bord, blanches puis bistrées. Odeur du *Pratella campestris*. Lamelles libres, lancéolées, blanches puis rosées et enfin noir violeté. Spore en amande (0mm 011-13), bai noir.

Linn. Fr. Epic., p. 245. *cinereus*, Schæf., t. 100. Bull., t. 88. *macrorhizus*, Mich., t. 80, f. 2.

Printemps-automne. — En troupe sur le fumier.

tomentosus. Stipe fistuleux, subbulbeux, radicant, *velouté-floconneux*, grisâtre. Peridium ellipsoïde cylindrique (0m 03-4), submembraneux, *strié*, *gris*, couvert de flocons ou hérissé de mèches fibrilleuses. Lamelles libres, étroites, blanchâtres puis violet noir avec une bordure *micacée* et blanche. Spore ellipsoïde oblongue (0mm 012).

Bull., t. 138. Bolt., t. 156. Fr. Epic., p. 246.

Été. — Au bord des chemins et dans les bois arides.

niveus. Stipe fistuleux, grêle, *floconneux*, puis glabre, blanc, puis rosé. Peridium ellipsoïde, puis retroussé (0m 02-3), mince, strié, *blanc* puis *rosé*, couvert d'un voile floconneux farineux, *blanc de neige*, épais et très caduc. Lamelles libres, étroites, blanches, puis rose incarnat et enfin noir purpurin. Spore *citriforme* (0mm 012), baie.

Pers. Syn., p. 400. Fl. dan., t. 1671. Paul., t. 125, f. 2.

Été-automne. — Sur la bouse dans les prés et les pacages.

albus. D'abord *blanc de neige*. Stipe fistuleux, renflé et villeux à la base, *strié cannelé* en haut, velouté-floconneux, puis glabre. Peridium ovoïde, puis étalé (0m 02), farineux floconneux, moucheté de fauve au sommet, puis *cannelé*, gris perle ou bleuâtre. Lamelles adnées, étroites, blanches puis brunes et enfin bistre noir. Spore pruniforme (0mm 012-13), brun bistre.

Quél. As. fr. 1880, p. 4.

Été. — Fasciculé sur des détritus végétaux, mousses, cartons, etc. Il ressemble à *niveus*.

Friesii. Stipe fistuleux, *subfiliforme*, pulvérulent, bordé, à la base, d'une collerette floconneuse, blanc. Peridium ovoïde, ellipsoïde, puis retroussé (0m 01-0,015), très mince, *farineux*, *floconneux*, *blanc de neige*, puis strié et violacé sur la marge et enfin gris. Lamelles libres, étroites, serrées, blanches, puis violacées et enfin bai-noir. Spore pruniforme sphérique (0mm 01), baie,

Quél. Jur. et Vosg. I., p. 129, t. 23, f. 5. Fr. Hym., p. 331.

Été. — Sur les graminées sèches (encore dressées) à l'orée des bois.

tigrinellus. Peridium ovoïde, strié, *blanc*, puis gris, élégamment *moucheté de petits flocons noirs*.

Boud. Soc. bot. 1885, t. 11, f. 3.

Été. — Sur les laiches, le lis des marais, dans les forêts marécageuses.

c. *Annulati*.

Anneau ou bourrelet floconneux au milieu ou à la base du stipe.

ephemeroides. Stipe fistuleux, à moelle soyeuse et filiforme' bulbilleux, glabre et blanc. Anneau membraneux, médian, mince, étroit, mobile et blanc. Peridium ellipsoïde cylindrique (0m 02-25), *plissé sillonné*, couvert de fines mèches floconneuses, pellucide, blanc grisonnant. Lamelles écartées du stipe, molles, blanc hyalin, puis bistre noir. Spore pruniforme (0mm 013), bai noir.

Bull., t. 582, f. 1. Fr. Epic., p. 250?

Été-automne. — Sur le fumier dans les champs.

sterquilinus. Stipe fistuleux, farci d'un cordon soyeux, plein et bulbeux à la base, arhize, fragile, soyeux, blanc, se tachant de noir au toucher. Anneau membraneux, étroit, restant vers la base. Peridium ovoïde oblong (0m 03-8), mince, fragile, orné de *côtes rayonnantes* et *bifurquées*, avec de fines mèches fibrilleuses, blanc, puis bistré. Lamelles écartées du stipe, blanches, puis rosées, et enfin noir violeté. Spore pruniforme (0mm 025), noir violeté.

Fr. Epic., p. 242. Mich., t. 80, f. 3. Quél. Jur. et Vosg., t. 9, f. 2.

Du printemps à l'automne. — En troupe dans les jardins, près des fumiers.

fuscescens. Stipe creux, fusiforme, *côtelé*, grisâtre ou bistré, moucheté de petits flocons bistre. Anneau très étroit et fugace à la base. Peridium ovoïde oblong (0m 05-8), charnu, *côtelé sillonné*, couvert de très fines mèches, *pruineux*, grisâtre, bistré ou glauque. Lamelles libres, ventrues, blanchâtres, puis bistre noir. Spore pruniforme (0mm 01), bistre.

Schæf., t. 17, 67, 68. Pers. Syn., p. 375. *atramentarius*, Bull., t. 164. Paul., t. 129.

Été-automne. — En troupe au bord des chemins, dans les forêts, dans les cours ou jardins. Comestible.

comatus. Stipe creux, rempli d'une moelle aranéeuse, long, *bulbeux*, radicant, fibrilleux, soyeux, *blanc*, puis rosâtre ou lilacin. Anneau membraneux, mince, *mobile*, blanc. Peridium ovoïde oblong, puis campanulé (0m 05-6), peu charnu, couvert de mèches fibrilleuses, strié, blanc, puis rosé au bord, et enfin noir. Lamelles libres ou écartées du stipe, *blanches, rosées* et enfin noir violeté. Spore ellipsoïde pruniforme (0mm 012-15), noir violeté.

Fl. dan., t. 834. Fr. Sv. sv., t. 87. Bull., t. 26, f. B. *porcellanus*, Schæf., t. 46, 47. *typhoides*, Bull., t. 582, f. 2.

Été-automne. — En troupe dans les cultures, au bord des routes, dans les cours, etc. Comestible.

ovatus. Stipe creux, à moelle aranéeuse, plein et bulbeux, radicant à la base, soyeux, blanc. Anneau membraneux, étroit et blanc. Peridium ovoïde (0m 05), submembraneux, couvert de larges mèches concentriques, strié, blanc de neige. Lamelles libres, puis écartées, *longtemps blanches* puis noir violet. Spore ovoïde pruniforme (0mm 016), violet noir.

Schæf. Ic., t. 7. Fr. Epic., p. 242.

Printemps-été. — Dans les prés et les jardins. Plus petit que *comatus* dont il est très voisin. Comestible.

clavatus. Stipe creux, à moelle aranéeuse, bulbeux, *arhize*, soyeux et blanc. Anneau pelucheux, *volviforme*, blanc. Peridium ellipsoïde allongé (0m 05-6), submembraneux, excorié en larges mèches floconneuses, strié à la fin, blanc, fauvâtre au sommet. Lamelles libres, *blanches*, puis *noires*.

Batt., t. 26, f. c. Fr. Epic., p. 242. *cylindricus*, Schæf., t. 8.

Eté. — En troupe dans les cultures et les lieux vagues.

Gen. II. PANÆOLUS, Fr.

Peridium peu charnu ; marge débordante. Lamelles gris noir, tachetées. Spore pruniforme, ovoïde, noire. Fimicoles ou humicoles.

a. *Visciduli.*

Pellicule visqueuse, brillante par le sec.

separatus. Stipe fistuleux, long, grêle, *blanc argenté*. Anneau membraneux, médian, étroit, ténu, strié et blanc. Peridium campanulé (0m 03-4), arrondi au sommet, glabre, visqueux, *blanc* avec une teinte argileuse au sommet. Lamelles adnées, larges, gris perle, mouchetées puis *noir violacé*. Spore pruniforme (0mm 02), brun noir.

Linn. Suec., n° 1220. Bull., t. 84, 552, f. 1. Sow., t. 131. Bolt., t. 53. Bk. Outl., t. 11, f. 7.

Automne. — Sur la bouse des pâturages et des tourbières.

leucophanes. Stipe *fibrilleux*, ondulé. Peridium *satiné* et blanc. Lamelles incarnat-gris, puis noires.

Bk. and Br. An. n. h. n° 1127, t. 2, f. 1.

Automne. — Dans les pâturages.

fimiputris. Stipe fistuleux, grêle, glabre, paille, avec une *zone annulaire* noire. Peridium conique campanulé (0m 02-3), glabre, *visqueux*, cendré ou gris. Lamelles adnées, larges, grises, puis noires. Spore pruniforme.

Bull., t. 66. Bolt., t. 57. Bk. Outl., t. 11, f. 6.

Été-automne. — A l'orée des bois, près des chemins, sur des restes de fumier.

campanulatus. Stipe fistuleux, strié au sommet, pruineux, incarnat, grisâtre. Peridium campanulé (0m 02-3), légèrement visqueux ou lubrifié, fuligineux, cendré, grisonnant et excorié par le sec. Lamelles adnées, serrées, *grises*, *tachetées de noir*, souvent larmoyantes. Spore en amande (0mm 018), noire.

Linn. Suec. II, n° 1213. Bull., t. 561, f. 2, L.

retirugis. Peridium *veiné*, *ridé* ou *réticulé*, *micacé*, gris pâle, café au lait rosé, *bordé* d'une *fine dentelle* caduque et *blanche*.

Fr. Epic., p. 235. *carbonarius*, Batsch., f. 91.

sphinctrinus. Stipe fluet, gris fuligineux. Peridium ovoïde, puis campanulé (0m 01-2), bistré ou gris, satiné par le sec; marge ornée d'une *frange crénelée*, *membraneuse*, fugace et *blanche*. Lamelles cendrées ou olivâtres, puis noires avec un étroit liséré blanc.

Fr. Epic., p. 235. Quél. Jur. et Vosg. I., t. 8, f. 5.

Eté-automne. — Groupé dans les champs, les pâturages et les bois, sur la bouse.

phalænarum. Stipe pruineux, rougeâtre. Peridium campanulé (0m 015), argileux blanchissant, avec une frange blanchâtre et fugace. Lamelles larges, *grises*, puis *noires*.

Fr. Epic., p. 235. Bull., t. 58. Paul., t. 121, f. 1.

b. *Nitiduli.*

Peridium à peine lubrifié puis luisant.

papilionaceus. Stipe fistuleux, glabre, blanchâtre, pulvérulent et *blanc* au sommet. Peridium *hémisphérique* (0m 02-3), pruineux, souvent crevassé ou excorié, gris pâle, ou roussâtre au milieu. Lamelles sinuées adnées, *très larges*, *grises*, *mouchetées* de *noir*. Spore ovoïde (0mm 018), en amande, olive noir.

Fr. Epic., p. 236. Bull., t. 561, f. 2. M. N.

Été-automne, — Dans les pâturages et dans les forêts. Peu différent de *campanulatus*.

acuminatus. Stipe subfiliforme, fistuleux, blanchâtre, luisant, *brun* en bas, avec un bulbille villeux et blanc. Peridium campanulé (0m 01-2), membraneux, glabre, brillant, incarnat chamois, *bordé d'une ligne noire*. Lamelles adnées, très larges, blanchâtres, puis cendrées et bistre noir. Spore ellipsoïde lancéolée (0mm 018), noire.

Schæf., t. 202. Batt., t. 22, F. Fr. Epic., p. 237.

Été. — En troupe au bord des routes et dans les pâturages.

fimicola. Stipe fluet, fistuleux, tendre, fragile, soyeux, *striolé*, *paille*, pruineux et blanc au sommet. Peridium campanulé (0m 02-3), mince, glabre, gris bistré, blanchissant, ocracé au sommet, *bordé* d'un *cercle bistre*. Lamelles adnées, cendrées, *tachetées*, puis bistre noir, avec un liséré blanc. Spore pruniforme oblongue (0mm 017), bistre.

Fr. S. M. I., p. 301. *varius*, Bolt., t. 66, f. 1.

Printemps-été. — Sur la bouse des pâturages et des forêts.

caudatus. Stipe fistuleux, fluet, soyeux, blanchâtre, pruineux au sommet, terminé en racine *amincie*, *tortueuse* et *fibrilleuse*. Peridium campanulé (0m 02-3), membraneux, fragile, glabre, pellucide, strié, brun roux, puis gris ou incarnat. Lamelles adnées, grises, mouchetées, puis noir purpurin. Spore pruniforme allongée (0mm 018), noir violacé.

Fr. Obs. II., p. 187. Paul., t. 124, f. 1, 2.

Printemps-été. — Groupé ou cespiteux dans les jardins, sur les charbonnières des forêts.

atomatus. Stipe fistuleux, subfiliforme, flexueux, arhize, pulvérulent au sommet, blanc. Peridium campanulé (0m 01-15), mince, striolé, ruguleux par le sec, gris ou incarnat, *semé* de *points brillants*. Lamelles adnées, larges, ventrues, grisâtres, puis cendré noir. Spore pruniforme oblongue (0^{mm} 013), bistre noir.

Fr. S. M. I., p. 298.

Eté. — Le long des chemins, dans les pâturages. Il ressemble à *acuminatus*.

Gen. III. MONTAGNITES, Fr.

Lamelles réunies par une membrane caduque, irradiant autour du sommet discoïde du stipe. Spore ellipsoïde, bistre noir. Terrestres.

Candollei. Stipe fistuleux, long (0^m 012-15), radicant, glabre, *blanc*, entouré d'un *fourreau coriace* et terminé en disque *orbiculaire*. Peridium convexe plan (0^m 05-6), rugueux au milieu, *gris*, *caduc*. Lamelles adnées, radiées, autour du disque, céracées, *persistantes*, crème, puis bistre. Spore ellipsoïde.

Fr. Epic., p. 241. Mont. Exp. sc. Alg., t. 21, f. 1. Corda, Ic. I., t. 22; f. 146. *arenarius*, De Cand. Fl. fr. VI, p. 45.

Printemps. — Dans les sables du littoral méditerranéen.

Sér. II. *IANTHINOSPORI*, Quél.

Spore brun pourpre, purpurine, violette ou lilacine.

Gen. I. DROSOPHILA, Quél.

Voile annulaire membraneux, floconneux ou nul. Stipe tubuleux. Peridium mince, campanulé; marge droite. Lamelles purpurines ou lilacines, puis brun pourpre. Spore ellipsoïde, purpurine ou lilacine. Hygrophanes, fragiles, gracieux. Terrestres.

I. **Psathyrella**, Fr.

Peridium très fragile, strié. Stipe très grêle le plus souvent. Lamelles d'un pourpre noir.

subatrata. Stipe fistuleux, raide, glabre, blanc crème. Peridium campanulé (0^m02-3), membraneux, striolé, pruineux, bistre, bai ou roux, puis chamois. Lamelles adnées, serrées, fuligineuses, puis noires. Spore pruniforme ($0^{mm}012$-15), bistre noir.

Bastch., f. 89. Fr. Ic., t. 131, f. 1.

Automne. — Dans les bois frais et sablonneux.

gracilis. Stipe fistuleux, fluet, raide, *fragile*, glabre, blanc, villeux à la base. Peridium campanulé (0^m01-25), membraneux, striolé, pellucide, hygrophane, fuligineux ou gris pâle, puis rose incarnat. Lamelles adnées, larges en arrière, blanchâtres, puis bistre noir avec un *liséré rosé*. Spore en amande ($0^{mm}013$), bistre purpurin.

Fr. S. M. I., p. 299. Saund. and Sm., t. 37, a.

Eté. — En troupe dans les vergers et dans les forêts.

trepida. Stipe fistuleux, subfiliforme, allongé, glabre, blanchâtre, pellucide. Peridium campanulé (0^m02), très fragile, *striolé*, hygrophane, fuligineux, brun au sommet. Lamelles adnées, serrées, grisâtres, puis bistre violeté. Spore pruniforme ($0^{mm}013$-15), bistre purpurin.

Fr. Epic., p. 238. Ic., t. 139, f. 2. Pers. Myc., t. 29, f. 1.

Eté - automne. — Parmi les brindilles des forêts ombragées.

crenata. Stipe fistuleux, subfiliforme, strié au sommet, *farineux*, *floconneux*, blanchâtre ou bistré, épaissi et villeux à la base. Peridium hémisphérique campanulé (0^m01), membraneux, *sillonné*, farineux, puis micacé, hygrophane, gris chamois, pâle ; *marge crénelée*. Lamelles adnées, crème-grisâtre, puis brun purpurin obscur. Spore ellipsoïde fusiforme ($0^{mm}012$), bistre violeté.

Lasch. Linn., n° 465. Fr. Hym., p. 315.

Automne. — Au bord des sentiers gramineux.

prona. Stipe fistuleux, filiforme, pruineux au sommet, glabre, *blanc hyalin*. Peridium campanulé *hémisphérique* (0^m005-8), membraneux, hygrophane, strié, pellucide, gris bistre, puis incarnat ou gris perle et *pointillé micacé*. Lamelles adnées, grisâtres, puis violet noir avec un *liséré* souvent *rose*. Spore ellipsoïde oblongue ($0^{mm}016$), bistre.

Fr. Epic., p. 239. Ic., t. 139, f. 3.

Eté. — Dans les ornières des forêts de la plaine.

II. **Psathyra**, Fr.

Peridium fragile, strié, micacé ou pruineux. Stipe grêle, tubuleux et nu.

sarcocephala. Stipe plein, puis creux, épais, villeux, furfuracé, blanchâtre ou légèrement rouillé, *farineux* et *blanc* au sommet. Peridium hémisphérique puis convexe (0m03-0,1), *charnu*, farineux, puis glabre, roux ou bistré, blanchissant. Chair ferme, blanche. Lamelles adnées, fragiles, blanchâtres, puis incarnates et bistre purpurin. Spore pruniforme (0mm011), brun pourpre.

Fr. Mon. I., p. 429. Ic., t. 135, f. 1.

Printemps-été. — Cespiteux dans les jardins, cours, vergers et bois. Comestible.

canobrunnea. Stipe creux, raide, épais, *radicant*, soyeux, *incarnat grisonnant*. Peridium convexe, plan (0m05-8), glabre, souvent crevassé, *lubrifié*, *gris-incarnat* ou chamois. Chair ferme, blanche. Lamelles sinuées, ventrues, crème, puis brun pourpre. Spore ellipsoïde pruniforme (0mm01), brun pourpre.

Batsch., f. 105. Fr. S. M. I., p. 294.

Eté. -- Isolé ou groupé dans les clairières des forêts arénacées.

spadicea. Stipe fistuleux, raide, soyeux, blanc. Peridium convexe plan (0m03-0,12), glabre, humide, *brun bistré*, pâlissant; marge d'abord infléchie. Chair fragile, blanchissant. Lamelles sinuées, adnées, décurrentes en filet, serrées, blanchâtres, puis incarnates, puis brun pourpre. Spore ellipsoïde allongée (0mm013), brun pourpre.

Fr. Epic., p. 225. Schæf., t. 60, f. 4-5. *polycephala*, Paul., t. 111, f. 1-2.

Eté-automne. — Cespiteux à la base des troncs dans les forêts ombragées.

cernua. Stipe fistuleux, raide, fragile, *farineux au sommet*, blanc. Peridium campanulé, puis aplani (0m03-6), fragile, micacé, pruineux, *gris paille*, ruguleux et blanc par le sec. Lamelles adnées, ventrues, blanches, puis cendrées et enfin bistre. Spore ellipsoïde pruniforme (0mm 008-9), pourpre bistré.

Fl. dan., t. 1005. Fr. S. M. I., p. 298. Schæf., t. 205. Paul., t. 110, f. 3.

Eté. — Groupé au pied des arbres dans les forêts ombragées.

fœnisecii. Stipe fistuleux, fluet, pruineux, *blanchâtre incarnadin*. Peridium campanulé convexe (0m015-25), mince, glabre, roux, fuligineux, puis blanchâtre incarnat. Lamelles adnées, ventrues, *gris pâle*, puis bistre purpurin avec liséré blanc. Spore en amande (0mm014), bistre violacé.

Pers. Ic. et Desc., t. 11, f. 1. Fr. S. M. I., p. 295. Berk. Outl., t. 11, f. 5.

Eté. — En troupe dans les prés et les pâturages. Comestible.

pygmæa. Stipe tubuleux, grêle, soyeux, *striolé*, blanc, laineux à la base, Peridium convexe plan (0m01-15) mince, *micacé*, strié, chamois ou roux, blanchissant. Lamelles sinuées, crème puis rouillées. Spore ellipsoïde (0mm 006-8), brun pourpre.

Bull., t. 525, f. 2.

Été. — Sur les vieilles souches des forêts ombragées, ouest et centre de la France.

spadiceogrisea. Stipe fistuleux, *strié* au sommet, souvent pulvérulent, blanchâtre, *brillant*. Peridium campanulé convexe (0m05), puis aplani, mince, très fragile, hygrophane, *translucide*, *strié*, brun, gris par le sec. Lamelles sinuées, atténuées, *étroites*, serrées, bistrées, puis brun pourpre. Spore pruniforme (0mm01), brun pourpre.

Schæf. Ic., t. 237. Fr. Epic., p. 232. *stipata*, Fl. dan., t. 1673, f. 2.

Eté-Automne. — Groupé sur les souches ou au pied des troncs. Comestible.

obtusata. Stipe *fibrillo-soyeux*, glabre au sommet, blanchâtre. Peridium conique, puis convexe plan (0m,03), brun ou bistre; marge striée et plus claire. Lamelles adnées, larges, *cendrées*, puis brun bistre.

Fr. S. M. I., p. 293. Schæf., t. 50, f. 1-3.

Eté-automne. — Isolé ou cespiteux sur les souches des forêts ombragées.

conopilea. Stipe fistuleux, grêle, *long*, raide, aminci en haut, *poli*, *blanc argenté*. Peridium conique campanulé (0m02-3), fragile, glabre, blanchâtre ou incarnat crème. Lamelles adnées, ventrues, blanches, puis *incarnates* et enfin baies. Spore pruniforme allongée (0mm015), brun purpurin.

Fr. S. M. I., p. 501. *superba*, Jungh. Linn., t. 6, f. 11.

Été-automne. — En troupe dans les pâturages, les haies. Comestible.

corrugis. Stipe tubuleux, grêle, ferme, glabre, blanc ou roussâtre. Peridium campanulé (0m02-3), mince, striolé, puis *ridé*, micacé, blanchâtre, *rosé* ou *incarnat*. Lamelles sinuées, blanches, puis *lilacines* avec un liséré blanc. Spore pruniforme (0mm015), brun violet.

Pers. Syn., p. 424. Fr. S. M. I., p. 298. Holmsk. Ot. II., t. 32. Bull., t. 561, f. 1.

Eté-automne. — En groupe dans les jardins et les bois.

gyroflexa. Stipe fistuleux, fluet, *flexueux*, *fragile*, strié et pulvérulent au sommet, villeux à la base, soyeux, luisant et blanc. Peridium ovoïde campanulé (0m015), très mince, *poudré*, strié, *blanc de lait*, puis *gris clair*. Lamelles adnées, larges, grisâtres, puis brun pourpre. Spore ovoïde pruniforme (0m007-8), brun pourpre.

Fr. Epic., p. 232. *pallescens*, Schæf., t. 211. *digitaliformis*, Bull., t. 22.

Eté. — Groupé sur des brindilles dans les bois gramineux et humides.

torpens. Stipe fistuleux, fragile, glabre, blanchâtre, villeux à la base. Peridium campanulé hémisphérique (0m 02), mince, fragile, glabre, blanchâtre incarnat ou argileux. Lamelles adnées, grisâtres, puis brun purpurin avec un liséré blanc. Spore pruniforme (0mm012-15), brun purpurin.

Fr. S. M. I., p. 299. Ic., t. 138, f. 1. Fl. dan., t, 2139, f. 1.

Eté. — Dans les prés et les pâturages. Il ressemble aux formes naines du *fatua*. Comestible.

III. **Hypholoma,** Fr.

Voile membraneux formant un anneau autour du stipe ou une frange au bord du peridium.

a. *Appendiculatæ.*

Peridium bordé d'une frange floconneuse ou fibrilleuse et fugace.

fibrillosa. Stipe tubuleux, fluet, fibrillo-floconneux, puis glabre, blanc. Peridium parabolique puis campanulé (0m 02-3), membraneux, fragile, *strié*, *couvert* de longues *fibrilles rayonnantes* et *caduques*, bistre, puis cendré, *blanchissant*. Lamelles adnées, larges, *grises*, puis bistre violeté, avec un liséré blanc. Spore pruniforme (0mm016), bistre purpurin.

Pers. Syn., p. 424? Fr. S. M. I., p. 297.

Printemps-automne. — En troupe sur l'humus des forêts ombragées.

noli tangere. Stipe fistuleux, grêle, très fragile, *glabre*, brun pâle, plus foncé à la base. Peridium campanulé (0m02), mince, *fragile*, hygrophane, *strié*, brun pâle ou bistré, pâlissant, *bordé* de *légers flocons blancs* et *caducs*. Lamelles adnées, larges, paille, puis brun purpurin. Spore ovoïde pruniforme (0mm009), lilacine.

Fr. Epic., p. 234. Ic., t. 138, f. 3? (aiguilles de sapin « habitu et statione admodum recedens. » Fr.)

Eté. — Groupé sur les ramilles de chêne, des forêts ombragées. C'est l'espèce la plus fragile du groupe.

laureata. Stipe fistuleux, mou, pruineux au sommet, finement *pelucheux* et *gris clair*. Peridium convexe (0m01-2), *mamelonné*, glabre, légèrement visqueux, gris bistre, orné, au bord, d'une double rangée de *flocons membraneux*, *blanc de neige*. Lamelles adnées subdécurrentes, larges, triangulaires, *paille* puis *gris lilacin*. Spore ovoïde (0mm008), lilacine.

Quél. Soc. bot., XXV., p. 288, t. 3, f. 8.

Eté. — Groupé sur les feuilles mortes de hêtre, dans les forêts ombragées. Il ressemble à la figure de *noli tangere*, mais ne répond pas à sa description.

infida. Stipe fistuleux, filiforme, flexueux, flétri d'un souffle, pruineux, incarnat bistré. Peridium conique (0m01), très mince, *villeux floconneux*, gris bistré. Lamelles adnées, *triangulaires*, espacées, crème, incarnat, puis baies avec un liséré blanc. Spore ellipsoïde (0mm,012), brun pourpre.

Quél. Soc. bot., XXIII, p. 329, t. 3, f. 13.

Eté. — Dans les chemins creux des forêts du Jura.

fatua. Stipe fistuleux, long, *pruineux* et *strié* au sommet, cotonneux à la base, blanc. Peridium ovoïde puis campanulé (0m03-8), humide, glabre, fauve argileux, *ruguleux*, blanchissant ; marge couverte d'un voile *fibrillo-soyeux*, *blanc* et fugace. Lamelles adnées, blanches, puis incarnates et enfin brun pourpre avec un liséré blanc. Spore ellipsoïde pruniforme (0mm008-9), brun pourpre.

Fr. S. M. I., p. 296. Fl. dan., t. 830, f. 2.

Printemps-été. — Isolé ou groupé dans les vergers et les prés. Comestible.

ammophila. Stipe tubuleux, *radicant fusiforme, strié* et blanc. Peridium campanulé convexe (0m02-4), mince, fragile, *fibrilleux*, chamois roussâtre, pâlissant. Lamelles adnées, larges, décurrentes en filet, grisâtres puis bistre purpurin. Spore pruniforme, brun violet.

Mont. Exp. sc. Alg., t. 31.

Printemps. — A demi enfoui dans le sable des dunes de l'ouest de la France.

bipellis. Stipe tubuleux, fragile, farineux au sommet, *villeux* puis *satiné*, blanc, souvent violeté. Peridium campanulé puis étalé (0m02-3), hygrophane, bai pourpre puis micacé et incarnat; marge couverte de flocons *soyeux* et *blancs*, puis glabre et striée. Lamelles adnées, *rosées* puis *violet noir*, avec un fin liséré blanc. Spore ellipsoïde (0mm015), violette.

Quél. As. fr. 1883., p. 4, t. 6, f. 9.

Eté. — Sur les brindilles et les souches des forêts ombragées. Jura. Comestible.

gossypina. Stipe fistuleux, *pelucheux*, blanc. Peridium ovoïde campanulé (0m02-3), fragile, *crème grisâtre*, ocracé au sommet, *couvert* de *mèches floconneuses blanches* et *caduques*. Lamelles adnées, larges, *grisâtres* puis brun violet, avec un liséré blanc. Spore pruniforme oblongue (0mm01), brun violet.

Bull., t. 425, f. 2. Bolt., t. 71, f. 1.

Automne. — Cespiteux dans les bruyères.

pennata. Stipe fistuleux, grêle, poudré au sommet, *pelucheux*, blanc puis argenté. Peridium ovoïde campanulé (0m02-3), mince, humide, chamois bistré ou grisâtre, blanchissant, orné, sur la marge, de mèches fibrilleuses *blanc de neige* et *caduques*. Lamelles adnées, larges, *grisâtres* puis bai noir pourpré avec un liséré blanc. Spore pruniforme (0mm01-12), bai purpurin.

Fr. S. M. I., p. 297. Quél. Jur. et Vosg., t. 8, f. 3.

semivestita. Marge ornée de deux rangées de mèches.

Bk. and Br. An. n. h., no 920, t. 14, f. 5.

Eté-automne. — Isolé sur l'humus et la bouse dans les forêts arénacées.

b. *Annulatæ.*

Stipe orné d'un voile annulaire membraneux.

Candolleana. Stipe fistuleux, élancé, fibrilleux, *strié* au sommet, blanc. Voile membraneux, *annulaire* ou *frangé*, mince et blanc. Peridium campanulé puis aplani (0m05-7), peu charnu, pruineux, chamois pâle, *blanchissant* avec le sommet *ocracé*. Chair mince, blanche. Lamelles sinuées, *lilacines* puis brun pourpre avec un liséré blanc. Spore ellipsoïde pruniforme (0mm 01), bistre violet.

Fr. S. M. I., p. 196. Fl. dan., t. 774. *violaceo-lamellata*, De Cand. Fl. fr., II, p. 143. *violaceo-ater?* Let., t. 701.

Eté-automne. — En troupe dans les clairières et les chemins des forêts. Vosges. Comestible.

appendiculata. Stipe fistuleux, grêle, pruineux au sommet, fibrilleux, blanc. Anneau ténu, ordinairement frangé, blanc. Peridium ovoïde campanulé (0m05-8), puis aplani, pruineux, parsemé de fines mèches fugaces, chamois ou café au lait, puis *ruguleux, miracé* et *blanc*. Lamelles adnées, étroites, blanches puis *incarnates* et enfin brun pourpre. Spore ellipsoïde (0mm01), guttulée, brun pourpre.

Bull., t. 392. Sow., t. 324. *stipata*, Pers. Syn., p. 423. *spintrigera*, Fr. Ic., t. 132, f. 1. *coronata*, t. 134, f. 3. *lanaripes*, Cooke. Handb., t. 1, f. 3. *egenula*, Bk. and Br., An. n. h. n° 915.

Eté-automne. — Groupé ou cespiteux près ou sur les troncs, dans les jardins et dans les forêts. Comestible.

casca. Stipe creux, grêle, fibrilleux, farineux au sommet, blanc; *frange* floconneuse, *membraneuse*, *fugace*, *blanche*. Peridium globuleux puis étalé (0m05-8), mince, farineux furfuracé, ruguleux, chamois gris, blanchissant. Chair amère. Lamelles sinuées, ventrues, grises puis bistre. Spore ellipsoïde pruniforme (0mm011), brun purpurin.

Fr. Epic., p. 224. *macropus*, Pers. Syn., p. 402.

Eté. — En cercle dans les bois de conifères gramineux. Vosges.

hydrophila. Stipe fistuleux, courbé, fibrilleux à la base, humide, ondulé, blanchâtre. Voile membraneux, ténu, fimbrié, *annulaire*, puis *frangé*, blanc. Peridium globuleux puis étalé (0m 03-5), pruineux, *imbibé*, brun bistré, striolé, ruguleux et chamois par le sec. Chair mince, humide, bistre blanchissant. Lamelles adnées, serrées, larmoyantes, blanchâtres puis bistre lilacin. Spore ellipsoïde (0mm006), bistre lilacin.

Bull., t. 511. *pilulæformis*, Bull., t. 112.

Printemps-été — Cespiteux, en grosses touffes, sur les souches des forêts ombragées. Suspect.

Gen. II. GEOPHILA, Quél.

Peridium charnu ; marge incurvée; stipe annulé ou floconneux. Lamelles sinuées ou adnées. Spore pruniforme, purpurine ou violette. Terrestres.

I. **Psilocybe**, Fr.

Peridium visqueux. Stipe tubuleux, dépourvu d'anneau. Lamelles purpurines ou violettes, puis baies.

ericæa. Stipe fistuleux, lisse, crème puis paille, villeux et blanc à la base. Peridium convexe (0^m03-4), bossu, glabre, légèrement visqueux, *fauve rouillé*, pâlissant. Lamelles adnées, larges, horizontales, *pruineuses*, crème, puis noires, avec un liséré blanc. Spore en amande ($0^{mm}02$), violette puis violet noir.

Pers. Syn., p. 413. Fr. Ic., t. 136, f. 1. *subericæa*, f. 2.

Eté-automne. — Groupé dans les bruyères et les pâturages des montagnes.

coprophila. Stipe fistuleux, grêle, pruineux au sommet, *floconneux*, fibrilleux, puis *glabre*, roux pâlissant et *luisant*. Bourrelet floconneux, roux et fugace. Peridium hémisphérique (0^m02-3), mamelonné, légèrement visqueux, roux argileux. Lamelles subdécurrentes, *arquées*, *très larges*, cendré pâle, puis violet bistre. Spore pruniforme allongée ($0^{mm}02$), bistre violet.

Bull., t. 566, f. 3.

Eté-automne. — Sur la bouse ou sur des excréments de divers animaux.

bullacea. Stipe fistuleux, grêle, pruineux au sommet, fibrilleux ou villeux, *fauve, rouillé* à la base. Bourrelet floconneux, fugace. Peridium hémisphérique (0^m01-2), mamelonné, *strié*, visqueux, brun brique, pâlissant, souvent orné d'une *frange floconneuse* et *blanche*. Cuticule séparable. Chair brune. Lamelles adnées, horizontales, grisâtres, puis brun pourpre. Spore pruniforme ($0^{mm}011$), violette.

Bull., t. 566, f. 2.

Été-automne. — Dans les cultures, le long des chemins dans les forêts.

physaloides. Stipe fistuleux, fluet, fibrilleux, incarnat, roux, brun à la base. Peridium globuleux campanulé (0m01-15), puis aplani et mamelonné, visqueux, strié, *bai rouge*, puis chamois ou incarnat. Lamelles adnées, uncinées, *ventrues*, incarnates puis brun pourpre. Spore ovoïde, losangique (0mm009), violette.

Bull., t. 366, f. 1.

Printemps. — En troupe dans les bruyères et les pâturages arénacés. Vosges.

atrorufa. Stipe fistuleux, grêle, raide, fragile, *pruineux*, fibrilleux à la base, fauve. Peridium campanulé convexe (0m01-15), glabre, ruguleux par le sec, *strié*, bai foncé puis chamois. Lamelles adnées, uncinées, larges, grisâtres puis brun violet, avec un liséré blanc. Spore pruniforme (0mm01-13), violette.

Schæf., t. 234. Fr. S. M. I., p. 293.

libertatis. Peridium à mamelon hémisphérique; lamelles décurrentes.

Batsch. El., f. 62.

Été. — En troupe dans les pâturages et les bruyères.

semilanceata. Stipe plein, puis fistuleux, grêle, allongé, flexueux, *tenace*, lisse, blanc citrin. Cortine concolore et fugace. Peridium ovoïde (0m02), *pointu*, membraneux, visqueux, striolé, à pellicule séparable, *crème citrin*. Lamelles adnées libres, blanc crème puis bistre ou bai purpurin. Spore pruniforme oblongue (0mm016), violette.

Fr. Obs. II., p. 178. Sow., t. 248, f. 1-3.

Été-automne. — En troupe dans les pâturages et dans les champs.

callosa. Stipe fistuleux, fluet, tenace, glabre, citrin pâle ou paille. Peridium campanulé convexe (0m01-2), membraneux, glabre, *blanc paille* ou *gris clair*. Lamelles adnées, *ventrues*, crème puis *bistre violet*. Spore en amande (0mm012-15), brun purpurin.

Fr. Obs. II., p. 180. Pers. Myc., t. 27, f. 3.

Été-automne. — En troupe dans les pâturages et au bord des chemins. Très affine au précédent.

II. **Stropharia**, Fr.

Stipe pourvu d'un anneau ou d'un bourrelet. Lamelles purpurines ou violettes, puis brunes.

A. Spintrigeræ.

Peridium floconneux ou fibrilleux, sans cuticule visqueuse.

coṭonea. D'abord *tout blanc.* Stipe fistuleux, courbé, glabre au sommet, fortement pelucheux. Anneau floconneux épais. Peridium sphérique, puis convexe (0m05-7), couvert de *mèches floconneuses*, blanc de neige. Chair *tendre*, blanche, douce. Lamelles sinuées, *blanches*, puis *purpurines* et enfin brun pourpre, avec un liséré blanc. Spore pruniforme (0mm01), bistre purpurin.

Quél. Soc. bot., XXIII, p. 328, t. 2, f. 5. *lacrimabunda*, Fr. Ic., t. 134, f. 1.

Été-Automne. — Cespiteux dans les bois de conifères des Vosges. Comestible?

Battarræ. Stipe fistuleux, recourbé, blanchâtre, *recouvert* à la base de *mèches fibrilleuses*, dressées, *bistre* ou *olivâtres*. Anneau membraneux, mince, blanc, en partie suspendu à la marge. Peridium hémisphérique, puis aplani (0m05-7), *olivâtre*, couvert de fines mèches fibrilleuses et appliquées, bistre olive, *dressées* au centre. Chair mince, fragile et blanche. Lamelles sinuées, blanches, rosées, puis brun pourpre, avec un liséré blanc. Spore ellipsoïde pruniforme (0mm01), brun pourpre.

Fr. Epic., p. 217. Batt., t. 28, f. H. *aculeata*, Quél. Jur. et Vosg. I., p. 237, t. 22, f. 4.

Été. — Groupé sur les vieilles souches du peuplier pyramidal. Jura, Bourgogne.

versicolor. Stipe creux, courbé, bulbeux, aminci en haut, *fibrilleux*, farineux au sommet, *blanc*, avec un anneau très ténu et fugace. Peridium convexe plan (0m05), finement strié ridé, hérissé de *fines mèches noirâtres* et *fugaces, chamois, verdoyant*, puis *gris violeté* ou *lilacin* sur la marge. Chair humide, blanchâtre, rosée à l'air, odeur agréable. Lamelles sinuées, serrées, crénelées, minces, fragiles, blanches ou olive puis gris rougeâtre et violet noir. Spore réniforme (0mm 008), baie.

With. Arr. IV., p. 166. *scobinacea*, Fr. Epic., p. 217. *Gilletii*, Fr. Gill., t. 103.

Printemps-été. — Cespiteux sur les souches, frêne, saule, etc.

lacrimabunda. Stipe creux, assez gros, *fibrilleux*, soyeux, fuligineux. Anneau fibrilleux, laineux, blanc, puis bistre. Peridium campanulé (0m05-0m1), *couvert* de *longues fibrilles* rayonnantes, fauve, puis bistre. Chair mince, fragile, humide, argileuse. Lamelles sinuées, presque libres, séparables, *bai brun*, *larmoyantes*, *pointillées* de *noir*, avec un liséré floconneux et blanc. Spore en amande (0mm012), *aculéolée*, bai pourpre.

Bull., t. 194. Schæf., t. 84. Paul., t. 55, f. 1. *velutina*, Pers. Syn., p. 409.

Été-automne. — En troupe, dans les champs, dans les bois et au bord des chemins. Suspect.

pyrrhotricha. Entièrement revêtu de fibrilles laineuses, *fauves* ou *mordorées*.

Holmsk. Ot. II., t. 35. *lacrimabunda*, Bull., t. 525, f. 3.

Été. — Dans les pâturages montagneux. Suspect.

B. Viscipelles.

Cuticule lisse ou peluchée, visqueuse ou lubrifiée.

a. *Mundæ*.

Anneau membraneux. Habitants des forêts ou des prés.

æruginosa. Stipe fistuleux, fibrillo floconneux, vert bleuâtre; anneau floconneux, furfuracé et caduc, blanc ou vert. Peridium convexe plan (0m05), mamelonné, souvent furfuracé, *très visqueux*, vert-de-gris pâlissant. Chair humide, blanche, vireuse. Lamelles adnées, molles, blanchâtres, puis brun pourpre avec un liséré blanc. Spore pruniforme (0mm01), brun purpurin.

Curt. Lond., t. 309. Schæf., t. 1. Sow., t. 264. Batsch., f. 213.

Été-automne. — En troupe dans les forêts, les bruyères et les prés. Suspect.

albocyanea. Verdoyant puis blanchissant.

Desm. Cat., p. 22. Pers. Myc., t. 29, f. 2, 3. Roz. et Rich., t. 33, f. 5-8.

Dans les prés.

inuncta. Stipe fistuleux, flexueux, *mou*, floconneux fibrilleux, pruineux en haut, blanc. Anneau *distant*, très mince et fugace. Peridium convexe plan (0^m03-5), bossu, visqueux, paille ou grisâtre, *lilacin* ou *purpurescent*. Chair mince, molle, acidule. Lamelles adnées, uncinées, blanches, puis bistre violet. Spore pruniforme (0^{mm}01), lilas bistré.

Fr. El. I., p. 40. Saund. and Sm., t. 29, f. 6, 7.

Automne. — Dans les prés moussus, à l'orée des bois ombragés.

melasperma. Stipe fibrocharnu, fibrilleux, blanc. Anneau épais, étroit, *strié* et blanc ou taché de violet par les spores. Peridium convexe, puis plan (0^m03-6), *tendre*, visqueux, *blanc*, avec une *teinte citrine*. Chair blanche, vireuse. Lamelles sinuées, blanches puis *lilas* grisâtre et enfin *violet noir*. Spore pruniforme (0^{mm}012-14), violette.

Bull., t. 540, f. 2. Quél. Jur. I., t. 24, f. 3. Bres. Fung. trid., t. 61.

Été-automne. — En troupe dans les prés et les cultures après les grandes pluies. Vénéneux.

coronilla. Stipe plein, court, aminci en bas, blanc. Anneau formant une *couronne blanche rayée* de violet. Peridium hémisphérique, puis convexe (0^m02-5), jonquille fauve, *bordé* de *fins flocons blancs*. Chair ferme, blanche et sapide. Lamelles sinuées, blanches, puis *améthyste* et enfin brun violet. Spore pruniforme (0^{mm}008), brun purpurin.

Bull., t. 597. Quél. Jur. et Vosg. I., p. 237, t. 14, f. 7. *melasperma*, Fr. Ic., t. 130, f. 2. *obturata*, Fr. S. M. I., p. 283. Kalch. Ic., t. 17, f. 2.

Printemps-été. — En troupe dans les prés et les cultures. Suspect.

squamosa. Stipe tubuleux, grêle, tenace, *pulvérulent* au sommet, *vélu* de *petites mèches recourbées*, crème ocre. Anneau *distant*, membraneux, mince, crème. Peridium hémisphérique puis aplani (0^m03-6), visqueux, ocracé, fauve au sommet et parsemé de *fines mèches blanches*. Chair humide, crème grisâtre. Lamelles adnées, uncinées, larges, crème, puis brun purpurin. Spore en amande allongée (0^{mm}012), brun violet.

Pers. Syn., p. 409. Bk. Outl., t. 10, f. 6. Roz. et Rich. t. 18, f. 14-17.

Été-automne. — En troupe dans les forêts ombragées, sur les feuilles mortes. Suspect.

luteonitens. Stipe fistuleux, grêle, raide, fibrilleux, finement floconneux, crème. Anneau distant, membraneux, mince et blanc. Peridium campanulé (0m03-4), mince, glabre, *souci*, *bordé* de fines mèches crème et fugaces. Lamelles adnées, larges, horizontales, *grises* puis bistre lilas. Spore pruniforme allongée (0mm013-15), violet bistré.

Fl. dan., t. 1057. Fr. S. M. I., p. 284. *thrausta*, Kalch. Ic., t. 15, f. 2.

Automne. — Dans les prés et les bruyères des Vosges.

albonitens. Stipe grêle, à moelle cotonneuse, pruineux au sommet, *villeux*, blanc. Anneau distant, membraneux, étroit et fugace. Peridium convexe plan (0m02-3), mince, visqueux, *blanc hyalin*, blanchissant et brillant, souvent crème jonquille au milieu. Chair molle et blanche. Lamelles adnées, horizontales, crème puis brun violacé. Spore pruniforme (0mm009), violet bistré.

Fr. Mon. I., p. 415. Ic., t. 131, f. 2.

Automne. — Dans les clairières gramineuses des forêts ombragées. Jura. Suspect.

b. *Merdariæ.*

Anneau ordinairement à l'état de bordure floconneuse autour du peridium. Fimicoles.

merdaria. Stipe grêle, farci d'une moelle fibrilleuse, tenace. pruineux et *strié* au sommet, *floconneux*, blanc ou crème, Anneau fibrillo floconneux et fugace. Peridium campanulé (0m02-5), mince, visqueux, *crème jonquille*, pâlissant. Chair blanche. Lamelles adnées, décurrentes en filet, horizontales, molles, crème puis brun pourpre avec un liséré blanc. Spore en amande (0mm014), violette.

Fr. Epic., p. 220. Ic., t. 130, f. 3.

Été. — En troupe dans les clairières et les chemins des forêts. Jura.

stercoraria. Stipe grêle, à moelle cotonneuse *séparable*, *paille*, pelucheux et *visqueux*. Anneau distant, mince, floconneux et *visqueux*. Peridium hémisphérique, puis aplani (0m02-3), mince, visqueux, crème citrin ou grisâtre. Lamelles adnées, très larges en arrière, uncinées, blanches puis bistre ou olive noir. Spore oblongue (0mm 022), lilas.

Fr. S. M. I., p. 291. Bull., t. 566, f. 4.

Été-automne. — Sur les excréments dans les forêts ; naît souvent d'un sclérote.

palustris. Stipe fistuleux, fluet, strié au sommet, *blanchâtre*, *zoné* ou chiné de *flocons bistrés*. Anneau membraneux, mince, étroit et blanc. Peridium hémisphérique (0m 025), *mamelonné*, mince, hygrophane, légèrement visqueux, gris fauve, bistre au sommet. Lamelles adnées, larges, horizontales, crème puis violet noir, avec un liséré blanc. Spore pruniforme (0mm 012), brun violet.

Quél. Jur. et Vosg. I., p. 237, t. 23, f. 9.

Été. — Sur le limon des étangs, parmi les grandes herbes. Vosges.

semiglobata. Stipe fistuleux, rigide, glabre, crème ou paille, *visqueux*. Anneau membraneux, mince, fugace. Peridium hémisphérique (0m 01-3), mince, glabre, visqueux, paille ou jonquille pâle. Lamelles adnées, *très larges*, grisâtres puis tachetées et violet noir. Spore pruniforme (0mm 016), violet obscur.

Batsch., f. 110. Pers. Syn., p. 407. Fr. S. M. I., p. 284. *mamillata*, Kalch. Ic., t. 16, f. 2.

Été-automne. — Groupé sur la bouse des pâturages et des forêts. Suspect.

Gen. III. PRATELLA, Pers.

Voile variable. Peridium tendre, voilé ou nu. Stipe charnu, annulé ou floconneux. Lamelles fragiles, libres ou écartées, et spore ellipsoïde ou ovoïde, brun pourpre ou violettes. Terrestres, parfumés [1].

I. **Pilosace**, Fr.

Lamelles libres, étroites. Stipe charnu, sans anneau. Spore ellipsoïde sphérique, brun pourpre.

algeriensis. Stipe *plein*, très épais (0m 04-5), *évasé* à la base, court, soyeux et blanc. Peridium convexe plan (0m 1), compacte, glacé comme une peau de gant, *blanc de neige* puis

[1] Lorsqu'elle est froissée ou exposée à l'air, la chair rougit dans les espèces affines à *campestris* et jaunit dans les espèces affines à *arvensis*.

roussâtre ou bistre. Chair tendre, *blanche*, délicate et parfumée. Lamelles libres, horizontales, *étroites*, rose incarnat puis bistre violacé. Spore sphérique (0mm 008), bai purpurin.

Quél. Jur. et Vosg. II., p. 351.

Hiver-printemps. — Prés et cultures. Algérie, Alpes-Maritimes. Il ressemble à *arvensis*. Comestible.

II. **Psaliota**, Fr.

Lamelles écartées du stipe ou libres. Anneau membraneux. Spore ellipsoïde ou pruniforme, brun violet ou purpurin.

a. *Graciles*.

Peridium mince ; stipe grêle.

comtula. Stipe à moelle soyeuse, puis creux, grêle, glabre, *striolé* et *satiné* au sommet, blanc ou crème. Anneau membraneux, très mince, médian. Peridium convexe plan (0m 03-5), lisse, *fibrillosoyeux*, blanc crème, *fauve* au sommet. Chair tendre, mince, blanche, *jaunissant* légèrement et finement parfumée, (vanille). Lamelles un peu écartées du stipe, sinuées, blanches puis rosées et enfin brun pourpre. Spore ellipsoïde pruniforme (0mm 007), guttulée, brun purpurin.

Fr. Epic., p. 125. Ic., t. 130, f. 1. Quél. Jur. et Vosg. I., t. 24, f. 2.

Automne. — En troupe dans les prés montueux. Jura. Il ressemble aux formes grêles du *campestris*. Comestible.

amethystina. Stipe grêle, à moelle soyeuse, subbulbeux, fragile, glabre et blanc, avec un anneau ténu, satiné et blanc. Peridium convexe plan (0m 03-4), mamelonné, villeux ou fibrilleux, *blanc*, avec le centre *rosé*, *lilacin* ou *améthyste*. Chair mince, blanche et sapide. Lamelles écartées, serrées, ventrues, *gris clair* puis bai brun. Spore ovoïde oblongue (0mm 006-7), 1-2 ocellée, brun purpurin.

Quél. As. fr. 1884. Roz. et Rich., t. 18, f. 1-5.

Automne. — Dans les forêts arénacées, chênes. Aunis, Touraine. Comestible.

semota. Stipe fistuleux, grêle, aminci en haut, villeux, incarnat fauve ou rougeâtre, jonquille pâle au sommet. Anneau membraneux, très mince, concolore. Peridium convexe (0m 03), charnu, glabre, *incarnat briqueté* ou fauve, avec le centre *brun*. Chair tendre, blanc crème, sapide et parfumée. Lamelles atténuées libres, puis écartées du stipe, crème, puis purpurines et enfin brunes. Spore ellipsoïde pruniforme (0mm 007), guttulée, pourpre fauve.

Fr. Mon. II., p. 347. Ic., t. 131, f. 1.

Automne. — Dans les sapinières du Jura méridional. Très affine à *comtula*.

b. *Cibariæ*.

Peridium et stipe charnus; épais.

campestris. Stipe *plein*, glabre ou villeux, blanc; anneau médian, membraneux, fugace. Peridium hémisphérique, puis convexe (0m 08-15), soyeux ou pelucheux, blanc, incarnat ou fauve. Chair épaisse, *molle*, prenant à l'air une teinte *rosée* ou *bistrée*, très sapide et très parfumée. Lamelles écartées, serrées, ventrues, blanches, puis rosées et enfin bai bistre. Spore ellipsoïde (0mm 007), brun rosé.

Linn. Succ., n° 1205. Schæf., t. 33. Paul., t. 133, f. 5.

peronata. Stipe plus ou moins entouré d'un fourreau ou d'une série de bracelets.

Roz. et Rich., t. 17, f. 13-15.

Eté-hiver. — En cercle dans les prés et les bruyères, parfois dans les champs. Comestible.

villatica. Stipe creux, glabrescent et anneau mou, très épais. Peridium compacte (0m 1-2), pelucheux, *crevassé*, blanc roux ou bistré. Chair ferme, fétide, rousse à l'air. Lamelles incarnat grisâtre, puis bai bistre. Spore ellipsoïde (0mm 007), ocellée, bistre.

Brond. Cr. Ag., t. 7. Kromb., t. 26, f. 14. Bres. Fung. trid., t. 60.

Toute l'année, dans les caves, cours, jardins, etc. Comestible.

bitorquis. Stipe plein, ovoïde, glabre, blanc, avec une *collerette membraneuse* au sommet et un *voile volviforme* près de la base, séparés par un sillon concave (0m 005-10). Peridium globuleux (0m 05-9), épais, glabrescent, *blanc de lait*, puis crème ou ocracé au bord. Chair ferme, blanche, incarnate, puis bistrée à l'air, sapide et parfumée. Lamelles écartées, arrondies, blanches, puis rosées et brun foncé. Spore ellipsoïde (0mm 005-6), subsphérique, ocellée, bai purpurin.

Quél. As. fr. 1883, p. 4, t. 6, f. 8.

Eté. — Dans les terrains calcaires des Alpes-Maritimes. Analogue à *O. imperialis*. Comestible.

Bernardii. Compacte, tomenteux à la loupe et *blanc*. Stipe *plein*, ovoïde rapiforme, épais (0m 04-5), strié au sommet; anneau membraneux, strié en dessus. Peridium hémisphérique convexe (0m 1-2), très épais, crevassé aréolé, *blanc grisonnant*. Chair *dure*, nauséabonde, très blanche, prenant à l'air une teinte purpurine, puis brunâtre. Lamelles libres, arrondies, *gris incarnat*, puis bai bistre. Spore ellipsoïde, subsphérique (0mm 008), ocellée, baie purpurine.

Quél. Soc. bot., XXV, t. 3, f. 12.

Printemps. — En troupe dans les prairies baignées par l'eau salée; ouest de la France. Comestible.

arvensis. Stipe *creux*, plein de filaments soyeux, épaissi à la base, villeux et blanc. Anneau membraneux, formé de deux couches. Peridium globuleux, puis étalé (0m 1-2), épais, floconneux, farineux, blanc, *se tachant* de *citrin*. Chair compacte puis tendre, blanche ou tachée de citrin, odeur de farine. Lamelles libres, ventrues, blanches, puis bistre purpurin. Spore ellipsoïde (0mm 007), brun pourpre.

Schæf., t. 310, 311. Fr. Sv. sv., t. 4. Roz. et Rich., t. 10, f. 1-5.

acicola. Grêle, souvent citrin.

Quél. Jur. et Vosg. I., t. 8, f. 1.

Printemps-automne. — En cercle dans les pâturages et dans les forêts. Comestible.

cretacea. Stipe *creux*, long, subbulbeux, farci d'une moelle soyeuse, glabre, blanc. Anneau membraneux, mince, ample, dédoublé au bord, blanc. Peridium hémisphérique convexe (0m 1), soyeux, glabre, blanc de neige. Chair blanche, souvent *jonquille* dans le *bulbe*, odeur de fumée, d'urine de souris. Lamelles libres, puis écartées, serrées, *longtemps blanches*, puis rosées et brun pourpre. Spore ellipsoïde pruniforme (0mm 007-8), ocellée, brun pourpre.

Fr. S. M. I., p. 28. Roz. et Rich., t. 10, f. 6-8.

Eté. — En cercle dans les prés montueux. Très voisin de la var. *acicola*. Comestible.

flavescens. Stipe farci d'une moelle floconneuse, soyeux et blanc, brillant; anneau doublé, jaunissant au bord. Peridium soyeux, blanc, puis fauve; chair ferme, *jaunissant* instantanément à l'air, odeur fétide. Lamelles d'un rose très pâle, puis cendré, violeté et bistre.

Roze, Ch. com. et vén., t. 47, f. 17-20. *xanthoderma*, t. 17, f. 5-8.

Automne. — Dans les prés sylvatiques.

pratensis. Stipe plein d'une moelle soyeuse, ferme, un peu épaissi en bas, glabre et blanc. Anneau médian, membraneux et caduc. Peridium ovoïde, puis étalé (0m 05-9), soyeux, villeux à la loupe, puis finement pelucheux, *blanc grisonnant*. Chair épaisse, *blanche*, ferme, sapide et parfumée. Lamelles écartées du stipe, *grises*, puis brun bistre. Spore ellipsoïde (0mm 006-7), ocellée, brune.

Schæf., t. 96. Fr. Mon. I., p. 405. *spodophyllus*, Kromb., t. 26, f. 19-22.

Eté-automne. — Dans les prés et les bois arénacés de l'ouest et du nord de la France.

sylvatica. Stipe *creux*, long, fibrilleux, blanc. Anneau distant, mince, floconneux en dessous, souvent fugace et blanc. Peridium campanulé convexe (0m 1-2), *floconneux* ou *fibrillé pelucheux*, blanc, *rosé* ou *rouillé*. Chair tendre, blanche, *rouge rosé* à l'air, ainsi que la cuticule. Lamelles écartées du stipe, ventrues, minces, rosées, puis brunes ou baies. Spore ellipsoïde pruniforme (0m 009), bistre purpurin.

Schæf., t. 242. *setigera*, Paul., t. 132, f. 3, 4. *hæmorrhoidaria*, Kalch. Ic., t. 18, f. 1. *rubella*, Gill., t. 102. *niveorubens*, Quél. Ench., p. 110. *Vaillantii*, Roz. et Rich., t. 12, f. 5-10.

Eté-automne. — En cercle dans les forêts, surtout de conifères. Comestible.

augusta. Stipe plein, épais (0m 03-5), villeux et blanc, taché de rose brique par le froissement. Anneau membraneux, très ample, épais, floconneux. Peridium globuleux, puis étalé (0m 2-3), blanc ou teinté de citrin, tacheté de *mèches fibrilleuses brun clair*, plus serrées au milieu. Chair molle, blanche, parfumée. Lamelles *écartées*, serrées, blanc crème, puis baies. Spore ellipsoïde allongée (0mm 006), bistre violet.

Fr. Epic., p. 212. Sv. sv., t. 38. *elvensis*, Bk. and Br. An. n. h., nº 1009.

Eté. — Dans les forêts montagneuses de conifères. Jura. Comestible.

Sér. III. *PHÆOSPORI*, Quél.

Spore jaune, ocracée, argileuse, fauve, rouillée ou brune, très rarement violette.

Gen. I. CREPIDOTUS, Fr.

Voile continu, variable. Peridium latéral ou résupiné. Spore ellipsoïde, ocre, incarnate ou fauve. Lignicoles.

translucens. Stipe latéral, court ou oblitéré. Peridium orbiculaire, flexueux, membraneux, pellucide, blanchâtre, puis *rougeâtre*. Lamelles libres, inégales, blanc crème, puis *lilacines* et *purpuracées*.
De Cand. Fl. fr. V., p. 43.
Sur les troncs, saule. Environ de Montpellier. Comestible.

jonquilla. Résupiné et cupulé, puis réfléchi et conchoïde ou réniforme (0m 05-8), *tendre*, *tomenteux*, hérissé vers la base, capucine ou jonquille mat, pâlissant ; marge enroulée, lobée, souvent *orangée*. Chair spongieuse, moins colorée, tachant le papier de jaune et exhalant une odeur de melon. Lamelles décurrentes, espacées, molles, jonquille. Spore pruniforme (0mm 006), *en virgule*, biocellée, citrin-incarnat.
Paul., t. 20, f. 4. *nidulans*, Pers. Ic. et Desc., t. 6, f. 4. Fr. Ic., t. 86, f. 3.
Eté-automne. — Groupé sur le bois sec des forêts ombragées de la plaine. Suspect.

mollis. Dimidié ou subsessile, convexe plan, ovoïde ou réniforme (0m 03-5), souvent ondulé ou lobé, *flasque*, glabre, villeux ou velouté à la base, ocre pâle ou argileux. Chair *très molle*, humide, blanchâtre, douce. Lamelles décurrentes, serrées, *crème bistré*, puis ocracées. Spore pruniforme (0mm 01), argileuse.
Schæf., t. 213. Fr. S. M. I., p. 274. Sow., t. 98. Quél. Jur. et Vosg. I., t. 7, f. 7.

alveolus. *Ocracé brun*, villeux à la base.
Lasch. Linn., n° 582.
Eté-automne. — Groupé ou imbriqué sur les troncs secs. Comestible.

calolepis. Stipe latéral, bulbiforme, *velouté* et *blanc*. Peridium conchoïde ou réniforme (0m 02), convexe, mince, translucide, crème ou jonquille pâle, élégamment *moucheté* de *fines mèches brunes*. Chair molle, blanc crème. Spore pruniforme (0mm 008-10), ocre fauve.

Fr. Hym., p. 276. Ic., t. 129, f. 4.

Automne. — Imbriqué sur les branches sèches, frêne, orme, érable. Sud-ouest.

applanatus. *Blanc de neige*, bientôt *fuligineux*. Stipe très court, subbulbeux, velouté, hispide. Peridium *oblique*, souvent imbriqué, orbiculaire ou oblong (0m 05-8), *tendre*, mince, hygrophane, finement tomenteux, striolé au bord. Chair humide, douce, blanchâtre. Lamelles sinuées, blanches puis brun bistré pâle. Spore pruniforme (0mm 008-9), bistrée.

Pers. Obs. I., p. 8, t. 5, f. 3. Fr. Mon. I., p. 399.

Eté-automne. — Imbriqué sur des brindilles, du bois mort, sur le sol des forêts humides.

Peteauxii. Stipe *fluet*, court (0m 002-4), sortant d'un tapis soyeux et blanc. Peridium cupulaire, puis réniforme (0m 02-4), flexueux, mince, fragile, finement *tomenteux*, *blanc de neige*. Lamelles sinuées, libres, irradiant autour d'un mamelon tomenteux et blanc, blanc crème, puis ocre clair. Spore pruniforme ovoïde (0mm 007), ocracée.

Quél. As. fr. 1884, t. 8, f. 9.

Automne. — Sur les souches, sur *Trametes gibbosa*. Environs de Lyon.

haustellaris. Stipe conique, plein, *villeux* et *blanc*. Peridium réniforme (0m 02-3), latéral, plan, flasque, *pubescent*, chamois ou blond, pâlissant et pellucide. Chair ténue, aqueuse, paille. Lamelles sinuées, crème jonquille, puis cannelle. Spore ellipsoïde, ocracée.

Fr. Epic., p. 274. *flürstedtensis*, Batsch., f. 124.

Eté. — Sur les branches tombées du tremble.

variabilis. Retourné, sessile ou fixé par un stipe court, recourbé et villeux. Peridium cupulé, puis réfléchi et conchoïde (0m 01-2), membraneux, *mou*, cotonneux et *blanc de neige*. Lamelles rayonnant autour d'une saillie arrondie, *excentrique* et blanche, larges, espacées, *longtemps blanches*, puis chamois ou rousses. Spore ellipsoïde (0mm 008-10), fauve.

Pers. Obs. II., t. 5, f. 12. Bk. Outl., t. 10, f. 1. *sessilis*, Bull., t. 152. *niveus*, Sow., t. 97.

sphærosporus. Peridium blanc. Lamelles incarnates. Spore sphérique, grenelée, rosée.

Pat., tab. 226.

Eté-automne. — En troupe sur les ramilles et les brindilles des forêts.

epibryus. Cupulaire (0m 01), finement villeux, pellucide, blanc. Lamelles minces, *serrées*, blanc crème, puis ocre pâle. Spore pruniforme, fusoïde (0mm 01-12), finement aculéolée, ocracée.

Fr. S. M. I., p. 275.

Automne-hiver. — Sur les mousses, les brindilles et les tiges d'herbe.

scutellinus. Stipe plein, filiforme, arqué, court (0m 002-3), villeux, concolore. Peridium convexe (0m 003-5), plan, avec une *fine pointe* au sommet, *pellucide*, aranéeux, *striolé*, *ridé*, blanchâtre, puis ocracé. Lamelles étroites, adnées, denticulées, blanches, puis bistrées ou rousses. Spore ellipsoïde (0mm 007), allongée et rousse.

Quél. Soc. bot., XXV, t. 3, f. 5.

Eté. — Sur les tiges d'herbes amoncelées des forêts humides.

pallescens. Stipe plein, incurvé, aminci vers le bas, villeux et blanc. Peridium convexe ombiliqué (0m 005), membraneux, *tomenteux*, blanc prenant une légère teinte citrine. Lamelles émarginées, décurrentes en filet, blanc crème, puis bistrées. Spore pruniforme (0mm 007), fauve.

Quél. Soc. bot., XXV, t. 3, f. 9.

Eté. — Sur les ramilles dans les forêts humides. Jura, Morvan.

Gen. II. GALERA, Fr.

Voile pruineux, soyeux, rarement annulaire. Stipe tubuleux. Peridium membraneux ; marge droite. Lamelles adnées, sinuées ou libres. Spore ellipsoïde ou pruniforme, fauve ou brune. Gracieux et délicats.

I. Bryogenæ.

Peridium campanulé, strié, glabre, hygrophane, soyeux. Stipe flexible. Lamelles adnées, larges. Cortine fugace. Tendres et grêles.

muscorum. Stipe fistuleux, mou, *fibrillo-soyeux*, *crème*, puis *ocracé*, brun fauve en bas. Peridium campanulé convexe

(0m 02-3), mince, hygrophane, strié, fauve brun, puis jaune miel ou de cire. Lamelles uncinées adnées, larges, ventrues, *espacées*, *épaisses*, souci, puis rouillées. Spore ellipsoïde (0mm 008-9), fauve.

Hoffm. Nom., t. 5, f. 3. *embolus*, Fr. Epic., p. 206 ?

Automne. — Groupé dans les mousses des endroits humides.

mycenopsis. Stipe fistuleux, flexueux, *mou*, citrin pâle, avec des *fibrilles soyeuses* et *blanches*, pruineux au sommet, *villeux* et *blanc* à la base. Peridium convexe (0m 01-2), ou semi-globuleux, *fibrillo-soyeux* au bord, miel citrin, pâlissant. Lamelles adnées, *ventrues*, crème citrin puis cannelle. Spore pruniforme (0mm 012), souci.

Fr. Obs. II., p. 38. Ic., t. 129, f. 1.

Eté-automne. — En troupe parmi les hypnes des prés ombragés.

vittæformis. Stipe fistuleux, fluet, *strié*, pruineux, *paille rouillé*. Peridium conico-campanulé (0m 01-12), membraneux, fauve, roux ou *brun bistre*, pellucide ; marge striée et finement villeuse. Lamelles sinuées, *ventrues*, crème fauve, puis brunes. Spore pruniforme (0mm 012-13), ocre fauve.

Fr. Epic., p. 207. *campanulatus*, Schæf., t. 63, f. 4-6.

Printemps-été. — En troupe sur la terre brûlée des pâturages.

hypnorum. Stipe fistuleux, mou, subfiliforme, citrin ou ocre pâle. Peridium campanulé convexe (0m 01-2), membraneux, *mamelonné* ou *papillé*, glabre, hygrophane, *strié*, ocre miel, puis ocre crème. Lamelles adnées, *larges*, espacées, fauve cannelle; arête floconneuse. Spore pruniforme (0mm 01), jonquille.

Batsch. f. 96. Sow., t. 282. Bull., t. 560, f. 1, C.-E.

rubiginosa. Stipe rouillé fauve et luisant. Peridium cannelle.

bryorum. Peridium surmonté d'une papille dure.

sphagnorum. Stipe fauve, légèrement fibrilleux. Peridium jonquille ocracé.

Pers. Syn., p. 385. Fr. Ic., t. 128, f. 3.

Été-automne. — En troupe dans les mousses, prés, bois, tourbières.

triscopa. Stipe subfiliforme, à peine fistuleux, *fauve*, velouté et *brun bistré* à la base. Peridium campanulé (0m 005-8), membraneux, glabre, striolé, *bai foncé*, puis fauve. Lamelles sinuées, adnées, ventrues, jaunâtres puis fauves. Spore pruniforme (0mm 01), fauve.

Fr. Mon. I., p. 375. Ic., t. 124, f. 3.

Printemps et été. — Sur les souches pourries ou sur le terreau des forêts.

Sahleri. Stipe filiforme, fragile, *ambre*, luisant. Peridium campanulé (0m 004-6), souvent longuement *pointu*, glabre, hygrophane, strié, châtain fauve, puis miel avec le *sommet plus clair;* marge d'abord couverte de fibrilles soyeuses et fugaces. Lamelles adnées, serrées, séparables, crème ocre, puis fauves. Spore pruniforme (0mm 009), fauve.

Quél. Jur. et Vosg. I., t. 23, f. 4.

Printemps et été. — Groupé sur les vieilles souches de sapin. Jura, Vosges.

horizontalis. Stipe plein, court, subfiliforme, recourbé, pruineux, fauve, roux, naissant d'une base étalée, byssoïde et blanche. Peridium campanulé convexe (0m 005), *ombiliqué*, membraneux, *sillonné, couvert* de *flocons granulés* ou de *fines mèches* retroussées, châtain. Lamelles adnées, *espacées*, triangulaires, crème, puis brunes. Spore pruniforme (0mm 015), pointillée, fauve.

Bull., t. 324. Sow., t. 341. *rimulincola*, Rab. Fr. Hym., p. 256.

Eté-automne. — En troupe sur l'écorce des troncs, poirier, orme, alisier. Il a le port du *Mycena corticola*.

II. Conocephalæ.

Peridium campanulé, hygrophane, micacé par le sec.

Pygmæoaffinis. Stipe fistuleux, grêle, *fragile*, strié au sommet, *farineux* et *blanc*. Peridium campanulé, puis aplani (0m02-4), mince, sec, *ridé réticulé*, finement grenelé, ocre miel, puis blanc ocracé. Lamelles sinuées, ténues, serrées, crème, puis argileuses. Spore en amande (0mm12), ocre pâle.

Fr. Mon. I., p. 389. Ic., t. 128, f. 1. *dictyotus*, Kalch., t. 32, f. 4.

Été-automne. — En troupe sur l'humus des bruyères et des bosquets.

lateritia. Stipe fistuleux, aminci en haut, pruineux et *blanc*. Peridium campanulé (0m01-2), *glandiforme*, membraneux, glabre, striolé, *orangé*, briqueté ou fauve, puis ocre crème. Lamelles libres, étroites, serrées, crème, puis souci et fauve safrané. Spore ellipsoïde pruniforme (0mm012-15), ocracée.

Fr. S. M. I., p. 265. Fl. dan., t. 1846, f. 2. Batt., t. 28, T.
Été-automne. — Dans les clairières gramineuses des bois arénacés du Nord.

tenera. Stipe grêle, élancé, *strié*, *pulvérulent*, ocracé ou fauve. Peridium campanulé (0m01-2), pulvérulent, brun roux, puis ocre pâle. Lamelles adnées puis libres, étroites, crème incarnat, puis cannelle. Spore pruniforme (0mm01), ocracée.
Schæf., t. 70, f. 6-8. Sow., t. 33. Bull., t. 535, f. 1.

siliginea. Stipe crème. Peridium *gris*.
Fr. Obs. II., p. 68.
Été. — En troupe dans les prés et les cultures.

conferta. Stipe fistuleux, grêle, *atténué* en une *longue racine*, *strié*, farineux au sommet, crème. Peridium campanulé (0m02-3), *fragile*, glabre, hygrophane, ocre fauve, puis *blanchissant* et *micacé*. Lamelles adnées puis libres, serrées, crème, puis cannelle. Spore pruniforme (0mm01), ocracée.
Bolt. Fung., t. 18.
Été. — En fascicules dans la tannée.

antipus. Stipe grêle, soyeux, blanc paille, longuement radicant et prolifère à la base (peridiums rudimentaires).
Lasch. Fr. Ic., t. 128, f. 2.
Printemps-été. — Groupé dans les jardins et les champs.

spartea. Stipe fistuleux, subfiliforme, *glabre*, *poli*, diaphane, fauve paille, brunâtre à la base. Peridium campanulé hémisphérique (0m005-8), *strié*, *pellucide*, cannelle puis chamois. Lamelles adnées, serrées, planes, crème grisâtre, puis cannelle. Spore pruniforme (0mm008), fauve.
Fr. S. M. I., p. 266. *atrorufus*, Bolt., t. 51, f. 1.
Été-automne. — En troupe sur la terre brûlée des forêts. Il ressemble aux formes grêles de *tenera*.

tenuissima. Stipe filiforme, fistuleux, bulbilleux, pruineux, *crème bistré*. Peridium campanulé (0m 003), obtus, membraneux, translucide, glabre, *ocre grisâtre* ou *olivâtre*, *bistré* par le sec. Lamelles adnées, serrées, brunes avec un fin liséré blanc. Spore pruniforme oblongue (0mm01-13), jaune fauve.
Weinm. Ross., p. 129. Quél. As. fr. 1885, t. 12, f. 8.
Printemps. — Dans les pelouses et au bord des chemins. Ressemble à *siliginea*.

minuta. Stipe filiforme, court (0m01), glabre, incarnat fauve, *luisant* et naissant d'une pellicule aranéeuse et blanche. Peridium campanulé (0m 002-3), membraneux, glabre, strié, diaphane, incarnat ocracé. Lamelles adnées, triangulaires, finement frangées à la loupe, crème bistré. Spore pruniforme ($0^{mm}006$), ocracée.

Quél. Jur. et Vosg. III, p. 10, t. 1, f. 5.

Eté. — En troupe sur la terre des forêts ombragées du Jura. Miniature du *tenera*.

carpophila. Stipe fistuleux, *filiforme*, tenace, blanchâtre crème, *couvert de flocons furfuracés et blancs* et naissant d'une membrane fibrilleuse et blanche. Peridium conique campanulé ($0^{m}01$), membraneux, strié, diaphane, crème, *sablé de grains floconneux*, crème bistré; marge crénelée par des flocons furfuracés et caducs. Lamelles adnées, espacées, larges, crème, puis bistrées. Spore pruniforme ($0^{mm}01$), guttulée, ocracée pâle.

Fr. Obs. I., p. 45. Ic., t. 126, f. 4. *spiculus*, Lasch. Quél. Jur. I., t. 7, f. 3.

Printemps, — En troupe sur les feuilles mortes des forêts de hêtres.

III. Annulatæ.

Stipe pourvu d'un anneau membraneux ou floconneux.

vestita. Stipe fistuleux, grêle, *farineux*, blanc crème. Anneau membraneux, *ténu*, *blanc* et *caduc*. Peridium campanulé ($0^{m}01$-2), mince, hygrophane, *strié*, souci, puis ocre crème, orné d'une *frange dentelée* et *blanche*, formée par la rupture de l'anneau. Lamelles jonquille pâle, puis fauve souci avec un liséré crème. Spore ellipsoïde oblongue ($0^{mm}01$), ocracée.

Quél. Jur. et Vosg. I., p. 235, t. 23, f. 3.

Fin-automne. — En troupe sur l'humus des forêts arides. Jura.

pusilla. Stipe fistuleux, filiforme, strié, pruineux, crème, puis ocracé; anneau très ténu. Peridium campanulé ($0^{m}004$), pellucide, *strié*, ocracé. Lamelles adnées, crème, puis souci.

Fin-automne. — Dans les prés moussus et les clairières humides.

mycenoides. Stipe fistuleux, allongé, fluet, radicant, tenace, souci, pruineux au sommet, villeux et blanc à la base, avec un *anneau blanc* puis crème safrané. Peridium conique puis convexe ($0^{m}01$-2), brun fauve ou rouillé, pâlissant. Lamelles très larges, adnées décurrentes, ocracées, puis cannelle safrané. Spore en amande (0mm 012), fauve.

Fr. S. M. I., p. 246. Quél. As. fr. 1885, t. 12, f. 7.

Été-automne. — Dans les forêts marécageuses.

stagnina. Stipe fistuleux, fluet, glabre, fauve rouillé. Anneau *membraneux, fugace, blanc.* Peridium campanulé (0m 01-2), puis convexe, glabre, strié, hygrophane, *rouillé,* puis chamois, *bordé de fins flocons blancs.* Lamelles adnées, uncinées, ocracées, puis rouillées. Spore en amande (0mm 015), fauve rouillé.

Fr. S. M. I., p. 268. Ic., t. 129, f. 2.

Été. — Dans les sphaignes des tourbières montagneuses du Jura et des Vosges.

paludosa. Stipe fistuleux, très fluet, citrin paille avec un léger bourrelet, floconneux et crème au sommet. Peridium conique, puis étalé (0m 01), mamelonné, miel ou paille, voilé de *fibrilles* ou de *flocons* crème ou blancs et *fugaces.* Lamelles adnées, uncinées, larges, crème ocracé. Spore en amande (0mm 012), fauve.

Fr. Epic., p. 209. Ic., t. 129, f. 3.

Été. — Parmi les mousses des marais et des tourbières.

Gen. III. PLUTEOLUS, Fr.

Voile visqueux. Peridium mince et tendre; marge droite. Lamelles libres ou écartées du stipe grêle et fistuleux. Spore pruniforme, fauve ou ocracée.

a. *Peridium violet. Lignicoles.*

reticulatus. Stipe fistuleux, fluet, floconneux, pulvérulent, blanc. Peridium campanulé, puis aplani (0m 02-3), membraneux, *réticulé ridé,* strié, *lilas violeté,* plus foncé au milieu. Lamelles libres ou écartées du stipe, minces, crème jonquille, puis *safranées.* Spore pruniforme oblongue (0mm 01), ocre crème.

Pers. Ic. et Desc., t. 4, f. 4-6. Bk. Outl., t. 9, f. 5. *aleuriatus,* Fr. Ic., t. 126, f. 5.

Été-automne. — Groupé sur les souches, hêtre, charme, des forêts ombragées.

b. *Peridium jaune. Humicoles.* (*Bolbitius*, Fr.)

vitellinus. Stipe fistuleux, crème, couvert de flocons *furfuracés* et *blancs*. Peridium ellipsoïde, puis campanulé (0m03-5), submembraneux, lisse, puis *sillonné* et *fendillé*, jaune d'œuf. Lamelles libres, minces, ocreuses, puis argileuses. Spore pruniforme (0mm012), ocre pâle.

Pers. Syn., p. 402. Kalch. Ic., t. 15, f. 2.

Printemps. — Sur le fumier des champs, sur les vieux chaumes.

fragilis. Stipe atténué de bas en haut, *glabre*, concolore. Peridium translucide, *strié*, ocre jonquille pâlissant. Lamelles crème ocreux, puis brun pâle. Spore en amande (0mm014), ocre pâle, un peu rouillée.

Linn. Fr. Epic., p. 254. *equestris*, Bolt., t. 65.

Printemps-été. — Au bord des chemins dans les champs et dans les bois.

titubans. Stipe tubuleux, fluet, très fragile, farineux, blanc, brillant. Peridium ovoïde campanulé (0m02-3), membraneux, très tendre, glabre, diaphane, jonquille, puis *strié, plissé* et *grisonnant* au bord. Lamelles libres, crème jonquille, puis incarnates ou ocracées. Spore pruniforme (0mm014), 1-2 guttulée, fauve.

Bull., t. 425, f. 1. Sow., t. 128. Quél. Jur. I., t. 9, f. 3. Bk. Outl., t. 12, f. 2. Fr. Ic., t. 139, f. 4.

Printemps-été. — Dans les sentiers tourbeux des forêts.

apalus. Stipe fistuleux, aminci en haut, *bulbeux*, fragile, finement *tomenteux* et *blanc*. Peridium campanulé (0m 01-2), membraneux, glabre, gris ocracé puis *blanc*. Lamelles adnées, puis libres, ténues, serrées, étroites, blanches, puis souci et brun safrané. Spore pruniforme (0mm 012 ?), fauve.

Fr. S. M. I., p. 265. Ic., t. 127, f. 1, 2.

Eté. — En troupe dans les prairies humides.

conocephalus. Stipe fluet, *long*, pruineux au sommet, *blanc*. Peridium conique campanulé (0m01), fragile, striolé, *visqueux* au sommet, crème jonquille. Lamelles libres, ventrues, crème, puis ocracées. Spore pruniforme (0mm 01), allongée, crème ocracé.

Bull., t. 563, f. 1.

Automne. — En troupe sur l'humus et les feuilles mortes des forêts sablonneuses du Nord.

Gen. IV. HYLOPHILA, Quél.

Voile continu, léger et fugace. Peridium à marge incurvée. Lamelles sinuées ou adnées, rarement décurrentes, ocracées, fauves, brunes ou rouillées. Spore pruniforme ou ellipsoïde, ocracée argileuse, rouillée, fauve ou brune.

I. **Naucoria**, Fr.

Voile pruineux, floconneux ou furfuracé. Stipe cortiqué, fistuleux ou spongieux. Peridium peu charnu, infléchi en naissant. Lamelles libres ou adnées. Analogues aux groupes *Collybia* et *Leptonia*. Terrestres, très rarement lignicoles.

I. Gymnotæ.

Voile pruineux, non apparent.

a. *Lamelles libres ou sinuées.*

lugubris. Stipe fibro-charnu, long, fusiforme, radicant, rigide, fissile, glabre, luisant, blanc d'ivoire ou paille, rougeâtre, puis rouillé à la base. Peridium campanulé (0^m05-8), festonné, lubrifié, glabre, paille, puis *tacheté* de *rouge*. Lamelles sinuées, ventrues, larges, crème, puis rouillées. Spore pruniforme ($0^{mm}01$), ruguleuse, fauve.

Fr. S. M. I., p. 254. Ic., t. 121, f. 1.

Été. — Dans les forêts humides et sablonneuses. Alsace. Il ressemble à *C. fusipes*.

festiva. Stipe creux, long, aminci en bas, *villeux* à la loupe, incarnat crème ou fauve, changeant. Peridium campanulé (0^m02-4), glutineux, *vert olive*, puis roux ou bai. Lamelles libres, ventrues, serrées, crème olivâtre, puis fauve rouillé ou pourpré. Spore pruniforme ($0^{mm}008$-9), pointillée, fauve.

Fr. Epic., p. 192. Bres. Fung. trid., t. 22.

Été. — Sur l'humus des bois de conifères des montagnes. Alpes, forêt Noire.

Christinæ. Stipe fistuleux, long, *radicant*, très tenace, glabre, safrané purpurin, puis bai sanguin. Peridium campanulé (0^m02-3), *pointu*, glabre, uni, puis *ridé* côtelé, humide ou visqueux, couleur de feu, souci ou fauve doré. Chair concolore et aromatique. Lamelles libres, serrées, étroites, jonquille, puis fauve safrané et pointillées de roux. Spore en amande (0mm 01-12), fauve doré.

Fr. Epic., p. 192. Ic., t. 121, f. 2.

Automne. — Dans les bois sablonneux. Normandie. Il ressemble à *H. conicus*. Les trois espèces qui précèdent sont très affines.

hilaris. Stipe cortiqué, *creux*, fragile, glabre, strié, souci, brillant. Peridium campanulé (0m 03), puis ondulé, légèrement visqueux, *orangé fauve*, brillant. Chair mince, jonquille. Lamelles sinuées, libres, serrées, jonquille incarnat, puis rouillées. Spore pruniforme (0mm 009), fauve.

Fr. Epic., p. 192.

Été-automne. — En cercle dans les forêts de conifères des montagnes. Jura.

cidaris. Stipe fistuleux, *fusiforme*, pruineux au sommet, *brun*, *bistre* à la base. Peridium campanulé (0m 03), peu charnu, hygrophane, pruineux, strié, argile ou cannelle, ocracé par le sec. Chair blanchâtre. Lamelles sinuées adnées, ventrues, crème jonquille puis fauves. Spore pruniforme (0mm 01), fauve.

Fr. Epic., p. 192. Ic., t. 123, f. 2.

Printemps et été. — En troupe dans les forêts de pins.

cucumis. Stipe fistuleux, grêle, *pruineux*, *tomenteux*, bai, bistre ou noir, laineux et blanc à la base. Peridium campanulé (0m 02-4), *pruineux*, bai bistre, puis incarnat roux; marge légèrement incurvée, striolée et plus claire. Chair hygrophane, concolore, exhalant une odeur de concombre, puis de poisson. Lamelles émarginées, *ventrues*, nankin ou souci safrané, puis rousses. Spore pruniforme (0mm 01), *fauve rosé*.

Pers. Syn., p. 316. *fuscipes*, Sow., t. 344. *Nolanea picea*, Kalch. Ic., t. 12, f. 3. *nigripes*, Trog. Fr. Ic., t. 99, f. 1. *pisciodora*, Ces. Cr. it., I. t. 3, f. 2.

Eté-automne. — En troupe sur les brindilles des forêts humides de conifères.

micans. Stipe subfistuleux, aminci en bas, bulbilleux, tenace, pruineux, *jonquille*, couvert de *fibrilles brun rouge*. Peridium convexe (0m 02), mamelonné, mince, lisse, *souci aurore*, brillant, tacheté de pourpre foncé. Chair fragile, jaune, un peu amère. Lamelles émarginées, arquées, serrées, larges, crénelées, *jaune verdoyant* puis rouillées.

Fr. Epic., p. 193. *alnicola*, Sec., n° 807.

Automne. — Sur les souches, aune, etc., des forêts montagneuses.

centunculus. Stipe fistuleux, fluet, courbé, pruineux, crème olivâtre, cotonneux et blanc à la base. Peridium convexe (0m 01), mince, *pruineux, villeux*, olive tendre; marge ténue et striolée. Lamelles libres, serrées, crème olive, puis olive brun avec l'*arête pulvérulente* (atomes cristallins à la loupe) et *sulfurine*. Spore pruniforme (0mm 007-10), crème olive.

Fr. S. M. I., p. 262. Kalch. Ic., t. 17, f. 3.

Automne. — Groupé dans les souches des forêts ombragées.

effugiens. Stipe plein, grêle, courbé et villeux à la base, arhize, *farineux*, crème olivâtre. Peridium convexe plan (0m 005-8), orbiculaire, mince, diaphane, crème, puis olive pâle, grisâtre, *sablé* de *grains cristallins brillants*. Lamelles sinuées libres, crème, puis brunes ou olive. Spore pruniforme (0mm 01), ocellée, brune.

Quél. Jur. et Vosg. II., p. 307, t. 2, f. 3. *Cr. rubi*, Bk. Outl., t. 9, f. 7?

Eté. — Sur les branches sèches des poiriers.

b. *Lamelles adnées.*

cerodes. Stipe finement fistuleux, fluet, fibrilleux et strié à la loupe, jonquille pâle, farineux au sommet et *bai rouillé* à la base. Peridium campanulé convexe (0m 01-2), puis déprimé, glabre, *crème citrin* ou *cire*. Lamelles adnées, larges, ocre pâle, puis cannelle. Spore pruniforme (0mm 01-13), fauve brunâtre.

Fr. Epic., p. 195. *lacrymalis*, Batsch., f. 8.

Eté. — Groupé dans les mousses des bruyères et des bois sablonneux. C'est un *mycenopsis* sans voile soyeux.

melinoides. Stipe fistuleux, fluet, ferme, *pruineux*, ocre clair, blanc à la base. Peridium convexe plan (0m 01-2), bossu, humide, strié, glabre, fauve, ocre et brillant par le sec. Lamelles adnées, *denticulées*, crème ocre, puis fauves. Spore pruniforme, (0mm 01), brune.

Fr. S. M. I., p. 266. Bull., t. 560, f. 1, F. Bk. Outl., t. 9, f. 3.

Eté-automne. — Dans les pâturages élevés. Jura, Vosges.

pusiola. Stipe fistuleux, flexueux, pruineux au sommet, citrin paille, luisant, brunissant à la base. Peridium hémisphérique (0m 01), mince, *visqueux*, citrin pâle. Chair concolore. Lamelles adnées, planes, larges, paille, puis brunes. Spore pruniforme (0mm 01-12), brune.

Fr. S. M. I., p. 264. Ic., t. 124, f. 4. Pers. Myc., t. 25, f. 1.

Automne. — En troupe dans les pelouses sablonneuses du nord de la France. Ressemble aux formes naines de *pediades*.

amarescens. Stipe fistuleux, blanc ou crème ocracé, puis *bistre noirâtre*. Peridium campanulé (0m 03-4), finement ridé puis excorié et gercé, humide, *brun roux*, puis argileux; marge légèrement incurvée. Chair fissile, crème, puis rousse, fade, puis *très amère*. Lamelles émarginées, adnées, ventrues, crème ocré, puis brunes. Spore pruniforme (0mm 009-0,011), oblongue, brune.

Quél. As. fr. 1882. Jur., I, t. 7, f. 4.

Printemps. — En troupe dans les anciennes charbonnières des forêts de la plaine.

sideroides. Stipe farci ou tubuleux, *paille*, pruineux et blanc au sommet, *brun brique* en bas. Peridium campanulé (0m 025), mamelonné, *strié*, lubrifié, *cannelle* ou *rouillé*. Lamelles uncinées, incarnat briqueté, puis brun rouillé ou olive. Spore pruniforme (0mm 008), fauve.

Bull., t. 588. Fr. Epic., p. 196.

scolecina. Stipe fistuleux, *rouillé clair*, farineux et blanc au sommet, *brun* en bas. Peridium *bai rouillé*, pâlissant. Lamelles adnées, moins serrées, blanchâtre incarnat, puis rouillées.

Fr. Epic., p. 194. Ic., t. 124, f. 1.

Automne. — Parmi les ramilles dans les forêts d'aunes.

badipes. Stipe fistuleux, fluet, fibreux, fragile, *brun bistre, moucheté* de *flocons fibrilleux* et *blancs*. Peridium campanulé, (0m 02), membraneux, hygrophane, strié, fauve rouillé, puis ocre fauve. Lamelles adnées, uncinées, subespacées, crème ocre, puis cannelle. Spore pruniforme (0mm 01-12), fauve.

Fr. Epic., p. 196. Ic., t. 123, f. 3.

Automne. — Dans les bruyères des hautes Vosges. Peu différent de *tabacina*.

camerina. Stipe fistuleux, tendre, *fibrillo-soyeux*, ambré, brunâtre en bas. Peridium campanulé (0m 01-2), hygrophane, *strié*, roux brun, jaunâtre sur la marge. Lamelles adnées, crénelées, jaune pâle, puis cannelle. Spore pruniforme (0mm 015), fauve.

Fr. Epic., p. 196. Ic., t. 124, f. 2.

Printemps. — Sur les souches de conifères. Ressemble aux petites formes de *Dr. marginata*.

macrospora. Roux brunâtre; stipe excentrique, court, membraneux à la base. Peridium ombiliqué (0m 02), strié; lamelles légèrement adnées, rousses. Spore ovoïde (0mm 015-18), guttulée.

Pat. et Doas., tab. 433.

Eté. — Sur du bois pourri, Pyrénées.

II. Phæotæ.

Voile fugace, aranéeux ou furfuracé.

vervacti. Stipe plein, *creux* en haut, raide, arhize, striolé, crème. Peridium convexe (0m 02-3), tendre, légèrement visqueux, citrin au bord et jaune fauve au milieu. Chair blanc crème. Lamelles adnées, *larges*, planes, jonquille pâle, puis brun rouillé. Spore pruniforme (0mm 009), fauve rouillé.

Fr. S. M. I., p. 263. *bulbularis*, Batsch., f. 108.

Automne. — En troupe dans les prés des collines du Jura, Provence, Gironde, Pyrénées.

semiorbicularis. Stipe à *moelle séparable*, presque *subéreuse*, grêle, tenace, bulbeux, soyeux, crème ocracé. Peridium convexe plan (0m 02-4), peu charnu, crème jonquille, puis chamois. Chair blanche. Lamelles sinuées, adnées, crème bistré puis brun rouillé. Spore ellipsoïde (0mm 015), brun rouillé.

Bull., t. 422. Bk. Outl., t. 9, f. 4. *pediades*, Fr. S. M. I., p. 290. *pusillus*, Schæf., t. 203.

subglobosa. Stipe farci, court, *strié*. Peridium un peu visqueux. Lamelles très larges.

Alb. et Schw. Cons., p. 169.

Printemps-automne. — En troupe dans les cultures et dans les prés.

arvalis. Stipe fistuleux, *atténué* en *longue racine cotonneuse*, *pulvérulent*, jonquille citrin. Peridium convexe (0m 01-2), glabre, un peu visqueux, jaune indien, puis brun olive. Chair citrine. Lamelles sinuées, *larges*, crème citrin, puis brunes avec un liséré citrin. Spore en amande (0mm 02), oblongue, souci clair.

Fr. S. M. I., p. 263. Batt., t. 28, D. Bull., t. 422, f. 2.

Automne. — Dans les terrains cultivés arénacés. Vosges, Jura, Ouest.

tabacina. Stipe creux, glabre, *brun*, bistre à la base. Peridium convexe plan (0m 015-20), mince, enroulé au bord et souvent couvert d'un voile soyeux, très humide, *bistre*, *bai brun*, chamois par le sec. Lamelles adnées, serrées, variables, *bai cannelle*, puis rouillées.

De Cand. Fl. fr. V., p. 46? Fr. Hym., p. 261. *undulatus*, Jungh. Linn., t. 6, f. 14.

Été-automne. — Bords des chemins.

myosotis. Stipe fistuleux, grêle, mou, *finement villeux*, crème citrin, poudré au sommet. Peridium convexe (0m 02), mamelonné, hygrophane, strié, visqueux, bistre ou olive *verdoyant*. Chair mince, citrine. Lamelles sinuées, crème, puis brunes avec un liséré citrin. Spore pruniforme (0mm 016), brune.

Fr. S. M. I., p. 290. Ic., t. 125, f. 1.

Été. — Parmi les sphaignes dans les tourbières et les étangs. Alsace, Jura, Vosges.

scorpioides. Stipe fistuleux, fluet, *flexueux*, aminci en haut, jonquille ocracé, *strié* par des *fibrilles blanches*, brun bistre en bas. Peridium convexe (0m 01), mince, glabre, humide, roux ou brun fauve avec la marge nankin, puis crème. Lamelles sinuées, arrondies, crème, puis ocracées. Spore pruniforme (0mm 01-12), fauve.

Fr. Epic., p. 199. Ic., t. 124, f. 1, du milieu.

Automne. — En troupe dans les prés tourbeux, moussus et ombragés. Vosges, Alpes-Maritimes.

temulenta. Stipe farci puis fistuleux, grêle, flexueux, tenace, glabre, pruineux au sommet, *jonquille*. Peridium campanulé convexe (0m 02-25), mince, glabre, hygrophane, strié, *brun rouillé* ou *briqueté*, ocracé par le sec. Lamelles adnées, jonquille, puis rouillées. Spore oculiforme (0mm 012), ocellée, fauve.

Fr. Epic., p. 199. Ic., t. 125, f. 2.

Été. — En troupe dans les ravins des forêts montagneuses. Ressemble à *sideroides*.

reducta. Stipe fistuleux, flexueux, grêle, atténué vers le haut, crème, bistré en bas, pulvérulent et blanc au sommet, villeux et blanc à la base. Peridium convexe plan (0m 01-15), membraneux, à peine mamelonné, lisse, puis pulvérulent à la loupe, *strié*, hygrophane, chamois brunissant. Lamelles adnées, sinuées, ocre pâle, puis rouillées. Spore pruniforme (0mm 01), allongée, pointillée, ocracée.

Fr. Mon. I., p. 379. Ic., t. 125, f. 3.

Automne. — Cespiteux dans les forêts marécageuses.

III. Lepidotæ.

Voile persistant ou caduc, floconneux, soyeux ou furfuracé.

a. *Peridium visqueux.*

sobria. Stipe fistuleux, flexueux, ferme, fibrillé soyeux, blanc-crème, farineux au sommet, cotonneux et fauve à la base. Peridium convexe plan (0m 01-2), mamelonné, peu charnu, un peu visqueux, crème fauve, avec le bord couvert d'une *cortine soyeuse* et fugace. Lamelles sinuées, ventrues, ocre clair, puis *safranées* avec l'*arête floconneuse* et crème. Spore pruniforme (0mm 01), ocellée, fauve.

Fr. Obs. myc. II., p. 25. *ravida*, Kalch. Ic., t. 19, f. 1 (trop jaune).

Fin de l'hiver. — En troupe sur les charbonnières des forêts, dans les collines du Jura.

crobulus. Stipe fistuleux, ocracé, *parsemé* de *mèches blanches*, formant parfois une collerette caduque. Peridium convexe (0m 02), mince, ocre fauve, glabre et légèrement visqueux; marge ornée de *flocons blancs* et *caducs*. Lamelles adnées, très larges, ocracées, puis brunes.

Fr. Epic., p. 299.

Eté. — Parmi les brindilles dans les forêts ombragées. Il ressemble à *furfuracea* et à *inquilina*.

inquilina. Stipe fistuleux, grêle, tenace, atténué en bas, *fauve* brun, couvert de *fibrilles* et de *flocons blancs*. Peridium campanulé (0m 01), submembraneux, un peu visqueux, *strié*, hygrophane, roux ou chamois, *blanchissant;* pellicule séparable. Lamelles adnées, uncinées, très larges, argileuses, puis brunes. Spore pruniforme (0mm 007), fauve.

Fr. S. M. I., p. 264.

Toute l'année. — Groupé sur les brindilles et les herbes sèches des forêts et des bruyères.

b. *Peridium floconneux ou soyeux, sec ou hygrophane.*

siparia. Stipe plein, puis fistuleux, *fragile*, floconneux, brun rouillé, pulvérulent et ocracé au sommet. Peridium convexe

(0m 01-2), mince, *humide, pelucheux*, brun. Lamelles adnées, ocracées, puis brunes avec l'arête floconneuse. Spore pruniforme (0mm 008), fauve.

Fr. S. M. I., p. 261. Ic., t. 126, f. 2. *vestitus*, Chev. Fl. par., t. 6, f. 9.

Été. — Cespiteux dans les forêts humides de la plaine.

conspersa. Stipe fistuleux, grêle, *brun fauve, parsemé* de *flocons furfuracés* et *blancs*, cotonneux et blanc à la base. Peridium convexe (0m01-2), plan, hygrophane, furfuracé, cannelle, puis grisonnant. Lamelles adnées, subdécurrentes, ocracées, puis cannelle. Spore pruniforme (0mm 007-9), fauve.

Pers. Ic. et Desc., t. 12, f. 3. Kromb., t. 3, f. 12.

Été. — En troupe dans les champs, les prés et les bruyères. Très voisin de *pellucida;* plus grêle.

pellucida. Stipe fistuleux, ocre fauve ou incarnat, *parsemé* de *flocons furfuracés* et *blancs*, étalé, cotonneux et blanc à la base. Peridium campanulé convexe (0m 01-3), membraneux, hygrophane, *translucide*, strié, ocre cannelle, blanchissant, couvert d'une fine villosité blanche. Lamelles adnées, souvent triangulaires et subdécurrentes, fauves, puis cannelle. Spore pruniforme (0mm 008-10), guttulée, ocracée.

Bull., t. 550, f. 2. *circumseptus*, Batsch., f. 98. *furfuraceus*, Pers. Syn., p. 454. Quél. Jur. I., t. 7, f. 5.

Hiver-printemps. — Sur les brindilles, bois, bruyères. Comestible.

escharoides. Stipe fistuleux, fluet, flexueux, fragile, fibrilleux ou floconneux, pruineux au sommet, *crème* ou *paille*, puis bistré à la base. Peridium campanulé (0m 02), mince, *très mou, floconneux furfuracé, crème ocracé*, blanchissant avec le centre fauve. Chair blanc crème. Lamelles adnées, uncinées, ventrues, molles, crème, puis ocre pâle avec l'arête floconneuse. Spore *naviculaire* (0mm 02), pointillée, ocracée.

Fr. S. M. I., p. 260. Schæf., t. 226.

Été-automne. — En troupe dans les forêts marécageuses ou tourbeuses.

limbata. Stipe fistuleux, glabre, blanc jonquille, puis ocracé. Peridium convexe plan (0m 02), uni, puis finement et concentriquement pelucheux, strié, fissile, argileux. Lamelles *libres*, ventrues, serrées, ocracées, puis argileuses.

Bull., t. 563, f. 2. *sublimbatus*, Fr. Ic., t. 126, f. 1. Batt., t. 28, f. F. G.

Automne. — Sur l'humus des forêts.

autochthona. Stipe fistuleux, fluet, villeux en haut, *pruineux et blanc*, naissant d'un tapis farineux et blanc. Peridium hémisphérique, puis convexe plan (0m 01), mince, glabre, ocre crème, blanchissant ; marge striolée et *floconneuse*. Lamelles adnées, sinuées, crème ocre, puis fauves, avec un fin liséré blanc. Spore pruniforme (0mm 006-8), ocracée.

Bk. and Br. An. n. h., nº 1121. Grevill., t. 77, f. 4.

Été-automne. — En troupe sur l'humus des forêts de la plaine.

II. **Hebeloma**, Fr.

Stipe fibrocharnu, voilé ou nu. Peridium charnu et glabre, avec la marge incurvée. Lamelles libres ou sinuées. Spore pruniforme, grande, fauve ou rouillée. Terrestres.

I. Denudatæ.

Voile pruineux. Peridium glabre et sans cortine.

crustuliniformis. Stipe plein, ferme, blanchâtre, couvert de petites mèches recourbées et blanches. Peridium convexe (0m 1), glabre, un peu visqueux, blanchâtre, argileux pâle ou incarnat roussâtre, plus foncé au milieu. Chair humide, blanchâtre; odeur de radis et saveur aigre. Lamelles sinuées, ténues, blanchâtres, puis chamois et brunes avec l'*arête chargée de gouttelettes* laiteuses puis bistre. Spore pruniforme (0mm 012), fauve.

Bull., t. 308, 546. Paul., t. 52.

Été-automne. — Cespiteux et en cercle dans les prés et les bruyères. Comestible ?

sinapizans. Stipe fibrocharnu, puis creux, rigide, *fibrilleux* strié, furfuracé au sommet, blanc. Peridium convexe plan (0m 1-15), charnu, ondulé, glabre, légèrement visqueux, crème, argileux pâle au milieu. Chair compacte, élastique, blanche, vireuse; odeur forte de radis. Lamelles sinuées, larges, blanchâtre incarnat, puis chamois pâle. Spore pruniforme (0mm 012), *grenelée*, fauve.

Paul. Ch., t. 82.

Automne. — En cercle dans les forêts. Variété sylvestre de *crustuliniformis*, il ressemble à *sinuosa*. Comestible ?

elata. Stipe long, mou, *tordu*, fibrilleux, villeux, farineux au sommet, blanc, puis *bistré*. Peridium convexe (0m 1), bossu, glutineux, ocre incarnat, blanchâtre au bord. Chair épaisse, tendre, blanche, douce amère et exhalant une forte odeur de radis et de miel (analogue à celle de *Dr. radicosa*). Lamelles uncinées, ondulées, incarnat pâle, puis bistre. Spore pruniforme (0mm 013), fauve bistre.

Batsch. El., f. 188.

Automne. — Cespiteux dans les bois de conifères.

diffracta. Stipe fusiforme, creux, pelucheux et blanc. Peridium convexe (0m 05-8), aréolé crevassé par le sec, chamois pâle. Chair blanche à odeur faible de radis. Lamelles émarginées, larges, blanchâtres, puis brun rouillé. Spore pruniforme (0mm 008), brune.

Fr. Epic., p. 182. Ic., t. 114, f. 1. Kalch. Ic., t. 39, f. 3.

Printemps. — Cespiteux sous les pins maritimes du littoral de l'ouest.

longicauda. Stipe creux, fragile, *fibrilleux*, farineux au sommet, blanc, puis fauve pâle à la base. Peridium convexe (0m 04-6), mamelonné, charnu, glabre, visqueux, argileux pâle, blanchissant; marge pruineuse et blanchâtre. Chair molle, peu odorante. Lamelles émarginées, serrées, crénelées, blanches, puis argileuses. Spore pruniforme (0mm 012), ocellée, ocre fauve.

Pers. Syn., p. 332. Bk. Outl., t. 9, f. 2. Batt., t. 21, F.

Été-automne. — En troupe dans les bois de conifères. Comestible.

nudipes. Stipe plein, fibrilleux à la base, glabre en haut et blanc (cuticule séparable). Peridium convexe (0m 05), légèrement visqueux, ocre blanchissant. Lamelles émarginées, argileuses.

Fr. Epic., p. 181. Kalch. Ic., t. 14, f. 3 [1].

Fin-automne. — En troupe dans les forêts de conifères. Comestible.

sacchariolens. Stipe grêle, subfistuleux, *striolé*, *soyeux*, pruineux au sommet, blanc, *rayé* de *fibrilles fauves* en bas. Peridium campanulé convexe (0m 02-3), mince, glabre, visqueux, blanchâtre avec le milieu chamois. Lamelles sinuées

[1] Les espèces de ce groupe sont bien voisines et pourraient être considérées comme des variétés.

adnées, crénelées, blanchâtres, puis chamois bordées de blanc. Spore en amande (0^{mm} 012). Il exhale une forte odeur de sucre brûlé ou de fleur d'oranger.

Quél. Soc. sc. n. de Rouen, 1879, t. 1, f. 2.

Automne. — En troupe dans les bois et bruyères.

circinans. Stipe plein, grêle, recourbé et épaissi à la base, fibrilleux ou finement frisé, blanchâtre, pruineux et blanc au sommet. Peridium hémisphérique ou campanulé (0^{m} 02), épais au centre, lubrifié, incarnat bistré; marginelle *pubescente*, *pruineuse* et *blanche*. Chair blanche, odorante. Lamelles serrées, ocre ferrugineux, avec une bordure *denticulée* et *blanche* et un reflet purpurin. Spore pruniforme oblongue (0^{mm} 011-12), guttulée, fauve.

Eté. — En cercles serrés dans les pâturages montagneux du Jura.

II. Indusiatæ.

Voile fibrilleux ou soyeux, persistant au bord de la marge.

sinuosa. Stipe plein, puis creux en haut, épais, *mou*, blanc, puis *couvert* de *flocons fibrilleux*, *recourbés* et *bistrés*, floconneux ou farineux au sommet. Peridium convexe (0^{m} 1-15), *sinueux*, *festonné*, glabre, visqueux, incarnat argileux pâle; marge blanchâtre. Chair *molle*, à odeur de fruits, blanchâtre. Lamelles émarginées, larges, crème bistré, puis bistre. Spore pruniforme (0^{mm} 013), fauve rouillé.

Fr. Epic., p. 178. Bull., t. 579, f. 1. *senescens*, Batsch., f. 197.

Automne. — En troupe dans les forêts de conifères. Il ressemble à *sinapizans*, mais est plus mou.

fastibilis. Stipe plein, fibrocharnu, subbulbeux, souvent tordu, fibrillo-soyeux et blanc. Cortine soyeuse, blanche, souvent annulaire. Peridium convexe plan (0^{m} 06-8), compacte, glabre, chamois paille; marge enroulée et pubescente. Chair blanche, odeur de radis. Lamelles émarginées, *larmoyantes*, blanc crème, puis argileuses, bordées de blanc. Spore pruniforme (0^{mm} 012), *aculéolée*, fauve.

Fr. Epic., p. 78. Ic., t. 111, f. 2. Klotz. Bor., t. 387.

Automne. — Cespiteux dans les forêts sablonneuses. Vénéneux?

testacea. Stipe plein, creux au sommet, blanc paille, farineux et blanc au sommet, fibrilleux et brun fauve à la base. Cortine soyeuse et fugace. Peridium convexe (0^m 05), arrondi, glabre, visqueux, brun briqueté, blanchâtre au bord. Chair hygrophane, blanchâtre puis brunâtre, odeur de radis. Lamelles sinuées, uncinées, serrées, ténues, blanc crème, puis argileuses rouillées. Spore pruniforme (0^{mm} 01), fauve.

Batsch. El., f. 198. Fr. Mon. I., p. 329.

Automne. — Dans les forêts sablonneuses de la plaine.

firma[1]. Stipe plein, raide, blanc paille, *couvert* de *flocons blancs* avec la base *fibrilleuse* et *brune*. Cortine blanche et fugace. Peridium convexe plan (0^m 05-7), glabre, *visqueux*, brun briqueté, pâlissant, couleur de vache. Chair blanchâtre, puis fauve. Lamelles sinuées, serrées, ténues, blanchâtres, puis argileuses rouillées.

Fr. Mon. I., p. 330. Ic., t. 112, f. 3.

Été-automne. — Dans les forêts de conifères. Vosges.

versipellis. Stipe tenace, grêle, creux, farineux au-dessus d'un bourrelet floconneux, *fibrillé soyeux* au-dessous, blanc, puis *bistre* en bas. Peridium convexe plan (0^m 02-3), mince, visqueux, brun ou argileux; marge couverte d'un voile *cotonneux* et blanchâtre, à la fin glabre. Lamelles sinuées, blanchâtres, puis bistre. Spore pruniforme (0^{mm} 012), fauve.

Fr. Epic., p. 179. Quél. Grev., t. 113, f. 4.

Été-automne. — En troupe dans les clairières et les sentiers des forêts.

mesophæa. Stipe subfistuleux, grêle, tenace, fibrilleux, *blanc bistré*, puis *rouillé*, pruineux en haut, bistre à la base. Cortine légère, fugace. Peridium campanulé (0^m 02-4), glabre, un peu visqueux, blanc bistré, argileux ou roux, plus foncé au milieu. Chair humide, odeur de radis, saveur aigre. Lamelles sinuées, ténues, blanchâtres, puis argileuses et brunes. Spore pruniforme (0^{mm} 007), fauve pâle.

Fr. Epic., p. 179. Hoffm. Ic., t. 6, f. 2. *holophæa*, Fr. Ic., t. 113, f. 3.

Été-automne. — Cespiteux dans les forêts de conifères.

[1] *A. firmus*, Pers. Ic. et Desc., t. 5, f. 3, 4, est *Marasmius urens*, Bull.

III. **Cyclopus**, Quél.

Peridium peu charnu, ordinairement glabre ; marge incurvée. Stipe fibro-charnu, plein ou creux, pourvu d'un anneau membraneux. Spore ocracée, fauve ou rouillée. Terrestres.

ombrophila. Stipe creux, un peu fibrilleux ou striolé et anneau ténu, espacé, blanc jaunâtre. Peridium charnu, convexe plan (0m 08), *bossu*, glabre, lubrifié, *hygrophane*, strié, *ocracé rouillé*, puis argileux. Chair molle, mince, blanchissant. Lamelles sinuées, ventrues, serrées, jaunâtres, puis rouillées. Spore pruniforme (0mm 009), ocracée.

Fr. Ic., t. 103, f. 2.

crebia. Plus petit. Stipe fibrillé, strié, *paille fuligineux*, Peridium obtus, ruguleux, *brun*. Lamelles étroites. Anneau campanulé, *strié*.

Fr. Sv. bot., t. 584. *phragmatophylla*, de Guern. Gill., t. 86.

Eté. — Dans les pelouses et les bruyères.

togularis. Stipe fistuleux, fluet, renflé à la base, fragile, fibrilleux, blanchâtre, puis ocracé jonquille et luisant. Anneau *strié plissé*, distant, ténu, caduc et blanc. Peridium campanulé, puis ouvert (0m 02-3), ruguleux ou uni, strié, hygrophane, roux cannelle, puis ocracé jonquille. Chair mince, tendre, jaunâtre. Lamelles sinuées, serrées, jonquille pâle, puis ocracées, avec une fine bordure *crénelée* et blanche. Spore pruniforme (0mm 008), guttulée, ocracée.

Bull., t. 595, f. 2[1] ? Fr. Ic., t. 104, f. 4. *Arrhenii*, Fr. Epic., p. 161.

Printemps et fin automne. — En troupe dans les pelouses et les clairières.

blattaria. Stipe fistuleux, fluet, raide, *soyeux* et blanc. Anneau ténu, lisse, entier et distant. Peridium mince, convexe ou mamelonné (0m 015-25), strié, ocracé, plus obscur au sommet. Chair concolore. Lamelles *libres*, ventrues, larges, serrées, cannelle pâle. Spore pruniforme (0mm 01), rouillée.

Fr. S. M. I., p. 246.

Eté. — Dans les pelouses des collines.

terrigena. Stipe fibrocharnu, puis creux, glabre au sommet,

[1] Parait plutôt représenter *præcox*.

orné de flocons *retroussés* ou *verruqueux* et concolore. Anneau ténu et déchiré. Peridium charnu, convexe, aplani (0m 03-8), *fibrillé soyeux*, *granuleux* au bord, jaune, fauve ou roux. Chair jaune. Lamelles adnées, uncinées, jaunes, puis rouillé olive.

Fr. Ic. sel., t. 103, f. 1. Kalch. Ic., t. 14, f. 1.

Eté-automne. — Sur l'humus des forêts humides. Il a le voile des *Dryophila*.

? **Secretani**. Stipe plein, *bulbeux*, dur, glabre et *jaune* au sommet, *orangé*, parsemé de *fines mèches brunes*, terminées en anneau pelucheux. Peridium charnu, convexe plan, puis bossu et flexueux (0m 03-5), *jaune doré*, *moucheté de rouge*, puis orangé. Chair ferme, jaune, orangée dans le stipe, odeur agréable. Lamelles sinuées, serrées, minces, jaunes, puis *orange* et *tachées* de *brun*.

Fr. Epic., p. 161. *Petit doré des prés*, Sec. Myc. II., p. 76.

Automne. — Dans les pelouses à l'orée des bois de pins. Paraît être *Cortinarius bolaris* ou *Dr. lucifera*.

dura. Stipe farci, dur, farineux au sommet, soyeux et *blanc*, Anneau membraneux, mince, supère. Peridium convexe plan (0m 05-9), glabre, profondément crevassé aréolé par le sec, *blanc d'ivoire*. Chair compacte, blanche, vireuse. Lamelles sinuées, uncinées, ventrues, *blanches* puis *brun bistre*. Spore ellipsoïde pruniforme (0mm 011-13), brune.

Bolt. Fung., t. 67, f. 1. Quél. Jur. I., t. 7, f. 8.

Eté. — Dans les cultures de la plaine. Vénéneux?

præcox. Stipe fibrocharnu, un peu renflé à la base, *blanchâtre*. Anneau membraneux, ténu, réfléchi, blanchâtre. Peridium convexe plan (0m 05-8), glabre, humide, *blanchâtre*, puis *ocre*. Chair molle, blanche, douce. Lamelles sinuées, blanc hyalin ou glauque, puis rouillées. Spore pruniforme (0mm 009), rouillée.

Pers. Syn., p, 420. Bk. Outl., t. 8, f. 4. *cercolus*, Schæf., t. 51, *candicans*, t. 216.

Printemps. — En troupe dans les bruyères et les bois. Comestible.

sphaleromorpha. Stipe farci, *subbulbeux*, grêle, soyeux, blanc crème. Anneau membraneux, ténu, *éloigné* des lamelles, blanc paille. Peridium convexe (0m 02-4), humide, glabre, *crème ocré*. Chair hygrophane, blanc paille, tendre, douce. Lamelles sinuées, uncinées, décurrentes, blanc crème, puis argileuses. Spore pruniforme (0^{mm} 009), oblongue, triocellée, ocracée.

Bull., t. 540, f. 1.

Été. — En troupe, dans les bruyères, les tourbières et les pâturages moussus. Comestible.

caperata. Stipe fibro-charnu, fragile, fibrilleux, strié, peluché au sommet et souvent muni d'une pellicule volviforme à la base, blanc teinté de jonquille. Anneau membraneux, *strié*, distant, souvent oblique et déchiré. Peridium campanulé, convexe (0^{m} 06 8), variant du jaune abricot ou nankin mat au citrin paille, lustré, couvert d'un voile *farineux*, *aranéeux*, *blanc*, incrusté au sommet, floconneux et caduc sur la marge amincie, *ridée*, *sillonnée* et fissile. Chair fragile, humide, blanchâtre, prenant en même temps que le stipe et l'anneau une teinte jonquille. Lamelles uncinées, adnées, *denticulées*, jonquille clair, puis ocracées. Spore pruniforme, lancéolée (0^{mm} 015-20), ocracée.

Pers. Syn., p. 273. Fl. dan., t. 1675. Kromb., t. 73, f. 10-12.

Eté-automne. — En troupe dans les forêts sablonneuses. Comestible.

phalerata. Stipe farci puis creux, fibrilleux ou floconneux, couvert au sommet de flocons apprimés, blanc jonquille. Anneau distant, entier, réfléchi, uni. Peridium charnu, convexe, campanulé (0^{m} 05), ocracé, jonquille, *parsemé de mèches floconneuses*, *crème* et *fugaces*. Chair humide, concolore. Lamelles adnées, ocracées, puis cannelle. Spore du précédent.

Fr. Epic., p. 169. Ic., t. 105, f. 1. Quél. Jur., I, t. 7, f. 1.

Eté. — Sur les brindilles, les aiguilles de pin, dans les forêts arénacées.

Gen. V. INOCYBE, Fr.

Voile fibrilleux, non distinct de la cuticule et formant une cortine frangée ou annulaire. Stipe fibro-charnu. Peridium mince, fissile et fragile. Lamelles sinuées ou adnées, décolorantes. Spore pruniforme, lisse ou *épineuse*, brune. Terrestres.

1. Rimosæ.

Peridium fibrilleux, fissile, souvent fendillé.

pyriodora. Stipe plein, *mou*, fragile, *fibrilleux*, blanc paille, farineux et blanc au sommet. Peridium campanulé (0^{m} 06-9), charnu, fibrilleux, *pelucheux* au sommet, *laceré* au bord, rougeâtre, paille, grivelé de chamois ou de bistre. Chair *blanche* prenant à l'air une teinte *rouge rosé*, à odeur de poire, de jasmin, ou de violette. Lamelles sinuées, serrées, ténues, blanchâtres, puis bistre. Spore pruniforme (0mm 01), fauve.

Pers. Syn., p. 300. Bres. Fung. trid., t. 52. Kalch. Ic., t. 22, f. 2. *furfuraceus*, Bull., t. 532, f. 1.

Eté. — En troupe dans les forêts ombragées.

destricta. Stipe plein, épais, tendre, fibrilleux, strié, blanc puis rose incarnat, farineux et blanc au sommet. Peridium campanulé puis retroussé (0m 01), fibrilleux puis fendillé et crevassé, *blanchâtre* puis *bistré* et *rouge*. Chair blanche puis rose, odeur musquée. Lamelles adnées, uncinées, blanchâtres puis bistre olivâtre. Spore pruniforme (0mm 01-12), brun clair.

Fr. Epic., p. 174. Ic., t. 108, f. 3. *Bongardii*, Kalch. Ic., t. 20, f. 1.

Eté. — En troupe dans les forêts de conifères du Jura.

obscura. Stipe fibro-charnu, strié, *violacé*, couvert de fibrilles soyeuses et blanches, avec la base bulbeuse, cotonneuse et blanche. Peridium campanulé (0m 02-3), mamelonné, mince, ferme, fibrilleux, *brun violeté*. Chair blanche, violacée dans le stipe, amarescente, à odeur de radis. Lamelles émarginées, ventrues, grisâtres ou lilacines, puis bistre olive. Spore pruniforme (0mm 01), lilacine puis brune.

Pers. Syn., p. 347. Fr. Ic., t. 107, f. 3.

Automne. — Dans les forêts ombragées de conifères. Très voisin de *cincinnata;* plus épais.

præterrisa. Stipe plein, striolé, bulbeux, finement pubescent, pruineux au sommet, *blanc paille*. Peridium campanulé (0m 03-6), *rayé*, *fibrilleux*, puis fendillé, *chamois*. Chair mince, blanche, douce, odeur vireuse. Lamelles libres, denticulées, crème, puis chamois bistré. Spore ellipsoïde, anguleuse (0mm 011), ocre pâle.

Quél. Bres. Fung. trid., t. 38.

Eté-automne. — Dans les forêts de conifères. Ressemble à *fastigiata*.

corydalina. Stipe fibro-charnu, fragile, subbulbeux, fibrillé, strié, pruineux et blanc. Peridium campanulé puis aplani (0m 05-6), fibrilleux, *blanc* avec un *mamelon* protubérant, *glauque verdoyant*. Chair fissile, blanche, parfois lilacine;

odeur de *Corydalis cava*, persistant après la dessiccation. Lamelles adnées, émarginées, blanches puis brunes, avec un liséré blanc. Spore pruniforme (0mm 01), brune.

Quél. Jur. et Vosg. III., p. 115. Soc. bot., XXIV, t. 5, f. 10.

Eté-automne. — Dans les forêts ombragées.

grammata. Stipe fibro-charnu, bulbeux, *strié*, *tomenteux*, *blanc*, prenant, ainsi que la chair, une *teinte rosée*. Peridium campanulé (0m 05-6), *fibro-cannelé* puis fendillé, blanc-crème puis bistré ou chamois; marge couverte d'une cortine *soyeuse* et *blanche*, puis argentée. Chair blanche à odeur terreuse. Lamelles adnées, grisâtres, puis bistre cannelle. Spore pruniforme (0mm 01), *anguleuse*, bistre.

Quél. Soc. sc. n. de Rouen, 1879, t. 2, f. 8.

Eté. — Dans les bois sablonneux, de bouleaux. Normandie, Tyrol, Provence.

fibrosa. Stipe fibro-charnu, épais, fibrillé, strié, pruineux au sommet, *blanc*. Peridium campanulé (0m 1), *brisé* et festonné au bord, *fibrillé*, *soyeux* et *blanc*. Chair tendre, vireuse, *blanche*, puis *tachée* de *jonquille*, comme la surface. Lamelles libres, blanches, puis bistre et enfin fauves. Spore pruniforme (0mm 009), *épineuse*, chamois.

Sow. Eng. Fung., t. 414. Bres. Fung. trid., t. 56.

Eté. — Dans les forêts de conifères sèches des montagnes. Jura, Alpes, Tyrol.

asterospora. Stipe plein, ferme, *bulbeux*, muni d'une cuticule séparable, pubescente, rousse, rayée de brun. Peridium convexe (0m 03-5), mamelonné, fendillé, bistre, rayé de brun. Chair très fissile, à odeur de moisi. Lamelles émarginées, ventrues, *minces*, blanc bistré puis cannelle. Spore globuleuse (0mm 012), *étoilée épineuse*, brune.

Quél. Soc. bot., XXVI, p. 50. Soc. sc. n. de Rouen, 1879, t. 2, f. 6.

Eté. — Bords des chemins dans les forêts arénacées. Vosges, Normandie, Angleterre, etc.

fastigiata. Stipe plein, fragile, grêle, fibrillo-soyeux ou flocconneux, blanc, crème ou paille. Cortine légère, crème. Peridium *conico-campanulé* (0m 05-7), fibrilleux, fendillé, rarement gercé, paille ou jonquille pâle, brunissant. Chair mince, fissile, blanche. Lamelles adnées, serrées, étroites, *crème citrin* puis *olivâtres*. Spore pruniforme (0mm 008), fauve.

Schæf. Ic., t. 26. Fr. Ic., t. 108, f. 1. Bres. Fung. trid.,

t. 57. Roz. et Rich., t. 21, f. 9-14. *Curreyi*, Bk. Outl., p. 155.
Eté. — Dans les forêts découvertes, bords des chemins.

rimosa. Stipe plein, ferme, épaissi à la base ou bulbeux, fibrilleux, blanc paille ou bistré, farineux et blanc au sommet. Cortine blanchâtre et fugace. Peridium campanulé (0m 05), *fibrilleux fendillé*, chamois, bistre, roux ou brun. Chair blanche. Lamelles libres, ventrues, crème puis bistre. Spore pruniforme (0mm 015), subfusiforme, brune.

Bull., t. 338. *aurivenia*, Batsch., f. 107.

Automne. — En troupe dans les forêts ombragées. Peu distinct de *fastigiata;* plus petit et plus brun.

brunnea. Stipe plein, épaissi à la base, fibrillo-strié, *brun clair* avec le sommet *pruineux* et blanc. Cortine concolore et fugace. Peridium campanulé (0m 05), mamelonné, fibrillo-soyeux puis fendillé, *châtain*. Chair blanche. Lamelles émarginées, uncinées, blanc crème puis chamois bistré avec une bordure finement crénelée et blanche. Spore pruniforme (0mm 012), subréniforme, bistre.

Quél. Soc. sc. n. de Rouen, 1879, t. 2, f. 7.

Eté-automne. — Dans les endroits gramineux des forêts. Jura, Normandie.

scabella. Stipe plein, fluet, *glabre*, paille ou roux pâle, pruineux au sommet. Peridium campanulé (0m 02), mamelonné, fibrillo-soyeux puis finement *peluché*, *gercé*, roux ou brun pâle. Chair blanc bistré. Lamelles adnées, sinuées, blanchâtres puis bistrées. Spore ellipsoïde (0mm 008), *épineuse*, bistre.

Fr. S. M. I., p. 259. Ic., t. 1, f. 1. *perbrevis*, Weinm., p. 185. Hoffm. Ic., t. 14, f. 1.

Automne. — En troupe dans les forêts arides, parmi les graminées. Semblable à *rimosa* mais plus grêle.

calospora. Stipe fluet, fibro-charnu, pruineux, blanchâtre puis *roux*, bulbilleux. Peridium campanulé (0m 02), mince, fibrilleux, *moucheté* de *fines mèches* au sommet, brun pâle, blanc au bord. Chair roussâtre et aigrette. Lamelles sinuées, libres, crème puis bistre. Spore *sphérique* (0mm 01), *ornée* de *fins aiguillons* et fauve.

Quél. Bres. Fung. trid., t. 21.

Eté. — Dans les forêts humides. Alpes-Maritimes, Pyrénées, Provence. Semblable à *scabella*.

repanda. *Blanc*, *incarnat rosé* par le froissement. Stipe pleine bulbeux, farineux au sommet, strié et pruineux. Cortin, fugace. Peridium campanulé (0^m 03-5), mince, soyeux, puis fibrilleux, blanc, puis rayé de rose incarnat et enfin jonquille fauve. Chair blanche, puis tachée de rose incarnat, parfumée (fleurs de pêcher). Lamelles libres, ventrues, blanches, puis rose incarnat et enfin brun olive avec l'arête floconneuse et blanche. Spore pruniforme (0^{mm} 012), guttulée, fauve.

Bull., t. 423, f. 2. *grata*, Weinm., p. 85.

Printemps-été. — Dans les clairières des forêts de la plaine. Jura, Normandie, Provence.

Trinii. Stipe plein, subbulbeux, pruineux, farineux au sommet, *blanc*, puis *taché* par des *fibrilles rouge clair*. Peridium campanulé convexe (0^m 03-4), mince, fibrillé, soyeux, *rayé* de *rouge clair;* marge *frangée*, soyeuse et blanche. Chair blanche, puis rougissant, parfumée, odeur d'œillet (Weinm.), de fraise. Lamelles adnées, crème, *rougissant*, puis brun fauve. Spore pruniforme (0^{mm} 01), fauve.

Weinm. Ross., p. 194. *hiulca*, Kalch. Ic., t. 20, f. 2. *incarnata*, Bres. Fung. trid., t. 53.

Eté-automne. — En troupe dans les forêts gramineuses de conifères des montagnes. Peu différent de *repanda*.

geophila. Stipe plein, ferme, glabre, *farineux* au sommet, blanc ou lilacin. Peridium campanulé (0^m 02), mamelonné, *soyeux*, puis *fibrilleux*, blanc, souvent violet ou lilas, jonquille ou fauve. Chair blanche, un peu âcre. Lamelles libres, ventrues, serrées, blanches ou lilacines, puis bistre. Spore pruniforme (0^{mm} 01-12), fauve bistré.

Bull., t. 522, f. 2. Sow., t. 124. *candida*, Batsch., . 106. *argillacea*, Pers. Ic. pict., t. 14, f. 2.

Automne. — En troupe dans les forêts ombragées.

umbonata. Stipe fistuleux, flexueux, fibrilleux et floconneux au-dessous d'un anneau pelucheux, farineux au sommet, *blanc* ou *citrin* à la base. Peridium campanulé (0^m 02-3), *mamelonné*, mince, *très visqueux, gris clair*, soyeux au bord. Chair blanche, tendre, inodore. Lamelles émarginées, crème puis brun bistré. Spore en amande (0^{mm} 008), fauve.

Quél. Jur. et Vosg. I., p. 110. Soc. bot., 1876, t. 2, f. 4. *viscidissimus*, Fr. Ic., t. 110, f. 2.

Automne. — Dans les forêts moussues. Jura.

umbratica. Stipe plein, grêle, floconneux en haut, renflé en bas, *blanc*. Peridium convexe plan (0^m 02), mamelonné, mince, pruineux ou floconneux, puis soyeux et fendillé, *blanc* ou jaune pâle. Chair blanche, vireuse. Lamelles libres, blanches, puis *incarnates* et bistrées. Spore ovoïde (0mm 007-8), épineuse, crème ocré.

Quél. As. fr. 1883, t. 6, f. 7. *commixta*, Bres. Fung. trid., t. 48, f. 2.

leucocephala. Peridium couvert de flocons retroussés, frisés et blancs.

Boud. Soc. bot., 1885, t. 9, f. 1.

Eté. — En troupe dans les forêts humides. Il ne diffère de *geophila* que par la spore[1].

descissa. Stipe plein, puis creux, grêle, fragile, fibrilleux, pulvérulent au sommet, blanc. Peridium conique (0m 03-5), *mince, fibrilleux, fendillé*, grisâtre ou bistré. Chair blanche, tendre. Lamelles libres, serrées, ténues, étroites, crème, puis bistre. Spore pruniforme (0mm 01), fauve.

Fr. Epic., p. 174. Batt., t. 18. F.

aurivenia. Peridium blanc, puis bistré ou paille, *veiné* de fibrilles jonquille.

Fr. Hym., p. 233. *auricoma*, Batsch., f. 21.

Automne. — En troupe sur l'humus des forêts de conifères. Vosges.

violascens. Stipe creux, soyeux et blanc, *strié* et *lilacin* au-dessus d'une cortine annulaire, soyeuse et blanche. Peridium campanulé conique (0m 025), mince, fissile, fibrilleux, soyeux, *chamois* clair, *pelucheux* et *lilacin* au sommet. Chair soyeuse, blanche, d'un beau violet au sommet du stipe, vireuse et âcre. Lamelles adnées, étroites, lilacines, puis bistre. Spore pruniforme (0mm 012-15), fauve.

Quél. As. fr. 1885, t. 12, f. 6.

Printemps. — Cespiteux dans les clairières gramineuses de l'ouest de la France.

sambucina. Stipe plein, gros, subbulbeux, fibrilleux, strié et *blanc*. Peridium convexe (0m 05-8), épais, fibrilleux, soyeux, *blanc*, puis jaunâtre. Chair ferme, blanche. Lamelles émarginées, ventrues, larges, blanc crème, puis ocre fauve. Spore pruniforme (0mm 01-12), étroite, jonquille.

Fr. Epic., p. 175. Ic., t. 109, f. 2.

Automne. — Dans les clairières des forêts de conifères arides. Vosges.

[1] Plusieurs espèces ne différant que *par la spore* devraient être considérées comme *variétés*, pour simplifier un genre déjà trop difficile à spécifier. Aucune ne paraît être comestible.

II. SQUARROSÆ.

Peridium et stipe couverts de mèches retroussées et brunes.

hystrix. Stipe plein, *tenace*, pruineux et blanc crème au sommet, *pelucheux*, *squarreux* et *brun*, blanc à la base. Peridium convexe (0m 03-6), ferme, excorié et *hérissé* de mèches recourbées et brun bistre. Chair coriace, *blanche*, odeur de farine. Lamelles adnées, étroites, crème ou grisâtres, puis bistre avec un fin liséré blanc. Spore pruniforme cunéiforme (0mm 011-14), fauve olivâtre.

Fr. Epic., p. 171. Ic., t. 106, f. 1.

Eté-automne. — Dans les forêts montagneuses. Vosges.

calamistrata. Stipe plein, rigide, pelucheux, squarreux, *brun*, *bleu verdâtre* foncé à la base. Peridium campanulé (0m 03-5), mince, *hérissé* de *mèches retroussées*, *brun bistré*. Chair tenace, blanche, puis *pourprée*, odeur résineuse. Lamelles sinuées, blanches, puis rouillées avec l'arête *crénelée* et *blanche*. Spore ellipsoïde oblongue (0mm 01-11), subréniforme, fauve doré.

Fr. S. M. I., p. 256. Ic., t. 106, f. 2.

Eté. — Dans les sapinières des montagnes. Vosges.

relicina. Stipe plein, mou, pelucheux, fibrilleux, *fuligineux*, avec le sommet blanchâtre. Peridium conique, puis étalé (0m 02-3), hérissé de *mèches squarreuses* et *bistrées*. Lamelles libres, *crème paille*, puis *olive*.

Fr. S. M. I., p. 256.

Eté-automne. — Dans les tourbières et les sapinières humides des montagnes.

hirsuta. Stipe plein, grêle, flexueux, tenace, couvert de mèches recourbées, *brun*, *vert bleu* à la base. Peridium convexe (0m 02-3), hérissé de mèches, *brun*. Chair blanche, ferme, à odeur vireuse. Lamelles sinuées, blanches, puis brunes, avec une *bordure crénelée* et *blanche*. Spore ellipsoïde réniforme (0mm 013), oblongue, fauve.

Lasch. Fr. Mon. I., p. 336.

Automne. — Dans les forêts humides et tourbeuses. Plus grêle que *calamistrata*.

carpta. *Pelucheux*, *laineux*, *chamois* ou *brun*. Stipe *creux* ou *fistuleux*, aminci en bas. Peridium convexe, puis déprimé (0m 03-5); chair ocre pâle, brunissant, saveur et odeur douces, douce amère (Fr.). Lamelles adnées, puis libres, ocre brunâtre, puis brun foncé. Spore pruniforme, brune.

Scop. Carn., p. 449. Fr. Epic., p. 173. *brunneovillosa*, Jungh. Linn. 1830, t. 6, f. 5.

Automne. — Groupé sur l'humus des forêts.

lanuginosa. Stipe plein, grêle, fibrilleux laineux, *brun*, *farineux* et *blanc* au sommet. Peridium campanulé convexe (0m 025), peluché, puis *aréolé* et *muriqué* au centre, brun. Chair blanc crème, vireuse. Lamelles sinuées ou libres, minces, ventrues, crème, puis brun clair, avec un fin liséré blanc. Spore pruniforme (0mm 01-12), couverte de verrues pointues.

Bull., t. 370. Fr. S. M. I., p. 257.

Eté. — En troupe dans les forêts ombragées et arénacées.

dulcamara. Stipe *creux*, floconneux fibrilleux, olivâtre, pruineux au sommet. Peridium convexe (0m 03-6), ou mamelonné, pelucheux, *hérissé* ou *granulé* au milieu, brun olive, pâlissant. Chair mince, blanc citrin, un peu âcre. Lamelles adnées, ventrues, crème, puis *olive*. Spore pruniforme (0mm 013), oblongue, fauve.

Pers. Ic. et Desc., t. 15, f. 2. Quél. Jur. I., t. 12, f. 4.

Eté. — Groupé dans les bois de pins.

cæsariata. Stipe plein, fibrilleux, pruineux, *crème ocracé*. Peridium convexe (0m 03-5), mamelonné, fibrillé, peluché, chamois ou ocre olivâtre. Chair ferme, *crème ocre*, vireuse. Lamelles sinuées, *ocre pâle*, puis chamois. Spore pruniforme (0mm 01), biguttulée, ocre fauve.

Fr. Epic., p. 176. Ic., t. 109, f. 3.

Eté. — En troupe, au bord des chemins et dans les clairières des bois de pins. Très voisin de *dulcamara*.

lucifuga. Stipe plein, raide, glabre, paille, pruineux et blanc au sommet. Peridium convexe plan (0m 03-5), à peine mamelonné, peu charnu, fragile, fibrillé, soyeux ou pelucheux, ocracé, olivâtre ou chamois. Chair *blanche*, vireuse. Lamelles sinuées, serrées, planes, blanc crème, puis olive. Spore pruniforme (0mm 008), ocre clair.

Fr. El. I., p. 32. *uniformis*, Pers. Ic. pict., t. 15, f. 1.

hirtella. Peridium *paille*, *pointillé* de fins flocons *fauves*.

Bres. Fung. trid., t. 58, f. 1.

Eté-automne. — Dans les forêts ombragées.

plumosa. Stipe plein, puis creux, grêle, pelucheux, glabre au sommet, gris bistré. Peridium campanulé convexe (0m 03-4), mince, *pelucheux* avec des *mèches hérissées* et fasciculées au milieu, d'un gris de souris. Chair molle, blanchâtre. Lamelles adnées, blanchâtres, puis bistre. Spore pruniforme (0mm 01), épineuse, fauve rouillé.

Bolt. Fung., t. 33. Kalch. Ic., t. 22, f. 3. *carpta*, Bres. Fung. trid., t. 54.

Eté-automne. — Dans les forêts arénacées. Vosges.

maculata. Stipe plein, furfuracé au sommet, fibrilleux et concolore plus pâle. Peridium campanulé (0m 03-4), *fibrilleux*, *fauve fuligineux*, orné, sur le disque, de *mèches soyeuses* et *blanchâtres;* chair blanche. Lamelles sinuées ou libres, fauve olivâtre. Spore ovoïde pruniforme (0mm 01-13), guttulée, brune.

Boud. Soc. bot., 1885, t. 9, f. 2.

Eté-automne. — Dans les forêts argileuses. Environs de Paris, Champagne.

tenebrosa. Stipe grêle, fibro-charnu, *fibrilleux*, *strié*, *bistre noir* ou *olive*, blanchâtre au sommet. Peridium campanulé (0m 02-3), finement *pelucheux*, *brun bistre.* Chair mince, *paille*, spiritueuse. Lamelles amincies, adnées, étroites, ocracées, puis brunes. Spore pruniforme (0mm 007-8) ou réniforme, fauve.

Quél. As. fr., 1885, t. 8, f. 8.

Printemps. — Dans les forêts arénacées. Littoral de la Gironde. Plus foncé que *carpta.*

tomentosa. Stipe plein, *fibrilleux*, *strié*, blanc paille, pruineux au sommet; bourrelet fibrilleux, blanc. Peridium campanulé convexe (0m 03-5), mince, *villeux* et *fibrilleux*, gris chamois pâle. Chair blanche, à odeur de farine. Lamelles émarginées, crème, puis chamois avec l'arête crénelée et blanche. Spore pruniforme (0mm 012), ocracée.

Jungh. Linn. 1830, t. 6, f. 7. *eutheles*, Bk. and Br. An. n. h., nº 1004, t. 13, f. 2.

mutica. Stipe *creux*. Peridium blanchâtre, taché de mèches fibrilleuses chamois.

Fr. Ic., t. 109, f. 1.

Automne. — Dans les forêts arénacées. Normandie, environs de Paris, Vosges.

Merletii. Stipe fibro-charnu, blanchâtre, *rayé*, au-dessous d'un *bourrelet aranéeux* et *blanc*, de fibrilles bistre. Peridium convexe (0m 03-5), grisâtre, grivelé de *mèches fibrilleuses* et *chamois*. Chair ferme, inodore, blanche, *rosée* à l'air, dans le stipe. Lamelles sinuées, crème, puis chamois et brunes. Spore pruniforme allongée (0mm 011-14), brun pâle.

Quél. As. fr. 1884, t. 8, f. 7.

Printemps. — Dans les pelouses du littoral de la Gironde, sous les peupliers. Affine à *mutica*.

scabra. Stipe plein, grêle, ferme, bistré, *couvert* de *fibrilles écartées* et *bistre*, farineux et blanc au sommet, renflé, villeux et blanc à la base. Peridium campanulé (0m 03), couvert de mèches un peu retroussées, brun bistre. Chair ferme, blanche. Lamelles sinuées, ténues, blanchâtres, puis cannelle. Spore pruniforme (0mm 013-15), fauve brun, tachetée.

Müll. Fl. dan., t. 832, f. 2 ? *erinacea*, Pers. Myc. Ill., n° 321. *capucina*, Fr. Ic., t. 108, f. 2.

Automne. — En troupe dans les clairières moussues des forêts. Jura, Provence, Ouest.

cervicolor. Stipe plein, grêle, flexueux, long, *dur*, fibrilleux, blanchâtre, avec des *filaments recourbés bruns*. Peridium campanulé (0m03-5), mince, bistré, couvert de *fibrilles retroussées brunes*. Chair blanche, prenant à l'air une *teinte pourpre* et exhalant l'odeur de tonneau moisi. Lamelles émarginées, ventrues, *épaisses*, crème, puis brun rouillé avec une *bordure denticulée blanche*. Spore pruniforme (0mm 013), brune.

Pers. Ic. pict., t. 8, f. 4. *Bongardii*, Weinm. Fr. Ic., t. 107, f. 1, 2. *albocrenata*, Jungh. Linn., t. 6, f. 4.

Été. — En troupe dans les bois gramineux.

lacera. Stipe plein, grêle, tenace, blanchâtre, *parsemé* de *petites mèches fibrilleuses* et *brunes*, glabre en haut. Peridium convexe (0m 03), fibrilleux, pelucheux, puis fendillé, gris de souris, pâlissant. Chair blanche, *rougissant* dans le stipe. Lamelles sinuées, ventrues, serrées, *blanchâtre incarnat*, puis gris bistré. Spore pruniforme (0mm 011), sublancéolée, fauve.

Fr. S. M. I., p. 257. Hoffm. Ic., t. 12, f. 1.

Été-automne.—En troupe sur l'humus des bois de conifères.

cincinnata. Stipe plein, grêle, tenace, *violacé* ou *lilacin*, couvert de petites mèches recourbées et d'un brun clair. Peridium convexe (0m02), bossu, *orné* de *flocons frisés*, brun fauve. Chair mince, violacée. Lamelles sinuées, ventrues, serrées, *lilacines*, puis brunes. Spore pruniforme (0mm 01), fauve.

Fr. S. M. I., p. 256. Quél. Jur. I., t. 12, f. 3. Bres. Fung. trid., t. 51, f. 2.

Été. — En troupe dans les forêts montueuses.

petiginosa. Stipe plein, fluet, *bistre purpurin*, sous un voile floconneux, pulvérulent et blanc. Peridium campanulé (0m 01-2), puis étalé et mamelonné, très mince, noisette sous un voile finement *pelucheux* et *argenté*, *soyeux* et *blanc* au bord. Chair crème, puis violacée dans le stipe. Lamelles libres, ventrues, serrées, crème olivâtre, puis brun olive. Spore ovoïde (0mm 007), *muriquée*, fauve.

Fr. S. M. I., p. 259. (*Hebeloma*), Ic., t. 114, f. 4.

Automne. — En troupe dans les forêts sablonneuses.

pannosa. Stipe très fluet, fistuleux, finement *velouté*, blanc crème, puis ocracé. Peridium convexe (0m 01), mamelonné, chamois blanchâtre, couvert de *mèches laineuses* et *blanches*. Lamelles sinuées, ventrues, larges, espacées, crème, puis brunes. Spore (0mm 008), ovoïde, *épineuse*, fauve.

Fr. S. M. I., (*Naucoria*), p. 261.

Automne. — Sur le terreau ou sur les souches des forêts ombragées. Jura, Gironde, Ouest.

Gaillardii. Stipe fistuleux, grêle, glabre, roux pâle. Peridium convexe plan (0m 01-2), mamelonné, avec des *flocons granulés* et la marge fimbriée, *rouillé*. Lamelles libres, ventrues, roux ferrugineux. Spore *sphérique*, *ornée d'aiguillons* ténus et espacés.

Gill. Ch. de Fr. Pat., tab. 8.

Bois humides de la plaine. Paraît une miniature d'*asterospora*.

Gen. VI. PAXILLUS, Fr.

Voile continu. Peridium charnu, putrescent; marge fortement *enroulée* et se déroulant par l'accroissement du champignon. Lamelles amincies au bord, séparables, souvent rameuses et parfois *anastomosées* ou *alvéolées* au bord, *décurrentes*. Spore ellipsoïde, incarnat fauve, *ocracée* ou *brune*. Sur l'humus ou sur les vieilles souches.

I. **Orcella**, Quél.

Peridium tendre, orbiculaire ou excentrique. Spore incarnate ou ocracée. Humicoles.

I. Prunuli.

Cuticule pruineuse ou floconneuse sur la marge, le plus souvent d'un blanc grisonnant. Spore ovoïde ou lancéolée, incarnat fauve.

prunulus. Stipe plein, mou, cotonneux à la base, pruineux villeux et *blanc*. Peridium convexe, puis cyathiforme (0m04-8), épais, pruineux, *grisonnant* puis *blanc*; marge enroulée, amincie, farineuse et blanche. Chair *très tendre*, sapide et blanche. Odeur de farine fraîche. Lamelles décurrentes, serrées, *blanchâtres*, puis *paille incarnat*. Spore ellipsoïde lancéolée (0mm 013), finement grenelée, paille rosé.

Scop. Carn. II., p. 437. Fr. Sv. sv., t. 19. Quél. Jur. I., t. 5, f. 3. *albellus*, Schæf., t. 78. *orcella*, Bull., t. 573, f. 1. Fr. Sv. sv., t 20. Quél. Jur. I., t. 5, f. 2.

Été. — Clairières et orée des forêts. Comestible.

amarellus. Stipe plein, tenace, glabre, paille bistré, renflé, cotonneux et blanc à la base. Peridium convexe (0m 02-5), *mamelonné*, pruineux, *gris ocré* ou *verdoyant*, *réticulé* par de fines *raies bistre*, avec la marge mince, enroulée, pruineuse et gris de plomb. Chair ferme, *grise*, très amère, balsamique. Lamelles décurrentes, serrées, minces, ocracées, puis *gris bistré*. Spore ovoïde larmiforme (0mm 006-7), guttulée, grenelée et incarnat fauvâtre.

Pers. Myc. III., n° 88. *popinalis*, Fr. Ic., t. 96, f. 1.

Automne. — En cercle dans les prés et pâturages. Suspect.

mundulus. Stipe gris paille, laineux et blanc à la base. Peridium (0m 08), bistre grisonnant, rayé, aréolé de bistre; marge festonnée, pruineuse et blanche, *tachée* de *noir*, au contact, ainsi que les lamelles.

Lasch. Fr. Epic., p. 149. *pseudoorcella*, Fr. Ic., t. 96, f. 2.

Été-automne. — Dans les forêts ombragées, feuillées et aiguillées.

inornatus. Stipe plein, gonflé et cotonneux en bas, tenace, *blanc grisonnant*, villeux au sommet. Peridium convexe, puis déprimé (0m 06-9), *villoso-soyeux*, gris bistré, puis *gris perle* avec la marge enroulée et *blanche*. Chair blanche, douce, odeur de rance. Lamelles adnées, décurrentes, minces, gris perle, puis cendrées. Spore pruniforme (0mm 01), lancéolée, grenelée, guttulée, à reflet fauve.

Sow. Eng. fung., t. 342. *sordarius*, Pers. Syn., p. 370, *polius*, Fr. Ic., t. 48, f. 1.

Automne. — En cercle dans les bois gramineux de conifères. Suspect.

II. Sericelli.

Cuticule soyeuse ou d'abord légèrement glutineuse, blanc grisâtre. Spore ovoïde, finement aculéolée, chamois pâle.

tricholoma. Stipe plein, grêle, fibrilleux, farineux au sommet, *blanc*, rougissant par places. Peridium convexe cyathiforme (0m 03-4), mince, d'abord un peu visqueux, blanc, *velouté* au bord de *poils courts* et *blancs*. Chair blanchâtre, odorante. Lamelles adnées décurrentes, serrées, ténues, étroites, blanches, puis crème rosé et chamois. Spore ovoïde sphérique (0mm 004-5), crème fauve.

Alb. et Schw., p. 188. *gnaphaliocephalus*, Bull., t. 576, f. 1. *strigiceps*, Fr. Epic., p. 183. Kalch. Ic., t. 20, f. 3.

helomorphus. Stipe pruineux, blanchâtre. Peridium glabre, glutineux, puis sec et luisant, blanc argenté.

Fr. Ic. sel., t. 120, f. 4.

scambus. Peridium d'abord visqueux, *légèrement floconneux* au bord avec une cortine fugace, blanc, puis teinté de chamois, ainsi que les lamelles.

Fr. Obs., II, p. 45. Ic., t. 120, f. 3.

Été-automne. — Dans les forêts ombragées, de conifères surtout.

II. Tapinia, Fr.

Peridium cyathiforme, excentrique ou latéral, tomenteux, brun olive. Spore ellipsoïde ou pruniforme, allongée, fauve, rouillée ou olive. Humicoles et lignicoles.

atrotomentosus. Stipe épais, élastique, couvert d'un *velours brun foncé*, avec la base radicante. Peridium excentrique, convexe puis en entonnoir (0m 1-3), pubescent, chamois olivâtre. Chair douce et blanchâtre. Lamelles adnées décurrentes, *rameuses*, crème olive puis ocracées. Spore ellipsoïde ou réniforme (0mm 006-9), ocre fauve.

Batsch, El., f. 33. Quél. Jur. I, t. 10, f. 1.

Été-automne. — Dans les bois de pins sablonneux. Comestible.

involutus. Stipe plein, épaissi en haut, glabrescent, *jonquille olivâtre*, puis bistré. Peridium convexe puis cyathiforme (0m 1-2), *tomenteux* au bord, *ocracé olivâtre*, puis roussâtre. Chair molle, épaisse, souci ou jaune indien, sapide et douce. Lamelles décurrentes, anastomosées, alvéolées près du stipe, crème jonquille, olivâtres puis ocracées. Spore ellipsoïde (0mm 008), fauve.

Batsch. El., f. 61. Fr. Sv. sv., t. 75. *contiguus*, Bull., t. 240, 576, f. 2.

Eté-automne. — En cercle dans les prés, les bruyères et les bois gramineux. Comestible.

leptopus. Stipe *court*, aminci en bas, *oblique*, glabrescent, *citrin olivâtre*. Peridium excentrique, glabre, puis *peluché*, *jonquille bistré*. Chair citrine. Lamelles décurrentes, jonquille, puis ocre jaune et bistre. Spore ellipsoïde (0mm 01), fauve bistré.

Fr. Ic. sel., t. 164, f. 3.

Eté-automne. — Dans les bruyères, les bois gramineux et les tourbières. Comestible.

griseotomentosus. Stipe obèse, spongieux, *tubéreux*, *velouté*, *gris*. Peridium excentrique (0m 1), spatulé, charnu, glabre, un peu visqueux, *argileux*, rouillé au toucher; marge *pubescente*. Chair aqueuse, molle, gluante, crème bistré et parfumée. Lamelles décurrentes, réunies par des veines, crème argileux. Spore pruniforme (0mm 009), blanchâtre.

Sec. Myc., n° 986. Lucand, Ic., t. 165.

Fin été. — Groupé au pied des chênes, dans les forêts avoisinant le lac de Neuchatel (Secretan), Morvan (Lucand).

lamellirugus. Peridium résupiné (0m 02-5), cupuliforme, puis conchoïde, finement villeux, *crème* ou *jonquille*. Chair molle, crème, douce. Lamelles décurrentes, rameuses, onduleuses crispées, *alvéolaires* à la base, *jonquille safrané*, puis cannelle fauve. Spore ellipsoïde (0mm 006), 1-2 ocellée, jonquille fauve.

De Cand. Fl. fr., p. 44. *Merulius lamellosus*, Sow., t. 403. *panuoides*, Fr. Obs. II, p. 227.

Eté-automne. — Cespiteux, sur les vieilles souches de pin. Jura, Vosges, littoral de l'ouest et du sud.

ionipus. Peridium latéral (0m 05-10), conchoïde, oboval ou oblong, glabre, *crème* ou *paille*, olivâtre, atténué en stipe court, bulbiforme, tomenteux, *améthyste* ou *lilacin*. Chair molle, douce, crème citrin. Lamelles décurrentes, *veinées* en travers, rameuses, crème olivâtre, puis cannelle bistré. Spore ovoïde ou ellipsoïde (0mm 006-7), jonquille bistré.

Quél. Ass. fr. 1887.

Automne. — Cespiteux ou imbriqué sur les souches de pin sylvestre. Vosges. Intermédiaire entre *griseotomentosus* et *lamellirugus*.

Gen. VII. GOMPHIDIUS, Fr.

Voile villeux et *visqueux*. Peridium *turbiné* ou obconique, charnu, putrescent. Lamelles tendres, espacées, décurrentes, noircissantes. Spore lancéolée fusiforme, *olive* ou *bistre*. Terrestres.

viscidus. Stipe plein, allongé, fibrilleux, floconneux, un peu visqueux, jaune *souci*, fauve *rhubarbe* en dedans. Cortine annulaire, fugace. Peridium campanulé puis obconique (0m 05-9), mamelonné, visqueux, *bai purpurin*, pâlissant. Chair compacte, sapide, *souci*. Lamelles très décurrentes, espacées, souvent ramifiées, *jonquille*, olivâtres, puis brun purpurin avec un liséré jaune. Spore subfusiforme (0mm 02-25), 5-guttulée et *olive*.

Linn. Suec., n° 1229. Kromb., t. 4, f. 5-7. *gomphus*, Pers. Ic. et Desc., t. 13, f. 1-3.

rutilus. Stipe souci clair en haut, du reste *purpurin* ou *violacé*, ainsi que le peridium. Spore (0mm 025-3).

Schæf. Ic., t. 55. *testaceus*, Fr. Sow., t. 105.

Eté-automne. — Dans les forêts de conifères. Suspect.

glutinosus. Stipe plein, épaissi sous le col, mou, floconneux, visqueux au sommet, *blanc*, *jonquille*, puis bai rouillé à la base. Cortine annulaire et fugace. Peridium convexe (0m 06-9), glutineux, chamois lilacin, chocolat clair, souvent *taché* de *noir*. Chair épaisse, molle, sapide, *blanche*, jonquille souci dans le stipe. Lamelles très décurrentes, fourchues, *blanc grisonnant*, puis bistre noir. Spore fusiforme (0mm 022), 4-5-guttulée, olive, puis bistre.

Schæf. Ic., t. 36. Sow., t. 7. Quél. Jur., I, t. 10, f. 5.

maculosus. Peridium *blanchâtre*, puis *taché* de *noir*.

stillatus, Cr. Deutsch. Strauss. XXIII, t. 2.

Eté-automne. — En troupe dans les forêts de conifères. Le voile visqueux est aigrelet, tenant du citron et de l'acide tartrique. Comestible?

roseus. Stipe plein, très tendre, cotonneux, *blanc*, puis *rosé* en bas. Cortine légère, un peu glutineuse. Peridium convexe plan (0m 03-5), obconique turbiné, *rouge rosé* clair. Chair succulente, molle, agréable, douce, *blanche, rosée* dans le stipe. Lamelles décurrentes, *blanc crème*, puis olivâtres et bistrées. Spore lancéolée (0mm 018-25), 3-guttulée, *rosée*, puis olive.

Fr. S. M. I., p. 315. Kromb., t. 63, f. 13-17. Saund. and Sm., t. 8.

Eté-automne. — Dans les forêts de conifères sablonneuses et sèches. Comestible?

maculatus. Stipe plein, *fluet*, *blanc*, jonquille en bas, moucheté de flocons purpuracés. Peridium campanulé, puis plan (0m 02-25), mince, glutineux, *violeté*, *briqueté*, puis incarnat blanchâtre ou ocracé, souvent taché de noir. Chair succulente, blanche, *noircissant* au toucher. Lamelles décurrentes, fourchues, *blanc gris*, puis olivâtres ou lilas bistré et hérissées de poils *courts* et *glauques*. Spore lancéolée (0mm 015-2), 3-guttulée, olive bistré.

Scop. Fr. Epic., p. 319. *gracilis*, Bk. Outl., t. 12, f. 7.

Eté. — Dans les bois de conifères humides ou tourbeux, surtout sous les mélèzes. *Gracilis* est une forme très gracieuse de *maculatus*.

Gen. VIII. CORTINARIUS, Pers.

Voile aranéeux ou cortine, *contigu*, distinct de la cuticule du peridium. Peridium *continu* avec le stipe. Lamelles adnées, rarement décurrentes, persistantes, décolorantes et *pulvérulentes* à la maturité. Spore ovoïde, pruniforme ou lancéolée, grenelée ou aculéolée, rarement lisse, de couleur ocre, argile, cannelle, rouille, etc.

Ce genre est le plus vaste parmi les lamellés; il est terrestre et surtout sylvestre, et offre les espèces les plus magnifiques et qui n'habitent que les hautes montagnes; elles sont rarement suspectes, rarement savoureuses.

I. GLUTINOSI, Quél.

Voile aranéeux et glutineux.

I. **Phlegmacium**, Fr.

Voile visqueux sur le peridium, aranéeux et sec sur le stipe.

A. Cliduchii, Fr.

Bulbe du stipe globuleux, ovoïde ou napiforme et *immarginé*.

a. *Lamelles crème, jonquille, citrines, puis argileuses, cannelle*, etc.

triumphans. Stipe fibrocharnu, long, épais, blanc, puis jonquille, floconneux soyeux au sommet, *orné* au-dessous d'un anneau membraneux floconneux, de *cercles* pelucheux, jonquille, puis fauves. Peridium convexe (0^m 06-8), finement peluché, jonquille fauve, lisse et plus clair au bord. Chair tendre, blanc crème, douce, inodore. Lamelles émarginées, fortement uncinées, larges, crispées, *blanc crème*, puis cannelle pâle avec l'arête *dentelée* et *blanche*. Spore pruniforme (0^{mm} 012-13), pointillée, fauve pâle.

Fr. Epic., p. 256. Ic., t. 141, f. 1. Huss. II., t. 22.

Eté-automne. — Groupé dans les forêts sablonneuses.

claricolor. Stipe solide, dur, couvert de mèches *floconneuses* et *blanches* jusqu'à la cortine, blanc farineux au sommet. Peridium convexe plan, puis déprimé (0^m 09-12), épais, *soyeux*, *floconneux* au bord, pruineux puis lisse, et crevassé écailleux, ocre fauve. Chair compacte, sapide et blanche. Lamelles émarginées, libres ou adnées, serrées, *denticulées*, blanc crème, puis incarnat rosé et argileuses. Spore pruniforme (0^{mm} 01), jaune fauve.

Fr. Epic., p. 257. Ic., t. 141, f. 2. Quél. Grev., t. 102, f. 1.

Eté-automne. — Forêts de conifères du Jura et des Vosges.

sebaceus. Stipe plein, épais, charnu, soyeux et blanc, puis concolore, ainsi que la cortine. Peridium convexe (0^m 06-8), d'abord couvert d'une pruine blanche, *jaune paille*, visqueux. Chair blanche, douce. Lamelles émarginées, réunies par des veines, larges, jonquille argileux, plus pâles vers l'arête puis cannelle. Spore pruniforme (0mm 008), ocracée.

Fr. Epic., p. 258. Ic., t. 143, f. 1.

Eté-automne. — Groupé dans les forêts de pins. Vosges.

b. *Lamelles violacées ou purpuracées, puis cannelle.*

crocolitus. Stipe plein, puis creux, renflé à la base, fragile, fibrilleux, blanc, puis citrin, *satiné* au sommet, orné de *mèches* ou de *zones laineuses* au-dessous d'un anneau membraneux très ténu. Cortine blanche et fugace. Peridium convexe (0m 1), visqueux, jonquille, *moucheté*, au milieu, de *légers flocons safranés*. Chair molle, blanche, puis citrine, amarescente. Lamelles uncinées, ondulées, *blanc lilacin*, puis nankin, avec un liséré blanc. Spore pruniforme (0mm 012), grenelée, citrin fauve.

Quél. Soc. bot., 1878, n° 10. Grev., t. 127, f. 1. Soc. sc. n. de Rouen, 1879, t. 1, f. 4.

Automne. — En troupe dans les bois de bouleaux sablonneux. Normandie, Vosges. Diffère de *triumphans* par la couleur des lamelles.

varius. Stipe plein, court, *conique*, bulbeux, couvert de flocons apprimés, blanc, grisonnant à l'intérieur. Cortine soyeuse et blanche. Peridium hémisphérique (0m 06-9), puis aplani, lisse, visqueux, *souci*, *fauve* au milieu, *jonquille* au bord. Chair compacte, ferme, blanche. Lamelles émarginées, minces, serrées, *lilacines* ou *améthyste*, puis ocracées cannelle avec l'arête violacée. Spore pruniforme (0mm 01), aculéolée et fauve.

Schæf., t. 42. Fr. Epic., p. 258.

pansa. Stipe à base marginée, *jonquille* ainsi que la cortine.

Fr. Obs. II., p. 67. Ic., t. 145, f. 3.

Automne. — Dans les bois arénacés des Vosges.

cyanopus. Stipe ferme, ventru, *bulbeux*, blanc, *violacé* au sommet. Peridium hémisphérique, puis plan (0m 05-8), lisse, visqueux, *brun gris* ou bistre, puis café au lait. Chair épaisse, *blanchâtre*, d'abord *lilacine* au sommet du stipe. Lamelles adnées, puis émarginées, larges, *lilacines*, puis cannelle. Spore pruniforme ovoïde (0mm 01), fauve bistré, finement aculéolée.

Sec. Myc., n° 174. Fr. Epic., p. 258. Quél. Grev., t. 102, f. 2. *glaucopus*, Sow., t. 223.

Eté-automne. — Dans les forêts ombragées du Jura et des Vosges.

variicolor. Stipe épais, bulbeux, *dur, villeux, azuré lilacin*, blanchissant. Peridium convexe (0m 1-12), épais, visqueux, brun clair ou fauve rouillé, rarement violacé; marge *tomenteuse* et *violette*. Chair *très dure*, sapide, douce, lilacine, puis blanche. Lamelles émarginées, subdécurrentes, arquées, minces, larges, *lilacines*, puis cannelle avec l'arête *crénelée* et blanche. Spore pruniforme (0mm 01), fauve.

Pers. Syn., p. 280. Quél. Grev., t. 103, f. 2.

nemorensis. Bai brun, bordé de violet, plus large et plus élevé.

Fr. Hym. *balteatus*, Ic., t. 142, f. 2.

Eté-automne. — En cercle dans les forêts de conifères. Comestible.

largus. Stipe épais et long, pruineux au sommet, *fibrillo-soyeux, lilacin blanchissant*. Cortine soyeuse, assez épaisse, blanche. Peridium convexe (0m 1-15), bosselé, épais, pruineux, *blanc* ou grisâtre *lilacin*, puis chamois, roux ou brun. Chair sapide, agréable, lilacine, puis blanche. Lamelles adnées, émarginées, serrées, larges, finement denticulées, *améthyste lilacin*, puis argileux cannelle. Spore pruniforme (0mm 011), fauve.

Fr. Epic., p. 259. Quél. Grev., t. 103, f. 1.

Eté-automne. — Cespiteux dans les forêts ombragées. Comestible.

centrifugus. Stipe plein, *bulbeux turbiné*, fibrillostrié et améthyste au sommet, blanc, puis jonquille; cortine glauque. Peridium convexe (0m 12), charnu, glabre, visqueux, *glaucescent argenté*, ocracé au milieu avec des *taches* d'un *fauve purpurin*. Chair tendre, blanche, puis teintée de jonquille, douce et inodore. Lamelles émarginées, uncinées, larges, *crénelées*, améthyste, puis cannelle, avec l'arête améthyste lilacin. Spore pruniforme (0mm 01), aculéolée et fauve.

Fr. Epic., p. 259.

Automne. — Dans les sapinières montagneuses, Jura. Affine à *rufoolivaceus*.

oliveus. Stipe fibrocharnu, tendre, satiné, *sulfurin* pâle, ovoïde et verdoyant à la base. Cortine jaune, puis rouillée. Peridium convexe (0m 03-4), finement rayé par des fibrilles innées, visqueux, *vert olive*. Chair tendre, citrine, olivâtre sous la cuticule et au bas du stipe, inodore et douce.

Lamelles sinuées, *améthyste*, puis rouillées. Spore en amande (0mm 011-12), grenelée, fauve.

Quél. As. fr., 1886, t. 9, f. 4.

Automne. — Dans les forêts de pins maritimes. Provence. Affine à *calochrous*.

c. *Lamelles jaunes, puis cannelle ou rouillées.*

percomis. Stipe ferme, fusiforme ou en massue, fibrilleux, pruineux au sommet, citrin paille. Cortine citrine. Peridium hémisphérique (0m 06-7), glabre, visqueux, *jaune doré, fauve* au milieu. Chair ferme, *douce*, odeur de lavande, *sulfurine*. Lamelles émarginées, serrées, *sulfurin doré*, puis fauves. Spore pruniforme (0mm 01), jaune.

Fr. Epic., p. 260. Ic., t. 143, f. 2. Quél. Grev., t. 104, f. 2.

Eté-automne. — Dans les forêts de conifères. Alpes, Jura, Vosges. Comestible [1].

intentus. Stipe farci, puis creux, fragile, citrin ou jonquille. Peridium *souci* ou *ocracé*. Chair jaunâtre, douce. Lamelles uncinées, *safranées*.

Fr. Epic., p. 272. Ic., t. 147, f. 1.

Eté-automne. — Dans les forêts de conifères, surtout de pins.

latus. Stipe épais (0m 03), *tendre*, floconneux au sommet, fibrilleux, blanc ou paille, avec une cortine annulaire blanchâtre. Peridium convexe (0m 1), très épais, glabrescent, humide, *chamois*, bistré au centre. Chair *molle*, douce et blanche. Lamelles émarginées ou adnées, larges, serrées, *crème argileux*, puis cannelle. Spore pruniforme (0mm 009), larmeuse, jaune fauve.

Pers. Syn., p. 276. Quél. Grev., t. 116, f. 1.

Eté. — Cespiteux dans les forêts montagneuses et humides. Jura.

cliduchus. Stipe plein, *bulbeux* et *en massue*, recourbé, *soyeux* et *blanc* au sommet, fibrilleux, jonquille pâle. Cortine légère. Peridium convexe plan (0m 06-8), charnu, oblique, visqueux, *jaune*, *mordoré* au milieu. Chair *blanche*, rougissant quelquefois sous la cuticule. Lamelles sinuées, serrées, larges, *incarnates*, puis argileuses avec une bordure *crénelée* et *blanche*. Spore pruniforme (0mm 01), fauve.

[1] A. (Hebeloma) *mussivus*, Fr. Ic. sel., t. 111, f. 1, parait être le même, ayant perdu sa cortine.

Fr. Epic., p. 260. *vitellinopes*, Sec. Myc., nº 199.
Eté-automne. — Dans les bois de chênes et de hêtres. Alpes-Maritimes.

B. SCAURI, Fr.

Bulbe du stipe turbiné et *marginé*. La marge du bulbe entoure d'abord, comme un volva, le bord du peridium.

a. *Lamelles blanches, puis argileuses ou cannelle pâle.*

multiformis. Stipe plein, aminci en haut, fibrilleux soyeux, *blanc*, puis teinté de jonquille avec un bulbe turbiné, à peine marginé. Cortine fugace et blanche. Peridium convexe (0^m 03-6), puis aplani, *jonquille pâle*, fauvâtre au milieu, visqueux ou sec, avec un voile soyeux, fugace et blanc. Chair ferme, puis molle, douce et blanche. Lamelles émarginées, libres ou uncinées, blanc crème, puis argileuses. Spore pruniforme (0^{mm} 008-10), ocre fauve.
Fr. Obs. II., p. 63. Quél. Grev., t. 104, f. 4. *rapaceus*, Fr. Ic., t. 145, f. 1. *talus*, f. 2.
Eté-automne. — Dans les forêts de la plaine.

allutus. Stipe à bulbe marginé, pruineux en haut, visqueux, *blanc*, strié de fibrilles rousses. Peridium souci, plus foncé au bord, jaune par le sec. Chair blanche. Lamelles adnées, crénelées, blanchâtres, puis rousses.
Fr. Epic., p. 203.
Automne. — Dans les sapinières du Jura.

napus. Stipe plein, aminci en haut, avec un bulbe à *marge oblique*, glabre, *blanc teinté* de *jonquille* à la base. Peridium convexe (0^m 06-8), glabre, glutineux, bistre ou brun fauve ; marge infléchie brusquement. Chair compacte, blanche, hyaline et couleur de corne au bord. Lamelles émarginées, larges, crispées, *blanchâtres*, puis *fuligineuses*.
Fr. Epic., p. 263.
Automne. — Dans les bois de pins. Vosges.

b. *Lamelles améthyste, violacées ou lilas azuré, puis cannelle.*

glaucopus. Stipe ferme, à bulbe marginé, *fibrilleux*, strié, *lilacin* ou *bleuâtre*, puis *jaunâtre*. Peridium convexe aplani

(0m 1-12), compacte avec la marge brisée, *fibrilleux* ou *floconneux*, argileux, olivâtre, brunâtre; marge souvent ornée d'une *zone saillante* et *brune*. Chair compacte, blanche ou azurée, prenant une teinte jaune. Lamelles émarginées, larges, lilacines, bleuâtres, puis argileuses et cannelle. Spore pruniforme (0mm 008), rousse.

Schæf. Ic., t. 53. Quél., Grev., t. 104, f. 5.

Eté-automne. — En cercle, à l'orée des forêts, dans les prés.

calochrous. Stipe plein, court, à bulbe très marginé, fibrillo-soyeux, *blanc*, puis *teinté* de *jonquille*. Cortine améthyste. Peridium convexe (0m 05-8), glabre, visqueux, *jaune d'or*, *tacheté*, guttulé de *fauve* au milieu. Chair ferme, sapide, *blanche*. Lamelles émarginées, *dentelées*, *améthyste*, puis rouillées. Spore ovoïde (0mm 011), aculéolée et fauve.

Pers. Syn., p. 282. Quél. Grev., t. 105, f. 1.

Eté-automne. — Dans les forêts de hêtres.

dibaphus. Stipe plein, à bulbe marginé, fibrillé, soyeux, strié, *lilacin améthyste*, puis *jonquille clair* à la base, avec le bulbe blanc. Cortine soyeuse, épaisse et *blanche*. Peridium convexe (0m 05-10), visqueux, glabre, panaché, *lilacin améthyste*, puis jonquille, ocracé au milieu ou taché de jaune. Chair ferme, sapide, blanche, puis jonquille. Lamelles sinuées, émarginées, améthyste lilacin, puis brun cannelle avec un liséré lilacin. Spore pruniforme (0mm 014), aculéolée, fauve roux.

Fr. Epic., p. 266. Saund. and Sm., t. 10. Quél. Grev., t. 105, f. 4. *luteopes*, Sec., no 250.

Eté-automne. — Sapinières montagneuses. Alpes, Jura, Vosges. Très voisin de *cærulescens*.

cærulescens. Stipe aminci en haut, à bulbe marginé, soyeux, striolé, *lilas azuré*, ainsi que la cortine qui est fugace. Peridium convexe plan (0m 05-7), charnu, pruineux ou fibrilleux, *azuré lilacin*, passant vite au chamois ou au jaune paille. Chair lilacine azurée, blanchissant, sapide, odeur de fruits. Lamelles sinuées, serrées, azurées lilacines, puis rouillées. Spore pruniforme (0mm 01), aculéolée, guttulée, fauve.

Schæf. Ic., t. 34. Vent., t. 32, f. 1-3. Quél. Grev., t. 105, f. 3.

Eté-automne. — Dans les forêts ombragées. Comestible.

purpurascens. Stipe épais, bulbeux, fibrilleux, *azuré*, violacé obscur au toucher. Peridium convexe (0m 1-15), *tigré*, glutineux, *bai* ou *violet obscur*, pâlissant, souvent *orné* d'une *zone* marginale d'un *violet noir*. Chair compacte, lilacine, sapide. Lamelles sinuées, serrées, larges, *violet purpurin*, puis cannelle, se tachant de pourpre au toucher. Spore pruniforme (0^{mm} 01-11), pointillée, fauve.

Fr. Epic., p. 265. Quél. Jur., I, t. 9, f. 4. Grev., t. 105, f. 2.

Eté-automne. — En cercle dans les forêts montagneuses. Alpes, Jura, Vosges. Intermédiaire entre *glaucopus* et *cærulescens*.

arcuatus. Stipe plein, allongé, *bulbeux*, soyeux, d'un blanc lilacin, comme la cortine. Peridium convexe (0^{m} 05-8), *finement rayé*, visqueux, ocre clair ou café au lait. Chair tendre, d'un *blanc lilacin*, puis *nankin*, inodore. Lamelles adnées, lilacines, puis cannelle. Spore pruniforme (0^{mm} 011), amincie à la base, finement aculéolée et fauve.

Alb. et Schw. Cons., n° 436. Fr. Epic., p. 265.

Automne. — Dans les forêts de conifères humides. Vosges. Il ressemble à *delibutus*.

c. *Lamelles jaunes ou fauves, puis rouillées ou cannelle.*

turbinatus. Stipe fibrospongieux, à bulbe marginé, soyeux, crème ocracé. Cortine concolore. Peridium convexe (0^{m} 1), puis déprimé, glabre, visqueux, *ocre*, olivâtre ou bistré, pâlissant. Chair molle, *blanche*, aigrelette. Lamelles uncinées, *crème ocre*, puis cannelle. Spore pruniforme (0^{mm} 01), aculéolée et jaune fauve.

Bull., t. 110. Vent., t. 38, f. 5-6. Quél. Grev., t. 107, f. 1.

ferrugineus. Scop. Entièrement rouillé.

corrosus. Fr. Peridium rouillé argileux.

Eté-automne. — En cercle dans les prés, à l'orée des forêts.

fulgens. Stipe plein, à bulbe marginé, ample, *fibrilleux*, *cotonneux*, souvent visqueux, *jaune d'or*, ainsi que la cortine. Peridium convexe, puis déprimé (0^{m} 1), *sulfurin doré*, souvent *moucheté* de *fins flocons fauves* ou *olive*. Chair tendre, sulfurine, odeur de fenouil. Lamelles émarginées, *jaunes*, puis fauve cannelle. Spore ovoïde pruniforme (0^{mm} 012), grenelée et fauve.

Alb. et Schw. Cons., p. 160. Saund. and Sm., t. 12.

fulmineus. Peridium fauve, presque brun avec la marge orangée. Chair blanche, jaune en dessus ou passant au jaune.

Fr. Epic., p. 267. *sericeus*, Schæf., t. 24.

Eté-automne. — Dans les forêts de conifères. Alpes, Jura, Vosges.

sulfurinus. Stipe plein, court, soyeux, *blanc citrin* ou sulfurin pâle; bulbe marginé, blanc, puis teinté de jonquille. Cortine légère et *blanche*. Peridium convexe (0m 05-7), visqueux *sulfurin*, avec la bordure *blanche* et, souvent, de petites taches *souci*, au milieu. Chair sapide, blanche, puis citrine. Lamelles adnées, émarginées, sulfurines, puis fauve cannelle. Spore pruniforme (0mm 011-12), finement grenelée, ocre pâle.

Quél. As. fr., 1883, p. 5.

Eté. — En troupe dans les forêts de conifères montagneuses. Alpes-Maritimes.

d. *Lamelles jaunes, puis vertes ou olive et olivâtres.*

orichalceus. Stipe plein, à bulbe marginé, fibrillosoyeux, *citrin pâle, glauque* ou *verdoyant*. Cortine blanche. Peridium convexe (0m 1), glabre, visqueux, *purpurin cuivré, pointillé* de *brun rouge* au sommet, *glauque* ou *verdoyant* sur la marge. Chair douce, blanche, citrine au bord, puis *verdoyante*, rosée dans le bulbe; fine odeur de fenouil. Lamelles adnées, larges, denticulées, *glauque citrin*, puis *verdoyantes* ou *olive*, et cannelle. Spore pruniforme (0mm 012), aculéolée et fauve.

Batsch. El., f. 184. Quél. Grev., t. 106, f. 1. *rufoolivaceus*, Pers. Syn., p. 285.

Automne. — Dans les forêts des montagnes et de la plaine.

russus. Stipe fibrocharnu, renflé à la base, fibrillosoyeux, *citrin;* cortine concolore, fugace. Peridium convexe (0m 03-6), visqueux, *roux cuivré*, plus clair au bord. Chair crème jonquille, *violetée* sous la cuticule, acidule âcre, vireuse. Lamelles sinuées, crème citrin, *glauques* ou *lilacines* au bord, puis rouillées. Spore en amande (0mm 01-11), aculéolée et fauve.

Fr. Epic., p. 261. Worth. Sm., Woolh. Club, 1870, t. 1.

Automne. — Dans les forêts arénacées.

prasinus. Stipe court, épais, fibrillosoyeux, *jonquille verdoyant*, ainsi que la cortine; bulbe marginé, large, citrin. Peridium convexe (0m 1), charnu, *tigré*, *vert* de poireau, olive ou fauve fuligineux. Chair douce, blanchâtre, puis citrine et verdoyante; odeur sulfureuse. Lamelles émarginées, onduleuses, *citrin olive,* bistre olive à la base. Spore pruniforme (0^{mm} 012), finement aculéolée, ocracée.

Schæf. Ic., t. 218. Quél. Grev., t. 106, f. 2.

atrovirens. Vert sombre ou bistre olive.

Kalch. Ic. hung., t. 19, f. 3.

Eté-automne. — Dans les forêts de hêtres de la plaine.

infractus. Stipe épais, ovoïde ou claviforme, bulbeux, fibrilleux, *violacé* au sommet, *paille*, *glauque* ou *olivâtre.* Cortine fine, olivâtre. Peridium convexe plan (0^{m} 05-8), bosselé, festonné, difforme, glutineux, *jaunâtre*, *olivâtre*, *taché* de *fauve* ou de *bistre.* Chair molle, amère, azurée, puis olivâtre. Lamelles sinuées ou libres, larges, souvent crispées, veinées, *olivâtres*, puis olive bistre et enfin brunes. Spore ovoïde pruniforme (0^{mm} 008-9), finement grenelée, fauve olivâtre.

Pers. Syn., p. 283. *infractus* et *anfractus*, Fr. Epic., p. 261. Quél. Grev., t. 104, f. 3. *jasmineus*, Sec., n° 186.

subsimilis. Stipe bleuâtre. Peridium fuligineux, puis fauve. Lamelles olivâtres, puis cannelle.

Pers. Obs. myc. II., p. 43. Fr. Ic., t. 147, f. 3.

Eté-automne. — Dans les forêts ombragées.

subtortus. Stipe creux, inégal, *tortu*, paille, villeux et blanc à la base. Peridium convexe (0^{m} 03-5), glabre, visqueux, puis ruguleux, *ocre* pâle plus ou moins *olive.* Chair *molle*, paille, *amère.* Lamelles sinuées, larges, *gris olive.*

Pers. Syn., p. 284. *clotus*, Fr. Epic., p. 264.

Automne. — Dans les forêts de conifères montagneuses.

scaurus. Stipe spongieux, bulbeux, marginé, *aminci* en haut, fibrillostrié, azurin ou olivâtre, puis jaunâtre ou blanchâtre. Cortine *verdâtre.* Peridium convexe plan (0^{m} 05-8), visqueux, *tacheté*, *fauve fuligineux*, pâlissant. Chair *mince*, molle, douce. Lamelles sinuées, minces, *serrées*, *purpurin olive* ou olive et bistre.

Fr. Epic., p. 268. Ic., t. 146, f. 1. Quél. Grev., t. 107, f. 2.

Eté. — Dans les tourbières et les sapinières humides ; diffère d'*infractus* surtout par le bulbe.

c. Elastici, Fr.

Stipe mince, rigide, élastique, cortiqué, uni, souvent creux à la fin. Peridium mince, souvent hygrophane.

a. *Lamelles blanchâtres, puis argileuses ou cannelle.*

cumatilis. Stipe plein, allongé, courbé, glabre, *blanc* ainsi que la cortine et entouré, à la base, d'une *pellicule violacée* ou *lilacine* (détachée du voile). Peridium convexe (0m 05-8), charnu, recouvert d'une pellicule visqueuse, *améthyste lilacin.* Chair ferme, sapide, d'un beau blanc. Lamelles sinuées, uncinées, *blanches*, puis argileuses. Spore ovoïde pruniforme (0mm 01), aculéolée, fauve brun.

Fr. Epic., p. 269. Ic., t. 146, f. 2. *cærulescens*, Saund. and Sm., t. 22.

Fin automne. — Dans les sapinières du Jura et des Vosges.

causticus. Stipe plein, ferme, élastique, pruineux au sommet, soyeux et blanc, puis taché de jaune ocre. Peridium convexe (0m 05), charnu, visqueux, ocre fauve, puis paille. Chair hygrophane, *fauvâtre*, *âcre poivrée*, exhalant l'odeur de chlore. Lamelles émarginées, larges, crème, puis ocracées. Spore ovoïde pruniforme (0mm 009), grenelée et fauve.

Fr. Epic., p. 270.

Automne. — En groupe dans les forêts de conifères. Il a l'aspect de *armeniacus*. Suspect.

cristallinus. Stipe fluet, creux, *fragile*, fibrillosoyeux, *blanc*, puis jaune paille. Peridium convexe (0m 03-4), charnu, crème au milieu, argenté et brillant sur la marge, puis *tout blanc*. L'enduit visqueux a une saveur brûlante. Chair mince, blanche, très âcre, poivrée. Lamelles émarginées, minces, serrées, *blanches*, puis crème jonquille. Spore ovoïde (0mm 007), crème ocracé.

Fr. Epic., p. 270. Quél. Grev., t. 107, f. 3. *barbatus*, Batsch., f. 11.

Eté-automne. — En groupe dans les forêts de hêtres. Il diffère peu de *causticus*.

b. *Lamelles violacées, purpurescentes ou incarnates.*

decolorans. Stipe fibrocharnu, subfistuleux, fluet, aminci en bas, glabre, *blanc*, ainsi que la cortine. Peridium convexe (0m 03-5), puis plan, un peu bossu, visqueux, *jonquille ocre.* Chair mince, ferme, blanche. Lamelles adnées, sinuées, larges, minces, serrées, *purpuracées*, puis ocracées. Spore pruniforme (0mm 008-9), ocre clair.

Pers. Syn., p. 283? Fr. Epic., p. 271?

Automne. — Dans les bois de pins sablonneux. Il ressemble à une forme grêle de *varius*.

decoloratus. Stipe plein, mince, épaissi en bas, fibrilleux, *blanc argenté*, glabre au sommet. Peridium campanulé convexe (0m 06-9), mince, visqueux, puis *floconneux, ocre argileux*, plus foncé au milieu, puis ridé et décoloré. Chair molle, *blanche*, bleuâtre au haut du stipe. Lamelles émarginées, blanchâtres ou bleuâtres, puis argileuses et cannelle. Spore pruniforme (0m 01), pointillée, jaune fauve.

Fr. Epic., p. 270. Quél. Grev., t. 107, f. 4.

Automne. — Dans les forêts de hêtres de la plaine.

porphyropus. Stipe fibrospongieux, puis creux, mince, épaissi en bas, fragile, soyeux, *améthyste*, ainsi que la cortine, puis *blanchâtre*. Peridium convexe plan (0m 03-5), mince, *rayé* par des fibrilles innées, visqueux, jonquille, grisonnant ou argileux. Chair molle, blanchâtre, *violacée* au toucher. Lamelles sinuées, émarginées, *améthyste*, puis cannelle, mais reprenant leur première couleur, comme le stipe, par le contact. Spore en amande (0mm 01), grenelée, fauve.

Alb. et Schw. Cons., p. 153. Fr. Epic., p. 271. Quél. Grev., t. 104, f. 1.

Automne. — Dans les forêts de hêtres et d'aunes. Analogue à *purpurascens*.

croceocæruleus. Stipe plein, puis creux, fragile, grêle, striolé, glabre et *blanc* comme la cortine. Peridium convexe (0m 02-3), puis flexueux, visqueux, *lilas bleu*, *améthyste lilacin*, pâlissant. Chair mince, tendre, amère (Pers.), blanche, lilacine en dessus. Lamelles uncinées. d'un *lilas* pâle et fugace, puis *incarnat safrané*. Spore pruniforme (0mm 006-8), ponctuée, *safranée*.

Pers. Syn., p. 341. Ic. et Desc., II, t. 1, f. 2.

Automne. — Dans les bois rocailleux, hêtre et coudrier. Gironde, Provence, Jura, environs de Paris.

c. *Lamelles ocracées ou fauves, puis rouillées ou cannelle.*

vespertinus. Stipe plein, épaissi à la base, élastique, fibrilleux, d'un *blanc brillant*. Cortine jonquille et fugace. Peridium convexe plan (0m 07-9), glutineux, *ridé plissé* sur la marge, *jonquille*, prenant au milieu une teinte *jaune d'œuf*. Chair molle, fade ; odeur de mousse. Lamelles émarginées, uncinées, jonquille incarnat puis nankin ou cannelle safrané.

Fr. Epic., p. 272.

Eté. — Dans les forêts feuillées du Jura méridional.

olivascens. Stipe aminci en haut, subbulbeux, fibrocharnu, *mou*, fibrilleux, strié, *satiné*, blanc lilacin, puis argenté en haut, blanc au milieu, citrin en bas. Peridium convexe plan (0m 03-5), mince, *bistre olive*, plus clair au bord. Chair tendre, humide, violacée, puis rousse, *acidule âcre*. Lamelles émarginées, *crème olive*, puis cannelle. Spore pruniforme (0mm 01), fauve olive.

Batsch. El., f. 185. Fr. Ic., t. 147, f. 2.

Automne. — Dans les forêts humides, parmi les sphaignes.

II. **Myxacium**, Fr.

Voile général glutineux. Stipe cylindrique, visqueux. Peridium peu charnu.

A. Colliniti, Fr.

Stipe cotonneux ou floconneux et visqueux.

mucosus. Stipe plein, épais, soyeux, floconneux, visqueux, *blanc*, ainsi que la cortine annulaire et soyeuse. Peridium convexe (0m 06-10), épais au milieu, glabre, d'un beau *brun acajou*, bai au sommet, souci au bord, fortement glutineux. Chair compacte, dure dans le stipe, acidule âcre, *blanche*. Lamelles sinuées, crème ocre, puis rouillées, avec une bordure dentelée et blanche. Spore pruniforme *lancéolée* (0mm015), 3-4-guttulée, fauve.

Bull., t. 549, f. D. *alutipes*, Lasch. Linn., p. 303. *arvinaceus*, Fr. Epic., Kromb., t. 73, f. 16-18.

Automne. — Dans les bois de pins sablonneux. Environs de Paris, Normandie, Vosges.

collinitus. Stipe plein, raide, allongé, floconneux, visqueux, puis orné d'*anneaux concentriques*, pruineux au sommet, blanchâtre, jaunâtre ou violeté. Peridium convexe (0m 1), gélatineux visqueux, *brun fauve*, plus ou moins *orangé* ou *ocracé* au bord. Chair blanche, douce. Lamelles adnées, décurrentes en filet, *ocre pâle* ou *améthyste clair*, puis rouillées. Spore pruniforme subfusiforme (0mm 018), ocellée, fauve roux.

Sow. Eng. fung., t. 9. Bull., t. 549, 596. *mucifluus*, Fr. Ic., t. 148, f. 1.

Eté-automne. — En troupe dans les forêts de plaine et de montagne. Comestible.

stillatitius. Stipe plein, tendre, fibrillosoyeux, visqueux, *satiné* au sommet, *améthyste* ou *lilacin*. Collerette et cortine blanches ou lilacines. Peridium campanulé (0m 04-6), puis aplani et gibbeux, souvent strié, glutineux, *gris bistré* ou *lilacin*, plus obscur au milieu. Chair molle, blanche, douce. Lamelles adnées, *incarnat violacé*, puis cannelle. Spore pruniforme oblongue (0mm 014), aculéolée, fauve rouillé.

Fr. Epic., p. 277. Quél. Grev., t. 108, f. 4.

emunctus. Peridium *gris violacé*, puis chamois. Stipe *lilacin azuré*, blanc au sommet.

Fr. Epic., p. 275, Ic., t. 148, f. 2.

Eté-automne. — En groupe dans les forêts ombragées. Diffère de *elatior* par la marge unie.

elatior. Stipe plein, mou, élancé, aminci à chaque bout, fibrillofloconneux, violacé, lilacin, puis blanc, très visqueux Cortine concolore. Peridium campanulé (0m 08-12), puis aplani, mince, fortement *ridé*, *cannelé* au bord, glutineux, paille grisâtre, puis lilacin, bai ou brun violet, etc. Chair tendre, blanchâtre ou paille, douce. Lamelles adnées, uncinées, veinées, crème ocracé ou lilacines, puis brun rouillé avec l'arête blanche. Spore en amande (0mm 015), fortement aculéolée et fauve rouillé.

Pers. Syn., p. 332. Fr. Ic., t. 149, f. 1. Sow., t. 9.

Eté-automne. — Dans les forêts ombragées.

B. Delibuti, Fr.

Voile général visqueux. Stipe glabre, visqueux.

a. *Lamelles blanchâtres, puis argileuses.*

nitidus. Stipe spongieux, obclaviforme, courbé, tenace, pruineux et *blanc* au sommet, blanc jonquille. Cortine fugace. Peridium convexe (0m 04-6), bossu, glabre, visqueux, *jonquille ocracé*, fauvâtre au milieu. Chair tendre, blanche. Lamelles *arquées décurrentes*, serrées, étroites, crème, puis argileuses.

Schæf. Ic., t. 97. Fr. Epic., p. 275.

Eté-automne. — Dans les forêts ombragées. Vosges.

b. *Lamelles violacées, lilacines ou rosées.*

salor. Stipe plein, à bulbe oblong napiforme, glutineux, blanc au sommet, d'un beau *lilas azuré* au-dessous d'une cortine fauve, ou zoné de blanc et de lilacin. Peridium convexe (0^m 05-7), ou campanulé, *satiné rayé, lilas azuré* clair avec le centre *grisonnant*, peu visqueux. Chair tendre, blanche, azurée au bord, sapide. Lamelles adnées, sinuées, lilacines, puis rouillées. Spore ovoïde (0^{mm} 01-12), grenelée, fauve rouillé.

Fr. Epic., p. 276. Ic., t. 150, f. 1. Quél. Grev., t. 108, f. 1.

Eté-automne.— Dans les forêts de hêtres ombragées du Jura.

delibutus. Stipe plein ou creux au sommet, mince, à peine bulbeux, glutineux au-dessous de la cortine blanche, *blanc*, puis *teinté* de *jonquille*. Peridium convexe (0^m 03-4), peu charnu, glabre, visqueux, d'un beau *jonquille pâle*. Chair tendre, sapide et blanche. Lamelles émarginées, denticulées, *améthyste* ou *lilacines*, puis fauve cannelle. Spore ovoïde (0^{mm} 01-12), finement grenelée, ocre pâle.

Fr. Epic., p. 276. Quél. Grev., t. 108, f. 2.

Eté. — En troupe dans les forêts ombragées de hêtres.

illibatus. Peridium jonquille doré. Lamelles *incarnates*, puis cannelle.

Fr. Epic., p. 276.

Eté. — Dans les bois de conifères montagneux.

c. *Lamelles jaunâtres ou ocracées, puis cannelle.*

vibratilis. Stipe plein, puis creux, fluet, fusiforme à la base, *mou*, farineux au sommet, glabre, *blanc de neige*, rarement visqueux. Peridium campanulé (0^m 02-3), mince, glabre, très glutineux, *jonquille doré, fauve safrané* au sommet et brillant. Chair tendre, blanche; odeur vireuse et saveur très acre. Lamelles uncinées, adnées, serrées, crème incarnat, puis nankin. Spore pruniforme (0^{mm} 008), paille.

Fr. Epic., p. 277. Quél. Grev., t. 108, f. 3.

Automne. — En troupe dans les forêts de conifères mousses. Jura, Vosges, Alpes-Maritimes.

pluvius. Stipe plein, puis creux, fluet, *mou*, peu visqueux, soyeux, *blanc*, puis *jonquille* et concolore. Cortine légère et blanche. Peridium globuleux, puis aplani (0^m 015-25), *mince*, glabre, peu visqueux, *hygrophane, pellucide, blond doré*. Chair succulente, piquante, puis *âcre*, jaune paille. Lamelles décurrentes, séparables, serrées, ventrues, crème, puis nankin.

Fr. Epic., p. 277. Batsch., f. 190.

Fin automne. — En troupe dans les forêts de conifères des montagnes. Alpes, Jura.

II. ARANEOSI, Quél.

Voile soyeux ou aranéeux ; peridium sec ou humide.

I. **Hydrocybe**, Fr.

Peridium *glabre* ou *voilé* de *fibrilles blanches*, *décolorant* par le sec. Chair mince et fissile. Stipe rigide, voilé d'une cortine formant rarement un anneau aranéeux.

A. Firmiores, Fr.

Peridium à disque charnu, convexe ou campanulé avec la *marge* primitivement *incurvée*. Stipe le plus souvent aminci vers le haut.

a. *Stipe blanc comme la cortine.*

subferrugineus. Stipe plein, renflé à la base, rigide, blanchâtre. Cortine blanche et fugace. Peridium convexe (0^m 06-8), bosselé, flexueux, glabre, rayé, *incarnat roussâtre* ou *briqueté* et luisant. Chair fragile, à odeur vireuse, blanchâtre, puis roussâtre et *safranée* dans le bulbe. Lamelles émarginées, larges, ocracées, puis rouillées. Spore pruniforme (0^{mm} 01), fauve.

Batsch, El., f. 186? Fr. Epic., p. 303. Quél. Grev., t. 113, f. 6.

Eté-automne. — En fascicules dans les clairières gramineuses des bois. Très variable.

firmus. Stipe plein, ferme, ovoïde bulbeux, fibrillostrié, *blanc* ainsi que la cortine fugace. Peridium hémisphérique (0^m 04-8), épais, glabre, *fauve ocracé* ou *roux* et brillant. Chair compacte, sapide, à odeur de raifort et *blanche*. Lamelles émarginées, serrées, minces, crème incarnat, puis cannelle safrané. Spore pruniforme (0^{mm} 009), larmeuse, finement aculéolée et fauve.

Fr. Epic., p. 303. Bull., t. 96.

Automne. — Dans les clairières herbeuses des forêts feuillées. Cette belle espèce serait mieux placée parmi les *Inoloma*, si elle n'était pas très glabre.

armeniacus. Stipe plein, pointu à la base, strié fibrilleux. *blanc* comme la cortine qui forme une légère zone soyeuse, Peridium campanulé (0m 06-12), rigide, *satiné*, *fauve* ou nankin, puis *ocracé incarnat* et brillant. Chair fragile, ocracée, douce; odeur amère. Lamelles adnées, serrées, crème, puis fauves ou nankin. Spore pruniforme (0mm 01), grenelée, fauve doré.

Schæf. Ic., t. 81. Fr. Epic., p. 304.

Eté-automne. — Dans les bois sablonneux, surtout de pins.

damascenus. Stipe plein, allongé, dur, fibrilleux et *blanc*. Peridium convexe, orbiculaire (0m 06-8), uni, puis rayé ou gercé, *bai cannelle*, puis *briqueté*. Cortine blanche et fugace. Chair ferme, blanche et *âcre*. Lamelles adnées, minces, paille, puis cannelle. Spore en amande (0mm 01), fauve.

Fr. Epic., p. 304. Kromb., t. 71, f. 20-23. *punctatus*, Schæf., t. 40.

Automne. — Cespiteux dans les bois gramineux.

roseolimbatus. Dur et fragile. Stipe fibrocharnu, fibrilleux, pruineux au sommet, *blanc*, souvent *améthyste* à la base. Cortine blanche, fugace. Peridium convexe (0m 06), ondulé, ferme, fibrillé, strié, rayé, gercé par le sec, *bai* ou *brun briqueté*, avec le bord *blanc améthyste*. Chair blanche, acidule. Lamelles adnées, blanc crème, puis nankin ou souci fauve. Spore pruniforme (0mm 01), guttulée, grenelée, fauve olivâtre.

Sec. Myc., no 227. *variegatus*, Bres. Fung. trid., t. 62, 63.

Eté-automne. — Cespiteux dans les forêts sablonneuses. Vosges, Tyrol, Suisse.

privignus. Stipe plein, puis creux, renflé à la base, mou, soyeux, *blanc*, puis jaunâtre, rarement *violacé* au sommet. Cortine blanche, formant des zones soyeuses. Peridium convexe (0m 04-6), charnu, *fragile*, hygrophane, fauve ocracé, recouvert d'un *léger voile aranéeux* et *blanc*. Lamelles adnées, *crénelées*, crème, puis chamois avec un liséré blanc. Spore pruniforme (0mm 008), ponctuée et fauve.

Fr. Epic., p. 304.

Automne. — Groupé dans les bois de conifères. Pourrait être rangé dans les *Telamonia*.

duracinus. Stipe plein, *rigide*, *aminci en racine pointue*, glabre et *blanc*, comme la cortine. Peridium campanulé (0m 05-7), mamelonné avec *un sillon au bord*, mince, satiné, *roussâtre* ou briqueté blanchâtre. *Cuticule épaisse* et *dure* se rompant en lanières recourbées, surtout celle du stipe. Chair blanche, puis roussâtre. Lamelles adnées, larges, blanc de lait, puis incarnat ocracé avec le bord blanc.

Fr. Epic., p. 304. Quél. Grev., t. 115, f. 1.

Automne. — Dans les forêts gramineuses et moussues. Se distingue de *dilutus* par sa dureté.

dilutus. Stipe creux à la fin, grêle, aminci en haut, *soyeux* et *blanc*, avec un anneau fugace. Peridium convexe (0m 05), mamelonné, *soyeux* et *blanc* sur la marge, *incarnat briqueté*, blond, puis *incarnat paille*. Lamelles émarginées, *ventrues*, serrées, crème ocracé, puis cannelle. Spore pruniforme (0mm 009), ocracée.

Pers. Syn., p. 300. Bolt., t. 10. Grev., t. 85, f. 1-2. *erugatus*, Fr. Epic., p. 306.

Automne. — Dans les forêts ombragées. Ressemble à *armeniacus*.

b. *Stipe et lamelles violetés.*

saturninus. Stipe spongieux, épaissi à la base, ferme. *fibrilleux, strié, violet*, blanchissant. Cortine blanche. Peridium campanulé (0m 06-9), peu épais, *bai* foncé, pâlissant, avec un voile *soyeux* et *blanc* au bord. Chair succulente, violacée, puis blanchâtre. Lamelles sinuées, minces, *améthyste lilacin*, puis rouillées avec un liséré blanc. Spore pruniforme (0mm 008), grenelée et safranée.

Fr. Epic., p. 306. Ic., t. 161, f. 2. Quél. Grev., t. 128, f. 7.

sciophyllus. Stipe épaissi en bas, *bleu violet*. Peridium brun ou *bai violacé*, lilacin au bord. Lamelles *bistre-violet*.

Fr. Ic. sel., t. 161, f. 3.

Automne. — En cercle dans les forêts feuillées et ombragées.

imbutus. Stipe fibrocharnu, glabre, *blanc*, luisant, *lilacin* au sommet. Cortine blanchâtre et fugace. Peridium convexe (0m 03-6), bossu, souvent ridé, aminci et *fimbrié* au bord, d'un *blond* pâlissant, blanchâtre paille et luisant par le sec. Chair blanchâtre, puis lilacine et blonde, âcre et vireuse. Lamelles émarginées adnées, ondulées, ventrues, *lilacines*, puis cannelle. Spore pruniforme (0mm 01), grenelée et fauve doré.

Fr. Epic., p. 306. Quél. Grev., t. 127, f. 2.

Eté-automne. — En troupe dans les forêts et dans les bruyères.

cypriacus. Stipe spongieux, puis creux, grêle, *fibrilleux*, *strié*, plus clair que le peridium, *violeté* au sommet. Cortine fugace. Peridium campanulé (0m 03-5), bossu, mince, hygrophane, *cannelle* puis *fauve;* marge brisée et *violetée.* Chair ténue, humide. Lamelles émarginées, minces, larges, *améthyste lilacin*, puis nankin. Spore pruniforme (0mm 01-12), aculéolée et fauve.

Fr. Epic., p. 307. Kalch. Ic., t. 21, f. 2.

Automne. — Dans les forêts ombragées de la plaine. Il ressemble à *impennis*, mais il est beaucoup plus petit.

c. *Stipe et voile très léger, jaunes ou rouges.*

colus. Stipe fibrocharnu, allongé, *bulbeux*, raide, *jonquille*, puis *fauve*, rayé de fibrilles *fauve purpurin* et naissant d'un mycelium byssoïde, *rouge feu safrané.* Peridium campanulé (0m 03-5), *bosselé*, soyeux, *bai*, puis *châtain.* Lamelles adnées, larges, veinées à la base, jonquille incarnat, puis fauve rouillé. Spore pruniforme (0mm 008-9), fauve.

Fr. Epic., p. 308. Paul., t. 99.

Eté-automne. — En troupe dans les forêts de conifères.

isabellinus. Stipe fibrocharnu, à peine creux, raide, fibrilleux, jaune *paille* ou *jonquille.* Cortine légère, citrine. Peridium campanulé (0m 03-4), mince, glabre, couleur de *miel*, puis *jonquille fauvâtre.* Chair crème, ferme. Lamelles adnées, érodées, crème jonquille, puis rouillées safranées avec un liséré jonquille. Spore ovoïde pruniforme (0mm 01), aculéolée, jonquille fauve.

Batsch, El., f. 17. Fr. Epic., p. 308. Quél. Grev., t. 114, f. 1.

Automne. — Dans les forêts de conifères des montagnes.

d. *Stipe brunissant; cortine blanche ou blanchâtre; lamelles obscures.*

uraceus. Stipe plein, puis fistuleux, allongé, mou, *brun*, *rayé* par des *fibrilles fauves*, glabre et chamois au sommet, à la fin olive ou bistre obscur. Cortine légère et brune. Peridium campanulé (0m 03-5), puis étalé, obtus ou mamelonné, peu charnu, hygrophane, glabre, brun ou châtain, parfois olive, chamois ou isabelle par le sec. Chair *brune*, plus foncée dans le stipe, inodore et insipide. Lamelles adnées, ventrues, rigides, brun cannelle ou bai rouillé. Spore pruniforme (0^{mm} 008-9), grenelée, fauve rouillé.

Fr. Epic., p. 309. Ic., t. 162, f. 3.

Printemps-été. — En cercle dans les bois de conifères ombragés. Vosges, Normandie. Il ressemble à *glandicolor*, puis à *castaneus*.

jubarinus. Stipe plein, puis creux, grêle, ferme, *strié*, *fibrilleux*, *fauve jonquille*, plus clair en haut et à la base. Cortine *blanche*. Peridium campanulé (0^{m} 03-6), souvent flexueux, peu charnu, *fauve cannelle brillant*, *soyeux* et *blanc* au bord. Lamelles adnées, ocracées puis fauves.

Fr. Epic., p. 309. Bull., t. 431, f. 1. (voile blanc absent).

Fin-automne. — En troupe dans les bois de pins des montagnes.

pateriformis. Stipe fistuleux, allongé, flexueux, aminci en bas, *satiné* et *strié*, *blanc argenté* brunissant. Peridium campanulé (0^{m} 02), mince, *brun* ou *châtain*, parsemé de *fibrilles aranéeuses*, *blanches* et fugaces, avec le bord *soyeux* et *blanc*. Lamelles adnées, uncinées, serrées, étroites, chamois clair puis briquetées. Spore pruniforme (0^{mm} 008-9), ocre pâle.

Fr. Epic., p. 310.

Automne. — En troupe dans les bois gramineux de pins. Vosges. N'est, peut-être, qu'une variété de *rigidus*.

B. Tenuiores, Fr.

Peridium *membraneux*, campanulé, plus ou moins mamelonné, avec la *marge* primitivement *droite*. Stipe cylindrique ou aminci en bas.

a. *Stipe blanc*.

rigens. Stipe plein, *atténué radicant*, tenace, *cortiqué*, glabre, blanc crème, satiné et blanc par le sec. Cortine légère. Peridium campanulé convexe (0^{m} 03-5), mince, humide, glabre, *argileux* ou roussâtre, puis *blanc ocracé*; marge soyeuse et blanche. Chair ferme, blanchâtre, douce, vireuse et balsamique. Lamelles uncinées, ventrues, espacées, larges, blanc argileux puis cannelle. Spore pruniforme (0^{mm} 008-9), grenelée et fauve.

Pers. Syn., p. 288 ? Fr. Epic., p. 311.

Fin-automne. — En troupe dans les bois de conifères. Il est très voisin de *leucopus*.

leucopus. Stipe plein, puis creux, *cylindrique*, fluet, *mou*, glabre, *blanc* de *neige*. Cortine blanche. Peridium campanulé (0m 025), mamelonné, mince, glabre, humide, *blond clair* et brillant. Lamelles *libres*, *serrées*, ventrues, minces, crème, puis nankin. Spore pruniforme (0mm 008-9), finement grenelée, crème ocracé.

Bull., t. 553, f. 2. *Krombholzii*, Fr. Kromb., t. 2, f. 31, 32.

Automne. — Dans les bois de conifères moussus du nord de la France.

b. *Stipe rosé, améthyste ou violeté.*

decipiens. Stipe moelleux, puis fistuleux, fluet, droit, fibrilleux, *crème*, teinté de *rose* ou d'*améthyste*, puis paille briqueté. Cortine blanche et fugace. Peridium campanulé (0m 02), glabre, *brun bistre*, avec un *mamelon pointu* et *noirâtre*. Chair ténue, bistrée, briquetée dans le stipe. Lamelles sinuées libres, ténues, crème incarnat, puis nankin rougeâtre. Spore pruniforme (0mm 008-9), grenelée et fauve.

Pers. Syn., p. 298. Hoffm. Ic., t. 9, f. 2. Quél. Grev., t. 114, f. 3.

Eté. — En troupe dans les forêts feuillées. Il ressemble à la plupart de ses voisins par la variabilité de sa couleur.

erythrinus. Stipe moelleux, puis creux, fibrillostrié, *blanc*, *améthyste* ou *lilacin* en haut. Cortine blanche. Peridium campanulé (0m 03), *bai purpuracé* avec un mamelon pointu et *bai bistre*, puis brun fauve par le sec. Lamelles libres, ventrues, crème nankin, puis cannelle. Spore pruniforme (0mm 008), fauve.

Fr. Epic., p. 312. Quél. Grev., t. 115, f. 2. *badius*, Weinm., p. 175.

Printemps-été. — Dans les forêts de conifères. Plus grand que *decipiens*, plus petit que *castaneus*. Comestible.

castaneus. Stipe fibrocharnu, puis fistuleux, grêle, fibrilleux, *rosé purpurin*. Cortine légère et blanche. Peridium campanulé, puis aplani (0m 02-3), *bai* ou *châtain* avec une bordure soyeuse et *blanche*. Chair tenace, purpuracée, sapide. Lamelles adnées, sinuées, ventrues, *rosées*, purpuracées, puis brun rouillé. Spore ovoïde (0mm 008), aculéolée, fauve rougeâtre.

Bull., t. 268. Grev., t. 115, f. 3.

Printemps-automne. — En troupe dans les clairières et à l'orée des forêts. Comestible.

germanus. Stipe fibrocharnu, grêle, flexueux, *tordu*, fibrilleux, *blanc lilacin* ou *argenté*, puis *paille* vers le bas. Cortine blanche et fugace. Peridium *conique* campanulé (0m 02-3), fragile, *brun*, puis *chamois*, voilé de *fibrilles courtes* et *blanches*. Chair mince, roussâtre, un peu vireuse. Lamelles sinuées adnées, crème ocré ou bistré, puis brunes. Spore ovoïde pruniforme (0mm 006-8), ocracée.

Fr. Epic., p. 312. Quél., Grev., t. 114, f. 2.

Eté-automne. — En troupe dans les forêts des montagnes. Il ressemble par les *poils blancs* du voile à *paleaceus*, dont il est peut-être une variété.

c. *Stipe crème, paille, citrin ou jonquille.*

obtusus. Stipe moelleux, puis creux, *fusiforme*, flexueux, aminci en bas, fragile, *paille*, strié par des fibrilles soyeuses et blanches. Cortine blanche très fugace. Peridium campanulé (0m 02-4), très mince, glabre, *strié* au bord, *brun rouillé*, puis *fauve* et *ocracé*, *paille jonquille* dans la variété *gracilis*. Lamelles adnées, ventrues, larges, réunies par des veines, crème incarnat, puis nankin clair. Spore pruniforme (0mm 008-9), grenelée, crème ocracé.

Fr. Epic., p. 313. Ic., t. 163, f. 3. Quél, Grev., t. 129, f. 1 (*gracilis*).

Eté-automne. — En troupe dans les forêts ombragées. Ressemble à *acutus*.

fulvescens. Stipe plein, fluet, flexueux, tendre, *crème* ou *paille*, ainsi que la cortine. Peridium convexe (0m 02), très mince, à la fin *fibrilleux*, *fauve briqueté* avec un mamelon pointu plus foncé. Lamelles adnées, minces, crème incarnat, puis cannelle safrané. Spore en amande (0mm 012), finement aculéolée et fauve.

Fr. Epic., p. 311. Quél. Grev., t. 116, f. 2.

Automne. — Dans les forêts moussues de pins.

scandens. Stipe fistuleux, fluet, flexueux, *fibrillosoyeux*, *pulvérulent* au sommet, *citrin* pâle, *blanchissant*. Cortine blanche. Peridium campanulé (0m 02-3), mamelonné, mince, striolé, *fauve*, puis *couleur de miel* et brillant, orné d'une *frange soyeuse* et *blanche*. Lamelles adnées, uncinées, ténues, crème jonquille, puis nankin ou souci. Spore pruniforme (0mm 008), jonquille.

Fr. Epic., p. 312. Ic., t. 163, f. 1. Quél. Grev., t. 128, f. 4.

Automne. — Groupé près des souches dans les sapinières

du Jura. Il ressemble à *obtusus* qui est plus petit et de couleur moins vive.

saniosus. Stipe grêle, flexueux, fibrocharnu, fibrillosoyeux, jonquille, puis fauve. Peridium campanulé (0m 015-25), mince, mamelonné, flexueux, fauve, couvert de *fibrilles jaunes*. Chair jonquille, souci à la base du stipe, vireuse. Lamelles adnées, ventrues, jaunâtres, puis cannelle. Spore pruniforme (0mm 008-9), guttulée, fauve.

Fr. Epic., p. 313. Ic., t. 163, f. 2.

Automne. — Dans les bois gramineux du littoral de l'ouest de la France.

acutus. Stipe fistuleux, *fluet*, flexueux, fibrilleux, strié, crème ou paille. Cortine blanche. Peridium conique (0m 01-2), puis étalé avec un *mamelon pointu, strié* du sommet au bord, satiné, blond jonquille ou couleur de miel, puis paille ou crème blanchissant et luisant. Lamelles adnées, étroites, minces, crème ocracé, puis nankin. Spore pruniforme allongée (0mm 01), ocracée.

Pers. Syn., p. 316. Quél. Grev., t. 112, f. 5.

fasciatus. Stipe crème paille, *strié* de *fibrilles rousses* ou *brunâtres*. Peridium conique (0m 01-2), *brun clair*, puis *argileux*, avec un mamelon pointu et *brun* ou *bistre*. Lamelles adnées sinuées, ténues, étroites, crème ocracé, puis nankin rouillé.

Fr. Epic., p. 315. Quél. Grev., t. 114, f. 5.

Eté-automne. — En troupe ou fasciculé dans les forêts moussues de conifères.

milvinus. Stipe moelleux, fistuleux, fissile, grêle, ondulé, *crème*, puis *brunâtre*, *taché* de *blanc* par des fibrilles soyeuses. Peridium campanulé (0m 02), avec mamelon élevé, très mince, *strié* jusqu'au milieu, *olive chamois*, puis gris jonquille, *orné* d'une *frange floconneuse* et *blanche*. Lamelles adnées ou uncinées, minces, veinées à la base, *olivâtres*, puis rouillées. Spore pruniforme (0mm 008-9), finement aculéolée et fauve.

Fr. Epic., p. 314. Quél. Grev., t. 114, f. 6.

Automne. — Dans les forêts moussues et les bruyères.

II. **Telamonia**, Fr.

Peridium humide, hygrophane, *glabre* ou couvert des *fibrilles blanchâtres* d'un voile distinct. Chair mince, au moins dans la marge, scissile. Stipe muni d'une *cortine* et d'un *anneau* ou *gaine floconneux*.

A. Platyphylli, Fr.

Lamelles *très larges*, assez *épaisses*, plus ou moins *espacées*. Stipe spongieux ou fibreux.

a. *Stipe et cortine blancs ou blanchâtres.*

macropus. Stipe plein, long, ventru, *tendre*, blanchâtre, recouvert d'une cortine *annulaire*, fibrillosoyeuse et blanche. Peridium convexe (0m 06-9), puis plan et infléchi, charnu, hygrophane, *fauve souci* sous de fines *mèches soyeuses* ou aranéeuses et *blanches*. Chair molle, blanche, puis grisâtre. Lamelles sinuées, larges, espacées, entières ou crénelées, crème puis chamois avec une bordure jaunâtre. Spore pruniforme (0mm 008), finement aculéolée, ocre pâle.

Pers. Syn., p. 275. *testaceocanescens*, Weinm. Ross., p. 147.

Automne. — En troupe dans les bois de conifères sablonneux. Jura, Vosges.

laniger. Stipe long et épais, fibrocharnu, blanc, orné d'un *anneau* et de *bourrelets floconneux blanc de neige*. Peridium hémisphérique (0m 1), charnu, aminci au bord, jonquille ou souci, *moucheté* de *mèches laineuses* et *blanches*. Chair molle, blanche et odorante. Lamelles sinuées ou adnées, veinées en travers, *fauve safrané*, puis rouillées. Spore pruniforme (0mm01-11), pointillée, ocre fauve.

Fr. Epic., p. 292. Ic., t. 156, f. 2.

Automne. — Dans les forêts de sapins ombragées des Vosges.

bivelus. Stipe charnu spongieux, épais, ovoïde à la base, villeux fibrilleux, avec un *anneau floconneux* et fugace, *blanc* ainsi que la cortine. Peridium convexe (0m 12), charnu, *glabre* ou *soyeux* et finement *peluché* au bord, *fauve briqueté* ou *rouillé*, souvent tacheté. Chair molle, humide, douce, odeur agréable. Lamelles adnées, uncinées, jonquille ocracé, puis fauve cannelle. Spore pruniforme (0mm 009), pointillée, ocracée.

Fr. Epic., p. 292. Ic., t. 156, f. 1. Quél. Grev., t. 111, f. 7.

Automne. — Dans les forêts ombragées, bouleaux, sapins. Vosges. Peu différent de *laniger*.

bulbosus. Peridium brun briqueté. Stipe bulbeux, floconneux et blanc.

Sow. Eng. fung., t. 130. Fr. Epic., p. 292.

Paraît être la même espèce que *bivelus*.

glandicolor. Stipe spongieux, puis creux, grêle, raide, ondulé. fibrillostriolé, *bistré* ou *brunâtre*, avec une cortine et un anneau floconneux et *blancs*. Peridium mince, campanulé, conique (0m 02-3), glabre, strié, brun fauve *grisonnant*, puis chamois ou isabelle, *parsemé* de *fines* et *courtes fibrilles blanches*. Chair mince, concolore. Lamelles adnées, *espacées*, épaisses, larges, crème ocracé, puis brunâtres. Spore ovoïde pruniforme (0mm 01), aculéolée et fauve.

Fr. Epic., p. 298.

Automne. — En troupe dans les bois secs du Jura. Il est plus grêle que *brunneus* auquel il ressemble.

urbicus. Stipe plein, épaissi en bas, tendre, finement *villeux* au-dessus d'un *bourrelet floconneux* et *blanc*, floconneux fibrilleux au-dessous et blanc de lait. Peridium campanulé convexe (0m 03-5), charnu, pruineux, *jonquille ocracé* mat, avec la *bordure blanche*. Chair mince, tendre, sapide, blanc de lait. Lamelles sinuées, adnées, crème jonquille, puis ocracées. Spore pruniforme (0mm 008), pointillée et ocracée.

Fr. Epic., p. 293. Quél. Grev., t. 111, f. 8.

Automne. — En troupe dans les forêts moussues. Vosges.

licinipes. Stipe plein, puis creux, grêle et long, flexueux, *glabre* au-dessus d'un bourrelet floconneux et *blanc*, plumeux ou floconneux, *blanc crème*. Peridium campanulé, puis mamelonné aplani (0m 02-3), glabre et *blond*. Chair mince, hygrophane. Lamelles adnées, très larges en arrière, jonquille paille, puis ocracées fauves.

Fr. Epic., p. 293. Bull., t. 600, f. X. W. T.

Automne. — En troupe dans les forêts de sapins des montagnes.

b. *Stipe et lamelles violacés ou lilacins. Cortine ordinairement lilacine avec un voile blanc.*

torvus. Stipe charnu, épais, ovoïde bulbeux, puis allongé, satiné et *lilacin* en haut, couvert d'un épais *voile floconneux, annulaire* et *blanc*. Peridium hémisphérique, puis étalé (0m 1-25), charnu, un peu glutineux, bai, roux ou brun cuivré, *tacheté* de *blanc* par les restes du voile et fortement *ridé cannelé* au bord. Chair ferme, odorante, sapide, teintée de lilas, puis blanche. Lamelles sinuées adnées, érodées, *lilacin* pâle, puis ocre rouillé. Spore pruniforme fusiforme (0mm 015), grenelée et fauve.

Fr. Epic., p. 293. Ic., t. 157, f. 1. Kalch. Ic., t. 21, f. 1. *variicolor*, Fr. Ic., t. 144, f. 1.

Eté-automne. — En cercle dans les forêts feuillées et ombragées. C'est le plus grand de nos *Cortinarius*.

impennis. Stipe plein, épais, épaissi en bas, soyeux et *améthyste* au sommet; voile *floconneux* et *blanc*, formant un *anneau membraneux*. Peridium convexe (0m 1-15), *ocracé incarnat* ou blond briqueté, *voilé* de *fines fibrilles blanches;* marge très soyeuse et blanche au bord. Chair ferme, sapide, purpuracée, puis briquetée. Lamelles sinuées, *améthyste*, puis rouillées. Spore ovoïde (0mm 01), finement aculéolée, fauve rougeâtre.

Fr. Epic., p. 293. Ic., t. 157, f. 2. Quél. Grev., t. 112, f. 3.

Eté-automne. — Dans les forêts ombragées de hêtres. Il ressemble à *macropus*.

brunneus. Stipe spongieux, épaissi en bas, blanchâtre, *bistré*, *strié* par des *fibrilles blanches;* anneau étroit, floconneux membraneux et blanc. Peridium convexe (0m 1), charnu, fibrilleux, *brun foncé*. Chair humide, brunâtre. Lamelles adnées, sinuées, larges, espacées, *purpuracées*, puis rouillées. Spore ovoïde (0mm 01), grenelée et fauve.

Pers. Syn., p. 274. Fr. Epic., p. 298. Quél. Grev., t. 113, f. 2.

Eté-automne. — Dans les forêts de conifères.

plumiger. Stipe plein, tendre, *pubescent* au sommet, orné d'un *anneau* et de plusieurs *zones pelucheux*, *blanc*, puis teinté de citrin. Peridium convexe (0m 06-8), *mamelonné*, chamois, couvert de *mèches* légères, *soyeuses* et *blanches*. Chair dure, fétide, *blanche* ou *lilacine*, puis *souci*. Lamelles sinuées uncinées, améthyste ou lilacines, puis cannelle avec l'arête denticulée et lilacine. Spore en amande (0mm 013-15), aculéolée et fauve.

Fr. Epic., p. 294. Quél. Grev., t. 112, f. 1.

Automne. — Dans les forêts des collines calcaires. Jura.

scutulatus. Stipe plein, allongé, fragile, un peu bulbeux, fibrillostrié et glabre en haut, *violacé*, *fibrillé floconneux* au-dessous d'un étroit *anneau membraneux*. Peridium campanulé (0m 03-4), charnu, fibrillé soyeux, bai, roux, grisonnant. Chair ferme, odeur de radis et *violette*. Lamelles adnées espacées, *lilacines*, puis violettes et rouillées. Spore pruniforme (0mm 012), ocre fauve.

Fr. Epic., p. 294. Ic., t. 158, f. 2. Quél. Grev., t. 112, f. 2.

Eté-automne. — En troupe dans les forêts ombragées.

evernius. Stipe mou, violacé sous un voile floconneux blanc ; anneau floconneux. Peridium bai purpurin, puis briqueté grisonnant. Lamelles très larges, violet pourpre.

Fr. Epic., p. 294. Luc. Champ., t. 191.

Eté-automne. — Dans les forêts humides et montagneuses.

c. *Stipe et voile jaunes, orangé rouge. Lamelles jaunes ou fauves.*

hæmatochelis. Stipe plein, *ovoïde bulbeux*, allongé, fibrilleux, *blanc*, puis crème fauve, *orné*, au milieu, de *zones soyeuses couleur* de *feu*. Cortine jonquille. Peridium campanulé, puis convexe (0m 06-12), charnu, *peluché*, *ocracé*, *fauve safrané*, puis briqueté et brun. Chair spongieuse, crème ocracé, douce. Lamelles sinuées adnées, larges, crème jonquille, puis souci et brunes. Spore pruniforme (0mm 012), fauve doré.

Bull., t. 527, f. 1. Paul., t. 111. *croceofulvus*, De Cand. Fl. fr. V., p. 49. *armillatus*, Fr. Ic., t. 158, f. 1.

paragaudis. Stipe *crème aurore* dans le bas, tacheté au milieu de flocons soyeux et *rouges*. Cortine blanchâtre. Peridium *bai* purpuracé, puis chamois ou blond.

Fr. Epic., p. 295.

Eté-automne. — En troupe dans les forêts humides ou tourbeuses. Comestible ?

limonius. Stipe charnu, subradicant, crème jonquille, recouvert de *fibrilles safranées* ou *orangées*, pruineux au-dessus d'un bourrelet annulaire. Cortine légère, sulfurine. Peridium convexe (0m 06-9), charnu, *jonquille doré*, parsemé de *fibrilles orangées*, sanguines par le froissement. Chair ferme, douce, inodore, crème ou citrine, *safranée* par la dessiccation. Lamelles adnées uncinées, étroites, crème incarnat, puis souci fauve. Spore pruniforme (0mm 008), guttulée, jonquille fauve.

Fr. Epic., p. 296. Ic., t. 159, f. 1. Holmsk. Ot., II, t. 40.

Eté-automne. — Dans les bois de sapins montagneux. Plus gros et moins rouge que *bolaris*.

brunneofulvus. Stipe fibrocharnu, *fibrillostrié*, brun clair ou roux avec la base épaissie, villeuse et blanche. Cortine fauve et fugace. Peridium convexe (0m 05-7), mince, finement *rayé* par des *fibrilles innées*, *brun roux* avec une bordure étroite, fauve clair. Chair blanche, fauve ocracé au bord. Lamelles sinuées, *larges*, ocracées puis brun safrané. Spore en amande (0mm 01), finement grenelée et fauve.

Fr. Epic., p. 298.

Fin-automne. — Dans les forêts de sapins moussues.

punctatus. Stipe grêle, tenace, ondulé, fibrilleux, *souci*, soyeux et fauve en haut, orné, plus bas, de bourrelets floconneux d'un fauve brun, avec une cortine fauve, cotonneux et blanc à la base. Peridium campanulé convexe (0m 01-2), mince, glabre, *brun* grisonnant, puis chamois. Chair humide, tenace, fauve, vireuse. Lamelles adnées, sinuées, espacées, ventrues, fauve rouillé. Spore pruniforme (0mm 008-11), ocracée.

Pers. Syn., p. 274. Fr. S. M., p. 213.

Dans les forêts arénacées. Vosges, Gironde.

arenarius[1]. Stipe fibrospongieux, puis creux, *radicant* par une touffe de fibrilles, jonquille et satiné en haut, avec un *voile fibrilleux* et un bourrelet floconneux *sulfurins*. Peridium campanulé (0m 05-6), chamois fuligineux, pruineux; marge soyeuse et jonquille. Chair molle, douce et sulfurine. Lamelles adnées, uncinées, arquées, jonquille, puis brun pâle avec l'arête ocracée. Spore pruniforme (0mm 008), roux fauve.

Quél. Soc. bot., 1878, p. 288. Grev., t. 128, f. 2.

Automne. — Cespiteux sous les pins maritimes, dans les dunes de l'ouest de la France.

hinnuleus. Stipe plein, raide, fibrillosoyeux, blanc de lait, puis ocracé; anneau *submembraneux* et *blanc*. Peridium campanulé (0m 03-6), *mamelonné*, fibrillé soyeux, uni, ocracé pâle, puis fauve; marge soyeuse et blanchâtre. Chair crème, puis ocracée, un peu âcre, odeur forte. Lamelles adnées, émarginées, larges, *espacées*, crème ocracé, puis nankin ou rouillées. Spore ovoïde (0mm 008), grenelée, jaune fauve.

Sow., t. 173. Fr. Epic., p. 296. Quél. Grev., t. 113, f. 1 (minor). Luc. Champ., t. 163. *helvolus*, Pers. Syn., p. 273.

Eté-automne. — En troupe dans les forêts et dans les prés.

gentilis. Stipe fibrocharnu, fluet, flexueux, fibrilleux, satiné,

[1] Aucune espèce affine n'a été décrite par Fries; *renidens*, Ic., t. 162, f. 1. s'en rapproche par la couleur ainsi que *zinziberatus*.

jaune souci, orné, au milieu, de *deux zones* en zigzag, *soyeuses* et *sulfurines*, villeux et blanc à la base. Peridium campanulé, puis étalé (0m 02-3), avec un *mamelon pointu*, mince, *fissile*, fibrillé soyeux, *jaune souci* fauve ou légèrement safrané. Chair très mince, concolore. Lamelles adnées, jonquille, puis *fauve safrané*. Spore ovoïde pruniforme (0mm 008), grenelée, fauve doré.

Fr. Epic., p. 297. Ic., t. 159, f. 2.

Automne. — Parmi les grandes mousses des forêts de sapins tourbeuses. Jura.

B. Leptophylli, Fr.

Lamelles *étroites*, *minces*, plus ou moins serrées. Peridium mince. Stipe cortiqué à moelle molle ou creux.

a. *Stipe glabre, blanc ou jaune pâle.*

fallax. Stipe grêle, flexueux, soyeux, *blanc crème*, satiné et *lilacin* pâle au-dessus d'un anneau étroit, *blanc* et fugace, Peridium campanulé convexe (0m 01-15), *jonquille ocracé*, puis crème ocracé. Chair ténue et blanche. Lamelles adnées, ventrues, *crème*, puis *ocracées*. Spore ovoïde pruniforme (0mm 008), pointillée, paille.

Quél. Soc. bot. 1878, p. 289. Grev. t. 128, f. 6.

Automne. — En troupe dans les forêts du Jura. Il ressemble à *scandens*.

b. *Stipe violeté ou lilacin.*

flexipes. Stipe fluet, flexueux, floconneux fibrilleux, *satiné* et *violacé* en haut, *blanc*, violeté, ainsi que l'anneau étroit et membraneux. Peridium campanulé (0m 02-3), *pointu*, mince, *brun fauve* clair, *rayé* par des *fibrilles blanches*. Lamelles adnées; larges, violacées, puis violet bai et enfin brunes avec l'arête blanche. Spore ovoïde (0mm 008), finement aculéolée et fauve.

Fr. Epic., p. 300. Quél. Grev., t. 113, f. 3.

Eté-automne. — En troupe dans les forêts de la plaine; très variable.

periscelis. Stipe fistuleux, *violeté*, orné de zones circulaires *fibrilleuses* et blanches. Peridium campanulé (0m 02-3), mamelonné, mince, *violacé*, fauve au sommet, couvert de fibrilles soyeuses et blanches. Lamelles adnées, serrées, étroites, violacées, puis fauve rouillé. Spore pruniforme (0mm 01), guttulée, fauve.

Fr. Epic., p. 300.

Automne. — Dans les forêts marécageuses de la plaine.

ianthipes. Stipe grêle, plein, satiné, d'un beau *lilas azuré*, *blanc* et villeux à la base. Anneau floconneux soyeux et *blanc*. Cortine fauve et fugace. Peridium campanulé (0m 01-2), mamelonné, soyeux, *brun* ou *fauve* avec une bordure soyeuse et blanche. Lamelles adnées, *lilacines*, puis violet brun. Spore pruniforme (0mm 008), fauve.

Sec. Myc., nº 298. Quél. Grev., t. 113, f. 7.

Automne. — Dans la mousse des arbres des forêts ombragées. Jura, Vosges.

bibulus. Stipe grêle, à peine fistuleux, fragile, fibrilleux, satiné, *cendré lilacin*, orné d'une *guirlande spirale*, floconneuse et *blanche*. Peridium ellipsoïde, puis campanulé (0m 015), bosselé avec un large sillon au bord, *fibrillé soyeux*, gris violacé, puis bistre. Chair mince, très humide, concolore. Lamelles sinuées, veinées en travers, souvent anastomosées, *violet* noirâtre, puis brunes. Spore pruniforme (0mm 01), fauve.

Quél. As. fr. 1880, t. 8, f. 7.

Automne. — En fascicules dans les forêts humides des montagnes. Jura, Vosges.

c. *Peridium et stipe fauves ou rouillés.*

incisus. Stipe fibrocharnu, grêle, flexueux, fibrillé floconneux, *ocracé* ou *fauve*, avec un anneau *floconneux blanc*. Peridium campanulé (0m 02-4), plus ou moins *pointu*, mince, satiné, puis fendillé, *souci* ou *fauve rouillé*, plus rarement brun ou olivâtre. Chair acidule, concolore. Lamelles adnées, espacées, jonquille, puis nankin. Spore pruniforme (0mm 01), jonquille ocracé.

Pers. Syn., p. 310 ? Fr. Ic., t. 160, f. 1. *psammocephalus*, Bull., t. 586, f. 2.

Eté-automne. — Groupé dans les forêts de pins humides ou tourbeuses.

ileopodius. Stipe plein, fluet, flexueux, fibrillé soyeux, annulé, *blanc*. Peridium conique, puis ouvert (0m 03-5), mince, cannelle, fauve clair ou blond, sous des fibrilles soyeuses et blanches, pâlissant et luisant par le sec. Chair mince, *fauve*.

safranée dans le stipe. Lamelles adnées, minces, ocracées, puis brunes. Spore pruniforme (0mm 008), fauve.

Bull., t. 586, f. 2, A. B., 578, 592. Fr. Epic., p. 301.

Eté-automne. — En troupe dans les forêts feuillées; très protéique.

Cookei. Petit, *fauve souci*, vêtu d'un voile laineux plus clair et brillant. Stipe fluet, flexueux, plein, orné de *bourrelets* superposés, *floconneux*. Peridium mamelonné campanulé (0m 01-2), mince, couvert de *fibrilles*. Lamelles adnées, *violacées*, puis bai violet et rouillées, avec un liséré *floconneux* et *blanc*. Spore pruniforme (0mm 007), fauve brun.

Quél. Soc. bot. 1878., p. 288. Grev., t. 128, f. 3.

Eté. — Cespiteux dans les forêts marécageuses. Vosges, Alsace. Est peut-être une variété de *helvelloides*.

d. *Stipe peluché ou floconneux, brun ou bistre comme le peridium.*

rigidus. Stipe plein, puis creux, flexueux, *fauve* ou *brunâtre*, *rayé* de *fibrilles blanches*. Anneau membraneux et blanc. Peridium campanulé (0m 02-4), mamelonné, *bai cannelle*, avec la marge couverte d'un *voile soyeux* et *blanc*, puis striée et pellucide. Chair douce, odorante, concolore. Lamelles adnées, larges, crème argileux puis cannelle. Spore ovoïde pruniforme (0mm 008), grenelée et fauve cannelle.

Scop. Carn. II., p. 456. Fr. Epic., p. 302. Quél. Grev., t. 113, f. 4.

stemmatus. Stipe allongé, orné de 2 à 4 *bourrelets floconneux* et *blancs*.

Fr. Mon. II., p. 89. Ic., t. 160, f. 3.

Automne. — En troupe dans les forêts humides de bouleaux et de pins.

hemitrichus. Stipe creux, grêle, *brunâtre*, couvert de *flocons blancs* et muni d'un *anneau submembraneux* et *blanc*. Peridium campanulé convexe (0m 04-6), plus ou moins mamelonné, *bai* ou *brun*, pâlissant, orné, au bord, de jolis *frisons fibrilleux* et *blancs*, fugaces en temps de pluie. Lamelles sinuées, serrées, larges, *améthyste* argileux, puis cannelle. Spore ovoïde (0mm 006-7), grenelée et fauve.

Pers. Syn., p. 296. Fr. Ic., t. 160, f. 2. Luc. Champ., t. 164.

Automne. — Dans les forêts ombragées d'aunes et de bouleaux. Il ressemble à *rigidus*.

paleaceus. Stipe fistuleux, fluet, un peu tenace, blanchâtre ou chamois, *lilacin* au sommet, *zoné* par des *flocons blancs*. Anneau fibrillé floconneux et blanc. Peridium campanulé (0m 01-3), mamelonné, puis aplani, *brun*, puis *chamois*, hygrophane, couvert de *fibrilles* fines, *retroussées* et *blanches*. Lamelles sinuées adnées, minces, *crème*, puis café au lait. Spore pruniforme allongée (0mm 008), aculéolée, crème fauve.

Weinm. Ross., n° 296. Fr. Ic., t. 160, f. 4. Quél. Grev., t. 113, f. 5, 114, f. 4.

Automne. — En troupe dans les forêts de toute région.

penicillatus. Stipe fistuleux, grêle, fragile, *ocracé*, couvert de zones *floconneuses* et *brunes*, nu et jaunâtre au sommet. Peridium campanulé (0m 02-3), mince, *peluché fibrilleux*, fauve bistré. Chair jaunâtre. Lamelles adnées, uncinées, *crème ocracé*, puis brunes. Spore pruniforme (0mm 007-8), finement grenelée et fauve.

Fr. Epic., p. 283.

Automne. — En troupe dans les bois siliceux humides. Normandie, Vosges.

III. **Inoloma**, Quél.

Voile simple. Cuticule *floconneuse*, *fibrilleuse*, *soyeuse*, *veloutée* ou *pubescente*, plus ou moins glabrescente à la maturité.

a. *Lamelles d'abord blanches ou jaunâtres.*

opimus. Stipe court et épais (0m 02), blanc crème, enveloppé d'une *épaisse cortine blanche*. Peridium convexe (0m 1), *cotonneux*, peluché, *aréolé* au milieu, café au lait pâle, pruineux et *blanc* au bord. Chair ferme, blanc crème, sapide et douce. Lamelles sinuées, flexueuses, *crème*, puis *ocrées*. Spore en amande (0mm 01), finement aculéolée, ocre.

Fr. Epic., p. 278. Ic., t. 151, f. 1.

Automne. — En troupe dans les forêts de conifères, épicéas. Vosges.

argutus. Stipe épais, napiforme radicant, *floconneux*, *blanc*, puis *jonquille*. Peridium campanulé, puis étalé (0m 1), soyeux ou floconneux, ocre pâle avec la marge *satinée* et *blanche*. Chair *dure*, acidule, blanche, roussissant à l'air. Lamelles adnées, fermes, blanches, puis argileuses. Spore pruniforme (0mm 01), aculéolée et fauve.

Fr. Epic., p. 278. Ic., t. 151, f. 2.

Automne. — Dans les forêts sablonneuses des Vosges.

turgidus. Stipe plein, épais, *dur*, bulbeux, strié, *fendillé*, glabre, blanc argenté. Cortine fugace et blanche. Peridium convexe (0m 1), compacte, pruineux micacé, *blanc* teinté d'argileux et brillant; marge soyeuse et blanche. Chair ferme, blanche et sapide. Lamelles émarginées, serrées, étroites, denticulées, *blanc bleuâtre*, puis argile pâle. Spore pruniforme (0mm 01), ocracée.

Fr. Epic., p. 278. Quél. Grev., t. 109, f. 1.

Eté. — En troupe dans les forêts montueuses. Comestible.

argentatus. Stipe épais, plein, ovoïde bulbeux, puis allongé, glabre et *blanc*. Cortine formant parfois un bourrelet blanc sur le bulbe. Peridium convexe (0m 1), fibrillé soyeux, satiné, *blanc*, puis *argenté*, d'un lilas azuré et fugace sur la marge. Chair épaisse, tendre, blanc roussâtre, douce, odeur de mirabelle. Lamelles émarginées, crème, puis chamois, avec l'arête crénelée et blanche. Spore ovoïde pruniforme (0mm 01-11), aculéolée, crème ocré.

Pers. Syn., p. 286 ? Fr. Epic., p. 279. Kromb., t. 2, f. 27.

Automne. — En cercle dans les bois pierreux des collines du Jura. Il ressemble à *alboviolaceus*, mais il est beaucoup plus épais.

ochroleucus. Stipe plein, ferme, épais, ventru, glabre et *blanc*, ainsi que la cortine fibrilleuse. Peridium campanulé convexe (0m 06-8), finement *soyeux*, puis glabrescent, *blanc crème*, plus ocré au milieu. Chair ferme, blanche, amère. Lamelles sinuées, puis libres, élargies en arrière, serrées, crème ocré, puis argileuses. Spore pruniforme.

Schæf. Ic., t. 54. Fr. Epic., p. 284. Brig., t. 31, f. 1-4.

Automne. — Cespiteux dans les forêts feuillées. Il ressemble à *sebaceus*.

decumbens. Stipe *creux* à la base, recourbé, grêle, farineux au sommet, d'un *blanc brillant*. Cortine satinée et blanche. Peridium convexe (0m 03-4), bosselé, ferme, soyeux, blanc, puis *taché* de *jonquille* et luisant. Chair blanche, acidule, faiblement amère. Lamelles adnées, ventrues, blanc crème, puis ocre jonquille. Spore ovoïde pruniforme (0mm 008), *citrine*.

Pers. Syn., p. 286. Fr. Obs. II., p. 49. Quél. Grev., t. 127, f. 3.

Automne. — Cespiteux ou en troupe dans les bois de conifères. Jura. Ressemble à *cristallinus*.

camurus. Stipe creux, allongé, flexueux ou tortu, *luisant argenté* au sommet, fibrilleux et *blanc*, même en dedans. Peridium campanulé (0m 05-8), souvent oblique, presque membraneux avec un mamelon charnu et obtus, glabrescent, souvent crevassé fendillé, brunâtre grisonnant, prenant une *teinte jonquille* avec le centre obscur. Chair très fragile, *blanche*, un peu vireuse. Lamelles adnées ou sinuées, minces, larges, gris argileux, puis cannelle, presque brunes.

Fr. Epic., p. 285, Ic., t. 154, f. 1. Bull., t. 431, f. 4 (trop ombrée).

Automne. — Groupé dans les bois de hêtres des hautes Vosges.

b. *Lamelles, cortine et stipe améthyste, violacés ou lilacins.*

violaceus. Stipe spongieux, robuste, bulbeux, tomenteux, puis fibrilleux, *violet*. Cortine laineuse, lilacine azurée. Peridium convexe (0m 1-15), régulier, *velouté*, puis *peluché*, d'un *violet foncé*. Chair molle, sapide, violette. Lamelles sinuées adnées, espacées, réunies par des veines, *violet foncé*, puis bai rouillé. Spore pruniforme (0mm 013), aculéolée et fauve.

Linn. Suec., nº 1226. Fr. Sv. sv., t. 58. *hercynicus*, Pers. Syn., p. 278.

Eté-automne. — Dans les forêts ombragées de la plaine, hêtres, bouleaux. Comestible ?

violaceocinereus. Stipe épais, bulbeux, fibrilleux, strié, *lilacin* pâlissant, *violet* au sommet sous une *pruine blanche*. Cortine fibrilleuse, blanchâtre. Peridium convexe (0m 06-8), soyeux, *lilacin grisâtre*, puis *pointillé* de *flocons granulés gris* ou *fauves*. Chair humide, sapide, *lilacine*, puis *blanche*, *rosée* dans le bulbe. Lamelles sinuées adnées, larges, gris lilacin, puis cannelle, bordées de violet. Spore pruniforme (0mm 008-9), rousse.

Pers. Syn., p. 279. *violaceus*, Schæf., t. 3.

Eté-automne. — Dans les forêts mêlées et montagneuses. Jura. Comestible.

amethystinus. Stipe très épais, ovoïde à la base, *tendre*, *lilacin*, vêtu d'un fourreau soyeux et blanc. Cortine soyeuse et blanche. Peridium convexe (0m 1), charnu, *lilacin azuré* puis *améthyste*, couvert d'un voile soyeux et blanc, puis fauve au sommet. Chair humide, lilacine, puis incarnat fauve ou rouillée, fétide, corne brûlée, odeur de bouc. Lamelles sinuées, lilacines, puis fauves. Spore pruniforme (0mm 009), finement pointillée, fauve.

Schæf. Ic., t. 56. *traganus*, Fr. Quél. Grev., t. 116, f. 3. *hircinus*, Bolt., t. 52. *camphoratus*, Fr.? (chair de la base blanche). Ic., t. 152, f. 2.

Automne. — En troupe dans les bois de conifères des montagnes. Alpes, Jura, Vosges. Suspect.

malachius. Stipe tendre, à bulbe *globuleux* et légèrement marginé, lilacin blanchissant, *strié* par des fibrilles violacées. Cortine légère, violacée. Peridium convexe (0m 1), plan, charnu, *lilacin*, *rayé* de *fibrilles blanches*. Chair molle, humide, violacée, puis blanche, inodore. Lamelles émarginées, serrées, d'un beau *lilas violeté*, puis rouillées. Spore pruniforme (0mm 01-15), allongée, fauve.

Fr. Epic., p. 280.

Automne. — Dans les forêts de pins en Normandie. Il a le bulbe d'un *scaurus*.

alboviolaceus. Stipe plein, grêle, aminci en haut, villeux, *blanc*, teinté de lilacin, souvent couvert d'un *voile* soyeux et *blanc*. Peridium convexe (0m 03-8), souvent mamelonné, *blanc*, *lilacin*, fibrillé soyeux et brillant. Lamelles adnées, un peu dentelées, d'un *lilas grisonnant*, puis ocre fauve. Spore pruniforme (0mm 01), pointillée et fauve.

Pers. Syn., p. 286. Fr. Ic., t. 151, f. 3.

Automne. — Dans les forêts sablonneuses. Environs de Paris, Normandie, Vosges.

cyanites. Stipe épaissi, napiforme à la base, fibrilleux, *bleuâtre*, lilacin au toucher. Peridium convexe (0m 1-12), fibrillosoyeux, *blanc azuré*, *lilacin*. Chair blanc azuré, *rougissant* à l'air; *suc vineux*. Lamelles sinuées, azurées lilacines ou grisâtres.

Fr. Ic. sel., t. 152, f. 1.

Automne. — Dans les forêts ombragées et humides de hêtres. Variété luxuriante.

albocyaneus. Stipe fibrocharnu, grêle, rigide, claviforme, *fibrillé strié*, *blanc* ainsi que la cortine très fugace. Peridium campanulé convexe (0m 02-3), *soyeux*, puis glabre, *blanc*, puis *jonquille* pâle. Chair tendre, blanche, odeur de pomme. Lamelles adnées, sinuées, *améthyste* clair, puis nankin. Spore pruniforme (0mm 01), finement aculéolée, fauve.

Fr. Mon. II., p. 62. *incurvus*, Pers. Ic. et Desc., t. 7, f. 5.

Automne. — Dans les forêts de conifères. Saintonge, environs de Paris, Vosges.

azureus. Stipe plein, fragile, soyeux, strié, *azuré lilacin* comme la cortine. Peridium convexe campanulé (0m 03-6), pruineux micacé, fibrillé soyeux au bord, d'un *lilacin bleuâtre*, puis ocre fauve. Chair tendre, sapide, *blanche*, *azurée* dans le stipe. Lamelles sinuées adnées, *lilacines* grisâtres, puis rouillées. Spore ovoïde (0mm 01), finement aculéolée et fauve.

Fr. Epic., p. 286. Quél. Jur. I., t. 24, f. 4.

anomalus. Stipe fibrilleux ou légèrement floconneux, *violeté lilacin*, puis *paille*. Peridium *roux fuligineux*, grisonnant sous des fibrilles soyeuses, blanchâtres et fugaces.

Fr. Epic., p. 286. Ic., t. 154, f. 2. Bull., t. 431, f. 2.

caninus. Stipe claviforme bulbeux, fibrilleux, *ocracé* en bas. Peridium *roux briqueté*.

Fr. Epic., p. 286. Bull., t. 544, f. 1. Quél. Grev., t. 110, f. 1.

Été-automne. — Abondant dans les forêts de toutes les régions. Comestible.

myrtillinus. Stipe grêle, subfistuleux, légèrement bulbeux, soyeux, *blanc*, *rayé de fibrilles lilacines* rares. Peridium convexe (0m 03), *bistre*, *teinté* de *lilas* et blanchissant sous des *fibrilles soyeuses et blanches*. Chair sapide, blanche. Lamelles *lilacines*, puis violettes et rouillées, avec une bordure denticulée et blanche. Spore ellipsoïde oblongue (0mm 01), jonquille fauve.

Fr. Epic., p. 285. Quél. Grev., t. 110, f. 2.

Automne. — Cespiteux dans les bois ombragés, bouleaux. Il a l'aspect des *Gyr. nuda* et *sordida*.

Lebretonii. Stipe plein, bulbeux radicant, satiné, *blanc lilacin*, jaunissant à la base, parsemé, ainsi que la marge du peridium, de *petits flocons larmoyants et safranés*. Cortine blanche formant un léger anneau ou des franges au bord de la marge. Peridium convexe (0m 03-5), charnu, un peu visqueux, soyeux sur la marge, blanc lilacin, puis chamois pâle. Chair ferme, lilacine, blanchissant. Lamelles sinuées, ondulées, améthyste lilacin, puis ocracées. Spore ovoïde (0mm 01), grenelée et fauve.

Quél. Soc. sc. n. de Rouen, 1879, no 35, t. 2, f. 5. *spilomeus*, Fr. Ic., t. 154. f. 3 (minores).

Automne. — Dans les bois argilo-siliceux. Normandie, Alsace.

Bulliardi. Stipe plein, fibrilleux, soyeux, *blanc* ou lilacin au sommet, d'un *beau rouge couleur de feu* et rosé. Cortine blanchâtre et fugace. Peridium convexe (0m 04-7), fibrilleux, puis glabrescent, *bai clair* ou roux. Chair ferme, blanchâtre, puis roussâtre. Lamelles sinuées adnées, *rosées* ou *améthyste*, puis rouillées. Spore en amande (0mm 01), bi-ocellée, fauve rougeâtre.

Pers. Syn., p. 289. Bull., t. 431, f. 3. Quél. Jur. I., t. 9, f. 1.

Automne. — Groupé dans les forêts feuillées. Alpes-Maritimes, Jura, Normandie.

pholideus. Stipe plein, épaissi en bas, brunâtre, *zoné de mèches* dressées et brunes. Peridium convexe (0m 05-8), *couvert de petites mèches brunes*. Chair *violacée* comme le haut du stipe, puis brunâtre. Lamelles *violacées*, puis cannelle. Spore pruniforme (0mm 008), fauve.

Fr. Epic., p. 282. Grev., t. 117, f. 1. *lepidomyces*, Alb. et Schw., t. 12, f. 1.

Été-automne. — Dans les forêts sablonneuses. Nord de la France, Alsace, Vosges.

c. *Lamelles et cortine jaunes, safranées, ocracées ou rouges.*

tophaceus. Stipe plein ou creux en haut, bulbeux, *jonquille*, comme la cortine, couvert de flocons fibrilleux, jaune souci. Peridium hémisphérique (0m 1), épais, *jonquille* sous un léger duvet *fibrilleux* et *souci*. Chair molle, blanc jonquille, odeur légère de radis. Lamelles adnées émarginées, espacées, *jonquille*, puis *fauve souci* avec une bordure citrine. Spore ovoïde (0mm 008-9), aculéolée, fauve doré.

Fr. Epic., p. 281. Ic., t. 153, f. 1. Quél. Grev., t. 109, f. 2.

Été-automne. — Dans les forêts montagneuses du Jura et des Vosges. Il ressemble à *limonius*.

bolaris. Stipe plein, satiné au sommet, *blanc*, recouvert de petites mèches dressées, d'un beau *rose safrané* ainsi que la cortine. Peridium convexe (0m 03-6), charnu, soyeux, *blanc*, élégamment moucheté de *flocons rose safrané* ou *rouge feu*. Chair tendre, *blanche*, à la fin âcre et amère, tachée de purpurin. Lamelles adnées arquées, crème jonquille, puis fauve safrané. Spore ovoïde (0mm 006-8), pointillée, jonquille fauve.

Pers. Syn., p. 291. Ic. pict., t. 11, f. 1. Grev., t. 79.

Été-automne. — En groupe dans les forêts sablonneuses humides.

orellanus. Stipe fistuleux, strié, fibrilleux, d'un *rose orangé*, recouvert, ainsi que le peridium, d'une cortine *jonquille*, avec un petit bulbe, villeux et blanc. Peridium campanulé convexe (0m 02-3), soyeux, fibrilleux, *mordoré* et *purpurin*. Chair tendre, jonquille, rosée sous la cuticule, aigrelette, amarescente. Lamelles sinuées adnées, *jonquille*, puis fauve safrané, avec une bordure sulfurine. Spore ellipsoïde pruniforme (0mm 008), jaune fauve.

Fr. Epic., p. 288. Quél. Grev., t. 111, f. 4. *purpureus*, Bull., t. 598?

Eté-automne. — En troupe dans les forêts tourbeuses. Environs de Paris, Touraine, Alsace.

anthracinus. Stipe fistuleux, grêle, *purpurin*, couvert de *fibrilles orangées* ou *couleur de feu*, avec la base jonquille. Peridium campanulé (0m 02-3), mince, fibrilleux, rayé, *bai brun*, rouillé par le sec et rose rouge au bord. Chair succulente, *lilacine*. Lamelles sinuées adnées, *pourpre sanguin*, puis rouillées, avec une bordure rouge feu. Spore pruniforme oblongue (0mm 012-14), souci.

Fr. Epic., p. 288. Quél. Grev., t. 111, f. 1.

Automne. — Dans les forêts arénacées et humides. Environs de Paris, Normandie, Vosges. Intermédiaire entre *orellanus* et *sanguineus*.

sanguineus. Stipe plein, puis fistuleux, grêle, fibrilleux, rayé, *rouge pourpre*, blanc à la base. Cortine purpurine. Peridium convexe (0m 02-3), mamelonné, mince, *peluché* ou *frisé*, *brun clair*, puis *sanguin*. Chair purpurine, pleine d'un suc rouge pourpre. Lamelles adnées, sinuées, d'un beau *rouge sanguin*, puis rouillées. Spore pruniforme (0mm 006-9), fauve.

Wulf. Jacq. Coll., II. t. 15, f. 3. Sow., t. 43. Bolt., t. 36. Quél. Grev., t. 110, f. 5. *santalinus*, Scop.

Automne. — Groupé sur l'humus et les souches de sapin des forêts ombragées. Vosges, Jura.

cinnabarinus. Entièrement d'un *beau rouge* clair et brillant. Stipe plein, grêle, fibrillé satiné. Cortine rose orangé. Peridium campanulé (0m 03-5), mince, fibrillosatiné, rouge orangé clair et brillant. Chair purpurine, odeur de radis. Lamelles adnées, espacées, pourpre sanguin. Spore en amande (0mm 012), fauve.

Fr. Epic., p. 288. Ic., t. 154, f. 4. Bull., t. 598.

Eté-automne. — Dans les forêts feuillées et sablonneuses.

miltinus. Stipe fistuleux, fibrillé strié, dur, *fauve*, rayé par des *fibrilles rouge feu* ou *purpurines*. Cortine purpurine. Peridium convexe (0m 03-6), mamelonné, flexueux, mince, fibrillé satiné, *bai clair*. Chair ferme, fauve purpurin, odeur de radis. Lamelles adnées, *pourpre sanguin*, puis brun rouillé. Spore pruniforme (0mm 008), roux fauve.

Fr. Epic., p. 287. Quél. Grev., t. 110, f. 3. *fuscescens*, Jungh., t. 6, f. 9.

semisanguineus. Peridium soyeux, cannelle ou fauve. Lamelles *pourpre sanguin.* Stipe ocre clair, souci ou fauve.

Brig., t. 30, f. 1-4. Quél. Grev., t. 111, f. 2.

Eté-automne. — En troupe dans les forêts sablonneuses.

malicorius. Stipe fluet, fibrocharnu, puis creux, renflé à la base, soyeux, strié, jonquille, *rayé* et *zoné* par des *fibrilles purpurines* ou *rouge feu.* Peridium campanulé (0m 03-5), mamelonné, mince, *satiné*, *brun* ou *châtain*, souvent taché de bai. Chair *olive* jonquille. Lamelles sinuées adnées, denticulées, *jonquille safrané*, puis fauves. Spore pruniforme (0mm 008-10), aculéolée, ocre fauve.

Fr. Epic., p. 289. Ic., t. 155, f. 1.

fucatophyllus. Lamelles citrines, tachetées de pourpre, puis fauve rouillé.

Lasch. Fr. Hym., n° 136.

Eté-automne. — Dans les forêts sablonneuses. Intermédiaire entre *miltinus* et *cinnamomeus* dont il paraît être une variété très affine à *croceus.*

cinnamomeus. Stipe plein puis creux, grêle, fibrilleux, *jonquille ocracé* ainsi que la cortine et la chair. Peridium convexe (0m 03-5), mamelonné, mince, fibrillé floconneux, ocre fauve ou cannelle. Chair tendre, un peu vireuse. Lamelles sinuées, crème ocracé, puis cannelle. Spore pruniforme (0mm 009), fauve pâle.

Linn. Fr. Epic., p. 288. Kromb., t. 71, f. 12-15.

croceus. Peridium fauve ou brun. Lamelles *ocre safrané.*

Schæf. Ic., t. 4. Batsch., f. 117.

uliginosus. Peridium fauve briqueté. Chair ocre olive. Lamelles *ocracées*, puis *olive.*

Bk. Outl., p. 190.

croceoconus. Peridium campanulé conique, fauve cannelle. Lamelles souci ou safranées.

Fr. Mon. II., p. 67. Quél. Grev., t. 111, f. 3.

Eté-automne. — En troupe dans les forêts de conifères. Comestible ?

d. *Lamelles jaune olivâtre, puis olive et brunes.*

sublanatus. Stipe plein, bulbeux, atténué en haut, *blanc* comme la cortine, et recouvert, en bas, d'un *voile byssoïde bistre noirâtre*. Peridium charnu, convexe (0m 05-8), hygrophane, *villeux* ou *peluché* et *brun*. Chair roussâtre, acidule, odeur de fruits. Lamelles sinuées, incarnat roux, puis olive et cannelle. Spore ovoïde pruniforme (0mm 01), aculéolée et fauve.

Sow. Eng. fung., t. 224. *conopus*, Pers. Syn., p. 285.

arenatus. Stipe épaissi à la base, *peluché*, *brun*, nu et crème au sommet. Peridium convexe (0m 03), chamois, *pointillé* de *flocons granuleux* et *bruns*. Lamelles émarginées, jaunâtres, puis cannelle.

Pers. Syn., p. 283. *psammocephalus*, Bull., t. 586, f. 1.

Eté-automne. — En troupe dans les sapinières montagneuses.

cotoneus. Stipe plein, fibreux, tendre, bulbeux, paille olivâtre, recouvert de flocons fibrilleux *brun roux*, formant un bourrelet floconneux. Peridium convexe (0m 05-8), *tomenteux velouté*, *olive*. Chair mince, molle, jonquille olivâtre. Lamelles adnées, jonquille olivâtre, puis cannelle. Spore ovoïde (0mm 008-9), grenelée, olivâtre.

Fr. Epic., p. 298. Quél. Grev., t. 111, f. 5.

melanotus. Peridium *ocré*, *pointillé* de *fins flocons serrés* et *bistre*.

Kalch. Ic. hung., t. 27, f. 2.

Automne. — En troupe dans les sapinières montagneuses.

raphanoides. Stipe plein, fibrilleux, *ocre olivâtre*. Cortine citrine olivâtre. Peridium campanulé convexe (0m 03-5), charnu, fibrilleux, soyeux, *fauve olivâtre*. Chair pâle, paille olivâtre, tendre, âcre et vireuse. Lamelles adnées, ocracées, *olive*, puis cannelle ou rouillées. Spore ovoïde (0mm 01), aculéolée, olivâtre.

Pers. Syn., p. 324. Quél. Grev., t. 111, f. 6.

Eté-automne. — En troupe dans les forêts humides.

valgus. Stipe élancé, bulbeux, atténué vers le haut, tordu, jonquille pâle, *strié* et *lilacin* au sommet. Peridium convexe (0m 05-9), mince, glabrescent, brun pâle ou *olivâtre*. Chair jaunâtre. Lamelles adnées, ocre cannelle. Spore ovoïde (0m 008), aculéolée et ocracée.

Fr. S. M. I., p. 214.

Automne. — Parmi les mousses des forêts de conifères humides.

venetus. Stipe plein, fibrocharnu, tendre, fibrillé aranéeux, *citrin* ou *verdoyant*, *sulfurin* à la base. Cortine citrine. Peridium convexe (0m 03-5), *soyeux*, velouté à la loupe, *vert olive tendre* passant au jonquille. Chair molle, citrine, puis olivâtre, âcre, odeur de radis. Lamelles sinuées, citrines, puis brun olive. Spore ovoïde (0mm 01), aculéolée, olivâtre.

Fr. Epic., p. 291. Ic., t. 155, f. 4.

Automne. — En troupe dans les sapinières. Alpes, Jura, Vosges.

Gen. IX. DRYOPHILA, Quél.

Voile continu, pelucheux ou soyeux, rarement visqueux. Peridium charnu. Stipe fibrocharnu, pourvu d'un bourrelet ou d'un anneau membraneux, floconneux ou fibrilleux. Lamelles sinuées ou adnées, ordinairement jaune fauve. Spore ovoïde ou pruniforme. Lignicoles, souvent cespiteux.

I. **Flammuloides**, Quél.

Cuticule soyeuse ou pruineuse, à peine humide. Spore pruniforme, violetée. Malfaisants.

uda. Stipe subfiliforme, fistuleux, flexueux, souvent couché, glabre, *paille*, *fauve* vers la base. Cortine frangée ou annulée, *fugace* et *blanche*. Peridium convexe (0m 01-2), mince, strié, blanc citrin, puis fauve briqueté. Lamelles adnées, uncinées, *très larges*, citrin pâle, puis bistre purpurin. Spore *naviculaire* (0mm 02), guttulée, violette.

Pers. Syn., p. 314. *elongata*, Ic. et Desc., t. I, f. 4. *polytrichi*, Fr. Obs. I., p. 51.

Eté-automne. — Sur l'humus des marais et des tourbières montagneuses. Plus grêle que *dispersa*.

dispersa. Stipe fistuleux, *très grêle*, *long*, tenace, soyeux, citrin, floconneux et brun fauve en bas. Cortine soyeuse, fugace. Peridium campanulé convexe (0m 02), obtus, mince, soyeux, citrin, couleur de miel au sommet. Chair blanc citrin. Lamelles sinuées adnées, *larges*, citrines, puis baies avec un liséré blanc. Spore ovoïde oblongue (0mm 009), violacée.

Fr. Epic., p. 222. Ic., t. 133, f. 3.

Eté-automne. — Sur l'humus des forêts de conifères des montagnes.

fascicularis. Stipe fistuleux, grêle, flexueux, fibrilleux, citrin. Cortine frangée, blanc citrin. Peridium convexe plan (0m 02-5), *mince,* glabre, sulfurin pâle, plus foncé au centre. Chair citrine, *très amère.* Lamelles adnées, serrées, *étroites,* sulfurines, puis *verdoyantes* et enfin olive purpurin. Spore pruniforme (0mm 008), violette.

Huds. Fl. ang. Paul., t. 108. Bull., t. 30. *elæodes,* Fr. Epic., p. 222.

Toute l'année. — Cespiteux sur les souches, vergers et forêts. Vénéneux.

capnoides. Stipe creux, soyeux, striolé, blanc jonquille, fauve à la base. Cortine *blanche* formant une fine frange. Peridium convexe plan (0m 05-8), charnu, *glabre,* souvent ridé, jonquille blanchissant. Chair mince, blanche, douce. Lamelles adnées, larges, ténues, *glauques* ou *bleuâtres,* puis *bistre lilacin.* Spore pruniforme (0mm 008), guttulée, violette.

Fr. S. M. I., p. 289. Ic., t. 133, f. 1.

Eté. — Cespiteux sur les souches des bois de conifères. Peu distinct de *fascicularis.*

sublateritia. Stipe plein, courbe, ferme, floconneux, citrin ou sulfurin, rouillé à la base. Anneau *membraneux* ou *aranéeux,* frangé, blanc. Peridium convexe (0m 01), charnu, floconneux ou pruineux au bord, jonquille, orange briqueté au milieu. Chair compacte, blanc citrin, amère, vireuse. Lamelles adnées sinuées, crème citrin, puis *bistre olive.* Spore pruniforme (0mm 007), 1-2 guttulée, violette.

Schæf. Ic., t. 49, f. 6, 7. *silaceus,* Pers. Syn., p. 421.

Toute l'année, sur les souches, prés, vergers et forêts. Vénéneux.

epixantha. Stipe creux, grêle, citrin pâle, *couvert* d'un *voile cotonneux, chiné* et *blanc,* pruineux au sommet, fauvâtre à la base. Cortine soyeuse et blanche. Peridium campanulé convexe (0m 05-7), mince, citrin pâle, *couvert* d'un *voile soyeux* et *blanc.* Chair blanc crème. Lamelles adnées, serrées, crème citrin, puis cendré lilacin. Spore pruniforme (0mm 005-7), lilacine.

Fr. Epic., p. 222. Ic., t. 133, f. 2.

Automne. — Cespiteux sur les souches de pin des forêts montagneuses. Vosges.

II. Flammula, Fr.

Voile pubescent, pruineux ou satiné. Lamelles adnées ou subdécurrentes. Spore pruniforme, fauve, rouillée, etc.

I. Lubricæ.

Pellicule visqueuse, séparable. Cortine fibrilleuse. Spore rouillée. Subterrestres.

lubrica. Stipe fibrocharnu, creux en haut, renflé à la base, finement floconneux, citrin blanchissant, *farineux* et *blanc* au sommet. Peridium convexe (0m 05-7), un peu mamelonné, très glutineux, cannelle, roux ou fauve, avec une bordure étroite, striolée et jonquille. Chair humide, blanche, *amère* et vireuse. Lamelles émarginées adnées, larges, ondulées, *blanc citrin*, puis brun rouillé. Spore pruniforme (0mm 009), fauve roux.

Pers. Syn., p. 307. Fr. Ic., t. 116, f. 1.

Printemps. — Cespiteux dans les prés et les clairières, près des troncs.

lenta. Stipe plein, incurvé, *peluché*, blanc ou blanc paille, farineux au sommet, bulbeux et laineux à la base. Peridium convexe (0m 08), bossu, blanc paille, *semé* de *petites mèches blanches* et couvert d'un épais mucus transparent. Chair jaunâtre et douce. Lamelles sinuées, serrées, ténues, citrin pâle, puis argileuses. Spore pruniforme (0mm 007), jonquille.

Pers. Syn., p. 287. *glutinosa*, Lindg. Bot. not., 1845, p. 199. Fr. Ic., t. 112, f. 1.

Eté-automne. — En troupe sur l'humus et les ramilles des forêts ombragées.

gummosa. Stipe creux, grêle, fibrilleux floconneux, citrin pâle, glabre au sommet, roussissant à la base. Anneau pelucheux, concolore, caduc. Peridium convexe plan (0m 03-5), mince, *parsemé* de *petites mèches*, visqueux, crème citrin ou verdâtre. Chair molle, citrin pâle, douce. Lamelles adnées, serrées, citrin pâle, puis cannelle. Spore ellipsoïde (0mm 007), jonquille.

Lasch. Fr. Epic., p. 185. Ic., t. 116, f. 2. *punctulata*, Kalch. Ic., t. 14, f. 2.

ochrochlora. Peridium soyeux, légèrement floconneux, paille verdâtre. Lamelles verdâtres, puis olive.

Fr. Ic. sel., t. 120, f. 2.

Eté. — Près des souches, dans les bois gramineux et humides.

spumosa. Stipe fibrocharnu, fibrilleux, jonquille, fauve en bas. Anneau cortiniforme, floconneux. Peridium convexe plan (0m 05), *glabre*, très visqueux, ocre jonquille, plus foncé au centre. Chair aqueuse sous la cuticule séparable, *citrine* ou *verdâtre*. Lamelles adnées, jonquille, puis rouillées. Spore en amande (0mm 009), biguttulée, fauve.

Fr. S. M. I., p. 252. Ic., t. 116, f. 3.

Eté. — Groupé dans les prés et bois gramineux.

carbonaria. Stipe subfistuleux, grêle, *rigide*, fibrilleux, floconneux, crème jonquille, glabre au sommet; anneau floconneux, étroit, concolore et fugace. Peridium convexe plan (0m 02-3), glabre, visqueux, jonquille, fauve au centre; marge souvent fimbriée floconneuse. Chair *ferme*, jaunâtre. Lamelles adnées, uncinées, serrées, jonquille, puis brunes. Spore ellipsoïde pruniforme (0mm 01), jonquille.

Fr. S. M. I., p. 252.

decussata. Plus grand, châtain rouillé, finement *rayé* sur la marge.

Kalch. Ic. hung., t. 15, f. 1.

Eté-automne. — En troupe sur la terre brûlée dans les forêts.

II. Udæ.

Cuticule adhérente, humide ou légèrement visqueuse. Cortine formant une frange. Spore brune ou fauve.

chrysophylla. Stipe ferme, incurvé, plein, puis fistuleux, grêle, *poli*, jaune souci clair, villeux et blanc à la base. Peridium submembraneux, flasque, convexe ombiliqué (0m 03-5), floconneux, très hygrophane, jaune brun, *grisonnant* par le sec. Lamelles arquées décurrentes, d'un beau jaune souci. Spore pruniforme (0mm 01-12), *jaune pâle*.

Fr. S. M. I., p. 167. (*Omphalia*), Ic., t. 74, f. 1.

Eté. — Cespiteux sur les troncs couchés des sapinières montagneuses. Jura, Alpes.

muricella. Stipe fibrocharnu, finement fistuleux, flexueux, grêle, épaissi vers la base, fibrilleux, soyeux, *crème sulfurin*, puis fauve, cotonneux et blanc à la base. Voile soyeux, jaune, très fugace. Chapeau convexe, puis déprimé (0m 01-2), mince, translucide, *fibrillosoyeux*, *jaune*, puis *fauve* au milieu et moucheté de brun. Chair crème jonquille, douce. Lamelles adnées ou émarginées, flexueuses, *crème jonquille*, puis *sulfurines* et enfin souci et pointillées de fauve rouillé. Spore pruniforme ellipsoïde (0mm 007-9), guttulée, jaune fauve.

Fr. Ic. sel., t. 120, f. 1. *graminis*, Quél. As. fr. 1887, f. 2.

Automne. — Sur les souches de graminées et de cypéracées. Tyrol, Jura, Vendomois.

liquiritiæ. Stipe *fistuleux*, grêle, courbé, strié, villeux à la base, *souci*. Peridium convexe (0m 02-5), mince, glabre, humide, *brun mordoré*. Chair sulfurine, amarescente, puis douce. Lamelles sinuées, serrées, ténues, sulfurin doré, puis safranées. Spore pruniforme (0mm 006), jaune.

Pers. Syn., p. 306. Fr. Ic., t. 119, f. 1.

Eté-automne. — Groupé sur les souches de sapin des forêts montagneuses. Jura, Vosges, Alpes.

picrea. Stipe fistuleux, fluet, *brun bistre*, sous un voile *pulvérulent* et *blanc*. Cortine nulle. Peridium campanulé convexe (0m 02-3), glabre, *roux* ou *châtain*, pâlissant. Chair mince, fissile, fauve, *acide*. Lamelles adnées, étroites, jonquille, puis rouillées. Spore pruniforme (0mm 009), fauve.

Pers. Ic. et Desc. Fr. Ic., t. 119, f. 2.

Eté. — Cespiteux sur les souches de pin. Alpes-Maritimes, sud-ouest de la France.

sapinea. Stipe plein, puis creux, radicant, ferme, rayé, jonquille, puis mordoré en bas. Cortine blanchâtre, fugace. Peridium convexe (0m 03-9), sec, *couvert de flocons ténus*, fauve doré. Chair compacte, puis molle, jonquille pâle, *amère*. Lamelles adnées, uncinées, *larges*, jonquille, puis *sulfurines* et *safranées*. Spore pruniforme (0mm 01), guttulée, fauve.

Fr. S. M. I., p. 239. Ic., t. 118, f. 3. Quél. Jur. I., t. 7, f. 2.

Eté. — Sur les souches de conifères des forêts montagneuses. Peu distinct du précédent.

hybrida. Stipe villeux, soyeux, striolé avec un bourrelet floconneux aranéeux, souci pâlissant. Peridium convexe, *fauve cannelle*, puis *fauve orangé*. Chair jonquille pâle. Lamelles jonquille, puis fauves. Spore pruniforme (0mm 01) et fauve.

Fr. Obs. II., p. 30.

Eté-automne. — Sur l'humus et les ramilles des forêts de sapins.

penetrans. Stipe fibrocharnu, radicant, soyeux, *fibrilleux strié, blanc* puis *jonquille*, avec des fibrilles fauves; anneau submembraneux, *blanc* et fugace. Peridium convexe plan (0m 05-8), charnu, glabre, tacheté ou rayé, fauve souci, pâlissant. Chair sulfurin pâle, *amère*. Lamelles émarginées adnées, serrées, sulfurin pâle puis *tachetées* de fauve safrané. Spore pruniforme (0mm 01), jonquille.

Fr. Obs. myc. I., p. 23. Ic., t. 118, f. 2.

Eté-automne. — Groupé sur les souches et sur l'humus des bois de conifères.

fusus. Stipe fibrocharnu, creux, *aminci* en bas, fibrilleux, citrin, brun rouillé en bas. Peridium convexe (0m 06-9), humide, glabre, puis *strié ridé*, jonquille, fauve souci ou briqueté au centre. Chair citrine, douce. Lamelles sinuées ou adnées, serrées, *ténues*, citrin clair, changeant peu et souvent stériles. Spore ellipsoïde (0mm 008), fauve.

Batsch. El., f. 189? Fr. Ic., t. 117, f. 1. *inopus*, t. 118, f. 1. *pomposus*, Bolt., t. 5. *hybridus*, Bull., t. 398.

Automne. — Cespiteux près des souches dans les forêts humides. Alsace.

astragalina. Stipe plein, puis creux, flexueux, fibrilleux floconneux, blanc citrin. Cortine fugace, blanche. Peridium convexe (0m 05-8), charnu, glabre, humide, citrin, *rouge safrané* au milieu avec une frange blanche. Chair ferme, *amère*, citrine, *noircissant* au toucher. Lamelles adnées, serrées, sulfurines, puis fauve rouillé. Spore ellipsoïde (0mm 01), fauve.

Fr. S. M. I., p. 251. Ic., t. 117, f. 2.

Été-automne. — Cespiteux sur les souches de sapin des forêts montagneuses.

alnicola. Stipe fibrocharnu, à la fin creux, grêle, recourbé, radicant, *fibrilleux*, citrin, puis fauve rouillé. Cortine fibrilleuse, concolore, fugace. Peridium convexe (0m 05-8), charnu, mince, fibrilleux ou glabre, parfois peluché au bord, citrin puis fauve. Chair citrine, *amère*. Lamelles adnées, larges, décurrentes en filet, longtemps sulfurines, puis fauve rouillé. Spore pruniforme (0mm 01), fauve.

Fr. S. M. I., p. 250. *amarus*, Bull., t. 562. *lignatilis*, t. 554, f. 1.

salicicola. Peridium glabre et stipe grêle, jonquille, citrins.

Fr. Hym. *apicreus*, Epic., p. 188.

Été-automne. — Cespiteux sur les souches, aune, saule.

flavida. Stipe plein puis creux, fibrilleux, crème citrin, fauve, rouillé en bas. Cortine blanche. Peridium convexe plan (0m 1), charnu, glabre, *jonquille*. Chair *blanche*, puis jonquille. Lamelles adnées, *crème*, jonquille, puis fauve rouillé. Spore pruniforme (0mm 01), fauve.

Schæf. Ic., t. 35. Pers. Syn., p. 295.

Automne. — Cespiteux sur les souches des bois de conifères, sapin, etc.

conissans. Stipe creux, flexueux, *soyeux*, jonquille pâle. Cortine frangée et blanche. Peridium convexe plan (0m 05-6), mince, lubrifié, glabre, *jonquille*, avec le sommet *souci*. Chair citrine. Lamelles adnées, serrées, ténues, jonquille, puis argileuses. Spore pruniforme (0mm 007-9), allongée, rouillée.

Fr. Epic., p. 187. *pulverulentus*, Bull., t. 178.

Automne. — Cespiteux sur les souches, saule. Il ressemble à *fascicularis*.

phosphorea. Stipe plein, ferme, aminci en bas, jonquille safrané, orangé ou rhubarbe. Peridium charnu, convexe ou déprimé (0m 1), flexueux, *satiné*, safrané, orangé ou mordoré, brillant. Chair ferme, jonquille, *amère* et *styptique*. Lamelles décurrentes en filet, jaune d'or ou orangées, *phosphorescentes*[1]. Spore ovoïde sphérique (0mm 007-8), guttulée, crème fauve. Odeur d'huile d'olive rance.

Batt., t. 13, A, B. Paul., t. 23. *olearius*, De Cand. Viv., t. 50.

Automne. — Cespiteux à la base des troncs, olivier, genêt, genévrier, chêne, charme. Jura, Europe australe. Vénéneux.

Cortinella. De Cand. Fl. fr. V., p. 50. Stipe fistuleux, *blanc* avec la base villeuse. Peridium blond ou gris. Lamelles blanchâtres, puis *lilacines* et *vineuses*. Au pied des saules. Paraît être *Cortinarius azureus*. Comestible.

III. **Pholiota**, Fr.

Voile floconneux ou peluché, rarement pruineux. Anneau membraneux ou peluché. Lamelles libres, sinuées ou adnées. Spore pruniforme, ocre, fauve ou brune.

I. Squamosæ.

Peridium pelucheux ou floconneux.

a. *Lamelles jaunes, puis fauves ou rouillées.*

[1] « In sulcis est elegans phosphorus, ut ipse in sexcentis expertus sum. » Batt., p. 40.

erinacea. *Hérissé de mèches retroussées, brun*, marcescent. Stipe fistuleux, court, dilaté en *membrane orbiculaire et blanc crème*. Peridium convexe ombiliqué (0m 005-10), membraneux. Lamelles adnées, uncinées, ventrues, crème jonquille puis brun cannelle. Spore ellipsoïde (0mm 01), fauve (souvent conchoïde).

(*Naucoria*), Fr. El., p. 33. Sow., t. 417. Brig., t. 41, f. 1-5.

Automne. — Sur les branches sèches, saule auriculé, églantier, chêne, des forêts marécageuses.

muricata. Stipe farci, puis *fistuleux*, grêle, courbé ou flexueux, jonquille pâle, *couvert de flocons brun fauve*, terminés en zone annulaire et fugace. Peridium campanulé, puis étalé (0m 02-3), submembraneux, *souci pâle, couvert* de *flocons granulés* ou *pointus* d'un *brun rouillé*. Chair très mince, jonquille pâle. Lamelles adnées, larges, jonquille clair, puis brunes, avec un liséré jaunâtre. Spore pruniforme (0mm 008), fauve.

Fr. Obs. myc. II., p. 12. *gracilis*, Quél. Soc. sc. n. de Rouen, 1879, t. 1, f. 2.

Été. — Cespiteux sur les souches de hêtre.

curvipes. Stipe fistuleux, mince, courbé, *fibrilleux* ou finement *floconneux, souci pâle;* anneau floconneux *ténu* et débile. Peridium charnu, convexe plan (0m 03-5), *tenace*, finement floconneux, puis *pelucheux*, jaune fauve. Lamelles adnées, serrées, jonquille, puis fauves.

Fr. Epic., p. 168. Ic., t. 104, f. 3.

Été. — Cespiteux sur les troncs, peuplier, bouleau, rosier, etc. Suspect.

tuberculosa. Stipe creux, incurvé, *bulbeux*, radicant, fibrilleux, floconneux, villeux au sommet, jonquille; anneau floconneux et caduc. Peridium charnu, convexe plan (0m 03-5), sec, *glabre*, puis dilacéré en mèches innées et apprimées, jaune, puis fauve. Lamelles sinuées, serrées, uncinées, jonquille, puis fauve safrané, avec une fine bordure blanche. Spore ellipsoïde (0mm 006-8), jaune fauve.

Schæf. Ic., t. 79. Fr. Ic., t. 104, f. 2.

Été. — Sur les troncs, hêtre, bouleau.

flammans. Stipe subfistuleux, grêle, flexueux, *sulfurin*, couvert de mèches recourbées et terminées par un anneau floconneux. Peridium mince, convexe plan (0m 05), mamelonné, *jaune d'or ou souci*, parsemé de jolies mèches retroussées et *sulfurines*. Lamelles sinuées adnées, serrées, jonquille, puis safranées. Spore ellipsoïde (0mm 005), incurvée, fauve.

Fr. S. M. I., p. 241. Ic., t. 104, f. 1.

Automne. — Cespiteux sur les souches d'épicea des forêts montagneuses. Suspect.

lucifera. Stipe plein, *citrin*, *tacheté*, ainsi que l'anneau ténu et déchiré, de *flocons brun fauve*, subbulbeux et fauve rouillé à la base. Peridium charnu, convexe (0m 04-5), *visqueux*, *citrin*, *moucheté* de *flocons membraneux*, *fauve rouillé*. Chair citrine, *rouillée* à la base du stipe, inodore. Lamelles émarginées, sulfurines, puis cannelle, avec une fine bordure *crénelée*, pubescente et blanche. Spore ellipsoïde (0mm 01), en haricot, jaune fauve.

Lasch. Linn., no 536. Kromb., t. 3, f. 2.

Eté. — Sur les brindilles, dans les clairières des forêts de conifères montagneuses. Suspect.

villosa. Stipe farci, puis creux, épaissi à la base, *fibrilleux*, *jaune*. Anneau étroit. Peridium charnu, convexe plan (0m 05-10), *soyeux*, puis *floconneux villeux*, jaune fauve. Chair blanche, puis jonquille, odorante. Lamelles sinuées, serrées, *étroites*, jaunes.

Fr. El. I., p. 28.

Été. — Groupé ou cespiteux sur les troncs pourris, hêtre.

adiposa. Stipe plein, légèrement bulbeux, *glutineux*, blanc citrin, tacheté de mèches retroussées et fauves. Anneau radié, floconneux, jaune rouillé. Peridium charnu, convexe plan (0m 1-15), bossu, *glutineux*, jaune, parsemé de mèches rouillées et *caduques*. Lamelles adnées arrondies, larges, jonquille, puis fauve rouillé. Spore ellipsoïde pruniforme (0mm 009), fauve rouillé.

Fr. S. M. I., p. 242. Bk. Outl., t. 8, f. 2.

Été. — Cespiteux sur les troncs et sur les tas de bois. Suspect.

aurea. Stipe plein, courbé, ventru, *farineux* et striolé au sommet, glabrescent, d'un jaune d'or clair très agréable, avec un anneau membraneux. Peridium charnu, convexe (0m 05-8), sec, glabre, *soyeux*, puis *finement gercé*, *jonquille*, puis fauve. Chair élastique, jonquille, *rougissant* au toucher et *amère*. Lamelles adnées, décurrentes en filet, minces, sulfurines, puis fauve doré. Spore pruniforme (0mm 008-9), granulée, jaune fauve.

Sow. Eng. fung., t. 77. Fr. Ic., t. 101. *spectabilis*, t. 102. *abruptus*, t. 115, f. 1.

Été-automne. — Cespiteux au pied des arbres des forêts sablonneuses.

b. *Lamelles crème ou jonquille, puis brunes, olive ou argileuses.*

squarrosa. Stipe plein, atténué vers la base, jonquille pâle, *couvert* de *mèches recourbées* et fauves. Anneau pelucheux, lacinié. Peridium charnu, campanulé convexe, puis étalé (0m 1), ocracé pâle, *hérissé* de *mèches retroussées, safranées* puis *rouillées*. Chair jonquille, odeur de bois pourri. Lamelles adnées, uncinées, crème jonquille, puis olive ou rouillées. Spore ellipsoïde oblongue (0mm01), fauve.

Müll. Fr. S. M. I., p. 243. *floccosus*, Schæf., t. 61. *pilosus*, t. 80. *squamosus*, Bull., t. 266.

verruculosa. Stipe pelucheux villeux. Peridium jaune, couvert de mèches et de papilles serrées et cannelle.

Lasch. Linn., n° 353. Fr. Hym., p. 221.

Automne. — Cespiteux à la base des troncs. Comestible ?

subsquarrosa. Stipe farci, long, jaune rouillé, couvert de mèches apprimées, *lisse* au-dessus d'une zone annulaire pelucheuse. Peridium charnu, convexe, obtus ou bossu (0m 06), visqueux, *brun rouillé*, taché de mèches apprimées et plus *foncées*. Lamelles sinuées, émarginées, serrées, jonquille pâle, puis *ocracées*. Spore ellipsoïde.

Fr. Mon. II., p. 298. Ic., t. 103, f. 3.

Été. — Groupé sur les souches ou au pied des troncs. Comestible ?

fusca. Stipe fibrocharnu, recourbé, subbulbeux, *blanc citrin*, *pulvérulent* au sommet, couvert de fines mèches au-dessous d'une zone annulaire et floconneuse. Peridium convexe (0m 05-8), *mamelonné*, visqueux, *brun*, *parsemé*, sur la marge, de *petites mèches chamois*. Lamelles crème, puis *lilacines* et enfin brunes. Spore pruniforme oblongue (0mm 013), brune.

Quél. Soc. bot. XXIII., p. 327, t. 3, f. 12.

Été. — Cespiteux sur les troncs de sapins des forêts montagneuses. Jura.

aurivellus. Stipe plein, radicant, *citrin*, couvert de *mèches jaune fauve* et terminées en anneau. Peridium charnu, convexe (0m 08-12), lubrifié, jonquille, puis fauve, *tacheté* de *mèches apprimées* et plus foncées. Chair blanc citrin. Lamelles sinuées, larges, crème, puis brunes, Spore ellipsoïde (0mm 01), fauve.

Batsch. El., f. 115. Fr. Obs. II., p. 17. Saund. and Sm., t. 9. *flammans*, Batsch., f. 30.

heteroclita. Stipe court, dur, bulbeux, radicant, fibrilleux et blanchâtre; anneau fugace, floconneux ou cortiniforme. Peridium compacte, convexe plan (0m 05-15), blanchâtre ou jaunâtre, *tacheté* de *mèches apprimées* et *innées*. Lamelles arrondies, sinuées, très larges, crème, puis rouillées. Chair blanche, *rhubarbe* dans le bulbe, à odeur de raifort.

Fr. Obs. II., p. 223. Klotz. Bor., t. 386.

Été. — Sur les troncs d'arbre feuillés, saule, bouleau. Suspect.

destruens. Stipe plein, dur, courbé, *bulbeux radicant*, épais, fibrilleux floconneux et blanc. Anneau membraneux floconneux, épais, radié, déchiré, adhérent à la marge et blanc. Peridium compacte, convexe (0m 1-2), jonquille pâle, lubrifié, couvert de *grosses mèches floconneuses*, *caduques* et *blanches*. Chair ferme, blanche, douce amère. Lamelles sinuées, à filet décurrent, larges, blanc crème, puis brun rouillé. Spore ellipsoïde (0mm 01), brune.

Brond. Cr. Ag. II., t. 6 et 6 bis. *comosus*, Fr. Epic., p. 165. Kalch. Ic., t. 13, f. 1. *villosus*, Bolt., t. 42.

Été-automne. — Cespiteux sur les troncs, peuplier, saule, bouleau. Suspect.

II. Lævatæ.

Peridium pruineux ou visqueux.

junonia. Stipe plein, ferme, incurvé, lisse et jaune, *farineux* au-dessus de l'anneau infère et réfléchi. Peridium charnu, convexe plan (0m 05), ferme, sec, *glabre* et jaune. Chair compacte, jonquille pâle. Lamelles adnées, serrées, larges, jaunes, puis rouillées.

Fr. S. M. I., p. 244.

Été. — Cespiteux sur les troncs dans les forêts feuillées.

radicosa. Stipe plein, fusiforme, *radicant*, *grenelé*, *farineux* au sommet, blanchâtre, couvert de mèches fauvâtres. Anneau membraneux écailleux, distant et blanc. Peridium convexe (0m 1), *visqueux*, blanc crème ou ocracé et *taché* de fauve. Chair blanchâtre, odeur de laurier-cerise, d'amande amère. Lamelles *libres*, serrées, crème, puis chamois. Spore en amande (0mm 01), fauve.

Bull., t. 160. *amygdalinum*, Paul., t. 143, f. 1.

Eté-automne. — Groupé près des vieilles souches des forêts ombragées. Comestible ?

luxurians. Stipe plein, raide, floconneux, blanc, puis brunâtre. Anneau lacéré et fugace. Peridium charnu, convexe, bossu, inégal, *soyeux*, puis *pelucheux*, blanc jaunâtre, puis roux brun. Chair blanche. Lamelles sinuées, puis *décurrentes*, serrées, *gris incarnat*, puis brunâtres.

Batt., t. 23, f. B. Fr. Epic., p. 164.

Été. — Cespiteux sur les troncs, chêne, des forêts de l'Europe australe. Paraît identique à *ægirita*.

ægirita[1]. Stipe plein, ferme, *glabre* et blanc. Anneau supère, membraneux, large, réfléchi et *blanc*. Peridium charnu, convexe plan, festonné (0m 06-1), *sec*, *lisse*, soyeux, blanc crème puis ocracé, fauve ou brun au centre et souvent *aréolé crevassé*. Chair compacte, blanche, sapide. Lamelles adnées, uncinées, serrées, blanc crème puis chamois bistré. Spore pruniforme oblongue (0mm01-12), brune.

Port., Batt., t. 6, E. *attenuatus* et *cylindraceus*, De Cand. Fl. fr., p. 51. Roz. et Rich., t. 26.

strobiloides. Stipe blanc, tacheté de brun. Peridium blanc, marqueté de verrues brunes.

Brig., t. 46, f. 1-3. *Brigantii*, Fr. Mon. II., p. 336.

Eté. — Cespiteux sur les souches, peuplier, saule. Comestible.

III. Hygrophanæ.

Lamelles ocre cannelle. Chair humide.

paxillus. Stipe *plein*, *allongé*, épais, glabre, concolore. Anneau membraneux, étroit et blanc. Peridium convexe plan (0m 1-15), puis déprimé autour d'une bosse centrale, glabre, humide, puis soyeux, cannelle pâlissant. Chair compacte, fauve. Lamelles décurrentes, serrées, larges, cannelle.

[1] « Dioscorides et alii memoriæ prodiderunt, corticem albæ populi, et nigræ particulatim cæsum, et sulcis stercoratis mandatum, omni tempore anni edules fungos proferre... sed Tarentinus particulatim docet, si caudice populi nigræ in terram conciso fermentum aqua resolutum infundatur, illico prosilient *ægiritæ fungi*. » Porta, *Magia naturalis*, 1650, p. 100.

Fr. Epic., p. 168. Batt., t. 9, D. Paul., t. 148 bis.
Automne. — Sur les troncs d'arbres.

confragosa. Stipe *fistuleux*, grêle, flexueux, fibrilleux, *strié* et glabre au sommet, rouillé pâlissant. Anneau membraneux, étalé, fibrilleux et blanc. Peridium convexe plan (0m 05), charnu, mince, *floconneux furfuracé*, hygrophane, strié au bord, brique ou rouillé, puis fauve. Lamelles adnées, serrées, minces, finement crénelées, fauve roux.

Fr. Epic., p. 169. Ic., t. 105, f. 2 et 3.
Été-automne. — Cespiteux sur les troncs pourris, hêtre, sapin.

mutabilis. Stipe plein puis creux, *tenace*, couvert de mèches retroussées, brun et noircissant à la base. Anneau membraneux, pelucheux, concolore. Peridium convexe plan (0m 03-6), légèrement mamelonné, hygrophane, glabre, cannelle pâlissant. Lamelles adnées, serrées, jonquille, puis cannelle. Spore pruniforme ou ovoïde (0mm 0075), chamois.

Schæf. Ic., t. 9. Fr. Sv. sv., t. 47. Lenz., f. 9.
Toute l'année. — Cespiteux sur les souches. Comestible.

marginata. Stipe fistuleux, grêle, fibrilleux, *striolé*, jonquille pâle, brun à la base et *hérissé* de *fibrilles blanches*. Anneau membraneux, ténu, souvent cortiniforme et fugace, crème. Peridium convexe, puis étalé (0m 03-5), obtus, mince, *glabre*, hygrophane, ocre fauve, pâlissant. Lamelles *adnées*, serrées, étroites, minces, crème, puis cannelle. Spore pruniforme (0mm 01), biocellée, fauve jonquille.

Batsch. El., f. 207, 208. Fr. Hym., p. 225. *pumila*, Fr. Ic., t. 105, f. 4 (humicole).
Eté-automne. — Humus et souches des bois de conifères.

mustelina. Stipe fistuleux, glabre, rayé, chamois, *farineux* et *blanc* au sommet, villeux et blanc à la base. Anneau membraneux, réfléchi, brun. Peridium campanulé convexe (0m 05-6), mince, glabre, *sec*, ocre jaunissant. Lamelles adnées, décurrentes en filet, safranées, crénelées et bordées de blanc.

Fr. Epic., p. 169. Mich., t. 80, f. 6. *xylophilus*, Sec., n° 83.
Eté-automne. — Sur les souches de pin. Peu différent du précédent.

unicolor. Stipe grêle, allongé, fistuleux, concolore ou brun bistré en bas. Anneau membraneux, *mince*, distant, blanc jonquille. Peridium campanulé convexe (0m 01-2), mamelonné, glabre, hygrophane, strié, fauve rouillé, pâlissant.

Lamelles adnées, ventrues, larges, ténues, ocre pâle, puis fauve safrané, avec un fin liséré blanc. Spore pruniforme (0mm 007-9), jaune fauve.

Fl. dan., t. 1071, f. 1. Bull., t. 530, f. 2. Fr. Hym., p. 226.

Automne. — En troupe sur les souches et l'humus des bois humides. Très voisin des formes grêles de *marginata* et de *mycenoides*.

muscigena. Jaune de miel, puis ocre crème. Stipe grêle, fistuleux, fibrilleux, striolé, cotonneux à la base. Anneau membraneux, *ténu* et *étroit*, *ocre safrané*. Peridium campanulé (0m012), mamelonné, mince, strié. Lamelles triquètres, ténues, crème, puis ocracées. Spore en amande (0mm 008-9), 2-3 ocellée, jonquille.

Quél. As. fr. 1885, t. 12, f. 5.

Printemps. — Sur les mousses des marais et des tourbières.

Sér. IV. *RHODOSPORI*, Quél.

Spore rosée, rougeâtre ou incarnate.

Gen. I. RHODOPHYLLUS, Quél.

Voile continu, soyeux, souvent peu apparent. Peridium et stipe variables, de consistance fragile et souvent humide. Lamelles adnées ou peu décurrentes, prenant à la maturité une teinte purpurine. Spore grande, polygone. Terrestres et aimant les pluies d'orage.

I. **Claudopus**, Sm.

Peridium latéral ou résupiné, stipité ou sessile.

depluens. Peridium résupiné, puis réfléchi, conchoïde (0m 02-3), versiforme, mince, finement duveté, *soyeux*, gris blanc teinté de rouge. Chair mince, aqueuse et fragile. Stipe (0m 002-3), villeux et blanc. Lamelles adnées, larges, ventrues, grises, puis rougeâtres. Spore oblongue anguleuse (0mm 01).

Batsch. El., f. 122. Fr. S. M. I., p. 275.

Eté. — Sur les souches, les mousses et les graminées, dans les bois.

byssisedus. Peridium un peu charnu, résupiné, puis réfléchi, *réniforme*, plan (0m 015-3), villeux, gris pâlissant. Stipe incurvé, aminci en haut, *entouré* à la base de *fibrilles byssoïdes blanches*. Lamelles adnées décurrentes, blanchâtres cendrées, puis rougeâtres. Spore globuleuse polygone (0m 008), ocellée.

Pers. Ic. et Desc., t. 14, f. 4. Fr. S. M. I., p. 276.

Eté. — Sur du bois pourri, hêtre, charme, etc.

II. **Nolanea**, Fr.

Stipe fistuleux, rarement farci, cortiqué. Peridium submembraneux, campanulé ; marge droite. Lamelles libres ou adnées.

a. *Lamelles grises ou bistre. Peridium obscur et hygrophane.*

pascuus. Stipe fistuleux, mou, *soyeux*, *strié*, argenté, un peu enfumé. Peridium membraneux, conique, puis ouvert (0m 03-8), glabre, strié, fuligineux, puis *satiné*, gris blanc ou chamois pâle. Lamelles sinuées, serrées, minces, ventrues, blanchâtres, grises ou bistre, puis ponctuées de roux. Spore oblongue anguleuse (0mm 015), guttulée.

Pers. Com. Schæf., t. 229. Bolt., t. 35. Luc. Ch., t. 159.

umbonatus. Stipe fibrilleux soyeux, strié, argenté. Peridium *mamelonné*, *bai*.

Quél. Ench., p. 63. Jur. I., t. 6, f. 5.

Printemps-été. — Dans les bruyères et les forêts.

proletarius. Stipe fistuleux, fibrocharnu, tendre, *fragile*, fibrilleux, gris ou bistré. Peridium campanulé, puis étalé (0m 03), lisse, *gris*, *villeux* et *bistre* au *milieu*. Lamelles sinuées, puis libres, aqueuses, fuligineuses, puis grises, rougissant faiblement. Spore ellipsoïde polygone (0mm 01), biocellée.

Fr. Spic., p. 8. Batt., t. 18. D. *staurosporus*, Bres. Fung., t. 20, f. 2.

Eté-automne. — En troupe dans les bois moussus et humides. Peu distinct de *pascuus*.

versatilis. Stipe fistuleux, lisse, grisâtre, *argenté et brillant* par le sec. Peridium membraneux, convexe aplani (0m 03), glabre, chatoyant, *verdoyant*, gris, brunissant. Lamelles adnées, ventrues, espacées, grises, puis rousses. Spore ovoïde polygone (0mm 01).

Fr. Mon. II., p. 297. Ic., t. 98, f. 5. *limosus*, Fr. El. I., p. 27 (gris blanc).

Eté. — Dans les clairières des forêts.

Babingtonii. Stipe fistuleux, tenace, strié, tordu, *gris*, sous un *voile floconneux* et *rouge brique*. Peridium campanulé (0m 012), conique, *gris*, orné de fines mèches *brun fauve*. Lamelles adnées, ventrues, espacées, *cendrées*, parsemées de *petits points brillants*. Spore ellipsoïde (0mm 009), anguleuse, rose grisâtre.

Blox. An. n. h. XIII., t. 15, f. 1. Quel. An. h. n. Bordeaux, 1884, t. 1, f. 3.

Eté. — Sur l'humus des forêts. Angleterre. Environs de Paris, Gironde.

araneosus. Stipe fistuleux, grêle, fragile, fibrilleux, gris, avec une *cortine grisâtre* et fugace. Peridium membraneux, campanulé (0m 01-2), *fibrillé soyeux* et gris. Lamelles adnées, étroites, d'un gris bistré. Spore oblongue pentagone (0mm 015).

Quél. Soc. bot. XXIII, p. 327. t. 2, f. 3.

Eté. — Dans les bois de conifères.

mammosus. Stipe fistuleux, fluet, rigide, glabre, poli, gris bistré, farineux et blanc au sommet. Peridium membraneux, convexe campanulé (0m 01-2), avec un *mamelon pointu*, strié, glabre, hygrophane, *bistre brun*, puis *isabelle* et satiné. Lamelles sinuées, ventrues, grises, puis incarnates. Spore pentagone (0mm 01), ocellée.

Fr. Spic., p. 7. Ic., t. 98, f. 4. Batsch., f. 5. *sericeus*, Bull., t. 526.

Eté. — En troupe dans les pelouses sèches.

clandestinus. Stipe finement fistuleux, glabre, bistre ou brun pourpré, naissant d'un mycelium floconneux et blanc. Peridium membraneux, hémisphérique (0m 005-8), avec un *fin mamelon pointu*, glabre, pellucide, strié, bistre ou brun. Lamelles adnées, *épaisses*, espacées, veinées, bistre purpurin. Spore ovoïde anguleuse (0mm 006-8).

Fr. Epic., p. 156. *pyrenaicus*, Pat. et Doas., tab. nº 430.

Automne. — Dans les forêts feuillées et ombragées.

bryophilus. *Brun rougeâtre* pâle. Stipe fistuleux, subfiliforme, tenace, lisse et courbe. Peridium campanulé (0m 01-12), avec un mamelon élevé et *plus foncé*, strié, translucide. Lamelles libres, étroites, *blanchâtres*, puis rosées. Spore ovoïde ou globuleuse (0mm 009-10), anguleuse.

Roz. et Boud. Soc. bot. 1879, t. 3, f. 2.

Eté. — Sur les mousses des rochers humides (*Amphoridium Mougeotii*). Mont-Dore.

junceus. Stipe fistuleux, grêle, glabre, brun ou noir, puis gris brun. Peridium membraneux, conique campanulé (0m 02), souvent *pointu*, *strié*, hygrophane, à peine floconneux, bistre. Lamelles sinuées, ventrues, grises, puis incarnates. Spore globuleuse (0mm 011-13), polygone.

Fr. S. M. I., p. 208. Ic., t. 99, f. 2.

Eté. — Dans les sphaignes des marais et des tourbières.

b. *Lamelles d'abord blanchâtres ou blanches.*

incarnatus. Stipe fistuleux, raide, fibrilleux, renflé et hérissé à la base, blanchâtre incarnat. Peridium membraneux, campanulé, puis étalé (0m 04-6), glabre, strié, *blanchâtre incarnat*, puis *grisonnant*. Lamelles adnées, ventrues, blanchâtres, puis rosées. Spore anguleuse (0mm 012), ocellée.

Quél. Jur. et. Vosg. I., p. 228, t. 23, f. 8.

Eté. — Dans les bois arénacés des Vosges, Fontainebleau, Montmorency, etc.

vinaceus. Stipe fistuleux, grêle, glabre, *jonquille pâle*. Peridium membraneux, convexe campanulé (0m 03-5), striolé, brillant, *rougeâtre*. Lamelles émarginées, espacées, minces, blanchâtres, puis incarnates.

Scop. Carn. II., p. 444? Fr. Ic., t. 99, f. 3.

Eté. — Dans les bois moussus.

verecundus. Stipe jonquille crème, *farineux* au sommet. Peridium strié, *floconneux* sur le bord, rougeâtre aqueux.

Fr. Epic., p. 158. Ic., t. 99, f. 5.

Eté. — En cercle dans les pelouses.

infula. Stipe à peine fistuleux, subfiliforme, cortiqué, *tenace*, poli, concolore. Peridium membraneux, conique, puis ouvert (0m 015-3), finement mamelonné, puis déprimé, chamois brun, puis isabelle grisonnant et brillant. Lamelles sinuées, étroites, ténues, très serrées, *blanches*, puis rosées.

Fr. Epic., p. 158. Ic., t. 100, f. 1.

Eté. — Charbonnières et clairières gramineuses des forêts.

cælestinus. Stipe fistuleux, grêle, glabre, *bleu noir*, *pruineux* et *blanc* au sommet. Peridium membraneux, campanulé, puis convexe (0m 02), striolé, glabre, *bleu cendré*, avec le centre *ruguleux* et bistre. Lamelles adnées, très larges, grisâtres, puis blanches et incarnates.

Fr. Epic., p. 158. Ic., t. 100, f. 2.
Été. — A la base des troncs des forêts ombragées.

cruentatus. Stipe *glauque* ou *azuré*, laineux et blanc, puis *purpurin* à la base. Peridium campanulé (0m 01-2), mamelonné, évasé au bord, pruineux, lilacin bleuâtre. Lamelles glauques, puis rougeâtres. Spore ovoïde polygone (0mm 01).
Quél. As. fr. 1885, t. 12, f. 4.
Automne. — Dans les pelouses moussues des collines du Jura.

exilis. Stipe fistuleux, *filiforme*, tenace, glabre, bleuâtre verdoyant. Peridium membraneux, conique, puis étalé (0m 012), strié, glabre, *gris verdoyant*, grisâtre ou lilacin avec un petit *mamelon pointu* et *plus foncé*. Lamelles sinuées, blanchâtres, puis incarnates.
Fr. S. M. I., p. 206.
Eté. — Dans les bois gramineux et ombragés.

cocles. Stipe fluet, tenace, glabre, gris pâlissant. Peridium membraneux, en capuchon (0m 01), *tronqué* et *ombiliqué*, glabre, brillant, *bistre* avec des *sillons brun noir*. Lamelles adnées, *très larges*, blanches, puis incarnat rosé. Spore oblongue (0mm 01), polygone.
Fr. Epic., p. 158.
Été. — Sur l'humus des forêts arides.

monachella. Stipe filiforme, plein, bulbilleux à la base, glabre et blanc hyalin. Peridium campanulé (0m 005-7), membraneux, *apiculé*, strié, diaphane, *blanc*, avec le mamelon *bistre noir*. Lamelles adnées, uncinées, larges, espacées, blanc incarnat. Spore ovoïde (0mm 01), anguleuse.
Quél. As. fr. 1882, t. 11, f. 9.
Eté. — Dans les bois arides des collines du Jura.

c. *Lamelles d'abord jaunâtres.*

pleopodius. Stipe grêle, *plein*, rigide, pruineux au sommet, *blanc*, puis *paille*. Peridium campanulé (0m 025), mince, glabre, *crème jonquille*. Lamelles sinuées, presque libres, serrées, *crème paille*, puis rougeâtres. Spore ellipsoïde anguleuse (0mm 012-13).
Bull., t. 556, f. 2.
Été. — Dans les pâturages.

maialis. Stipe fistuleux, *tortu*, strié, tomenteux à la base, blanchâtre. Peridium *mince*, campanulé convexe (0m 04-6), scissile, glabre, cannelle puis ocracé ou blond, translucide.

Lamelles *libres*, ventrues, serrées, *crénelées*, crème, puis incarnates.

Fr. S. M. I., p. 205. Ic., t. 94, f. 2.

Printemps. — Groupé dans les sapinières.

cetratus. Stipe fistuleux, fragile, glabre, tomenteux à la base, brillant, *paille incarnat*. Peridium membraneux, campanulé (0m 02-3), puis déprimé, *radié*, *cannelé*, *jonquille rougeâtre ;* marge crénelée. Lamelles sinuées, arrondies, crème, puis incarnates et brunissant au bord. Spore oblongue (0mm 012), anguleuse, ocellée.

Fr. S. M. I., p. 107.

Été. — Sur les feuilles mortes de hêtre et de bouleau.

icterinus. Stipe farci, rigide, concolore ou rarement brun, farineux et blanc au sommet. Peridium submembraneux, campanulé convexe (0m 015-3), apiculé, pellucide, strié, glabre, hygrophane, jaune de miel ou jaune verdoyant. Lamelles adnées, ventrues, crème, puis incarnates, souvent safranées.

Fr. S. M. I., p. 207. Ic., t. 99, f. 4.

Été. — Sur l'humus des jardins et des forêts.

III. **Eccilia**, Fr.

Stipe farci ou tubuleux. Peridium ombiliqué, avec la marge incurvée. Lamelles adnées ou décurrentes.

a. *Lamelles d'abord blanches ou blanchâtres.*

cancrinus. Stipe farci, puis fistuleux, court, tenace, glabre, villeux à la base, blanc. Peridium mince, convexe, puis ombiliqué (0m 02-3), difforme, *finement pelucheux*, *blanc incarnat* puis *blanc ocré*. Chair blanche, hyaline inférieurement. Lamelles décurrentes, espacées, blanches, puis incarnates. Spore oblongue, anguleuse (0mm 012).

Fr. Epic., p. 150. Ic., t. 95, f. 4. *neglectus*, Lasch., n° 287.

Été. — En troupe dans les pelouses et au bord des chemins.

carneoalbus. Stipe à peine creux, grêle, striolé, satiné et blanc, cotonneux à la base. Peridium convexe ombiliqué (0m 03), mince, villeux, hygrophane, blanc, souvent roussâtre ou bistré au milieu. Lamelles adnées décurrentes, *ténues* longtemps *blanches*, puis incarnates. Spore globuleuse, anguleuse (0mm 012), ocellée.

With. Arr. IV., p. 170. Fr. Epic., p. 150.

griseorubellus. Stipe fistuleux, grêle, glabre, concolore, plus clair. Peridium membraneux, convexe ombiliqué (0m 03), strié, hygrophane, brun ou bistre, puis gris. Lamelles peu décurrentes, *crème*, puis incarnates. Spore ovoïde anguleuse (0mm 009).

Lasch. Linn., nº 566. Fr. Ic., t. 100, f. 4.

Été. — Dans les forêts de pins.

carneogriseus. Stipe farci, puis creux, fluet, glabre, brillant, concolore, villeux et blanc à la base. Peridium convexe ombiliqué (0m 02-3), finement strié, *micacé* et *plus foncé* au bord, d'un gris incarnat clair. Lamelles adnées décurrentes, espacées, onduleuses, blanches, puis rosées avec l'*arête plus foncée*. Spore anguleuse (0mm 01).

Bk. and Br. An. n. h., nº 1001, t. 13, f. 1.

Été. — Dans les aiguilles de pin.

rhodocylix. Stipe mollement farci, tenace, glabre, cendré. Peridium membraneux, fortement ombiliqué ou en entonnoir (0m 015), finement duveté, hygrophane, strié, bistré, puis *gris* ou *blanchâtre*. Lamelles décurrentes, espacées, larges, blanchâtres, puis incarnates. Spore ovoïde (0mm 01), pentagone, ocellée.

Lasch. Linn., nº 567. Fr. Ic., t. 100, f. 6.

Été. — Sur les souches, aune, nerprun, des bois humides.

politus. Stipe fistuleux, glabre, luisant, *grisâtre*, à peine pruineux au sommet. Peridium membraneux, convexe plan (0m 03-5), ombiliqué, glabre, hygrophane, *gris glauque*; marge striée. Lamelles décurrentes, larges, blanchâtres puis incarnates. Spore anguleuse arrondie (0mm 01).

Pers. Syn., p. 465. Fr. S. M. I., p. 209.

Été. — En troupe dans les bois de hêtres.

b. *Lamelles d'abord purpurines, lilacines ou grises.*

calophyllus. Stipe atténué en haut, un peu *visqueux*, *purpurin*, puis concolore. Peridium hémisphérique (0m 06-9), ombiliqué, striolé, bistre. Lamelles décurrentes, *purpurines* puis *rouges*.

Pers. Syn., p. 464. Fr. Hym., p. 212.

Été. — Sur les troncs pourris.

ardosiacus. Stipe fistuleux, glabre, *gris lilas, granulé* et blanchâtre au sommet. Peridium membraneux, convexe ombiliqué (0m 02-3), finement pelucheux, soyeux, *gris de souris lilacin.* Lamelles adnées décurrentes, larges, onduleuses, *lilacines*, puis incarnates. Spore ellipsoïde anguleuse (0mm 012).

Bull., t. 348. Quél. Jur. I., t. 6, f. 3. *Mougeotii*, Fr. Hym., n° 775.

Été-automne. — En troupe dans les pelouses moussues et ombragées.

undatus. Stipe farci, puis fistuleux, farineux, *grisâtre*, cotonneux et blanc à la base. Peridium membraneux, convexe déprimé, ombiliqué, onduleux (0m 02-3), pruineux soyeux, *gris blanc*, avec des *zones fauves* au bord. Lamelles décurrentes, larges, minces, ondulées, *grisâtres*, puis incarnates. Spore polygone (0mm 013).

Fr. Epic., p. 149. Ic., t. 96, f. 4. *vilis*, Fr. Epic., p. 150.

Été. — En troupe dans les pelouses des collines.

atrides. Stipe grêle, fistuleux, soyeux, *gris lilacin*, cotonneux et blanc à la base. Peridium convexe ombiliqué (0m 015-25), mince, *pelucheux, gris bistre.* Lamelles arquées, décurrentes, larges, d'un *gris perle lilacin*, avec la marge *crénelée* et *violet noir.* Spore ovoïde anguleuse.

Lasch. Linn., n° 560. Quél. Jur., I. p. 90.

Été. — Dans les bruyères des terrains arénacés. Peu différent de *serrulatus*.

nigellus. Stipe fluet, *plein*, court (0m 005-8), glabre, *bai noir*, avec une houppe de filaments à la base. Peridium convexe ombiliqué (0m 005-8), grenelé au centre, *strié, bai noir*, puis bistre. Chair bistre. Lamelles décurrentes, étroites, *grises* puis rougeâtres. Spore ovoïde (0mm 01), anguleuse, ocellée.

Quél. As. fr. 1883, t. 6, f. 6.

Automne-hiver. — Dans le sable des dunes. Gironde, La Rochelle.

parkensis. Stipe fistuleux, grêle, glabre, *brun.* Peridium membraneux, plan convexe, ombiliqué (0m 03), glabre, strié, *brun noircissant.* Lamelles décurrentes, serrées, grisâtres puis incarnates.

Fr. Mon. I., p. 301. Ic., t. 100, f. 5.

Été. — Dans les pelouses et au bord des chemins.

IV. Leptonia, Fr.

Stipe cortiqué, tubuleux ou farci. Peridium mince, ombiliqué ou plus foncé au centre avec la marge incurvée. Cuticule floconneuse ou fibrilleuse. Lamelles sinuées ou adnées. Ordinairement colorés et souvent violets.

a. *Lamelles blanchâtres.*

Linkii. Stipe farci ou creux, grêle, tenace, glabre, *luisant*, gris bleu ou enfumé. Peridium mince, globuleux, puis aplani, (0m 03), tenace, *fibrilleux*, *rayé*, *bistre noir*, puis gris. Lamelles adnées, ventrues, blanchâtres, puis incarnates et ornées le plus souvent d'un *liséré noir* [1]. Spore ovoïde polygone (0mm 01), ocellée.

Fr. S. M. I., p. 204.

Été. — Sur les vieux troncs moussus.

placidus. Stipe farci, très grêle, raide, *pruineux*, *blanc* et *pointillé de noir* au sommet, bleu violet obscur. Peridium submembraneux, campanulé convexe (0m 03), lilacin ou gris clair, tacheté de mèches bistre, villeux et noirâtre au centre. Lamelles sinuées, blanchâtres, puis purpurines. Spore oblongue anguleuse (0mm 01) ocellée.

Fr. S. M. I., p. 202. Ic., t. 97, f. 1.

Été. — Sur les souches, hêtre, sapin, des forêts montagneuses.

anatinus. Stipe grêle, farci, puis fistuleux, *pruineux* et *finement floconneux*, *bleu cendré* pâle, villeux et blanc à la base. Peridium mince, campanulé (0m 02-3), *pelucheux*, gris chamois. Lamelles sinuées, larges, blanchâtres, puis incarnates.

Lasch. Linn., nº 561. Fr. Epic., p. 152.

Été. — En troupe dans les pâturages et les bruyères.

lappula. Stipe *fistuleux*, striolé, brun lilacin ou pourpre bistre, *pointillé de noir* au sommet, villeux et blanc à la base. Peridium peu charnu, hémisphérique puis convexe plan (0m 03-4), floconneux, *gris*, *hérissé* au centre de *mèches courtes* et *bistre*. Lamelles uncinées, très larges, serrées, *grisâtres*, puis purpurines. Spore ellipsoïde anguleuse (0mm 012).

[1] Ce liséré est souvent accidentel et ne caractérise pas une espèce dans ce genre.

Fr. Epic., p. 152. Ic., t. 97, f. 2.

Été. — Parmi les feuilles mortes du hêtre. Peu différent de *placidus*.

lampropus. Stipe fistuleux, glabre, *lilas* ou *bleu d'acier*. Peridium mince, convexe, puis étalé (0m 02) et déprimé, finement duveté, *gris de souris* ou *bleu d'acier*, puis gris fuligineux. Lamelles adnées, puis libres, ventrues, blanchâtres, puis incarnates. Spore oblongue (0mm 01), anguleuse.

Fr. Obs. myc. I., p. 19. *glaucus*, Bull., t. 521. *Gorteri*, Weinm. Ross., p. 139.

Été. — Dans les prés et dans les bruyères. Ressemble à *chalybæus*.

æthiops. Stipe creux, grêle, glabre, *bistre noircissant*, *pointillé de noir* au sommet. Peridium peu charnu, convexe plan (0m 02-3), déprimé, *fibrilleux*, *rayé*, glabre, bistre *noir* et brillant par le sec. Lamelles adnées, blanchâtres, puis purpurines.

Fr. Epic., p. 152. Ic., t. 97, f. 3.

Été. — En troupe dans les pelouses sèches.

solstitialis. Stipe à peine fistuleux, glabre, enfumé. Peridium un peu charnu, convexe (0m 02), déprimé, subtilement fibrilleux, ruguleux, *papilleux* au centre, *brun* pâle. Lamelles émarginées, larges, blanchâtres, puis rousses. Spore oblongue polygone (0mm 014), ocellée.

Fr. Epic., p. 152. Kalch. Ic., t. 12, f. 3.

Été. — En troupe dans les prés humides.

b. *Lamelles d'abord bleuâtres ou lilacines.*

chalybæus. Stipe *plein*, grêle, lisse, bleu d'acier clair ou violet. Peridium peu charnu, convexe (0m 03), à peine mamelonné, pelucheux, *bleu d'acier*, violet bistre, *grisonnant*. Lamelles adnées, serrées, larges, lilacines, plus pâles sur la marge.

Pers. Syn., p. 343. Ic. pict., t. 4, f. 3, 4. *columbinus*, Bull., t. 413, f. 1.

Été. — En troupe dans les pâturages et les bruyères.

serrulatus. Stipe fistuleux, glabre, *bleu d'acier*, *glauque* ou *gris*, *pointillé de noir* au sommet. Peridium peu charnu, convexe (0m 025), puis ombiliqué, fibrilleux, floconneux, rayé, *bleu noir*, grisonnant, brillant par le sec. Lamelles adnées, parfois décurrentes, lilas bleuâtre puis pourprées avec l'arête *denticulée* et *noire*.

Pers. Syn., p. 463. Holmsk. Ot., t. 38. *calimorphus*, Weinm. Ross., p. 139.

Été. — En troupe dans les bruyères et à l'orée des bois.

euchrous. D'un beau violet lustré et presque translucide. Stipe plein, tenace, recourbé, glabre, *fibrilleux*. Peridium peu charnu, convexe plan (0m 025), couvert de fines mèches fibrilleuses. Lamelles sinuées, ventrues, *lilacines* avec l'arête *violette*. Spore ellipsoïde polygone (0mm 012).

Pers. Syn., p. 343. Fr. S. M. I., p. 203.

Automne. — Groupé sur les souches, bouleau, aune, coudrier.

lazulinus. Stipe fistuleux, glabre, *bleu lilacin* pâle, laineux et blanc à la base. Peridium membraneux, *campanulé* (0m 02), fragile, *strié*, glabre puis gercé, *gris lilas*, avec l'ombilic plus foncé. Lamelles adnées, serrées, lilacines.

Fr. Epic., p. 153.

Automne. — En troupe dans les bruyères et les prés ombragés.

c. *Lamelles d'abord jaune pâle ou blanches.*

euchlorus. Stipe fistuleux, fragile, lisse, *citrin verdoyant*, se *tachant* de *bleu de ciel* comme la chair et les lamelles, villeux et blanc à la base. Peridium submembraneux, campanulé convexe (0m 02), puis aplani, *strié*, *citrin verdoyant*, fauve au milieu. Lamelles adnées, blanches, puis incarnates. Spore ovoïde anguleuse (0mm 01), ocellée.

Lasch. Fr. Epic., p. 154. Quél. Jur. I., t. 6, f. 2. *carneovirens*, Jungh. Linn. V., t. 6, f. 2.

Été. — En troupe dans les pelouses.

Gillotii. *Diaphane, hyalin blanchissant.* Stipe fluet, fistuleux, *satiné*, villeux et blanc à la base. Peridium convexe (0m 01-2), membraneux, pruineux, *strié*, hyalin, bistré par le sec, avec les stries et l'ombilic *olivâtres*. Lamelles uncinées adnées, érodées, blanches puis incarnates. Spore ovoïde polygone (0mm 01).

Quél. As. fr. 1885, t. 12, f. 3.

Automne. — Dans les sphaignes des tourbières montagneuses. Morvan.

sericellus. *Blanc de lait.* Stipe farci, puis fistuleux, grêle, tendre, pruineux, diaphane et blanc. Peridium mince, convexe campanulé (0m 01-3), puis déprimé, *soyeux*, puis finement pelucheux, *jaunissant* faiblement. Lamelles uncinées ventrues, molles, blanches puis rosées. Spore ovoïde polygone (0mm 01).

Fr. Obs. myc. II., p. 145. Ic., t. 95, f. 3. Quél. Jur. I., t. 5, f. 5. *inodorus*, Bull., t. 524, f. 2.

Été-automne. — En troupe dans les pelouses et les bruyères.

Queletii. Stipe *plein*, grêle, pruineux, cotonneux à la base, *blanc*, puis crème. Peridium mince, convexe ombiliqué (0m 01-2), duveté, *blanc, pointillé de flocons rose améthyste*, puis jonquille pâle. Chair blanche, rosée sous la cuticule, jaunâtre dans le stipe. Lamelles adnées, subuncinées, blanches, puis incarnates. Spore ellipsoïde polygone (0mm 013), guttulée.

Boud. Soc. bot. XXIV., p. 307, t. 4, f. 1.

Été. — Au pied des aunes des forêts arénacées et humides.

formosus. Stipe subfistuleux, ferme, grêle, glabre et jonquille Peridium mince, convexe plan (0m 03), légèrement ombiliqué, strié, *jaune de cire, moucheté de petites mèches brunes*. Lamelles adnées, uncinées, jonquille pâle, puis incarnates.

Fr. S. M. I., p. 208. Ic., t. 98, f. 1.

Été. — Dans les forêts de conifères, parmi la mousse, surtout sous les pins.

Kervernii. Stipe fistuleux, élancé, floconneux et blanc. Peridium convexe déprimé (0m 02-3), grenelé, floconneux, *chamois*. Lamelles libres, ventrues, blanc incarnat.

Guern. Gill. Ch. de Fr., t. 82.

Automne. — Dans les forêts sablonneuses du nord de la France.

parasiticus. Finement tomenteux et blanc de neige. Stipe grêle, arqué, *dilaté au sommet*. Peridium membraneux, translucide, convexe (0m 005-7), un peu ombiliqué. Lamelles sinuées, ventrues, blanches, puis rosées. Spore pentagone (0mm.01), guttulée.

Quél. Soc. bot. 1878, p. 287, t. 3, f. 6.

Été. — Sur le *Craterellus cibarius*, dans les forêts ombragées. Alsace. Relie le groupe *Leptonia* au groupe *Claudopus*.

chloropolius. Stipe fistuleux, grêle, glabre, *glauque verdâtre*, villeux et blanc à la base. Peridium membraneux, convexe ombiliqué (0m 02-3), strié, glabre, *gris verdoyant, bleuâtre* au bord, avec de *fines* mèches bistre au centre.

Lamelles adnées, jaunâtres, puis incarnates. Spore ovoïde polygone (0mm 012), guttulée.

Fr. Epic., p. 205. Ic., t. 98, f. 2. *incanus*, Fr. S. M. I., p. 209.

Eté-automne. — En troupe dans les prés humides et ombragés.

d. *Lamelles glauques ou grises. Hygrophanes.*

asprellus. Stipe fistuleux, fluet, lisse, *bleu cendré* pâle, bistré ou verdâtre, villeux et blanc à la base. Peridium membraneux, convexe plan (0m 02), ombiliqué, strié, gris de souris, pâlissant, *villeux*, puis *floconneux* et *brun* au milieu. Lamelles adnées, parfois bordées de noir, grisâtres, puis incarnates. Spore oblongue (0mm 01), très anguleuse.

Fr. S. M. I., p. 208. Quél. Jur. I., t. 6, f. 4.

Eté-automne. — En troupe dans les pelouses. Les lamelles sont souvent liserées de bistre.

scabrosus. Stipe farci, puis fistuleux, glabre, bistre ou bleu d'acier, *farineux*, *blanc* et *pointillé de noir* au sommet. Peridium mince, convexe ombiliqué (0m 03-5), floconneux, bistre grisonnant. Lamelles adnées, ventrues, grises, puis rousses.

Fr. Epic., p. 154. Ic., t. 97, f. 4.

Eté. — Dans les bois de pins gramineux.

nefrens. Stipe fistuleux, fragile, glabre, *brun grisonnant*. Peridium membraneux, campanulé (0m 03-5), puis ombiliqué cyathiforme, à peine fibrilleux, bistré gris, plus foncé au centre. Lamelles adnées, larges, gris pâle avec un très fin *liséré pointillé* et *noir*.

Fr. S. M. I., p. 209.

Eté. — Dans les prés marécageux.

sarcitus. Stipe plein, grêle, flexueux, ondulé, luisant, grisâtre bistré. Peridium mince, convexe, puis déprimé (0m 025), très fragile, hygrophane, strié, puis fibrilleux, bistré grisâtre, pâlissant. Lamelles adnées, subdécurrentes, espacées, grisâtres, puis incarnates. Spore polygone (0mm 012).

Fr. Epic., p. 155.

Automne. — En troupe dans les bois arénacés et humides. Ressemble à *politus*.

Forquignoni. Stipe fistuleux, courbé et épaissi à la base, satiné, striolé, translucide et *olivâtre*. Peridium convexe ombiliqué (0m 02), membraneux, festonné, avec marginelle incurvée, hygrophane, *ridé strié*, *bistre olive* et diaphane, gris et luisant par le sec, pointillé, au milieu, de papilles plus foncées. Lamelles sinuées adnées, ténues, érodées, grisâtres incarnates. Spore oblongue (0mm 011), anguleuse, ocellée.

Quél. As. fr. 1884, t. 8, f. 6.

Automne. — Cespiteux sur les souches de sapin. Vosges.

V. **Entoloma**, Fr.

Stipe fibrocharnu, mou. Peridium charnu, avec la marge incurvée. Lamelles sinuées.

I. Genuini.

Peridium glabre, lubrifié ou visqueux.

lividus. Stipe fibrocharnu, ferme, strié, courbé, blanc. Peridium charnu, convexe, puis déprimé, recourbé (0m 15), *soyeux*, fibrilleux à la loupe, *gris chamois* très pâle. Chair fragile, odeur de fruits agréable, puis nauséeuse. Lamelles sinuées, uncinées, espacées, *jonquille*, puis incarnates. Spore globuleuse (0mm 01), anguleuse.

Bull., t. 382. Quél. Jur. I., t. 6, f. 1. Fr. Ic., t. 90, f. 3.

Eté. — En cercle dans les forêts sèches. Vénéneux.

sinuatus. Stipe plein, long (0m 18), épais (0m 03), compacte, *fibrilleux*, puis glabre, blanc. Peridium très charnu, convexe, puis déprimé avec la marge recourbée et sinueuse (0m 18), d'un *blanc jaunissant*. Chair blanche, odorante (sucre brûlé). Lamelles *émarginées*, très larges, serrées, jonquille pâle, puis rougeâtres. Spore anguleuse (0mm 012), saumon brunâtre.

Fr. S. M. I., p. 197. Saund. and Sm., t. 11. *phonospermus*, Bull., t. 590.

Eté. — Dans les forêts ombragées. Vénéneux.

prunuloides. Stipe fibrocharnu, tendre, strié fibrilleux, blanchâtre. Peridium charnu, campanulé convexe (0m 05-7), puis mamelonné, lubrifié, lisse, puis fendillé, grisâtre ou incarnat grisonnant. Chair molle, odeur de fruits et de farine. Lamelles émarginées, serrées, ventrues, blanches, puis incarnates. Spore polygone arrondie (0mm 008).

Fr. S. M. I., p. 198. Ic., t. 91, f. 1. Roz. et Rich., t. 35, f. 7-9.

Eté-automne. — En troupe dans les prés ombragés. Comestible ?

phæocephalus. Stipe fibrocharnu, atténué en haut, mou, fissile, grisâtre, *rayé de fibrilles violettes* ou *lilacines*, *subbulbeux*, villeux et *blanc* à la base. Peridium peu charnu, campanulé, puis étalé et mamelonné (0m 06-10), fissile, *finement fibrilleux*, brun bistré, puis cendré. Chair bistrée, puis blanche. Lamelles sinuées tronquées, ventrues, *grisâtres*, puis rousses. Spore polygone (0mm 01), oblongue.

Bull., t. 555, f. 1. *placenta*, Batsch., f. 18. *porphyrophæus*, Fr. Ic., t. 93, f. 1.

Eté-automne. — Dans les clairières et les prés moussus.

erophilus. Stipe plein, court, pruineux, grisonnant. Peridium peu charnu, convexe étalé (0m 03), *veiné*, *ridé* et strié, bistré ou gris. Lamelles arrondies, adnées, grisâtres incarnates.

Fr. Hym., p 190. *plebeius*, Kalch. Ic., t. 12, f. 1.

Printemps. — En cercle dans les prés des collines.

pyrenaicus. Stipe fibrocharnu, grêle, aminci en bas, *blanc*, striolé par de fines fibrilles bistrées. Peridium campanulé (0m 025), avec la marge incurvée et festonnée, mince, soyeux, finement rayé et *gris clair*. Chair tendre, blanche, inodore. Lamelles sinuées libres, *gris clair*, puis purpuracées. Spore oblongue (0mm 012), anguleuse.

Quél. As. fr. 1884, t. 8, f. 5.

Printemps. — Dans les pelouses montagneuses des Pyrénées.

nitidus. Stipe grêle, aminci de bas en haut, souvent tordu, mou, fibrilleux, rayé, *bleu violeté* ou bleu d'acier, brillant, cotonneux et blanc à la base. Peridium campanulé (0m 02-5), mince, soyeux, *bleu violet* foncé et brillant. Chair tendre, blanche, lilacine au bord ; odeur faible. Lamelles libres, larges, ventrues, blanchâtres, puis incarnates. Spore globuleuse (0mm 008), bosselée anguleuse.

Quél. As. fr. 1882, t. 11, f. 8. *ardosiacus*, Fr. Ic., t. 94, f. 4.

Eté. — Dans les sapinières montagneuses du Jura et des Vosges. Suspect.

madidus. Stipe fibrocharnu, aqueux, *fibrillé strié*, *lilacin* ou bleu d'acier, blanc à la base. Peridium charnu, campanulé (0m 04-6), *lubrifié*, *ridé radié*, bleu d'acier, lilas grisonnant. Chair tendre, humide, blanche, odorante. Lamelles sinuées, blanchâtres, puis purpurines. Spore polygone sphérique (0mm 008).

Fr. Ic. sel., t. 91, f. 1. Fl. dan., t. 2148, f. 1. *Bloxami*, Bk. Outl., p. 143.

Eté-automne. — En troupe dans les prés moussus et les bruyères. Comestible ?

rubellus. Stipe creux, ferme, *finement villeux* et *blanc*. Peridium mince, convexe, puis étalé (0m 03-4), légèrement visqueux, rosé ou incarnat bistré. Lamelles adnées, serrées, crénelées et rosées.

Scop. Carn. II., p. 445. Fr. Spic., p. 4.

Eté-automne. — Sur les vieilles souches d'aune.

II. Hygrophani.

Peridium mince, hygrophane, satiné par le sec, souvent flexueux ou difforme.

clypeatus. Stipe plein, plus épais à la base, fibrilleux ou floconneux, farineux au sommet, blanchâtre. Peridium campanulé, puis étalé et mamelonné (0m 05-8), glabre, finement fibrilleux, fragile, blanc grisonnant. Chair blanche, acidule. Lamelles sinuées adnées, dentées, blanchâtres incarnates. Spore arrondie anguleuse (0mm 01).

Linn. Suec., n° 1216. Fr. Hym., p. 194. Quél. Jur. I., t. 24, f. 1. *phonospermus*, Bull., t. 534. *sepium*, Noul. et Dass., t. 26.

Printemps. — En cercle dans les prés et les vergers. Comestible.

rhodopolius. Stipe *creux*, fragile, glabre, *pruineux* au sommet, striolé, blanc. Peridium mince, campanulé, puis étalé (0m 03-12), fibrilleux, puis glabre, *gris bistré*, puis satiné et *isabelle*. Chair blanche, odeur de chair brûlée. Lamelles adnées, puis sinuées, *flexueuses*, blanchâtres, puis incarnates. Spore ellipsoïde polygone (0mm 01-012).

Fr. S. M. I., p. 197. *repandus*, Bolt., t. 6.

Eté. — En cercle dans les forêts ombragées.

pluteoides. Stipe fistuleux, radicant, *fibrilleux*, subtomenteux, se tachant de jaune au toucher. Peridium scissile, grisâtre, puis isabelle.

Fr. Mon. II., p. 345. Ic., t. 91, f. 2.

Eté. — Sur du bois pourri de sapin. Suspect.

elaphinus. Stipe fibrocharnu, puis creux, *fibrillé strié*, gris brunissant. Peridium mince, convexe (0m03-5), glabre, strié, brun ou chamois foncé, pâlissant. Lamelles sinuées, tronquées, *larges*, blanc crème, puis rougeâtres. Spore polygone oblongue (0mm 01), ocellée.

Fr. Mon. II., p. 296. Ic., t. 95, f. 1.

Eté. — Dans les clairières et les prés moussus.

costatus. Stipe creux, fibrilleux, grisâtre avec le sommet *floconneux* et *blanc*. Peridium mince, convexe (0m 1), bosselé, glabre, bistre grisonnant. Chair grise, puis blanche, odeur de moisi. Lamelles larges, émarginées, ondulées, paille bistré, ornées de *fines côtes* transversales d'un blanc hyalin. Spore arrondie, anguleuse (0mm 012).

Fr. S. M. I., p. 206. Luc. Ch., t. 158.

Automne. — Cespiteux dans les prés humides. Il ressemble à *rhodopolius*. Suspect.

ameides. Stipe creux, fibrilleux, *fissile*, grisâtre, argenté. Peridium campanulé (0m 05-6), submembraneux, *rayé*, *fissile*, *gris*, puis *argenté* et prenant comme le stipe une *teinte purpurine*. Chair grisâtre, odeur prononcée de sucre brûlé (fleur d'oranger et amidon, Berk.). Lamelles adnées, *sinueuses*, *grises*, puis rousses. Spore oblongue polygone (0mm 013).

Bk. and Br. An. n. h., n° 999.

Eté. — Pâturages et pelouses, en temps d'orage. Suspect.

turbidus. Stipe creux, fissile, tordu, gris argenté. Peridium campanulé (0m 1), glabre, puis fendillé, gris ou bistré; marge *mince* et *striée*. Lamelles émarginées ou libres, serrées, onduleuses et *grises*. Spore polygone (0mm 01).

Fr. S. M. I., p. 205. Ic., t. 93, f. 2.

Eté. — Dans les prés et les clairières des bois moussus. Suspect.

nidorosus. Stipe *plein*, cylindrique, glabre, blanchâtre, pruineux au sommet. Peridium convexe plan (0m 03-6), mince, hygrophane, glabre, grisâtre ou chamois bistré, luisant et fendillé par le sec. Lamelles émarginées, larges, assez espacées, flexueuses, blanchâtres, puis incarnates. Spore ovoïde pentagone (0mm 01).

Fr. Epic., p. 148. Ic., t. 94, f. 3. Kalch. Ic., t. 12, f. 2.

Eté. — En troupe dans les forêts ombragées. Suspect.

sericeus. Stipe fistuleux, grêle, fissile, grisâtre ou bistré, brillant. Peridium convexe plan (0m 03-4), mamelonné, bistre ou gris brun, pellucide, brillant par le sec. Lamelles sinuées, grisâtres, puis rougeâtres. Odeur de farine et d'amandes amères (Forquignon). Spore ovoïde polygone (0mm 01), ocellée.

Bull., t. 413, f. 2. Fr. Spic., p. 3.

Eté-automne. — En troupe dans les prés. Aspect d'un *Leptonia*. Suspect.

speculum. Blanchissant. Stipe fistuleux, arrondi, puis comprimé, glabre, crème, brillant. Peridium submembraneux, convexe, puis déprimé, faiblement mamelonné (0m 03-5), glabre, *blanc hyalin* ou *paille*, puis *argenté ;* marge brisée, flexueuse, pellucide et striolée. Lamelles émarginées, larges, espacées, blanches, puis incarnates. Spore ovoïde polygone (0mm 011-13), ocellée.

Fr. Spic., p. 4. Ic., t. 95, f. 2.

Été. — En troupe dans les prés et dans les clairières sur les brindilles.

III. Villosi.

Peridium duveté ou floconneux.

scabiosus. Stipe fibrocharnu, puis creux, mou, fibrilleux, fuligineux. Peridium campanulé aplani (0m 05), *gris de souris lilacin*, *hérissé de papilles floconneuses*, serrées et bistre. Chair scissile, blanchissante. Lamelles sinuées, très ventrues, *blanches*, puis *gris incarnat*. Spore oblongue (0mm 01-12) anguleuse.

Fr. Epic., p. 145. *nidus avis*, Sec., n° 605 (gris purpuracé).

Fin automne. — Dans les forêts moussues.

jubatus. Stipe fibrocharnu, puis creux, fragile, grisâtre, *rayé* de *fibrilles bistre*. Peridium peu charnu, campanulé, puis aplani et mamelonné (0m 03-5), *pelucheux* ou *fibrilleux*, gris de souris. Chair mince, scissile, blanchâtre. Lamelles sinuées, ventrues, grisâtres purpurines. Spore oblongue (0mm 01-12), anguleuse, guttulée.

Fr. S. M. I., p. 196. Ic., t. 92, f. 1.

Automne. — Dans les prés et les bruyères tourbeux des montagnes. Suspect.

resutus. Stipe fibrilleux et poli, gris. Peridium plus obscur au centre. Spore très anguleuse (0mm 01).

Fr. Epic., p. 145. Ic., t. 92, f. 2.

Dans les forêts ombragées.

griseocyaneus. Stipe fibrocharnu, fistuleux, tendre, *fibrillé floconneux, glauque* grisâtre. Peridium mince, campanulé, puis étalé (0m 03), *floconneux, gris*, souvent *lilacin*. Chair fragile, blanche ou glauque. Lamelles sinuées adnées, blanchâtres, puis purpurines. Spore ovoïde anguleuse (0mm 012).

Fr. S. M., p. 202. Ic., t. 94, f. 1.

Printemps-été. — En troupe dans les pâturages et les bruyères.

Rozei. Stipe fibrocharnu, puis creux, grêle, *fibrillé soyeux*, blanc, subargenté, bistré au sommet. Peridium mince, convexe mamelonné, puis plan (0m 03), *gris perle, lilacin* au bord, chatoyant, *velouté* de *poils fins, très courts* et *blancs*. Lamelles adnées émarginées, blanchâtres, puis incarnates. Spore ellipsoïde anguleuse (0mm 01).

Quél. Soc. bot. XXIII, p. 326, t. 2, f. 2.

Été. — En troupe dans les sphaignes des tourbières. Jura, Alpes.

dichrous. Stipe fibrocharnu, aminci en haut, finement fibrilleux, farineux, *bleu cendré* pâle. Peridium peu charnu, campanulé, puis convexe mamelonné (0m 03-5), *fibrillé floconneux, violacé* puis gris de souris. Lamelles sinuées, serrées, grisâtres, purpurines. Spore pruniforme (0mm 01), anguleuse.

Pers. Syn., p. 343. Fr. Ic., t. 92, f. 3.

Été. — Dans les forêts montagneuses.

Gen. II. PLUTEUS, Fr.

Voile continu, grenelé ou villeux. Peridium charnu. Stipe fibrocharnu. Lamelles arrondies, libres ou écartées, accolées, blanches, puis rosées. Spore ellipsoïde sphérique. Lignicoles, rarement humicoles.

a. *Peridium glabre.*

roseoalbus. Stipe plein, courbé, *pruineux* et blanc. Peridium mince, convexe étalé (0m 08), glabre et lisse, *incarnat rosé*. Lamelles libres, blanches, puis incarnates.

Fr. S. M. I., p. 199. Fl. dan., t. 1679.

Été. — Sur les vieux troncs, peuplier. Est peut-être *R. rubellus*.

leoninus. Stipe plein, fragile, grêle, *strié*, fibrilleux, blanc, épaissi et *jonquille* à la base. Peridium convexe, puis plan (0m 03-6), mamelonné, mince, tendre, glabre, *striolé*, jaune d'or. Chair blanche. Lamelles écartées, *blanches* avec l'*arête citrine*, puis incarnates. Spore ellipsoïde sphérique (0mm 008), ocellée.

Schæf. Ic., t. 48. Pers. Ic. et Desc., t. 7, f. 4.

Été-automne. —Sur les souches dans les forêts ombragées.

chrysophæus. Stipe plein, puis fistuleux, grêle, *striolé*, *fibrilleux*, sulfurin, villeux et blanc à la base. Peridium mince, convexe étalé (0m 02-4), *grenelé*, souvent *ridé veiné* au milieu, *brun foncé* (à la loupe c'est un grénetis serré, bai brun, sur un fond jaune souci). Chair fragile, blanc citrin. Lamelles libres, *citrines*, puis incarnates. Spore ellipsoïde sphérique (0mm 005-9), ocellée.

Schæf. Ic., t. 253. Sow., t. 174.

Eté. — Sur les ramilles, dans les forêts ombragées.

phlebophorus. Stipe grêle, fistuleux, glabre, luisant, blanc, renflé et villeux à la base. Peridium mince, convexe étalé (0m 02-4), *grenelé*, *veiné réticulé* au milieu, brun bistre (à la loupe c'est un grénetis à grains serrés, souvent *ellipsoïdes* et *saillants*, bais et brillants). Chair fragile et blanche. Lamelles écartées, larges, blanches, puis incarnates. Spore ellipsoïde sphérique (0mm 008), ocellée.

Dittm. Sturm. Deutsch. Fl. I., t. 15.

cyanopus. Peridium *bai noir* ou *violacé*. Stipe soyeux et *bleuâtre*.

Quél. As. fr. 1882, t. 11, f. 7.

Été. — Sur le bois pourrissant dans les forêts ombragées. Ressemble à *plautus*.

marginatus. Stipe striolé, *blanc*, translucide. Peridium ridé veiné et chagriné, brun châtain. Lamelles blanches, puis incarnates avec un *liséré crénelé* et *bistre noir*.

Quél. As. fr. 1884, t. 8, f. 4.

Sur la terre au bord des chemins. Gironde.

umbrinellus. Stipe grêle, fistuleux, tenace, radicant, glabre, blanc brillant. Peridium convexe (0m 015), tenace, lisse, bistre avec la *marge fimbriée* et plus pâle. Lamelles libres, blanches, puis incarnates.

Som. Lap., p. 259. Fr. Mon. I., p. 267.

Eté. — Dans les jardins et les bosquets de la plaine.

tenuiculus. Stipe très fluet, pruineux et blanc. Peridium ténu, hémisphérique (0m 005-8), glabre, *strié*, brun pâle. Lamelles libres, arrondies, ventrues, blanches, puis rosées. Spore ellipsoïde (0mm 01).

Quél. As. fr. 1883, p. 2, t. 6, f. 5.

Printemps. — Dans les bruyères du littoral de l'ouest de la France.

b. *Peridium pulvérulent ou pruineux.*

plautus. Stipe plein, courbé, mou, *velouté granulé*, bistre noir, puis blanchâtre *pointillé de bistre.* Peridium subsphérique puis convexe (0m 03), *pruineux, floconneux, granulé*, bistre noir pâlissant. Chair humide, aigre, blanche. Lamelles libres, larges, blanches, puis incarnates avec l'arête blanchâtre. Spore ellipsoïde sphérique (0mm 008), ocellée.

Weinm. Ross., p. 136. Fr. Hym., p. 187. Bres. Fung., t. 20.

Eté-automne. — Souches de sapin.

cinereus. Stipe grêle, fistuleux, *furfuracé floconneux, gris*, naissant d'un tapis byssoïde et blanc. Peridium convexe, puis déprimé (0m 02-25), mince, finement *floconneux, ridé réticulé, gris bistré.* Lamelles écartées, blanchâtres, puis incarnates. Spore ellipsoïde sphérique (0mm 006-8).

Quél. As. fr. 1885. An. h. n. Bordeaux, 1884. pl. 1, f. 1.

Printemps-été. — Sur les ramilles dans les bois humides. Sud-ouest de la France.

nanus. Stipe plein, grêle, *striolé*, glabre, blanchâtre. Peridium mince, fragile, convexe plan (0m 01-2), pruineux poudreux, *ridé veiné* au centre, bistré ou gris. Lamelles libres, ventrues, blanches, puis incarnates. Spore ellipsoïde sphérique (0mm 006-8).

Pers. Syn., p. 537. *pyrospermus*, Bull., t. 547, f. 3.

Eté. — Sur les brindilles et le bois mort des forêts ombragées.

melanodon. Stipe fistuleux, très grêle, dur, *poli, blanc* en haut, brun jaunâtre au milieu, courbé, renflé et *noirâtre* en bas. Peridium mince, convexe plan (0mm 025), avec un mamelon conique, striolé, poudreux, *aurore* mat. Chair élastique, blanchâtre. Lamelles libres, ventrues, blanchâtres à teinte incarnate, ornées d'une *fine crénelure noire.*

Sec. Myc., n° 550. Fr. Hym., p. 187. *granulatus*, Bres. Fung., t. 7 (lamelles unicolores, stipe cannelé et jaune à la base).

Automne. — Sur le bois pourri dans les forêts de hêtres.

semibulbosus. Stipe *fistuleux*, grêle, *pulvérulent floconneux*, blanc, s'élevant d'un bulbe *hémisphérique*. Peridium sub membraneux, convexe (0m 01-2), pulvérulent pruineux, *strié*, *blanc*, puis *rosé*, *grisonnant* au sommet. Lamelles écartées, ventrues, blanches, puis incarnates. Spore ellipsoïde sphérique (0mm 007).

Lasch. Fr. Epic., p. 141.

Été. — Sur les troncs et les ramilles dans les bois humides.

c. *Cuticule du peridium floconneuse ou fibrilleuse.*

cervinus. Stipe plein, blanchâtre, couvert de *fibrilles bistre*. Peridium charnu, campanulé (0m 09-12), fragile, lubrifié, glabre, puis fibrilleux, bai, bistre, cendré, pâlissant. Chair molle, blanche. Lamelles libres, serrées, blanches puis rosées. Spore ellipsoïde (0mm 008-9).

Schæf. Ic., t. 10. *atricapillus*, Batsch., f. 76. *latus*, Bolt., t. 2. Sow., t. 108. *patricius*, Schulz. Kalch. Ic., t. 10, f. 2.

umbrosus. Stipe plein, blanchâtre, rayé de fibrilles brunes. Peridium charnu, *velouté* au sommet, *fibrilleux*, villeux, bai, bistre ou brun. Lamelles blanches, puis rosées, avec l'arête *floconneuse* et *brune*. Spore ellipsoïde (0mm 006-7).

Pers. Ic. et Desc., t. 2, f. 5. *nigrocinnamomeus*, Kalch. Ic., t. 11, f. 1.

Roberti. Stipe creux au sommet, épaissi à la base, glabre, blanchâtre. Peridium mince, convexe plan (0m 03), *hérissé* de *mèches fibrilleuses*, blanc bistré. Lamelles libres, larges, blanches, puis incarnates.

Fr. Ic. sel., t. 90, f. 1.

Été-automne. — Sur les troncs, la sciure, cours, parcs, bois humides. Comestible.

villosus. Stipe plein, rigide, *striolé*, satiné et blanc, renflé, *floconneux*, *bistre violacé* à la base. Peridium convexe plan (0m 05-7), peu charnu, finement *frisé granulé*, *bistre violacé*. Lamelles écartées, ventrues, blanches, puis incarnat rosé. Spore ellipsoïde sphérique (0mm 006-8).

Bull., t. 214. *ephebeus*, Fr. Obs. II., p. 87.

Été. — Sur le bois pourri dans les forêts.

salicinus. Stipe plein, fibrilleux, *glauque*, bleuâtre. Peridium convexe plan (0m 03), faiblement mamelonné, rugueux floconneux, *lilacin* puis bistré ou cendré violacé. Lamelles libres, ventrues, blanches puis rosées. Spore ellipsoïde (0mm 006).

beryllus. Stipe blanchâtre, avec des fibrilles verdâtres. Peridium *rugueux* et *cendré* au milieu, avec des *raies verdoyantes.*

Pers. Syn., p. 344. Fr. Mon., p. 267.

Été. — Sur les troncs de saule et d'aune dans les forêts humides.

hispidulus. Stipe *fistuleux*, grêle, fragile, glabre, blanc argenté. Peridium mince, convexe plan (0m 01), soyeux ou poilu, gris, à la fin striolé. Lamelles libres, blanc incarnat. Spore ellipsoïde sphérique (0mm 006-7).

Fr. Obs. myc. II., p. 97. Ic., t. 90, f. 2.

Eté. — Sur le bois mort dans les forêts.

pellitus. Stipe plein, court, fragile, glabre, *blanc brillant.* Peridium charnu, convexe plan (0m 04-5), *villeux soyeux, blanc.* Chair mince, molle. Lamelles libres, écartées, larges, ventrues, subcrénelées, blanches, puis incarnates.

Pers. Syn., p. 366. Quél. Jur. I., t. 5, f. 4.

Printemps-été. — Dans les clairières gramineuses des forêts.

Gen. III. ANNULARIA, Schulz.

Voile continu, peu apparent. Peridium charnu. Stipe fibro-charnu et pourvu d'un anneau membraneux. Lamelles libres ou écartées. Spore ellipsoïde. Lignicoles.

Fenzlii. Stipe creux, fibrilleux, sulfurin, souci à la base. Anneau étroit, concolore, fugace, fixé au tiers inférieur du stipe. Peridium ovoïde puis déprimé (0m 03-5), mince, glabre, d'un beau jonquille doré. Chair blanche. Lamelles *écartées*, espacées, ventrues, incarnates. Spore ellipsoïde sphérique (0mm 006), incarnat argileux.

Schulz. Kalch. Ic. hung., t. 10, f. 1.

Été. — Après de grandes pluies, sur des troncs pourris (tilleul). Hongrie. Paraît être un lusus de *Plut. leoninus.*

Gen. IV. VOLVARIA, Fr.

Voile membraneux, libre, persistant à la base du stipe. Lamelles arrondies, libres ou écartées, très molles et appliquées d'abord l'une contre l'autre. Spore ellipsoïde oblongue. Précoces et recherchant les lieux azotés.

a. *Peridium visqueux et glabre.*

gloiocephala. Voile lobé, villeux, blanchâtre, gris ou bistré. Stipe plein, pubescent, puis glabre, blanc, gris ou bistré à la base. Peridium charnu, campanulé, puis aplani et mamelonné (0m 1), glabre, *glutineux,* fuligineux ou gris de souris. Lamelles libres puis écartées, larges, ventrues, blanches, puis incarnat roux. Spore ellipsoïde allongée (0mm 015-18).

De Cand. Fl. fr. VI., p. 52. Bk. Outl., t. 7, f. 3. Roz. et Rich., t. 7.

speciosa. Voile blanc. Stipe striolé, pubescent tomenteux et blanc. Peridium *blanc de lait* avec le *centre gris* ou *jonquille pâle,* glutineux, puis glacé.

Fr. S. M. I., p. 278. Fl. dan., t. 1737. Kromb., t. 26, f. 1-8. Roz. et Rich., t. 9.

rhodomelas. Voile petit et floconneux. Peridium *écailleux,* visqueux, bistré.

Lasch. Linn., no 586.

Eté. — Météorique, çà et là dans les lieux vagues. Vénéneux.

?**conica.** Voile ténu, entier, *étroitement vaginé,* blanc. Stipe plein, grêle, flexueux, blanc. Peridium charnu, *conique,* pointu, lisse, visqueux, *cendré* et satiné par le sec. Lamelles blanches, *jaunissantes,* puis incarnates.

Pico. Soc. méd. Par. 1781, t. 12, f. 4-6. Paul., t. 151, f. 4-5. *viperinus,* Fr. Epic., p. 139.

Eté. — Au bord des chemins. Europe australe. Vénéneux.

media. *Blanc.* Voile membraneux, déchiré au sommet, glabre et blanc. Stipe plein, subbulbeux et *glabre.* Peridium charnu, convexe campanulé (0m 03-5), *visqueux,* puis glacé et brillant. Lamelles écartées, ventrues, blanches, puis incarnat bistré. Spore ellipsoïde (0mm 02).

Schum. Sæll., p. 248. Fl. dan., t. 1676, f. 2. Fr. S. M. I., p. 278.

Printemps-été. — Bois ombragés, saule et frêne. Europe australe, Algérie.

pusilla. *Blanc de neige.* Voile mince, 3-4 lobé, glabre. Stipe grêle, *fistuleux,* fragile, satiné, villeux à la base. Peridium mince, hémisphérique (0m 01-2), puis étalé et mamelonné, *soyeux,* glabre, un peu visqueux, translucide. Lamelles libres, très ventrues, blanches, puis rosées. Spore ovoïde (0mm 006-8).

Pers. Obs. myc. II., p. 36. *volvaceus minor,* Bull., t. 530. *parvulus,* Weinm. Ross., p. 238.

Eté-automne. — Prés, jardins, pâturages. Peu distinct de *plumulosa*.

b. *Peridium soyeux ou fibrilleux.*

bombycina. Voile ample, blanchâtre. Stipe plein, bulbeux, aminci en haut, glabre et blanc. Peridium charnu, sphérique campanulé, puis convexe (0m 1-15), *soyeux*, *pelucheux*, *blanc*, puis fauvâtre. Chair tendre, blanche et sapide. Lamelles libres, très serrées, ventrues, blanches puis denticulées et incarnates. Spore ellipsoïde (0mm 009) ou ovoïde, ocellée.

Schæf. Ic., t. 98. Kromb., t. 23, f. 15-21.

Eté. — Sur les troncs, les souches, la sciure, dans les bois feuillés. Comestible.

volvacea. Voile membraneux, ovoïde, blanchâtre, *bistre* au sommet. Stipe plein, *villeux* et blanc. Peridium charnu, campanulé, puis étalé (0m 01), satiné, glabre, *gris*, finement *rayé* de *bistre* par des fibrilles innées. Chair mince, floconneuse, blanche. Lamelles libres, accolées, ventrues, blanches, puis incarnates. Spore ellipsoïde oblongue (0mm 015.)

Bull., t. 262. Fl. dan., t. 1731, f. 2. *Taylori*, Bk. Saund. and Sm., t. 33, f. 1.

Eté. — Dans les cours, les prés, les jardins. Vénéneux.

plumulosa. Couvert d'un *velours soyeux* et *blanc* de *neige*. Voile membraneux, 3-4 lobé, *pubescent*. Stipe plein, grêle, fragile, *villeux pubescent*. Peridium campanulé convexe (0m 01-2), mince, *floconneux soyeux*, avec la marge élégamment *ciliée*. Lamelles libres, serrées, blanches, puis rose incarnat. Spore ellipsoïde (0mm 006-9).

Lasch. Fr. Hym. *hypopitys*, Fr. Hym., p. 183. *Loveianus*, Bk. Outl., t. 7, f. 2. (paraissant parasiter sur *O. nebularis*).

Eté. — Dans les forêts de conifères, sur les aiguilles. Suspect.

murinella. Stipe plein, grêle, striolé, et voile petit, mince, 3-4 lobé, *glabres* et *blancs*. Peridium campanulé convexe (0m 02-3), finement *peluché* et d'un beau *gris*. Lamelles écartées, arrondies, blanches, puis rosées. Spore ellipsoïde (0mm 006-8), subpruniforme, guttulée.

Quél. As. fr. 1882, t. 11, f. 6.

Automne. — Dans les forêts moussues de conifères. Littoral de la Rochelle.

grisea. Stipe plein, court, *tomenteux*, *gris* bleuâtre; voile trilobé, villeux, bistré. Peridium convexe (0m 03), festonné, soyeux, fibrilleux, gris luisant. Chair fragile, grisâtre. Lamelles à peine libres, flexueuses ou crispées, grisâtres. Spore pruniforme (0mm 008-9).

Quél. As. fr. 1885, t. 12, f. 2.

Printemps. — Dans les jardins, les serres et les cultures. Il ressemble à *R. griseocyaneus*.

Sér. V. *LEUCOSPORI*, Fr.

Spore blanche, hyaline ou opaline, rarement rosée, jaunâtre, glauque ou grisâtre.

Gen. I. CALATHINUS, Quél.

Voile continu, villeux. Peridium cupuliforme et retourné puis réfléchi. Lamelles irradiant autour d'un point excentrique ou d'un stipe ténu, courbé et accrescent. Spore ovoïde ou pruniforme, blanche. Epiphytes.

a. *Peridium membraneux, homogène. Petits et délicats.*

striatulus. Peridium sessile, cupulé ou campanulé (0m 004-7), très tendre, *glabre, ridé* par le sec, pellucide, *strié*, gris clair. Lamelles irradiant autour d'un point central, *espacées*, grises ou blanchâtres. Spore ovoïde (0mm 005).

Pers. Syn., nº 442. Fr. Ic., t. 89, f. 5. *striatopellucidus*, Pers. Obs. II., t. 5, f. 8, 9.

Automne. — Sur les brindilles, les branches et les troncs.

dictyorhizus. Peridium stipité ou dimidié, membraneux, très tendre, conchoïde puis plan (0m 01-2), villeux soyeux, *réticulé fibrilleux* à la base, *blanc de neige*. Lamelles adnées, lancéolées, blanches puis crème. Spore ovoïde pruniforme (0mm 006-7), finement grenelée.

De Cand. Fl. fr. II., p. 594. Fl. dan , t. 1552, f. 2. Bolt., t. 72, f. 2. Luc. Ch., t. 157.

Automne. — Sur les brindilles, le bois pourri et l'humus.

chioneus. *Blanc de neige*. Peridium latéral, puis retourné (0m 005), ténu, orbiculaire, puis réniforme, tendre, *floconneux*. Lamelles ténues, serrées, irradiant autour d'un stipe excentrique, filiforme, incurvé (0m 001-2), puis oblitéré, villeux, pruineux. Spore ovoïde allongée (0mm 01), finement grenelée.

Pers. Myc. Ill., t. 26, f. 10, 11.

Automne. — Groupé sur les ramilles dans les bois de plaine. Ressemble à *dictyorhizus*.

craterellus. Sessile, orbiculaire (0m 003-6), *cupuliforme*, à peine incliné à la fin, mince, *cilié* et *hérissé* de poils soyeux, puis frisé, blanc de neige. Lamelles libres, radiées autour d'un cône villeux dont les filaments portent des conidies ovoïdes, isolées ou en grappe, ténues, blanc crème. Spore ovoïde pruniforme (0mm 004-5).

Dur. et Lév. Exp. sc. Alg., t. 31, f. 5. de Seynes, An. Soc. Linn. Maine-et-Loire, t. 11.

Automne-printemps. — En guirlande sur smilax, chèvrefeuille, clématite, ronce. Cévennes, Pyrénées, Jura. Il ressemble à *Lachnea leucotricha*.

hypnophilus. Blanc de neige. Orbiculaire (0m 005-10) ou réniforme, retourné, puis latéral, très ténu, *ruguleux*, striolé, glabre, fixé par un mycelium soyeux aranéeux et blanc. Lamelles adnées, radiées, ténues, serrées. Spore en amande (0mm 006-8), grenelée.

Bk. Outl., p. 139. Pat., tab. 422.

Automne-hiver. — Sur les mousses, *Atrichum undulatum*, *Hypnum sericeum*.

perpusillus. *Blanc de neige.* Peridium sessile, cupulé, puis réfléchi en capuchon (0m 004-6), ténu, finement tomenteux. Lamelles irradiant autour d'un petit mamelon, *espacées*, blanches, puis *crème jonquille*. Spore ovoïde allongée (0mm 009), finement grenelée.

Fr. S. M. I., p. 192. *applicatus*, Fl. dan., t. 1295, f. 1. *hypnophilus*, Pers. Myc. III., t. 24, f. 5.

Été-automne. — Sur les feuilles et les ramilles des bois humides.

b. *Peridium charnu, homogène.*

porrigens. Sessile et retourné, puis dilaté latéralement en oreille (0m 03-8), tenace, mince, pruineux, tomenteux à la base, d'un *blanc éclatant*. Chair dure, fragile et blanche. Lamelles décurrentes, souvent ramifiées, serrées, *très étroites*, blanc crème. Spore ovoïde sphérique (0mm 006).

Pers. Obs. myc. I., p. 54. Fr. S. M. I., p. 184. Saund. and Sm., t. 26.

Été-automne. — Cespiteux sur les souches des bois de conifères. Comestible.

pinsitus. Très variable, sessile, étalé horizontalement (0m 05-8), onduleux, lobé, *villeux soyeux*, hygrophane, *blanchâtre, blanchissant* par le sec. Chair ténue, molle, un peu fragile. Lamelles irradiant autour d'un point excentrique, blanchâtres, puis crème ocre. Spore pruniforme oblongue (0mm 01-11), finement aculéolée.

Fr. S. M. I., p. 184.

Automne. — Sur les troncs des bois feuillés, sur *Trametes gibbosa*. Ressemble à *Crepidotus mollis*.

pubescens. *Blanc de neige*. Stipe court, *subfiliforme, incurvé*, villeux. Peridium ténu, retourné et appliqué (0m 002-10), puis réfléchi, *villeux*. Lamelles adnées, espacées, larges. Spore ovoïde oblongue (0mm 01).

Sow., t. 321. *septicus*, Fr. S. M. I., p. 192. Lct., t. 706, f. 1.

Été. — Sur les ramilles, les stipules, dans les forêts. Ressemble à *Crepidotus variabilis*.

roseolus. Très tendre, *rose améthyste*, diaphane. Stipe grêle, incurvé (0m002), pubescent furfuracé, plus obscur, translucide. Peridium cupulé, puis réfléchi, conchoïde (0m 002-3), mince, strié, *finement duveté*, purpurin, puis rosé. Lamelles adnées, rares (6-8), épaisses avec l'arête *obtuse* et *plus foncée*. Spore ovoïde (0mm 08), subpyriforme.

Quél. Soc. sc. n. de Rouen, 1879, t. 1, f. 1.

Automne. — Sur les tiges languissantes de joncs et de graminées.

c. *Peridium charnu, recouvert d'une couche gélatineuse ou d'une pellicule visqueuse.*

mastrucatus. Peridium résupiné, cupulé, puis réfléchi et conchoïde (0m 03-12), mou, flasque, *hérissé de mèches squarreuses presque épineuses, gris de souris*. Chair blanc crème sous une couche gélatineuse épaisse et hyaline. Lamelles irradiant autour d'un ombilic excentrique, larges, blanc de cire, gris lilacin vers la marge. Spore pruniforme (0mm 007-9).

Fr. S. M. I., p. 190. *echinatus*, Sow., t. 99.

Automne. — Sur les troncs couchés des bois de hêtres.

algidus. Peridium mince, sessile, cupulé, puis réfléchi (0m 03-5), horizontal, réniforme, *velouté*, puis *glabre, bistre, brun, roux, gris*, paille, blanchâtre, ou *gris zoné de bleu d'azur*. Chair blanc paille sous une couche de gélatine brunâtre. Lamelles irradiant autour d'un ombilic excentrique, serrées, blanc crème. Spore pruniforme oblongue (0mm 01), guttulée.

Fr. S. M. I., p. 190. Fl. dan., t. 1552, f. 1, 1556, f. 2.

atrocæruleus. Peridium villeux, *bleu noirâtre*. Lamelles blanc gris.

Fr. Obs. I., p. 95. Schæf., t. 246, f. 3, 8, 9. Saund. and Sm., t. 6, f. 1. *cæsiozonatus*, Rab. Fl. lus. II., p. 228.

Fin automne et hiver. — Groupé sur les troncs couchés, chêne, hêtre, bouleau, etc.

myxotrichus. Stipe court (0m 002-4), velouté et blanc. Peridium conchoïde (0m 02), résupiné, puis latéral, mince, *velouté* et *blanc de neige*, pellucide et strié au bord. Chair gélatineuse et hyaline en dessus, charnue subcoriace en dessous. Lamelles adnées au sommet du stipe et *blanches*. Spore ellipsoïde cylindrique (0mm 01-12), finement pointillée.

Lév. An. sc. n. 1848, p. 121.

Été. — Sur les souches et branches mortes, hêtre. Touraine, Centre.

fluxilis. Peridium mince, sessile, dimidié (0m 03), réniforme, plan, *gris pâle, bistré* ou *olivâtre*, couvert d'une *couche de gélatine semi-fluide*. Chair ténue, molle, jaunâtre. Lamelles sinuées, linéaires, *espacées*, *blanches*. Spore ellipsoïde oblongue (0mm 008).

Fr. S. M. I., p. 189.

Automne. — Sur les troncs moussus de hêtre.

unguicularis. Stipe très court (0m 002-3), incurvé, glabre et blanc. Peridium ténu, convexe, retourné puis réfléchi (0m 002-8), glabre ou finement villeux, *gris* ou *noir*, recouvert d'une *cuticule visqueuse*. Lamelles adnées, *espacées*, blanchâtres.

Fr. El. I., p. 24. Ic., t. 89, f. 4.

Automne-hiver. — Sur les troncs. *Gris* sur le chêne et *noir* sur le sorbier.

nivosus. Peridium membraneux, sessile, suspendu latéralement, *campanulé* (0m 006-8), *gélatineux*, parcheminé par le sec, granulé, ridé, strié, translucide, gris bistré clair, orné de *verrues hyalines, blanc de neige* par le sec. Lamelles irradiant autour d'un ombilic peu excentrique, *blanches*. Spore arquée réniforme (0mm 012), biocellée.

Quél. Soc. bot. XXIV, p. 320, t. 5, f. 2.

Automne-hiver. — Sur les branches sèches du sureau à grappes.

applicatus. Peridium cupuliforme (0m 004-7), fixé par une base cotonneuse, puis réfléchi, *villeux*, puis glabre, *gris noir* ou bleuâtre. Chair grise, gélatineuse à la surface. Lamelles irradiant autour d'un ombilic blanc, *grises* avec *l'arête blanche*. Spore ellipsoïde oblongue (0mm 008-9), arquée.

Batsch, El., f. 125. Sow., f. 301. *epixylon*, Bull., t. 581, f. 2. *pezizoides*, Nees. Act. nat. cur. IX., t. 6, f. 18 (état naissant).

Eté-automne. — En troupe sur les troncs couchés.

Gen. II. OMPHALINA [1], Quél.

Voile variable, le plus souvent oblitéré. Stipe cortiqué, tubuleux ou farci d'une moelle cotonneuse et dilaté en forme de trompette. Peridium mince, ombiliqué ou en forme d'entonnoir. Lamelles décurrentes. Spore ovoïde ou oblongue, blanche.

I. Mycenariæ.

Peridium à marge droite et d'abord campanulé.

a. *Integrellæ*.

Lamelles souvent pliciformes. Espèces naines et éphémères [2].

polyadelpha. *Blanc de neige*. Stipe *capillaire*, courbé, flasque, pruineux, renflé et villeux à la base. Peridium très délicat, hémisphérique (0m 002), *ombiliqué*, sillonné, pruineux (tomenteux à la loupe). Lamelles décurrentes, *très étroites*, *espacées*. Spore pruniforme allongée (0mm 01).

Lasch. Linn., n° 208. *microscopicus*, Wirtg. Fr. Hym., p. 165.

Automne et hiver. — En troupe dans les feuilles mortes des forêts.

crispula. D'un blanc éclatant et diaphane. Stipe capillaire, court (0m 01), pruineux ou pubescent. Peridium très ténu, convexe (0m 003-4), *festonné* ou *frisé* et pruineux. Hymenium *ridé* ou *veiné* et souvent uni. Spore ovoïde (0mm 008), 2-3 guttulée.

Quél. As. fr. 1880, t. 8, f. 4.

[1] Ce genre, qui renferme les plus petites espèces de *Polyphyllei*, est une miniature du genre *Omphalia*.

[2] Ce petit groupe, analogue au genre *Dictyolus*, relie les *Polyphyllei* aux *Ptychophyllei*.

Sur les tiges mortes entassées. Il réunit les espèces de ce genre à celles du genre *Arrhenia.*

cuspidata. *Blanc* et *diaphane.* Stipe finement fistuleux, subcapillaire, *pulvérulent* au sommet, bulbilleux et fibrilleux à la base. Peridium campanulé (0m 002-3), avec un mamelon prolongé en *pointe* (0m 001-2), *pulvérulent villeux*, striolé. Lamelles très décurrentes, très étroites et *ramifiées* à leur extrémité. Spore pruniforme (0mm 008), subtilement grenelée.

Quél. As. fr. 1880, t. 8, f. 3.

Eté-automne. — Sur les brindilles et les feuilles mortes des bois ombragés.

integrella. *Blanc.* Stipe fistuleux, filiforme, bulbilleux et villeux à la base, pruineux, translucide. Peridium membraneux, ténu, conique, puis hémisphérique (0m 003-6), ombiliqué, *sillonné,* pruineux, diaphane. Lamelles arquées décurrentes, souvent rameuses, onduleuses, étroites, souvent espacées. Spore en amande (0mm 009), ocellée.

Pers. Ic. et Desc., t. 13, f. 5. Fr. Ic., t. 75, f. 6.

Printemps-été. — En troupe sur les vieilles souches ou sur l'humus des bois ombragés.

stellata. *Blanc* et *diaphane.* Stipe farci, puis fistuleux, *filiforme,* souvent incurvé, fragile; base *dilatée, radiée* et hérissée. Peridium membraneux, convexe ombiliqué (0m 01), glabre, strié. Lamelles décurrentes. espacées, ténues et *larges.*

Fr. S. M. I., p. 163. *integrellus* β, Alb. et Schw., p. 197.

Eté. — Groupé sur les troncs et bois pourris.

gracillima. *Blanc de neige.* Stipe filiforme, court (0m 005-8), courbé, *pubescent,* greffé sur un tapis orbiculaire et byssoïde. Peridium hémisphérique (0m 004-5), membraneux, avec un petit mamelon pointu, *sillonné,* et finement *floconneux.* Lamelles *arquées* subdécurrentes, *larges,* espacées et minces. Spore pruniforme allongée (0mm 012).

Weinm. Ross., p. 121. Quél. Jur. I., p. 66, As. fr. 1883, t. 6, f. 3.

Eté. — En troupe sur les ramilles, ronces, etc. Il a la forme de *M. hiemalis.*

b. *Graciles.*

Espèces grêles et gracieuses.

gracilis. *Blanc de neige.* Stipe finement fistuleux, filiforme, translucide, pruineux, *fibrilleux* à la base. Peridium membraneux, campanulé (0m 003-8), *papillé*, *strié*, diaphane. Lamelles très décurrentes, ténues. Spore virguliforme (0mm 008), guttulée.

Quél. As. fr. 1880, t. 8, f. 2. *gracillima*, Fr. Ic., t. 75, f. 5. Quél. Jur. I., t. 4, f. 2.

Été. — Sur l'humus, les brindilles, les mousses, dans les forêts. Plus petit, mais de même forme que *setipes*.

grisea. Stipe fistuleux, ferme, un peu épaissi au sommet, blanc ou gris clair, brillant, cotonneux et blanc à la base. Peridium submembraneux, campanulé convexe (0m 01-2), *finement mamelonné*, puis ombiliqué, strié, hygrophane, gris pâle blanchissant. Lamelles arquées décurrentes, espacées, larges, d'un blanc grisonnant. Spore ovoïde (0mm 01), ocellée.

Fr. Obs. myc. I., p. 47. Ic., t. 78, f. 1.

Eté-automne. — En troupe dans les pelouses ombragées.

speirea. Stipe fistuleux, subfiliforme, très tenace, radicant, fibrilleux à la base, glabre, brillant, *blanc*, *brunissant* en bas. Peridium membraneux, conique convexe, puis plan (0m 01), déprimé, *grisâtre* avec le *mamelon bistre* ou *brun* et des *stries brunes*. Lamelles adnées décurrentes, arquées, espacées, blanches.

Fr. S. M. I., p. 159. Ic., t. 78, f. 2. *camptophyllus*, Bk. Eng. fl. V., p. 62.

Été-automne. — Sur les brindilles et sur les bois morts des forêts ombragées.

setipes. Stipe filiforme, farci, tenace, rigide, pruineux, grisâtre. Peridium membraneux, conicoconvexe (0m 01), *papillé*, puis *ombiliqué*, *gris* chamois avec des *stries plus foncées*. Lamelles très décurrentes, espacées, réunies par des veines, blanches ou grisâtres.

Fr. Obs. myc. II., p. 162. *tentaculé*, Bull., t. 560, f. 3.

Eté. — Parmi les brindilles et les mousses des bois humides. Très voisin de *fibula*.

fibula. Stipe farci, puis fistuleux, filiforme, glabre, souvent pubescent à la loupe, jonquille ou jaune d'or. Peridium campanulé (0m 01-2), puis ombiliqué, strié, jaune d'or ou orangé, pâlissant. Lamelles très décurrentes, larges, blanches ou crème jonquille. Spore ovoïde allongée (0mm 01).

Bull., t. 186, 550, f. 1. Sow., t. 45. Quél. Jur. I., t. 4, f. 5. *nivalis*, Fl. dan., t. 1072, f. 2 ?

Swartzii. Stipe crème, *violet* au sommet. Peridium crème ou chamois, avec l'*ombilic brun*.

Fr. Obs. myc. I., p. 90. *setipes*, Ic., t. 75, f. 4. (facilement confondu avec *setipes*).

Été-automne. — En troupe dans les gazons et les mousses des forêts.

c. *Campanellæ*.

Espèces élégantes, plus grandes.

campanella. Stipe fistuleux, *corné*, grêle, *jaune d'ambre* et *poli*, *laineux* et *fauve clair* à la base. Peridium membraneux, campanulé (0m 01-2), puis convexe ombiliqué, strié, jaune rouillé, hygrophane, réticulé par transparence. Lamelles arquées décurrentes, élégamment veinées réticulées, sulfurines. Spore pruniforme allongée (0mm 01).

Batsch. El., n° 90. *fragilis*, Schæf., t. 230.

Printemps-été. — En troupe sur les souches de sapin pourries des forêts montagneuses.

picta. Stipe farci, *corné*, glabre, *brun*, épaissi et plus pâle au sommet, naissant d'une *membrane* floconneuse, radiée et *fauve*. Peridium membraneux, campanulé tronqué (0m 005-8), ombiliqué, strié, *brun olive*, jaunissant au centre et sur le bord. Lamelles adnées subdécurrentes, plus *larges* que longues, espacées, blanc jonquille. Spore pruniforme ovoïde (0mm 006-7).

Fr. S. M. I., p. 166. Ic., t. 77, f. 4.

Eté. — Sur les brindilles et le bois pourri des forêts du centre. Morvan.

Cornui. Stipe subfiliforme, fibrospongieux, *corné*, sillonné et tordu par le sec, brun fauve brillant, terminé par une *houppe obclavée* (0m 01), *cotonneuse* et *sulfurine*. Peridium membraneux, campanulé, puis ombiliqué (0m 012), strié, brun au centre, fauve doré au bord, *poudré*, ainsi que le haut du stipe, de *petits grains floconneux* d'un *jaune d'or*. Lamelles décurrentes, étroites, fragiles, sulfurin clair, puis *fauve violacé*. Spore pruniforme (0mm 008).

Quél. Soc. bot. XXIV, p. 319, t. 5, f. 1.

Été. — Dans les sphaignes des tourbières, avec *tigrina*. Jura. Affine à *picta*, quoique très différent.

brunneola. Stipe fluet, plein, bistre, *pointillé* de *flocons bruns*, dilaté, à la base, en un petit tapis soyeux et *fauve*. Peridium convexe, puis ombiliqué cyathiforme (0m 005-8), membraneux, fibrilleux ou finement peluché, strié, et *brun*.

Lamelles arquées, décurrentes, espacées, larges, souvent rameuses ou anastomosées et *blanches*. Spore pruniforme (0^{mm} 01), finement grenelée.

Quél. As. fr. 1884, t. 8, f. 2.

Eté. — Groupé sur le bois pourrissant, saule. Gironde.

cyanophylla. Stipe fistuleux, grêle, lisse, lubrifié, gris, puis jaune ou fauve, floconneux et lilas à la base. Peridium membraneux, campanulé (0^{m} 02-3), puis ombiliqué, strié, glabre, pellucide, *jaune souci teinté* de *bistre* ou de *lilas*. Lamelles très décurrentes, arquées, *violet clair* ou *lilacines*. Spore ovoïde sphérique (0^{mm} 006), ocellée.

Fr. Mon. II., p. 293. Ic., t. 77, f. 1. Quél. Jur. I., t. 4, f. 1. Kalch. Ic., t. 7, f. 2.

Eté. — Groupé dans les souches creuses des sapinières montagneuses. Jura, Alpes.

reclinis. *Tenace*, *hygrophane*. Stipe fistuleux, grêle, glabre, blanc, grisâtre, cotonneux à la base. Peridium campanulé (0^{m} 03-4), puis cyathiforme avec la marge brusquement recourbée, *strié*, glabre, blanc grisâtre ou bistré, puis isabelle. Lamelles adnées, puis arquées, décurrentes, *blanches*, puis grisâtres. Spore ovoïde pruniforme (0^{mm} 008).

Fr. Epic., p. 127. Ic., t. 77, f. 2. Kalch. Ic., t. 7, f. 2.

Eté. — Sur les brindilles et les souches des forêts montagneuses.

schizoxylon. Stipe fistuleux, aminci vers la base, souvent comprimé, radicant, lisse, roux bistré. Peridium mince, convexe plan (0^{m} 02), striolé, gris. Lamelles adnées décurrentes, espacées, grisâtres.

Fr. Mon. II., p. 292. Ic., t. 76, f. 4.

Eté. — Sur du vieux bois, chêne. Suède, Alpes.

marginella. *Pruineux*. Stipe finement fistuleux, fin, *gris*, cotonneux et blanc à la base. Peridium submembraneux, campanulé (0^{m} 02), puis *ombiliqué*, bistre brun, puis cendré, avec un mamelon *pointu* et *plus foncé*. Lamelles *arquées* décurrentes, espacées, blanches, puis grisâtres, avec la bordure finement *denticulée* et *brune*. Spore ovoïde (0^{mm} 008), ocellée.

Pers. Syn., p. 309. Quél. Jur. II., t. 2, f. 4.

Eté. — Sur les souches creuses de sapin des forêts montagneuses.

umbratilis. Stipe farci d'une moelle floconneuse, lisse, *brun noir* grisonnant. Peridium convexe, puis ombiliqué (0^{m} 02), strié, glabre, *brun noir*, puis *gris blanc*. Lamelles adnées décurrentes, serrées, larges, gris bistré. Spore pruniforme (0^{mm} 008), finement aculéolée.

Fr. Epic., p. 127. Ic., t. 77, f. 3.

Automne. — Sur la terre, talus des fossés et des chemins.

II. Collybiariæ.

Peridium ombiliqué en naissant, avec la marge infléchie.

a. *Umbelliferæ*.

Lamelles espacées, larges et le plus souvent épaisses.

atropuncta. Stipe plein, dur, fragile, flexueux, aminci du haut en bas, *paille*, luisant, fibrilleux, *parsemé* de *grains noirs* (écailles), bistré au milieu, farineux et blanc à la base. Peridium charnu, rigide, campanulé, puis convexe ombiliqué (0^{m} 02), ridé, *micacé*, souvent pointillé de bistre, gris paille blanchissant. Lamelles arquées décurrentes, espacées, *épaisses*, paille, puis *gris incarnat* et pruineuses. Spore ovoïde sphérique (0^{mm} 006), pointillée, à reflet citrin.

Pers. Syn., p. 353.

Eté-automne. — Sur l'humus des forêts ombragées.

demissa. Stipe grêle, farci tubuleux, *incarnat roux*, luisant, cotonneux et blanc à la base. Peridium convexe, puis ombiliqué cyathiforme (0^{m} 01-015), mince, hygrophane, finement *floconneux*, *rose incarnat* ou *fauve purpurin*, *grisonnant* sous une *pruine blanche*. Lamelles arquées, épaisses, espacées, souvent fourchues, *incarnat purpurin*. Spore ovoïde pruniforme (0^{mm} 01-12), chagrinée.

Fr. S. M. I., p. 157. Bres. Fung., t. 35, f. 1. *tricolor*, Sec., n° 1023.

Eté-automne. — Dans les forêts humides des montagnes. Alpes. Il ressemble aux formes grêles de *C. laccata*.

rustica. Stipe farci, puis creux, grêle, court, glabre, gris ou bistre, villeux et blanc à la base. Peridium membraneux, convexe ombiliqué (0^{m} 01), strié, *gris*, puis grisâtre ou bistré. Lamelles décurrentes, épaisses, *grises*. Spore ovoïde virguliforme (0^{mm}008), finement aculéolée.

Fr. Epic., p. 126. *ericetorum*, Pers. Obs. I., t. 4, f. 12.

Eté-automne. — Dans les bruyères et les pelouses sèches.

glaucophylla. Stipe farci, ferme, gris clair. Peridium membraneux, en entonnoir (0m 01), *strié plissé*, glabre, hygrophane, gris de souris, pâlissant. Lamelles décurrentes, lancéolées, *olive*.

Lasch. Linn., no 217. Fr. Hym., p. 159.

Eté-automne. — Sur l'humus dans les forêts.

griseola. Stipe farci, puis fistuleux, *court*, ferme, glabre, *gris*. Peridium mince, convexe (0m 005-6), *ombiliqué*, glabre, hygrophane, *bistre blanchissant* et brillant. Lamelles décurrentes, plus larges en arrière, concolores, plus claires. Spore ovoïde (0mm 006).

Pers. Myc. Ill., t. 28, f. 3. *griseopallida*, Desm. Exsic., no 120.

Eté-automne. — Sur les décombres et au bord des chemins.

bibula. *Translucide*. Stipe fistuleux, fluet, glabre, villeux à la base, *blanc*, ou *citrin* pâle. Peridium hémisphérique (0m 015-025) ombiliqué, mince, *humide*, soyeux, *olive*, puis *gris* au milieu, avec la marge *citrine*, puis *blanche*. Lamelles arquées, décurrentes, larges, espacées, *citrines*. Spore pruniforme (0mm 01), grenelée, hyaline ou verdâtre.

Wynniæ, Bk. Quél. As. fr. 1882, p. 4.

Automne. — En troupe sur l'humus ou les souches de sapin. Vosges, Jura. Se distingue de *umbellifera*, var. *flava*, par sa consistance très molle.

umbellifera. Stipe plein, puis creux, glabre, concolore, villeux et blanc à la base. Peridium mince, *obconique*, faiblement ombiliqué (0m 01-2), hygrophane, *strié*, radié, avec la marge crénelée, gris, bistré, paille, blanchâtre ou ocracé, *blanchissant*. Lamelles décurrentes, *espacées*, triangulaires, blanches, puis crème ou jonquille. Spore ovoïde pruniforme (0mm 008).

Linn. Fr. El. I., p. 22. *niveus*, Fl. dan., t. 1015. *valgus*, Holmsk. Ot. II., t. 34. *pseudoandrosaceus*, Bull., t. 276.

citrina. Glabre, citrin, diaphane.

viridis. Pubescent. bleuâtre, verdoyant.

Fl. dan., t. 1672.

En tout temps, sur les souches de conifères et dans les tourbières.

myochroa. D'un brun bistre. Stipe radicant hérissé. Lamelles subdichotomes.

With. Arr. IV., p. 149. Fr. Hym., p. 161.

Sur les souches de hêtre.

? atripes. Stipe farci, puis fistuleux, *noir*, pruineux et *azuré* à la base. Peridium membraneux, convexe, puis en entonnoir, glabre, *brun*, pâlissant et brillant. Lamelles larges en arrière, brunâtres, puis couvertes d'une pruine blanche.

Rab. Kr. fl., p. 520.

Sur des souches de pin en automne.

velutina. D'un gris pâle. Stipe finement *tomenteux*. Peridium convexe ombiliqué (0m 012), strié. Lamelles espacées, arquées, crème grisâtre. Spore ovoïde pruniforme (0mm 008).

Quél. As. fr. 1885, t. 12, f. 1.

Eté. — Dans les pelouses sèches, dans les haies.

tricolor. Stipe plein, épaissi au sommet, pruineux tomenteux, concolore plus clair, *noircissant* à la base. Peridium submembraneux, convexe ombiliqué (0m 01), striolé, *ocracé blanchissant*. Lamelles décurrentes, *espacées*, triquètres, *orangées*, voilées d'une *pruine rosée*.

Alb. et Schw. Cons., t. 9, f. 5. Fr. S. M. I., p. 166.

Eté. — Dans les prés et pâturages ombragés. Probablement une forme de couleur du *sciopus*.

sciopus. Stipe plein, grêle, flexueux, pruineux velouté, blanc de lait en haut, *gris bistre* en bas et en dedans. Peridium membraneux, ombiliqué (0m 01), ridé, pruineux, *crème* blanchissant. Lamelles adnées, espacées, parfois ramifiées, *crème*, puis *aurore* clair. Spore ellipsoïde allongée (0mm 015).

Quél. Jur. et Vosg. III., p. 7, t. 1, f. 13.

Printemps-été. — Dans le gazon des pâturages et des tourbières.

scyphiformis. *Blanc de neige*. Stipe *plein*, subfiliforme, flexueux, court (0m 01-2), épaissi au sommet, glabre, pruineux à la base. Peridium membraneux, convexe ombiliqué (0m 005-8), glabre, striolé, translucide, avec la marge crénelée. Lamelles très décurrentes, espacées, minces. Spore ovoïde (0mm 005).

Fr. Obs. myc. II., p. 221. Ic., t. 75, f. 3 (amplifiée). *buccinalis*, Sow., t. 107?

Eté-automne. — En troupe sur la terre dénudée des forêts feuillées.

b. *Hydrogrammæ*.

Lamelles étroites et serrées. Les plus grands du genre.

hydrogramma. *Gris* pâle ou bistré, *blanchissant*. Stipe grêle, fistuleux, comprimé, ondulé, glabre, laineux et radicant à la base. Peridium submembraneux, convexe (0m 05-7), fortement *ombiliqué*, flexueux, strié, très hygrophane. Lamelles très décurrentes, étroites, arquées, inégales, blanchâtres. Spore ovoïde (0mm 005), subtilement aculéolée.

Bull., t. 564, f. A. Fr. Ic., t. 71.

Automne. — Cespiteux sur les feuilles mortes des bois humides. Ressemble à *O. phyllophila*.

umbilicata. Stipe fistuleux, *fibrillé strié* au sommet, villeux à la base, *blanc*. Peridium submembraneux, ombiliqué, puis en entonnoir (0m 02-3), glabre, hygrophane, grisâtre ou bistré, *blanchissant* ou jaunissant, *brunâtre* au milieu. Lamelles minces, très décurrentes, blanchâtres.

Schæf. Ic., t. 207. *phæophtalmus*, Pers. Myc. III., n° 108. Bres. Fung., t. 35, f. 2.

Automne. — Groupé près des troncs ou parmi les brindilles dans les bois.

ventosa. Stipe *tubuleux*, fragile, épaissi et cotonneux à la base, glabre, concolore pâlissant. Peridium membraneux, infundibuliforme (0m 03), flasque, ondulé, glabre, hygrophane, *roux incarnat*, puis bistré et pâlissant, *luisant;* marge striée. Lamelles très décurrentes, peu serrées, blanc incarnat. Spore ovoïde (0mm 005).

Fr. Obs. myc. II., p. 221. Bull., t. 564, f. B. *dumosus*, Fr. Ic., t. 72, f. 1.

Eté. — En troupe dans les bois de conifères montagneux.

pyxidata. Stipe élastique, plein, puis fistuleux, pruineux, roux incarnat clair. Peridium membraneux, ombiliqué, puis en entonnoir (0m 02), très hygrophane, *strié radié*, pellucide, *incarnat brique*, pâlissant et soyeux par le sec. Lamelles décurrentes, incarnates, puis briquetées. Spore ovoïde pruniforme (0mm 008), guttulée.

Bull., t. 568, f. 2. *hepaticus*, Batsch., f. 211.

muralis. Stipe court, roux brun, cotonneux et blanc à la base. Peridium (0m 01-2), *radié strié*, avec la marge *crénelée*, châtain ou brique. Lamelles arquées décurrentes, incarnates puis rousses.

Sow. Eng. fung., t. 322. Quél. Jur. I., t. 23, f. 7.

Automne. — En troupe dans les bruyères et les pelouses et sur les vieux murs.

scyphoides. D'un blanc éclatant. Stipe plein, court, flexueux, *villeux*. Peridium submembraneux, ombiliqué cyathiforme

(0m 01-2), onduleux, soyeux. Lamelles décurrentes, *étroites*, serrées, blanc crème. Spore pruniforme (0mm 006), finement aculéolée.

Fr. S. M. I., p. 163. Ic., t. 75, f. 2.

mutila. *Blanc.* Stipe excentrique ou latéral, glabre, villeux à la base. Peridium versiforme, soyeux, glabre. Lamelles décurrentes, moins serrées.

Fr. S. M. I., p. 191. Ic., t. 88, f. 4.

Printemps-été. — En troupe dans les pelouses.

maura. Stipe farci d'une moelle floconneuse, puis fistuleux, grêle, *raide*, fragile, fuligineux noirâtre. Peridium submembraneux, hémisphérique (0m 03), *ombiliqué*, glabre, hygrophane, strié, fuligineux, soyeux et gris par le sec. Lamelles très décurrentes, serrées, *blanches*. Spore ovoïde sphérique (0mm 006), pointillée.

Fr. S. M. I., p. 168. Ic., t. 73, f. 2.

Eté-automne. — Pâturages tourbeux des montagnes. Ressemble à *C. atrata*.

leucophylla. Stipe farci, puis fistuleux, raide, glabre et *gris*, villeux et blanc à la base. Peridium submembraneux, cyathiforme (0m 02-3), glabre, *gris cendré*. Lamelles décurrentes, arquées, *blanches*. Spore ellipsoïde pruniforme (0mm 01), pointillée.

Alb. et Schw. Cons., p. 220. Fr. Ic., t. 73, f. 4.

Eté-automne. — Dans les bois humides de conifères.

epichysium. Stipe plein, puis creux, tenace, lisse, *cendré*, cotonneux et blanc à la base. Peridium membraneux, convexe plan, puis ombiliqué (0m 02-3), *strié*, *pelucheux* ou *soyeux*, gris bistré pâlissant. Lamelles brièvement décurrentes, planes, *grises*. Spore pruniforme allongée (0mm 01).

Pers. Ic. pict., t. 13, f. 1. Fr. S. M. I., p. 169.

Eté-automne. — Sur les troncs pourris des forêts montagneuses.

striæpilea. Stipe fistuleux, tenace, glabre, brun pâle. Peridium membraneux, convexe plan (0m 02-3), ombiliqué, élégamment *strié*, glabre, *gris bistré*, hygrophane, pâlissant. Lamelles peu décurrentes, blanc grisâtre. Spore ovoïde (0mm 006-7), aculéolée.

Fr. Mon. II., p. 291. Ic., t. 73, f. 3.

Automne. — Dans les bois arénacés et gramineux.

tigrina. Stipe fistuleux, légèrement épaissi au sommet, glabre et *gris*. Peridium mince, convexe (0m 02-3), profondément ombiliqué, puis en entonnoir, *blanchâtre*, *moucheté* de *mèches poilues* et *cendrées*. Lamelles très décurrentes, *grises*.

Alb. et Schw. Cons., p. 220. *affricatus*, Fr. Obs. II. Ic., t. 75, f. 1.

Printemps-été. — En troupe dans les tourbières.

philonotis. Très délicat, fragile, gris paille, puis bistre. Stipe fistuleux, grêle, glabre, cotonneux et blanc à la base. Peridium en entonnoir (0^m 02-3), à marge *droite*, hygrophane, strié, transparent, *grisâtre*, *moucheté* de *fines mèches poilues* et *bistre*. Lamelles très décurrentes, lancéolées, étroites, grisâtres ou paille. Spore ovoïde pruniforme (0^{mm} 006).

Lasch. Linn. III., p. 226. Fr. Ic., t. 76, f. 1. *sphagnicola*, Bk. Eng. fl. V., p. 67.

Printemps-été. — En troupe dans les sphaignes des tourbières.

oniscus. Stipe plein, puis fistuleux, tenace, grêle, ondulé, souvent comprimé et courbé, glabre, gris, villeux et blanc à la base. Peridium submembraneux, flasque, puis fragile, convexe (0^m 02-3), ombiliqué, puis en coupe, strié, *gris*, pâlissant et luisant. Lamelles décurrentes, *grises*. Spore pruniforme (0^{mm} 008).

Fr. S. M. I., p. 172. Ic., t. 76, f. 3. *cæspitosus*, Bolt., t. 41, C.

Eté. — Dans les sphaignes des étangs et des tourbières.

Gen. III. MYCENA, Fr.

Voile le plus souvent impalpable. Stipe tubuleux. Peridium campanulé, à *marge droite*, submembraneux, plus ou moins strié. Lamelles libres, adnées, uncinées. Spore ovoïde, pruniforme, etc., hyaline. Humicoles ou épiphytes. Espèces gracieuses.

I. Basipedes.

Très fins et flétris en un clin d'œil. Stipe arhize, naissant d'un disque ou d'un bulbille.

stylobates. Stipe filiforme, glabre, blanc, s'élevant sur un petit disque orbiculaire, *strié*, tomenteux et blanc. Peridium membraneux, campanulé convexe (0^m 005-10), strié, blanc de lait, grisâtre, rarement bleuâtre, pellucide, poilu à la loupe. Lamelles libres, ventrues et blanches. Spore pruniforme (0mm 01).

Pers. Syn., t. 5, f. 4. Bk. Outl., t. 6, f. 5. *grisellus*, Sturm. Deutsch. Fl., t. 29. *cærulescens*, Fl. dan., t. 2025, f. 3.

dilatata. Blanc. Peridium convexe plan. Stipe filiforme, naissant d'un disque *convexe*, orbiculaire et *glabre*. Lamelles libres, réunies en collier.

Fr. Obs. myc. I., p. 40. Ic., t. 84, f. 3. *nanus*, Bull., t. 563, f. R, S.

Eté-automne. — En troupe sur les brindilles et les feuilles mortes des bois ombragés.

setosa. Blanc de neige. Stipe capillaire, diaphane, *hérissé de poils* rares et inclinés, naissant d'un petit disque orbiculaire, *convexe*, pubescent. Peridium ténu, campanulé (0m 002-3), striolé, *farineux*. Lamelles libres, ténues, étroites. Spore pruniforme (0mm 008), ocellée.

Sow. Eng. fung., t. 103. *tenerrimus*, Bk. Outl., t. 6, f. 6. *discopus*, Lév. An. sc. n. 1841, t. 14, f. 4.

Eté-automne. — Sur les brindilles, les feuilles, les tiges, dans les bois ombragés.

mucor. *Gris hyalin*. Stipe capillaire, flexueux, glabre, naissant d'un très petit disque orbiculaire, *plan* et glabre. Peridium très ténu, campanulé convexe (0m 002-3), striolé, glabre, translucide. Lamelles adnées, blanc grisonnant.

Batsch, El., f. 82. Fr. S. M. I., p. 155. *integrellus*, Nees. Syst., f. 187.

Automne. — Sur les feuilles mortes des bois ombragés. Voisin de *capillaris*. Ephémère.

pterigena. Stipe capillaire, fistuleux, striolé, *rose rouge*, *lilas* au sommet en naissant; *bulbille* fixé par des *filaments soyeux* et *blancs*. Peridium très délicat, ellipsoïde campanulé (0m 001-2), striolé, d'un *rose couleur de feu*, puis *incarnat* (fibrillé rayé à la loupe). Lamelles uncinées, espacées, *blanches*, avec la *marge rose rouge*. Spore ovoïde allongée (0mm 012).

Fr. Obs. myc. I., p. 43. Ic., t. 85, f. 4. Pers. Myc. III., t. 28, f. 6. Luc. Ch., t. 156.

Eté-automne. — Sur les tiges mortes de fougère, dans les forêts montagneuses.

cyanorhiza. Stipe subfiliforme, court, velouté à la loupe, *subbulbeux*, hérissé de poils très courts et *azuré* à la base. Peridium membraneux, hémisphérique (0m 005), strié, sillonné, *blanc*, grisâtre au sommet. Lamelles adnées arquées, blanches. Spore pruniforme (0mm 01), pointillée.

Quél. Jur. et Vosg. III., t. 1, f. 14.

Automne. — Sur les brindilles dans les sapinières.

hiemalis. Stipe subfiliforme, incurvé, blanc, *pubescent* à la base. Peridium membraneux, campanulé convexe (0m003-5), faiblement mamelonné, strié, pruineux, blanc purpurin ou lilacin, plus obscur au centre. Lamelles uncinées, blanc incarnadin. Spore ovoïde (0mm 01).

Osb. Retz. Sup., p. 19. Fr. Ic., t. 85. f. 1. *corticalis*, Bull., t. 519, f. 1. *clavularis*, Batsch., f. 81.

Arrière automne. — Sur les troncs des forêts humides.

corticola. Stipe *court*, courbé, bistre ou purpurin. Peridium hémisphérique campanulé, légèrement ombiliqué, *cannelé*, *floconneux grenu*, diaphane, purpurin ou violacé bistré. Lamelles uncinées, *larges*, blanc rosé ou lilacin. Spore ovoïde sphérique (0mm 01-12).

Schum. Sæll., n° 4689. Sturm. III., t. 2. Fr. Ic., t. 85, f. 2.

Fin automne et hiver. — Sur les troncs des arbres feuillés.

capillaris. *Blanc*, blanchissant et marcescent. Stipe capillaire, flexueux, glabre, à peine renflé et villeux à la base. Peridium campanulé (0m 002), glabre, diaphane, striolé. Lamelles adnées, ténues, flétries d'un souffle. Spore ovoïde allongée (0mm 007).

Schum. Fr. S. M. I., p. 160. Ic., t. 84, f. 6 Fl. dan., t. 2142, f. 1. *lacteus*, Bull., t. 601, f. 2. C. *acicularis*, Hoffm. Nom., t. 5, f. 2.

Eté-automne. — Groupé dans les feuilles mortes des bois ombragés.

stipularis. Stipe capillaire, fistuleux, flasque, finement pubescent, *jonquille*. Peridium globuleux campanulé (0m003-4), membraneux, ombiliqué, glabre, d'un beau *rose*. Lamelles (6-8), espacées, larges et *rosées*.

Fr. S. M. I., p. 160. Ic., t. 85, f. 5 (stipe souci pâle).

Automne. — Sur les brindilles, les tiges sèches, dans les bois ombragés.

venustula. Stipe capillaire, pruineux, villeux à la base, *blanc*. Peridium membraneux, campanulé ou convexe (0m 002-3), puis ombiliqué, diaphane, poudré à la loupe de grains purpurins, strié, *rosé*. Lamelles adnées, larges, espacées, *blanches*, avec la marge poudrée et *incarnat rosé*. Spore ovoïde sphérique (0mm 008-9), pointillée.

Quél. As. fr. 1882, t. 11, f. 5.
Automne. — Sur les troncs moussus, aubépine, pommier. Jura. Très voisin de *stipularis*.

juncicola. Stipe capillaire, glabre, *brun*, adné. Peridium conicoconvexe (0m 002-3), glabre, strié, *rouge fauve*. Lamelles adnées en anneau, espacées, blanc crème.
Fr. S. M. I., p. 160. Ic., t. 85, f. 6. Mich., t. 80, f. 9. Paul., t. 105, f. 11. Bull., t. 148, f. D.
Eté-automne. — Sur les joncs, les tiges, les feuilles des bois marécageux.

II. Filipedes.

Très grêles, terrestres, muscicoles, inodores. Lamelles changeantes. Stipe flasque et allongé.

filopes. Stipe *filiforme*, glabre, grisâtre ou bistré, *radicant fibrilleux*. Peridium membraneux, conicocampanulé (0m 01), strié, glabre, blanc gris ou bistré. Lamelles libres, serrées et blanches.
Bull., t. 320. Hoffm. Nom., t. 6, f. 1. *pilosus*, Batsch., f. 2.
Eté-automne. — Dans les feuilles mortes et les brindilles des forêts.

vitilis. Stipe subfiliforme, flexueux, tenace, radicant, lisse, grisâtre, blanc au sommet. Peridium membraneux, conicocampanulé (0m 01), *cannelé*, bistre ou gris, avec le mamelon plus obscur. Lamelles atténuées adnées, linéaires, ténues, blanchâtres ou grises. Spore ellipsoïde (0mm 01).
Fr. Epic., p. 113. Bull., t. 518, f. O. *amsegetes*, Fr. (peridium strié de haut en bas) Epic., p. 113.

canescens. Peridium hémisphérique, puis faiblement ombiliqué (0m 01-2), blanc grisonnant.
Weinm. Ross., p. 116.
Eté-automne. — Sur les brindilles et les feuilles mortes des bois humides. Intermédiaire entre *filopes* et *galericulata*.

collariata. Stipe très grêle, long, *tenace*, glabre, striolé à la loupe, ondulé, gris clair, villeux à la base. Peridium membraneux, campanulé, puis aplani (0m 02), mamelonné, *strié ridé*, hyalin grisonnant, légèrement bistré au centre. Lamelles uncinées, réunies en *tube* autour du stipe dont il se décolle aisément, *veinées*, blanc grisonnant (parfois incarnates).

Fr. Obs. myc. II., p. 164. Ic., t. 82, f. 5. *griseus*, Batsch., f. 80.

Automne. — En troupe dans les forêts ombragées.

supina. Stipe filiforme, tenace, courbé, fibrilleux, laineux à la base, *pruineux* et blanc. Peridium membraneux, campanulé convexe (0m 005-8), tenace, striolé, glabre, *blanc* ou gris avec le sommet *gris brun*. Lamelles adnées, presque libres, ventrues et blanches. Spore ovoïde (0mm 008), pointillée.

Fr. S. M. I., p. 142. Hoffm. Nom., t. 6, f. 3. Fl. dan., t. 1551, f. 2.

epiphlœa. Stipe subsétacé, glabre, diaphane, blanc paille, plus foncé à la base. Peridium conique, *pointu*, strié de haut en bas, glabre, blanchâtre, bistré au sommet. Lamelles *libres*, ventrues, espacées, blanches.

Fr. Hym., p. 146.

Eté-automne. — Sur les troncs moussus, hêtre, saule, des forêts ombragées. Il a l'aspect de *hiemalis*.

ianthina. Stipe subfiliforme, *striolé*, violacé, courbé et laineux à la base. Peridium membraneux, campanulé conique (0m 02), *strié*, purpurin ou lilacin. Lamelles adnées, uncinées, blanches, grisâtres ou lilacines.

Fr. S. M. I., p. 147. Quél. As. fr. 1882, t. 11, f. 4.

Eté. — Dans les feuilles mortes des bois ombragés.

urania. Stipe très grêle, flexible, lisse, *bleu noir*, puis à peine azuré, villeux et blanc à la base. Peridium membraneux, campanulé convexe (0m 01), strié, bleu noir, puis violet et enfin lilacin ou blanc, rarement bistré. Lamelles uncinées adnées, ténues, blanches.

Fr. S. M. I., p. 144. Buxb. Cr. IV., t. 8, f. 2.

Eté. — Groupé dans les brindilles des bois marécageux.

iris. Stipe subfiliforme, flexueux, *poudré tomenteux*, gris, souvent vert-de-gris à la base. Peridium membraneux, conico-campanulé (0m 01), strié, *farineux*, *gris* jaunissant avec la marge souvent finement fibrilleuse, *vert-de-gris* ou *azurée;* cuticule visqueuse et séparable. Lamelles libres, étroites, serrées, grises, blanchissant sur l'arête. Spore pruniforme (0mm 008).

Bk. Outl., t. 6, f. 3. *amictus*, Fr. S. M. I., p. 141. Ic., t. 82, f. 3.

Eté. — Parmi les mousses ou sur les souches des forêts, surtout dans les sapinières.

plumbea. Stipe pulvérulent, gris, *hyalin* au sommet. Peridium convexe aplani, ténu, *gris de plomb*, sous une pruine blanchâtre et parfois *bleu cendré*. Lamelles concolores.

Fr. Hym., p. 144.

Eté. — Dans les prés moussus.

debilis. Ephémère, *lilacin*, pellucide. Stipe filiforme, tendre, fibrilleux à la base. Peridium très ténu, campanulé obtus (0m 004-6), strié, *ridé* et *ratatiné* par le sec, blanchâtre violacé ou incarnat. Lamelles largement adnées, blanchâtres ou concolores.

Fr. Epic., p. 112. Ic., t. 82, f. 4. Quél. Jur. I., t. 14, f. 6.

Eté-automne. — Dans les mousses des bruyères et des bois de conifères. Il a l'aspect d'une miniature de *sanguinolenta*.

tenella. Stipe filiforme, tendre, glabre, concolore, laineux à la base. Peridium membraneux, campanulé (0m 005), striolé, *pellucide*, blanc, grisâtre ou incarnat. Lamelles uncinées, ténues, *blanches*, puis *rosées*. Spore ovoïde allongée (0mm 008), finement aculéolée.

Fr. Epic., p. 111. *carneifolius*, Raii, Syn., t. 1, f. 2.

Eté-automne. — Cespiteux sur les souches ou sur les brindilles des forêts ombragées.

acicula. Stipe filiforme, glabre, villeux à la base, *jonquille*, pâlissant. Peridium campanulé (0m 01), orné d'un petit mamelon, glabre, orangé écarlate et chatoyant ; marge striolée et plus claire. Lamelles émarginées, d'un beau jonquille blanchissant. Spore virguliforme (0mm 01-012), finement aculéolée.

Schæf. Ic., t. 222. Fr. Ic., t. 85, f. 3.

Printemps-automne. — Sur les brindilles et les feuilles mortes des forêts.

III. Fragilipedes.

Ténus, fragiles, tendres, ordinairement odorants et terrestres.

atroalba. Stipe raide, *bicolore*, brillant, hérissé et gonflé ou bulbeux à la base. Peridium peu charnu, glandiforme (0m 02-3), striolé, lisse, *bistre noir*, *blanchissant* au bord. Lamelles atténuées adnées ou libres, ventrues, blanches.

Bolt. Fung., t. 137. Fr. S. M. I., p. 141.

Eté-automne. — Sur le terreau des forêts ombragées.

dissiliens. Stipe court, striolé, gris ou fuligineux, hérissé à la base et éclatant en *lanières retroussées*. Peridium membraneux, campanulé (0m 05-8), très fragile, *cannelé plissé*, pruineux, bistre, plus clair au bord. Lamelles sinuées, larges, blanchâtres, grises à la base, à reflet lilacin. Spore ovoïde ellipsoïde (0mm 1), pointillée.

Fr. Epic., p. 108. Ic., t. 81, f. 2.

Dès le printemps. — Sur les souches dans les bois de conifères.

atrocyanea. Stipe raide, *filiforme* avec la base fibrilleuse, glabre et *bleu noir*. Peridium membraneux, campanulé convexe (0m 01), ridé, striolé, *bleu cendré*, avec le mamelon rugueux et brun noir, *couvert* d'une *pruine blanche*. Lamelles atténuées adnées, espacées, blanches, grises à la base. Spore ellipsoïde (0mm 008-9), subovoïde.

Batsch. El., f. 87. Fr. S. M. I., p. 147. *nigricans*, Bres. Fung., t. 36. Luc. Ch., t. 184.

Eté-automne. — Sur les aiguilles et brindilles des conifères.

Maingaudii. Stipe tubuleux, glabre, *bistre*, blanchâtre au sommet, hérissé et blanc à la base. Peridium campanulé, sillonné, *brun bistre*, avec *mamelon noir*. Chair blanche, *purpurine* à l'air. Lamelles uncinées, grisâtres à la base, prenant une teinte purpurine au toucher. Spore pruniforme (0mm 01).

Quél. As. fr. 1887.

Automne. — En troupe dans les forêts, sur l'humus et les ramilles. Ouest de la France.

lasiosperma. Stipe fluet, tubuleux, radicant, pruineux et *grisâtre*, brunâtre et hérissé de filaments blancs à la base. Peridium campanulé (0m 01-2), membraneux, *strié*, pruineux, *gris bistré*, avec le *mamelon bistre*. Odeur de farine rance. Lamelles uncinées, ventrues, *blanches*, puis gris paille. Spore *sphérique* (0mm 006-8), *hérissée de pointes*.

Bres. Fung. trid., t. 37, f. 1.

Eté. — Dans les prés et bords de chemins. Gironde, Tyrol. Il ressemble à *galopus*.

leptocephala. Gris blanc. Stipe grêle, striolé, villeux à la base. Peridium campanulé, puis aplani (0m 02-3), fragile, *cannelé*, pruineux, pellucide, gris clair avec le mamelon brunâtre. Lamelles adnées, uncinées, veinées en travers, gris plombé, puis gris clair, blanchissant sur l'arête. Spore pruniforme ellipsoïde (0mm 006-8). Odeur ammoniacale.

Pers. Ic. et Desc., t. 12, f. 4.

Eté-automne. — Sur les souches ou les brindilles, surtout dans les bois de conifères.

alcalina. Stipe rigide, humide, jaune *ambre*, bistré ou cendré, brillant par le sec. Peridium membraneux, campanulé (0m 02-5), strié jusqu'au milieu, humide, ambre, olive ou brun. Lamelles adnées, réunies par des veines, glauques, jaunâtres ou grisâtres, avec l'arête parfois *brune*. Spore ovoïde (0mm 006).

Fr. S. M. I., p. 142. Ic., t. 81, f. 3. *brunneus*, Schæf., t. 32. *flavipes*, Pers. Syn., n° 233.

Eté-automne. — Cespiteux sur les aiguilles et les souches des bois de conifères.

ammoniaca. Stipe grêle, radicant, *blanchâtre*, hérissé à la base. Peridium campanulé, pointu (0m 02-4), strié, gris, brun ou bistre au sommet. Lamelles adnées, linéaires, espacées, blanchâtres ou grises, bordées de blanc. Spore pruniforme ellipsoïde (0mm 012), pointillée.

Fr. Obs. myc. I., p. 155.

Eté-automne. — Dans les bruyères et à l'orée des forêts.

metata. Stipe flasque, *mou*, blanc, grisonnant, renflé, fibrilleux et blanc à la base. Peridium membraneux, hémisphérique campanulé (0m 01-015), très hygrophane, *soyeux*, *gris perle*, crème ou incarnat, bistré au centre, striolé par l'humide et *blanc argenté* par le sec. Lamelles adnées, linéaires, blanchâtres ou gris jaunâtre. Odeur alcaline faible. Spore pruniforme ellipsoïde (0mm 01).

Fr. S. M. I., p. 144. Paul., t. 99, f. 8. Luc. Ch., t. 185. *pauperculus*, Bk. Outl., p. 125.

Eté-automne. — Dans les clairières moussues, surtout des bois de conifères. Peu différent de *leptocephala*.

cladophylla. Stipe fistuleux, grêle, fibreux, élastique, *blanc*, roussâtre en bas. Peridium membraneux, convexe (0m 015), mamelonné, flexueux, d'un gris blanc brillant. Lamelles adnées, uncinées, *ramifiées* et *anastomosées*, blanc grisonnant.

Lév. An. sc. n. 1843, p. 213. t. 7, f. 1.

Automne. — Dans les pelouses sylvatiques. Paraît être un *lusus* de *stannea*.

plicosa. Fragile, gris bistré. Stipe raide, arhize, poli, villeux et blanc à la base. Peridium membraneux, campanulé (0m 02-3), mamelonné, *rayé de plis espacés*. Lamelles adnées, *épaisses*, espacées, réunies par des veines, *grises*, couvertes d'une *pruine blanche*. Spore ovoïde pruniforme (0^{mm} 01), finement pointillée.

Fr. S. M. I., p. 145. *oligophyllus*, Lasch. Linn. IV., n° 542.

Eté. — Sur l'humus des forêts ombragées.

umbellifera. Stipe souvent comprimé, glabre, *brillant*, blanchâtre ou brunissant. Peridium membraneux, campanulé convexe (0^{m} 01-2), sillonné, mamelonné, bistre ou cendré, pâlissant. Lamelles adnées uncinées, soudées en collier, réunies par des veines, espacées, blanches, grises à la base. Odeur amaricante, alcaline. Spore ellipsoïde (0^{mm} 006), glauque.

Schæf. Ic., t. 309. *ætites*, Fr. Epic., t. 81, f. 5.

peltata. Peridium strié, bistre noirâtre, puis *blanchâtre* au centre, avec le bord relevé et *noirâtre*.

Fr. Hym., n° 472.

Eté-automne. — En cercle dans les pelouses moussues.

stannea. Stipe allongé, recourbé, gris, puis paille, lisse. Peridium membraneux, campanulé, puis étalé et mamelonné (0^{m} 03), souvent fendillé, glabre, striolé, hygrophane, gris clair, *satiné* et brillant. Lamelles adnées, uncinées, réunies par des veines, grisâtres. Spore pruniforme (0^{mm} 01). Inodore.

Fr. Epic., p. 111. Ic., t. 82, f. 2.

Eté. — Sur l'humus des forêts feuillées.

vitrea. Stipe subfiliforme, striolé, blanchâtre *hyalin*, laineux et violacé à la base. Peridium membraneux, conicocampanulé (0^{m} 01-2), *très mince*, *strié* puis *cannelé*, *hyalin* grisonnant ou incarnadin, avec le mamelon brunâtre. Lamelles adnées, ténues, blanches, à reflet glauque ou incarnat.

Fr. S. M. I., p. 146. Ic., t. 82, f. 1.

Eté. — Dans les mousses des sapinières. Peu différent du suivant.

tenuis. Très fragile et titubant. Stipe *tubuleux*, *membraneux*, pellucide, blanc hyalin ou jaunissant à la base. Peridium très ténu, campanulé convexe (0^{m} 01-2), strié, aqueux, hyalin ou blanc bistré ; marge *crénelée* et *blanche*. Lamelles uncinées, espacées, blanchâtres.

Bolt. Fung., t. 37. Fr. Epic., p. 111.

Eté-automne. — En troupe dans les pelouses moussues et humides.

IV. Lactipèdes.

Stipe et lamelles donnant un suc laiteux à la cassure.

hæmatopus. Stipe grêle, fragile, recourbé, pruineux, blanc, grisâtre, incarnat ou violacé. Peridium campanulé (0m 02-3), denticulé, puis fimbrié, strié, blanc grisonnant, purpurin, bistré au sommet. Lamelles uncinées, blanches, puis incarnates ou violacées. *Suc sanguin noirâtre*. Spore ellipsoïde (0mm 01).

Pers. Obs. myc. II., p. 76. Fr. Ic., t. 83, f. 1.

Eté-automne. — Cespiteux sur les souches, hêtre, sapin. Ressemble à *galericulata*.

cruenta. Stipe très grêle, raide, glabre, purpurin bistré, laineux à la base. Peridium membraneux, campanulé (0m 01), mince, strié, bistre violet pâlissant. Lamelles adnées, serrées, blanchâtres ou lilacines. *Suc pourpre foncé*.

Fr. S. M. I., p. 149. Ic., t. 83, f. 2.

Eté-automne. — Dans les feuilles mortes et les brindilles des forêts humides.

sanguinolenta. Stipe subfiliforme, flasque, glabre, fibrilleux à la base, blanc violacé. Peridium *ténu*, campanulé (0m 01-2), mamelonné, glabre, *strié plissé*, *transparent*, blanchâtre violacé, plus obscur au sommet. Lamelles un peu espacées, blanchâtres ou lilacines, avec *bordure pourpre noirâtre*. *Suc purpurin*.

Alb. et Schw. Cons., p. 196. Fr. Ic., t. 83, f. 3.

Eté-automne. — En troupe dans les aiguilles des conifères.

galopus. Stipe grêle, raide, à fibrilles radicantes, blanchâtre ou gris. Peridium membraneux, campanulé (0m 015), faiblement mamelonné, strié, *pruineux*, bistre, cendré ou *blanc*, avec le centre *bistre* ou noirâtre. Lamelles adnées, blanches ou glauques. Lait abondant et *blanc*. Spore ovoïde oblongue (0mm 01).

Pers. Syn., p. 380. Fl. dan., t. 1550, f. 2.

Eté-automne. — Sur les souches, les brindilles et les mousses des forêts.

crocata. Stipe long, glabre, blanchâtre en haut, sulfurin au milieu, safrané en bas; base couchée et fibrilleuse. Peridium membraneux, campanulé, puis étalé (0m 02-3), mamelonné, strié, blanchâtre, grisâtre ou olivâtre, rougissant au centre. Lamelles uncinées, adnées, ventrues, blanches. *Lait sulfurin*, puis *safrané*, tachant le champignon. Spore pruniforme (0mm 01), pointillée.

Schrad. Spic., p. 127. Pers. Syn., p. 380. Fl. dan., t. 1550, f. 1.

Automne. — En troupe dans les forêts montagneuses, sur les feuilles mortes, hêtre. Vosges, Morvan.

V. Glutinipedes.

Pellicule glutineuse et ordinairement séparable. Lamelles uncinées, puis subdécurrentes.

epipterygia. Pellicule *glutineuse*, se détachant en entier. Stipe tenace, long, lisse, *citrin*, blanchissant et se tachant de rougeâtre, fibrilleux à la base. Peridium membraneux, campanulé (0m 20-4), *strié*, *plissé*, *gris* ou *jaune*, blanchissant ; marge *denticulée* et *blanche*. Lamelles fortement uncinées, ténues, blanches, se tachant de jaune ou de rouge pâle.

Scop. Carn., p. 453. *plicatus*, Schæf., t. 31. Sow., t. 92. Fl. dan., t. 2078, f. 2.

plicata. Stipe blanc citrin rougeâtre. Peridium campanulé conique, *plissé*, *crénelé*, blanc citrin. Pellicule plus adhérente.

Schæf. Ic., t. 31. *plicatocrenatus*, Fr. Ic., t. 84, f. 2.

Eté-automne. — En troupe sur l'humus et les feuilles, dans les bruyères et les forêts.

clavicularis. Stipe tenace, glabre, visqueux, blanc citrin, fibrilleux à la base. Peridium membraneux, convexe (0m 02-3), strié, *sec*, blanc citrin ou brunâtre. Lamelles adnées, blanches. Pellicule à peine séparable.

Fr. S. M. I., p. 158. Ic., t. 84, f. 1. Bull., t. 80.

Eté-automne. — En troupe dans les clairières et les bosquets. Parait être une forme météorique du précédent, décolorée et privée de son voile glutineux.

citrinella. Stipe filiforme, glabre, visqueux en temps humide, *citrin*, villeux à la base. Peridium membraneux, campanulé hémisphérique (0m 01), puis aplani, mamelonné, strié, *lubrifié*, *citrin*, plus coloré au centre, ou *blanc* prenant une teinte sulfurine. Lamelles uncinées, blanches.

Pers. Ic. et Desc., t. 11, f. 3. Fl. dan., t. 1614, f. 1. Batsch., f. 88.

Eté. — Groupé dans les aiguilles des bois de conifères.

vulgaris. Stipe tenace, blanchâtre ou gris, visqueux, fibrilleux à la base. Peridium submembraneux, convexe ombiliqué (0m 01), gris pâlissant ou olivâtre, visqueux ; *pellicule séparable.* Lamelles *uncinées décurrentes*, ténues, blanches. Spore ellipsoïde (0mm 01) allongée, pointillée.

Pers. Syn., p. 394. Ic. pict., t. 19, f. 3. Bk. Outl., t. 6, f. 4. Quél. Jur. I., t. 4, f. 7.

Automne. — En cercle dans les bois de conifères.

pelliculosa. Stipe ferme, court, épaissi en haut, glabre, visqueux, gris bistré. Peridium membraneux, campanulé convexe (0m 02), obtus, *strié*, visqueux, brun, puis gris. Lamelles adnées, *arquées, pliciformes*, réunies en collier, blanc glauque. Pellicule séparable en entier.

Fr. Epic., p. 116.

Automne. — En troupe dans les bruyères et les bosquets arénacés.

rorida. Stipe capillaire, blanc, portant des *gouttes* de *gélatine cristalline.* Peridium conicocampanulé (0m 003-8), *cannelé,* blanc, grisâtre ou paille; marge crénelée. Lamelles arquées, décurrentes, espacées, blanches. Spore ovoïde allongée (0mm 01).

Fr. Obs. myc. I., p. 84. Quél. Jur. I., t. 4, f. 4.

Dès le printemps. — Sur les brindilles après les grandes pluies dans les bois ombragés. Plus petit que *vulgaris* dont il est très voisin.

VI. Rigidipedes.

Stipe tenace et raide. Lamelles blanches, puis grises ou rouges. Ordinairement persistants et lignicoles.

excisa. Stipe fistuleux, grêle, fibrilleux, gris bistre, plus clair en haut. Peridium membraneux, campanulé convexe (0m 03), brun pâle, *rugueux* et *bistre* au sommet; marge plus claire et striée. Lamelles *excisées uncinées*, très espacées, veinées, *blanches*, puis *glauques*. Spore ellipsoïde (0mm 007-9), souvent réniforme ou sphérique.

Lasch. Linn. IV., p. 538. Fr. Ic., t. 81, f. 1.

Eté-automne. — Humus et souches des forêts de pins.

rugosa. Stipe tenace, comprimé, fissile, lisse et brillant, blanc grisâtre, hérissé à la base et radicant. Peridium peu charnu, campanulé, puis ouvert (0m 02-3), flexueux, gris paille, fauvâtre, *rayé ridé*. Lamelles adnées arquées, uncinées, veinées, blanches, puis grises. Inodore. Spore pruniforme (0mm 012).

Fr. Epic., p. 106. Bull., t. 518, f. K. M. *arundinaceus*, t. 403, f. 1. *xylophilus*, Weinm. Fr. Ic., t. 63, f. 2 (forme luxuriante).

Eté-automne. — Sur les souches dans les forêts. Plus large que *galericulata* et de même couleur.

galericulata. Stipe lisse, glabre, poli, blanchâtre, gris, chamois ou bistre, radicant fusiforme et hérissé à la base. Peridium submembraneux, campanulé (0m 02-3), *strié*, *grisâtre*, *bistré* ou *blanc*. Lamelles adnées uncinées, *blanches*, puis *rosées*. Spore ellipsoïde pruniforme (0mm 01), pointillée.

Scop. Carn., p. 455. Schæf., t. 52. Bull., t. 518, f. C. D. E. *calopus*, Fr. Ic., t. 80, f. 2.

En toute saison. — Cespiteux sur les souches des forêts.

prolifera. Stipe striolé, glabre, *brillant*, radicant, paille, grisonnant en haut, fauve bai en bas. Peridium campanulé, puis étalé (0m 02), lisse, puis sillonné et fendillé sur la marge, blond ou chamois brunissant, avec le *mamelon* plus *obscur*. Lamelles adnées, blanches, puis crème.

Sow. Eng. fung., t. 169. Fr. Epic., p. 105.

Eté. — Sur les vieux bois, dans les jardins.

tintinnabulum. Stipe blanchâtre ou paille. Peridium convexe aplani, *lisse*, un peu *visqueux*, blanchâtre, blond, le plus souvent brun et bleuissant. Lamelles uncinées, serrées, ténues, blanchâtres, puis *crème* ou *incarnates*.

Fr. Epic., p. 107. Ic., t. 80, f. 4.

Hiver-printemps. — Surtout sur les troncs de hêtre.

polygramma. Stipe raide, élancé, *strié*, *argenté*, *brillant*, hérissé en bas, radicant. Peridium conicocampanulé (0m 02-3), strié, blanchâtre, gris ou fauve; marge souvent dentelée. Lamelles atténuées, uncinées, *blanches* ou *rosées*. Spore ellipsoïde pruniforme (0mm 013).

Bull., t. 395. Sow., t. 222. Fl. dan., t. 1615, f. 1, t. 1498.

Eté-automne. — Isolé ou cespiteux sur les souches.

inclinata. Stipe grêle, tortu, contourné, *strié* çà et là vers le haut, *fibrilleux*, *pruineux*, blanchâtre ou brunâtre, puis fauve. Peridium membraneux, globuleux, campanulé, puis étalé (0m 02-3), glabre, strié, gris, brun ou bistre, brillant et gris de perle par le sec; marge d'abord élégamment *crénelée* et *blanche*. Lamelles adnées, serrées, molles, blanchâtres, grises à la base. Spore pruniforme (0mm 012), pointillée.

Fr. Epic., p. 107. Batt., t. 27, f. A.

Eté-automne. — En touffes denses sur les troncs dans les forêts.

parabolica. Stipe flexueux, grêle, glabre, blanchâtre ou lilacin, *violet bistre* en haut, laineux en bas, radicant. Peridium membraneux, glandiforme (0m 02), lisse, bistre au sommet, strié, *blanchâtre* ou *lilacin* au bord. Lamelles adnées, blanches, grisâtres à la base. Spore pruniforme allongée (0mm 01).

Fr. Epic., p. 107. Ic., t. 80, f. 3.

Automne. — Sur les brindilles et le bois pourri, dans les bois de conifères.

lævigata. Stipe fibrilleux, lisse, *humide*, blanc. Peridium convexe étalé (0m 03-5), mince, glabre, *hygrophane*, blanc, puis finement *rayé fibrillé*, ombiliqué et blanchissant. Lamelles uncinées, larges, blanches, puis jaunâtres. Spore sphérique (0mm 006), ponctuée.

Lasch. Linn., n° 186. Fr. Hym., p. 140. Bres. Fung., t. 78.

Eté-automne. — Cespiteux sur les souches de sapin.

sudora. Stipe subfiliforme, *dur*, à peine fistuleux, radicant, glabre et blanc. Peridium membraneux, campanulé (0m 02), mamelonné, strié, ridé par le sec, *diaphane*, *visqueux*, *blanc de lait*. Lamelles adnées, espacées, *blanches*, puis *incarnat rosé*. Spore ovoïde pruniforme (0mm 015), granuleuse.

Fr. S. M. I., p. 156.

Eté. — Epars au pied des troncs dans les forêts de bouleaux.

VII. Adonideæ.

Couleur vive et fixe, souvent blanche. Terrestres et très élégants.

pura. Stipe fistuleux, raide, lisse, blanchâtre, laineux à la base. Peridium un peu charnu, campanulé, puis étalé (0m 02-3), strié, purpurin, violet, lilas, rose ou blanc. Lamelles sinuées, larges, réunies par un réseau de veines, blanchâtres. Spore pruniforme (0mm 006). Odeur forte de radis.

Pers. Syn., p. 339. Paul., t. 119. Batsch., f. 20. *roseus*, Bull., t. 507.

Eté-automne. — En troupe dans les forêts. Suspect.

zephirus. Stipe fistuleux, grêle, *striolé, rougeâtre* ou violacé, parsemé d'*écailles blanches* et caduques, laineux à la base. Peridium submembraneux, campanulé (0m 02-3), *diaphane*, strié jusqu'au milieu, incarnat, purpurin ou grisâtre, souvent brunâtre au milieu. Lamelles adnées, uncinées, réunies par des veines, blanches ou tachées de rose. Spore pruniforme allongée (0mm 008).

Fr. S. M. I., p. 147. Ic., t. 78, f. 6.

Eté-automne. — En troupe dans les forêts des montagnes. Plus grêle que *pura* auquel il ressemble. Suspect.

farrea. Stipe fistuleux, long, striolé, un peu soyeux, *blanc*. Peridium membraneux, campanulé (0m 01-2), mamelonné, sillonné, blanc incarnat ou crème ocracé, *pailleté* de *flocons micacés*. Lamelles adnées, réunies par des veines, souvent fimbriées, blanches.

Fr. Epic., p. 103. Ic., t. 79, f. 4.

Automne. — Dans les bois gramineux humides. Jura, Morvan. Très affine à *zephirus*.

Seynii. Stipe tubuleux, mince, souvent aplati, blanc hyalin, puis purpurin, hérissé de soies blanches à la base. Peridium très mince, campanulé convexe (0m 01-2), *satiné*, rose vineux, grisâtre au sommet, translucide. Lamelles uncinées adnées, espacées, réunies par un réseau de veines, tenaces, *rosées* ou *lilacées*. Spore ellipsoïde (0mm 007-013), en forme de barillet, ponctuée. Inodore, goût de navet.

Quél. Soc. bot. XXIII., p. 351, t. 2, f. 9.

Automne. — En fascicules sur les cônes de pin maritime et d'Alep. Sud et Ouest.

Renati. Stipe fistuleux, tenace, courbé, luisant, *pellucide*, jaune d'*ambre*, renflé et villeux à la base. Peridium membraneux, campanulé (0m 02), strié, diaphane, glabre, ridé par le sec, *rosé*, *violacé*, brunâtre au sommet. Lamelles espacées, uncinées adnées, réunies par des veines, *blanches*, puis *rose incarnat*. Spore ellipsoïde (0mm 012), pointillée. Odeur faible de raifort.

Quél. Ench., p. 34. *flavipes*, Jur. II., p. 419, t. 1, f. 4.

Eté. — Cespiteux sur les souches, alisier, sapin, dans les montagnes. Jura, Pyrénées. Voisin de *Seynii*.

coccinea. Stipe filiforme, fistuleux, glabre, *rose*, avec un bulbille hérissé de soies blanches. Peridium campanulé (0m 01), membraneux, strié, d'un *rose rouge*, un peu *orangé*; marge incurvée et froncée. Lamelles émarginées, *rosées*. Spore pruniforme (0mm 01), guttulée.

Sow. Eng. fung., t. 107. Quél. Soc. sc. n. de Rouen, 1879. As. fr. 1880, t. 8, f. 6.

Automne. — Sur les brindilles, cônes et aiguilles de mélèze.

rubella. Stipe filiforme, fistuleux, pubescent, puis lisse, striolé, laineux à la base, *blanc hyalin*, avec une teinte *rosée* et fugace au sommet. Peridium campanulé (0m 004-5), membraneux, glabre, diaphane, *rouge orangé*, puis rouge rose; marge brièvement incurvée, striée et *rosée*. Lamelles uncinées, blanches, puis rosées. Spore pruniforme (0mm 012), aculéolée.

Quél. As. fr. 1883, t. 6, f. 4. *clavus*, Bull., t. 148, f. A. C.

Automne. — Dans les forêts moussues. Environs de Paris, Vosges. Plus grêle que *coccinea*, il s'en distingue surtout par la blancheur du stipe et des lamelles.

adonis. Stipe fistuleux, subfiliforme, long, glabre, pellucide, *blanc*, renflé et hérissé à la base. Peridium membraneux, campanulé, puis ouvert (0m 01), glabre, *diaphane*, *strié*, d'un beau *rose*, blanchissant sur la marge. Lamelles uncinées, ténues, un peu espacées, *blanches* ou *incarnates*. Spore pruniforme (0mm 012).

Bull., t. 560, f. 2. M, O. Pers. Syn., p. 391.

Automne. — Sur les feuilles mortes des bois humides. Centre et Jura.

virens. Stipe fistuleux, grêle, glabre, *violacé*, verdoyant, diaphane, villeux et blanc à la base. Peridium membraneux, en capuchon (0m 01), strié, *olive*, verdoyant, puis blanchissant, avec des stries bistrées (parfois bleuâtre. Fr.). Lamelles adnées, ténues, serrées, ventrues et blanches. Spore ovoïde pruniforme (0mm 009), grenelée, verdâtre.

Bull., t. 560, f. 2. P, R. *chloranthus*, Fr. Obs. II., t. 5, f. 2. Fl. dan., t. 1614, f. 2.

Eté. — Dans les pelouses sylvatiques. Très voisin de *lineata*.

lineata. Stipe fistuleux, subfiliforme, concolore, laineux et blanc à la base. Peridium membraneux, en capuchon (0m 01-15), *sillonné*, paille, olivâtre, olive ou blanchâtre. Lamelles uncinées adnées, espacées, blanches ou crème, grisonnant dans la variété olive. Spore pruniforme allongée (0mm 01), pointillée.

Bull., t. 522, f. 3. Fr. Ic., t. 78, f. 5.

Eté-automne. — Dans les mousses et les feuilles des forêts ombragées.

luteoalba. Stipe fistuleux, filiforme, tenace, lisse, jaune serin, hérissé de fibrilles à la base. Peridium membraneux, campanulé conique (0m 01), *striolé*, *pellucide*, *sulfurin* ou *jonquille*. Lamelles uncinées, *blanches*. Spore ellipsoïde allongée (0mm 012).

Bull., t. 38, f. 2. Fr. S. M. I., p. 152.

Eté-automne. — Dans les mousses, surtout dans les bois de conifères.

flavoalba. Stipe fistuleux, raide, tendre, arhize, *blanc* ou teinté de citrin, transparent. Peridium un peu charnu, campanulé convexe, puis aplani (0m 02), mamelonné, glabre, striolé, festonné par le sec, *blanc crème* ou ocracé au sommet. Lamelles adnées décurrentes, espacées, ventrues, blanches. Spore ovoïde (0mm 008), pointillée.

Fr. Epic., Ic. t. 79, f. 5. *pumilus*, Bull., t. 260.

Eté-automne. — En troupe dans les pelouses et dans les bois de conifères.

floridula. Stipe fistuleux, subfiliforme, glabre, pellucide, *blanc*, villeux à la base. Peridium membraneux, conique campanulé (0m 01), striolé, *incarnat vermillon* passant au *crème citrin*; marginelle incurvée. Lamelles uncinées adnées, *incarnat rosé*, puis crème. Spore ovoïde (0mm 004).

(*Collybia*), Fr. Epic., p. 94. Quél. As. fr. 1880, t. 8, f. 5.

Eté — Dans les bois de pins gramineux et ombragés. Paraît être une variété montagneuse de *flavoalba*.

chelidonia. Stipe fistuleux, subfiliforme, radicant, blanc hyalin, farineux et jaune souci pâle au sommet, villeux à la base. Peridium campanulé conique (0m01), fragile, *pruineux*, brièvement strié, *aurore*, *souci*, *incarnat* ou *blanchâtre* au bord. Lamelles adnées uncinées, blanches, à reflet incarnat ou aurore. Spore ovoïde sphérique (0mm 008).

Fr. Epic., p. 115. *pumilus*, Sow., t. 385, f. 4. *rœborhizus*, Lasch. Fr. Ic., t. 83, f. 4.

Automne. — Groupé sur les vieilles souches et l'humus des bois ombragés.

echinipes. *Blanc*. Stipe filiforme, glabre, *bulbilleux* et *hérissé* à la base. Peridium campanulé convexe (0m 005), mamelonné. Lamelles peu serrées.

Lasch. Linn. III., n° 133. Fr. Ic., t. 84, f. 5.

Sur les brindilles des bois feuillés.

gypsea. Stipe fistuleux, raide, fragile, pruineux et blanc hyalin, laineux à la base. Peridium très mince, conicocampanulé (0m 01-2), *strié*, blanc ou crème, avec un mamelon *jonquille* pâle. Lamelles adnées, très larges à la base, blanches. Spore pruniforme (0mm 01).

Fr. Epic., p. 104. *fistulosus*, Bull., t. 563, f. 4. *pulchellus*, Fr. Ic., t. 79, f. 3.

pruinata. Blanc de neige, petit. Peridium *farineux*. Lamelles serrées. Stipe subbulbeux.

Viv., t. 21, f. 5-9.

Eté-automne. — Souches, brindilles et humus des forêts montueuses. Cette espèce, de taille très variable, se rapproche beaucoup de *flavoalba* qui est plus petit.

nivea. D'un blanc éclatant, translucide, inodore. Stipe fistuleux, grêle, rigide, lisse, pruineux au sommet, hérissé et recourbé à la base. Peridium *très mince*, campanulé (0m 015), *sillonné* de haut en bas, ne s'étalant pas, *pruineux*. Lamelles adnées, uncinées, espacées, étroites. Spore pruniforme (0mm 01-012), grenelée.

Quél. Soc. bot. XXIII., t. 2, f. 1. *digitaliformis*, Bull., t. 22.

Eté. — Parmi les brindilles dans les bois ombragés du Jura.

lactea. *Blanc pur*. Stipe fistuleux, subfiliforme, *pruineux*, laineux à la base. Peridium membraneux, campanulé, puis étalé et festonné (0m 01-2), lisse, transparent, striolé en temps humide. Lamelles atténuées adnées, *serrées*, *étroites*. Spore pruniforme (0mm 01), allongée.

Pers. Syn., p. 394. Fl. dan., t. 1845, f. 1. *nanus*, Bull., t. 563, f. N.

pitya. Blanc de neige, petit (0m 005), marcescent et jaunissant. Stipe bulbilleux, laineux. Marginelle incurvée. Lamelles souvent rameuses.

Pers. Syn., p. 394. *tener*, Schum. Fl. dan., t. 2141, f. 2. *acicola*, Jungh. Linn. V., t. 6, f. 2. *ludius*, Fr. Ic., t. 68, f. 4.

Printemps-automne. — En troupe sur les aiguilles et sur les brindilles des bois de conifères.

Micheliana. Tout *blanc* et glabre. Stipe à peine tubuleux, subfiliforme, raide, ferme, dilaté et cotonneux à la base. Peridium mince, tenace, convexe plan (0m 02), striolé. Lamelles sinuées, serrées, étroites. Spore pruniforme (0^{mm} 008), subtilement aculéolée.

Fr. Obs. myc. II., p. 146. *(Collybia)*, Ic., t. 68, f. 2.

Eté. — Sur les brindilles et les racines de graminées dans les clairières des forêts.

muscigena. *Blanc de neige.* Stipe plein, *capillaire*, flexueux, flasque, glabre, subradicant. Peridium submembraneux, globuleux hémisphérique, puis aplani (0^{m} 003-5), *pellucide*, glabre, marcescent. Lamelles adnées, assez serrées, linéaires. Spore pruniforme (0^{mm} 01), aculéolée.

Schum. Sæll., p. 307. *(Collybia)*, Fr. S. M. I., p. 145. Fl. dan., t. 2023. Mich., t. 73, f. 4.

Eté-automne. — Groupé dans les mousses, à la base des troncs des forêts ombragées. Peut être confondu facilement avec *lactea* dont il paraît être une variété.

VIII. Calodontes.

Lamelles ornées d'une bordure denticulée et plus *foncée*.

denticulata. Stipe fistuleux, ferme, fibrilleux au sommet, blanchâtre violacé. Peridium peu charnu, campanulé, puis étalé (0^{m} 02-4), *diaphane*, strié, gris violeté ou lilacin blanchissant. Odeur de radis. Lamelles sinuées, tronquées, espacées, réunies par un élégant *réseau veiné*, *violettes* avec une bordure *denticulée* et *violet noir*. Spore pruniforme (0^{mm} 008), étroite.

Bolt. fung., t. 4, f. 1. *crenulatus*, Schum. Sæll., p. 293. *pelianthinus*, Fr. S. M. I., p. 112. Quél. Jur. I., t. 4, f. 6.

Eté-automne. — Dans les forêts ombragées. Se distingue de *pura* par la bordure des lamelles.

aurantiomarginata. Stipe fistuleux, ferme, jaune d'ambre ou grisâtre, laineux et hérissé à la base. Peridium mince, campanulé (0^{m} 02), pruineux, brunâtre ou *ocracé olive*, pâlissant; marge striolée. Lamelles uncinées, réunies par des veines, *gris perle*, puis gris d'étain et olivâtres, avec une bordure floconneuse et *orangée*. Spore ovoïde sphérique (0^{mm} 006).

Fr. S. M. I., p. 113. Fl. dan., t. 1292, f. 2. Luc. Ch., t. 183.

Eté. — En troupe dans les prés et dans les bois herbeux.

elegans. Stipe fistuleux, rigide, glabre, jaune souci ou safrané, *hérissé de filaments jaunes* à la base. Peridium mince, campanulé (0m 01), striolé, glabre, *souci grisonnant*, safrané au bord. Lamelles adnées uncinées, jonquille grisâtre avec une bordure floconneuse et *safranée*. Odeur alliacée.

Pers. Syn., p. 391. Fr. S. M. I., p. 149. Fl. dan., t. 2024.

cimmeria. Lamelles *safranées*, blanchissant au bord.

Fr. S. M. I., p. 150.

Eté-automne. — En troupe dans les bois de conifères. Plus grêle que le précédent auquel il ressemble.

avenacea. Stipe fistuleux, raide, long, lisse, *très brillant*, cendré, hérissé de fibrilles à la base. Peridium membraneux, campanulé (0m 01-2), striolé, glabre, brun, puis gris bleuâtre. Lamelles adnées, serrées, linéaires, *blanches, bordées de brun*.

Fr. S. M. I., p. 150.

Eté-automne. — Dans les forêts feuillées et ombragées.

atromarginata. Stipe fistuleux, long, fragile, *strié*, radicant, *gris brun* ou *violacé*, plus clair au sommet. Peridium membraneux, campanulé (0m 03), glabre, profondément *sillonné*, *lubrifié*, brun ou bai purpurin, plus clair au bord. Lamelles atténuées adnées, serrées, blanc gris, puis incarnates, avec une *fine bordure noire*.

Fr. Epic., p. 101. Ic., t. 78, f. 3. *balaninus*, Bk. Mag. z. b. I., t. 15, f. 2.

Fin automne. — Sur les troncs des bois de pins. Peu différent du suivant.

rubromarginata. Stipe tubuleux, courbé, ondulé, gris clair; base bulbeuse discoïde. Peridium campanulé convexe (0m 02-3), *sillonné*, hygrophane, gris purpurin ou bistre, pâlissant. Lamelles largement adnées uncinées, ventrues, blanches, puis gris perle, avec une bordure *pourpre*, puis *brune*. Légère odeur ammoniacale (Forq.).

Fr. Obs. myc. I., p. 42. Ic., t. 78, f. 4 [1].

Eté-automne. — Sur les ramilles et les troncs des sapinières montagneuses.

rosella. Stipe fistuleux, subfiliforme, tendre, *rosé* ou *lilacin*, hérissé et blanc à la base. Peridium membraneux, campa-

[1] *Mirabilis* C. et Q. Clavis, n° 485. Ench., p. 38. *marginellus*, Fr. Hym., p. 131, est une espèce douteuse, offrant les caractères d'*iris* et de *rubromarginata*.

nulé (0m 01), avec un petit mamelon pointu, hygrophane, glabre, *strié* et rose pâlissant. Lamelles *uncinées adnées*, *rose clair*, avec un *fin liséré rouge purpurin.*

Pers. Syn., p. 393, t. 5, f. 3. Fl. dan., t. 2025, f. 2.

strobilina. Peridium ténu, pointu, *écarlate.* Lamelles *rose rouge*, avec une bordure *rouge sang.*

Fr. S. M. I., p. 150. (Plus fréquent dans les forêts ombragées de hêtres.)

Eté-automne. — En troupe dans les aiguilles des sapinières.

Gen. IV. COLLYBIA, Fr.

Voile continu, peu apparent. Peridium mince ou membraneux; marge d'abord enroulée ou incurvée. Stipe cortiqué, fistuleux ou farci d'une moelle. Lamelles libres ou peu adnées. Spore sphérique, pruniforme ou ovoïde, hyaline.

I. Exannulatæ.

Stipe dépourvu de voile annulaire.

1. Lævipedes.

Stipe grêle, glabre, tubuleux ou fistuleux.

a. *Lamelles larges, non serrées.*

collina. Stipe lisse, blanchâtre crème, farineux au sommet, cotonneux à la base. Peridium *campanulé* (0m 03-5), glabre, hygrophane, striolé, chamois ou bistré (cuir pâle). Chair blanche, odeur de rôti brûlé. Lamelles libres, puis écartées, veinées à la base, larges, blanchâtres. Spore pruniforme (0mm 01), ocellée.

Scop. Carn., p. 132. Schæf., t. 220.

Printemps et été. — En cercle dans les prés et pâturages, avec *Mar. orcades* auquel il ressemble. Comestible.

xanthopus. Stipe tenace, lisse, fauve doré, à base radicante et hérissée de soies. Peridium campanulé convexe (0m 03-5), *mamelonné*, striolé, glabre, chamois jonquille, pâlissant. Lamelles sinuées tronquées, puis libres, serrées, *larges* et blanchâtres.

Fr. S. M. I., p. 124. Batsch., f. 209.

Été-automne. — Epars dans les bois de pins. Bien voisin de *dryophila*.

nitellina. Stipe tenace, ondulé, *satiné*, jonquille fauve, *blanc* et *pruineux* au sommet, blanc et cotonneux à la base. Peridium convexe (0m 03-5), mamelonné, *flasque*, hygrophane, fauve jonquille ou *orangé pâle*, brillant. Chair jaunâtre, à odeur de melon. Lamelles sinuées, larges, onduleuses, citrines puis incarnates. Spore ellipsoïde (0mm 008), *citrine*, plus rarement incarnate, finement grenelée.

Fr. Epic., p. 80. Ic., t. 65, f. 1, 2.

Eté. — En cercle dans les sapinières ombragées. Jura, Alpes. Ressemble à *Hyl. hilaris*. Comestible.

erythropus. Stipe tenace, luisant, *purpurin*, incarnat au sommet, laineux et blanc à la base. Peridium convexe plan (0m 02-3), strié, lisse, puis ruguleux, *incarnat* blanchissant. Lamelles sinuées libres, minces, larges, réunies par des veines, blanches, puis teintées d'incarnat. Spore ovoïde allongée (0mm 006-8).

Pers. Syn., no 206. *repens*, Bull., t. 90 et *dryophilus*, t. 434, f. C. *acervatus*, Fr. Ic., t. 64, f. 2.

Eté-automne. — Groupé ou cespiteux parmi les feuilles ou les brindilles des forêts ombragées. Comestible.

extuberans. Stipe raide, tenace, blanc roussâtre ou paille, glabre et luisant, radicant. Peridium convexe plan (0m 02-3), déprimé autour d'un *mamelon*, glabre, *lubrifié*, bai ou brun roux, puis *incarnat* fauvâtre. Chair blanche, parfumée. Lamelles sinuées, blanches, puis crème ocracé. Spore pruniforme allongée (0mm 007), à reflet citrin.

Batt., t. 28, f. 1. Schæf., t. 45, f. 1. Fr. Ic., t. 67, f. 1.

Printemps. — En cercle dans les prés et dans les forêts de conifères. Comestible.

succinea. Stipe arhize, tenace, atténué en bas, roux fauve et luisant. Peridium convexe plan (0m 03-5), déprimé, flexueux, brun ou bai, *pâlissant*. Lamelles adnées, *larges*, finement *denticulées*, blanc crème. Spore pruniforme (0mm 008).

Fr. Epic., p. 91. Ic., t. 65, f. 3. *melleus*, Schæf., t. 45, f. 6.

Printemps et été. — En troupe dans les bois de conifères humides. Comestible.

b. *Lamelles etroites et serrées.*

dryophila. Stipe glabre, tenace, brillant, *jonquille*, *jaune d'ambre* ou *fauve*. Peridium convexe plan (0m 02-3), déprimé, tenace, roux, fauve, ocre crème ou blanc, pâlissant et luisant. Chair blanche, sapide et parfumée. Lamelles un peu uncinées ou libres, serrées, étroites, blanc crème ou *jonquille*. Spore pruniforme (0mm 007).

Bull., t. 434. Sow., t. 127. Schæf., t. 45, f. 2, 3. *exsculptus*, Fr. Ic., t. 66, f. 3.

aurata. Stipe jonquille. Peridium fauve doré. Lamelles crème.

Quél. Ench., p. 31.

aquosa. Hygrophane, chamois blanchâtre, blanchissant.

Bull., t. 12, 17. Fr. Ic., t. 66, f. 2.

œdipus. Jaune d'ambre pâle. Stipe à *bulbe gonflé vésiculeux* Lamelles blanc crème.

Mycena galeropsis, Fr. Ic., t. 79, f. 1.

Du printemps à l'automne. — En troupe dans les forêts. Comestible [1].

macilenta. Stipe fluet, tenace, dur, court, radicant, lisse, concolore, fibrilleux et brunissant à la base. Peridium convexe, orbiculaire (0m 01-2), glabre, *souci*, jonquille au bord. Chair blanc citrin, douce, puis légèrement amère. Lamelles sinuées, serrées, *jonquille*. Spore ovoïde pruniforme (0mm 005-6).

Fr. Ic. sel., t. 66, f. 1.

Été. — Dans les aiguilles des forêts de sapins. Vosges. Plus grêle que *dryophila*, il a la couleur de *Gyr. chrysentera*.

nummularia. Stipe grêle, courbé, tenace, glabre, blanchâtre, bulbilleux et tomenteux à la base. Peridium convexe plan (0m 01-2), déprimé, *orbiculaire*, hygrophane, blanc ou blanc paille, *blanchissant*, avec une *tache ombilicale* d'un *fauve clair*. Lamelles sinuées libres, étroites, finement *crénelées* et blanches. Spore pruniforme allongée (0mm 007).

Lam. Bull., t. 56. Fr. Epic., p. 91.

Été. — En troupe sur les troncs moussus, chêne. Peu différent de *dryophila*.

ramosa. *Blanc*. Stipe fluet, striolé, glabre et radicant, souvent *ramifié*. Peridium convexe plan, orbiculaire (0m 02-3), déprimé, glabre, tournant au jaune paille. Lamelles sinuées adnées, serrées.

Bull., t. 102. Paul., t. 111, f. 3. Fr. S. M. I., p. 95.

Automne. — Sur les troncs d'orme. Peut être une forme de *nummularia*.

[1] *Ventricosus*. Bull., t. 411, f. 1. parait être un lusus, soit de *M. rugosa*, soit de *C. radicata* ou *aquosa*.

II. Striæpedes.

Stipe creux ou farci d'une moelle fibrilleuse, cannelé ou fibrillé strié.

a. *Lamelles larges.*

radicata. Stipe élancé, aminci vers le haut, *longuement radicant*, glabre, *sillonné*, blanc ou bistré. Peridium convexe plan (0m 03-6), *ridé*, *glutineux*, bistre ou blanchâtre. Lamelles libres, espacées, larges et blanches, parfois liserées de bistre. Spore ovoïde (0mm 02), subsphérique.

Relh. Fl. cant., no 1040. Sow., t. 48.

Du printemps à l'automne. — Dans toutes les forêts. Comestible ?

fumosa. Grisâtre, *noircissant* au toucher. Stipe élastique, strié *fibrilleux*, brunâtre ou grisâtre. Peridium convexe plan (0m 03-9), lisse, rayé, hygrophane, enfumé, grisâtre, pâlissant par le sec; marge striolée, pellucide. Chair scissile, blanchissante. Lamelles uncinées, réunies en anneau, larges, blanches, puis cendrées et *tachées* de *bistre*. Spore sphérique (0mm 005).

Pers. Syn., no 165. Ic. pict., t. 7, f. 3. *semitalis*, Fr. Ic., t. 62.

Fin-automne. — Cespiteux dans les prés et dans les bois. Suspect.

grammocephala. Stipe épais, *fibrillé strié*, blanchâtre, s'élévant d'un lacis de *cordons blancs* de plusieurs mètres d'étendue [1]. Peridium convexe plan (0m 05-8), humide, bistré ou gris pâle, *rayé* de *fibrilles bistre*, pâlissant et grivelé gercé par le sec. Lamelles émarginées tronquées, *très larges*, espacées et blanches. Spore ovoïde sphérique (0mm 008), guttulée.

Bull., t. 594. *platyphyllus*, Pers. Syn., p. 362. *repens*, Fr. Ic., t. 61.

Été. — Vieilles souches et humus des forêts. Il a l'habitus d'un *Gyrophila*. Suspect.

lacerata. Stipe grêle, fibrillé strié, blanchâtre, farineux et blanc au sommet. Peridium campanulé hémisphérique (0m 02-3), ombiliqué, *gris*, *rayé* de *fibrilles bistre*, avec la marge

[1] Ce mycelium est le *Rhizomorpha xylostroma*. Ach. in Vet. Ac. H. 1814, t. 9, f. 7.

festonnée et fimbriée. Lamelles sinuées, larges, blanc glauque. Spore ovoïde sphérique (0mm 006-7), ocellée.

Lasch. Fr. Hym., n° 412. Bres. Fung. trid., t. 19.

Été. — Cespiteux sur ou au pied des souches de sapin. Alpes, Jura et Vosges. Il ressemble aux formes grêles du précédent.

fusipes. Stipe tordu, creux, tenace, *cannelé*, longuement radicant, incarnat, pourpre noirâtre en bas. Peridium convexe (0m 05-8), difforme, tenace, glabre, souvent fendillé, chamois ou incarnat, pâlissant, tacheté au sommet. Lamelles adnées, larges, réunies en collier et par des veines, blanches, incarnates, puis *tachetées* de brun pourpre. Spore ovoïde (0mm 005).

Bull., t. 106, 516, f. 2. *crassipes*, Schæf., t. 87,88. *ilicinus*, De Cand. Fl. fr. VI., p. 48.

lancipes. Stipe farci de fils tordus et crispés, incarnat, blanc crème. Peridium *mamelonné*, *ridé radié*, *strié* sur la marge, incarnat. Lamelles épaisses, incarnates.

Fr. Epic., p. 83. Paul., t. 48, 49, f. 2.

Été. — Cespiteux au pied des troncs, chêne, tremble. Comestibles.

b. *Lamelles étroites et serrées.*

maculata. *Blanc*, puis *tacheté* de *rouille*. Stipe dur, farci ou creux, *strié*. Peridium compacte, convexe plan (0m 1), glabre ; marge mince et enroulée. Chair blanche, humide, amaricante. Lamelles libres, très serrées, *denticulées*, blanc crème, puis pointillées de rouge brun. Spore ovoïde sphérique (0mm 006), pointillée.

Alb. et Schw. Cons., p. 186. Huss. II., t. 60. Boud. Soc. bot. 1872, t. 4 (lusus à lamelles circulaires).

scorzonerea. Plus petit, blanc crème. Stipe allongé, flexueux, citrin. Lamelles jaunâtres.

Fr. Epic., p. 84. *concolor.?* Del. de Seynes, Montp., p. 112. (blanc argileux).

Automne. — En cercle dans les forêts montueuses, surtout de pins. Suspect.

distorta. Stipe tomenteux à la base, tortu, sillonné, blanc ou crème. Peridium flasque, campanulé, puis étalé (0m 05-8), glabre, *brun roux* pâlissant. Lamelles sinuées adnées, serrées, étroites, denticulées, *blanches*, puis *pointillées* de brun rouillé. Spore ovoïde oblongue (0mm 007-8), guttulée.

Fr. Epic., p. 81. Ic., t. 63, f. 1. *flammuloïdes*, Barl. sup. f.

Automne. — Groupé ou en cercle dans les bois de pins. Forme météorique de *maculata*.

butyracea. Stipe spongieux, cortiqué, *conique*, strié, roux ou bistré, renflé et laineux à la base. Peridium convexe plan (0m 05), *mamelonné*, humide, *gras*, lisse, brun, bistre ou bai, pâlissant. Chair rousse, blanchissant. Lamelles presque libres, serrées, *crénelées*, larges et blanches. Spore en virgule (0mm 008), finement aculéolée.

Bull., t. 572. *leiopus*, Pers. Ic. pict., t. 2, f. 1-3.

Eté-automne. — En cercle dans les forêts. Suspect.

asema. Stipe grêle, strié, *gris*. Peridium convexe mamelonné (0m 03-4), *strié*, *hygrophane*, gris blanchissant. Chair aqueuse, gris couleur de corne, blanche par le sec. Lamelles libres, serrées, blanchâtres.

Fr. S. M. I., p. 121.

Automne. — Dans les feuilles, hètre, des bois ombragés. Il ressemble aux formes pâles de *butyracea*.

ephippium. Stipe cortiqué, *atténué* en haut, court, strié, glabre, fragile et *blanc*. Peridium convexe plan (0m 06-8), glabre, *strié*, un peu *visqueux*, brun avec la marge blanchâtre. Chair ténue et blanche. Lamelles adnées, séparables, réunies par des veines, crispées et blanches. Spore ovoïde (0mm 008-9), finement grenelée.

Fr. Epic., p. 85.

Automne. — Dans les forêts du Nord.

stridula. Stipe fistuleux de bonne heure, grêle, *raide*, épaissi à la base, *fibrillé strié*, brun noir, puis brun gris. Peridium convexe plan (0m 03), à peine mamelonné, un peu *visqueux*, bistre noirâtre, puis gris bistré. Chair molle, brune, blanchissante. Lamelles émarginées, serrées, larges, *blanches*. Spore ovoïde (0mm 007).

Fr. Epic., p. 85. Ic., t. 62, f. 2.

Eté-automne. — Bruyères et pâturages. Ressemble à *G. melaleuca* dont il paraît être une variété grêle.

pulla. Stipe aminci vers le bas, tortu, fissile, strié, blanchâtre, farineux et blanc au sommet. Peridium convexe plan (0m 04-6), fragile, glabre, *bai purpurin*, puis brun pâle. Lamelles libres, serrées, blanc crème avec des *stries* et des *veines* transversales *hyalines*. Spore pruniforme (0mm 01), allongée.

Schæf. Ic., t. 250. Fr. Epic., p. 85. *concinnus*, Bolt., t. 15.

Eté-automne. — Cespiteux sur les souches (bouleau) des bois humides et sur la tannée.

jurana. Stipe recourbé, *fibrilleux*, blanchâtre, farineux au sommet, cotonneux à la base. Peridium convexe plan (0m 02-3), flexueux, hygrophane, *tomenteux*, gris incarnat pâlissant, translucide; marge enroulée, *crénelée*, pruineuse et blanche. Chair blanchâtre, odeur vireuse. Lamelles émarginées, séparables, crème incarnat, souvent rosées, puis liserées de bistre. Spore pruniforme (0mm 008), ponctuée.

Quél. Jur. et Vosg. I., p. 58, t. 3, f. 6.

Printemps-été. — Dans les souches des forêts ombragées du Jura. Il rappelle *M. impudicus.*

?**strumosa**. Stipe *tenace*, *tortu*, ondulé, bosselé comme par des bulles d'air, brillant et blanc. Peridium convexe (0m 02-3), glabre, *blanc de lait*, puis blanc; marge enroulée et villeuse. Lamelles adnées, séparables, minces et blanches.

Fr. Epic., p. 86.

Eté-automne. — Dans les bois de pins moussus et humides. Peut être un lusus de *radicata.*

III. Vestipedes.

Stipe grêle, velouté, floconneux ou pruineux, fistuleux, rarement farci.

a. *Lamelles espacées.*

lilacea. Stipe tenace, dur. à moelle *filiforme* et *blanche*, *pruineux tomenteux*, blanc violacé, puis lilas grisâtre, hérissé de filaments blancs à la base. Peridium convexe plan (0m 02-3). *tomenteux*, lilacin; marge enroulée, *pruineuse* et *blanche*. Lamelles sinuées adnées, étroites, *très serrées*, blanc lilacin. Spore ovoïde (0mm 004), ponctuée.

Quél. Jur. et Vosg. III., p. 6, t. 1, f. 1.

Automne. — Sur les souches du saule marceau. Jura.

lupuletorum. Stipe arhize, *furfuracé* et *blanc* au sommet, *fauve* au milieu, et *bistre* en bas. Peridium convexe plan (0m 025), déprimé, glabre, gris paille ou cuir. Lamelles adnées, un peu ventrues, serrées, blanc crème. Spore ovoïde (0mm 01).

Weinm. Syll. II., p. 88. Fr. Epic., p. 88. Batt., t. 28, f. X.

Eté. — Dans les cultures. Ouest de la France.

orbicularis. Stipe farci d'une moelle fibrilleuse et blanche, farineux et blanc au sommet, *roux*, noirâtre à la base. Peri dium convexe plan (0m 03), *bistré*, avec un mamelon *papillé*, *visqueux* et noirâtre; chair roussâtre, parfumée. Lamelles sinuées, très larges, minces, *blanc azuré*. Spore pruniforme (0mm 008).

Sec. Myc., nº 648. Fr. Epic., p. 88.

Automne. — Isolé dans la mousse sous les pins. Suisse.

clavus. Stipe très grêle, très tenace, finement *poilu* à la loupe, *souci fauve*, brillant, pruineux et blanc au sommet, avec une longue racine *stoloniforme*, *laineuse* et *brune*; pellicule séparable. Peridium hémisphérique, mamelonné, puis aplani (0m 01-025), *orbiculaire*, glabre, *mat*, roux, bistre, brun, gris bistré ou *blanc* de lait; chair blanche, ferme, *amarescente*. Lamelles sinuées libres, ventrues, blanc de neige, souvent azurées et à la fin grisâtres. Spore pruniforme allongée (0mm 006-7).

Schæf. Ic., t. 59. *griseus*, t. 236. *esculentus*, Wulf. Jacq. Misc. II., t. 14, f. 4. *perpendicularis*, Bull., t. 422, f. 2. *tenacellus*, Pers. Ic. pict., t. 1, f. 3, 4. *stolonifer*, Jungh. Linn., 1830, p. 396. *myosurus*, Fr. Obs. II., p. 129. Ic., t. 65, f. 4 (stipe non laineux à la base).

Dès la fin de l'automne, surtout au premier printemps. — En troupe sur les cônes enfouis de pin, d'épicéa et de sapin. Comestible.

b. *Lamelles serrées*.

conigena. Stipe subfiliforme, tenace, *pulvérulent*, *gris clair*, radicant et *hérissé* de *filaments blancs* à la base. Peridium tenace, convexe plan (0m 02-3), flexueux, glabre, *gris* ou chamois. Lamelles sinuées, *étroites*, serrées, blanches, puis crème ou paille. Spore ovoïde allongée (0mm 005), finement aculéolée.

Pers. Syn., p. 388. Fr. Ic., t. 67, f. 3.

Eté-automne. — En troupe sur les cônes d'épicéa et de pin. Plus large et plus mince que *clavus*.

cirrata. Stipe filiforme, flexueux, pruineux, blanc, souvent roussâtre, *vêtu* de *longs filaments blancs* à la base et naissant d'un sclérote oblong, *ocracé*. Peridium convexe (0m 005-15), *pointu*, puis *ombiliqué*, *soyeux*, blanc. Lamelles adnées, très étroites, blanches. Spore pruniforme (0mm 006), subtilement aculéolée.

Pers. Obs. II., p. 52. Fr. Ic., t. 68, f. 1. Grev. Scot., t. 82. Fl. dan., t. 2022. Bull., t. 522, f. 4. *alumnus*, Bolt., t. 155.

Eté. — En troupe sur les débris de champignons, *O. mellea*, etc.

ocellata. Stipe filiforme, tenace, pruineux, fibrilleux et radicant à la base, blanc, puis jaunâtre ou fauvâtre. Peridium conico-convexe, (0m 01-2), glabre, *blanc* avec le *mamelon fauve* ou *blond*. Lamelles adnées, puis libres, serrées et blanches.

Fr. Obs. myc. I., p. 83. Bull., t. 569, f. 1, II-P. *muscigena*, Fr. Ic., t. 68, f. 3.

Eté-automne. — Dans les clairières et sur les sentiers des forêts.

tuberosa. Stipe filiforme, *pruineux*, blanc, filamenteux à la base et naissant d'un sclérote ovoïde pyriforme, *brun pourpre*. Peridium convexe plan (0m 01), glabre, blanc. Lamelles adnées, serrées, un peu ventrues et blanches. Spore ovoïde pruniforme (0mm 005), pointillée.

Bull., t. 256. Grev. Scot., t. 23. Quél. Jur. I., t. 3, f. 5.

Eté-automne. — Sur les champignons pourris et secs, Lactaires, Russules, Hydnes. Il se distingue de *cirrata* par le sclérote.

racemosa. Stipe naissant d'un sclérote bosselé et *noir*, filiforme, farci, *gris*, orné d'*aiguillons* terminés en *globule hyalin* et *glutineux*, formé de conidies oblongues (0mm 012-15), guttulées et verdâtres. Peridium convexe plan (0m 005-8), striolé, *gris*, souvent avorté. Lamelles adnées, très étroites, concolores. Spore ovoïde incurvée (0mm 005), finement aculéolée, *grisâtre*.

Pers. Disp. meth., t. 3, f. 8. *globulifer*, Brond. Cr. Ag., t. 6, f. 6, 7.

Eté. — En troupe dans les forêts moussues et ombragées.

IV. Tephrophanæ[1].

Hygrophanes, cendrés ou gris brun. Lamelles grisonnantes. Stipe creux ou fistuleux.

a. *Lamelles serrées, plus ou moins étroites.*

rancida. Stipe rigide, glabre, gris clair, atténué en une *longue racine* villeuse. Peridium *campanulé*, puis ouvert

[1] Ce groupe relie le genre *Collybia* au genre *Gyrophila*.

(0^m 03-4), tenace, gris de plomb, *couvert* d'une *pruine blanche*, *noirâtre* au centre. Chair grisâtre, odeur de farine, puis d'huile rance. Lamelles sinuées adnées ou libres, *grises*. Spore pruniforme allongée (0^{mm} 011), subtilement aculéolée.

Fr. S. M. I., p. 141. Ic., t. 69, f. 1. Kalch. Ic., t. 6, f. 4.

Fin automne. — En troupe dans les forêts, surtout de conifères. Suspect.

coracina. Stipe rigide, tenace, puis fragile, le plus souvent aplati ou tortu, gonflé à la base, arhize, *brunâtre, furfuracé* et *blanc* au sommet. Peridium un peu coriace, convexe (0^m 02-3), bossu ou déprimé, glabre, *brun bai* brillant, *gris* et mat par le sec. Lamelles adnées, séparables, larges, réunies par des veines, *grises*. Odeur de rance. Spore ovoïde sphérique (0^{mm} 006-7), pointillée et glauque.

Fr. Epic., p. 95. Ic., t. 69, f. 2.

Automne. — Dans les forêts ombragées et gramineuses.

inolens. Stipe ondulé, gris pâle, avec des *flocons blancs* au sommet et des *filaments blancs* à la base. Peridium campanulé convexe (0^m 03-5), hygrophane, gris pâlissant et luisant. Lamelles sinuées, grises. Spore ovoïde (0^{mm} 007). Odeur de farine.

mephitica. Stipe filiforme, flasque, gris, *parsemé* de *flocons blancs*. Peridium convexe (0^m 02), soyeux, gris blanc.

Fr. Epic., p. 96. Ic., t. 69, f. 3, 4.

Automne. — Dans les forêts de conifères. Suspect.

plexipes. Stipe grêle, cortiqué, gris, couvert d'un *lacis* de *fibrilles soyeuses*. Peridium *campanulé* (0^m 03-5), *mamelonné*, ruguleux, striolé, noirâtre, blanchissant sur la marge, puis bistre grisâtre. Lamelles libres, ventrues, blanc glauque.

Fr. S. M. I., p. 146. Fl. dan., t. 2023, f. 3. *retigera*, Bres. Fung. trid., t. 4.

Automne. — Autour des troncs de hêtre dans les bois gramineux.

atramentosa. Stipe élastique, glabre, *gris*, puis *noir*, floconneux et blanc à la base. Peridium convexe, puis étalé, mamelonné (0^m 02-3), *ruguleux*, *gris noircissant*. Lamelles uncinées adnées, étroites, blanches ou glauques, puis noires.

Kalch. Ic. hung., t. 6, f. 2.

nigrescens. *Gris bistré*, puis *noir*. Stipe fibrilleux. Peridium convexe (0^m 01-2), substrié et pruineux. Lamelles espacées, sinuées, grisâtres, puis *noires*. Spore pruniforme (0^{mm} 01), ocellée, blanchâtre.

Quél. Soc. bot. XXIII, t. 3, f. 11.

Été. — Sur les vieilles souches de conifères. Jura et Vosges.

atrata. Stipe farci, puis fistuleux, tenace, court, glabre, *brun* même en dedans. Peridium convexe déprimé (0m 03-4), orbiculaire, lisse, lubrifié, bistre noir, couleur de poix, brillant et brun par le sec. Lamelles adnées, arquées, blanchâtres, puis grises. Spore ovoïde sphérique (0mm 005), ocellée.

Fr. S. M. I., p. 168. Ic., t. 70, f. 1. Luc. Champ., t. 182.

Fin automne. — Dans les pelouses arides et sur la terre brûlée.

ambusta. Stipe grêle, raide, pruineux, gris brun. Peridium convexe plan (0m 01-2), avec un *mamelon pointu*, glabre, brun grisonnant. Lamelles adnées, décurrentes par une dent, serrées, étroites, blanc bistré.

Fr. S. M. I., p. 157. Ic., t. 70, f. 2.

Eté. — Sur la terre brûlée. Peu distinct d'*atrata*, il a l'aspect d'un *Mycena*.

b. *Lamelles larges, plus ou moins espacées.*

murina. Stipe raide, arhize, finement *fibrilleux*, grisonnant. Peridium tenace, campanulé convexe (0m 03-4), *ruguleux* ou finement *pelucheux*, brun pâlissant. Lamelles atténuées adnées, larges, espacées, blanches, puis grises. Spore ovoïde pruniforme (0mm 008).

Batsch. El., f. 19. Fr. Obs. II., p. 115.

elevata. Stipe long, *strié*, prémorse, blanc? Peridium tenace, *fibrillé*, *gris blanc* et luisant. Lamelles uncinées, blanches, puis bistrées.

Weinm. Linn., X, p. 52. *livescens*, Kickx, p. 146.

Eté-automne. — Sur l'humus des clairières et des bois arides.

clusilis. Stipe farci d'une moelle floconneuse blanche, cortiqué, mou, glabre, gris. Peridium *largement ombiliqué* (0m 02-3), glabre, tendre, fragile, *gris*, blanc pâlissant ou argileux. Lamelles adnées uncinées, planes, *larges*, blanc crème. Spore pruniforme (0mm 008), ocellée.

Fr. Epic., p. 98. *umbilicatus*, Bull., t. 411, f. 2.

Automne. — Bois et bruyères arénacés.

erosa. Stipe fluet, glabre, fragile, comprimé en bas, blanchâtre ou gris. Peridium hémisphérique (0m 025-30), hygrophane, strié, *gris*, gris blanc et luisant par le sec. Lamelles largement émarginées, uncinées, *larges*, blanches, puis grises. Spore ovoïde pruniforme (0mm 006-7).

Fr. S. M. I., p. 145.

Fin automne. — Dans les bois humides de pins. Ressemble à *Myc. metata.*

tylicolor. *Gris cendré*. Stipe très grêle, *pulvérulent*. Peridium convexe plan (0m 015), bossu, glabre. Lamelles *libres*, espacées, larges et *grises*. Inodore. Spore pruniforme ou ovoïde (0mm 007), finement aculéolée.

Fr. S. M. I., p. 132.

Automne. — Sur les feuilles pourries des bois ombragés. Ressemble à *nigrescens* jeune.

V. Versiformes.

Peridium convexe, puis difforme, glabre, puis furfuracé. Lamelles adnées, ordinairement larges et espacées. Stipe farci, puis creux.

difformis. Stipe pruineux au sommet, luisant et blanc. Peridium convexe plan (0m 03), un peu ombiliqué, ondulé, festonné, hygrophane, strié et *grisâtre*, puis floconneux, crevassé et blanc. Lamelles adnées, espacées et blanchâtres. Spore ovoïde (0mm 006-7).

Pers. Syn., p. 162. Fr. S. M. I., p. 170.

Automne. — En troupe dans les bois de conifères humides.

ectypa. Stipe élastique, fibrilleux, *paille*, puis *olive*, noircissant à la base. Peridium aplani déprimé (0m 04-6), puis retroussé, paille bistré roussissant ou brunissant, hygrophane, finement *rayé* de *fibrilles radiées* et *bistre;* marge *striolée*. Chair blanc paille, anisée, puis fétide. Lamelles blanc crème, puis *rosées* et couvertes d'une farine blanche. Spore ovoïde pruniforme (0mm 009), ocellée.

Fr. S. M. I., p. 108. Ic., t. 59, f. 1.

Été. — Cespiteux dans les prairies tourbeuses. Vosges.

pachyphylla. Stipe tenace, un peu pruineux au sommet, glabre et concolore. Peridium convexe (0m 02-3), *floconneux* furfuracé, brun jaunissant ou roux. Lamelles adnées, *espacées*, *épaisses*, d'un gris passant au jaune brun. Spore pruniforme (0mm 008), guttulée.

Fr. Obs. myc. I., p. 78. Ic., t. 60, f. 2.

Été-automne. — Isolé ou cespiteux dans les bois de pins gramineux.

æerina. Stipe aminci en bas, *strié*, *fibrilleux*, jonquille, puis fauvâtre, naissant d'un réseau fibrilleux et *jaune*. Peridium convexe déprimé, puis festonné (0m 03), finement *tomenteux*, *olive* ou *bronzé*, verdoyant au bord. Chair humide, citrin verdâtre, *amère* et vireuse. Lamelles sinuées, uncinées, *ventrues*, épaisses, espacées, souvent anastomosées ou rameuses, *citrines*, puis rousses au bord et couvertes d'une pruine blanche. Spore ovoïde (0mm 008-9).

Quél. As. fr. 1883, t. 6, f. 2.

Arrière-automne. — En troupe dans les bois de pins de l'Ouest.

bella. Stipe tenace, rayé, jaune serin. Peridium convexe déprimé, jaune d'or, *pointillé* de *squamules orangées*. Lamelles adnées, veinées réticulées à la base, jaunes, puis couvertes d'une pruine blanche.

Pers. Syn., p. 452.

Été. — Sur les troncs pourris des forêts de conifères.

laccata. Stipe fibrospongieux, très tenace, incarnat ou roux. Peridium convexe ondulé (0m 03-5), souvent ombiliqué, pubescent, très hygrophane, ocracé purpurin ou incarnat rosé. Lamelles adnées, espacées, épaisses, rose incarnat, puis couvertes d'une farine blanche. Spore *sphérique* (0mm 01), *aculéolée*.

Scop. Carn., p. 444. Batt., t. 18, G. I. Bull., t. 570. *rosellus*, Batsch, f. 99.

amethystina. D'un beau violet foncé, puis lilacin ou gris blanc.

Vaill. Bot. Bolt., t. 63. Schæf., t. 13. Sow., t. 187.

sandicina. Stipe glabre, fibrilleux en bas. Peridium pourpre lilacin obscur, puis gris et farineux. Lamelles plus serrées, presque nues, purpuracées.

Fr. S. M. I., p. 157. Quél. An. n. h. Bordeaux, 1884, t. 1, f. 4. *ianthinus*, Sec., n° 1027.

Du printemps à l'automne. — Bruyères et bois. Extrêmement variable. Comestible ?

tortilis. Stipe tortu, roussâtre rosé. Peridium membraneux (0m 01), *briqueté*, avec des *stries* plus foncées. Lamelles rosées.

Bolt. Fung., t. 41, f. A.

Été. — Au bord des sentiers et des mares, dans les bois humides.

II. Annulatæ.

Stipe farci, muni d'un voile annulaire.

laqueata. *Blanc.* Stipe ferme, floconneux ou fibrilleux au-dessous de l'anneau membraneux ou *cortiniforme* et bistre à la base. Peridium hémisphérique (0^m 05-6), visqueux. Chair ferme. Lamelles adnées, séparables.

Fr. Epic., p. 24. Ic., t. 18, f. 2. Batt., t. 10, f. C.

Été-automne. — Sur l'humus des bois de l'Europe australe.

mucida. Stipe raide, épaissi à la base, blanc, *strié* au-dessus de l'anneau supère, ténu et cannelé. Peridium convexe étalé (0^m 03-5), mou, *veiné ridé*, glutineux, translucide, blanc, gris ou bistré. Lamelles sinuées, arrondies et décurrentes en filet, espacées, blanc de neige. Spore *sphérique* (0^{mm} 015-18).

Schrad. Spic., p. 116. Pers. Syn., p. 266. Quél. Jur. I., t. 2, f. 1.

Automne. — Cespiteux sur les troncs, hêtre, des forêts ombragées.

Gen. V. OMPHALIA, Pers. p.

Voile pruineux ou villeux, continu, rarement annuliforme. Peridium charnu, convexe, puis ombiliqué, cyathiforme ou infundibuliforme, pâlissant ; marge d'abord enroulée. Stipe spongieux ou creux, cortiqué. Lamelles adnées ou décurrentes. Spore ovoïde ou pruniforme oblongue, souvent petite, hyaline. Terrestres.

I. Hygrophanæ.

Peridium mince, mou, aqueux, pâlissant.

A. Cyathiformes.

Peridium submembraneux, plan concave, puis en coupe. Lamelles adnées, puis décurrentes.

cyathiformis. Stipe farci, élastique, atténué en haut, *fibrilleux réticulé*, gris bistre, cotonneux à la base. Peridium en coupe (0^m 02-5), *très hygrophane*, humide, lisse, brun cendré ou bistre obscur, pâlissant par le sec. Chair aqueuse, bistrée, odeur de flouve odorante. Lamelles adnées décurrentes, réunies en arrière, espacées, cendrées. Spore ellipsoïde pruniforme (0mm 01), pointillée.

Bull., t. 575. Vaill. Bot., t. 14, f. 1-3. *cinerascens*, Batsch, f. 105. *cervinus*, Hoffm. Nom., t. 2, f. 2. *tardus*, Pers. Syn., n° 393. Luc. Champ., t. 180.

pruinosa. Stipe grêle, fibrilleux, gris clair. Peridium bistre gris, couvert d'une pruine gris de plomb. Lamelles grisâtres, puis bistrées.

Lasch. Fr. Ic., t. 57, f. 3. *lituus*, t. 72, f. 2. Bull., t. 468, f. 1.

obbata. Stipe brun cendré, striolé de blanc. Peridium strié, brun noir, puis cendré. Lamelles peu décurrentes, espacées, cendré obscur.

Fr. Ic. sel., t. 57, f. 1.

Queletii. Stipe gris, strié de blanc, avec un bourrelet cotonneux au sommet. Peridium gris brun, puis gris perle, *moucheté* de *fines mèches brunes*. Lamelles arquées, gris clair.

Fr. Ic. sel., t. 57, f. 4. Quél. Jur. I., t. 23, f. 1.

Fin automne. — En troupe dans les pelouses et dans les clairières. Comestibles.

expallens. Stipe cylindrique, *creux*, élastique, mou, soyeux et blanc en haut, glabre, blanchâtre, villeux à la base. Peridium convexe plan, puis en entonnoir (0m 05), avec la marge striée, glabre, très hygrophane, gris blanchissant, satiné ou zoné par le sec. Lamelles très décurrentes, espacées, grisâtres. Spore ellipsoïde (0mm 01).

Pers. Syn., p. 461. Fr. Ic., t. 56, f. 2. *vibecinus*, t. 58, f. 1.

Automne. — En troupe dans les bruyères moussues. Comestible.

concava. Stipe farci, aminci en bas, flexueux, glabre et gris. Peridium ondulé (0m 03-5), *ombiliqué*, *excavé*, avec la marge plane, *cendré* ou *bistré*. Lamelles décurrentes, étroites, *fuligineuses*, puis grisâtres. Spore ovoïde (0mm 01), virguliforme, finement grenelée, glauque.

Scop. Carn., p. 449. Fr. Epic., p. 75. Ic., t. 57, f. 2.

Automne. — Dans les forêts arénacées de conifères. Vosges.

suaveolens. Stipe farci, puis creux, élastique, épaissi et villeux à la base, blanc. Peridium convexe plan, puis ombiliqué (0m 03), blanc avec le centre fauvâtre, blanchissant par le sec : marge striolée. Chair blanche, plus finement anisée que celle de *viridis*. Lamelles adnées décurrentes, serrées, minces, blanches. Spore pruniforme (0mm 008), picotée.

Schum. Fl. dan., t. 1912, f. 1. *fragrans*, Sow., t. 10. Kromb., t. 1, f. 34-38.

Été-automne. — Dans la mousse des bois, surtout de conifères. Comestible.

brumalis. Stipe fistuleux, élastique, grisâtre, puis blanc, recourbé, laineux à la base. Peridium convexe plan, puis concave (0m 03-5), flasque, glabre, grisâtre fuligineux, plus obscur au centre, blanchissant, luisant, puis *jaunissant*. Chair blanchâtre, odeur faible et agréable. Lamelles arquées décurrentes, serrées, concolores, puis blanchâtres ou un peu jaunâtres. Spore ovoïde pruniforme (0mm 007-8).

Fr. Epic., p. 71. Bull., t. 278. Quél. Jur. I., t. 3, f. 4.

Fin automne. — En troupe dans les forêts. Comestible.

B. Orbiformes.

Peridium mince, convexe, puis aplani, concave, poli. Lamelles planes, adnées ou décurrentes par une pointe.

a. *Lamelles grisonnantes*.

orbiformis. Stipe spongieux, élastique, aminci en haut, fibrillé strié, grisâtre ou bistré, épaissi et cotonneux à la base. Peridium orbiculaire, convexe plan, à peine déprimé (0m 05), glabre, gris-fuligineux; marge horizontale, à la fin striolée. Lamelles adnées, blanchâtres, puis bistrées. Spore ovoïde (0mm 005).

Fr. Epic., p. 76.

ditopus. Stipe *creux, comprimé*, cendré pâle. Peridium convexe plan, puis en entonnoir (0m 06), cendré. Lamelles cendré obscur.

Fr. S. M. I., p. 171.

mortuosa. Stipe plein, court, grisâtre. Peridium mou, bistre, puis brun et chamois. Lamelles étroites, grisâtres.

Fr. Obs. myc. II., p. 210. Ic., t. 59, f. 3.

Fin automne. — Dans les bois de pins gramineux. Ressemble à *cyathiformis*.

metachroa. Stipe farci, puis tubuleux, tenace, cortiqué, gris, farineux et blanc au sommet. Peridium convexe plan ou déprimé (0m 05-8), glabre, bistre cendré, puis grisâtre et blanc par le sec. Lamelles adnées, à peine décurrentes, serrées, linéaires, planes, ténues, grisâtres. Spore ovoïde pruniforme (0^{mm} 007), picotée.

Fr. S. M. I., p. 172. Batsch, f. 102. *dicolor*, Pers. Syn., n° 395.

Fin automne. — En troupe ou cespiteux dans les bois de conifères. Facilement confondu avec *brumalis*.

incana. Stipe farci, droit, aminci de bas en haut, long, *tendre*, gris perle, cotonneux et blanc à la base. Peridium convexe plan (0^m 03-5), hygrophane, pruineux, *gris blanc* glaucescent, blanc au bord. Chair molle, grisâtre, inodore. Lamelles émarginées uncinées, horizontales, *gris blanc*. Spore ovoïde.

Quél. As. fr. 1886.

Automne. — Forêts arénacées et gramineuses. Vosges. Ressemble à *expallens*.

obolus. Stipe fistuleux, fluet, tenace, glabre, *strié*, onduleux, gris. Peridium convexe plan (0^m 02-3), ombiliqué, glabre, strié, hygrophane, d'un gris bistre pâlissant. Lamelles adnées, ténues, gris clair. Spore ovoïde sphérique (0^{mm} 007-8), *épineuse*.

Fr. S. M. I., p. 89.

Automne. — Dans les forêts arénacées. Vosges.

b. *Lamelles blanchâtres.*

diatreta. Stipe spongieux, puis tubuleux, cylindrique, *glabre*, blanchâtre, villeux à la base. Peridium convexe plan (0^m 02-3), régulier, tenace, souvent flexueux et déprimé, mat, *incarnat*, puis flasque et chamois clair, blanchissant ; marge enroulée, pruineuse et blanche. Lamelles uncinées, décurrentes, serrées, étroites, incarnat blanc, puis blanchâtres.

Fr. S. M. I., p. 83. Luc. Champ., t. 181.

Automne. — En troupe dans les forêts de conifères.

isabella. Stipe *fistuleux*, grêle, flexueux, onduleux, souvent aminci de haut en bas, fragile, *crème* ou *paille*, pruineux au sommet, blanc à la base. Peridium campanulé ou convexe (0^m 02-3), avec le bord festonné, scabriuscule, hygrophane, *ocre pâle*. Lamelles adnées décurrentes, souvent ramifiées, épaisses, ondulées au bord, blanc ocracé. Spore ovoïde sphérique (0^{mm} 004-5), pointillée.

Quél. As. fr. 1883, t. 6, f. 1.

Été. — Groupé ou fasciculé sur la terre des forêts ombragées. Jura.

obsoleta. Stipe creux de bonne heure, élastique, souvent comprimé, pruineux au sommet, blanchâtre. Peridium convexe plan ou déprimé (0m 03), tendre, bistre grisonnant, puis blanchissant. Arome faible, doux. Lamelles adnées, larges, serrées, grises, puis blanchâtres. Spore pruniforme (0mm 007).

Bastch. El., f. 103. Fl. dan., t. 2021. Fr. Epic., p. 78.

Automne. — En troupe dans les forêts de conifères. Peu distinct de *suaveolens* lorsqu'il est adulte.

gyrans. Stipe *creux*, grêle, tenace, glabre, blanchâtre. Peridium convexe ombiliqué avec la marge enroulée (0m 03), glabre, hygrophane, *blanc hyalin*, puis blanc. Lamelles minces, serrées, *arquées*, décurrentes par une pointe et blanches.

Paul. Ch., t. 66, f. 3. Fr. Epic., p. 79.

angustissima. Stipe farci d'une moelle fibreuse, puis fistuleux, flexueux. Peridium plan déprimé (0m 03-5). Lamelles étroites, décurrentes par une pointe.

Lasch. Linn., nº 523. Fr. Ic., t. 59, f. 2.

Automne. — Dans la mousse et l'herbe des forêts humides.

II. **Infundibuliformes.**

Peridium en forme de coupe ou d'entonnoir, plus ou moins charnu. Souvent décolorés, mais non hygrophanes.

a. *Peridium finement tomenteux ou soyeux, imbibé par la pluie.*

geotropa. Stipe spongieux, cortiqué, élastique, ordinairement long et atténué en haut, un peu fibrilleux, blanc, subconcolore. Peridium convexe, *bossu* ou *mamelonné*, puis en coupe ou en entonnoir (0m 1-2), glabrescent, jaune paille fauvâtre ou incarnat (cuir pâle), brillant et blanchissant par le sec; marge *mince*, enroulée, pubescente et pruineuse. Chair ferme, blanche, subconcolore, exhalant une odeur pénétrante de flouve odorante, de lavande. Lamelles longuement décurrentes, serrées, blanc crème ou incarnat, chatoyantes. Spore pyriforme sphérique (0m 008), finement aculéolée.

Bull., t. 573, f. 2. *pileolarius*, Sow., t. 61. Grev. Scot., t. 41. *maximus*, Alb. et Schw., p. 215.

gigantea. Stipe trapu. Peridium convexe plan déprimé (0m 2-3); marge *ondulée* radiée. Lamelles peu décurrentes, souvent anastomosées ou rameuses.

Sow. Eng. fung., t. 244. Fr. Sv. sv., t. 86. Quél. Jur. I., t. 3, f. 3. *aquifolii*, Paul., t. 38.

Automne. — En cercles immenses dans les pâturages et les sapinières. Comestibles.

gilva. Stipe charnu, court, épais (0m 02-3), villeux, cotonneux à la base, blanchâtre chamois. Peridium convexe, puis déprimé (0m 1), glabrescent, humide, souvent marbré ou guttulé, chamois clair ou bistré, *mat*, luisant par le sec; marge très enroulée, *gonflée* et *villeuse*. Chair épaisse, *tendre*, légère, café au lait très pâle. Lamelles décurrentes, espacées, souvent rameuses et anastomosées en cercle autour du stipe, blanc crème, puis ocracées ou bistrées sur la marge. Spore ovoïde sphérique (0mm 006), pointillée.

Fr. S. M. I., p. 80? Quél. Jur. I., p. 52. Luc. Champ., t. 68. *subinvolutus*, Batsch, f. 204? *Paxillus Alexandri*, Fr. Gill. Ch., t. 47.

Été. — Isolé ou groupé dans les bois de conifères. Plus mou et plus foncé que *geotropa;* il a souvent l'aspect du *Lactarius pallidus*. Comestible?

infundibuliformis. Stipe spongieux, élastique, grêle, renflé et cotonneux à la base, concolore. Peridium *mince*, *mamelonné* et en entonnoir (0m 05-9), finement villeux, chamois, incarnat pâle, couleur de cuir blanchissant. Chair molle, blanche, odeur plus douce que celle de *geotropa*. Lamelles très décurrentes, serrées, blanches, puis à reflet incarnat jaunâtre. Spore ovoïde sphérique (0mm 007), pointillée.

Schæf. Ic., t. 212. Fr. El., p. 12. Roz. et Rich., t. 32, f. 14, 15. *gibbus*, Pers. Syn., p. 449.

catinus. Blanc incarnat, puis chamois pâle. Chair flasque et blanche.

Fr. Epic., p. 72. Ic., t. 51, f. 4. Bull., t. 286.

Été. — En troupe dans les forêts de la plaine. Ressemble à *geotropa*, mais est beaucoup plus petit. Comestible.

squamulosa. Stipe fibrilleux, villeux, blanchâtre ou concolore; bulbe cotonneux. Peridium convexe, puis cyathiforme (0m 05-6), ocracé, grisâtre ou bistré, *moucheté* de fines mèches plus foncées. Chair blanche, moins odorante. Lamelles décurrentes, rameuses et blanches. Spore ovoïde (0mm 007-8), aculéolée.

Pers. Syn., p. 449. Fr. S. M. I., p. 82.

Printemps et été. — En troupe dans les bruyères et les bois de conifères. Se rapproche de *gilva* par la couleur. Comestible.

trullæformis. Stipe plein, élastique, fibrilleux strié, villeux à la base, cendré. Peridium convexe, puis en entonnoir (0m 03-5), avec la marge aplanie, *finement pelucheux*, brun cendré. Chair d'un *blanc* de *neige*. Lamelles décurrentes, espacées, réunies par des veines, blanches. Spore ovoïde pruniforme (0mm 006), finement aculéolée.

Fr. S. M. I., p. 174. Kalch. Ic., t. 6, f. 1 ?

Fin automne. — Haies et buissons champêtres. Suède, Tyrol, Suisse. Ressemble à *cyathiformis*.

sinopica. Stipe plein, ferme, *strié fibrilleux*, brun fauve. Peridium convexe ombiliqué, puis cyathiforme (0m 03-5), mince, villeux à la loupe, roux aurore, bai pâle par le sec; marge onduleuse et satinée. Chair blanche, odeur de farine. Lamelles arquées décurrentes, serrées, blanches, puis crème. Spore ovoïde (0mm 008).

Fr. S. M. I., p. 83. Ic., t. 55, f. 2.

Dès le printemps. — Dans les forêts de pins. Plus foncé que *inversa* auquel il ressemble.

? lentiginosa. Stipe tubulé, mou, jaune d'ocre, brunissant au toucher. Peridium plan (0m 04), profondément ombiliqué, subtilement tomenteux, *zoné* de *grains* formant comme des rangées de perles (Sec.), humide et jaune d'ocre. Chair mince et jaunâtre. Lamelles très décurrentes, serrées, minces, blanchâtres, puis jaune clair.

Fr. Epic., p. 69. *ochraceus nanus*, Sec., n° 1004.

Automne. — Dans les sapinières. Suisse. Lusus d'*inversa* ?

parilis. Stipe plein, grêle, fibreux, tenace, glabre, bis ou fuligineux. Peridium convexe plan (0m 02-3), ombiliqué, *floconneux micacé*, bistre grisonnant. Chair mince, blanche, douce, inodore. Lamelles très décurrentes, serrées, étroites, d'un *gris blanchissant*. Spore ovoïde (0mm 007), pointillée.

Fr. S. M. I., p. 168. Ic., t. 48, f. 6. *obliquus*, Pers. Ic. pict., t. 13, f. 2. Myc. III., t. 26, f. 7.

Eté-automne. — Dans les forêts. Il a l'habitus des *Omphalina*.

b. *Peridium glabre, lubrifié, luisant par le sec.*

splendens. Stipe cortiqué, spongieux, élastique, glabre, blanc, puis crème ocracé. Peridium convexe plan, puis cyathiforme (0m 05-8), *jonquille* pâle, souvent guttulé avec la marge farineuse et blanche, puis glabre et luisant. Chair blanche, puis subconcolore, douce et inodore. Lamelles très décurrentes, serrées, étroites, fourchues à la base, blanc paille, puis ocracé incarnat. Spore ovoïde sphérique (0mm 003-5), pointillée, à reflet citrin.

Pers. Syn., p. 452. Fr. Ic., t. 44, f. 1. Bull., t. 533, f. N.

Été. — En cercle dans les forêts de conifères. Comestible? Tient de *geotropa* et d'*inversa*.

inversa. Stipe plein, à la fin creux, rigide, fortement *cortiqué*, glabre, blanc teinté de fauve, blanc et villeux à la base. Peridium convexe plan, puis en entonnoir (0m 05-8), glabre, humide, roux aurore ou fauve, luisant par le sec. Chair mince, rigide, *fragile*, blanc roussâtre, acidule. Lamelles décurrentes, serrées, blanc crème ou paille, roussissant sur la marge. Spore ovoïde sphérique (0mm 004), picotée.

Scop. Carn. II., p. 445. Roz et Rich., t. 31, f. 15-17. *infundibuliformis*, Bull., t. 553, f. K, M.

Automne. — Groupé ou cespiteux dans les forêts montagneuses, surtout dans les sapinières. Suspect.

flaccida. Stipe plein, flexueux, *élastique*, tenace, lisse, fauve rouillé, cotonneux à la base. Peridium mince, convexe ombiliqué, puis en entonnoir et ondulé (0m 05-7), avec la marge largement réfléchie, *flasque*, glabre, chamois rouillé, puis roux et brillant. Chair blanc crème, fragile, puis tenace. Lamelles arquées décurrentes, serrées, étroites, blanches, *jaunissant* surtout sur la marge. Spore ovoïde sphérique (0mm 004), picotée.

Sow. Eng. fung., t. 185. Fr. S. M. I., p. 81. Luc. Champ., t. 154. Bull., t. 553, f. G, H.

Eté-automne. — En cercle, cespiteux ou concrescents dans les forêts. Il est à *inversa* ce que *squamulosa* est à *infundibuliformis*.

vermicularis. Stipe fibrospongieux, puis creux, court, dilaté en haut et en bas, fibrillé strié et blanc; mycelium formé de *lanières radiées* et blanches. Peridium ombiliqué, puis cyathiforme (0m 03-4), ondulé, *hygrophane, incarnat* roussâtre, puis chamois crème et luisant; marge finement pubescente et enroulée, bordée de brun par le sec. Chair mince, blanc roussâtre, aigrelette, odeur de fruits. Lamelles serrées, peu décurrentes, blanches, puis crème avec une fine bordure ocrée. Spore ovoïde (0mm 005).

Fr. Epic., p. 72. Bres. Fung., t. 49.

Printemps-été. — En troupe dans les bois de conifères. Comestible.

cacabus. Stipe plein, puis creux, élastique, *fibrillé strié*, nu, épaissi et villeux à la base, fuligineux. Peridium mince, en entonnoir (0m 06-9), avec la marge largement réfléchie, *flasque*, glabre, *bistre cendré* pâlissant. Lamelles très décurrentes, serrées, étroites, *cendré obscur*.

Fr. Epic., p. 72. *fuligineus*, Alb. et Schw. Cons., p. 207.

senilis. Stipe plein, blanchâtre. Peridium *zoné rayé*, brun pâlissant.

Fr. Ic. sel., t. 56, f. 1.

Eté. — Dans les forêts ombragées de conifères. Suède, Alpes, Tyrol. Il a l'habitus et l'odeur de *infundibuliformis*, avec la couleur de *cyathiformis*.

? Garidelli. Stipe court, inégal, ferme, tubéreux, concolore. Peridium flasque, *ombiliqué* avec la marge infléchie, glabre, *rouge incarnat?* Chair crème ocracé. Lamelles decurrentes, serrées, creme (?) avec l'arête *incarnate*.

Fr. Epic., p. 71. *Pinedo*, fungus infundibulum referens, *carneus*. Garid. Aix. Paul., t. 63. f. 2-4 ?

Automne. — Dans les bois de pins de la Provence. Delicieux. Paraît être *L. deliciosus*.

III. Candicantes.

Blanchâtres, puis *blancs*. Peridium discoïde ou cyathiforme, plus ou moins charnu. Lamelles adnées ou décurrentes.

rivulosa. Stipe plein, élastique, finement tomenteux, blanc ou incarnadin. Peridium convexe plan, puis déprimé (0m 03-5), subtilement villeux, *incarnat hyalin* en temps humide, *blanchissant* et *zoné aréolé* par le sec. Chair spongieuse, tenace, blanche, odorante. Lamelles adnées, incarnat blanchissant. Spore ovoïde sphérique (0mm 004-5).

Pers. Syn., p. 369. *subalutaceus*, Batsch, t. 194.

cerussata. Stipe fibrospongieux, tenace, blanc, renflé et cotonneux à la base. Peridium convexe plan (0m 05-8), glabre, humide, blanc mat, avec la marge *lustrée*. Chair molle, blanche, odeur de flouve odorante. Lamelles adnées décurrentes, serrées, d'un blanc mat. Spore ovoïde (0mm 005).

Fr. S. M. I., p. 92. *pityophilus*, Sec., n° 1014. *tornatus*, Fr. Ic., t. 41, f. 1.

connata. Stipe gonflé, *creux*, fissile, *farineux*, blanc. Peridium convexe (0m 05-1), pruineux, *blanc*, à peine taché d'ocre ou de bistre. Chair ferme, élastique, blanche, à odeur spiritueuse, (fleurs de trèfle). Lamelles arquées, adnées ou décurrentes, espacées, blanc glauque, puis crème. Spore ovoïde (0mm 006), finement aculéolée.

Schum. Saell., p. 299. Fl. dan., t. 1908. Bres. Fung., t. 33.

opaca. Stipe inégal, flexueux. Peridium mamelonné, villeux pruineux.

With. Sow. Eng. fung., t. 142.

phyllophila. Peridium convexe, puis déprimé, *glacé*, blanc crème, puis blanc. Lamelles moins serrées, plus décurrentes, blanc crème.

Fr. S. M. I., p. 83.

Eté-automne. — En cercle ou cespiteux dans les bois humides, surtout de conifères. Vénéneux. Ces variétés diffèrent de *rivulosa* par la cuticule blanche non rayée.

dealbata. Stipe farci, puis fistuleux, tenace, recourbé à la base, *farineux* au sommet, blanchâtre roussissant. Peridium convexe plan, puis flexueux (0m 02-3) et retroussé, pruineux, blanchâtre avec des *zones grises* ou *rousses* sur la marge, blanchissant et luisant par le sec. Chair mince, blanche, odeur de farine. Lamelles adnées, serrées, *grisâtres*, puis blanchâtres. Spore ovoïde (0mm 005-6), allongée.

Sow. Eng. fung., t. 123 ? Fr. S. M. I., p. 92.

Automne. — En cercle dans les bruyères et dans les pelouses. Plus mince et plus petit que *rivulosa* auquel il ressemble. Comestible.

tuba. Stipe creux à la fin, grêle, tenace, glabre et blanc. Peridium convexe ombiliqué (0m 05), mince, uni, d'un *blanc hyalin* ou *grisonnant*, puis *blanc*. Lamelles longuement décurrentes, serrées, blanches passant au blanc crème. Spore ovoïde (0mm 008), pointillée.

Fr. Epic., p. 72. Ic., t. 51, f. 2.

Automne. — En cercle dans les sapinières montagneuses. Jura. Paraît une forme luxuriante du suivant.

candicans. Tout *blanc*. Stipe grêle, à la fin fistuleux, tenace, lisse et brillant. Peridium convexe plan (0m 02-25), ombiliqué, *pruiné*, *satiné*, blanc brillant par le sec. Lamelles adnées, serrées, minces et étroites. Spore ovoïde (0mm 006-7), finement aculéolée.

Pers. Syn., p. 456. Fr. Ic., t. 51, f. 3. Bull., t. 575, f. E.

[illegible]-automne. — En troupe sur les feuilles mortes des forêts ombragées. Peut être confondu, ainsi que *tuba*, avec les formes grêles de *phyllophila*. Suspect.

ericetorum. *Blanc de neige*. Stipe plein, grêle, atténué en bas, tenace, mou, villeux. Peridium convexe plan, puis cyathiforme (0^m 03), ondulé, souvent excentrique, glabre, brillant. Odeur fine de flouve. Lamelles brièvement décurrentes, un peu *espacées*, réunies par des veines. Spore ovoïde (0^{mm} 005), finement aculéolée.

Bull., t. 551, f. 1, D. Fr. Epic., p. 73.

Automne. — Dans les pâturages et les bruyères des montagnes. Ressemble à *H. niveus*. Comestible.

gallinacea. Stipe plein, tenace, *incurvé*, *strié*, farineux et blanc. Chapeau convexe, puis déprimé (0^m 015), pruineux, hygrophane, blanc mat, blanchissant par le sec. Chair mince, blanche, *amarescente*. Lamelles minces, adnées, peu serrées, blanches. Spore ovoïde pruniforme (0^{mm} 006), subtilement aculéolée.

Scop. Carn., p. 433. Fr. Epic., p. 59. Huss. I., t. 39.

Fin automne. — Dans les vieilles souches, saule, frêne.

fimbriata. Stipe farci, puis creux, très court, tenace, lisse, pubescent à la base, concolore. Peridium convexe, puis *en entonnoir* (0^m 05-8), excentrique ou latéral, avec la marge *festonnée* et *crêpée*, pruineux, *hygrophane*, *blanc* chatoyant. Chair mince, tenace, à odeur de farine. Lamelles adnées, serrées, *ténues*, *étroites* et blanches. Spore ovoïde (0^{mm} 005-6), finement grenelée.

Bolt. Fung., t. 61. Fr. S. M. I., p. 94.

Automne. — Groupé sur les troncs cariés, hêtre, dans les forêts montagneuses du Nord.

circinata. Peridium orbiculaire, horizontal, *pruineux*, *satiné*, blanc. Odeur agréable.

Fr. Epic., p. 132. Ic., t. 88, f. 1.

Eté-automne. — Sur le bois mort, dans les forêts feuillées, bouleau, hêtre, sapin.

lignatilis. Stipe excentrique, plein, puis creux, très tenace, recourbé, striolé, pruineux villeux, blanc, puis fauvâtre; base radicante, dilatée en membrane cotonneuse. Peridium mince, convexe plan (0^m 05-8), ombiliqué, festonné ou lobé, *pruineux villeux*, blanc de lait, puis subtilement rayé et fauvâtre. Lamelles adnées, subsinuées, serrées, minces, onduleuses, blanches à reflet citrin. Spore ovoïde allongée (0^{mm} 008). Odeur de farine aigre.

Pers. Syn., p. 368. Fl. dan., t. 1797. Saund. and Sm., t. 6, f. 2. *Marcklini*, Tratt. Aust., t. 28.

Été. — Cespiteux dans les souches creuses, sapin.

IV. Disciformes.

Peridium charnu, convexe plan ou déprimé. Stipe fibro-charnu. Lamelles adnées décurrentes.

a. *Peridium brun, bistre ou gris.*

nebularis. Stipe spongieux, creux à la fin, *gonflé* à la base, *strié fibrilleux*, blanchâtre. Peridium convexe plan, puis cyathiforme (0^m 1-2), taché guttulé, gris clair ou bistré, couvert d'une pruine blanche, luisant par le sec. Chair *molle*, blanche, odeur de farine et de mousse. Lamelles arquées adnées puis légèrement décurrentes, blanchâtres, puis paille. Spore pruniforme (0^{mm} 008).

Batsch, El., f. 193. Fr. Sv. sv., t. 45. Fl. dan., t. 1734. *pileolarius*, Bull., t. 400. *turgidus*, Grev. Scot., t. 9.

Automne. — En cercle dans les prés et dans les forêts, surtout de conifères. Comestible.

clavipes. Stipe spongieux, *conique*, à peine fibrilleux, gris ou bistré, villeux et blanc à la base. Peridium campanulé puis plan, mamelonné (0^m 04-6), lisse, glabre, cendré ou bistre, bai ou noirâtre au centre. Chair molle, humide, blanc bistré, douce, odeur agréable. Lamelles *très décurrentes*, larges, blanches ou jonquille pâle. Spore ellipsoïde.

Pers. Syn., p. 353. Fr. Ic., t. 47, f. 1. Roz. et Rich., t. 31, f. 11-13.

comitialis. Plus petit, bistre foncé, humide, glabre. Lamelles *planes*, serrées et blanches.

Pers. Syn., p. 352. Fr. Ic., t. 47, f. 2.

Été-automne. — Pâturages moussus des montagnes et bois de pins. Suspect.

luscina. Stipe ferme, grêle, pulvérulent au sommet, blanc. Peridium convexe plan (0^m 03-6), humide, glabre, *brun* puis *gris*. Chair mince, blanc paille, inodore. Lamelles décurrentes, droites, serrées, minces, blanc hyalin.

Fr. S. M. I., p. 87. *trochoeus*, Pers. Myc. III., t. 23, f. 3.

Automne. — Dans les pâturages montagneux. Suisse. Paraît très voisin de *orcina* et ressemble à *Gyr. nimbata*.

hirneola. Stipe tenace, *grêle*, flexueux, *grisâtre*, *pulvérulent* et *blanc* au sommet. Peridium convexe plan (0m 02), puis concave, *satiné*, gris blanchissant. Chair blanche. Lamelles décurrentes, serrées, grisâtres. Spore ovoïde (0mm 005), ocellée, blanc fauvâtre.

Fr. S. M. I., p. 269. Ic., t. 48, f. 3. Quél. Jur. I., t. 3, f. 2.

undulata. Peridium aplani, flexueux, subzoné (0m 03-4), gris blanchissant.

Bull., t. 535, f. 2.

Eté. — Parmi les mousses des pâturages et des forêts montagneuses. Comestible.

detrusa. Stipe ferme, farci puis creux, atténué vers le bas, glabre, gris pâlissant. Peridium mince, convexe ombiliqué (0m 02-3), glabre, cendré obscur; marge souvent ornée de *zones pruineuses* d'un *gris clair*. Lamelles adnées, à peine décurrentes, bistrées ou grisâtres. Spore ovoïde sphérique (0mm 006), aculéolée.

Fr. Mon. II., p. 291. Ic., t. 73, f. 1.

Automne. — Dans les forêts ombragées de la plaine. Ressemble à *cyathiformis*.

b. *Peridium verdoyant*.

viridis. Stipe élastique, épaissi à la base, glabre, blanchâtre. Peridium mince, convexe plan puis déprimé (0m 05), glabre, vert de gris bistré ou gris. Chair blanchâtre, enfumée, *odeur anisée*. Lamelles adnées, serrées, minces, blanchâtres ou verdâtres. Spore ovoïde sphérique (0mm 008).

Scop. Carn., p. 437. *odorus*, Bull., t. 556, f. 3, 176. Sow., t. 82. Grev. Scot., t. 28.

subalutacea. Stipe paille ou crème. Peridium chamois pâlissant ou gris, puis blanchâtre. Odeur anisée plus faible.

Fr. S. M. I., p. 90 (non Batsch.). *Trogii*, Epic., p. 59.

Été-automne. — En troupe dans les feuilles mortes des forêts ombragées. Comestible.

V. **Annulatæ**.

Stipe portant un anneau simple ou double.

imperialis. Stipe compacte, dur, épais (0m 04-8), obconique, blanchâtre; anneau *double*, formé de membranes *parche-*

minces, blanc crème, *rayées* par des *fibrilles* innées et *bistre*. Peridium convexe plan (0m 2), avec la marge fortement enroulée, très épais, *chamois*, luisant, couvert de plaques membraneuses blanc crème. Chair *dure*, *pesante*, blanc crème et sapide. Lamelles décurrentes, souvent bifides ou anastomosées, *crème* puis café au lait. Spore ovoïde allongée (0mm 013-17), hyaline.

Fr. Ic. sel., t. 17. *robustus*, Sec. Myc., nº 47.

Été. — En cercle dans les bois de conifères rocailleux du Jura et du Tyrol. Comestible.

Laschii. Stipe court, fibrillé strié et anneau étroit, dressé, membraneux, *blancs*. Peridium convexe cyathiforme (0m 09-12), glabre, *ocracé chamois*. Chair ferme, blanche. Lamelles décurrentes, étroites, serrées, blanches, puis crème.

Fr. Epic., p. 22. Ic., t. 19, f. 1.

Bois de pins. Allemagne, Suède, Suisse. Ne diffère de *geotropa* que par l'anneau.

rhagadiosa. Stipe court, blanchâtre ou argilacé; anneau membraneux, mince, *blanc* dessus, *concolore* dessous. Peridium convexe plan (0m 05-8), ferme, humide, blanchâtre, café au lait, *moucheté de flocons* plus obscurs; marge lisse, souvent frangée par les débris de l'anneau. Chair épaisse, blanche. Lamelles décurrentes, serrées et larges, blanchâtres, puis crème.

Fr. S. M. I., p. 30. *ochroides*, Kromb., t. 25, f. 31-33.

Automne. — Isolé ou cespiteux sur les souches. Alsace.

mellea. Stipe élastique, fibrilleux, *strié* au sommet, jaunâtre, blanchâtre ou fauvâtre, brun, bistre ou olive à la base; anneau membraneux floconneux, épais, *blanc* avec une *bordure sulfurine*. Peridium convexe mamelonné, blanchâtre, jaune, ocracé, fauve ou bistre, *hérissé* au centre de *mèches piliformes*, *olive* ou *brunes;* marge mince, striée, couleur de miel. Chair floconneuse, blanche, styptique, un peu âcre et acidule. Lamelles arquées, adnées, décurrentes par un large filet, blanches puis tachetées ou concolores. Spore ellipsoïde (0mm 008).

Vahl. Fl. dan., t. 1013. Vitt. Fung. mang., t. 3. *annularius*, Bull., t. 377, 450, f. 3. *aureus*, t. 92.

Automne. — Cespiteux sur les souches des bois. Comestible?

gymnopodia. Stipes connés, plus effilés, fibrilleux, sans anneau ni bourrelet. Peridium plus petit, convexe, bossu, hérissé peluché. Lamelles adnées ou décurrentes.

Bull., t. 601, f. 1. *socialis*, De Cand. Fl. fr. V., p. 48. Noul. et Dass., t. 22.

Eté. — Cespiteux sur les souches. Environs de Paris, Sud, Ouest, Bourgogne, etc. Comestible ?

Gen. VI. HYGROPHORUS, Fr.

Voile continu. Peridium visqueux ou lubrifié. Chair céracée, succulente et douce. Lamelles adnées ou décurrentes, amincies au bord, céracées, humides, épaisses. Spore ovoïde ou pruniforme, blanche. Terrestres et putrescents; la plupart sapides et comestibles.

I. **Hygrocybe.** Fr.

Stipe creux ou fistuleux. Peridium *mince*, *visqueux* ou *lubrifié*, rarement villeux, brillant par le sec. Lamelles molles. Chair *très humide*. La plupart ont des couleurs vives.

a. *Lamelles décurrentes.*

sciophanus. Stipe grêle, ondulé, lubrifié, jonquille fauve. Peridium hémisphérique (0m 02-4), strié, légèrement visqueux, *fauve briqueté* ou *sanguin*, *pâlissant*. Lamelles adnées en pointe, espacées, incarnat rosé ou fauves. Spore pruniforme allongée (0mm 009).

Fr. Epic., p. 329. Ic., t. 167, f. 1. Fl. dan., t. 1845, f. 2. *fragilis*, Batsch. f. 215.

Automne. — Dans les pâturages et les clairières gramineuses. Littoral de l'Ouest. Il ressemble à *coccineus*.

lætus. Stipe grêle, tenace, ondulé, visqueux, jaune indien, *verdoyant* ou *olive* au sommet, puis *rosé incarnat* clair. Peridium convexe, puis en coupe (0m 025), glutineux, blanc d'*ivoire*, *incarnadin* puis chamois incarnat ou rosé. Chair tendre, blanc d'ivoire puis crème incarnat, parfumée. Lamelles arquées, décurrentes, fermes, *blanc améthyste*, verdoyantes, puis rosées. Spore ovoïde pruniforme (0mm 005), ocellée.

Pers. Obs. myc. II., p. 48. Fr. Ic., t. 167, f. 2. Kalch. Ic., t. 26, f. 3. *Houghtoni*, Bk. et Br., n° 1360.

Automne. — Dans les bruyères des terrains arénacés. Normandie, Nord, Vosges. Pyrénées. Ressemble à *psittacinus*.

vitellinus. Stipe grêle, flexueux, fragile, lisse, jonquille. Peridium convexe ombiliqué (0m 02), festonné, *strié plissé*, glabre, visqueux, *citrin*, blanchissant ainsi que le stipe, translucide. Lamelles *décurrentes*, crème jonquille puis jaune d'œuf. Spore ellipsoïde pruniforme (0mm 01), guttulée.

Fr. Mon. II. Ic., t. 167, f. 3.

Eté. — Dans les bois sablonneux du grès vosgien. Lorraine, Alsace, Vosges, Pyrénées. Il ressemble à *ceraceus* dont il se distingue par ses lamelles très décurrentes.

ceraceus. Stipe comprimé, lisse, *jonquille*, aminci et blanc en bas. Peridium convexe plan (0m 02-3), fragile, visqueux, striolé, pellucide, *jaune* de *cire*, luisant. Lamelles adnées uncinées, triquètres, jonquille. Spore ellipsoïde pruniforme (0mm 01).

Wulf. Jacq. Misc. II., t. 15, f. 2. Sow., t. 20.

Été-automne. — Dans les pâturages, bruyères et bois sablonneux.

coccineus. Stipe grêle, comprimé, jonquille, *écarlate* en haut, villeux et blanc en bas. Peridium convexe plan (0m 02-6), glabre, strié au bord, visqueux, *écarlate* puis *ocracé*. Chair molle et très aqueuse, concolore. Lamelles adnées, uncinées, réunies par des veines, vermillon, jaune sulfurin ou glauques au bord. Spore ellipsoïde (0mm 008), pointillée.

Schæf. Ic., t. 302. Bull., t. 202, 570, f. 2. Sow., t. 381.

Automne. — En troupe dans les pâturages et les bruyères. Suspect.

miniatus. Stipe spongieux, à peine creux, fluet, *vermillon* et brillant. Peridium convexe (0m 01-2), souvent mamelonné, puis ombiliqué, *écarlate* ou *sanguin*, puis finement *peluché* et décoloré. Lamelles adnées, jonquille doré ou purpurin. Spore pruniforme (0mm 008).

Fr. Epic., p. 330. Fl. dan., t. 1009. Quél. Jur. I., t. 10, f. 2.

Eté-automne. — Dans les prés moussus, les bruyères et les tourbières. La plus petite et la plus brillante espèce du genre.

turundus. Stipe fluet, fragile, lisse, *fauve rutilant*. Peridium convexe ombiliqué (0m 015-25), sec, souvent élégamment crénelé, jonquille ou fauve, *moucheté* de *fines mèches grises* ou *bistre*. Lamelles *décurrentes*, blanches puis crème jonquille. Spore pruniforme (0mm 008-9).

Fr. Epic., p. 330. *superbus*, Lasch., n° 118.

Eté-automne. — Dans les bois sablonneux, au bord des chemins, dans les bruyères.

b. *Lamelles adnées, sinuées ou libres.*

puniceus. Stipe mou, ventru, fibrillostrié, *jonquille* avec des raies *purpurines*, villeux et blanc à la base. Peridium campanulé (0m 06-9), mou, fissile, rayé fibrilleux, visqueux, sulfurin, *rayé de fibrilles purpurines*, pâlissant. Lamelles adnées puis libres, larges, fragiles, crème jonquille, souvent orangées à la base. Spore pruniforme allongée (0mm 013).

Fr. Epic. Sv. sv., t. 77. *aurantius*, Vahl. Fl. dan., t. 883.

Été-automne. — Dans les prés, bruyères et pâturages moussus. Comestible ?

nigrescens. Stipe fibrospongieux, dur, ridé, striolé, fissile, *citrin, rayé d'orangé*, blanc à la base. Peridium campanulé (0m 1), festonné lobé, *blanc* puis *citrin* ou *jonquille*, rayé de fibrilles *rosées* ou *orangées*, enfin satiné et gris. Chair orangée, blanche dans le stipe ; suc *lilacin* à l'air. Lamelles crème ou citrines, orangées à la base, puis *grises, noircissant*, ainsi que la chair et la cuticule. Spore ellipsoïde pruniforme (0mm 013-15).

Quél. As. fr. 1883. Forq. Ch. sup., f. 54.

Fin automne. — Dans les bruyères et pâturages montagneux. Alpes. Comestible ?

obrusseus. Stipe subfusiforme, comprimé, *sulfurin.* Peridium campanulé (0m 05-7), fragile et fissile comme le stipe, flexueux, glabre, jonquille doré. Lamelles sinuées ou adnées uncinées, espacées, larges, *jonquille* puis *souci* avec un liséré blanc. Spore pruniforme (0mm 007).

Fr. Epic., p. 331. *laceratus*, Bolt., t. 68.

Été. — Dans les prés et les pâturages moussus. Peu différent de *conicus.*

conicus. Stipe cylindrique, fibrostrié, glabre, *sulfurin.* Peridium campanulé (0m 03-5), *pointu*, puis lobé, strié, fendillé, humide, visqueux, *sulfurin* puis *noir.* Lamelles adnées en pointe puis libres, ventrues, *blanches* ou bordées de jonquille. Spore pruniforme (0mm 006).

Scop. Carn. II., p. 443. Schæf., t. 2, f. 2-5 et 9. *croceus*, Bull., t. 50. *hyacinthus*, Batsch, f. 28.

Été. — Dans les prés et pâturages. Suspect.

amœnus. Stipe grêle, finement strié, glabre et *blanc.* Peridium campanulé (0m 03), *pointu*, flexueux lobé, fibrilleux, satiné, *incarnat rosé* blanchissant. Lamelles adnées en pointe, *rosées* puis blanchâtres. Spore pruniforme (0mm 005-6).

Lasch. Linn. Fr. Hym., n° 58. *calyptræformis*, Bk. Woolh. Club., t. 21, f. 4-6.

Été. — Dans les pâturages du Jura. Forme météorique et rare du précédent ?

chlorophanus. Très fragile, visqueux et ne changeant pas de couleur. Stipe ondulé, lisse, jonquille doré. Peridium convexe (0m 03), *strié*, brillant, *sulfurin*, rarement *écarlate*. Lamelles émarginées, ventrues, minces, *blanches* puis *sulfurines*. Spore pruniforme (0mm 008).

Fr. Epic., p. 332. Ic., t. 167, f. 4. Hoffm. Ic., t. 5, f. 1.

Été-automne. — Prés et bois siliceux et gramineux. Ressemble à *ceraceus* et à *conicus*.

psittacinus. Stipe grêle, ondulé, lisse, visqueux, *vert* en haut, *souci* en bas. Peridium campanulé (0m 02-3), mamelonné, strié, très visqueux, *vert* puis *souci olivâtre* et enfin *purpurin*. Lamelles sinuées adnées, crème jonquille puis nankin, panachées de vert. Spore ellipsoïde (0mm 009).

Schæf. Ic., t. 301. Sow., t. 82. Bull., t. 545, f. 1. Grev. Scot., t. 74.

Automne. — Dans les pâturages et les bruyères.

spadiceus. Stipe épaissi en bas, fibrilleux, fissile, *citrin* puis rayé de fauve brun. Peridium campanulé (0m 03-6), puis retroussé et fissuré, fragile, *fibrillostrié*, visqueux et *brun*. Chair humide, citrine. Lamelles sinuées, ventrues, larges, crème jonquille, puis *souci orangé*. Spore ellipsoïde pruniforme (0mm 015).

Scop. Carn. II., p. 443. Fr. Ic., t. 168, f. 1.

Automne. — Prés et pâturages moussus. Jura, Vosges, Nord.

nitratus. Stipe tortu, fragile, glabre, blanchâtre, gris clair ou un peu jaunâtre. Peridium campanulé (0m 03-5), bosselé, visqueux, fibrillé strié, *gris, fuligineux, olivâtre* ou *roux*, blanc crème au bord. Chair fragile, fissile, odeur urineuse. Lamelles sinuées adnées, larges, réunies par des veines, crème ou glauques, *olivâtres* ou *verdoyantes*. Spore ovoïde lancéolée (0mm 008).

Pers. Syn., n° 181. Quél. Jur. I., t. 10, f. 3. *nitens*, Batsch., f. 192.

Été-automne. — Dans les pâturages et les bruyères.

irrigatus. Stipe grêle, ondulé, glabre, très visqueux, *gris glauque* ou *bistré*. Peridium campanulé (0m 03-5), fragile, très visqueux, strié au bord, *gris bistré* ou *glaucescent*. Lamelles adnées, uncinées, *larges*, fragiles, veinées, *blanches*, puis gris glauque. Spore ovoïde oblongue (0^{mm} 007), finement grenelée.

Pers. Syn., n° 193. Fr. Ic., t. 168, f. 3.

Automne. — Dans les prés moussus, les bruyères et les pâturages.

unguinosus. Stipe inégal, comprimé, *fuligineux*, *glutineux*. Peridium campanulé (0^{m} 05-6), obtus, uni, *glutineux*, *bistre*. Lamelles adnées, très ventrues, espacées, épaisses, blanc glaucescent.

Fr. Epic., p. 332. Ic., t. 168, f. 2.

Automne. — Dans les bois de pins moussus. Se distingue de *irrigatus* par sa grande fragilité.

II. Camarophyllus, Fr.

Stipe fibrocharnu, rarement creux, lisse, glabre ou fibrilleux. Peridium turbiné, ferme, humide, non visqueux. Lamelles arquées, espacées.

a. *Lamelles longuement décurrentes.*

caprinus. Stipe rarement creux, épais, aminci en bas, *fibrillé strié*, *gris bistré* ou rayé de noir, pubescent et blanc à la base. Peridium campanulé convexe (0^{m} 06-12), *mamelonné*, à peine visqueux ou lubrifié, rayé, *bistre*, *gris noir* ou *bleuâtre*. Chair molle, fragile, blanche. Lamelles arquées décurrentes, espacées, larges, épaisses, blanc de lait. Spore ellipsoïde (0^{mm} 01), guttulée.

Scop. Carn. II., p. 438. *camarophyllus*, Alb. et Schw. Cons., p. 177. *elixus*, Kromb., t. 72, f. 21, 23.

calophyllus. Peridium bistre. Lamelles rosées, puis paille.

Karst. Fenn. Bres. Fung. trid., t. 23.

Fin automne, rarement au printemps. — Dans les sapinières montagneuses. Jura, Vosges. Comestible ?

cinereus. Stipe flexueux, aminci en bas, glabre et *blanc*. Peridium convexe mamelonné (0^{m} 02-3), pruineux, *gris* d'étain. Chair ferme, blanche, sapide, odeur agréable. Lamelles arquées décurrentes, espacées, *gris perle*. Spore ovoïde sphérique (0^{mm} 006).

Fr. Sv. sv., t. 30.

Automne. — Dans les pâturages alpestres, hautes chaumes des Vosges. Comestible.

leporinus. *Incarnat brique* pâlissant. Stipe rigide, recouvert de *fibrilles* appliquées, soyeuses, d'un *blanc incarnat*, atténué et blanc à la base. Peridium convexe (0m 03-6), ferme, bossu, finement *floconneux* ; marge festonnée, puis fissurée, soyeuse. Chair compacte, sapide, *blanc roussâtre*. Lamelles arquées, décurrentes, rameuses, *incarnat aurore*. Spore ovoïde sphérique (0mm 006-7), verdâtre.

Fr. Epic., p. 326. *miniatus*, Schæf., t. 313. Batt. t. 9, f. B. Quél. As. fr., 1886, t. 9, f. 3.

Eté. — Dans les pelouses des collines. Jura. Très affine à *nemoreus* et à *pratensis*.

pratensis. Stipe fibrilleux, strié, aminci à la base, blanc crème, puis fauvâtre. Peridium campanulé (0m 04-8), bossu, aminci au bord, glabrescent, *nankin briqueté*, humide, crevassé par le sec. Chair ferme, *fragile*, blanc crème, puis ocracée, sapide, odeur agréable. Lamelles adnées en pointe, arquées, espacées, fragiles, blanc crème, puis souci. Spore ovoïde pruniforme (0mm 005-8).

Pers. Syn., n° 87. Fr. Sv. sv., t. 30. Grev. Scot., t. 91. *ficoides*, Bull., t. 587.

Automne. — Dans les pâturages et bruyères montueux. Comestible.

nemoreus. Stipe strié, fibrilleux, *crème ocracé*, orné, au sommet, de *flocons granulés* et *blanc crème*, aminci et villeux à la base. Peridium campanulé, puis aplani et bossu (0m 06-8), *villeux, fauve orangé clair*, souvent aréolé en fines mèches d'un fauve plus foncé. Chair tendre, blanche, crème ocracé en haut, sapide. Lamelles adnées en pointe, espacées, larges, crème jonquille. Spore ovoïde pyriforme (0mm 006), guttulée.

Pers. Myc., t. 28, f. 1. Lasch. Linn., n° 106. Fr. Epic., p. 326.

Automne. — Dans les bois gramineux et humides. Environs de Montmorency, Provence, Palatinat, Vosges. Plus dur que *pratensis*, il rappelle *arbustivus*. Comestible.

virgineus. Stipe flexueux, aminci en bas, ferme, strié, pruineux, blanc. Peridium campanulé, puis turbiné (0m 03-5), retroussé de côté, sec, pruineux, *blanc de neige*, à la fin gercé aréolé. Chair fragile, blanche, sapide, odeur de mousseron. Lamelles arquées décurrentes, veinées à la base, blanches. Spore ovoïde sphérique (0mm 006).

Wulf. Jacq. Misc. II., t. 15, f. 1. Sow., t. 32. Grev. Scot., t. 166. *ericeus*, Bull., t. 188.

Eté-automne. — Dans les bruyères et pâturages siliceux. Vosges. Comestible.

niveus. Stipe spongieux, puis *creux*, grêle, glabre, blanc. Peridium campanulé, puis en coupe (0^m 02-4), submembraneux, hygrophane, strié, lubrifié, *blanchissant*. Chair mince, succulente, sapide et blanche. Lamelles arquées décurrentes, blanc de lait. Spore ovoïde (0^{mm} 008), pruniforme.

Scop. Carn. II., p. 430. Schæf., t. 232. Batsch, f. 200. *ericetorum*, Bull., t. 551.

Automne. — En troupe dans les prés et pâturages. Comestible.

b. *Lamelles émarginées uncinées, ventrues ou droites.*

pulverulentus. Stipe tenace, *blanc*, *pointillé*, comme le bord des lamelles, de *granules résineux* d'un beau *rose*. Peridium convexe (0^m 02), élastique, translucide, *blanc*, puis crème, tomenteux au bord. Lamelles espacées, adnées, épaisses, blanc crème. Spore ovoïde (0^{mm} 005).

Bk. et Br. An. n. h., n° 1667? Quél. Soc. sc. n. de Rouen, 1879. t. 3, f. 9.

Eté-automne. — Dans les feuilles mortes des bois des collines du Jura.

clivalis. *Fragile*, *satiné*, *blanc*, puis légèrement bistré au sommet. Stipe aminci et rosé en bas. Peridium campanulé (0^m 04-5), mamelonné, puis fendillé et festonné, mince, finement striolé. Lamelles sinuées, uncinées, larges, blanc crème. Spore ovoïde pruniforme (0^{mm} 008).

Fr. Mon. II., p. 134.

Automne. — Dans les prés moussus et montueux. Il ressemble à *niveus* et à *streptopus*. Comestible.

streptopus. Stipe fistuleux, grêle, tortu, fibrillostrié et blanc. Peridium campanulé (0^m 03-5), fissile, fragile, mince, rayé fibrilleux, glabre, humide, *cendré clair*, plus foncé au sommet. Lamelles sinuées adnées, minces, veinulées, blanches. Spore ovoïde ellipsoïde (0^{mm} 007).

Fr. Mon. II., p. 134.

Automne. — Dans les prés sylvatiques et moussus. Jura. Comestible.

ovinus. Stipe cylindrique, fibrillostrié, *gris*, puis rayé de noir. Peridium campanulé (0^m 04-5), un peu visqueux et lubrifié, puis peluché fibrilleux, *gris noisette*, puis rayé de *rouge*. Chair fissile, fragile, *grise*, puis *rouge* et enfin *noire*, douce, odeur agréable. Lamelles émarginées, uncinées décurrentes, ventrues, *gris* pâle, puis *rouges* au bord. Spore pruniforme ellipsoïde (0mm 008-10), guttulée.

Bull., t. 580. Fr. Epic., p. 328. Huss. II., t. 50.

Automne. — Dans les bruyères et pâturages montueux.

metapodius. Stipe aminci en bas, fibrillostrié, glabre et *gris cendré.* Peridium convexe plan (0m 04-8), obtus, compacte, lisse, puis soyeux peluché, tacheté, *gris cendré* ou *bistré.* Chair épaisse, ferme, blanc grisâtre, *rouge*, puis *noire* à l'air, douce, odeur de farine. Lamelles adnées, émarginées décurrentes, espacées, épaisses, veinées, *gris d'étain.* Spore pruniforme oblongue (0mm 008).

Fr. Obs. II., p. 110. Kalch. Ic., t. 25, f. 2. minor.

Eté-automne. — Dans les bois et les prés moussus et montagneux. Suspect.

subradiatus. Stipe fistuleux, cylindrique, grêle, tortu, glabre, blanc crème. Peridium campanulé (0m 03-4), puis plan, un peu mamelonné, submembraneux, *sillonné* au bord, blanchâtre, gris, incarnat ou bistré avec le *milieu brun.* Lamelles émarginées ventrues, longuement uncinées décurrentes, *blanches.* Spore ovoïde sphérique (0mm 006-8), guttulée.

Schum. Sæll., p. 267. Fr. Epic., p. 328.

lacmus. Peridium *lilacin* pâlissant. Lamelles *grises* ou *lilacines.*

Fl. dan., t. 1731, f. 1. Kalch. Ic., t. 25, f. 3.

Automne. — Dans les bruyères et les forêts arides. Champagne, Littoral de l'Ouest, Vosges.

III. **Limacium**, Fr.

Voile visqueux, formant souvent un anneau ou un bourrelet. Lamelles adnées ou peu décurrentes. Stipe fibrocharnu.

a. *Entièrement blancs, puis jaunâtres.*

ligatus. Stipe tendre, cylindrique, *fibrilleux*, glabre. Anneau *aranéeux floconneux*, formant souvent une frange au bord de la marge. Peridium hémisphérique, puis aplani (0m 05), glabre, peu visqueux, même en temps de pluie. *jaunissant* quelquefois ou *tacheté* de *rouge.* Chair épaisse, blanche, très sapide. Lamelles décurrentes, espacées, épaisses.

Fr. Epic., p. 320. Ic., t. 165, f. 1.

Eté-automne. — Dans les forêts moussues de conifères des montagnes.

gliocyclus. Stipe aminci et oblique à la base, épais, *visqueux*, prenant une teinte paille. Anneau étroit et *visqueux*. Peridium convexe plan (0m 05-9), bossu, très glutineux, papilleux au centre et passant au *jaune paille*. Chair épaisse, flasque, sapide, blanche hyaline. Lamelles décurrentes, espacées, blanchâtres, puis paille incarnat. Spore ovoïde allongée (0mm 006-7).

Fr. Mon. II, p. 311. Ic., t. 165, f. 2. *ligatus*, Kalch. Ic., t. 23, f. 2.

Automne. — En troupe dans les bois gramineux de pins. Jura, Vosges. Comestible. Plus mou et plus ocré que *ligatus*.

chrysodon. Stipe tendre, cylindrique, finement floconneux, zoné, au sommet, de fines mèches *sulfurines*. Peridium convexe plan (0m 05-6), très visqueux, blanc avec une fine *frange floconneuse* et *sulfurine*. Chair blanche, parfois rougeâtre, succulente. Lamelles adnées, arquées, espacées et blanches. Spore pruniforme allongée (0mm 01).

Batsch. El., f. 212. Gonn. et Rab., VIII-IX, t. 10, f. 1.

Automne. — Dans les forêts de chênes et de hêtres. Comestible.

eburneus. Stipe tendre, finement floconneux, avec des *granules glutineux* au sommet. Peridium convexe (0m 03-5), mamelonné, très visqueux, finement *cotonneux* au bord. Chair blanche, molle, douce, inodore. Lamelles décurrentes, veinées à la base, espacées, blanches. Spore ovoïde allongée (0mm 004-5).

Bull., t. 551, f. 2. *lacteus*, Schæf., t. 39. *nitens*, Kromb. t. 61, f. 11-14.

Eté-automne. — Après les pluies, dans les forêts de la plaine. Comestible ?

cossus. Stipe plus grêle, granulé furfuracé au sommet. Peridium convexe (0m 03-4), jaunâtre par le sec. Chair blanche, à odeur de *phalène cossus*.

Sow. Eng. Fung., t. 121. Fr. Epic., p. 321.

Automne. — En troupe dans les forêts, même de conifères. Suspect.

melizeus. Stipe aminci fusiforme, tendre, paille, puis jonquille, *pointillé* au sommet de *flocons granuleux* et *blancs*. Peridium convexe plan ou déprimé (0m 03-4), visqueux, finement *pubescent* au bord, *crème jonquille*. Chair molle, blanche, puis concolore, sapide. Lamelles décurrentes, espacées, concolores.

Fr. Epic., p. 321. Ic., t. 165, f. 3.

Automne. — Dans les forêts feuillées des montagnes.

penarius. Stipe obèse, *dur*, *fusiforme*, pulvérulent, souvent jonquille à la base. Peridium convexe (0m 1), bossu, dur, *sec*, blanc, souvent crème paille. Chair *compacte*, épaisse, blanche, odeur de mousseron, sapide, amarescente. Lamelles adnées décurrentes, espacées, épaisses, *rigides*, blanches. Spore ovoïde (0mm 004), ocellée.

Fr. Epic., p. 321. Sv. sv., t. 48. *nitens*, Schæf., t. 238. Sow., t. 71.

Automne. — En cercle dans les forêts de chênes des collines du Jura. L'espèce la plus grande et la plus massive du genre. Comestible.

b. *Jaunes*, *orangés ou fauves*.

aureus. Stipe tendre, grêle, glabre, visqueux, *jonquille fauve*, *blanc* et pruineux au sommet. Peridium convexe plan (0m 03-4), glutineux, *jaune d'or*, puis *orangé aurore*. Chair tendre, crème ou blanche, sapide. Lamelles adnées décurrentes, blanc crème. Spore ovoïde oblongue (0mm 008).

Arrh. Fr. Mon. II. Ic., t. 166, f. 2. Kalch. Ic., t. 26, f. 2.

Été-automne. — Dans les forêts montagneuses des Alpes. Comestible ?

Bresadolæ. Stipe grêle, floconneux, *blanc*, *zoné* de *jonquille*, *blanc* au sommet et à la base. Peridium *convexe mamelonné* (0m 03-4), glutineux, *jonquille*, *orangé aurore* au milieu. Chair blanche, citrine sous la cuticule. Lamelles décurrentes, *blanches*, citrines vers la marge ou citrines bordées de blanc. Spore ovoïde oblongue (0mm 008-10), guttulée.

Quél. Bres. Fung. trid. I., p. 11, t. 9.

Automne. — Dans les forêts de sapins alpestres. Tyrol. Intermédiaire entre *aureus* et *lucorum*. Comestible.

lucorum. Stipe grêle, mou, fibrillé floconneux, *blanc citrin*, pruineux et blanc au dessus d'un bourrelet *aranéeux*, *glutineux* et fugace. Peridium campanulé convexe (0m 02-4), visqueux, *citrin blanchissant*, avec une fine bordure *floconneuse* et blanche. Chair blanc citrin, succulente, molle, saveur et odeur agréables. Lamelles adnées en pointe, arquées, *blanches*, puis citrines. Spore ovoïde pruniforme (0mm 005-6), guttulée.

Kalch. Ic. hung., t. 19, f. 4.

Automne. — En troupe dans les plantations de mélèzes. Jura, Vosges, Alpes. Comestible.

nitidus. Stipe flexueux, villeux, blanc, crème ocracé en bas; anneau aranéeux glutineux, hyalin, très fugace. Peridium convexe (0m 05), *mamelonné*, visqueux, *citrin ocracé*, *fauve ocracé* au milieu. Chair molle, blanche, acidule. Lamelles décurrentes, espacées, blanches, puis crème paille. Spore ovoïde pruniforme (0mm 006), finement grenelée.

Fr. Mon., II., p. 312. Ic., t. 166, f. 1. Schæf., t. 97.

Automne. — En troupe dans les sapinières montagneuses. Jura. Ressemble à *discoideus*.

discoideus. Stipe cylindrique, grêle, *floconneux*, *visqueux*, *pulvérulent* au sommet. Peridium campanulé, puis aplani mamelonné (0m 03-6), très glutineux, *blanchâtre*, *brun fauve* ou *rouillé* au milieu. Lamelles adnées décurrentes, molles, blanches, puis roussâtres. Spore pruniforme, guttulée.

Pers. Syn., n° 200. Gonn. et Rab., VIII-IX, t. 10, f. 4. Forq. Ch. sup., f. 52.

Automne. — En troupe dans les forêts ombragées de la plaine.

arbustivus. Stipe élastique, cylindrique, fibrilleux, *pointillé* de *grains floconneux* au sommet et *blanc*. Peridium convexe plan (0m 05-8), mamelonné, visqueux, élégamment *rayé*, au milieu, par de très fines *fibrilles innées*, d'un *fauve incarnat*, pubescent et *blanc* au bord. Chair ferme, blanche et sapide. Lamelles adnées décurrentes et blanches. Spore ellipsoïde pruniforme (0mm 006-7).

Fr. Epic., p. 323.

Automne. — Dans les bois de chênes et noisetiers. Comestible.

c. *Incarnats, rosés ou purpurins.*

russula. Stipe floconneux au sommet, blanc, parsemé de fibrilles ou de flocons granulés, *rosés* ou purpurins. Peridium épais, convexe plan (0m 1-2), puis déprimé, visqueux, blanc, *moucheté* de *très fins flocons rosés;* marge tomenteuse. Chair ferme, succulente, blanche, puis tachetée de rose, sapide, à odeur de pêche. Lamelles émarginées ou adnées, espacées, molles, blanches, pointillées de rouge ou de rose. Spore ovoïde pruniforme (0mm 007-8).

Schæf. Ic., t. 58. *sanguinalis*, Batsch., f. 201. *frumenta-*

ceus, Bull., t. 571, f. 1 ? *erubescens*, Fr. Sv. sv., t. 65. Quél. Jur. I., t. 11, f. 1.

purpurascens. Plus grêle, plus coloré. Stipe *zoné* ou *annulé* par de petites mèches floconneuses.

Alb. et Schw. Cons., n° 527. *capreolarius*, Kalch. Ic., t. 18, f. 2, 3.

Automne. — En cercle dans les forêts montagneuses. Comestible.

pudorinus. Stipe épais, *visqueux*, couvert au sommet de flocons granulés, *blanc* ou *teinté d'incarnat*. Peridium globuleux convexe (0m 06-9), visqueux, d'un bel *incarnat aurore*, plus foncé au milieu, villeux pubescent et blanc au bord. Chair compacte, blanche, incarnate au bord, sapide, odeur fine de jasmin. Lamelles arquées, adnées, larges, souvent crispées, blanches, *incarnat rosé* vers le bord. Spore ellipsoïde allongée (0mm 013-16), pointillée.

Fr. Epic., p. 322. Gonn. et Rab., t. 11, f. 3. Kalch. Ic., t. 23, f. 1. Quél. Jur. I., t. 11, f. 2. *glutinosus*, Bull., t. 539, f. B, C.

Automne. — En troupe dans les forêts de conifères des montagnes. Comestible.

Queletii. Stipe aminci en bas, grêle, *furfuracé*, *blanc*, ou teinté de jonquille en bas. Peridium convexe (0m 03-4), bossu, visqueux, tomenteux au bord, *blanc*, couvert, au milieu, d'un léger duvet *aurore* ou *incarnat rosé*, puis gercé aréolé. Chair ferme, blanche, sapide. Lamelles arquées décurrentes, blanches, citrines vers le bord, parfois citrin pâle. Spore ellipsoïde (0mm 008-9), guttulée.

Bres. Fung. trid. I., p. 11, t. 10.

Automne. — Dans les forêts de mélèzes alpestres. Suisse, Tyrol. Comestible.

d. *Olive ou bistrés.*

hypotheius. Stipe cylindrique, mou, villeux, un peu visqueux, *blanc*, *citrin* au milieu. Anneau *soyeux*, *visqueux* et fugace. Peridium convexe plan (0m 03-5), mince, *rayé fibrilleux*, glutineux, *olive*, puis *citrin*, doré au milieu. Chair tendre, blanche, puis citrine, sapide. Lamelles décurrentes, espacées, crème jonquille, puis jaunes et même jaune incarnat. Spore pruniforme (0mm 008).

Fr. Epic., p. 324. Kromb., t. 72, f. 24, 25. Quél. Jur. I., t. 10, f. 4. Gonn. et Rab., t. 10, f. 5. *limacinus*, Sow., t. 8. *vitellum*, Alb. et Schw., t. 10, f. 4.

Arrière automne. — En troupe dans les bois de conifères, après les premières gelées automnales. Comestible.

olivaceoalbus. Stipe aminci en bas, *floconneux*, visqueux, *tacheté*, *bistré* ou *olive*, *grenelé*, *farineux* et *blanc* au-dessus d'un anneau visqueux. Peridium campanulé, puis plan, mamelonné (0m 04-7), glutineux, tacheté, rayé, *bistre olive*, pâlissant. Chair tendre, blanche, sapide. Lamelles décurrentes, espacées, réunies par des veines et *blanches*. Spore ovoïde allongée (0mm 012-14), grenelée.

Fr. Epic., p. 324. Brig., t. 5, f. 1-3. *glutinosus*, Bull., t. 258.

candidus. Stipe fusiforme, gonflé, cotonneux, visqueux, *satiné* et *orné d'aiguillons fibrilleux* au sommet. Peridium convexe puis déprimé, glabre, visqueux. Chair satinée, blanche et douce. Lamelles blanc de neige, puis crème. Spore pruniforme (0mm 012-15), finement grenelée.

Quél. As. fr. 1880.

Automne. — En cercle dans les bois de pins gramineux. Jura, Vosges, Alpes. Comestible ?

limacinus. Stipe épais, ventru, ferme, floconneux, *fibrilleux*, visqueux, *furfuracé* au sommet, *blanc*, grisâtre ou bistré. Peridium convexe plan (0m 04-6), visqueux, *bistre*, puis fuligineux ou olivâtre, plus clair au bord. Chair ferme, blanche. Lamelles adnées, espacées, *blanc grisonnant*. Spore ovoïde oblongue (0mm 012), pointillée.

Scop. Carn. II., p. 422. Fr. Epic., p. 324. Saund. and Sm., t. 28. Kalch. Ic., t. 24, f. 1.

Fin automne. — Dans les forêts feuillées sablonneuses. Ressemble à *caprinus*.

c. *Gris ou gris brun, cendrés.*

lividoalbus. Stipe droit, cylindrique, *fibrillé strié*, gris clair. Peridium convexe (0m 04-5), rayé, visqueux et *gris* avec un *mamelon bistre*. Chair tendre, succulente, blanche et sapide. Lamelles adnées décurrentes, peu espacées, blanches. Spore ellipsoïde (0mm 01), pointillée.

Fr. Epic., p. 324. *eburneus*, Fl. dan., t, 1907, f. 2.

Automne. — Dans les sapinières montagneuses. Jura.

mesotephrus. Stipe grêle, flexueux, aminci en bas, *mou*, *pulvérulent* au sommet, cotonneux, visqueux et *blanc*. Peridium campanulé convexe (0m 02-3), visqueux, *blanc* d'ivoire avec le centre *bistre* noirâtre. Chair blanche, humide, inodore.

Lamelles décurrentes, molles et blanches. Spore ellipsoïde pruniforme (0mm 01-12).

Bk. An. n. h., n° 699, t. 15, f. 1.

Eté-automne. — En troupe dans les forêts de conifères. Vosges. Il ressemble à *discoideus* et a l'habitus de *niveus*.

agathosmus. Stipe ferme puis tendre, fibrillé strié, *farineux grenelé* au sommet, *blanc*. Peridium campanulé convexe (0m 04-7), visqueux, *gris pâle*, cendré ou gris bistré au milieu, avec de petites papilles glutineuses, *pubescent* et *blanc* au bord. Chair tendre, blanche, à odeur suave de laurier-cerise, d'anis. Lamelles décurrentes, espacées, molles et blanches. Spore ovoïde oblongue (0mm 012).

Fr. Obs. I., p. 16. Gonn. et Rab., t. 11, f. 4. Kalch. Ic., t. 25, f. 1. *cerasinus*, Bk. Eng. Fl. V., p. 12.

Automne. — En troupe dans toutes les forêts de conifères. Suspect.

hyacinthinus. D'un *blanc brillant*. Stipe tendre, strié, glabre, pruineux au sommet. Peridium campanulé convexe, tendre, satiné, visqueux, pubescent au bord. Chair tendre, sapide, exhalant une fine odeur de jacinthe. Lamelles arquées, espacées, épaisses, blanc d'ivoire. Spore ovoïde oblongue (0mm 01), guttulée.

Automne. — Dans les forêts montagneuses, hêtres et sapins. Vosges, Jura, Alpes.

pustulatus. Stipe grêle, flexueux, à peine fibrilleux, blanc, *pointillé* au sommet de *granules gris*. Peridium convexe plan (0m 03-5), *mamelonné*, mince, visqueux, gris pâle, *brun* et papilleux au milieu. Chair molle, blanche, sapide, inodore. Lamelles arquées adnées, blanches ou glauques. Spore ovoïde pruniforme (0mm 009).

Pers. Syn., n° 178. Fr. Ic., t. 166, f. 3. *discors*, Batsch., t. 196?

terebratus. Stipe grêle, blanc, orné, au sommet, de *globules* subpédicellés et *bistre*. Peridium convexe *mamelonné* (0m 02), visqueux, gris. Lamelles arquées, triquêtres, blanches.

Fr. Epic., p. 325.

Automne. — Dans les sapinières montagneuses et gramineuses. Plus grêle que *agathosmus*.

tephroleucus. Stipe mou, souvent fusiforme, flexueux, guêtré d'un voile fibrillé floconneux, *grisâtre*, *tacheté* de *bistre*, glabre et blanc au sommet. Peridium convexe plan (0m 02-3), *peluché*, visqueux, grisâtre avec un *mamelon bistre*; marge à la fin sillonnée. Lamelles arquées décurrentes, espacées, molles et blanches. Spore ovoïde sphérique (0^{mm} 008), ocellée, pointillée.

Pers. Syn., n° 173. Fr. Epic., p. 325. Kalch. Ic., t. 17, f. 5.

Eté-automne. — Dans les tourbières et sapinières des montagnes. Jura, Vosges, etc. Plus grêle que *olivaceoalbus* auquel il ressemble.

Gen. VII. GYROPHILA, Quél.

Voile continu. Peridium charnu, incurvé au bord; cuticule écailleuse, fibrilleuse, soyeuse, pubescente, visqueuse ou pruineuse. Stipe plein. Chair succulente, rarement hygrophane. Lamelles sinuées, émarginées, adnées ou peu décurrentes. Spore petite, ovoïde, ellipsoïde ou sphérique, blanche ou légèrement colorée. Terrestres, très rarement lignicoles, ils produisent plus spécialement les cercles verdoyants des pelouses et des bruyères.

I. **Gymnoloma,** Quél.

Voile pruineux, rarement pubérulent. Peridium glabre, puis gercé. Stipe nu.

A. Hygrophanæ.

Peridium mince, un peu mamelonné. Chair hygrophane, à la fin molle. Lamelles minces.

a. *Lamelles blanches, blanchâtres ou ocracées.*

grammopodia. Stipe élancé (0^{m} 1), fibreux, atténué en haut, mou, blanchâtre, *rayé* de *fibrilles bistre* ou *brunes*. Peridium conico-convexe, puis plan (0^{m} 1) et *mamelonné*, humide, gris brun ou fuligineux plus ou moins foncé, pâlissant et luisant par le sec. Chair spongieuse, bistrée, insipide, odeur de mousse humide. Lamelles adnées décurrentes, inégales, serrées, blanchâtres, puis bistre. Spore ellipsoïde (0^{mm} 01), ponctuée.

Bull., t. 548, 585, f. 1.

turrita. Peridium fuligineux purpurin, tacheté; cuticule non séparable. Lamelles souvent dentelées, à la fin *libres* et blanches.

Fr. Epic., p. 51.

Automne. — En cercle dans les vergers et les prés. Comestible.

brevipes. Stipe *raide*, *très court*, pruineux au sommet, brun ou bistre, même en dedans. Peridium convexe plan (0m 05), *mou*, brun bistre pâlissant. Chair *brunâtre*, blanchissant par le sec. Lamelles émarginées, serrées, ventrues, *bistrées*, puis blanchâtres. Spore ellipsoïde pruniforme (0mm 007), pointillée.

Bull., t. 521, f. 2. Fr. S. M. I., p. 53. Klotz. Bor., t. 374.

Automne. — Dans les jardins et les vergers, sur le tan. Comestible. Ressemble à *grammopodia*.

melaleuca. Stipe élastique, strié, fibrilleux, blanchâtre, bistre en bas. Peridium convexe plan (0m 05-7), glabre, *humide*, roux, brun ou bistre, avec le *mamelon noirâtre*, pâlissant et brillant par le sec. Chair molle, douce, blanche, puis fuligineuse. Lamelles planes, émarginées et blanches. Spore ellipsoïde (0mm 008), aculéolée.

Pers. Syn., p. 355. Fr. Ic., t. 44, f. 1.

phæopodia. Stipe et peridium bistre noir avec les lamelles blanches.

Bull., t. 532, f. 2.

adstringens. Peridium rigide, couleur de poix. Lamelles blanches, puis *incarnat rosé*.

Pers. Syn., p. 350. Bull., t. 443, fig. noires.

Eté-automne. — En troupe dans les prés et dans les clairières des bois. Comestible.

arcuata. Stipe fibreux, tendre, fibrilleux, blanc ocracé, concolore. Peridium convexe (0m 05-8), mou, glabrescent, café au lait, argileux. Chair humide, *argileuse*. Lamelles larges, assez espacées, émarginées et décurrentes en filet, *ocre bistré* ou concolores. Spore pruniforme (0mm 01), aculéolée.

Bull., t. 443 (blondes). *cognatus*, Fr. Hym., p. 70. Bull., t. 589, f. 1. *lixivius*, Fr. Ic., t. 45, f. 2.

nubila. Stipe grêle, pruineux au sommet, ocre pâle. Peridium peu charnu, ombiliqué, gris, puis chamois. Lamelles subdécurrentes, argileuses.

Fr. Epic., p. 77. Ic., t. 58, f. 3.

Printemps et été. — Dans les bruyères et les bois de conifères.

humilis. Stipe mince, court, *villeux pruineux*, blanc ou grisonnant. Peridium campanulé, puis plan (0m 05-12), hygrophane, *pruineux*, *pulvérulent*, gris de souris ou bistre bordé de blanc, brillant par le sec, *blanchissant*. Chair blanchâtre, grise sous la cuticule, douce, odeur de farine. Lamelles émarginées, serrées, étroites, blanches, puis grisâtres. Spore ovoïde (0mm 01), finement aculéolée.

Pers. Syn., p. 360. Huss., t. 39. *exscissus*, Fr. Ic., t. 44, f. 2.

Été-automne. — En troupe dans les pelouses et sur le tan. Comestible.

media. Stipe élastique, striolé, farineux au sommet, blanchâtre. Peridium convexe plan (0m 05), faiblement mamelonné, pruineux, *noisette bistre*, *blanchissant* au bord. Chair tendre, blanche, douce. Lamelles sinuées, denticulées et *blanches*. Spore ovoïde pruniforme (0mm 008-9), grenelée.

Paul. Ch., t. 96, f. 1, 2. *subpulverulentus*, Pers. Myc. III., p. 221. *polioleucus*, Fr. S. M. I., p. 114.

Été-automne. — Dans les clairières et au bord des chemins. Comestible.

cnista. Stipe fibrocharnu, puis creux au sommet, subbulbeux, rigide, égal, fibrilleux, pruineux et *blanc*. Peridium convexe mamelonné (0m 06-9), tendre, *blanchâtre*, souvent *fuligineux* au centre avec la marge blanche, puis *blanc*. Chair blanche, souvent rosée, odeur de farine, amarescente. Lamelles sinuées, *décurrentes* par une dent, serrées, striées transversalement et blanches. Spore ovoïde pruniforme (0mm 01-12), 1-2 ocellée.

Fr. Epic., p. 50. Bres. Fung. trid., t. 48. *papillare majus*, Paul., t. 113, f. 1, 2. *spiloleucus*, Kromb., t. 62, f. 3-5.

persicina. Stipe glabre, pruineux au sommet, blanchâtre incarnat. Peridium convexe, puis aplani (0m 04-6), mamelonné, flasque, glabre, incarnat rosé, *blanchissant* par le sec. Lamelles émarginées, *serrées*, minces et blanches. Spore ellipsoïde (0mm 011).

Fr. S. M. I., p. 52. Ic., t. 42, f. 2 (trop foncé).

Eté. — En cercle dans les pâturages et les clairières des bois de conifères des montagnes. Comestible.

b. *Lamelles grises ou fuligineuses.*

putida. Stipe grêle, strié fibrilleux et gris. Peridium hémisphérique (0m 03-4), mamelonné, mou, gris bistré ou olivâtre, *guttulé taché* de *blanc*, blanchissant. Chair gris bistré, à odeur de rance. Lamelles sinuées adnées, arquées, grisâtres. Spore pruniforme lancéolée (0mm 012), guttulée.

Fr. Epic., p. 54. Ic., t. 46, f. 2.

Fin automne. — En troupe dans les bois sablonneux. Rappelle *C. rancida*.

pædida. Stipe cortiqué, grêle, un peu bulbeux, strié et gris bistré. Peridium campanulé convexe (0m 05), puis déprimé autour d'un mamelon pointu, humide, *rayé radié* par des fibrilles innées, gris de souris bistré. Chair très mince, très tenace, blanchissante. Lamelles sinuées uncinées, serrées, étroites, blanchâtres, puis grises.

Fr. Epic., p. 53. Ic., t. 46, f. 1.

Automne. — Dans les pâturages arénacés.

rasilis. Stipe grêle, *fibrilleux fissile, gris*, blanc en dedans. Peridium campanulé convexe, mamelonné, *rayé*, fuligineux. Chair scissile, molle, blanche, inodore. Lamelles libres, *bistre* avec l'arête *denticulée* et *blanche*.

Fr. Epic., p. 54.

Automne. — Dans les bois de pins gramineux et humides. Suède, Suisse.

B. Spongiosæ.

Peridium compacte, spongieux, humide. Lamelles sinuées, émarginées.

a. *Lamelles ne changeant pas de couleur.*

Schumacheri. Stipe un peu bulbeux, *strié*, finement villeux et *blanc*. Peridium convexe plan (0m 05-8), orbiculaire, glabre, *cendré* puis *gris perle*, blanchissant. Chair épaisse, spongieuse, *blanche*, ou un peu rosée à l'air, inodore et douce. Lamelles légèrement émarginées, puis subdécurrentes, blanches ou crème. Spore ellipsoïde (0mm 009), finement ponctuée, glauque.

Fr. S. M. I., p. 87. *pullus*, Alb. et Schw. Cons., p. 176.

Fin automne. — Dans les clairières gramineuses des forêts. Il a l'habitus de *amethystina*.

oreina. Stipe rigide, assez grêle, semi-bulbeux, farineux, floconneux au sommet, blanc. Peridium convexe, orbiculaire (0m 03-5), glabre, bistre clair ou un peu cendré. Chair légère, blanche et douce. Lamelles élégamment émarginées, uncinées, serrées, minces et blanches. Spore pruniforme (0mm 008), aculéolée.

Fr. S. M. I., p. 52. *testudineus*, Pers. Myc. III., t. 23, f. 1, 2.

Eté. — En troupe dans les forêts et les pâturages montagneux. Comestible. Aspect de *melaleuca*.

irina. Stipe fragile, fibrilleux, réticulé, blanchâtre, *pruineux* et *blanc* au sommet. Peridium convexe (0m 05-8), glabre, *incarnat blanchâtre*; marge enroulée, *pruineuse* et *blanche*. Chair humide, tendre, blanche; goût de mousseron, odeur fine d'iris ou de violette. Lamelles arrondies, serrées, séparables, glauques, crème. Spore ellipsoïde (0mm 008), *blanc incarnat*.

Fr. Epic., p. 48. Quél. Jur. II., t. 1, f. 3. *borealis*, Fr. Ic., t. 41, f. 1.

Automne. — En cercle dans les prés et les vergers. Comestible.

alba. Robuste ou grêle, tout *blanc*. Stipe élastique, pruineux. Peridium convexe plan, puis déprimé (0m 05-12), tomenteux à la loupe, se *teignant* de *jonquille* au milieu. Chair compacte, blanche, *très amère*, odeur de farine. Lamelles émarginées, parfois alvéolées en arrière, blanches. Spore ovoïde (0mm 006-8), finement aculéolée.

Schæf. Ic., t. 256. Fr. Ic., t. 43, f. 1. *leucocephalus*, Bull., t. 428, f. 1, 536.

Automne. — Dans les bois feuillés et sablonneux. Vénéneux.

leucocephala. D'un *blanc* mat, mais éclatant. Stipe farci, puis *creux*, fibreux, grêle, *radicant*, *strié*. Peridium mince, convexe mamelonné (0m 02-3), *humide*, villeux soyeux. Chair compacte, hyaline, blanchissant à l'air, *douce*, à odeur forte de farine. Lamelles arrondies, libres, serrées, ténues et blanches. Spore ovoïde pruniforme (0mm 006), finement aculéolée.

Fr. Epic., p. 47. Ic., t. 43, f. 2.

Automne. — Dans les bois feuillés de la plaine. Il a l'aspect des *Collybia*. Comestible ?

b. *Lamelles changeant de couleur.*

amethystina. Stipe renflé à la base, fibrilleux, floconneux, *strié* de *blanc* et de *rose lilacin* ou améthyste. Peridium convexe (0m 1), humide, lisse, gris bistré, souvent lilacin, pâlissant; marge enroulée, pruineuse et blanche. Chair épaisse, molle, blanchâtre, à odeur de farine. Lamelles sinuées, serrées, séparables, d'un blanc légèrement bistré ou d'un lilas rosé. Spore pruniforme (0mm 008).

Quél. Ench., p. 17. *bicolor*, Pers.? *anserinus*, Fr. Obs. II., p. 9. *personatus*, Fr.? S. M. I., p. 50. Bk! Outl., t. 5, f. 1. Badh. Brit. fung., t. 1, f. 2. Roz. et Rich., t. 34, f. 2-3.

Fin automne. — En cercle dans les pelouses et les bruyères. Suède, Angleterre, France. Comestible.

nuda[1]. Stipe élastique, *tomenteux pulvérulent*, lilas grisâtre. Peridium convexe plan (0m 1), glabre, humide, violacé, brun ou fauve au milieu ; marge infléchie, pruineuse et blanche. Chair tendre, blanc violacé, douce, à odeur de fruits. Lamelles sinuées, puis un peu décurrentes, serrées, minces, d'un beau violet clair. Spore ovoïde (0mm 008), glauque.

Bull., t. 439. *personatus*, Fr. Sv. sv., t. 57. Bk. Outl., t. 4, f. 7.

glaucocana. Entièrement lilacin grisâtre blanchissant.

Bres. Fung. trid., t. 2.

lilacea. Plus petit, d'un beau lilas violet, pâlissant.

Quél. Jur. et Vosg. I., t. 3, f. 1. Roz. et Rich., t. 34, f. 1.

Automne. — En cercle dans les forêts, surtout de conifères. Comestible.

sordida. Stipe flexueux, grêle, mou, *tenace*, cotonneux à la base, *strié*, *fibrilleux*, gris lilacin. Peridium mince, campanulé, puis étalé (0m 05-8), mamelonné, ondulé, *bistre* ou *gris lilacin*, pâlissant. Chair humide, gris lilacin, inodore. Lamelles sinuées décurrentes, lilacines, puis fuligineuses. Spore pruniforme (0mm 007-8).

Fr. S. M. I., p. 51. Ic., t. 45, f. 1. Roz. et Rich., t. 34, f. 6-8.

calathus. Stipe *rugueux*. Peridium plan, puis en entonnoir, rouge vineux. Lamelles adnées décurrentes, violacées.

Fr. Epic., p. 75. Buxb. Cent. IV., t. 12. f. 1. *nudus*, Larb., t. 11, f. 5.

Automne. — En cercle dans les prés et les vergers. Comestible. Ressemble aux formes grêles de *nuda*.

nimbata. Stipe renflé à la base, tendre, fragile, strié, villeux, grisâtre. Peridium campanulé convexe (0m 05-8), *pruineux guttulé*, gris ou cendré ; marge amincie, enroulée, farineuse et blanche. Chair tendre, humide, grisâtre, blanchissant, odeur de farine fraîche. Lamelles sinuées, à la fin décurrentes, serrées, blanches, puis *grisâtres* à reflet incarnat. Spore ellipsoïde (0mm 006), aculéolée, à reflet incarnat grisâtre.

Batsch, El., f. 65. Fr. Ic., t. 48, f. 4. *panæolus*, t. 36, f. 2.

Automne. — En cercle dans les pâturages et les bruyères. Comestible. Plus mou que *Schumacheri* auquel il ressemble.

[1] Paraît avoir été, en partie, confondu par Fries avec le précédent sous le nom de *personatus*.

C. VERNALES.

Peridium et stipe très charnus, tendres et fragiles. Lamelles sinuées. Printaniers et délicieux.

Georgii. Stipe épais, strié, villeux au sommet, blanc ou crème. Peridium convexe (0m 1), finement tomenteux, crème, ocracé ou nankin, parfois bordé de gris ou de fauve; marge enroulée, pruineuse et blanche. Chair compacte, *blanche*, odeur et saveur très agréables. Lamelles émarginées, blanches, puis crème. Spore ovoïde (0mm 008).

L'Ecluse. *mousseron*, Matth. Com. Bull., t. 142. *Pomonæ*, Lenz., f. 6. *gambosus*, Fr. Sv. sv., t. 9.

albella. D'un beau *blanc* mat. Stipe ovoïde, puis allongé. Peridium d'abord en bouton de soutane, puis aplani. Lamelles blanches, puis crème.

De Cand. Fl. fr. *pallidus*, Schæf., t. 50. Roz. et Rich., t. 30, f. 1-8.

graveolens. Stipe blanchâtre. Peridium *gris* ou *fuligineux*, uni ou taché de bistre. Lamelles blanc bistré.

Pers. Syn., p. 361. *tigrinus*, Fr. Ic., t. 41.

Avril-mai, rarement novembre; juin dans les montagnes. — Pâturages et bruyères. Comestible.

palumbina. Stipe et lamelles blanc crème. Peridium pruineux, *blanc crème* avec le milieu *lilas incarnadin*, gorge de pigeon, puis crème ocracé.

Paul. Ch., t. 95, f. 9-11.

Avril. — Pelouses sablonneuses. Environs de Paris, Ouest, Provence, etc. Comestible.

grossa. Blanc. Lamelles gris paille. Stipe ventru, naissant d'un gros sclérote noir.

Lév. An. sc. n. 1843, t. 6.

Groupé dans les charbonnières.

pes capræ. Stipe grêle, nu et blanc. Peridium campanulé, puis aplani (0m 1), mamelonné, *tigré* et *gercé*, brun cendré. Chair plus mince. Lamelles émarginées, très larges, *espacées*, blanches, puis cendrées. Odeur de farine.

Fr. Epic., p. 45. Sterb., t. 9, A.

Eté. — Groupé dans les bois gramineux. Vosges? Suède. Comestible.

verrucipes. Stipe obclaviforme, fibrillé soyeux, *blanc*, élégamment *pointillé* de petits *flocons granulés* et *bruns*. Peridium convexe mamelonné, puis aplani et festonné (0^m 1), villeux et blanc de neige; marge enroulée et finement pubescente. Chair ferme, blanche, très parfumée, odeur de farine et de fruits. Lamelles émarginées, serrées, larges et blanches. Spore ovoïde (0^{mm} 01-012), pointillée.

Quél. Jur. et Vosg. II., p. 304, t. 2, f. 1.

Printemps. — En cercle dans les prés ou bois sablonneux. Jura. Comestible.

D. Pleurotoides.

Voile continu, oblitéré. Peridium charnu, orbiculaire ou excentrique. Lamelles sinuées ou adnées. Spore ovoïde ou sphérique [1].

ulmaria. Stipe ferme, élastique, courbé, subexcentrique, épaissi et tomenteux à la base, villeux et *blanc*. Peridium ferme, convexe plan (0^m 1-2), glabre, *blanc crème*, souvent crevassé aréolé. Chair *compacte*, tenace, blanche, acidule et sapide. Lamelles émarginées ou adnées, *larges*, blanc crème. Spore ovoïde sphérique (0^{mm} 006-8).

Bull., t. 510. Sow., t. 67. Vitt. Fung. mang., t. 23. Fr. Sv. sv., t. 37.

tessulata. Stipe compacte, excentrique, court, atténué vers la base, glabre et blanc. Peridium charnu, convexe plan (0^m 1), glabre, *marbré, taché de gouttes, gris* ou *chamois* pâle. Lamelles uncinées, adnées, blanc crème. Odeur de farine.

Bull., t. 513, f. 1. Pers. Myc. III., t. 23, f. 4.

Fin automne. — Sur les troncs des arbres champêtres, orme, charme. Comestible.

palmata. Stipe fibrocharnu, puis fistuleux, pruineux, *strié*, blanc incarnat. Peridium convexe (0^m 05-12), pruineux, couleur chair d'abricot ou incarnadin; marge enroulée, *ridée, réticulée*. Cuticule gélatineuse, épaisse, tenace, diaphane, larmoyante. Chair élastique, subgélatineuse, blanche, puis rosée, acidule, puis amarescente et légèrement poivrée; odeur de mirabelle. Lamelles sinuées, libres, réunies en an-

[1] Les espèces de ce petit groupe étaient rangées jusqu'ici dans les genres *Pleurotus* et *Crepidotus*, dont elles partageaient les caractères extérieurs.

neau, veinées, *incarnat rosé*. Spore sphérique (0mm 007), finement grenelée, jaune paille.

Bull., t. 216. Sow., t. 62. *subpalmatus*, Fr. Epic., p. 131.

tremens. *Trémellogélatineux*, *incarnat* pâle avec une teinte purpurine. Stipe latéral, tenace. Peridium réniforme ou en éventail (0m 05), glabre, striolé, *diaphane*. Chair élastique, acidule amère, couleur pulpe d'abricot, odeur de mirabelle. Lamelles sinuées, *espacées*, épaisses, à trame gélatineuse, crème incarnadin. Spore *sphérique* (0mm 006-7), aculéolée, hyaline.

Quél. Soc. bot. XXIV., p. 320, t. 5, f. 3.

Automne. — Cespiteux sur les vieux troncs, chêne. France centrale. Comestible?

E. Rigidæ.

Cuticule dure, grenelée ou fendillée. Lamelles sinuées ou adnées, séparables. Souvent cespiteux ou connés, ils bravent les premières gelées.

a. *Lamelles blanches ou jaunissantes, rarement grisonnantes.*

macrorhiza. Stipe gros (0m 03), blanchâtre, ocracé à la base; *racine prémorse* et *blanche*. Peridium convexe plan (0m 2-3), glabre, puis tessellé, ocracé. Chair compacte, blanche, jaunissant légèrement à la cassure, odeur fétide. Lamelles émarginées, larges, crème. Spore sphérique (0mm 006), irrégulière, blanche.

Lasch. Linn., n° 240. Schulz. Kalch. Ic., t. 3, f. 1.

Automne. — Dans les pelouses, sous les vieux chênes. Bohême, Hongrie, Alpes.

compacta. Stipe gros, atténué en haut, *glabre*, poli et blanc. Peridium convexe plan (0m 1), aminci vers la marge, *glabre*, gris cendré. Chair spongieuse et compacte, plus molle dans le stipe, blanche, inodore. Lamelles arrondies sinuées, *jaunes*. Spore ellipsoïde (0mm 006-7), guttulée.

Fr. Mon. II., p. 286. Ic., t. 35, f. 1.

Eté. — Dans les bois des environs d'Upsal, Alpes, Tyrol méridional.

aggregata. Stipe ramifié, légèrement fibrilleux et blanc. Peridium convexe plan (0m 09-12), mamelonné, puis déprimé, *flasque*, *satiné*, *subtilement rayé*, gris livide ou gris brun.

Chair blanchâtre, odorante. Lamelles inégalement décurrentes, serrées, minces, *blanc cendré*, puis *incarnat jaunissant*. Spore ovoïde sphérique (0mm 007).

Schæf. Ic., t. 305, 306.

hortensis. Peridium fuligineux noirâtre. Lamelles *blanches*, puis *incarnates*.

Pers. Syn., p. 362. Batt., t. 21, f. D.

Automne. — Cespiteux dans les forêts de chênes.

cinerascens. Stipe ramifié ou conné, glabre, pruineux au sommet, blanchâtre. Peridium convexe bossu, festonné retroussé (0m 1), *tenace*, lisse, blanc ou grisâtre, puis paille bistré, pâlissant et brillant par le sec. Chair grisâtre, puis blanche, amaricante, inodore. Lamelles adnées ou sinuées, serrées, d'un *blanc grisonnant*. Spore ovoïde sphérique (0mm 007), pointillée.

Bull., t. 428, f. 2. *fumosus*, Fr. S. M. I., p. 75. Ic., t. 54, f. 2.

Automne. — Cespiteux dans les bois et dans les prés moussus.

decastes. Stipe courbé, *glabre* et *blanc*. Peridium convexe plan (0m 1-2), glabre, gris de souris, puis chamois blanchâtre. Chair mince, *fragile* et blanche. Lamelles les unes décurrentes, les autres sinuées, onduleuses, crénelées et *blanches*.

Fr. S. M. I., p. 49. Ic., t. 52.

Automne. — Cespiteux connés dans les forêts de hêtres et de chênes. Comestible.

conglobata. Stipe court, pruineux au sommet, blanc grisâtre. Peridium bossu, inégal (0m 05-7), lisse, bistre ou gris de souris, pâlissant; marge mince, infléchie, pruineuse. Chair fragile, blanche, odeur de farine fraîche. Lamelles sinuées ou adnées, blanc crème.

Vitt. Fung. mang., p. 349. Bres. Fung. trid., t. 32.

humosa. Stipe blanchâtre ou paille. Peridium souvent sessile, mince, brun bistre, tacheté.

Fr. Epic., p. 66. *tumulosus*, Kalch. Ic., t. 5.

Fin automne. — Cespiteux rameux dans les sentiers des bois et des bruyères. Comestible.

molybdina. Stipe ferme, fibrostrié, *farineux* et *peluché* au sommet, blanc. Peridium campanulé, puis étalé (0m 1-2), bossu, glabre, subtilement rayé, bistre foncé, roux au centre et grisonnant; marge mince et nue. Chair compacte, blanche, inodore. Lamelles adnées, larges, planes, d'un gris blanchâtre.

Bull., t. 523. *amplus*, Pers. Syn., p. 359. Fr. Ic., t. 53. *centurio*, Kalch. Ic., t. 4, f. 2.

Automne. — Cespiteux dans les forêts montueuses. Paraît être une variété luxuriante du suivant.

cartilaginea. Stipe *cartilagineux*, radicant, pruineux, blanc grisonnant, puis couleur de corne. Peridium convexe (0m 05-012), bossu, *festonné*, *rigide*, lubrifié, brillant par le sec, chagriné au milieu, *bronzé*, *bai* ou *bistre*. Chair ferme, blanche, sapide, odeur de noix fraîche. Lamelles sinuées ou adnées, ondulées, blanchâtres, puis paille ou couleur de corne. Spore sphérique (0mm 007-8), tachetée et glauque.

Bull., t. 589, f. 2.

Automne. — En troupe ou cespiteux dans les bois secs et gramineux. Comestible.

loricata. Stipe tortu, tenace, fibrillé strié, roux. Peridium campanulé convexe (0m 03-6), festonné, mince, humide ou un peu visqueux, papillé, ruguleux, d'un brun bistre ou cendré plus foncé au centre. Cuticule *épaisse*, séparable, *cornée*, brune. Chair scissile, blanchâtre, nauséeuse. Lamelles libres, serrées, ventrues, paille.

Fr. Epic., p. 37. Ic., t. 35, f. 2.

Dans les bois de hêtres.

coffeata. Stipe épais, mou, fissile, glabre, blanchâtre. Peridium convexe plan (0m 05-7), bossu, déprimé, excentrique, subtilement *veiné réticulé*, brun bistre, ponctué de noir au milieu, gercé, gris et luisant par le sec. Chair ferme, blanc bistré. Lamelles adnées, arquées, blanchâtres. Spore sphérique (0mm 007), pointillée.

Fr. S. M. I., p. 85. Ic., t. 54. *anapactus*, Let., t. 643 ?

Automne. — Cespiteux dans les bois et dans les pâturages.

effocatella. Stipe renflé à la base, rugueux et *blanc*. Peridium convexe étalé (0m 03-6), glabre, puis marbré ou taché de gouttes, non crevassé, *chatain* foncé. Chair blanche, douce, puis amère et nauséeuse, odeur du *Ceriop. squamosus*. Lamelles adnées, arrondies, serrées, blanc crème.

Vivian., t. 18. *pardalis*, Schulz., Kalch. Ic., t. 8, f. 2.

Automne. — Cespiteux connés dans les charbonnières ou au pied des troncs de chêne. Comestible.

miculata. Stipe fibrilleux ou floconneux, puis *pruineux*, *blanc*, puis *jonquille* pâle. Peridium convexe plan (0m 1), glabre, *gercé grenelé*, puis écaillé, paille grisâtre, bistre au milieu et argenté au bord. Chair compacte, blanche, odeur douce.

Lamelles sinuées, fermes, blanc de lait puis *jonquille*. Spore ovoïde pruniforme (0mm 006-7), finement grenelée.

Fr. Obs. myc. II., p. 121. Quél. As. fr. 1887, f. 2.

Automne. — Dans les forêts de chênes. Forêt Noire, Vosges.

atrocinerea. Stipe humide, glabre, *fibrillostrié*, villeux et blanc. Peridium convexe plan (0m 03-4), glabre, gris de souris, plus obscur ou noirâtre au centre. Chair fragile, hygrophane, à odeur de farine. Lamelles sinuées, serrées, minces, blanches. Spore ellipsoïde (0mm 01), finement aculéolée.

Pers. Syn., p. 348. Fr. Ic., t. 31, f. 2. Luc. Ch., t. 178.

Eté-automne. — Dans les forêts gramineuses de conifères. Jura.

cuneifolia. Stipe farci, puis *creux*, grêle, aminci à la base, fissile, pruineux au sommet, soyeux, strié et *blanc*. Peridium convexe (0m 02), *fragile*, pruineux, souvent *crevassé aréolé, gris bistré*, puis *gris*. Chair mince, blanche, à odeur de farine. Lamelles sinuées, uncinées, *larges* en avant, *blanc grisonnant*. Spore ovoïde sphérique (0mm 005-6), finement aculéolée.

Fr. Obs. myc. II., p. 99. *cinereorimosus*, Batsch., f. 206. *ovinus*, Bull., t. 580, A. B.

Automne. — En troupe dans les prés et bois gramineux. Il a l'aspect d'un *Collybia*. Comestible.

b. *Lamelles teintes ou tachetées de gris ou de rouge.*

saponacea. Stipe ferme, fibrilleux ou finement floconneux, blanc, grisâtre, verdâtre, à la fin rougeâtre. Peridium convexe plan (0m 06-9), ondulé, tacheté, glabre, puis granulé, gercé et écaillé, blanchâtre, gris, bistré, verdâtre, olive ou brun, plus foncé au centre. Chair blanchâtre, *rougissant*, surtout à la surface et exhalant l'odeur du savon. Lamelles émarginées, uncinées, espacées, minces, blanches à reflet verdâtre, puis tachées de rouge pâle. Spore ovoïde (0mm 006), ocellée.

Fr. Obs. myc., p. 101. Ic., t. 32. *argyrospermus*, Bull., t. 602. *madreporeus*, Batsch, f. 36. *murinaceus*, Kromb., t. 72 f. 6-18.

sulfurina. Cuticule jaune serin ; stipe et lamelles jonquille pâle Quél. Ench., p. 13.

atrovirens. Cuticule d'un vert sombre, tachetée de *flocons noirs*. Pers. Syn., n° 114.

Été-automne. — En cercle dans les forêts ombragées. Suspect.

suda. Stipe long, *fibrillostrié* ou *floconneux*, blanchâtre avec une teinte rousse. Peridium convexe plan, puis déprimé (0m 06-9), souvent gercé et écailleux, gris roux ou brunâtre. Chair ferme et blanche. Lamelles émarginées, décurrentes par une dent, serrées, blanchâtres, puis gris rougeâtre. Spore ovoïde (0mm 006), aculéolée.

Fr. Epic., p. 38. Ic., t. 34, f. 2.

Automne. — Dans les bois gramineux des montagnes. Semblable à *saponacea*. Suspect.

tumida. Rigide et fragile. Stipe gros, radicant, glabre, *strié* et blanc. Peridium arrondi, difforme, puis étalé (0m 09), aminci vers le bord, festonné et fendillé, *gris*, tigré, *luisant*. Chair blanche, à odeur faible mais agréable. Lamelles émarginées, larges, *blanches*, puis rougeâtres et grises. Spore ovoïde (0mm 007), grenelée.

Pers. Syn., n° 171. Kromb., t. 72, f. 1-5 ?

Automne. — Dans les forêts de pins humides. Paraît une variété de *tigrina*.

horda. Rigide et fragile. Stipe *strié*, glabre, blanc ou grisâtre. Peridium campanulé ouvert (0m 08), *glabre* et gris, bientôt *finement gercé* et couvert de petites mèches retroussées. Chair mince, blanche, douce, inodore. Lamelles émarginées, blanches, grisonnant faiblement. Spore ovoïde sphérique (0mm 01), ocellée.

Fr. S. M. I., p. 47. Luc. Ch., t. 179.

Fin automne. — Dans les forêts de hêtres. Suspect.

virgata. Stipe ferme, fibrilleux, *strié*, grisâtre, blanc en dedans. Peridium rigide, convexe (0m 1), mamelonné, glabre, gris de souris, plus foncé au sommet et élégamment *rayé* de *linéoles noires* ou *tacheté* de *flocons noirs*. Chair *mince*, blanche, puis grisâtre, poivrée, amère. Lamelles émarginées, *serrées*, blanches, puis grises. Spore ovoïde (0mm 008), aculéolée.

Fr. S. M. I., p. 48. Ic., t. 34, f. 1.

Automne. — Dans les forêts montagneuses, surtout de conifères. Plus grêle que *horda* dont il a la couleur. Vénéneux ?

elytroides. Stipe tendre, atténué en bas, *réticulé* par des *fibrilles érigées* et gris clair. Peridium convexe plan (0m 06-9), fragile, *grenelé*, aréolé et floconneux au centre, gris de souris ou brun noir. Chair blanche, rougissant parfois, odeur de farine fraîche. Lamelles émarginées, larges, fragiles, pruineuses et cendrées.

Scop. Carn., p. 424 ? Fr. Ic., t. 33, f. 2.

Dans les pelouses de la Suède et de l'Europe australe.

II. **Tricholoma**, Fr.

Voile continu, glutineux, fibrilleux, pelucheux ou pubescent. Stipe nu ou rarement muni d'un bracelet pelucheux.

A. Sericellæ.

Voile pubescent ou soyeux. Cuticule peu distincte et bientôt glabre.

a. *Lamelles larges et épaisses.*

sulfurea. Stipe cylindrique, fibreux, strié, sulfurin. Peridium convexe plan (0m 06-8), mamelonné, villeux soyeux, puis glabre, sulfurin, plus ou moins brun ou bistre au milieu. Chair jaune, odeur nauséeuse de gaz d'éclairage. Lamelles rétrécies en arrière, arquées, émarginées, espacées, épaisses, jaune vif.

Bull., t. 168, 545, f. 2, M. N. Sow., t. 44. Fl. dan., t. 1910, f. 1.

bufonia. Bistre noirâtre, brun pourpré ou fauve.

Pers. Syn., n° 188. Kalch. Ic., t. 39, f. 1. *sulfureus*, Bull., t. 545, f. 2, L, O.

crassifolia. Ocracé, bai ou bistre au centre. Lamelles épaisses, ocracées, tachetées de brun.

Berk. Outl., p. 100.

Automne.—Dans les forêts, surtout de conifères. Vénéneux.

inamœna. Stipe long, pruineux, villeux et blanc. Peridium convexe mamelonné (0m 03-5), sec, glabrescent, blanc crème sale, à la fin gercé aréolé et ocracé grisâtre. Chair ferme, épaisse au centre, blanche, odeur de chèvrefeuille. Lamelles fortement émarginées, uncinées, planes, larges, *espacées* et *blanches*. Spore ovoïde pruniforme (0mm 01), ocellée.

Fr. S. M. I., p. 111. Ic., t. 38, f. 2.

Eté. — En troupe dans les sapinières montagneuses. Suspect.

lasciva. Stipe rigide, fibrilleux, pruineux et blanc au sommet, tomenteux et blanchâtre à la base. Peridium convexe plan

(0m 06), puis déprimé avec la marge enroulée, finement soyeux pubescent, crème ocracé. Chair blanche, à odeur de seringat. Lamelles arquées, adnées, à la fin un peu décurrentes, serrées, blanches.

Fr. S. M. I., p. 110. Ic., t. 38, f. 1.

Automne. — Dans les forêts feuillées. Suspect.

b. *Lamelles étroites et minces.*

chrysentera. Stipe atténué en bas, *strié*, jaune pâle, laineux et blanc à la base. Peridium convexe plan (0m 04-6), onduleux, villeux, puis glabre, jaune jonquille ou souci. Chair *citrine*, inodore. Lamelles serrées, émarginées, souvent décurrentes en filet, étroites, jaune pâle, puis concolores. Spore ovoïde (0mm 003-4), hyaline.

Bull., t. 556, f. 1.

cerina. Stipe grêle, strié, fibrilleux, jaune clair, souvent fauve à la base. Peridium convexe plan (0m 03-5), à peine villeux, tomenteux, jaune fauve ou brunâtre. Chair mince, ferme, *blanche*, tardivement amère. Lamelles sinuées, serrées, séparables, planes, étroites, très minces, jaune de cire.

Pers. Syn., p. 321. Fr. Ic., t. 39, f. 1.

Été-automne. — Dans les sapinières montagneuses.

onychina. Stipe grêle, *finement fibrillé soyeux*, jonquille, *purpurin*, puis lilacin au sommet. Peridium élégant, convexe mamelonné (0m 02-4), *bai violet* ou *brun pourpre*; marge mince, *soyeuse* et purpurine. Chair crème jonquille, parfumée et sapide. Lamelles planes, arrondies, puis libres, très serrées, *jonquille*. Spore ovoïde (0mm 004-5), pointillée.

Fr. Epic., p. 41. Ic., t. 39, f. 2.

Automne. — Dans les sapinières moussues et montagneuses. Très affine à *cerina*.

ionides. Stipe élastique, atténué en bas, fibrilleux, incarnat lilacin ou fauve. Peridium campanulé convexe (0m 02-4), mamelonné, subtilement tomenteux, brun ou fauve purpurin, incarnat violacé ou lilacin, pâlissant; marge enroulée et pruineuse. Chair blanche, sapide. Lamelles émarginées, décurrentes par une dent, serrées, minces, blanches, puis crème. Spore ellipsoïde (0mm 006-8).

Bull., t. 533, f. 3. Fr. Ic., t. 40, f. 1, 2.

Été-automne. — Dans les forêts arénacées. Comestible.

carnea. Stipe farci, puis fistuleux, rigide, grêle, lilacin, pâlissant. Peridium convexe (0m 02-3), mince, soyeux, incarnat pourpré, pâlissant et luisant. Chair blanche, inodore. Lamelles serrées, sinuées, élargies en arrière, blanches. Spore ellipsoïde (0mm 005).

Bull., t. 533, f. 1. *carneolus*, Fr. Ic., t. 40, f. 3.

Eté. — Sur l'humus des forêts de conifères. Il a l'habitus des *Collybia*.

cælata. Stipe villeux en dedans, grêle, tenace, pruineux en haut, *brun*. Peridium mince, convexe ombiliqué (0m 03), glabre, puis aréolé crevassé, brun, puis chamois gris. Chair subconcolore, inodore. Lamelles sinuées, uncinées, serrées, blanchâtres ou grises.

Fr. Epic., p. 42. Ic., t. 37, f. 2.

Automne. — Dans les pelouses des côteaux boisés. Paraît être une variété de *melaleuca*.

B. Villosæ.

Cuticule pelucheuse, villeuse ou tomenteuse.

a. *Lamelles ne changeant pas de couleur.*

rutilans. Stipe mou, flexible, fibrilleux, jaune pâle, orné, au sommet, de *flocons granulés* et *purpurins*. Peridium convexe plan (0m 1), finement tomenteux, sulfurin pâle, *moucheté d'écailles granulées* et *purpurines*. Chair molle, humide, jaune, insipide. Lamelles serrées, sinuées, adnées, sulfurines avec l'arête épaisse et floconneuse. Spore sphérique (0mm 004), hyaline.

Schæf. Ic., t. 219. Roz. et Rich., t. 27, f. 9-11.

variegata. Plus petit et moins coloré. Chair blanchâtre. Lamelles non floconneuses sur l'arête.

Scop. Carn., p. 434. Schæf., t. 21.

albofimbriata. Peridium peluché, pourpre brun. Lamelles jaune pâle, puis rougeâtres avec l'arête *fimbriée* et *blanche*.

Trog. Schweiz. Schw., p. 13.

Eté-automne. — Cespiteux sur les souches de conifères. Suspect.

decora. Stipe légèrement floconneux ou fibrilleux, jonquille. Peridium convexe plan ou faiblement déprimé (0m 04-5), souvent excentrique, *jonquille*, *pointillé* de *petites mèches poilues*, *serrées* et *bistre*. Chair mince, jonquille pâle. Lamelles adnées, séparables, serrées, planes, *jaune d'or*.

Fr. S. M. I., p. 108. Ic., t. 60, f. 1. *galbanus*, Lasch., n° 526.

Eté. — Sur les troncs de conifères dans les montagnes. Il a l'aspect des *Dryophila*.

ornata. Stipe tendre, citrin pâle, finement *pubescent* et olive au sommet. Peridium convexe plan (0m 03-4), un peu mamelonné, jonquille, vêtu d'un *velours caduc* et *olive* au centre, jaune sur la marge. Chair molle, jaune serin et inodore. Lamelles *adnées*, jaune d'or, puis jonquille. Spore ovoïde (0mm 006), aculéolée et hyaline.

Fr. Epic., p. 130. Ic., t. 86, f. 1.

Eté.—Groupé sur les troncs pourris de sapin dans les montagnes. Ressemble à *decora*.

æstuans. Stipe fibrilleux, *strié*, jonquille, blanc en dedans. Peridium campanulé, puis étalé (0m 01-012), mamelonné, glabrescent, puis *rayé fibrilleux*, roux jaunissant. Chair mince, blanche, inodore, tantôt âcre, tantôt douce. Lamelles émarginées libres, veinées, jaunâtres ou jaunes.

Fr. S. M. I., p. 47.

Automne. — Dans les bois moussus de conifères des montagnes. Suspect.

tigrina. Stipe épais (0m 02-3), tendre, striolé, villeux et blanchâtre. Peridium campanulé convexe (0m 1-2), festonné, tendre, gris clair, *grivelé* de *mèches fibrilleuses*, cendrées ou bistre; marge enroulée, amincie, *glabre* et blanchâtre. Chair molle, blanche, insipide. Lamelles arrondies sinuées, très larges, *blanc verdoyant*. Spore pruniforme (0mm 01), pointillée.

Schæf. Ic., t. 89. *pardina*, Quél. Jur. II., p. 327, t. 1. f. 1.

Eté. — En cercle dans les sapinières montagneuses. Vénéneux. C'est la plus grande espèce du groupe des *Villosæ*.

lurida. Stipe épais, inégal, glabre, *fibrilleux*, blanchâtre ou jaunâtre. Peridium convexe plan (0m 1), difforme, *sec*, grisâtre, paille ou bistré, *finement rayé* de *fibrilles brunes*, innées, puis libres ; marge fimbriée. Chair fibreuse, molle, blanchâtre, douce, à odeur de farine fraîche. Lamelles émarginées, serrées, larges, blanchâtres ou glauques, puis grisâtres. Spore pruniforme (0mm 012), ocellée.

Schæf. Ic., t. 69. Fr. Epic., p. 31.

Eté-automne. — Dans les sapinières. Jura, Vosges. Facile à confondre avec *sejuncta* adulte.

gemina. Stipe ovoïde napiforme (0m 02-3), villeux, *blanc* ou roussâtre. Peridium convexe (0m 06-8), festonné, finement *velouté*, puis gercé ou grenelé, *brun* ou *châtain*; marge fortement enroulée, *pubescente* et blanchâtre. Chair très compacte, sapide, amarescente, blanche, odeur de farine. Lamelles sinuées, émarginées, serrées, *blanc crème*. Spore ovoïde sphérique (0mm 006-7), finement grenelée.

Paul. Ch., t. 40. Quél. As. fr. 1884.

Automne. — Groupé dans les forêts arénacées. Environs de Paris, Vosges. Comestible.

psammopus. Stipe courbe, *villeux*, *granulé*, brun fauve, blanc au sommet. Peridium campanulé convexe (0m 03-5), fissile, villeux, finement floconneux, puis crevassé, brun fauve. Chair ferme, blanche, un peu amère. Lamelles sinuées, uncinées, blanches à reflet paille ou incarnat. Spore ovoïde sphérique (0mm 005), ocellée.

Kalch. Ic. hung., t. 3, f. 2.

Eté. — En troupe dans les forêts de conifères des montagnes. Assez semblable aux formes grêles de *imbricata*.

amara. Stipe élastique, atténué en bas, *tomenteux*, strié, blanc. Peridium convexe plan (0m 06-8), ferme, finement tomenteux, brun cuivré ou bistré; marge amincie, ornée de *côtes tomenteuses* et *blanches*. Chair sèche, très blanche et très *amère*. Lamelles adnées ou sinuées, décurrentes en filet, serrées, minces et blanches. Spore ovoïde (0mm 006), ocellée.

Alb. et Schw. Cons., p. 185. *guttatus*, Fr. Epic., p. 31. *gentianea*, Quél. Jur. II., t. 1, f. 5.

Automne. — En cercle dans les sapinières. France, Angleterre, etc. Suspect.

impolita. Stipe fibrilleux, *peluché* au sommet, blanc. Peridium convexe plan (0m 1), granuleux, fibrilleux, puis *fendillé peluché*, crème taché de brun ou de bistre. Chair blanche, salée, puis poivrée. Lamelles émarginées, serrées, blanchâtres. Spore ovoïde sphérique (0mm 005-6), pointillée.

Lasch. Linn., n° 507. Fr. Epic., p. 32. Gonn. et Rab., t. 15, f. 2. *mirabilis*, Bres. Fung., t. 17.

Automne. — En cercle dans les forêts siliceuses. Suisse, Tyrol. Suspect.

truncata. Stipe court, *ferme*, farineux, tomenteux et blanc. Peridium convexe plan (0m 05-8), festonné, glabrescent, puis finement floconneux, d'un roux incarnat ou cuivré; marge enroulée, *pruineuse*, *blanchâtre* ou *incarnate*. Chair dure, blanche, amarescente. Lamelles sinuées, uncinées, étroites, crispées, rameuses, blanc crème, puis incarnates. Spore ovoïde sphérique (0mm 008), *blanc rosâtre*.

Schæf. Ic., t. 251. (*Hebeloma*), Fr. Hym., n° 893.

Automne. — Dans les sapinières et les bois feuillés. Ressemble à *gemina*.

opipara. Stipe ferme, atténué en haut, glabre et *blanc*. Peridium compacte, convexe plan (0m 05-8), finement floconneux, puis glabre, incarnat rosé, chamois ou fauve, brillant. Chair blanche, saveur et odeur agréables. Lamelles adnées, serrées, blanches. Spore pruniforme (0mm 009), grenelée.

(*Clitocybe*), Fr. Epic., p. 59. Ic., t. 49, f. 1.

Eté-automne. — Dans les bois gramineux et moussus. Comestible. Il rappelle *H. nemoreus*.

b. *Lamelles devenant rouges, rousses, jaunes ou grises, et, à la fin, pointillées, sur l'arête, de rouge, de roux ou de noir.*

imbricata. Stipe ventru, fibrilleux, brunâtre, pulvérulent et blanc au sommet. Peridium convexe plan (0m 1), mamelonné, finement peluché, puis *crevassé écailleux*, imbriqué, brun; marge *pubescente*, blanchâtre ou chamois. Chair ferme, blanche, douce. Lamelles peu émarginées, blanches, puis rousses ou brunâtres. Spore ovoïde (0mm 008), ocellée.

Fr. S. M. I., p. 42. Ic., t. 30. Schæf., t. 25. *polyphyllus*, De Cand. Fl. fr. VI., p. 50 ?

Eté-automne. — En cercle dans les bois de conifères. Comestible.

vaccina. Stipe farci, puis creux, cylindrique, fibrilleux, avec une cortine plus ou moins apparente, roussâtre. Peridium campanulé mamelonné (0m 05-6), floconneux, puis hérissé de mèches fibrilleuses et retroussées, brun fauve; marge enroulée, *très laineuse*. Chair blanche, puis roussâtre ou rougeâtre, acidule. Lamelles sinuées, blanchâtres, puis tachetées de roux. Spore (0mm 006) ellipsoïde sphérique.

Pers. Com., p. 10. Ic. et Desc., t. 2, f. 1-4. Batsch., f. 116.

Eté-automne. — En cercle dans les bois de conifères. Comestible ?

inodermea. Stipe farineux et blanc en haut, grêle, blanc *rougissant* ainsi que la chair. Peridium campanulé, pointu, puis en bouclier (0m 05), lacéré fibrilleux, grivelé de mèches appliquées, d'un brun rougeâtre. Lamelles libres, *très larges*, semi-circulaires, blanches, tachées de rouge au toucher.

Fr. Mon. I., p. 66.

Eté. — Dans les forêts de pins humides. Suède, France, Tyrol. Il a tout à fait l'aspect d'un *Inocybe*.

capniocephala. Stipe plein, puis creux en haut, spongieux, fibrillosoyeux, *gris clair*, renflé, cotonneux et blanc à la base. Peridium convexe (0m 06-8), *villeux*, *laineux* au bord, *gris*, puis *pointillé* et *rayé* de *noir* sur la marge. Chair tendre, humide, grisâtre, marbrée de taches noires et fugaces; odeur bitumineuse. Lamelles sinuées, *grises*, puis *bistre olive*. Spore pruniforme (0mm 008), finement grenelée, gris olivâtre.

Bull., t. 547, f. 2. *immundus*, Bk. Cooke. Ill. Br. fung., t. 61.

Automne. — Groupé dans les bois de pins gramineux. Vosges. Suspect. Il a l'aspect de *tristis*.

orirubens. Stipe fusiforme, fibrilleux, *blanc*, *strié* de *rose*. Peridium convexe plan (0m 06-8), fragile, lisse et *pruineux*, puis *peluché*, gris, brun noir au centre. Chair blanche, odeur de farine. Lamelles émarginées, espacées, onduleuses, *blanches*, puis bordées d'un *liséré rouge*. Spore pruniforme (0mm 008).

Quél. Jur. et Vosg. II., p. 327. t. 1, f. 2.

Eté-automne. — En cercle dans les forêts montueuses. France, Angleterre. Diffère de *tristis* par le liséré.

murinacea. Stipe fibrilleux ou granuleux, *gris cendré* ou *blanc*, *moucheté de noir*. Peridium convexe, onduleux (0m 1), gris, tacheté de mèches fibrilleuses, brun noir; marge enroulée, *laineuse* et grise. Chair fragile, blanc grisonnant, odeur de fruits. Lamelles fortement sinuées, larges, *fragiles*, blanches, puis grises et souvent *bordées* d'une *fine dentelure noire*. Spore ovoïde (0mm 01), blanche.

Bull., t. 520. Sow., t. 106.

gausapata. Voile formé de mèches plus floconneuses et d'un gris plus clair; marge laineuse plus blanche et stipe *blanc*.

Fr. S. M. I., p. 13.

Automne. — En cercle dans les forêts montueuses. Plus grand et plus ferme que *tristis*.

tristis. Stipe tendre, fragile, fibrillé floconneux, muni d'une *cortine fugace* grisâtre, blanc ou gris. Peridium campanulé convexe (0m 04-8), fissile, couvert d'une toison villeuse soyeuse, molle, gris de souris, bistre ou noirâtre, comme saupoudrée de charbon. Chair fragile, blanc grisâtre. Lamelles émarginées ou décurrentes en filet, dentelées, blanchâtres, puis grises. Spore pruniforme (0mm 007), ocellée.

Scop. Carn., p. 438. *terreus*, Schæf., t. 64. Sow., t. 76.

Automne. — En troupe dans les bois, surtout de conifères. Comestible.

ramentacea. Stipe tendre, blanc, moucheté de flocons gris ou bistre formant un *anneau floconneux* ou *cortiniforme* et fugace. Peridium convexe (0m 05-6), fibrillé soyeux, blanc ou gris, grivelé de mèches gris foncé ou bistre. Chair humide, *fragile*, blanche, prenant une teinte citrine, douce, odeur terreuse. Lamelles émarginées, uncinées, serrées, *blanches*, se tachant, ainsi que le voile, de jaune serin. Spore ovoïde sphérique (0mm 004).

Bull., t. 595, f. 3. *cingulatus*, Fr. Linn., 1830, t. 10.

argyracea. Peridium très floconneux, très fragile, blanchâtre ou gris clair, grivelé de fauve ou de bistre. Stipe nu, à peine floconneux et blanc.

Bull., t. 423, f. 1. *scalpturatus*, Fr. Epic., p. 31.

Eté. — Dans les bois gramineux, surtout sous les pins. Comestible. Peu différent de *tristis*[1].

C. Limacinæ.

Cuticule rayée par des fibrilles ou tachetée par des flocons, ordinairement visqueuse.

a. *Lamelles ne changeant pas de couleur.*

equestris. Stipe fibrilleux, sulfurin. Peridium convexe étalé (0m 1), écailleux ou fibrilleux, visqueux, sulfurin, *roux*, *bistre* ou *olive au milieu*. Chair épaisse, humide, blanc citrin, inodore, sapide. Lamelles sinuées ou émarginées, serrées, larges, sulfurines. Spore ellipsoïde (0mm 006), pointillée.

Linn. Fr. El. I., p. 6. *aureus*. Schæf., t. 41.

Automne. — Dans les bois de conifères. Comestible.

aurata. Stipe *bulbeux*, nu, blanc au sommet, jaune en bas. Peridium glabre, jaune rutilant. Chair épaisse, ferme et blanche, inodore, très sapide. Lamelles émarginées, larges, sulfurines.

Le doré, Paul. Ch., t. 85, f. 1, 2. *arenarius*, Lév. An. sc. n. 1848, p. 119.

Automne. — Dans les dunes de l'Ouest, où il est connu sous le nom de *vuideau*, on lui trouve la saveur du mousseron. Comestible.

[1] Les quatre dernières espèces pourraient être réunies comme variétés.

coryphæa. Stipe renflé en bas, striolé, paille. Peridium convexe plan (0^m 1-12), jonquille pâle, fibrilleux et ponctué de brun (souvent poudré de sable). Chair blanche, molle et sapide. Lamelles émarginées, larges, blanches, avec une *bordure citrine*.

Fr. Epic., p. 26. Vent., t. 36, f. 1-3 ? Bres. Fung., t. 76.

Automne. — En troupe dans les forêts arénacées.

columbetta[1]. *Satiné* et *blanc* de *neige*, puis taché de *rose* ou de *bleu*. Stipe fragile, strié, fibrilleux, *brillant*, le plus souvent taché à la base de *bleu vert* ou de *lilacin* pâle. Peridium convexe plan (0^m 1), flexueux, *fissile*, *fibrillé soyeux;* marge humide ou légèrement visqueuse, enroulée et pubescente. Chair légère, sapide, odeur agréable. Lamelles très émarginées, larges. Spore sphérique (0^{mm} 005).

Fr. S. M. I., p. 44. Ic., t. 29, f. 2. Quél. Jur. I., t. 2, f. 2. *spermaticus*, Paul., t. 45 ?

Eté-automne. — En cercle dans les forêts siliceuses. Comestible.

resplendens[2]. Tout blanc, *jaunissant* en dedans et en dehors. Stipe élastique, subbulbeux, villeux et pruineux. Chapeau convexe (0^m 05-9), jonquille au sommet, brillant par le sec; marge *droite*, amincie, un peu visqueuse. Chair tendre, sapide, à odeur de fruits. Lamelles émarginées, serrées, étroites, blanches. Spore ovoïde (0^{mm} 005), finement ponctuée.

Fr. Mon. I., p. 55. Ic., t. 29, f. 1.

Automne. — Dans les forêts arénacées. Suède, France.

portentosa. Stipe radicant, fibrilleux, strié, blanc, prenant une teinte sulfurine ou glauque verdâtre. Peridium convexe (0^m 1), mamelonné, flexueux, lisse, visqueux, *gris*, *panaché* de *bistre* et de *violet*, *rayé* par un *fin chevelu inné*, *entrelacé* et brun noir. Chair fragile, inodore, sapide, blanche, teintée de jaune ou de verdâtre. Lamelles sinuées, larges, espacées, blanches, puis paille ou glauque verdoyant. Spore ovoïde (0^{mm} 006), pointillée.

Fr. El. I., p. 5. Ic., t. 21, f. 1. *multiformis*, Schæf., t. 14.

[1] Jean Bauhin, dans son *Historia plantarum*, a figuré, sous ce nom, la *bisette* (Russula virescens) qu'il a confondue, malgré la tradition, avec la *colombette* (Lepiota pudica et même excoriata).

[2] Il forme un lusus à lamelles atrophiées, pliciformes ou véniformes : *Phlebophora campanulata*, Lév. An. sc. n. 1841, t. 14, f. 5. C'est une déformation des lamelles due à un *Hypomyces*.

Fin automne. — En cercle dans les forêts de la plaine. Comestible.

sejuncta. Stipe glabrescent, blanc lavé de citrin. Peridium campanulé, puis étalé (0^m 1), ondulé, glabre, citrin ou verdâtre, bistre au milieu, *rayé* de *fibrilles très fines* et *brunes;* marge villeuse, puis laciniée, jaune clair ou blanche. Chair humide, fragile, blanche, jaune sous la cuticule, un peu amère, odeur de farine. Lamelles *émarginées*, larges, espacées, blanches, se tachant de jaune. Spore ovoïde sphérique (0^{mm} 006).

Sow. Eng. fung., t. 126. Fr. Ic., t. 23. *leucoxanthus*, Pers. Syn., n° 116.

Automne. — En cercle dans les forêts ombragées. Peu différent du précédent. Comestible?

fucata. Stipe mou, pruineux et blanc au sommet, *finement peluché*, paille, puis rayé de *fibrilles noircissantes.* Peridium convexe plan (0^m 06-9), festonné, visqueux, paille ou olivâtre, *tigré* de bistre, plus foncé au centre. Chair mince, jaunâtre, fragile, inodore. Lamelles émarginées, très larges, fragiles, blanchâtres. Spore ovoïde (0^{mm} 006).

Fr. S. M. I., p. 40. Ic., t. 24, f. 2.

Automne. — Dans les forêts de pins. Forêt Noire, Vosges. Suspect. Aspect tenant de *lurida* et de *sejuncta.*

b. *Lamelles changeant de couleur, ordinairement tachetées de roux.*

colossus. Stipe très épais, bulbeux (0^m 05-7), floconneux et blanc au sommet, incarnat rosé, saumon, puis fauve à la base. Peridium sphérique, puis ouvert (0^m 1-2), glabre, incarnat fauve, puis châtain; marge enroulée, *cotonneuse*, visqueuse et blanchâtre. Chair très épaisse et compacte, blanche, prenant à l'air une teinte incarnat vermeil, puis saumon ou briquetée; goût de noisette, puis amaricant. Lamelles arrondies, sinuées, très larges, blanches, puis rosées, incarnates. Spore ovoïde pruniforme (0^{mm} 008), ocellée.

Fr. Epic., p. 38. Ic., t. 21, 22. *Guernisaci*, Crn. Fl. Fin.

Eté-automne. — En cercle dans les bois de pins. C'est le plus massif et le plus gros des *Polyphyllei*. Comestible.

acerba. Stipe épais, *blanc, orné* de *très fines mèches sulfurines.* Peridium convexe plan (0^m 1), crème ou jonquille pâle, roussâtre au milieu; marge enroulée, glutineuse, *côtelée, tomenteuse.* Chair compacte, blanche, inodore, *âcre* et *amère*

Lamelles émarginées, blanc crème, puis ponctuées de fauve. Spore ovoïde (0mm 006), ocellée.

Bull., t. 571, f. 2. Vent., t. 38, f. 7, 8. *nictitans*, Fr. S. M. I., p. 38. Bull., t. 574, f. 1?

Été-automne. — En cercle dans les forêts de la plaine. Comestible.

aurantia. Stipe incarnat ou rosé, satiné, *chiné de flocons granulés orangé fauve* ou *olive*, avec le sommet farineux, couvert d'une fine rosée et blanc. Peridium convexe plan (0m 05-8), tacheté de fines mèches, visqueux, orangé verdoyant. Chair incarnate, *amère ;* odeur de concombre, de farine gâtée. Lamelles serrées, émarginées, blanches, puis pointillées de roux. Spore ovoïde pruniforme (0mm 006-8), ocellée.

Schæf. Ic., t. 37. Fr. Ic., t. 26, f. 1.

Automne. — En cercle dans les forêts de conifères. Jura, Alpes. Comestible.

striata. Stipe soyeux et blanc au sommet, fibrillé byssoïde, roux ou châtain au-dessous d'un cercle cortiniforme plus ou moins formé. Peridium convexe (0m 1), glabre, visqueux, châtain ou bai, *rayé* par de fines *fibrilles* innées et très serrées ; marge enroulée, tomenteuse, blanchâtre. Chair ferme, épaisse, blanche, *amère*, odeur de farine. Lamelles émarginées, larges, serrées, blanches, puis pointillées de roux ou de brun. Spore ovoïde sphérique (0mm 005), ocellée.

Schæf. Ic., t. 38. *subannulata*, Batsch, f. 75. Quél. Jur. III., t. 1, f. 4. *albobrunnea*, Pers. *stans*, Fr. Ic., t. 28, f. 2.

Automne. — En cercle et abondant dans les bois de conifères. Comestible.

pessundata. Stipe épais, *blanc*, taché de petites mèches brunes. Peridium tacheté guttulé ou grenelé, moins visqueux, roux ou brun clair, plus pâle au bord. Chair compacte, tendre, blanche, acidule et amère. Lamelles blanches, puis tachetées de roux. Spore ovoïde (0mm 005), ocellée.

Fr. Ic. sel., t. 28, f. 1. *suffocatum*, Roz. et Rich., t. 28, f. 1-5.

Automne. — En cercle dans les prés et dans les bruyères. Comestible.

ustalis. Stipe fibrilleux, roux, blanchâtre au sommet. Peridium convexe plan (0m 03-8), un peu mamelonné, lisse, visqueux, roux, châtain, plus obscur au centre. Chair humide, blanche, amère. Lamelles émarginées, serrées, uncinées, blanchâtres, puis tachetées de roux. Spore ovoïde sphérique (0mm 006), ocellée.

Fr. Obs. myc. II., p. 122. Ic., t. 26, f. 2. Roz. et Rich., t. 27, .13-16.

Automne. — En troupe dans les forêts de plaine. Plus grêle que le précédent.

fulva. Stipe un peu ventru, fibrilleux, *jaunâtre en dedans*, visqueux en naissant, jaune, strié de roux. Peridium campanulé convexe (0m 05-9), floconneux, tacheté, finement fibrilleux, visqueux, roux brun. Chair jaune clair ; odeur forte de farine. Lamelles serrées, émarginées, puis décurrentes par une dent, jaune pâle, puis rousses ou tachetées de roux. Spore ovoïde (0mm 006), ocellée.

Bull., t. 555, f. 2. *flavobrunnea*, Fr. Obs. II., p. 119. Ic., t. 26, f. 1.

Automne. — Dans les bois et les bruyères arénacés. Suspect. Diffère de *striata* par la couleur jaune de la chair et des lamelles.

III. **Armillaria**, Fr. p.

Voile continu, variable. Stipe muni d'un bracelet ou d'un anneau membraneux ou floconneux.

a. *Cuticule fibrilleuse ou unie.*

bulbigera. Stipe tendre, fibrilleux, avec un *bulbe arrondi* et déprimé, *blanc* ainsi que la cortine épaisse formant un *anneau aranéeux soyeux*. Peridium convexe plan (0m 07-9), bossu, glabre, café au lait ou chamois très pâle, longtemps bordé d'un *voile soyeux* et *blanc*. Chair tendre, blanche. Lamelles émarginées, ventrues, blanches, puis crème ou roussâtres. Spore (0mm 01) pruniforme, blanc crème.

Alb. et Schw. Cons., nº 423. Fr. Ic., t. 26, f. 2. Klotz. Bor., t. 373. Luc. Ch., t. 177.

Eté-automne. — Pâturages montueux et bois de conifères. C'est un *Cortinarius* leucospore. Comestible ?

robusta. Stipe épais, fusiforme, *fibrilleux* et blanc; anneau membraneux, gonflé, *blanc*, *rayé* de *fibrilles rousses*. Peridium convexe (0m 1-15), *fibrilleux*, *satiné*, *bai rosé*, pâlissant au bord. Chair épaisse, pesante, tendre, aromatique, blanche et se montrant entre les fibrilles dilacérées de la cuticule. Lamelles sinuées, larges, veinées en travers, blanc crème. Spore ovoïde sphérique (0mm 007), blanc glauque.

Alb. et Schw. Cons., p. 147. *goliath ?* Fr. Epic. *guttata*, Barl., t. 10. *caligata*, Viv., t. 35.

Automne. — Dans les bois de conifères. Vosges, Alpes-Maritimes. Comestible.

rufa. Stipe épais, *atténué radicant*, blanc, couvert de flocons fibrilleux d'un rose fauve, blanc et glabre au sommet; anneau formé de mèches incarnat fauve. Peridium convexe plan (0^m 1), glabre, châtain ou brun fauve; marge *lacérée, fibrilleuse*. Chair *compacte*, blanche, douceâtre. Lamelles sinuées, blanc glauque. Spore ovoïde sphérique (0^{mm} 003-4), pointillée.

Batt., t. 8, f. F. Quél. As. fr. 1880, p. 1. *caussetta*, Barla, t. 9. *focalis*, Fr. Epic., p. 20.

Automne. — Dans les forêts arénacées et de conifères. Vosges, Alpes-Maritimes. Comestible. Peu différent de *robusta*.

luteovirens. Stipe court, aminci en bas, *pelucheux* et *blanc;* anneau formé de mèches retroussées, blanc citrin. Peridium (0^m 1) charnu, pruineux, puis *tessellé*, *peluché* au bord, paille ou jonquille (à la fin verdoyant). Chair compacte, sapide, blanche, puis jaunâtre. Lamelles sinuées, puis libres, serrées, blanches, puis crème ou paille. Spore ovoïde sphérique (0^{mm} 006-7), blanche.

Alb. et Schw. Cons., p. 168. *stramineus*, Kromb., t. 25, f. 8-14.

Automne. — Forêts de pins, pâturages alpestres. Jura méridional. Comestible.

? **scruposa.** Stipe radicant, blanchâtre ou concolore; anneau étroit, fugace et blanc. Peridium épais, convexe plan, glabre, *gaufré ridé, brunâtre.* Chair ferme, blanche ; odeur agréable et saveur de farine fraîche. Lamelles serrées, sinuées, *blanchâtres.*

Fr. Epic., p. 22. Paul., t. 50, f. 2, 4.

Dans les prés du sud de la France. Comestible.

b. *Cuticule visqueuse.*

glioderma. Stipe grêle, *tendre*, *fragile*, *blanc*, couvert de *fibrilles soyeuses rosées* ou couleur de feu; anneau fibrillé soyeux, bordé de flocons purpuracés. Peridium campanulé, puis étalé (0^m 03-5), visqueux, *châtain purpuracé*. Chair humide, vireuse, blanche, puis rosée. Lamelles sinuées, puis libres, ventrues, blanc crème. Spore ovoïde sphérique (0^{mm} 005).

(*Lepiota*), Fr. Mon. 1., p. 31. Ic., t. 15, f. 1. *phœniceus*. Fr. Epic., p. 20.

Eté. — Dans les sapinières montagneuses. Jura.

denigrata. Stipe élastique, fibrostrié, brunissant, brun à la base; anneau membraneux, supère, étroit, blanchâtre et caduc. Peridium convexe plan (0m 03-6), légèrement visqueux, *guttulé chagriné, brun foncé*. Chair bistrée. Lamelles sinuées, décurrentes en filet, étroites, brunâtres, puis bistre.

(*Lepiota*), Pers. Syn., n° 16. Fr. Ic., t. 20.

Automne. — Cespiteux à la base des vieux arbres et sur l'humus des jardins. Pourrait être un *Pleurotus*, ainsi que *mori*.

mori. Stipe glabre, concolore; anneau étroit, ferme. Peridium mince, campanulé, étalé, inégal, crevassé fendillé, *visqueux, cendré brun, roux*. Lamelles adnées, crème.

Paul. Ch., t. 144, f. 1-7. Batt., t. 10, f. F. *morio*, Fr. Epic., p. 23. *griseofuscus*, De Cand. Fl. fr. VI., p. 52.

Automne. — Groupé sur les troncs de mûriers.

Gen. VIII. LEPIOTA, Pers.

Voile continu, adhérent à la cuticule. Peridium charnu. Stipe ordinairement farci d'une moelle soyeuse, souvent énucléable; anneau membraneux ou floconneux, soyeux, rarement oblitéré. Lamelles écartées ou libres, légèrement adnées dans les *Granulosæ*. Spore ovoïde ou ellipsoïde, hyaline. Terrestres.

I. Viscosæ.

Voile visqueux ou glutineux.

Persoonii. Stipe plein, *radicant*, blanchâtre, couvert de *fibrilles brunes*, puis crevassé en travers; anneau ample, blanc bistré. Peridium compacte, convexe plan (0m 12-15), visqueux, *blanchâtre* avec le centre *gris*. Chair floconneuse, blanche, acidule, inodore. Lamelles arrondies, libres, très larges, serrées et blanches.

Fr. Obs. myc. II., p. 7. *grand collet blanc*, Paul., p. 298, t. 141?

Eté. — Bois de hêtres. Suède, France?

guttata. Stipe plein, tendre, atténué en haut, olivaire en bas, floconneux pruineux, blanc crème; anneau large, très mince, couvert ainsi que le haut du stipe, en temps humide, de *gouttes d'eau limpides* laissant des *taches vert noir*. Peridium campanulé (0m 1), mou, glabre, un peu glutineux sur la marge, d'un incarnat crème très pâle et souvent blanc. Lamelles libres, quelquefois fourchues, blanches, puis crème. Spore ovoïde sphérique (0mm 006-8).

Pers. Abb. Schwæm. III., t. 2. *Amanita lenticularis*, Lasch. Fr. Ic., t. 13.

Eté. — Dans les forêts de hêtres et conifères humides. Alpes, Jura, Vosges, Valois. Comestible.

arida. Stipe grêle, creux au sommet, glabre et blanc, renflé et floconneux à la base; anneau *distant*, glabre et blanc. Peridium convexe plan (0m 05-7), *mince*, glabre, *satiné*, gris pâle, puis noisette; marge *striée sillonnée* et blanchâtre. Chair molle et blanche. Lamelles atténuées adnées, minces, blanches, puis incarnates.

(*Amanita*), Fr. Ic. sel., t. 12, f. 2. *Am. pseudoumbrina*, Sec. n° 18. *satiné et rayé*, Paul., p. 303. Soc. roy. de méd., t. 9, f. 3.

Eté. — Dans les forêts de bouleaux et de sapins [1].

medullata. Stipe formé de deux tubes engainés l'un dans l'autre, fragile, sec, *strié* au sommet, floconneux et soyeux, blanc; anneau déchiré, formant une frange au bord de la marge. Peridium convexe plan (0m 05-7), mamelonné, *visqueux*, blanc, souvent gris au milieu. Chair mince, molle, humide, blanche; odeur de radis. Lamelles libres, serrées, ventrues, blanches.

Fr. Epic., p. 19. Ic., t. 16, f. 2.

demisannula. Stipe formé de deux tubes engainés, *blanc*, orné d'un réseau de *fibrilles noires*; anneau suspendu, blanc, puis grisâtre. Peridium mamelonné, roux livide clair. Chair gris de corne clair. Lamelles serrées, finement crénelées et blanches.

Sec. Myc. I., n° 48.

Eté. — Dans les forêts de conifères des montagnes et du Nord.

illinita. Visqueux, *blanc*, puis *tacheté de rose*. Stipe farci d'une moelle aranéeuse, fragile, glabre au sommet; anneau membraneux et ténu. Peridium ovoïde, puis convexe mamelonné (0m 05-9). Chair floconneuse, blanche, parfumée. Lamelles libres, puis écartées, molles et blanches. Spore ovoïde sphérique (0mm 005-6), guttulée.

[1] Ces trois espèces relient entre eux les genres *Lepiota* et *Amanita*.

Fr. Obs. myc. II., p. 8. Ic., t. 16, f. 1.

Eté-automne. — Dans les sapinières montagneuses. Vosges, Jura.

pinguis. Stipe farci, court, ferme, glabre et blanc, avec un *bracelet glutineux*. Peridium convexe plan (0m 03-4), *visqueux*, blanc, puis cendré. Chair blanche. Lamelles libres, serrées, ventrues, blanches.

Fr. Epic., p. 19.

Automne. — Sur le bois pourri de pin. Suède, Suisse.

delicata. Stipe fistuleux, grêle (0m 002), et anneau membraneux, *rose tendre* sous un léger *duvet floconneux*, soyeux et jaunâtre. Peridium convexe plan (0m 02-3), à peine mamelonné, *visqueux*, jaune paille incarnat, plus foncé au centre. Lamelles libres, minces, blanches.

Fr. S. M. I., p. 23. Ic., t. 15, f. 2. *mesomorphus roseus*, Alb. et Schw., p. 146.

Eté-automne. — Dans les forêts de conifères.

irrorata. Stipe farci, puis creux, soyeux, *chiné* de *fins flocons grenelés*, fauves ou bruns, *satiné* et blanc au-dessus d'un étroit bracelet. Peridium ferme et convexe (0m 03-5), blanc crème, puis paille, couvert, ainsi que le stipe, de *gouttelettes limpides* et *fugaces*. Chair blanche, un peu vireuse. Lamelles émarginées, libres, ventrues, blanches, puis crème. Spore ovoïde (0mm 005), pointillée.

Quél. As. fr. 1882, t. 11, f. 2.

Eté-automne. — Dans les prés et les clairières des bois. Jura, Alpes-Maritimes.

II. Granulosæ.

Voile granuleux, pulvérulent ou pruineux. Lamelles libres ou adnées.

parvannulata. Blanc, crème jonquille par le sec. Stipe fistuleux, glabre au sommet, *fibrilleux* au-dessous d'un petit anneau distant et entier. Peridium mince, campanulé (0m 01-15), *pruineux*, puis soyeux. Lamelles libres et serrées, crème.

Lasch. Linn. III., n° 12. Fr. Ic., t. 16, f. 3.

Eté. — Parmi les mousses et les graminées dans les bois. Suède, Jura.

? **mesomorpha.** Stipe fistuleux, grêle, glabre, jaune paille; anneau membraneux, *ténu*, relevé en entonnoir. Peridium convexe (0m 025), *mamelonné*, *mince*, glabre (?), *ponctué*, *crème ocracé*. Lamelles libres, ventrues et blanches.

Bull., t. 506, f. 1.

Eté-automne. — Dans les pelouses. Parait être une forme grêle d'*amiantina?*

granulosa. Stipe farci, puis creux, glabre et blanc au sommet, granulé et concolore; anneau membraneux, déchiré. Peridium convexe mamelonné (0m 03-8), *grenelé*, fauve ou brun rouillé. Chair tendre, jaunâtre, douce. Lamelles *adnées*, serrées, blanc crème. Spore ovoïde (0mm 006), finement aculéolée.

Batsch. El., f. 24. Harz., t. 44, f. 1. *croceus*, Bolt., 51, f. 2.

Eté. — Dans les bruyères arénacées. Comestible.

cinnabarina. Stipe plein, subbulbeux. Anneau et peridium grenelés, furfuracés, rouge cinabre. Chair ocracée. Lamelles blanches.

Alb. et Schw. Cons., p. 147.

Eté. — Dans les bois de conifères montagneux. Comestible.

amiantina. Stipe grêle, tendre, furfuracé, ocracé; anneau fugace. Peridium mince, convexe (0m 03-5), souvent plissé, micacé, grenelé, ocracé jonquille. Lamelles serrées, blanc crème. Spore ovoïde allongée (0mm 007), aculéolée.

Scop. Carn. II., p. 434. *flavofloccosus*, Batsch., f. 97. *ochraceus*, Bull., t. 362.

Eté-automne. — Dans les prés moussus. Comestible.

carcharias. Stipe farci, puis creux, subbulbeux et anneau furfuracés, grenelés, incarnat rosé ou blanchâtres. Peridium convexe (0m 05), grenelé, incarnat rosé pâle. Chair blanche, douce, nauséeuse. Lamelles blanches. Spore ovoïde (0mm 005-6), aculéolée.

Pers. Syn., p. 263. Ic. pict., t. 5, f. 1-3. Barla. Sup., t. 15, f. 16-18.

Eté-automne. — Dans les forêts de conifères. Suspect. Ces derniers sont extrêmement affines et voisins.

pyrenæa. Compacte, dur, couvert d'un voile *tomenteux granuleux, souci ocracé*. Stipe long (0m 1), épais (0m 03-4), obclaviforme, plein, blanchâtre à la base; anneau *infère*, membraneux, ample, *radié cannelé* et *granuleux furfuracé* en dessous, *soyeux* et *blanc* en dessus comme le sommet du stipe. Peridium convexe (0m 06-10), crevassé aréolé par le sec. Chair tendre, *crème*, puis *abricot*, douce et parfumée.

Lamelles sinuées libres, étroites, pruineuses, *crème abricot*. Spore en amande (0mm 01-12), finement grenelée, *hyalin paille*.

Quél. As. fr. 1887, f. 1.

Automne. — Forêts de hêtres des Hautes-Pyrénées. Il ressemble à *guttata* et plus encore à *amiantina* qui en est une miniature.

III. Squamosæ.

Voile floconneux, pelucheux ou soyeux. Stipe renfermant une moelle soyeuse.

a. *Anneau floconneux, fibrilleux ou soyeux. Lamelles libres.*

echinata. Stipe grêle (0m 001-2), fragile, purpurin, revêtu, ainsi que l'anneau ténu, fugace et rosé, de *flocons pulvérulents* et *gris olive*. Peridium convexe (0m 02), *floconneux pulvérulent*, grisâtre ou olive. Chair ténue, blanchâtre, à odeur de fruits. Lamelles libres, minces, arrondies, *rouge purpurin*, puis olivâtres. Spore pruniforme (0mm 006), *olivâtre*.

Roth. Cat. II., t. 9, f. 5. Quél. Jur. III., p. 108, t. 1, f. 3. (*Psalliota*), Fr. Epic., p. 215.

Eté. — En troupe sur l'humus des bois, des jardins. Jura.

seminuda. Stipe très grêle, floconneux pulvérulent, blanc, souvent incarnat ou lilacin ; anneau déchiré et adhérent à la marge, *floconneux pulvérulent* et blanc. Peridium campanulé convexe (0m 01), blanc, puis jaunâtre, couvert de *flocons* épais, *farineux*, blancs et *caducs*. Chair mince, blanche, odeur agréable. Lamelles libres, serrées, ventrues, blanches, puis crème. Spore ellipsoïde (0mm 005).

Lasch. Linn., n° 17. Fr. Hym., p. 38. *histion*, Sec., n° 42.

lilacina. Plus grand, *blanc*, couvert d'un voile épais, farineux, floconneux, d'un *lilas* tendre, plus dense sur la marge et à la base du stipe.

Quél. Soc. bot., XXIII, n° 3. *Bucknalli*, Bk. and Br. An. n. h., n° 1836.

Eté-automne. — Dans les bruyères et dans les forêts. C'est la plus petite et la plus délicate espèce du genre. Odeur de gaz d'éclairage en séchant.

clypeolaria. Stipe grêle, fistuleux, fragile, couvert de *mèches* floconneuses, *blanches* ou *fauve clair ;* anneau formé des mêmes mèches. Peridium campanulé mamelonné (0m 05-7), mou, peluché soyeux, blanc, tacheté de flocons ou de verrues jonquille, fauves ou rouillés ; marge cotonneuse et laciniée. Chair mince, blanche, acidule et douce. Lamelles libres, minces, blanc crème. Spore ellipsoïde fusiforme (0mm 018), triocellée.

Bull., t. 405, 506, f. 2. Fr. Ic., t. 14, f. 2.

alba. Blanc de lait, couvert de mèches crème ou légèrement citrines.

Bres. Fung. trid., t. 16, f. 1.

Eté-automne. — En troupe dans les forêts, surtout de conifères. Très protéique. Comestible.

Forquignoni. Stipe fluet, bulbilleux, fragile, *floconneux*, soyeux au sommet, blanc crème ; anneau floconneux. Peridium campanulé (0m 02-3), mamelonné, *hérissé* de *mèches aiguës*, *olivâtre*, finement excorié et blanchâtre au bord. Chair blanc crème, *rosée* à l'air, sapide, odorante. Lamelles libres, serrées, blanc crème, puis *rose incarnat*. Spore ellipsoïde pruniforme (0mm 006-7), 1-2 guttulée.

Quél. As. fr. 1884, t. 1, f. 1.

Printemps. — Cespiteux dans les bois arénacés, sous les cèdres. Gironde. Voisin de *alba*.

helveola. Stipe grêle, *satiné*, *blanc*, puis *rosé* ou purpuracé, recouvert d'un voile fibrilleux soyeux et blanc, formant un anneau fugace. Peridium convexe plan (0m 03-4), mamelonné, pelucheux, *gris violeté* ou chocolat. Chair soyeuse, blanche, rosée à l'air, aigrette. Lamelles libres, puis écartées, ventrues, blanc crème. Spore pruniforme (0mm 008-10).

Bres. Fung. trid., t. 16, f. 2.

Eté-automne. — Cultures, jardins. Jura, Provence. Intermédiaire entre *cristata* et *hispida*.

echinellus. Stipe grêle, *améthyste ;* voile soyeux, moucheté, à la base, d'écailles *brun noir*. Peridium campanulé (0m 015-20), *brun, hérissé d'aiguillons sétacés ;* chair mince, rosée, aigrette. Lamelles libres, *crème*. Spore pruniforme (0mm 006-7).

Quél. et Bern. Soc. myc. 1888, f. 1.

Automne. — Sur le terreau de feuilles de chêne. Environs de Paris.

aspera. Stipe engainé par un *voile aranéeux soyeux*, qui forme un anneau sinueux, retombant et bordé, ainsi que le bulbe, de *verrues pyramidales* d'un brun rouillé. Peridium arrondi, puis étalé (0m 1), *tomenteux velouté*, brun clair ou d'une nuance chocolat, puis *hérissé d'écailles mucronées* ou *crochues*, rouillées ou brunes, souvent caduques. Chair soyeuse, blanche, aigre et amère; odeur vireuse et spiritueuse. Lamelles *rameuses*, *très serrées*, minces et blanches. Spore ellipsoïde (0mm 006-8), ocellée.

Pers. Obs. II., p. 38. Abb. Schw. III., f. 1. *colubrinus*, Alb. et Schw. *radula*, Paul., t. 163, f. 1. *ocreatus*, Holms., f. 36. *Friesii*, Lasch. Linn. III., n° 9. Quél. Jur., t. 1, f. 2. *acutesquamosus*, Weinm. Syll. I., p. 70.

hispida. Stipe grêle, fibrillé soyeux et peridium mince, parsemés d'aiguillons caducs, couleur noisette, parfois lilacine. Lamelles moins serrées, ventrues et blanches. Spore ellipsoïde (0mm 007), oblongue.

Lasch. Linn., n° 407. Fr. Ic., t. 14, f. 1.

Été-automne. — Sur le tan dans les jardins et dans les forêts de chênes. Son aspect rappelle *Sarcodon imbricatum* ou *Eriocorys strobilacea* et même *Utraria gemmata;* les verrues brunes sur le fond blanc et satiné de la chair forment une superbe tigrure. Indigeste.

b. *Anneau membraneux, très ténu, caduc et formant souvent une frange au bord du peridium. Lamelles libres.*

cepæstipes. Stipe grêle, *renflé* en *bulbe ovoïde*, blanc, revêtu de légers flocons fugaces; anneau membraneux, ténu, blanc et caduc. Peridium campanulé (0m 05), avec un mamelon aplati et roussâtre, *strié sillonné*, blanc, couvert de petits flocons retroussés, fauvâtres et caducs. Chair très mince, humide, blanche, puis d'un incarnat pâle, *amère*. Lamelles libres, très serrées, blanches, puis incarnates. Spore ellipsoïde (0mm 01), biocellée.

Sow. Eng. Fung., t. 2. *cretaceus*, Bull., t. 374? Grev. Scot., t. 333. *rorulenta*, Pan. Barl. Sup., t. 15, f. 5-6.

lutea. Entièrement jaune sulfurin très pâle ou jonquille.

With. Arr. IV., p. 233. *flos sulfuris*, Schnitz. Sturm., 31, t. 1.

Eté. — Cespiteux sur le tan, dans les jardins, vergers et serres. Il a l'aspect d'un *Coprinus*. Suspect.

serena. Blanc et fragile. Stipe grêle, élancé (0m 05-6), *glabre*, blanc, puis grisâtre; base ovalaire; anneau médian, entier, membraneux, mince, finement crénelé, glabre, retroussé et caduc. Peridium mince, *campanulé* puis étalé (0m 02-3), glabre, puis soyeux et striolé au bord. Lamelles libres, ventrues. Spore ellipsoïde (0mm 01), biocellée.

Fr. Hym., p. 38.

Automne. — En groupe sur le tan ou sur l'humus, avec *cepæstipes*. Très voisin de *cristata*.

cristata. Stipe grêle, soyeux, luisant, blanc avec une teinte purpurine ou fauve; anneau infère, membraneux, ténu, satiné et caduc. Peridium campanulé (0m 02-3), mamelonné, fragile, satiné, blanc, moucheté d'écailles souvent granulées, rousses ou brunes, avec le *sommet brun*. Chair très mince, humide, blanche, à odeur de radis ou d'ail. Lamelles libres, très serrées, blanches. Spore ellipsoïde (0mm 007-8) allongée.

Alb. et Schw. Cons., p. 145. Roz. et Rich., t. 21, f. 4-8. *subantiquatus*, Batsch., f. 205.

Printemps et automne. — En troupe dans les prés et les vergers. Suspect.

castanea. Stipe grêle, bulbeux, dur, satiné, *blanc*, *tacheté* de *fines mèches fibrilleuses* d'un *fauve cuivré;* anneau étroit, mince, soyeux, blanc, fauve rouillé en dehors. Peridium campanulé (0m 01-2) mamelonné, finement tomenteux, puis peluché, *brun*. Chair mince, crème, fauve dans le stipe, aromatique. Lamelles écartées, ventrues, blanc crème. Spore oblongue ellipsoïde (0mm 008-9), avec spicule de côté.

Quél. As. fr. 1880, t. 8, f. 1.

Automne. — En troupe dans les forêts montueuses. Jura, Tyrol.

felina. Stipe grêle, bulbeux et anneau supère, oblique et membraneux, *blancs*. Peridium convexe (0m 02-3), mamelonné, blanchâtre, élégamment *moucheté* de flocons écailleux *bistre noir* ainsi que l'anneau et le bulbe; chair douce et sapide. Lamelles écartées du stipe, ventrues et blanches. Spore pruniforme (0mm 008-9).

Pers. Syn., p. 201. Quél. As. fr. 1882, t. 11, f. 1.

Été. — En troupe dans les forêts de conifères. Vosges et Alsace. Comestible?

erminea. Stipe grêle, très fragile, *soyeux* et anneau étroit, ténu, déchiré, caduc, distant, blancs. Peridium campanulé (0m 03-5), fragile, glabre, puis *fibrillé soyeux* sur la marge, blanc, paille ou bistré au centre. Chair mince, tendre, blanche, insipide, odeur de radis. Lamelles sinuées ou libres, blanches. Spore pruniforme (0mm 01), grenelée.

Fr. S. M. I., p. 22. Sv. bot., t. 596, f. 1. *cepæstipes*, Barla, Sup., t. 15, f. 7-11.

Été-automne. — En troupe le long des chemins.

constricta. *Blanc de neige.* Stipe subradicant, pruineux flocon-neux; anneau supère, ténu, oblique. Peridium pruineux, puis *satiné*, villeux au bord; chair à odeur de farine rance. Lamelles sinuées, puis libres. Spore pruniforme (0mm 009), grenelée.

Fr. S. M. I., p. 28. Ic., t. 18, f. 1. *alboscriceus*, Brig. Neap., t. 4, f. 1, 2.

Automne. — Prés et champs sablonneux. Centre et ouest de la France.

c. *Anneau membraneux, rigide, fixé, puis mobile. Lamelles écartées et insérées sur un bourrelet circulaire.*

pudica. Stipe renflé à la base, fibrilleux et anneau mince, épaissi et fimbrié au bord, blancs. Peridium ovoïde, puis étalé (0m 05-10), à peine mamelonné, tendre, *pruineux*, blanc, puis rougeâtre ou chamois pâle et finement *gercé* ou *granulé*. Chair tendre et blanche; odeur et saveur délicates. Lamelles serrées, minces, ventrues, libres, molles, *blanches*, puis *rosées* ou incarnates. Spore ovoïde (0mm 01), ocellée.

Bull., t. 597, f. 2, Q, R, S. *naucinus*, Fr. Epic., p. 16. Vent., t. 48, f. 6. Barla, Sup., t. 15, f. 1-4. *leucothites*, Vitt. Fung. mang., t. 40. *Schulzeri*, Kalch. Ic., t. 2, f. 2. *lævis*, Kromb., t. 26, f. 16, 17.

Eté. — Dans les terrains cultivés, prés, vignes, jardins. Comestible.

hæmatosperma. Stipe ovoïde à la base, pruineux (bulbe ovoïde parfois très gros) et anneau membraneux, épais, festonné, mobile, blancs. Peridium campanulé convexe (0m 02-9), *grenu pruineux*, blanchâtre ou ocracé, purpurin bistré par le sec, puis écorché, blanc soyeux, tacheté de petites écailles retroussées d'un brun purpurin. Chair blanche, passant au *rouge safrané*, puis au brun et même au bistre noir; odeur vireuse. Lamelles écartées, ventrues, *blanches*, rouge rosé par le sec, puis bistre pourpré. Spore ovoïde (0mm 012), *blanche*.

Bull., t. 595, f. 1. *meleagris*, Sow., t. 171. *Badhami*, Bk. et Br. Saund, and Sm., t. 35, f. 2.

Été. — Sur le tan des allées, bois et jardins. Très variable. Suspect.

holosericea. *Blanc.* Stipe bulbeux, fibrilleux; anneau membraneux, ample et réfléchi, persistant. Peridium convexe (0m 05-1), tendre, fragile, *fibrillé soyeux*, blanc ou chamois très pâle. Chair molle, inodore et blanche. Lamelles libres, serrées, ventrues, blanc crème. Spore ovoïde pruniforme (0^{mm} 008-9).

Fr. Epic., p. 16. Noul. et Dass., t. 29, f. B. Roz. et Rich., t. 10, f. 15-17.

Été. — Dans les bois à humus spongieux. Ressemble à *pudica*. Comestible.

excoriata. Stipe bulbeux, villeux pubescent, chiné, *grisâtre*, légèrement bistré; anneau rigide, concolore. Peridium ovoïde campanulé, puis plan (0^m 1), gris bistré clair, pulvérulent, puis crevassé écailleux avec la marge fimbriée. Chair molle, blanche, parfumée et délicate. Lamelles écartées, serrées et blanches. Spore ellipsoïde (0^{mm} 013).

Schæf. Ic., t. 18, 19. Fr. Sv. sv., t. 18.

Été-automne. — Bruyères et pâturages. Comestible.

gracilenta. Stipe bulbeux, atténué en haut, pubescent, *blanchâtre*, subtilement chiné de bistre pâle; anneau membraneux, mobile et blanc. Peridium ovoïde, *mamelonné*, pruineux, puis gercé, écorché sur le bord, blanc bistré. Chair soyeuse, blanche et parfumée. Lamelles très écartées, serrées, étroites et blanches. Spore ovoïde (0^{mm} 013), allongée.

Kromb. Abb., t. 24, f. 16, 17. Fr. Mon. I., p. 21. Schæf., t. 19, f. 5.

Automne. — En troupe dans les prés et les bruyères des collines du Jura. Comestible.

mastoidea. Stipe *grêle*, aminci au sommet (0^m 003), tenace, bulbeux, chiné, blanchâtre ou bistré; anneau ferme, mobile, concolore. Peridium ovoïde avec un *mamelon pointu*, puis en bouclier (0^m 1), gris ou bistré, puis soyeux, *blanc* et *moucheté* au sommet de plaquettes brunes. Chair blanche, très délicate, parfumée. Lamelles très écartées, blanc crème. Spore ellipsoïde (0^{mm} 015).

Fr. S. M. I., p. 20. *mastocephalus*, Batt., t. 10, f. 2. *furnaceus*, Let. Ic., t. 653 ?

Été-automne. — Orée et clairières des forêts du Jura. Comestible.

procera. Stipe élancé (0^m 2-3), très fibreux, *grisâtre*, *chiné* de *brun*; bulbe très gros; anneau épais, peluché au bord, blanc dessus, brun dessous. Peridium ovoïde mamelonné, puis étalé (0^m 1-3); cuticule épaisse, lacérée en larges écailles soyeuses, blanchâtres, grises ou brunes; marge fimbriée fibrilleuse. Chair molle, blanche, prenant souvent une teinte purpurine; odeur de farine. Lamelles très écartées, serrées, blanc crème. Spore ellipsoïde (0^{mm} 014).

Scop. Fl. Carn., p. 418. Schæf., t. 22, 23. Vitt., Fung. mang., t. 24. Fr. Sv. sv., t. 3. *colubrinus*, Bull., t. 78, 583.

rhacodes. Peridium plus arrondi; chair plus rougissante. Stipe très bulbeux et blanchâtre.

Vitt. Fung. mang., t. 20. Roz. et Rich., t. 22, f. 2-3.

Été-automne. — Bruyères et sapinières. Comestible. Ces deux espèces sont reliées entre elles par de nombreuses formes intermédiaires.

Gen. IX. AMANITA, Pers.

Voile membraneux ou floconneux, contigu, conné à la base du stipe et recouvrant le peridium sans adhérer à la cuticule. Peridium à chair tendre. Lamelles libres ou adnées. Stipe charnu ou farci d'une moelle soyeuse, ordinairement orné d'une collerette membraneuse. Spore ovoïde ou ellipsoïde, grande, hyaline. Terrestres.

I. **Vaginaria**, Forq.

Anneau oblitéré ou nul.

vaginata. Stipe farci, puis creux, *fragile*, zoné de flocons appliqués provenant d'un anneau avorté, formant souvent un ou deux bracelets à la base, blanchâtre ou concolore. Voile en fourreau ou lobé, membraneux, tendre et friable. Peridium campanulé, puis plan (0^{m} 03-15), lubrifié, puis satiné; marge *cannelée*. Chair molle, blanche, douce. Lamelles libres, blanches, souvent liserées de la couleur du stipe. Spore ovoïde (0^{mm} 012), ocellée.

Bull., t. 98, 512. Vitt. Fung. mang., t. 16.

Formes : *nivalis*, Grev. Scot., t. 18, entièrement blanc; *hyalina*. Schæf. Ic., t. 244, glauque hyalin; *plumbea*. t. 85, gris plus ou moins foncé; *fulva*, t. 95, entièrement fauve; *badia*, t. 245, bai brun ou bistre.

strangulata. Peridium fauve brun, portant des lambeaux de voile gris fauve. Stipe orné vers le bas de un ou deux épais bracelets floconneux. Forme luxuriante de *vaginata*.

Fr. Ic. sel., t. 11.

Été-automne. — Le plus répandu du genre dans les prés et les bois. Comestible.

nitidoguttatum, Paul., t. 158, f. 3. Peridium vermillon, à verrues blanches; stipe plein, bulbeux et sans anneau, n'est qu'une forme de *muscaria* et **prætorius**, Fr. *oronge tannée*, Paul. Soc. méd., t. 8, une forme de *vaginata badia*, de couleur marron foncé, avec stipe et volva fauvâtres.

II. **Peplophora**, Quél.

Anneau ou collerette autour du stipe.

A. Obliteratæ.

Voile friable, s'évanouissant en flocons farineux ou verrues qui couvrent le peridium, sans laisser de bourrelet ou de bordure autour du bulbe.

rubens. Blanchâtre, prenant une *teinte vineuse* générale, plus intense dans le bulbe. Stipe farci, puis creux, bulbeux, floconneux, *strié* au sommet, fauve rosé; anneau ample, *strié*. Peridium convexe (0m 1), humide, tacheté, couvert de flocons farineux, mucronés par le sec, gris. Chair humide, fragile, d'abord amère, puis sapide. Lamelles décurrentes en filet, serrées, molles, blanches, puis rosées. Spore (0mm 008) ellipsoïde.

Scop. Carn. *pustulatus*, Schæf., t. 91. *rubescens*, Pers. Syn., p. 254. Vitt. Fung. mang., t. 41. *H. vinosum*, Paul., t. 161.

magnifica. *Blanc incarnat*. Stipe grêle, à bulbe olivaire; anneau ténu, *jonquille*. Peridium mince (0m 05), pulvérulent ou couvert de petits flocons farineux. Chair et lamelles *blanches*, puis *rosées*.

Fr. Fl. dan., t. 2146.

Été-automne. — Presque dans toutes les forêts. Comestible.

aspera. Voile sulfurin ou jonquille, parfois verdoyant. Stipe farci, finement floconneux et blanc; bulbe arrondi et bord de l'anneau ornés de *flocons sulfurins*. Peridium convexe plan (0m 05-8), paille, gris, bistré ou olive, *argenté* par le sec, parsemé de petits *flocons sulfurins*, mucronés et bruns par le sec. Chair compacte, blanche, jaunissant ou brunissant sous la cuticule; odeur et saveur agréables. Lamelles arrondies, décurrentes en filet et blanches avec une légère teinte sulfurine. Spore ovoïde (0mm 01), ocellée.

Fr. S. M. I., p. 18. Vitt. Fung. mang., t. 43. *virescens?* Pers. Syn., p. 255.

Été-automne. — Dans les forêts ombragées. Vénéneux.

valida. Stipe plein, ferme, court, *grisâtre*, orné de zones floconneuses; bulbe non marginé; anneau ample, fimbrié, *brunissant au bord*. Peridium convexe plan (0m 1), bistre cuivré, brunissant, tacheté de larges verrues farineuses puis mucronées; marge striée. Chair épaisse, compacte, blanche. Lamelles ventrues, décurrentes en filet, blanches, brunissant par le froissement. Spore ovoïde sphérique (0mm 008-0,01).

Fr. Epic., p. 7. *cinereus*, Kromb., t. 1, f. 7, 8.

Été-automne. — Dans les forêts de conifères. Jura, Vosges. Suspect.

spissa. Stipe plein, trapu, atténué en haut, bulbeux, *radicant*, finement peluché, floconneux et blanc; anneau très ample et strié. Peridium épais, convexe (0m 1-2), humide, *visqueux*, gris de souris, bistré ou fuligineux, pâlissant, parsemé de grosses verrues anguleuses, blanchâtres ou grises; marge unie. Chair ferme, humide, blanche, fade et inodore. Lamelles décurrentes en filet, serrées, blanchâtres. Spore ellipsoïde (0mm 009-01), ocellée.

Fr. Epic., p. 9. *cinereus*, Kromb., t. 29, f. 1-5? Paul. Soc. de méd., t. 12, f. 2, 3. *strobiliformis*, Gonn., t. 7, f. 3.

Été. — Dans les forêts humides, feuillées et aiguillées. Comestible? Plus massif, plus tendre que ses voisins.

B. Circumscissæ.

Voile se séparant du bulbe en lui laissant une bordure ou un bourrelet circulaires. Peridium ordinairement moucheté par les débris du voile.

strobiliformis. Stipe plein, ferme, épais, blanchâtre, couvert de flocons grisâtres, à bulbe ovoïde, souterrain, orné de deux ou trois *bourrelets épais* et *crénelés;* anneau mince, large, tombant du sommet du stipe, strié et blanc. Peridium hémisphérique, puis plan (0m 1), *blanc grisonnant*, couvert de verrues floconneuses, *pyramidales* et *grises*. Chair compacte, blanche, sapide. Lamelles libres et arrondies, décurrentes en filet, blanches. Spore ovoïde (0mm 01), subsphérique ou ellipsoïde.

Paul. Ch., t. 162, f. 1.

aculeata. Peridium blanc grisonnant, blanc au bord, *hérissé d'aiguillons* effilés d'un gris bistré.

Quél. Jur. et Vosg. I., p. 309, t. 1, f. 1.

Automne. — Dans les forêts. Alsace, Vosges, Savoie. Comestible. Ressemble à *spissa*.

muscaria. Stipe gros, à moelle soyeuse, strié au sommet, blanc ou teinté de citrin, à bulbe entouré d'une marge floconneuse et zonée; anneau lâche, substrié, blanc, floconneux et teinté de citrin en dessous. Peridium convexe plan (0m 1-2), visqueux, *nacarat*, *orangé*, plus rarement jaune d'or ou rouge vif et parfois fauve ou brun, brillant, parsemé de flocons membraneux, épais, *blancs* ou citrin pâle; marge finement striée. Chair *blanche*, jaune clair sous la cuticule, douceâtre ou insipide, salée (Bertillon), inodore. Lamelles libres, épaisses, finement denticulées, blanches ou un peu jaunâtres. Spore ovoïde sphérique (0mm 007).

Linn. Suec., n° 1235. Schæf., t. 27, 28. *pseudoaurantius*, Bull., t. 122.

gemmata. Stipe bulbeux; anneau fugace. Peridium *orangé*, moucheté de verrues floconneuses et blanches.

Fr. Epic., p. 12. Paul., t. 158, f. 3.

formosa. Stipe long, floconneux, jaunissant. Peridium *orangé fauve*, moucheté de verrues crème citrin.

Pers. Syn., n° 11.

aureola. Stipe élancé; anneau membraneux. Peridium jaune d'or ou orangé.

Kalch. Ic. hung., t. 1, f. 1. *puella*, Pers. Syn., n° 11.

Eté-automne. — Dans les forêts feuillées et aiguillées. Vénéneux.

pantherina. Stipe à moelle soyeuse, blanc, à bulbe globuleux, entouré d'une marge membraneuse étroite, blanche et souvent d'un bracelet très rapproché; anneau mince, strié et blanc. Peridium convexe plan (0m 1), visqueux, puis lustré, gris bistré clair, blanchâtre, paille, fuligineux ou olivâtre, plus foncé au centre, quelquefois brun ou châtain, orné de flocons farineux, serrés et blancs; marge *cannelée*. Chair mince, humide, blanche, insipide, odeur vireuse. Lamelles arrondies vers la marge, adnées en filet. Spore ovoïde allongée (0mm 01-12).

De Cand. Fl. fr. VI., p. 52. Vitt. Fung. mang., t. 39. *maculatus*, Schæf., t. 90.

Eté-automne. — Dans les bois et bruyères. Vénéneux.

cariosa. Stipe farci, puis creux, tendre, *fragile*, villeux, et anneau caduc, blancs. Peridium convexe plan (0m 12), *uni*, brun bistre, parsemé de rares flocons farineux et blancs; marge striolée et cendrée. Chair fragile, blanche, acidule. Lamelles libres, blanches. Spore ovoïde (0mm 01), granuleuse.

Fr. Mon. hym., p. 16.

Automne. — Pâturages et sapinières des montagnes. Jura, Vosges. Suspect.

ampla. Stipe farci d'une moelle soyeuse, épais, long, grisâtre, à bulbe déprimé, globuleux, entouré de zones floconneuses; anneau ample, déchiré et blanc. Peridium globuleux, puis plan (0m 15), *ondulé, rugueux*, visqueux, gris roux ou bistre, finement *rayé* par un chevelu inné, bistre noirâtre, tacheté de plaques farineuses grisâtres et très caduques; marge lisse, puis sillonnée et plus claire. Chair molle, blanche; saveur agréable, odeur vireuse. Lamelles libres, très larges et blanches. Spore ovoïde sphérique (0mm 01).

Pers. Syn., p. 255. Paul., t. 159, f. 1-4. Kromb., t. 29, f. 14-17. *excelsa*, Fr. Epic., p. 21.

Eté et automne. — Dans les forêts de la plaine. Vosges, Jura. Vénéneux. Cette espèce est à *pantherina* ce que *L. procera* est à *gracilenta*.

solitaria. *Blanc.* Stipe plein, épais, *peluché*, floconneux, à bulbe turbiné conique, radicant, entouré de zones floconneuses épaisses; anneau ample, épais, floconneux et strié. Peridium convexe plan (0m 1), humide, *blanc*, puis gris perle, parsemé d'épaisses plaques, floconneuses et blanches, puis indurées et grisâtres; marge lisse, frangée, floconneuse. Chair tendre, blanche, agréable au goût et à l'odorat. Lamelles libres, à filet décurrent, ventrues, finement crénelées, blanc de neige. Spore ovoïde (0mm 01), ponctuée.

Bull., t. 48, 593. *adamantina*, Paul., t. 162, f. 2. *strobiliformis*, Vitt. Fung. mang., t. 9. *pellita*, Sec., n° 11. *nitidus*, Fr. Ic., t. 12, f. 1.

Eté. — Dans les clairières et à l'orée des bois, peu abondant. Jura, environs de Paris, Provence, etc. Comestible.

baccata. *Blanc.* Stipe plein, napiforme, *radicant*, dilaté en haut, floconneux; anneau oblitéré. Voile formant un léger bourrelet floconneux à la base du stipe. Peridium convexe plan (0m 03-7), uni, floconneux farineux. Chair tendre, douce et sapide. Lamelles rétrécies adnées, serrées, molles, floconneuses, blanc crème. Spore pruniforme ellipsoïde (0mm 013-15), guttulée.

Fr. Epic., p. 12. Mich. Nov. gen., t. 80, f. 4.

Printemps-été. — Alpes-Maritimes, Saintonge. Comestible.

umbella. Stipe plein, *blanc* à reflet verdoyant, souvent terminé en bulbe rapiforme et zoné de mèches floconneuses et retroussées; anneau ample, souvent dédoublé, onduleux et blanc. Peridium convexe plan (0m 12), satiné, *blanc*, puis argenté ou noisette clair, couvert de verrues farineuses d'un gris bistré, transformées par le sec en pyramides ou en aiguillons. Chair ferme, humide, fragile, acidule vireuse, blanche, prenant une *teinte vert d'eau* ou *azurée*. Lamelles ventrues, à filet décurrent, épaisses, *crème verdoyant*, blanches en dedans. Spore ellipsoïde (0mm 01) verdâtre.

Paul. Ch., t. 149. *Vittadinii*, Mor. Bot. it., t. 1. Vitt. Am., t. 1.

echinocephala. Peridium recouvert de verrues aciculées et grises.

Vitt. Fung. mang. *tricuspidata*, Paul., t. 163, f. 3. Luc. Ch., t. 173.

Été. — Ça et là dans les bois argilocalcaires de la plaine. Assez semblable à *solitaria* dont il n'est peut-être pas spécifiquement distinct.

C. Limbatæ.

Voile s'ouvrant par déchirure et persistant autour de la base du stipe à l'état de bourse ou de limbe.

citrina. Stipe farci d'une moelle, ferme, blanc, lavé de citrin; bulbe *globuleux;* anneau ample, mince, finement strié, blanc, citrin pâle en dessous. Voile marginé, membraneux floconneux, fugace, blanc, citrin ou fuligineux. Peridium hémisphérique, puis étalé (0m 1), glabre, luisant, humide, jaune *serin* ou *blanc à reflet citrin*, recouvert de flocons blancs ou citrins; marge unie. Chair blanche, citrine sous la cuticule, amère, nauséeuse; odeur de rave. Lamelles serrées, blanches avec l'*arête citrine*. Spore sphérique (0mm 008).

Schæf. Ic., t. 20, f. 1, 2, 4. Roz. et Rich., t. 11, f. 1. *bulbosus*, Bull., t. 577, f. G, H, M. *citrinoalbus*, Vitt. Fung. mang., t. 11. *stramineus*, Scop. Carn

mappa. Cuticule citrine ou blanc citrin marbrée de plaques floconneuses, irrégulières, d'un *brun café*.

Automne. — Dans les forêts sablonneuses de la plaine. Vénéneux.

porphyria. Stipe grêle, farci, puis creux, villeux et blanc, légèrement chiné de gris violacé, à bulbe globuleux et petit; anneau espacé, ténu, blanc, transformé de bonne heure en une pellicule *bistre noirâtre*, appliquée sur le stipe. Voile mince, marginé, blanc ou roussâtre. Peridium campanulé, puis plan (0m 03-5), humide, *gris bistré avec un reflet lilacin*, couleur de nuages orageux, *nu;* marge unie, rarement substriée. Chair mince, tendre, blanche, à odeur vireuse. Lamelles adnées, serrées, molles, ténues et blanches. Spore sphérique (0mm 01), ocellée.

Alb. et Schw. Cons., t. 11, f. 1.

recutita. Stipe atténué en haut, *soyeux*, blanc, chiné de gris lilacin, à bulbe arrondi et gros; anneau distant et blanc. Voile grisâtre bistré, *à peine marginé*. Peridium convexe, puis plan (0m 1), soyeux, bistre violacé, le plus souvent tacheté par des lambeaux farineux et blanchâtres. Lamelles décurrentes en filet, blanches. Spore sphérique (0mm 01).

Fr. Epic. Bull., t. 577, f. E, F. Schum. Fl. dan., t. 1958. Bk. Outl., t. 3, f. 3.

Été. — Bois de conifères arénacés. Vosges, environs de Paris, etc. Suspect.

junquillea. Stipe farci d'une moelle soyeuse, floconneux, blanc, à bulbe ovoïde; anneau blanc, *caduc*, ordinairement déchiré et suspendu à la marge. Voile mou, déchiré, plus ou moins marginé, blanc. Peridium campanulé convexe (0m 05-6), un peu visqueux, *jonquille pâle*, parsemé de plaques floconneuses d'un blanc de neige, ou plus rarement nu; marge *striée sillonnée*, blanc crème. Chair molle, humide, douceâtre, blanche, jaunâtre sous la cuticule séparable. Lamelles serrées, décurrentes en filet, élargies en avant, blanches ou blanc crème. Spore ovoïde sphérique (0mm 01-12).

Quél. Soc. bot. XXIII., t. 3, f. 10.

Printemps et été. — Dans les forêts sablonneuses. Comestible.

Eliæ. Stipe farci d'une moelle soyeuse, grêle, floconneux, *strié* au sommet, et anneau mince, *plissé*, blancs de neige. Voile en *fourreau étroit*, floconneux farineux, *fugace*, grisâtre. Peridium campanulé, puis plan (0m 05-6), rarement couvert de lambeaux floconneux et gris chocolat, humide, satiné, *incarnat*, *purpurin* ou *lilacin;* marge *sillonnée* et *blanche.* Chair tendre, sapide et blanche. Lamelles atténuées adnées, blanches. Spore ovoïde (0mm 013), ponctuée.

Quél. Jur. et Vosg. I., t. 23, f. 1. As. fr. 1886, t. 9, f. 2.

Été. — Dans les forêts arénacées et ombragées de la plaine. Comestible ?

virescens. Stipe farci d'une moelle soyeuse, *bulbeux*, floconneux et blanc; anneau ample, mince, blanc verdoyant ou bistré. Voile membraneux, blanchâtre, jaunâtre ou verdâtre en dedans. Peridium ovoïde, puis étalé (0m 1), *finement rayé par des fibrilles soyeuses innées*, un peu visqueux, blanchâtre, jaune verdâtre ou olive, rarement recouvert de larges lambeaux membraneux; marge unie. Chair blanchâtre, insipide, mais à odeur vireuse prononcée. Lamelles libres, ventrues, blanches avec une teinte verdâtre. Spore sphérique (0mm 01).

Fungus phalloides, sordide *virescens*, Vaill. Bot., t. 14, f. 5. Fr. Sv. sv., t. 2. *bulbosus*, Bull., t. 2. *viridis*, Pers. *virosus*, Vitt. Fung. mang., t. 17.

Été et automne. — Dans les forêts ombragées. Vénéneux.

verna. *Blanc.* Stipe farci, puis creux, ovoïde à la base, floconneux; anneau strié en dessus, farineux en dessous. Voile membraneux, mince, en *fourreau* et blanchâtre. Chapeau campanulé (0m 08), un peu *visqueux*, nu, blanc de neige, prenant une teinte ocracée au centre. Chair mince, humide et *âcre*, à odeur de safran (Vittadini). Lamelles libres, élargies en avant, blanc crème, pulvérulentes sur l'arête. Spore ovoïde (0mm 012), ponctuée.

Lam. Enc., p. 113. Bull., t. 108. Paul. Soc. de méd., t. 6, f. 1, 2. Vitt. Fung. mang., t. 44. *virosus*, Fr. Sv. sv., t. 84. Roz. et Rich., t. 3.

Printemps et été. — Forêts arénacées et humides de la plaine. Vénéneux.

ochroleuca. *Blanc.* Stipe grêle, à moelle interrompue ; anneau ténu et pendant. Voile ovoïde et lobé. Peridium campanulé, satiné, *blanc, fouetté d'isabelle* au milieu. Chair vireuse.

Forq. variété de *virescens*, lett. de Bordeaux, 1884.

Printemps-été. — Dans les bosquets, chênes rouvre et liège, des environs de Bordeaux.

ovoidea. *Tout blanc.* Stipe *plein*, gros, ferme, épaissi à la base, floconneux farineux; anneau très ample, glabre en dessus, écailleux floconneux en dessous, se désagrégeant souvent en fragments floconneux. Voile membraneux, persistant et blanc. Peridium convexe plan (0m 1-2), nu, humide; marge *unie*, floconneuse. Chair inodore, agréable au goût. Lamelles serrées, larges, libres, denticulées, blanc hyalin, puis crème. Spore ovoïde (0mm 012-015), allongée, guttulée.

Bull., t. 364. *alba*, Pers. Ch. com., p. 177. *leiocephalus*, De Cand. Fl. fr. VI., p. 53.

Été et automne. — Forêts de chênes. Sud et environs de Paris. Comestible.

coccola. *Blanc.* Stipe long (0m 1-15), *farci* d'une moelle cotonneuse, strié au-dessus d'un anneau floconneux, souvent oblitéré et furfuracé floconneux au-dessous; bulbe napiforme radicant. Voile ample, *épais*, villeux, blanchâtre, puis chamois. Peridium convexe (0m 06-10), épais, lubrifié, floconneux et excorié au bord, se tachant à l'air de *rose vineux*. Chair compacte, sapide, blanche, rougissant à l'air. Lamelles libres, farineuses au bord, *blanc crème, à reflet verdâtre* (couleur de cire pâle) et rougissant au toucher. Spore ovoïde ou ellipsoïde (0mm 01-14), guttulée, blanc hyalin.

Scop. Carn. II., p. 429. Quél. As. fr. 1886, t. 9, f. 1. Batt., t. 4, f. D? *regia*, Fr. Epic., p. 139.

Été. — Dans les montagnes de la région méditerranéenne. Comestible.

cæsarea. Stipe farci d'une moelle soyeuse, cotonneux, *jonquille doré* ainsi que l'anneau large et strié. Voile membraneux, épais, tenace et *blanc*. Peridium convexe, puis plan (0m 01-15), *nu*, lubrifié, *orangé*, plus ou moins rouge ou jaune; marge droite et *striée*. Chair ferme, jaune sous l'épiderme, parfumée et sapide. Lamelles libres, *jonquille doré*. Spore (0mm 012, ovoïde, ocellée.

Scop. Fl. Carn. II., p. 419. *aureus*, G. Bauh. *aurantius*, Bull., t. 120. Vitt. Fung. mang., t. 1.

Été et automne. — Forêts et bruyères du midi et de l'est de la France. Comestible.

leplotoides. Peridium aréolé crevassé, couvert de *mèches fauves*, formées aux dépens de la couche intérieure du voile et *adhérentes à la cuticule* par une dessiccation rapide qui en a empêché le glissement (Barla, Sup. Ch. de Nice, t. 8, f. 1-8) est un lusus de *coccola*. Beaucoup d'autres espèces offrent ces formes curieuses, ou lusus météoriques, sous l'influence des changements brusques de température.

Trib. II. LENTI, Quél.

Peridium à chair moins tendre, tenace ou coriace, au moins dans le stipe. Lamelles tendres ou coriaces. Spore ovoïde ou pruniforme oblongue, blanche. Epiphytes, rarement humicoles.

Gen. I. MARASMIUS, Fr.

Charnus, puis coriaces, *marcescents*, *reviviscents* par l'eau, sapides et aromatiques. Stipe très grêle, fibrofloconneux ou corné, velouté ou poli. Peridium *membraneux*, incurvé au bord, rarement droit, orbiculaire. Lamelles radiantes, libres ou adnées, amincies au bord. Spore ovoïde ou pruniforme, *blanche*. Mycelium ordinairement *rhizomorphe*. Epiphytes.

I. Insititii.

Arhizes, comme greffés sur les souches, brindilles ou feuilles.

I. Setipedes.

Stipe filiforme, corné, poli et brillant.

a. *Foliicolæ*.

Sur les feuilles mortes. Stipe filiforme ou capillaire.

androsaceus. Stipe fistuleux, corné, très tenace, *bai* ou *brun noir*, brillant, strié et tordu par le sec. Peridium convexe plan (0m005-10), membraneux, ridé strié, glabre, *bistre purpurin*, puis blanchâtre. Lamelles adnées, serrées, étroites, incarnat grisâtre. Spore pruniforme (0mm009), sublarmiforme.

Linn. Suec., n° 1193. Fr. Epic., p. 385. Fl. dan., t. 1551, f. 1. Bull., t. 569, f. 2. Bolt., t. 32. *perforans*, Hoffm. Nom., t. 4, f. 2.

Été-automne. — Sur les aiguilles de pin, sur les brindilles et les pétioles.

splachnoides. Stipe sétacé, rigide, *fauve rougeâtre*, brillant, blanc incarnat au sommet. Peridium convexe plan (0m005-7), légèrement ombiliqué, ténu, *sillonné*, glabre, puis ruguleux, *blanc*, avec le centre *incarnat fauve*. Lamelles sinuées, étroites, serrées, ténues et blanches.

Fr. Epic., p. 384. Fl. dan., t. 1678, f. 1.

Été. — En troupe sur les feuilles mortes, hêtre, chêne, des forêts ombragées.

Bulliardi. Stipe allongé, corné, *bistre* et brillant, *ramifié* par des stipes capillaires, plus courts, bistrés, portant des peridiums très petits (0m001-2), le plus souvent rudimentaires et globuleux. Peridium campanulé, subcylindrique (0m 005), très ténu, *ombiliqué, sillonné*, chagriné à la loupe, *isabelle* ou *chamois*, bistré. Lamelles *adnées* en *tube*, blanchâtres. Spore ovoïde larmeuse (0mm 01).

Quél. Soc. bot. 1877, p. 323. Bull., t. 569, f. 3.

Automne. — Sur les feuilles mortes, châtaignier, chêne, ronce, dans les forêts tourbeuses. Environs de Paris.

limosus. Stipe capillaire, corné, *bistre clair*, brillant. Peridium campanulé hémisphérique (0m002-3), très ténu, *ombiliqué, côtelé sillonné*, flétri en un clin d'œil, pellucide, *blanc*, puis légèrement *bistré*. Lamelles *adnées* en *tube*, larges, espacées (6 ou 7), ténues et blanchâtres. Spore ovoïde allongée (0mm 011), subtilement aculéolée.

Quél. Soc. bot. 1877, p. 223, t. 5, f. 9.

Automne. — Sur les laiches et les joncs des forêts tourbeuses. Environs de Paris.

flosculus. Stipe fistuleux, subcapillaire, incurvé, court (0m 002-3), corné, *brun* ou *bai*, brillant, épaissi et blanc au sommet, pubérulent à la base. Peridium campanulé convexe (0m 004-5), ombiliqué, très ténu, *côtelé, sillonné*, glabre, diaphane, *blanc* et brillant. Lamelles adnées, espacées, larges, *épaisses* et blanches. Spore ovoïde lancéolée (0mm 01).

Quél. Soc. bot. 1878, p. 289, t. 3, f. 4.

Été. — Sur les feuilles de graminées, *Poa, Festuca*, dans les bois gramineux du Jura.

b. *Stipiticolæ.*

Sur les brindilles ou sur les tiges herbacées.

alliatus. Stipe fistuleux, corné, poli, *fauve* ou *brun rouge*, brillant. Peridium convexe plan (0m 01-2), membraneux, glabre, puis ridé, *incarnat fauve* pâlissant. Odeur alliacée, fine et durable. Lamelles adnées, réunies par des nervures, serrées, étroites, ténues, blanc de lait. Spore ovoïde larmeuse (0mm 009), finement aculéolée.

Schæf. Ic., t. 99. Pers. Syn., n° 217. Paul., t. 122, *bis*, f. 2, 3. *scorodonius*, Fr. Sv. sv., t. 32.

Automne. — Sur les aiguilles et brindilles des bruyères et des bois de pins. Vosges. Comestible.

calopus. Stipe purpurin fauve très brillant, arhize, renflé, *ovoïde* à la base. Peridium crème ocracé pâle. Lamelles sinuées, ventrues, plus espacées, blanc crème. Odeur fine, alliacée.

Pers. Syn., n° 218 ? Fr. Obs. II., n° 122 ? Alb. et Schw., p. 189.

Eté. — Sur les racines de graminées dans les prés montueux du Jura.

littoralis. Stipe fistuleux, corné, filiforme, *bistre bronzé* et brillant, blanc au sommet, *bulbilleux* et *hérissé* de *poils blancs* à la base. Peridium convexe plan (0m 015), *ombiliqué*, membraneux, *côtelé*, dentelé, glabre, *blanc*, puis crème ocracé. Lamelles libres, espacées, ventrues, arrondies, blanc crème. Spore ovoïde lancéolée (0mm 015-02), 1-2 guttulée.

Quél. Soc. sc. n. de Rouen, 1879, n° 52, t. 3, f. 11.

Été-automne. — Sur les débris de tiges d'herbes des bois arénacés du littoral de la Rochelle. Il est plus grand que *rotula* auquel il ressemble.

rotula. Stipe fistuleux, filiforme, corné, bistre ou bai noir, brillant, strié par le sec. Peridium campanulé convexe (0m005-8), membraneux, *ombiliqué*, sillonné plissé, crénelé et *blanc* de neige. Lamelles *adnées en tube*, larges, *espacées* et blanches. Spore ovoïde lancéolée (0mm 01), finement aculéolée.

Scop. Carn. II. Sow., t. 95. Bull., t. 64. Fl. dan., t. 1134. Bk. Outl., t. 14, f. 7.

Printemps-été. — Sur les brindilles et racines des forêts de la plaine.

graminum. Stipe fistuleux, filiforme, corné, brun fauve ou bai, brillant, blanc incarnat au sommet. Peridium campanulé globuleux, puis plan (0m005-8), *ombiliqué*, *côtelé plissé*, *incarnat fauve* ou *briqueté*. Lamelles *adnées* en *anneau* libre, blanches. Spore ovoïde lancéolée (0mm 008), ocellée.

Lib. Exs., n° 119. Bk. Outl., t. 14, f. 8 (minor). *angulatus*, Pers. Myc. III., t. 26, f. 3.

Eté. — Sur les souches de graminées des bruyères et des pâturages. Jura, Alsace, Provence.

II. VILLIPEDES.

Stipe couvert d'un voile pulvérulent, villeux ou pruineux.

a. *Foliicolæ.*

Sur les aiguilles de conifères et les feuilles persistantes.

oleæ. Stipe capillaire, flexueux, finement furfuracé, puis luisant, *brun bistre*, farineux et blanc crème au sommet. Peridium convexe (0m 003-5), godronné, cannelé, *fauve olivâtre*, avec l'ombilic (ridé chiffonné par le sec) *brun*, d'abord pulvérulent, puis finement *pointillé* de *brun*. Lamelles atténuées adnées, blanc crème, à reflet olivâtre. Spore pruniforme, allongée (0mm 008-9), aculéolée.

Quél. As. fr. 1885, t. 12, f. 14. *androsaceus*, var. *oliveto-rum*, Mont. An. sc. n. 1836, n° 49. var. *hygrometricus*, Brig. Fung. neap., 1851, t. 12, f. 4-7.

Automne-hiver. — Sur les feuilles mortes de myrte et d'olivier. Provence, Pyrénées.

abietis. Stipe fistuleux, coriace, *velouté*, *bai* ou *bistre*, incarnat au sommet. Peridium convexe plan (0m 01-12), finement mamelonné, puis aplani, ruguleux, glabre, *incarnat roussâtre* blanchissant. Lamelles adnées, étroites, crème incarnat. Odeur fétide, nauséeuse. Spore ovoïde lancéolée (0mm 01), finement aculéolée.

Batsch, El., f. 10. *androsaceus*, Schæf., t. 239. *perforans*, Fr. Epic., p. 385.

Eté-automne. — En troupe dans les forêts de sapins.

pilosus. Stipe sétacé, corné, *bai pourpre*, brillant, *hérissé* de *poils purpurins*, nu et blanc au sommet. Peridium convexe (0m003-6), membraneux, glabre, *blanc*, puis fauve rosé, orné de longs *poils rosés* et brillants. Lamelles adnées, espacées, blanches. Spore ovoïde sphérique (0mm 004-5).

Huds. Fl. ang., p. 622. Sow., t. 164. *Hudsoni*, Pers. Syn., n° 248.

Fin automne. — Sur les feuilles mortes du houx.

buxi. Stipe sétacé, capillaire, glabre, *pourpre noir*, hérissé de *poils* courts et *blancs*, nu et blanc sous les lamelles. Peridium convexe plan (0m 002-4), membraneux, strié, rougeâtre, fauve au milieu, *finement pelucheux* et bordé de blanc. Lamelles adnées, espacées, étroites et blanches. Spore ovoïde lancéolée (0mm 01), finement aculéolée.

Quél. Jur. et Vosg. 1., p. 201, t. 13, f. 6.

Automne-printemps. — Sur les feuilles mortes du buis, dans les collines du Jura. C'est une miniature de *caulicinalis.*

epiphyllus. Stipe fistuleux, filiforme, velouté, *brun* ou *bistre*, glabre et blanc au sommet. Peridium convexe plan, puis chiffonné (0m 002-6), ténu, ombiliqué, ridé, glabre et *blanc* de lait, *sphérique* et *jonquille* en naissant. Lamelles adnées, *ramifiées, pliciformes*, réduites quelquefois à des nervures, blanches. Spore ovoïde allongée (0mm 005-6), finement aculéolée.

Pers. Syn., n° 409, pr. p. Bull., t. 601, f. 2. Fl. dan., t. 1194, f. 1. Sow., t. 93. Batsch., f. 84. *Helotium melanopus*, Pers. Ic. et Desc., t. 9, f. 7.

Arrière-automne-hiver. — Sur les feuilles et surtout sur les pétioles, lierre, aubépine, poirier.

recubans. Stipe capillaire, long, flexueux, couché, *tomenteux*, *brun*, glabre et blanc au sommet. Peridium hémisphérique (0m002-3), très ténu, *sillonné*, *blanc* de neige. Lamelles adnées, *larges*, espacées, horizontales et blanches. Spore pruniforme (0mm 006-7).

Quél. Jur. et Vosg. II., p. 315. I., t. 13, f. 7.

Automne. — Sur les feuilles mortes des forêts de hêtres, avec *Mycena capillaris* auquel il ressemble.

b. *Stipiticolæ.*

En troupe sur les tiges d'herbe, de graminées. Stipe subfiliforme, long.

caulicinalis. Stipe finement fistuleux, fibreux, fluet, *pubescent*, chamois, aminci et brun en bas. Peridium campanulé convexe (0m 010-15), mince, finement tomenteux pubescent, *chamois*. Lamelles libres, ventrues, épaisses, blanc crème. Spore pruniforme (0mm 008-9), allongée, guttulée.

Bull., t. 522, f. 2.

Automne. — Sur les souches des graminées. Ouest. Moins coloré et plus épais que *scabellus.*

scabellus. Stipe subfiliforme, *cannelé* et *poilu*, *brun* ou *bistre.* Peridium convexe plan (0m 01), *mamelonné*, membraneux, *zoné, peluché, brun foncé, blanc* au bord. Lamelles libres, serrées, blanches. Spore sphérique (0mm 012), pointillée.

Alb. et Schw. Cons., t. 9, f. 6. *stipitarius*, Fr. S. M. I., p. 138.

Eté. — Sur les souches de graminées des prés secs. Sur les tiges de prêle (Secr.). Vosges, Jura.

insititius. Stipe subfiliforme, aminci de haut en bas, finement *furfuracé tomenteux, brun fauve.* Peridium convexe plan (0m 01), membraneux, strié ridé, blanchâtre, blanchissant. Lamelles adnées arquées, larges, espacées, blanc crème.

Fr. Epic., p. 386. Bk. Outl., t. 14, f. 6.

Eté. — Sur les brindilles, feuilles et graminées. Gironde, Provence, etc.

Vaillantii. Stipe moelleux, épaissi, pruineux et blanc crème au sommet, *brun*, ovoïde et *noir* à la base, brillant. Peridium convexe ombiliqué (0m 01-12), rugueux et *plissé*, mamelonné, incarnat, puis *blanc*. Lamelles adnées décurrentes, subtriangulaires, larges, espacées et blanches. Spore pruniforme allongée (0mm 008), finement aculéolée.

Pers. Syn., p. 472. Vaill. Bot., t. 11, f. 21-23. Buxb., t. 36, f. 2.

Fin été. — Sur les ramilles, racines de graminées, stipules et feuilles des forêts de hêtres.

languidus. Stipe fistuleux, bulbilleux, pruineux, *blanc* en haut, *incarnat fauve* en bas. Peridium convexe plan (0m 01-12), membraneux, ombiliqué, strié sillonné, ruguleux, pruineux floconneux, *crème incarnat*, puis *blanc*. Lamelles adnées, rétrécies en avant, assez serrées, puis espacées et blanches. Spore ovoïde allongée (0mm 008), pointillée.

Lasch. Linn., n° 157. *grossulus*, Pers. Myc. III., t. 26, f. 6.

Eté. — En troupe sur les plantes sèches, dans les forêts gramineuses. Intermédiaire entre *ramealis* et *Vaillantii*.

humillimus. *Blanc*. Stipe capillaire, court, épaissi en bas, blanc, puis *purpurin* sous un voile *pubescent* et *blanc*. Peridium convexe plan (0m 002), ruguleux, pruineux. Lamelles farineuses au bord. Spore pruniforme oblongue (0mm 008-9), finement grenelée.

Quél. As. fr. 1882, t. 11, f. 3.

Eté. — Sur les chaumes, dans les collines calcaires.

saccharinus. Stipe filiforme, rigide, plein, *bulbilleux*, pruineux, villeux à la loupe, *blanc, incarnat rougeâtre* à la base. Peridium campanulé hémisphérique (0m 004-5), *papillé*, en forme de chapeau chinois (Batsch), glabre, puis ruguleux, *blanc de neige*. Lamelles adnées, étroites, espacées et blanches. Spore ovoïde lancéolée (0mm 012), guttulée.

Batsch. El., f. 83. Fr. Epic., p. 386.

Eté-automne. — Sur les tiges herbacées et sur les pétioles,

dans les forêts ombragées. Il a l'aspect de *Mycena stylobates*.

c. *Lignicolæ*.

En troupe sur les souches ou sur les ramilles. Stipe court.

amadelphus. Stipe plein, court, pruineux, crème, brun ou fauve en bas. Peridium convexe plan (0m 01), déprimé, membraneux, ridé, strié, *fauve clair*, *roussâtre*, pâlissant, plus foncé au milieu. Lamelles adnées décurrentes, *larges*, *espacées*, blanc de lait. Inodore.

Bull., t. 550, f. 3. Fr. Epic., p. 380.

Eté-automne. — Groupé sur les troncs et les ramilles, surtout des bois de conifères.

ramealis. Stipe plein, à moelle filiforme et blanche, courbé, bulbilleux, *farineux*, *blanchâtre*, *incarnat roux* à la base. Peridium convexe plan (0m 01-15), membraneux, ruguleux, *blanc* ou *roux* au centre. Lamelles adnées en anneau, ramifiées, blanches. Spore pruniforme (0mm01), allongée, finement aculéolée.

Bull., t. 336. *platypus*, Nees. Syst., f. 188.

Toute l'année. — Sur les troncs et les ramilles des forêts.

candidus. *Blanc mat*. Stipe plein, recourbé, court, farineux, villeux et bulbilleux à la base, naissant d'une *membrane floconneuse* et blanche. Peridium convexe, puis flexueux (0m 01-2), *ombiliqué*, ridé, sillonné au bord, translucide, pruineux et villeux à la loupe. Lamelles adnées en anneau, espacées, rameuses et blanches. Spore larmeuse subfusiforme (0mm 016).

Bolt. Fung., t. 39, f. D. Fr. Epic., p. 381. *albus*, Sec., n° 801.

Eté. — Fasciculé sur les souches et les branches sèches; peu répandu. Jura.

fœtidus. Stipe fistuleux, court, aminci du haut à la base, furfuracé velouté, *bai roux*, *bistre* à la base. Peridium campanulé convexe (0m 02), ombiliqué mamelonné, membraneux, rugueux, *plissé sillonné*, pellucide, pruineux, *roux* ou *brun*, pâlissant, avec un voile aranéeux et fugace. Odeur de poisson, d'ail et de moisi. Lamelles adnées, subdécurrentes, espacées, *incarnates*, *crème* au bord. Spore pruniforme (0mm 009).

Sow. Eng. Fung., t. 21. *venosus*, Pers. Ic. pict., t. 19, f. 2.

Eté. — Sur les ramilles, dans les forêts humides. Ouest, Nord, Pyrénées, Jura et Vosges. Suspect.

Ludovici. Stipe striolé, *bai noir*, fauve au sommet, cotonneux et roux fauve à la base; mycelium *fauve doré*. Peridium ondulé, incarnat roux.

Planch. Ch. com. et vén.

Automne. — Sur les feuilles, glands et brindille de chêne. Environs de Montpellier.

II. Radicosi.

Stipe plus ou moins radicant.

I. Lævipedes.

Stipe glabre, luisant, hérissé ou villeux à la base.

fœniculaceus. Stipe fibreux, puis creux, pruineux, blanc crème, *hérissé* et *roux* à la base. Peridium convexe mamelonné (0^m 02-3), mince, glabre, *blanc*, *crème* ou paille, un peu ocracé au sommet. Lamelles sinuées, larges, épaisses, espacées, blanches. Spore pruniforme (0^{mm} 01).

Fr. Epic., p. 374. Quél. An. h. n. de Bordeaux, 1884, t. 1, f. 5?

Eté. — Au bord des chemins et dans les clairières gramineuses des bois montagneux. Comestible.

Queletii. *Blanc diaphane*, puis cannelle au mamelon et à la base du stipe. Stipe farci, naissant d'un mycelium filamenteux grisâtre. Peridium campanulé (0^m 02-3), ondulé. Lamelles libres, espacées, ventrues, blanc rème. Spore pruniforme (0^{mm} 009-12).

Schulz. Myc. Beit., n° 81.

Eté. — Dans les prés marécageux. Sc.avonie. Paraît très voisin du précédent. Comestible.

putillus. Stipe fistuleux, glabre, luisant, fauve pâle, ocracé au sommet, renflé, hérissé laineux et blanc à la base. Peridium convexe, puis plan et festonné, strié, lubrifié, hygrophane, pellucide, *fauve incarnat* ou feuille morte. Chair spongieuse, concolore, *amarescente*. Lamelles libres, écartées, ondulées, incarnates, puis roussâtres. Spore ovoïde allongée (0^{mm} 01).

Fr. Epic., p. 377.

Arrière-saison. — En troupe dans les aiguilles du pin sylvestre. Jura.

terginus. Stipe fistuleux, tenace, d'un jaune *paille* à teinte citrine, épaissi, laineux, *jonquille* puis *roux* à la base. Peridium convexe ombiliqué (0m 01-2), membraneux, glabre et lustré, strié, hygrophane, jaune *paille* ou *incarnat*, blanchissant, avec une *tache* centrale *fauve* et une bordure diaphane. Lamelles sinuées, libres, *blanc crème* incarnat, puis roux violacé. Chair blanche, inodore et insipide. Spore en amande (0mm 007), pointillée.

Fr. Epic., p. 377. Ic., t. 174, f. 4.

Eté-automne. — Sur les feuilles et brindilles des forêts ombragées. Jura, Vosges. Comestible.

fuscopurpureus. Stipe fistuleux, courbé, glabre en haut, tomenteux villeux dans la partie inférieure, *bai noir purpurin*, plein d'un *suc sanguin noir*. Peridium convexe plan (0m 02-3), légèrement ombiliqué, rugueux, *bai purpurin*, brun fauve par le sec. Lamelles réunies en anneau libre, noir pourpré, puis fauve purpurin. Spore en amande (0mm 007-8), finement aculéolée.

Pers. Ic., et Desc., t. 4, f. 1-3. *varicosus*, Fr. Ic., t. 174, f. 1.

Automne. — Dans les feuilles mortes des forêts de chênes et de hêtres. Suspect.

ceratopus. Stipe fistuleux, très rigide, *corné*, *brun marron*, brillant, pruineux et crème ocracé en haut, poilu et blanc à la base. Peridium campanulé, puis convexe (0m 01-3), ruguleux, pruineux, *pubérulent* à la loupe. *brun safrané*, puis chamois pâle ou café au lait. Lamelles libres, espacées, ventrues, épaisses, parsemées de fins poils bruns à la loupe, crème jonquille. Spore ovoïde allongée (0mm 01), pointillée.

Pers. Myc. Ill., p. 214. *cohærens*, Syn., n° 91. Fr. Ic., t. 80, f. 1. *calopus*, Quél. Jur. I., t. 13, f. 5.

Automne. — Sur les feuilles mortes, les souches et les ramilles des forêts ombragées.

II. Velutipedes.

Stipe fibrofloconneux, tomenteux ou pubescent.

a. *Foliicolæ*.

Groupés ou cespiteux sur les feuilles mortes et les brindilles.

globularis. Stipe fistuleux, *poudreux*, *blanc*, souvent violacé ou fauve, villeux à la base. Peridium globuleux, puis campanulé (0m 02-3), hygrophane, blanc de lait, puis brillant, souvent tacheté de *rose* ou de *gris violeté*, à la fin noirâtre. Lamelles libres, espacées, ventrues, blanches, puis crème bistré. Spore ovoïde pruniforme (0mm 008-9).

Weinm. Ross., p. 663 ? Quél. Jur. I., p. 197, t. 23, f. 6. *Stephensii*, Bk. et Br. An. n. h., n° 708. *carpathicus*, Kalch., t. 26, f. 4.

Wynnei. Entièrement *violeté lilacin*. Peridium convexe plan, mamelonné, brunissant.

Bk. Outl., t. 19, f. 3.

Automne. — Cespiteux sur les feuilles mortes du hêtre, dans les forêts montagneuses. Alpes, Jura, Pyrénées. Comestible.

impudicus. Stipe fistuleux, tenace, radicant, *violeté* ou *rosé* sous un fin *duvet blanc*. Peridium convexe plan (0m 02-3), mince, glabre, strié, *bai clair*, teinté de *pourpre* ou de *lilas*. Odeur nauséeuse, résineuse. Lamelles libres, espacées, *ventrues*, incarnates ou grisâtres, puis blanchâtres. Spore ovoïde oblongue (0mm 008), finement aculéolée.

Fr. Epic., p. 377. Quél. As. fr. 1885, t. 12, f. 13.

Automne. — Groupé dans les aiguilles et brindilles des forêts de conifères montagneuses. Alpes maritimes, Jura, Tyrol (mélèzes). Comestible ?

hariolorum. Stipe fistuleux, tenace, grêle, souvent comprimé, *incarnat* ou purpurin, *couvert* d'un *tomentum laineux* et *blanc*, nu au sommet. Peridium membraneux, tenace, campanulé convexe, puis plan (0m 02-3), hygrophane, *incarnat violeté*, blanchissant par le sec. Lamelles libres, puis écartées, serrées, blanc carné. Spore ovoïde larmeuse (0mm 007), pointillée.

De Cand. Fl. fr. II., p. 182. Bull., t. 585, f. 2. *confluens*, Pers. Syn., p. 368. Ic. pict., t. 5, f. 1. *tremulus*, Batsch, f. 104.

Été-automne. — Fasciculé sur les feuilles mortes, dans les forêts ombragées.

ingratus. Stipe fistuleux, filandreux, villeux en dedans, tortu, aplati, *roux purpurin*, *couvert* d'un *tomentum pulvérulent* et *blanc*. Peridium globuleux, puis étalé (0m 03-6), mamelonné, glabre, *roux*, puis incarnat blanchâtre. Chair rousse, *amère*; odeur de moisi. Lamelles libres, serrées, étroites, incarnat briqueté blanchissant. Spore ovoïde larmeuse (0mm 007).

Schum. Sæll. II., p. 304. (*Collybia*), Fr. Ic., t. 64, f. 1.

Du printemps à l'automne. — Cespiteux sur les brindilles des forêts humides. Peu distinct du précédent. Suspect.

b. *Humicolæ.*

Stipe plus ou moins radicant dans l'humus.

planeus. Stipe creux, comprimé, tortu, *paille.* Peridium mince, flexueux (0m 02-3), *roux*, pâlissant. Lamelles libres, espacées, *crème*, puis bai clair ou rouillées.

Fr. S. M. I., p. 127. *clavatus*, Paul., t. 103, f. 5, 6.

Automne. — Dans les forêts feuillées.

oreades. Stipe *plein*, très tenace, finement tomenteux, *crème ocracé.* Peridium convexe plan (0m 02-4), charnu coriace, glabre, café au lait ou chamois, pâlissant, hygrophane, *crème ocrace* par le sec. Chair blanc crème, douce, sapide ; odeur de farine. Lamelles libres, espacées, ventrues, peu coriaces, *blanc crème.* Spore ovoïde (0mm 006-7).

Bolt. Fung., t. 151. Fr. Sv. sv., t. 31. *caryophylleus*, Schæf. Ic., t. 77. *pseudomouceron*, Bull., t. 144, 528, f. 2. *pratensis*, Sow., t. 247.

Printemps-été. — En cercle dans les prés, les bruyères, au bord des chemins. Comestible.

laxipes. Stipe allongé, à moelle filamenteuse, mou, à cuticule *tomenteuse*, *rousse* ou *brune*, *séparable*, pruineux et blanc au sommet, sillonné et tordu par le sec. Peridium mince, convexe plan (0m 01-2), humide, strié, *blanc* de *lait.* Lamelles espacées, libres, ventrues et blanches. Spore ovoïde sphérique (0mm 008).

Batt., t. 9, f. 1. Quél. Jur. II., t. 2, f. 2.

undatus. Stipe pulvérulent villeux, *bistre*, blanc au sommet. Peridium blanc, puis *grisâtre* ou *olive* et ondulé ridé.

Bk. Eng. Fl. V., p. 51. *vertirugis*, Cooke, Brit., p. 57.

Automne. — Sur les racines mortes de la fougère impériale.

longipes. Stipe long et radicant, fibreux ; cuticule fragile, *sillonnée*, *veloutée* et fauve. Peridium charnu, coriace, campanulé, puis étalé (0m 05-7), chamois, *hérissé* de *poils roux* ou fauves. Chair blanche, tenace, odeur de noisette. Lamelles libres, très espacées, ventrues, d'un blanc de lait. Spore sphérique (0mm 012-15), guttulée.

Bull., t. 232, 515. *pudens*, Pers. Myc. II., p. 140.

badius. Plus grêle, *brun châtain*, hérissé de poils plus longs et d'un *bai brun brillant.*

fuscus. Stipe fauve et peridium brun, hérissés de poils brun fauve.

Lucand, Champ., t. 155.

Automne. — Dans les pâturages et les bruyères. Var. dans les sapinières. Comestible.

urens. Stipe fibreux, recourbé à la base, finement tomenteux, *ocracé*, puis *roussâtre* et hérissé, à la base, de *poils jonquille*. Peridium convexe plan (0^m 03-6), flasque, ruguleux, crème ocracé, puis chamois ou roux. Chair coriace, crème jonquille, très *poivrée*. Lamelles libres, puis écartées, *crème*, plus rarement couleur de buis, puis incarnates ou roussâtres. Spore ovoïde larmeuse (0^{mm} 01).

Bull., t. 528, f. 1. Bk. Outl., t. 14, f. 3, 4. *peronatus*, Bolt., t. 58. Sow., t. 37.

Eté-automne. — Dans les feuilles mortes des forêts de hêtres. Comestible ?

cauticinalis. Stipe fistuleux, rigide, *villeux*, *jaune indien*, puis *bai brun*, *jonquille* ou *souci* à la base et naissant d'un mycelium filiforme, bai noir. Peridium convexe (0^m 01-2), strié, fauve souci ou safrané. Lamelles adnées décurrentes, réunies par des nervures réticulées, *sulfurines*. Spore ovoïde allongée (0^{mm} 005-6).

With. Sow., t. 163. Bres. Fung., t. 41, f. 2.

Automne. — En troupe dans les aiguilles des forêts de conifères. Jura, Vosges. Il ressemble à *Omphalina campanella*.

porreus. Stipe moelleux, puis creux, long, épaissi aux deux bouts, *pubescent*, *brun rouge*, plus clair au sommet, villeux à la base, plein d'un *suc sanguin* (Pers.). Peridium convexe plan (0^m 02-5), mince, flasque, lisse, strié au bord, *paille blanchâtre*. Lamelles libres, *espacées*, fermes, paille. Odeur alliacée passagère. Spore pruniforme (0^{mm} 006 7).

Pers. Syn., n° 222. Fr. Obs. II., p. 152. Sow., t. 81. Bull., t. 524, f. 1 ?

Arrière-automne. — Sur les feuilles mortes des forêts de bouleaux. Nord.

prasiosmus. Stipe fistuleux, tenace, recourbé à la base, finement tomenteux, pubescent en bas, gris clair, bistré ou rougeâtre, naissant d'un mycelium floconneux, submembraneux. Peridium campanulé, puis plan (0^m 01-3), striolé, puis ondulé au bord, *crème fuligineux* blanchissant. Odeur *alliacée*, agréable et persistante. Lamelles sinuées adnées, serrées, étroites, blanc crème, puis légèrement bistrées. Spore pruniforme.

Fr. Epic., p. 370. Bull., t. 524, f. 1, 158. *archyropus*, Pers. Myc., t. 25, f. 4. *leptopus*, Ic. pict., t. 8, f. 3.

Arrière-automne. — En troupe dans les forêts ombragées de hêtres. Comestible.

torquescens. Stipe finement fistuleux, subfiliforme, pruineux pubescent, *brun*, blanc au sommet, hérissé laineux et blanc à la base. Peridium convexe, puis plan (0m 01), ténu, ridé, strié, puis *sillonné*, *blanc* de lait, *fauve* au milieu. Lamelles libres, ventrues, blanc de lait, puis incarnates. Spore ovoïde allongée (0mm 01), oculiforme.

Quél. Jur. et Vosg. I., p. 198, t. 22, f. 3.

Eté. — Groupé sur les brindilles des forêts ombragées. Affine à *chordalis*.

alliaceus. Stipe fistuleux, long, très radicant, farineux, tomenteux, bistré noir. Peridium campanulé (0m 01-3), pruineux, blanc crème ou grisâtre. Odeur *alliacée*, agréable et persistante. Lamelles sinuées libres, blanc de lait, puis crème bistré. Spore ovoïde pruniforme (0mm 01), ocellée.

Jacq. Aust., t. 82. Fl. dan., t. 1251. *schœnopus*, Kalch. Ic., t. 25, f. 4.

Eté-automne. — Sur les souches pourries et les pelouses des montagnes. Vosges, Morvan. Comestible ?

chordalis. Stipe moelleux, élancé (0m 1-2), très grêle (0m 002), radicant, *velouté*, *brun noir*. Peridium campanulé convexe, puis ombiliqué (0m 01-15) et *plissé côtelé*, brun cendré pâlissant, chamois pâle. Lamelles espacées, *adnées décurrentes* et blanches. Spore en amande (0mm 008-10), ocellée.

Fr. Epic., p. 383. Bres. Fung., t. 41, f. 1.

Fin de l'été. — Pelouses alpestres. Alpes, Suisse, Tyrol. Affine à *alliaceus*.

Gen. II. PANUS, Fr.

Voile continu. Peridium charnu coriace, sessile ou stipité, marcescent. Stipe coriace. Lamelles libres ou adnées, décurrentes, charnues, puis *coriaces*, *amincies* au bord. Spore ellipsoïde cylindrique, blanche. Epixyles.

a. *Dimidiés ou retournés et suspendus par le disque du peridium.*

violaceofulvus. Peridium cupulaire puis étalé (0m 01-4), sessile, mince, coriace, hygrophane, transparent, violet bistre, puis lilacin, velouté de poils courts et *blancs*. Lamelles radiées, espacées, larges, réticulées veinées, *améthyste* ou *violetées*. Spore ellipsoïde cylindrique (0mm 01), pointillée.

Bastch. El., f. 39. Quél. Jur. I., p. 205, t. 14, f. 2. *Delastrei*, Mont. Syll., p. 149.

Automne-hiver. — Sur les branches sèches du sapin. Jura, Vosges.

pudens. Peridium cupulaire (0m 01), suspendu par un stipe court (0m 001-2), charnu coriace, finement pubescent, hygrophane, *blanc*, puis *incarnat rosé*. Lamelles radiées, ténues, flexueuses, *blanches*, prenant une teinte *améthyste*. Spore ellipsoïde cylindrique (0mm 01).

Quél. Soc. bot. 1878, p. 287, t. 3, f. 10. *infrequens*, Schulz., t. 846, f. 2.

Hiver-printemps. — Sur les branches sèches du saule marceau. Jura, Alsace. Affine à *ringens*.

patellaris. Peridium cupulaire, conique, orbiculaire (0m 01), suspendu par le sommet, coriace, épais, *visqueux*, *chamois*, couvert d'un duvet floconneux *blanc* et *caduc*; marge enroulée, villeuse et blanche. Chair ocracée. Lamelles radiées, sinuées, serrées, *crème olivâtre*. Spore ellipsoïde (0mm 008).

Fr. Epic., p. 400. Ic., t. 176, f. 3.

Fin automne. — Groupé ou imbriqué sur l'écorce des troncs, hêtres. Jura.

b. *Stipe latéral.*

? fœtens. Stipe spongieux, long (0m 03-4), courbé, *canaliculé*, *blanc*, taché d'ocre. Peridium convexe et en spatule (0m 05-6), en gouttière à la base, *soyeux*, *blanc*, ocracé à la base. Chair spongieuse, molle, blanche, fétide. Lamelles adnées, larges, épaisses, *crème incarnat*.

Sec. Myc., nº 1076.

Eté. — Sur une vieille souche de sapin. Suisse.

cochlearis. Stipe aminci en bas, concolore. Peridium en spatule, ovale (0m 02-3), *hérissé velouté*, *fauve*. Lamelles décurrentes, crème, puis paille.

Pers. Myc. III., p. 36.

Eté-automne. — Sur les vieux troncs, chêne.

stipticus. Stipe coriace, grêle, dilaté au sommet, pruineux, crème ocracé. Peridium réniforme (0m 02-4), mince, élastique, *cannelle ocracé* et pruineux, puis *pulvérulent furfuracé blanchissant*. Chair astringente et âcre. Lamelles libres, réunies par un réseau veineux, *étroites*, serrées, crème ocracé. Spore ellipsoïde allongée (0mm 006).

Bull., t. 140, 556, f. 1. Schæf., t. 208. Sow., t. 109. *farinaceus* (voile furfuracé gris bleuâtre), Schum., p. 365.

Automne-hiver. — Cespiteux sur les troncs des forêts. Vénéneux?

c. *Peridium conchoïde. Stipe central ou excentrique.*

? **farneus**. Stipe court, ferme, *sillonné*, glabre, *incarnat* ou *violeté*. Peridium orbiculaire (0m 05-8), déformé, compacte, dur, glabre, chamois ou bistré. Lamelles sinuées adnées, serrées, chamois. Odeur acerbe et nauséeuse.

Fr. Epic., p. 397. *Dendrosarcos ilicis*, Paul., t. 24, f. 3, 4,

Eté-automne. — Sur les troncs du chêne vert.

cyathiformis. Stipe très court, excentrique, lisse, crème, poilu à la base. Peridium conchoïde (0m 02), oblique, finement *peluché*, roux briqueté, pâlissant. Chair mince, coriace, stiptique et acide. Lamelles adnées décurrentes, réunies en arrière, serrées, crème, puis jonquille. Spore ellipsoïde allongée (0mm 007).

Schæf. Ic., t. 252. *Schæfferi*, Weinm. Ross,, p. 665.

Automne. — Sur les souches de pin des forêts montagneuses.

flabelliformis. Stipe court, oblique, coriace, tomenteux, ocracé, souvent violacé. Peridium cyathiforme ou conchoïde (0m 05-8), mince, tenace, glabre, *ocracé incarnat*, pruineux et *lilacin* au bord. Chair coriace, sapide, aigrelette, blanche. Lamelles décurrentes, souvent anastomosées en arrière, *incarnates* ou *violetées*, puis ocracées. Spore ellipsoïde cylindrique (0mm 008), guttulée.

Schæf. Ic , t. 43,200. *carneolomentosus*, Batsch. f. 33. *torulosus*, Pers. Kromb., t. 42, f. 3-5. *conchatus*, Fr. (*crème ocracé* par décoloration).

Eté. — Sur les souches, hêtre, frêne, tremble, des forêts ombragées. Comestible.

hirtus. Stipe court, coriace subéreux, velouté de *poils raides* et *lilacins*. Peridium cyathiforme ou conchoïde (0m 05), mince, coriace, ocracé, *velouté* et *lilacin* au bord. Lamelles très décurrentes, *incarnates* ou *violetées*, puis ocre pâle ainsi que tout le champignon qui perd de bonne heure sa couleur lilacine. Spore ellipsoïde cylindrique (0mm 007-8), guttulée.

Sec. Myc., n° 1073. Quél. Jur. I., t. 14, f. 1. *rudis*, Fr. Epic. *Swainzonii*, Lév. Dem. voy., t. 1, f. 3.

Printemps. — Sur les souches, hêtres, des forêts montueuses. Jura. Comestible.

Gen. III. LENTINUS, Fr.

Peridium charnu ou charnu coriace, puis induré, marcescent, voilé ou nu. Stipe coriace, central, latéral ou nul. Lamelles libres, adnées ou décurrentes, amincies et *dentelées* au bord. Spore ovoïde sphérique ou oblongue, *blanche*. Odeur parfumée. Lignicoles, rarement humicoles.

I. Peridium sessile ou substipité et latéral.

ursinus. Peridium conchoïde (0^m 02-4), mince, *tomenteux*, *glabre* au bord, *incarnat blanchâtre* ou paille, puis fauve ou brun. Chair tenace, feutrée, blanche, *amère;* odeur de fruits. Lamelles adnées, fimbriées et dentelées, blanc crème, puis paille incarnat. Spore ovoïde sphérique (0^{mm} 004-5).

Fr. S. M. I., p. 185. Bres. Fung., t. 66.

Eté-automne. — Imbriqué sur les souches pourries, hêtre. Tyrol, Jura, Alpes.

vulpinus. Peridium sessile, imbriqué conné, conchoïde (0^m 04-8), *velouté tomenteux*, *rayé* et *ridé* longitudinalement, glabre au bord, *crème incarnat*, puis *roux* ou *chamois*. Chair mince, un peu coriace, blanche, inodore. Lamelles dentelées, pruineuses, *blanc de lait*, puis roussâtres. Spore ovoïde sphérique (0^{mm} 005-6), ocellée.

Sow., t. 361. Fr. Epic., p. 395, Ic., t. 176, f. 1. Kalch. Ic., t. 30, f. 1. *castoreus*, Fr. Ic., t. 175, f. 3.

Eté-automne. — Sur les troncs, orme, pin, sapin. Alpes-Maritimes.

flabellinus. Stipe court ou rudimentaire, latéral, quelquefois central, glabre, crème ocracé, brunâtre à la base; mycelium rhizomorphe, blanchâtre. Peridium *réniforme*, rarement orbiculaire (0^m 02), mince, coriace, glabre, *chamois* pâle, avec la marge *crenelée*, puis fimbriée. Lamelles adnées, larges, dentelées, blanc crème. Spore ellipsoïde ovoïde (0^{mm} 007), subtilement aculéolée.

Bolt. Fung., t. 157. Fr. Epic., p. 395.

Automne. — Sur les ramilles des forêts montagneuses, ronce, hêtre, yeuse, sapin. Jura, Vosges, Esterel, Pyrénées.

II. Peridium stipité.

a. *Peridium glabre.*

odorus. *Blanc.* Stipe court, irrégulier, *peluché.* Peridium crispé, lobé, mince, glabre, un peu visqueux. Chair tenace, aromatique. Lamelles espacées, denticulées.

Vill. Delph. II., p. 1015. *jugis*, Fr. Epic., p. 393.

Eté. — Sur les souches de mélèze des forêts subalpines du Dauphiné.

cochleatus. Stipe tenace, *cannelé*, glabre, crème incarnat ou purpuracé, fauve ou roux en bas. Peridium en entonnoir (0^m 03-9), festonné lobé, mince, glabre, *incarnat* fauve *pâlissant.* Chair tenace, succulente, exhalant, à la maturité, une agréable odeur d'anis, de fève tonka. Lamelles décurrentes, serrées, dentelées, blanches, puis *rosées* ou *incarnates.* Spore *sphérique* (0^{mm} 008), ocellée.

Pers. Syn., n° 371. Bk. Outl., t. 19, f. 4. Sow., t. 168.

Eté. — Cespiteux conné, imbriqué sur les souches des forêts de hêtres. Comestible.

dentatus. Stipe grêle, coriace, *orné* de *sillons interrompus*, pruineux, chamois pâle. Peridium convexe (0^m 025), profondément *ombiliqué*, mince, coriace, strié au bord, glabre, incarnat *fuligineux*, puis incarnat paille. Lamelles sinuées ou adnées décurrentes, dentelées ou crénelées, *blanches*, puis incarnates. Spore ovoïde sphérique (0^{mm} 005), finement aculéolée.

Pers. Abb. Schw. III., f. 7. *omphalodes*, Fr. Ic., t. 175, f. 1.

Automne. — Sur les aiguilles et ramilles des bois de conifères montagneux.

bisus. Stipe spongieux, puis creux, tenace, *cannelé*, *brun* ou brun rouillé. Peridium convexe, puis profondément ombiliqué (0^m 02-4), excentrique, lobulé, *gris*, *bistre* au milieu. Chair tenace, brune, inodore. Lamelles émarginées ou uncinées décurrentes, dentelées, blanches, puis *gris* pâle. Spore sphérique (0^{mm} 005-6).

Quél. Bres. Fung. trid., n° 13, t. 12.

Automne. — Dans les forêts moussues, sur les brindilles. Alpes du Tyrol.

suavissimus. Stipe court, latéral, glabre, blanc. Peridium pelté, réniforme ou cyathiforme (0^m 03-5), mince, diaphane, glabre, puis *ridé radié*, *blanc*, bordé d'une *zone jonquille.* Chair tenace, blanche, exhalant au loin l'odeur de la fève de tonka. Lamelles décurrentes, espacées, dentelées, réticulées poriformes à la base, *blanches*, jaunes par le sec. Spore ellipsoïde allongée (0mm 01), 1-3 guttulée.

Fr. Syn. Lent., p. 13.

Été. — Sur les branches sèches du *Salix auricula*, dans les forêts marécageuses. Alsace. Comestible.

b. *Peridium peluché, villeux ou pulvérulent.*

tigrinus. Stipe courbé et aminci en bas, *floconneux*, blanc, moucheté de brun. Anneau membraneux, réfléchi, blanc crème et fugace. Peridium convexe, velouté et bistre brun, puis en entonnoir (0m 05-7), mince, *blanc* ou *crème*, *moucheté* de *fines mèches fibrilleuses* et *brunes*. Chair blanche. Lamelles décurrentes, serrées, étroites, *dentelées*, *blanches*, puis *jonquille*. Spore pruniforme allongée (0mm 008-10), finement aculéolée, guttulée.

Bull., t. 38, 70. Sow., t. 68. Batt., t. 12, B, D. Quél. Jur. I., t. 13, f. 8. *Dunalii,* De Cand. Saint-Amans, Fl. Ag., t. 12.

Printemps-automne. — Sur les souches des forêts ombragées, saule, chêne, tremble.

squamosus. Stipe subligneux en bas, blanc jonquille, couvert de *mèches retroussées* formant un anneau au sommet, glabre et *blanc* en haut. Peridium convexe, puis en coupe (0m 05-9), ferme, *crème jonquille*, taché de *larges mèches* apprimées un peu plus foncées. Chair tenace, compacte, blanche, parfumée. Lamelles sinuées, uncinées et décurrentes en filet, larges, dentelées et blanc citrin. Spore ellipsoïde cylindrique (0mm 008-13), 1-3 ocellée.

Schæf. Ic., t. 29, 30. *lepideus*, Fr. S. M., p. 175.

Été. — Souches de sapin des forêts montagneuses et alpestres. Alpes, Jura, Vosges.

gallicus. Stipe subsubéreux, radicant, cannelé au sommet, *pubescent*, blanc crème, puis *excorié* par des écailles retroussées et fauves. Peridium convexe (0m 05-8), aminci et incurvé au bord, pruineux et *blanc d'ivoire*, puis luisant et *pointillé* ou *tacheté* de *fauve lilacin*. Chair élastique, blanche, à la fin dorée ou safranée comme tout le champignon, douce, odeur de miel. Lamelles décurrentes en filet, finement denticulées, blanc crème. Spore cylindrique (0mm 01-12).

Quél. As. fr. 1884, t. 8, f. 10.

Printemps-été. — Cespiteux sur les souches de pin. Littoral bordelais, Provence et Vosges. Il ressemble à *variabilis*. Comestible ?

variabilis. Stipe central ou latéral, tenace, pruineux ou pubescent, crème jonquille, brun fauve en bas. Peridium hémisphérique, puis aplani (0^m 1-2), épais, blanc crème, puis ocracé, *pointillé* de *fines mèches brun fauve.* Chair tendre, *blanc* de neige, douce puis astringente; odeur agréable. Lamelles très décurrentes, *très étroites* avec l'arête obtuse, puis *larges* avec l'arête amincie, rameuses, *labyrinthées*, souvent *réticulées* sur le stipe, blanc crème, crénelées, farineuses et blanches au bord. Spore ellipsoïde (0^{mm} 012), subfusiforme.

Schulz. Mant. *Cantharellus degener*, Kalch. Ic., t. 29, f. 1.

Eté. — Sur les souches de peuplier. Hongrie, Provence, Champagne. Les lamelles imitent celles des *Lenzites* par leurs anastomoses toruleuses et celles des *Cantharellus* par leur arête mousse.

adhærens. Stipe courbé radicant, subéreux, *tomenteux*, ocracé, puis fauve. Peridium convexe, puis en coupe (0^m 04-8), villeux pulvérulent, crème noisette, *enduit*, comme le stipe et le bord des lamelles, d'une *résine jaune d'ambre.* Chair élastique, balsamique, astringente, *amère* et blanche. Lamelles sinuées, espacées, décurrentes en filet, dentelées et *blanc de neige.* Spore ellipsoïde allongée (0^{mm}01), biguttulée.

Alb. et Schw. Cons., p. 186. *resinaceus*, Trog. Fl. 1832.

Automne-printemps. — Sur les souches de sapin des forêts montagneuses. Jura.

Gen. IV. PLEUROTUS, Quél.

Voile continu. Peridium charnu ou peu coriace. Stipe charnu ou coriace, excentrique ou latéral, rarement central ou oblitéré. Lamelles sinuées, adnées ou décurrentes. Spore le plus souvent ellipsoïde, allongée et blanche. Intermédiaires entre *Omphalia* et *Panus*. Lignicoles.

I. Dimidiati.

Peridium latéral, non retourné et sans marge en arrière.

limpidus. *Blanc hyalin*, hygrophane, *blanchissant.* Peridium mince, obovale, réniforme (0^m 02-3), atténué en stipe en arrière, pruineux, glabre. Lamelles décurrentes, linéaires et serrées. Spore sphérique (0^{mm} 006), ocellée.

Fr. Epic., p. 135. Ic., t. 88, f. 3. *lacteus*, Scop. Carn.

Automne. — Cespiteux sur les troncs, hêtre, frêne. Morvan, Bourgogne.

reniformis. Stipe rudimentaire, latéral, très court, *villeux* et *blanc*. Peridium peu charnu, semi-circulaire (0m 01), plan, *villeux* et cendré. Chair mince, subgélatineuse et diaphane. Lamelles insérées sur un tubercule stipitiforme, linéaires, ténues et *grises*. Spore ovoïde sphérique (0mm 004), finement grenelée.

Fr. Ic. sel., t. 89, f. 3.

Automne. — Sur les branches mortes du cerisier à grappes.

planus. Stipe très court ou oblitéré, concolore, recouvert d'un duvet blanc de neige. Peridium semi-orbiculaire, convexe, puis aplani (0m 02), *fragile*, glabre, humide, striolé, pellucide, *blanc violeté*, puis *incarnat*. Lamelles libres, crème, puis *incarnat lilacin*.

Alb. et Schw. Cons. Fr. El. I., p. 23 [1].

Automne. — Sur les troncs de hêtre, de saule. Provence, Pyrénées.

tremulus. Stipe grêle, ascendant (0m 005-8), arrondi, tomenteux, *villeux* et *blanc*. Peridium dimidié (0m 02-4), festonné lobulé, submembraneux, spongieux, tendre, hygrophane, translucide, *tomenteux* à la loupe, gris bistré, puis gris clair, blanchissant. Lamelles adnées décurrentes, inégales, espacées, étroites, *grises*. Spore ovoïde (0mm 008), pointillée.

Schæf. Ic., t. 224. Sow., t. 242. Fr. S. M. I., p. 191.

Automne. — Dans les mousses des prés arénacés et humides.

acerosus. Protéiforme. Stipe très court (0m 002-4) ou oblitéré, velouté et hérissé, blanchâtre. Peridium réniforme (0m 02-3), membraneux, sublobé, *strié*, flasque, brun ou gris, *soyeux* et *blanc* par le sec. Lamelles linéaires, adnées, ténues, *serrées* et grises. Spore pruniforme oblongue (0mm 01).

Fr. S. M. I., p. 191. Ic., t. 89, f. 2 ? Bolt., t. 72, f. 3.

Automne. — Sur les brindilles et le bois mort des bois de conifères.

mitis. *Tout blanc*. Stipe plein, latéral, comprimé, *dilaté* au sommet, farineux furfuracé. Peridium mince, horizontal, réniforme (0m 02), glabre, à la fin rougeâtre. Chair tenace, *gélatineuse* en dessus, insipide. Lamelles adnées, arquées,

[1] Paraît peu différer de *Crepidotus translucens* ou de *Panus pudens*.

lancéolées, linéaires, serrées. Spore pruniforme (0mm 006-7).

Pers. Syn., p. 481. Bk. Outl. t. 6, f. 9. Quél., Jur. I., t. 5, f. 1.

Printemps-automne. — Sur les branches sèches dans les sapinières.

geogenius. Peridium en éventail ou demi entonnoir (0m 06-9), aminci en stipe latéral, en *gouttière*, villeux, *blanc*, recouvert d'une *couche gélatineuse, veloutée*, pruineuse, d'un *gris pâle*, jaunâtre ou bistré. Lamelles décurrentes, *étroites*, serrées, fourchues et blanches. Spore pruniforme allongée (0mm 008).

De Cand.? Mich. Gen., t. 65, f. 2. Paul., t. 25, f. 1, 2 (var. *alba*). *petaloides*, Bull., t. 557, f. 2. *Gemmellari*, Inz. Fung. Sic., t. 7, 8, f. 1.

Eté. — Épars au pied des souches dans les forêts. Comestible ?

petaloides. Peridium tenace, en spatule (0m 03-5), mince, atténué en stipe latéral, comprimé en gouttière, hérissé, recouvert d'une *couche gélatineuse*, glabre, *bai brun*. Lamelles décurrentes, serrées, *très étroites*, blanc crème. Spore ovoïde (0mm 007-10), finement chagrinée.

Bull., t. 226. *spathulatus*, Pers. Obs. I., t. 4, f. 1. Bres. Fung., t. 50.

Eté-automne. — Isolé ou imbriqué contre les souches dans les forêts. Comestible ?

moricola. Peridium sessile, semiorbiculaire (0m 03-5), hérissé, velouté et *fauve*, souvent aminci en stipe court, en gouttière et hérissé en dessous ; marge glabre. Lamelles décurrentes, blanc jaunissant.

mori, Lév. An. sc. n. 1849, p. 120.

Imbriqués sur les vieux troncs de mûrier blanc, à Montpellier.

serotinus. Stipe latéral, court ou oblitéré, épais, tomenteux, *fauvâtre*, finement *grenelé de grains bruns*. Peridium compacte, convexe, réniforme (0m 03-6), glabre, humide, *nankin verdoyant*, puis olive. Chair spongieuse sous une *couche gélatineuse*, blanche. Lamelles adnées, serrées, *rameuses*, jonquille. Spore arquée, en saucisson (0mm 006), obscurément cloisonnée.

Schrad. Abh. Schw. III., t. 10.

Fin automne. — Groupé sur les troncs couchés, chêne, hêtre, des bois humides.

II. Excentrici.

Peridium entier, orbiculaire, plus ou moins développé de côté sur le stipe.

a. *Lamelles décurrentes. Stipe excentrique, sublatéral ou oblitéré.*

cardarella. Stipe excentrique, atténué en bas, glabre et blanc. Peridium convexe cyathiforme (0m 06-10), finement floconneux, tacheté par gouttes, chamois ocracé ou bistré, pâlissant. Chair ferme, blanche, sapide. Lamelles décurrentes, blanches. Spore ellipsoïde allongée (0mm 012), finement papilleuse.

Batt., t. 16, f. G. *eryngii*, De Cand. Fl. fr. VI., p. 47. Paul., t. 39. Vitt. Fung. mang , t. 10, f. 2.

Eté. — Sur les tiges du chardon roulant. Comestible.

nebrodensis. Stipe épais, cunéiforme, élastique, blanc. Peridium convexe, ondulé, puis en entonnoir (0m 012-15), régulier ou excentrique, lisse, *gris*, *blanchâtre* ou *crème*, *blanchissant*, crevassé par le sec. Chair *très ferme*, blanche, agréable au goût et à l'odorat. Lamelles très décurrentes, *bifurquées* et *anastomosées* à la base, blanches prenant une teinte citrine. Spore pruniforme allongée (0mm 012), 1-2 ocellée, hyaline à *reflet citrin*.

Inz. Fung. sicil. I., p. 11. *ferulæ*, Quél. Jur. II., p. 384. Lanzi, Fungo della ferula, f. 1-5.

Hiver. — Cespiteux sur les racines de *Ferula communis*, *Eleoselinum*, *Opopanax*, *Prangus*, etc. Alpes maritimes. Comestible.

conchatus. Stipe oblique ou oblitéré, velouté hérissé, blanc, puis concolore. Peridium conchoïde, ondulé (0m 05-8), épais, *velouté* à la base, glabre, luisant, incarnat paille ou crème blanchâtre ; marge enroulée et amincie. Chair tenace, légère, odorante, sapide et blanche. Lamelles décurrentes en filet, souvent anastomosées à la base, *blanches*, puis crème, subconcolores. Spore cylindrique ellipsoïde (0mm 011-15).

Bull., t. 298. *juglandis*, Paul., t. 20, bis. *pulvinatus*, Pers. Syn., p. 370. *salignus*, p. 478. Tratt. Aust., t. 8. Quél. Jur. I., t. 4, f. 8. *avellanus*, Thore. Chl., p. 479. *Almeni*, Fr. Ic., t. 87, f. 3. *revolutus*, Kickx., p. 150.

Automne-hiver. — Cespiteux sur les troncs, noyer, peuplier, hêtre, chêne, sapin, saule. Comestible.

acerinus. *Blanc.* Stipe mince, sublatéral ou oblitéré, *villeux*. Peridium inégal (0m 03 12), tenace, mince, *soyeux villeux*. Lamelles décurrentes, serrées, ténues, blanches, puis crème jonquille. Spore pruniforme allongée (0mm 01-11), grenelée.

Fr. Epic., p. 134.

Automne. — Sur les troncs d'érable. Ressemble à *O. lignatilis*.

pometi. Stipe radicant, fusiforme, excentrique, glabre, villeux à la base, blanc. Peridium inégal (0m 05-8), convexe, flasque, glabre, *blanchâtre*. Lamelles très décurrentes, serrées *blanches*. Spore ovoïde pruniforme (0mm 01-11), pointillée.

(*Dendrosarcos*), Paul. t. 21, f. 1. Fr. Ic., t. 89, f. 1.

Automne. — Sur les troncs de pommier. Comestible.

pantoleucus. *Blanc.* Stipe court et *glabre*. Peridium dimidié, en spatule.

Fr. Mon. I., p. 373. Ic., t. 88, f. 2.

Sur les troncs de bouleau.

Battarræ. Stipe excentrique, flexueux, aminci en bas, villeux et *blanc*. Peridium ombiliqué, puis cyathiforme (0m 03-5), *blanc* ou légèrement citrin; marge amincie, enroulée, souvent d'un gris pâle, *ornée* de *très petites mèches bistre* et *caduques*. Chair tenace, fragile, blanche, exhalant une fine odeur de farine. Lamelles décurrentes, étroites, blanc crème. Spore cylindrique ellipsoïde (0mm 012), guttulée.

Quél. Soc. bot., XXV, p. 287. *Omphalomyces tubam referens*, Batt., t. 12, f. A.

Été-automne. — Cespiteux sur les troncs, saule, peuplier. Ouest. Ressemble à *L. tigrinus*.

ostreatus. Stipe court ou oblitéré, ferme, oblique, épaissi en haut, *velouté*, blanc. Peridium convexe, puis conchoïde, rarement cyathiforme (0m 1), mou, glabre, humide, *noir violacé*, *brun cendré*, *bistre* ou gris bleuâtre, pâlissant, rayé et luisant par le sec. Chair blanche, tendre et sapide. Lamelles décurrentes, anastomosées à la base, larges, blanches, grisâtres ou crème avec l'*arête* quelquefois *bistrée*. Spore oblongue, ellipsoïde (0mm 012-14), hyaline, puis *lilacine*.

Jacq. Aust., t. 288. Fr. Sv. sv., t. 46. Vitt. Fung. mang., t. 4. *dimidiatus*, Bull., t. 508. *glandulosus*, Bull., t. 426[1].

Fin-automne-hiver. — Cespiteux sur les troncs d'arbres feuillés, hêtre, peuplier, etc. Comestible.

[1] Les lamelles sont ponctuées de petites verrues.

columbinus. Stipe excentrique ou sublatéral, velouté poilu, blanchâtre ou paille. Peridium convexe plan (0m 05-9), puis ombiliqué ou conchoïde, velouté, *incarnat* ou chamois, glabre, *azuré* ou *lilacin* au bord. Lamelles décurrentes en filets *anastomosés* à la base, blanc glaucescent. Sapide, odeur agréable. Spore ellipsoïde allongée (0mm 01-12), 2-3 guttulée, hyaline, *lilacine* en tas.

Quél. Bres. Fung. trid., t. 6. *planus*, Sec., n° 1058. *euosmus*, Bk. Outl., p. 135.

Automne. — Sur les troncs de conifères, pin. Comestible.

cornucopiæ. Stipe *ramifié*, radicant, pruineux tomenteux et *blanc*. Peridium convexe, puis cyathiforme ou conchoïde (0m 05-8), pubescent, puis glabre, *blanc de lait* ou fuligineux violeté, puis *noisette*. Chair flasque, blanche, sapide; odeur de farine fraîche ou de fleurs de châtaignier. Lamelles décurrentes en filet, anastomosées à la base, blanches, puis crème noisette. Spore pruniforme allongée (0mm 01-14), *lilacine*.

Paul., t. 28. *sapidus*, Kalch. Ic., t. 8, f. 1. *dimidiatus*, Bull., t. 517.

Été. — Cespiteux sur les troncs, frêne, chêne, orme. Centre, Sud et Ouest de la France. Comestible.

spodoleucus. Stipe épais, oblique, *fibrillé strié*, *cendré* pâle. Peridium orbiculaire (0m 1), bossu, flexueux, glabre, *cendré* ou *bistré*. Chair blanche, un peu rosée à l'air, tendre, douce; odeur de farine. Lamelles émarginées, puis adnées décurrentes, étroites, *blanches*, puis incarnat grisâtre sur la marge. Spore ellipsoïde (0mm 008-9), guttulée.

Fr. S. M. I., p. 182. Ic., t. 87, f. 1.

Automne. — A la base des troncs, hêtre, chêne. Jura.

velutipes. Stipe fibreux, courbé, à peine excentrique, prolongé, radicant, *pruineux* et *citrin*, puis *velouté* et *brun safrané*. Peridium mince, convexe plan (0m 02-9), glabre, *visqueux*, *souci*, *fauve* au milieu; marge striolée et jonquille. Chair molle, crème, douce. Lamelles sinuées, larges, crème, puis paille. Spore arquée, en saucisson (0mm 01), guttulée.

Curt. Lond. IV., t. 70. Bolt., t. 135. Sow., t. 384, f. 3. Batsch., f. 112. Kromb., t. 44, f. 6-9. *nigripes*, Bull., t. 519, f. 2.

lacteus. Entièrement blanc crème.

Quél. As. fr. 1880., p. 3.

Fin automne-hiver. — Cespiteux sur les troncs, saule, peuplier, sureau, genêt à balais. Comestible.

b. *Voile annulaire.*

dryinus. Stipe sublatéral, ascendant, floconneux, blanc. Anneau laineux soyeux, déchiré et adhérent à la marge, fugace, blanc. Peridium compacte, élastique, convexe plan (0m 1), horizontal, *tomenteux, gris, blanchissant;* marge très enroulée. Chair subsubéreuse, blanc de neige. Lamelles très décurrentes, *anastomosées* en arrière, souvent dichotomes, *blanches*, jaunissant par le sec. Spore arquée, en saucisson (0mm 012-15), guttulée.

Pers. Syn., p. 478. *corticatus*, Fr. S. M. I., p. 179. *dimidiatus*, Schæf., t. 233.

Albertinii. Stipe vertical, court, pelucheux, noirâtre; anneau *fuligineux*. Peridium convexe, *dimidié* (0m 12-15), bistré, parsemé de *mèches poilues* et *noircissantes*. Lamelles décurrentes, blanches.

Fr. S. M. I., p. 179. (*Lepiota*), Alb. et Schw., p. 229. *tephrotrichus*, Bres. Fung., t. 80.

Eté-automne. — Sur les souches, chêne, hêtre, sapin. Comestible.

pleurotoides. *Incarnat blanchâtre.* Stipe aminci en bas, glabre. Anneau supère, *crénelé*. Peridium convexe plan (0m 04-8), souvent excentrique, glabre, pâlissant. Chair blanche. Lamelles adnées, serrées, blanchâtres. Spore oblongue.

Fr. Mon., p. 286. Ic., t. 19, f. 2.

Sur les troncs de pommier avec *Pleurotus pometi*, dont il n'est peut-être qu'une variété. Suède, Autriche, Tyrol.

Trib. III. ASTEROSPORI, Quél.

Peridium et stipe à chair grenue, vésiculeuse, compacte ou spongieuse. Lamelles membraneuses, céracées, fragiles. Spore sphérique, ellipsoïde, aculéolée, blanche ou jonquille. Terrestres.

Gen. I. RUSSULA, Pers.

Stipe spongieux, dur à la surface, *fragile*. Voile visqueux ou pruineux. Peridium globuleux, puis *plan;* chair *grenue*, tendre et *fragile*, douce ou âcre. Lamelles simples ou fourchues, rigides, *fragiles*, blanches ou jaunes. Spore *sphérique* ou ellipsoïde, aculéolée ou grenelée, blanche ou jaune.

I. Xanthosporæ.

Lamelles et spores jaunes.

a. *Tenellæ*.

Peridium incarnat, rouge, jaune ou olive. Espèces douces, grêles et fragiles.

puellaris. Stipe spongieux, vite creux, fluet, très fragile, ruguleux, blanc taché de jonquille. Peridium plan (0m 02-3), *strié*, lubrifié, purpurin grisâtre, puis paille ou olive, bistré au milieu, *translucide*. Chair très mince, *hyaline*, *paille* par le sec, douce. Lamelles adnées en pointe, serrées, *blanches*, puis *paille*, tachées de jaune. Spore (0mm 008), blanc citrin.

Fr. Epic., p. 362. *leprosa*, Bres. Fung., t. 65.

Eté. — Forêts humides et marécageuses. Jura, Vosges, Pyrénées.

lateritia. Stipe grêle, aminci à la base et dilaté au sommet, ridé, pruineux et blanc. Peridium convexe, puis concave (0m 03-5), mince, cannelé au bord, finement pulvérulent, *purpurin briqueté*. Chair tendre, blanc crème, *douce*, inodore. Lamelles adnées, ténues, fragiles, ocracées, puis dorées. Spore ellipsoïde (0mm 008-10), finement aculéolée, ocellée, crème citrin.

Quél. As. fr. 1885, t. 12, f. 11.

Eté. — Dans les forêts arides de conifères. Jura, Bourgogne.

roseipes. Stipe spongieux, grêle, pruineux, *blanc*, *taché* ou *chiné* de rose d'un côté. Peridium convexe, puis en coupe (0m 03-5), mince, peu visqueux, *rouge orangé* clair, puis jonquille au milieu. Chair tendre, blanche, douce, parfumée. Lamelles libres, ténues, fourchues à la base, crème jonquille, puis abricot et souvent ornées d'un *liséré rosé*. Spore (0mm 008-9), jonquille.

alutaceus roseipes, Sec., no 483. Bres. Fung., t. 40.

Eté. — Dans les forêts de hêtres, surtout sablonneuses. Normandie, Ouest, Alpes maritimes. Comestible.

chamæleontina. Stipe spongieux, grêle, striolé, pruineux et blanc. Peridium convexe plan (0m 03-4), tendre, visqueux, *rouge orangé* clair, passant vite au *crème jonquille*. Chair molle et fragile, douce, blanche sous une cuticule ténue et séparable. Lamelles libres, minces, serrées, crème, puis *souci*. Spore (0mm 008) crème ocracé.

Fr. Epic., p. 363.

Eté. — Dans les forêts ombragées de hêtres et de pins. Semblable à *lutea* lorsqu'il est devenu jaune. Comestible ?

lutea. Stipe spongieux, caverneux, grêle, très fragile, lisse et blanc. Peridium convexe, puis excavé (0m 03-4), mince, visqueux, *jonquille citrin*, pâlissant et blanchissant quelquefois. Chair tendre, très fragile, blanche sous la cuticule ténue et séparable, douce. Lamelles adnées, réunies par des veines, étroites, crème jonquille brillant. Spore (0mm 009) jonquille.

Huds. Fl. ang. Ed. II., p. 611. Pers. Syn., n° 333. Grev. Scot., t. 91, f. 1.

Eté-automne. — Dans les forêts de la plaine. Très précoce. Comestible.

vitellina. Stipe spongieux, fluet, très fragile, glabre et blanc. Peridium convexe plan, puis en soucoupe (0m 03), mince, à peine visqueux, *sillonné tuberculeux*, couleur jaune d'œuf, pâle. Chair fragile, blanche, douce; odeur désagréable. Lamelles libres, réunies par des veines, *espacées*, crème incarnat, puis *safranées*.

Pers. Syn., n° 352. Fr. Epic., p. 363. *risigallinus*, Batsch, f. 72.

Automne. — Dans les forêts de conifères des montagnes. Ressemble à *lutea*.

mollis. Stipe spongieux, *gonflé*, strié, ridé, pruineux et *blanc*, Peridium convexe plan (0m 05-7), mince, uni, visqueux, *blanchâtre*, *paille*, *verdâtre* ou *olivâtre*. Chair *molle*, blanche sous une cuticule ténue et séparable, *douce*, à peine acidule. Lamelles bifurquées, larges, épaisses, molles, blanc de lait, puis crème jonquille. Spore (0mm 008-7), citrine.

Quél. As. fr. 1882, t. 11, f. 13. *æruginascens*, Ench., p. 137.

Eté. — Dans les forêts ombragées et sablonneuses. Affine à *nauseosa*. Comestible ?

ravida. Stipe spongieux, grêle, tendre, pruineux, blanc ou paille. Peridium convexe plan (0m 03-4), lobé, mince, mou, visqueux, *bistré*, *olivâtre* ou *cendré* avec le milieu *bistre* ou *noir*, puis fuligineux ou ocracé. Chair très molle, *gris bleuâtre*, douce. Lamelles libres, minces, crème jonquille.

Fr. Epic., p. 363. Bull., t. 509, f. Q.

Eté. — Dans les forêts ombragées et gramineuses. Alsace, Vosges.

b. *Insidiosæ.*

Peridium ocracé, bai, rouge ou purpurin. Chair douce, puis âcre, ou âcre.

ochracea. Stipe spongieux, tendre, strié, *blanc* ou *crème ocracé.* Peridium convexe, puis en coupe (0^m 05-7), mou, visqueux, *nankin*, puis plus foncé au milieu; marge *sillonnée.* Chair molle, blanche, ocracée sous la cuticule ténue, *âcre* ou *douce.* Lamelles adnées, larges, blanc crème. Spore (0^{mm} 01) crème citrin.

Alb. et Schw. Cons., n° 625. Fr. Epic., p. 362. Kromb., t. 68, f. 9, 10. Roz. et Rich., t. 13, f. 18.

Eté-automne. — Dans les bois de pins sablonneux. Peut être confondu avec *ochroleuca.* Suspect.

maculata. Stipe spongieux, dur, *strié réticulé*, poli, *blanc*, rarement *rosé*, taché à la fin de roux ou de bistre. Peridium convexe plan (0^m 06-9), épais, *dur*, visqueux, *rouge incarnat* pâle, puis décoloré, *jonquille* ou *blanc d'ivoire*, *tacheté* de *pourpre* ou de *brun ;* marge festonnée, unie et restant le plus souvent rouge. Chair fragile, puis spongieuse, blanche, *poivrée* au bout de quelques instants de mastication, exhalant une forte odeur de rose ou de pomme. Lamelles atténuées adnées, bifurquées, rameuses, pruineuses, jonquille clair, puis jaune abricot ou aurore. Spore (0^{mm} 01) citrine.

Quél. Soc. bot. 1877, p. 323, t. 5, f. 8.

Eté. — Dès le mois de juin, dans les bois rocailleux. Jura, Provence, Nord. Comestible ?

veternosa. Stipe spongieux, puis creux, fragile, blanc d'ivoire. Peridium convexe plan (0^m 06-8), peu charnu, visqueux, *rosé* ou *incarnat*, pâlissant rapidement et *crème jonquille* au milieu. Chair molle, blanche sous une cuticule ténue et adnée, *âcre*, acidule vireuse. Lamelles adnées, blanches, puis crème jonquille. Spore (0^{mm} 01) muriquée, crème, citrine.

Fr. Epic., p. 354. *rougeotte* ou *cerise pâle*, Paul., t. 74, f. 3. *persicinus*, Kromb., t. 66, f. 18, 19.

Eté. — Dans les bruyères et les forêts gramineuses de la plaine. Suspect.

aurata. Stipe spongieux, ferme, fragile, striolé, *blanc*, lavé, en bas, de *citrin.* Peridium convexe plan (0^m 06-8), charnu, rigide, visqueux, *orangé* ou *fauve*, *citrin* au bord. Chair très fragile, *blanche*, *citrine* sous la cuticule ténue et adnée, douce, puis un peu âcre. Lamelles libres, réunies par des veines, *blanches*, puis crème citrin, avec une *bordure citrine*. Spore (0mm 01), ocellée et citrine.

With. Arr. IV. Fr. Epic., p. 361. Kraft., t. 5. *aurantiicolor*, Kromb., t. 66, f. 8-11. *esculenta*, Pers. Syn., n° 350.

Eté. — Dans les forêts arides, les clairières. Comestible ?

nauseosa. Stipe spongieux, tendre et fragile, *ridé*, glabre et blanc. Peridium convexe, puis en coupe (0m 03-5), très tendre, mince, visqueux, *sillonné* et *chagriné* au bord, *rose purpurin grisâtre, olivâtre* ou *bistré*, puis blanchâtre ou paille au milieu. Chair molle, blanche sous la cuticule mince et séparable, douce, puis légèrement vireuse. Lamelles adnées, fragiles, crème citrin, puis *jonquille nankin*. Spore (0mm 011) citrine.

Pers. Syn., n° 362. Fr. Epic., p. 363. Schæf., t. 16, f. 4.

Eté-automne. — En troupe dans les forêts de conifères. Très répandu et affine à *nitida*. Suspect.

badia. Stipe spongieux, fragile, finement *ridé*, glabre, blanc, souvent *rosé* en bas. Peridium convexe plan (0m 06-8), puis excavé, uni au bord, visqueux, *bai foncé*, légèrement purpuracé. Chair élastique, puis molle, blanche, violette sous la cuticule, très poivrée, odeur douce. Lamelles sinuées, souvent fourchues, minces, jonquille. Spore (0mm 01) ocellée, citrine.

Quél. As. fr. 1880, t. 8, f. 9.

Automne. — Dans les forêts de conifères montagneuses. Alpes, Jura, Vosges. Vénéneux ?

nitida. Stipe spongieux, rigide, finement ridé, pruineux, *blanc*. Peridium convexe plan (0m 05-6), puis en coupe, mince, visqueux, chagriné et sillonné au bord, *pourpre* foncé ou brun, brillant, pâlissant. Chair tendre, blanche, *douce*, tardivement poivrée, vireuse. Lamelles adnées, minces, *blanc crème*, puis *jonquille* ou abricot *safrané*. Spore (0mm 01) ocellée et jonquille.

Pers. Syn., n° 357. *purpurea*, Schæf., t. 254. *cuprea*, Kromb., t. 66, f. 1-3. *Turci*, Bres. Fung., t. 26.

Eté. — Dans les forêts de chênes et de hêtres de la plaine.

c. *Versicolores*.

Peridium ample, versicolore. Chair compacte et douce.

palumbina. Stipe plein, ferme, ridé, strié et *blanc*. Peridium globuleux, puis en soucoupe 0m 06-7), un peu visqueux, pruineux au bord, *azurin*, *lilacin* ou *gris perle*, nuancé, au milieu, de rose, de jaune, de vert et d'olive, puis *verdoyant*. Chair élastique, blanche, lilacine sous la cuticule séparable, sapide. Lamelles adnées, crème avec une teinte chair d'abricot. Spore (0mm 008) citrine.

Quél. As. fr. 1882, t. 11, f. 11. *cyanoxanthum*, *gorge de pigeon*, Paul., t. 76, f. 2-3. *grisea*, *cærulea*, Pers. Syn., nos 358 et 359. *sapida*, Roques, t. 10, f. 4.

Eté. — Dans les sapinières des bois secs. Jura, Alpes, Nord et Ouest. Comestible.

integra. Stipe spongieux, épais, *ridé strié* et blanc. Peridium convexe plan (0m 1-12), visqueux, purpurin, rouge, bai ou brun et olive, *décolorant*; marge, à la fin, sillonnée, chagrinée. Chair tendre, blanche, douce; odeur de miel ou d'orchis. Lamelles libres, très larges, réunies par des veines, blanc de lait, puis farineuses, crème ocracé. Spore (0mm 01) ocracée.

Linn. Suec., n° 1230. Fr. Epic., p. 360. Roz. et Rich., t. 43, f. 13, t. 44, f. 10. *rubra*, Schæf., t. 92. Vitt. Fung. mang., t. 21.

Printemps-été. — Dans les forêts ombragées de la plaine. Versicolore et très précoce; ressemble à *alutacea*.

fusca. Stipe plein, rigide, glabre, puis finement ridé, blanc de lait. Peridium convexe, puis déprimé en coupe (0m 06-8), *brun ocracé*, tacheté, plus foncé au centre; pellicule visqueuse; marge unie, puis brièvement sillonnée. Chair ferme, blanc crème, douce, parfumée. Lamelles sinuées, uncinées, bifurquées, veinées à la base, *blanc de lait*, puis crème ocracé, jaune de cire. Spore ellipsoïde (0mm 009), blanc crème.

Quél As. fr. 1886, t. 9, f. 5.

Été. — Dans les forêts de conifères montagneuses. Jura, Vosges, Pyrénées. Affine à *integra*, il ressemble à *badia*.

Barlæ. Stipe spongieux, dur, ridé striolé, pruineux soyeux, *blanc crème*, puis rayé de bistre. Peridium convexe plan (0m 06-9), puis en coupe, compacte, à peine visqueux, jaune *abricot* ou *nankin* clair, teinté d'orangé, passant au *rose incarnat*, souvent aréolé gercé. Chair ferme, blanche sous la cuticule lisse et séparable, douce; odeur de mélilot, de mousse de Corse (Barla). Lamelles sinuées, libres, crème, puis *jonquille safrané*, à reflet rosé incarnat. Spore (0mm 009) grenelée, crème jonquille.

Quél. As. fr. 1883, t. 6, f. 12.

Été. — Dans les forêts montagneuses. Alpes maritimes, région subalpine. Il ressemble à *roscipes* et à *maculata*. Comestible ?

decolorans. Stipe spongieux, strié et ridé, *blanc*, puis *gris*. Peridium convexe plan (0m 08-9), épais, visqueux, *nacarat*, passant vite au *jonquille ocracé*; marge mince, à la fin striée. Chair tendre, succulente, blanche, *grisonnant* vite, puis marbrée de gris et de noir, douce. Lamelles libres, souvent géminées, minces, fragiles, blanches, puis crème jonquille. Spore (0mm 009) ocellée, crème jonquille.

Fr. Epic., p. 361. Kromb., t. 68, f. 1-4?

Eté-automne. — Dans les forêts de conifères humides et les tourbières des montagnes. Jura, Vosges, Forêt Noire, Tyrol. Comestible.

amœna. Stipe plein, ferme, dilaté au sommet, *farineux*, *rose lilacin*. Peridium convexe, puis déprimé (0m 05-8), *pulvérulent*, d'un beau *violet lilacin*, améthyste ou azuré au bord. Chair ferme, blanche, douce, exhalant une odeur de pomme de reinette, *L. lactifluus* (Forq.). Lamelles adnées, fourchues, dichotomes, *blanc crème* avec un fin *liséré violet*. Spore (0mm 009) ornée de grains globuleux, jonquil'e.

Quél. As. fr. 1880, t. 8, f. 10. Luc. Ch., t. 194.

Été. — Dans les forêts de conifères, sablonneuses ou arides. Jura, Vosges, Pyrénées, Forêt Noire. Comestible.

xerampelina. Stipe spongieux, ferme, épaissi à la base, glabre, *blanc* ou *incarnat rosé*. Peridium convexe plan (0m 1-12), visqueux, finement *pointillé*, aréolé par le sec, *purpurin* ou *lilacin*, bai ou noirâtre au milieu, puis ocracé ou olivâtre. Chair compacte, blanche, puis *crème ocracé*, sapide et odorante. Lamelles adnées, fourchues, épaisses, blanc crème, puis abricot. Spore (0mm 01) ocellée, jonquille.

Schæf. Ic., t. 214, 215. *tinctoria*, Sec., n° 487, C ?

Automne. — Dans les bois frais et sablonneux, surtout de conifères. Comestible.

alutacea. Stipe épais, *blanc*, *rosé* d'un côté. Peridium convexe (0m 1-15), rigide, *purpurin* ou *sanguin*, taché d'*olive*, de *vert* ou de *bistre*. Chair ferme, blanche, douce; goût de noisette. Lamelles épaisses, *larges*, crème, puis jaune d'œuf.

Pers. Obs. I., n° 107. Vitt. Fung. mang., t. 34. Barla, t. 14, f. 1-3. Roques, t. 10, f. 3.

Été-automne. — Dans les forêts ombragées, surtout montagneuses. C'est la plus grande espèce de ce groupe. Comestible.

olivascens. Stipe ferme, lisse, blanc. Peridium campanulé, puis plan (0m 1), rigide, *olivâtre*, puis ocracé ou jonquille au milieu. Chair dure, blanche, sapide. Lamelles *blanc crème*, puis jonquille. Spore (0mm 008-9) crème jonquille.

Fr. Ic. sel., t. 172, f. 2.

citrina. Peridium *jonquille* ou *citrin*, *tacheté* de *vert* ou d'*olive* clair, souvent incarnat au bord.

Quél. Ench., p. 132.

Été. — Dans les forêts sablonneuses.

olivacea. Stipe spongieux, ferme, ventru, *blanc crème*, souvent *rosé*. Peridium convexe plan (0m 1-12), épais, *satiné*, puis *poudreux* et *gercé*, rougeâtre, rosé ou ocracé, brouillé d'olive pâle. Chair blanche, teintée de jonquille, douce. Lamelles adnées, larges, serrées, fourchues, jaune de cire, puis *sulfurines*. Spore (0mm 01) citrine.

Schæf. Ic., t. 204. Fr. Epic., p. 356. Kromb., t. 68, f. 13.

Été-automne. — Dans les sapinières montagneuses. Jura. Se distingue des voisins par la couleur inusitée des lamelles. Comestible ?

rhytipus. Stipe ridé réticulé, rosé grisâtre. Peridium (0m 1-12), jaunâtre, olive et pourpre au milieu. Chair jonquille, fétide. Lamelles blanches, bordées de jaune et pointillées de roux. Sec. Myc., n° 494. Paraît être *olivacea* à l'état de vétusté.

II. Leucosporæ.

Lamelles et spores blanches ou hyalines.

a. *Piperinæ.*

Peridium rouge, pourpre ou violet, blanc par décoloration ; saveur âcre et poivrée.

emetica. Stipe spongieux, rigide, glabre, *blanc* ou *teinté* de *rose*. Peridium convexe plan (0m 1), ruguleux, poli, *rouge rosé*, *rosé* ou *blanc*, rarement crème ocracé ; marge lisse, puis sillonnée et chagrinée. Chair succulente, blanche, purpurine. sous la cuticule séparable, puis jaunâtre, très poivrée. Lamelles adnées ou libres, larges, blanches. Spore (0mm 008) ocellée.

Schæf. Ic., t. 15, f. 4-6. Harz., t. 63. Fr. Sv. sv., t. 21. Roques, t. 12, f. 1.

Clusii. Peridium *rouge de sang*. Chair *blanche*, puis *jonquille*.

Lamelles crème jonquille ou incarnat. Spore (0mm01) blanc crème.

Fr. Hym., p. 449. Paul., t. 75, f. 6-8.

Été. — Dans les forêts humides ou tourbeuses, près des souches pourries. Vénéneux.

rosacea. Stipe spongieux, puis creux, évasé au sommet, pruineux, *blanc* ou en partie *rosé*. Peridium convexe plan (0m 05-7), ombiliqué ou flexueux et difforme, ferme, uni, puis *sillonné*, visqueux, d'un *rose rouge* pâle, puis *blanc* avec des taches *rose rouge*, ou blanc paille. Chair caséeuse, blanche, poivrée. Lamelles adnées, *bifides, blanches*. Spore (0mm 008-9) ocellée.

Pers. Syn., n° 344, p. p. Fr. Epic., p. 351. Bull., t. 509, f. Z. Schæf., t. 16, f. 1-3.

sardonia. Lamelles, chair et stipe *tachés* de *jaune sulfurin*, par le sec ou par le froissement.

Fr. Epic., p. 35. Bres. Fung., t. 94.

Été-automne. — Dans les prés moussus et ombragés. Vénéneux?

fragilis. Stipe spongieux, puis creux, grêle, très fragile, striolé, pruineux et *blanc*. Peridium convexe plan (0m 03-4), souvent mamelonné, très mince, *strié*, peu visqueux, *rouge rosé*, *rose* ou *blanc*. Chair molle et fragile, très âcre, blanche, sous une cuticule ténue et décolorante. Lamelles adnées, *serrées*, ténues, ventrues et blanches. Spore (0mm 007-9) ocellée.

Pers. Syn., n° 347. Bull., t. 589, f. T, U. Barla, t. 14, f. 10-12. *nivea*, Pers. Syn., n° 342.

Été-automne. — En troupe dans les forêts ombragées. Diffère peu des formes grêles d'*emetica*. Vénéneux.

sanguinea. Stipe spongieux, ferme, rétréci tout au sommet, *ridé strié*, pruineux, d'un beau *rose rouge*, rarement blanc. Peridium convexe, légèrement *mamelonné*, puis cyathiforme (0m 06-9), ferme, lubrifié, *rouge sanguin*, souvent *sanguin violacé obscur*, blanchissant au bord. Chair caséeuse, succulente, blanche, rose rouge sous la cuticule, un peu âcre. Lamelles décurrentes, rarement fourchues, minces, réunies par des nervures, blanches, puis crème paille. Spore (0mm 01) blanc crème.

Bull., t. 42. Fr. Epic., p. 351. Luc. Ch., t. 168.

Linnæi. Peridium plus ample, *sanguin* ou *rose*. Chair douce. Stipe ridé réticulé, *sanguin*.

Fr. Epic., p. 356. Ic., t. 172, f. 3.

Eté-automne. — Dans les bois de pins humides. Jura, Vosges. Comestible ?

rubra. Stipe plein, épais, lisse, panaché de *rouge rosé* et de blanc. Peridium convexe plan (0m 06-8), *dur*, fragile, *poli*, souvent gercé et aréolé, d'un beau *rouge*, plus foncé au milieu, puis décoloré, crème ocracé. Chair compacte, grenue, *blanche*, purpurine sous la cuticule ; saveur brûlante, odeur nauséeuse. Lamelles adnées, souvent bifurquées, blanc crème, avec l'arête souvent *rouge rosé*. Spore (0mm 008-9).

De Cand. Fl. fr. II., p. 140. Fr. Sv. sv., t. 49. Kromb., t. 65. *pulcherrima*, Sec., n° 506. *sanguinea*, Vitt. Fung. mang., t. 38, f. 2.

Été. — Dans les bois sablonneux de la plaine. C'est le plus dur du genre ; il est plus foncé que *lepida* auquel il ressemble. Vénéneux ?

Queletii. Stipe spongieux, rigide, puis tendre, *farineux ;* d'un beau *rose violet*, décolorant. Peridium convexe plan (0m 03-8), ferme, puis mou, visqueux, d'un *bistre violet* obscur ; marge *pruineuse, violetée* ou *lilacine.* Chair ferme, puis molle, blanche, purpurine sous la cuticule, très poivrée. Lamelles adnées, souvent fourchues, *larmoyantes*, blanc *de cire* puis crème bistré, tachées, par le sec, de *bleu azuré*, cendré, ou *olive clair*. Spore (0mm 009).

Fr. Hym., n° 29. Quél. Jur. I., t. 24, f. 6. Roz. et Rich., t. 41, f. 4-7.

Printemps-été. — En troupe dans les forêts de conifères moussues. Vénéneux ?

violacea. Stipe spongieux, puis caverneux, fragile, grêle, striolé, pruineux, *blanc*. Peridium convexe plan (0m 03-5), déprimé, mince, visqueux, *strié*, d'un beau *violet lilacin* avec une étroite bordure blanche, puis souvent taché de *jonquille*, de *vert* ou d'*olive*. Chair molle, blanche, très poivrée ; odeur de laudanum. Lamelles adnées, serrées, ténues, blanches. Spore (0mm 008-9).

Quél. As. fr. 1882, t. 11, f. 13. *fragilis violascens*, Sec., n° 525.

Été-automne. — Dans les forêts ombragées et humides. Alpes, Jura, Vosges. Vénéneux ?

serotina. Stipe spongieux, fluet, finement *pubescent* et blanc. Peridium globuleux, puis plan (0m 02-3), violeté, lilacin, bistre ou olive, sous une *pruine floconneuse* et *blanche ;* marge unie, d'un bleu lilacin tendre et bordée d'un liséré blanc. Chair tenace, blanche et poivrée. Lamelles adnées, serrées, *blanches*, se tachant de *jaune*. Spore (0mm 007) blanche à reflet citrin.

Quél. Soc. bot. 1878, n° 13, t. 3, f. 11.

Hiver-été. — Dans les vieilles souches creuses, saule, tremble. Jura. C'est la plus petite espèce du genre. Suspect.

b. *Ingratæ*.

Cuticule du peridium paille, ocracée, bistre ou olive. Odeur désagréable, saveur âcre.

furcata. Stipe plein, gros, ferme et blanc. Peridium convexe, puis en entonnoir (0m 1-15), glabre, *vert*, *olive* ou *brun*, lavé de fauve ou de jaune, d'abord mat, puis un peu satiné. Chair ferme, fragile, caséeuse, blanche, vineuse sous la cuticule séparable, *amarescente*, puis *âcre*. Lamelles adnées décurrentes, espacées, ordinairement fourchues et *blanches*. Spore ellipsoïde (0mm 008), ocellée.

Pers. Syn., n° 363. Schæf., t. 94, f. 1. Paul., t. 74, f. 1. Kromb., t. 62, f. 1, 2. Roques, t. 12, f. 2.

Eté. — Dans les forêts ombragées du Centre et de l'Ouest. Vénéneux.

livescens. Stipe spongieux, puis caverneux, épais, finement rayé, glabre, *blanc*, puis *cendré*. Peridium convexe, puis déprimé (0m 1), charnu, fragile, visqueux, *bistre*, *brun olive* ou *cendré*. Chair tendre, *blanche*, bistre ou cendrée sous une cuticule épaisse, douce, puis poivrée ; odeur vireuse. Lamelles libres, *bifurquées*, épaisses et *blanches*, puis paille grisâtre. Spore (0mm 01) grenelée.

Batsch., El., f. 67, *consobrina*. Fr. Epic., p. 359. Larb., t. 19, f. 7.

sororia. Peridium à *marge striée*. Stipe *blanc*.

Fr. Ic. sel., t. 173, f. 1.

Eté. — Dans les bois de pins sablonneux. Normandie, environs de Paris, Ouest. Suspect.

fœtens. Stipe spongieux puis caverneux, ventru, *blanchâtre*, *paille*. Peridium globuleux, puis convexe (0m 1-15), *rigide*, peu charnu, visqueux, *paille* ou *ocre grisâtre*, très mince au bord, *cannelé*, chagriné. Chair fragile, humide, blanche, puis ocracée, âcre et nauséabonde. Lamelles libres, réunies par des nervures, *larmoyantes*, blanchâtres ou paille. Spore (0mm 009, muriquée.

Pers. Syn., n° 356. Fr. Sv. sv., t. 40. Kromb., t. 70, f. 1-6. *piperatus*, Bull., t. 292.

Eté. — En cercle dans les prés, les bruyères et les bois gramineux. Vénéneux?

pectinata. Stipe spongieux, court, *striolé*, *blanc*. Peridium convexe, puis en coupe (0m 06-8), compacte, visqueux, couleur de *croûte* de pain, puis sec, *chamois* pâle avec le centre fuligineux; marge mince, *chagrinée* et *cannelée*. Chair blanche, *crème ocracé* sous la cuticule adnée, acre et nauséeuse. Lamelles adnées puis libres, étroites, simples et blanches. Spore (0mm 008) grenelée, ocellée.

Bull., t. 509, f. N? Fr. Epic., p. 358. Roz. et Rich., t. 41, f. 10. *ochroleuca*, Alb. et Schw., p. 213.

Eté. — Dans les forêts ombragées et gramineuses. Il ressemble à *fœtens*. Suspect.

insignis. Stipe court, grêle, blanchâtre avec la base *rouge clair*. Peridium cyathiforme (0m 03-4), sillonné, bistré, orné sur la marge de petits *flocons sulfurins* et *fugaces*. Chair et lamelles *blanc crème*.

Quél. As. fr. 1887.

Eté. — Dans les forêts ombragées. Jura, Gironde.

fellea. Stipe spongieux, puis creux, grêle, dur, *blanc*, puis teinté ou taché de *jaune jonquille*. Peridium convexe plan (0m 03-6), mince, avec bord *strié*, visqueux, *paille ocracé*, plus foncé au milieu. Chair ferme, blanchâtre, puis paille, très âcre, brûlante. Lamelles adnées, serrées, étroites, minces, *bifurquées*, blanc paille, chargées de gouttelettes d'eau limpide, puis *tachées* de jonquille. Spore (0mm 009) grenelée.

Fr. Epic., p. 354. Ic., t. 173, f. 2.

Eté. — En troupe dans les forêts ombragées de hêtres et de sapins. Se distingue par sa couleur à la fin uniforme. Vénéneux.

?**flavovirens**. Stipe grêle, *blanc*, *verdoyant*. Peridium (0m 04-5) à la fin strié, *citrin verdâtre;* chair fragile, blanche, amère, très âcre. Lamelles *blanches*, puis *jaune verdâtre*, *verdissant* au toucher.

Bomm. et Rouss., Lamb. Fl. myc. Sup., p. 58.

Dans les sapinières, Ardennes.

ochroleuca. Stipe spongieux, ferme, ruguleux réticulé, glabre, *blanc*, puis légèrement *cendré*. Peridium convexe plan (0m 05-8), puis en coupe, glabre, lubrifié, *jonquille citrin*, blanchissant. Chair tendre, fragile, *blanche*, jonquille sous la cuticule adnée, âcre; odeur de fruits. Lamelles sinuées libres, ventrues, fragiles, *blanches*, puis teintées de jaune pâle. Spore (0mm 01).

Pers. Syn., nº 355. Fr. Epic., p. 358. *luteoalbum*, Paul., t. 76, f. 4. Kromb., t. 64, f. 7-9. *depallens*, Roz. et Rich., t. 44, f. 1-4.

Eté. — En troupe dans les forêts humides et sablonneuses. Suspect.

Raoultii. Stipe petit, ridé rayé, tendre, blanchâtre. Peridium convexe plan (0m 04-5), lubrifié, *blanc* avec le disque *citrin* ou *paille*. Chair un peu molle, blanche, tardivement âcre. Lamelles adnées, minces, *blanches*. Spore (0mm 009) grenelée, ocellée.

Quél. As. fr. 1885, t. 12, f. 12.

Automne. — Dans les forêts de sapins, sur le grès bigarré. Vosges.

c. *Sapidæ*.

Espèces comestibles, de couleur agréable et variée; chair douce et sapide.

cyanoxantha. Stipe plein, élastique, gros et long, *ridé*, *blanc*. Peridium convexe, puis en coupe (0m 1-15), épais, *rayé* par de fines rides rayonnantes, visqueux, *purpurin rosé* ou *lilacin*, puis *olive* ou *verdoyant*. Chair lourde, humide, tenace, sapide, blanche. Lamelles sinuées, *fourchues*, larges, blanches. Spore (0mm 008).

Schæf. Ic., t. 93. Pers. Syn., p. 445. Paul., t. 76, f. 1-3. Luc. Champ., t. 169. Roz. et Rich., t. 42, f. 12.

Printemps-été. — Dans les forêts ombragées de la plaine. Comestible. Souvent pris pour *furcata*, dont il a le volume et la couleur, lorsqu'il est vieux.

graminicolor. Stipe spongieux, *ridé*, glabre et *blanc*. Peridium convexe, puis concave (0m 05-8), mince, à cuticule séparable, humide, *vert pré*, bistré au milieu; marge striée et plus claire. Chair fragile, blanche, inodore, sapide. Lamelles adnées, souvent connées deux à deux à la base, *blanc crème*, puis *tachetées* de bistre comme le stipe. Spore (0mm 008-10) ocellée, à reflet citrin.

Sec. Myc., nº 518. *æruginea*, Fr. Ic., t. 173, f. 3. Luc. Champ., t. 195. *vesca*, Vent., t. 63, f. 1-4. *viridis*, Roques. t. 12, f. 3, 4.

Eté. — En troupe dans les forêts de conifères. Comestible. Ressemble à *furcata*.

virescens. Stipe spongieux, épais, rigide, pruineux et *blanc*. Peridium hémisphérique, puis plan et concave (0m 1), *farineux*, blanc de lait, couvert d'un voile furfuracé, aréolé et granuleux, d'un *vert pâle* très tendre. Chair ferme, blanche, sapide. Lamelles libres, peu fourchues, blanc de lait. Spore (0mm 01) ocellée.

Schæf. Ic., t. 94, f. 4. Roz. et Rich., t. 42, f. 15. *bifidus*, Bull., t. 26, 509, f. M. *alboviréscens*, J. Bauh. Hist. pl. II.

Eté. — Dans les forêts ombragées et sablonneuses de la plaine. Comestible.

depallens. Stipe plein, rigide, puis flasque, *blanc*, *grisonnant* en bas. Peridium convexe plan (0m 05-7), puis flexueux, à cuticule adnée, *blanc violeté*, puis grisâtre ou bistré, rapidement décoloré, *blanchâtre* ou *paille* et striolé par le sec. Chair succulente, douce, à odeur de pomme, blanche. Lamelles adnées, larges, amincies près du stipe, fourchues, blanc glaucescent, puis paille. Spore (0mm 008-10) ocellée, blanc paille.

Pers. Syn., p. 440. *luteoviolacea*, Kromb., t. 66, f. 12, 13.

vinosa. Peridium *purpurin vineux*, souvent excorié au bord et teinté de bai. Lamelles blanc de cire.

Quél. As. fr. 1885, n° 35.

Printemps-automne. — En cercle dans les prés et bruyères, à l'orée des bois. Comestible.

lilacea. Stipe spongieux, cortiqué, fragile, *strié ridé*, pruineux en haut, *blanc*, souvent rosé à la base. Peridium convexe plan (0m 05-8), puis déprimé, peu charnu, visqueux, *violacé* ou *lilacin*, souvent brunâtre; marge mince, sillonnée chagrinée, *blanchâtre*. Chair tendre, douce, à odeur de pomme, blanche, violetée sous la cuticule séparable. Lamelles libres, ventrues, réunies par des nervures, souvent bifides, *blanches*. Spore (0mm 008) grenelée.

Quél. Soc. bot. 1876, p. 330, t. 2, f. 8. Bull., t. 209, f. N.

Eté. — Dans les forêts sablonneuses et ombragées de chênes. Comestible.

heterophylla. Stipe plein, aminci en bas, court, ferme, glabre, finement strié, ridé et blanc. Peridium convexe, puis cyathiforme (0m 05-8), lisse, lubrifié, *gris clair*, *olivâtre*, ou *lilacin*, *verdoyant*, pâlissant. Chair ferme, sapide, odeur agréable, blanche. Lamelles décurrentes, *étroites*, *minces*, serrées, souvent bifides, *blanches*. Spore (0mm 008) couverte d'aiguillons aigus et denses, ocellée.

Fr. Epic., p. 352. Bk. Outl., t. 13, f. 5. Huss. I., t. 84.

Fl. dan., t. 1919 f. 1 (vert). Paul., t. 75, f. 1-5 (violet bistré).

galochroa. Peridium mince, *blanc verdâtre grisonnant*, finement *moucheté* de *flocons blancs* et striolé au bord.

Fr. Obs. I., p. 65. Bull., t. 509, f. L, M. *lacteus*, Alb. et Schw. Cons.

Eté. — Dans les forêts sablonneuses des Alpes-Maritimes et du littoral de l'Ouest, Jura. Comestible.

smaragdina. Stipe grêle, fragile, pruineux et blanc. Peridium convexe plan, puis concave (0m 02-25), mince, visqueux, légèrement zoné, *vert clair*, *blanc* au bord. Chair tendre, *douce*, blanche. Lamelles sinuées, étroites, serrées, *blanches*, prenant une teinte crème. Spore (0mm 009) grenelée.

Quél. As. fr. 1885, t. 12, f. 10.

Automne. — Dans les bois arénacés et gramineux. Morvan, Saintonge. Plus grêle et plus tendre que *graminicolor*.

lactea. Stipe plein, ferme, ventru, pruineux et blanc de neige au sommet, blanc crème en bas. Peridium convexe (0m 06-9), puis aplani, épais, pruineux, *blanc*, puis finement gercé et crème ocracé. Chair compacte, douce, très sapide et blanche. Lamelles libres, larges, épaisses, espacées, *fourchues*, *blanc crème*. Spore (0mm 009) ocellée.

Pers. Syn., p. 439. Kromb., t. 61, f. 1-2. Barla, t. 16, f. 10-12.

Été-automne. — Dans les forêts des montagnes. Vosges, Alpes-Maritimes. Comestible.

incarnata. Stipe plein, ferme, pruineux, *blanc de neige*. Peridium convexe, puis déprimé (0m 06-9), uni, *farineux*, puis aréolé, *blanc*, teinté de *rose incarnat*, puis blanchâtre ou café au lait. Chair grenue, blanche, *douce*, très sapide. Lamelles adnées, larges, bifurquées, rigides, blanc crème. Spore (0mm 009).

Quél. As. fr. 1882. Barla, t. 15, f. 11-13. *exalbicans*, Pers. Syn., no 344?

Printemps-automne. — Sous les pins des Alpes-Maritimes et du Tyrol. Très affine à *lactea* dont il n'est peut-être qu'une variété. Comestible.

rosea. Stipe spongieux, évasé en haut, fusiforme, parfois excentrique, *ridé strié*, pruineux et *blanc*, rarement rosé à la base. Peridium convexe plan (0m 05-8), puis déprimé, un peu visqueux, *rose incarnat*, puis roussâtre, crème ou blanc au milieu ; cuticule ténue, séparable. Chair *tendre*, blanche ; goût de noisette. Lamelles sinuées, fourchues, *minces*, molles, *blanches*. Spore (0mm 008) finement aculéolée, ocellée.

Schæt. Ic., t. 75? Bull., t. 509, f. T. *vesca*, Fr.? Sv. sv., t. 63 (trop foncé).

Eté. — Dans les forêts ombragées et sablonneuses de la plaine. C'est le comestible le plus délicat du genre. Il est beaucoup plus tendre et plus clair que *lepida*.

lepida. Stipe plein, *dur*, évasé en haut, lisse, *blanc*, teinté, d'un côté ou en bas, de *rose rouge*. Peridium convexe (0m 05-7), épais, très dur, *farineux*, d'un beau *rouge clair*, puis gercé ou aréolé et crème ocracé au milieu. Chair grenue, ferme, blanche; goût de noisette, puis acerbe, alcalin par la cuisson. Lamelles sinuées, souvent fourchues et anastomosées, *blanc crème*, bordées en avant d'incarnat rouge. Spore (0mm 01) blanc crème.

Fr. Epic., p. 355. Sv. sv., t. 59. Quél. Jur. I., t. 12, f. 2. *rosacea*, Kromb., t. 64, f. 19, 20.

alba. Stipe farineux, blanc de neige. Peridium pruineux, *blanc de lait*, parfois taché de rose incarnat.

Quél. As. fr. 1884, p. 4.

Eté. — Dans les forêts de hêtres et de chênes de la plaine. Comestible.

d. *Portentosæ*.

Espèces amples et à chair compacte noircissant le plus souvent[1].

nigricans. Stipe plein, très gros, blanc puis gris et noir. Peridium convexe, puis concave (0m 1-2), blanc, *grisonnant*, puis *noir* ou bistre olive. Chair ferme, très grenue, succulente, *blanche*, *rouge* à l'air, puis *noire*. Lamelles sinuées, épaisses, *espacées*, très fragiles, blanc crème, *rouge rosé* au toucher et noires. Spore (0mm 01) grenelée.

Bull., t. 579, f. 2, t. 212. Barla, t. 17. Quél. Jur. I., t. 12, f. 1.

Eté-automne. — Dans les forêts ombragées de chênes et hêtres. Suspect.

adusta. Stipe plein, épais, pruineux, blanc de lait, puis gris et *bistre noir*. Peridium convexe plan, puis en entonnoir (0m 1), glabre, doux au toucher, blanc, puis taché de gris et noir; marge molle et *villeuse*. Chair blanche, puis marbrée de gris et de noir, bleuissant parfois à la cassure[2]. Lamelles adnées

[1] Ce groupe réunit le genre *Russula* au genre *Lactarius*, dont il a déjà l'habitus.

[2] ? **Cyanescens**, Sterb. Peridium blanchâtre, noircissant ou bleuissant. Chair et lamelles *azurées*. Sturm (Strauss, 1853), f. 1.

en pointe, *serrées*, blanches à reflet incarnat, puis cendrées et bistre noir. Spore (0mm 007-9).

Pers. Obs. myc. II., nº 50. *nigricans*, Otto, Kromb., t. 70, f. 7-11. *albonigra*, t. 70, f. 16, 17.

Eté-automne. — Dans les forêts gramineuses et ombragées. Moins gros que *nigricans*, dont il est très voisin. Suspect.

delica. Stipe plein, court, obconique, pruineux, *blanc* avec une *étroite zone azurée verdâtre* au sommet. Peridium convexe, puis en coupe (0m 1-15), *dur*, fragile, pruineux, pubescent au bord, *blanc de neige*, mais le plus souvent *bistre* par l'humus qu'il soulève sur son dos. Chair grumeleuse, *blanche*; odeur de fruits, sapide, goût d'orange, quoique un peu âcre. Lamelles décurrentes, espacées, *blanches* à reflet *bleu verdoyant*. Spore ellipsoïde (0mm 01), grenelée, ocellée.

Fr. Epic., p. 350. Vent., t. 48, f. 3, 4. Paul., t. 73, f. 1. Barla , t. 22, f. 6-8. *elephantina*, Fr. Epic. (adulte et souillé). *chloroides*, Kromb., t. 56, f. 8-9.

Eté-automne. — En cercle dans les forêts ombragées de la plaine. Comestible.

mustelina. Stipe plein, épais, *ridé*, glabre et *blanc*. Peridium convexe plan (0m 1-15), bossu, puis concave, épais, finement tomenteux au bord, sec, *chamois nankin*, brun clair au milieu. Chair blanche, ocracée au bord, sapide. Lamelles sinuées, minces, réunies par des veines, *blanc crème*. Spore ellipsoïde (0mm 008-9), ocellée, subtilement grenelée.

Fr. Epic., p. 351. Kromb., t. 61, f. 8, 9.

Eté. — Dans les forêts montagneuses ou alpestres. Vosges, Alpes.

Gen. II. LACTARIUS, Pers.

Voile continu, variable. Peridium charnu, putrescent, *lactescent*, déprimé ou en coupe. Lamelles céracées, *rigides*, adnées ou peu décurrentes, simples ou fourchues. Spore *sphérique* ou subellipsoïde, *grenelee* ou *aculéolée*, blanche ou jaune.

I. Glutinosi.

Voile visqueux ou glutineux.

a. *Versatiles.*

Cuticule du peridium visqueuse, tachée mais non zonée.

? **Hyp. lilacinum** Paul., t. 73, f. 2. Stipe creux, blanc violeté. Peridium bai brun. Chair blanche, piquante. Lamelles espacées, *lilas*.

acris. Stipe plein, puis creux, aminci en bas, souvent oblique et courbé, fragile, glabre, blanc au sommet, *paille*. Peridium convexe, souvent excentrique (0m 06-9), humide, à peine visqueux, *blanchâtre*, *gris*, *bistré* ou *fuligineux*. Chair ferme, blanche et âcre; lait *blanc*, instantanément *rouge rose* à l'air. Lamelles adnées, fourchues, minces, crème, puis jonquille incarnat. Spore (0mm 011) crème fauve.

Bolt. Fung., t. 60. Fr. Epic., p. 342.

luridus. Peridium cendré roux. Lamelles blanchâtres, *rougissant* comme le lait.

Pers. Syn., p. 436. Fr. Epic., p. 338.

Été-automne. — Dans les bois et les bruyères. Jura. Vénéneux.

uvidus. Stipe plein, puis creux, *visqueux*, *crème*, orné de petites *fossettes* ocre crème. Peridium déprimé au centre (0m 06-8), blanc crème, puis *paille*. Chair humide, *blanche*, puis *violette*, tardivement âcre; lait *blanc*, puis *violet lilacin*. Lamelles adnées décurrentes, réunies par des veines, blanc crème, se tachant, comme toute la surface, d'un beau violet. Spore (0mm 01) ocellée, crème.

Fr. Epic., p. 338. Batsch, f. 202. *aspideus*, Fr., Epic. p. 336. Kromb., t. 57, f. 7-9 (marge tomenteuse). *flavidus*, Boud. Soc. myc. 1887, t. 13, f. 1.

violasceus. Stipe spongieux, puis creux, visqueux, *gris* clair. Peridium convexe plan (0m 1), obscurément zoné, *gris lilacin*. Chair tendre et lait doux, puis âcres, *blancs*, puis *lilas*. Lamelles décurrentes, *blanches*, puis *lilacines*. Spore (0mm 01) crème.

Otto. An. u. Bas., 1816. Kromb., t. 14, f. 13, 14. *lividorubescens*, Sec., n° 474.

Été-automne. — En troupe dans les bois argilocalcaires. Vénéneux.

trivialis. Stipe creux, allongé, fusiforme, glabre, humide, *paille*, *grisâtre* ou incarnat fauve. Peridium convexe, puis en coupe (0m 08), *paille*, *rougeâtre*, *gris* pâlissant ou *gris lilacin*, blanchissant. Chair fragile, blanche; lait blanc, devenant quelquefois *jonquille*, âcre. Lamelles adnées en pointe, *serrées*, minces, *blanches*, puis crème ocracé ou pointillées d'ocre. Spore (0mm 008-9) crème ocracé.

Fr. Epic., p. 337. Kromb., t. 14, f. 17, 18. Luc. Champ., t. 166.

Automne. — En troupe dans les forêts de conifères montagneuses. Suspect.

pallidus. Stipe creux, épais, glabre, *crème ocracé*, blanc et villeux à la base. Peridium convexe cyathiforme (0^m 1), fragile, ridé chagriné, ocre incarnat, café au lait pâle. Chair molle, blanc crème, *douce*, puis *âcre*; lait blanc et poivré. Lamelles arquées, décurrentes, peu rameuses, blanches, puis crème ocracé, concolores. Spore (0^{mm} 01) ocellée, *blanche*.

Pers. Syn., p. 431 Fr. Sv. sv., t. 61. Kromb., t. 56, f. 10-12. *utilis*, Weinm. Ross., p. 43.

Été-automne. — En troupe dans les forêts de hêtres de la plaine. Comestible ?

vietus. Stipe spongieux, puis creux, glabre, sec, grisâtre, concolore. Peridium convexe mamelonné, puis ombiliqué (0^m 03-5), *gris* ou *incarnat*, puis *soyeux* et pâlissant par le sec. Chair blanchâtre, molle et humide; lait *blanc*, puis *gris*, tardivement âcre. Lamelles décurrentes, minces, flasques, *blanchâtres*, puis teintées d'ocre. Spore (0^{mm} 01) ocellée, grenelée et blanche.

Fr. Epic., p. 344. Ic., t. 170, f. 1.

Automne. — En troupe dans les forêts de conifères humides et dans les tourbières. Suspect.

blennius. Stipe spongieux, puis creux, *visqueux*, blanc, *grisonnant* ou *olivâtre*. Peridium convexe cyathiforme (0^m 04-8), mince, taché circulairement comme par des gouttes, *olivâtre* ou *gris verdoyant*; marge enroulée, plus claire et à pubescence fugace. Chair blanche, puis vert tendre, tachée de *rose*, comme le stipe, par le froissement; lait *blanc*, puis *vert cendre*, doux, puis âcre. Lamelles arquées, minces, *blanches*, tachées de gris au toucher. Spore (0^{mm} 006-7) blanc verdâtre.

Fr. Epic., p. 337. Kromb., t. 69, f. 7-9. Kraft., t. 4, f. 11-13.

viridis. Peridium *vert clair* un peu olivâtre.

Schrad. Spic., p. 123 (1794). Gmel. Milchb., n° 14.

Été-automne. — En troupe dans les forêts de la plaine. Suspect.

cupularis. Stipe creux, fluet, pruineux, *crème aurore* ou *orange*, pâlissant. Peridium convexe plan (0^m 015-3), avec un *mamelon pointu*, *strié*, *olive* au milieu, *crème aurore* ou *rosé* au bord, puis crème jonquille. Chair ténue, molle, crème, concolore; lait blanc, âcre. Lamelles adnées, minces, citrines à reflet incarnat orangé. Spore (0^{mm} 008) ocellée, blanc citrin.

Bull., t. 554. *cyathula*, Fr. Epic., p. 344. Quél. Jur. I., t. 11, f. 4. t. 24, f. 5 (forma major). *deliciosifolius*, Sec., n° 457, C.

Eté-automne. — Dans les forêts humides, aune et saule. Vosges, environs de Paris, Normandie. C'est le plus petit et le plus gracieux des *Lactarius*. Il n'est affine à aucun autre. Comestible.

jecorinus. Stipe grêle, creux, pruineux, crème ocre. Peridium convexe (0m 01-3), mamelonné, puis déprimé, pruineux, *ruguleux*, strié au bord, translucide, *incarnat olive*. Lamelles crème jonquille, incarnat rosé.

Fr. Epic., p. 344.

Été. — Dans les bois arénacés et marécageux.

b. *Barbati*.

Peridium visqueux avec la marge enroulée, laineuse ou tomenteuse.

scrobiculatus. Stipe creux, épais, pruineux, blanc crème, *orné* de *taches* crème jonquille en forme de *fossettes*, pubescent à la base. Peridium convexe, puis en coupe (0m 1-15), avec la marge *laineuse*, plus ou moins zoné, *jonquille* pâlissant. Chair molle, blanchâtre, *jaunissante*, poivrée; lait *blanc*, *sulfurin* au contact de l'air. Lamelles adnées décurrentes, blanc crème. Spore (0mm 011) citrine.

Scop. Carn. II., p. 450. Schæf., t. 227. Kromb., t. 58, f. 1-6. Barla, t. 18, f. 3-6.

Été-automne. — En troupe dans les bois de conifères montagneux. Vénéneux.

torminosus. Stipe creux, dur, glabrescent, blanc *rosé*, orné de petites fossettes. Peridium convexe, puis cyathiforme (0m 05-10), zoné, *incarnat rosé* ou *blanc* avec la marge *laineuse* et *blanche*. Chair blanc crème; lait *blanc* et âcre. Lamelles adnées décurrentes, minces, blanchâtres. Spore (0mm 008) ocellée et blanche.

Schæf. Ic., t. 12. Fr. Sv. sv., t. 28. Barla, t. 18, f. 7-10. *necator*, Bull., t. 529, f. 2.

Eté-automne. — En troupe dans les prés moussus et les bruyères herbeuses. Comestible ?

plumbeus. Stipe plein, puis creux, dur, lisse ou orné de fossettes, souvent visqueux, *olivâtre* ou *verdâtre*. Peridium convexe plan, puis en coupe (0m 1-3), *tomenteux*, zoné ou panaché, *olivâtre*, puis *brun olive* ou *vert noir*. Chair compacte, blanche ; lait blanc et âcre. Lamelles adnées décurrentes, blanc crème, puis paille. Spore (0^{mm} 008-9) ocellée et blanche.

Bull., t. 282. *turpis*, Weinm. Syll. II., p. 85. Fr. Sv. sv., t. 60. *necator*, Pers. Syn., p. 435. Kromb., t. 69, f. 1-6.

Automne. — Dans les bois ombragés. Nord de la France Vosges, Alpes, Forêt Noire. Comestible.

controversus. Stipe épais, un peu conique, glabrescent, *blanc*. Peridium convexe, puis en entonnoir (0^{m} 1-3), *dur*, fragile, tomenteux velouté au bord, *blanc*, *zone* ou *tache* de *purpurin sanguin*. Chair compacte, blanche, *zonée* et *azurée* au bord ; odeur vireuse ou de rave. Lait *blanc* et âcre, devenant quelquefois sulfurin. Lamelles décurrentes, serrées, minces, blanches, puis *incarnat rosé* tendre, ou lilacines. Spore (0^{mm} 006) grenelée, ocellée, hyaline, à reflet rosé.

Pers. Syn., p. 430. Fr. Sv. sv., t. 29. Vitt. Fung. mang., t. 37. Barla, t. 18, f. 1, 2. *acris*, Bull., t. 538.

lateripes. Forme latérale, produite par la présence d'un tronc, d'une racine, etc.

Desmaz. Cat. *albidoroseus*, Gmel. Milchb., n° 9.

Automne. — En cercle dans les prés et les forêts ombragées. Comestible ?

fascinans. Stipe creux, souvent épaissi en bas, fragile, glabre, pubescent à la base, crème ou paille. Peridium convexe, puis en coupe (0^{m} 06-9), mince, *brun*, puis *briqueté* avec le bord enroulé, *pubescent* et *blanc*. Chair tendre, blanche, tardivement âcre ; lait blanc, âcre et brûlant. Lamelles adnées, *dichotomes*, blanc jonquille.

Fr. Epic., p. 356.

Automne. — Dans les prés moussus et les bruyères Vosges, Alpes.

c. *Zonarii*.

Cuticule du peridium visqueuse, glabre et zonée.

deliciosus. Stipe farci d'une moelle cotonneuse, puis creux, dur, fragile, scrobiculeux, pruineux, *crème aurore* ou *orangé*, puis taché de *vert*. Peridium convexe plan, puis en coupe (0^{m} 05-0^{m} 15), *zone*, *aurore* ou *orangé* clair, puis *vert*. Chair dure, cassante, blanche, puis orangée et verdâtre, *âcre*, puis sapide. Lait *orangé*, doux. Lamelles arquées, crème orangé, verdoyantes. Spore (0^{mm} 01) blanc incarnat.

Linn. Suec., n° 1211. Schæf., t. 11. Fr. Sv. sv., t. 6. Barla, t. 19. Lenz., f. 11.

Eté-automne. — En cercle dans les forêts de conifères. Comestible.

sanguifluus. Stipe *plein*, spongieux, aminci en bas, dur, pruineux, crème, puis rouge orangé et verdoyant, avec des macules ou des fossettes rougeâtres et fugaces. Peridium convexe, puis en coupe (0m 05-8), *incarnat orangé* ou *aurore*, puis *taché* de *vert*. Chair *blanche*, *pointillée* de *rouge* au bord, puis verdoyante, âcre, puis sapide; odeur de poire, de menthe; lait *rouge* sanguin ou vineux, un peu poivré. Lamelles arquées, étroites, minces, crème, puis orange rosé et verdoyantes. Spore (0mm 01) ocellée et citrine.

Paul. Ch., t. 81, f. 3-5? Quél. As. fr. 1880, t. 8, f. 8.

vinosus. *Rouge violeté*, même en naissant. Lamelles *améthyste*. Lait *violacé* ou *vineux*. Chair concolore plus pâle, ponctuée de rouge violeté.

Barla, Tableaux des champ. de Nice, t. 4, f. 24.

Eté-automne. — Dans les bois de conifères du bassin méditerranéen. Il diffère de *deliciosus*, auquel il ressemble, par le stipe, par la chair blanche et par le lait rouge. Comestible plus délicat.

theiogalus. Stipe plein, puis creux, pruineux, velouté à la base, *blanc*, puis taché d'incarnat ou d'aurore. Peridium convexe plan, puis cyathiforme (0m 05-8), mince, *zoné*, *incarnat fauve* ou *aurore*, quelquefois marbré de blanc et d'aurore, avec la marge pruineuse et blanche. Chair et lait *blancs*, *sulfurins* à l'air, âcres au bout d'un certain temps. Lamelles arquées, étroites, minces, blanc crème, puis crème ocracé. Spore citrine.

Bull., t. 567, f. 2. Kromb., t. 4, f. 23-24. Barla, t, 20, f. 14-16. *chrysorheus*, Fr. Epic., p. 342. Kromb., t. 12., f. 7-15.

Eté-automne. — Dans les forêts de conifères. Nord, Vosges, Jura, Alpes. Vénéneux.

tithymalinus. Stipe plein, puis creux, ferme, pubescent pruineux, *crème jonquille*, puis *orangé* pâle, cotonneux et blanc à la base. Peridium convexe, puis cyathiforme (0m 04-7), *jaune*, *safrané* ou *orange* au milieu, souvent mamelonné, zoné ou tacheté, avec une étroite bordure *pubescente* et *blanche*. Chair blanche, jonquille safrané; lait *blanc* et âcre; odeur balsamique et vireuse. Lamelles décurrentes, fourchues, étroites, jonquille, puis souci. Spore (0mm 009) citrine.

Scop. Carn., p. 452. Kromb., t. 39, f. 5-9.

Automne. — En troupe dans les bois de conifères montagneux, sous les mélèzes. Jura, Alpes-Maritimes. Il ressemble à *theiogalus*. Vénéneux?

zonarius. Stipe plein, puis creux, court, dur, glabre, *blanc*, puis teinté de jonquille, souvent orné de *fossettes* crème jonquille. Peridium convexe, puis cyathiforme (0m 1-15), souvent festonné et difforme, *citrin paille*, avec des *zones safranées* ou *fauves* et finement pubescent au bord. Chair blanche, puis jaunâtre, odeur de melon, un peu vireuse ; lait blanc et poivré. Lamelles décurrentes, rameuse, souvent crispées et réticulées, blanc citrin, puis jonquille incarnat. Spore (0mm 011-12) ocellée, blanc citrin.

Bull., t. 104. Kromb., t. 12, f. 1-6. *flexuosus*, Pers. Syn., p. 430. *insulsus*, Fr. Epic., p. 336.

Eté-automne. — En cercle dans les prés, bruyères et bois, surtout calcaires. Vénéneux.

quietus. Stipe spongieux, allongé, glabre, plus clair que le peridium, puis *rouillé* ou *brun purpurin*. Peridium convexe, puis en coupe (0m 06-8), charnu, à peine visqueux, puis un peu soyeux, *incarnat cuivré*, plus foncé au centre, faiblement zoné et pâlissant. Chair tendre, blanche, puis rougeâtre, *puante*. Lait blanc, puis crème, doux. Lamelles adnées décurrentes, bifides, blanc crème, puis incarnates. Spore (0mm 011) blanche.

Fr. Epic., p. 343. *testaceus*, Kromb., t. 40, f. 5-7. Saund. and. Sm., t. 16.

Eté-automne. — En troupe dans les bois de hêtres. Jura, Alpes. Suspect.

hysginus. Stipe creux, allongé, pruineux, ocre crème ou *incarnat*, souvent taché de rose. Peridium convexe plan (0m 1), ombiliqué, charnu, rigide, finement ridé, souvent zoné et tacheté, *bai clair ou incarnat briqueté* ; marge amincie, étroitement enroulée. Chair blanche, puis crème; lait blanc, tardivement âcre. Lamelles adnées décurrentes, rameuses, blanc *jonquille* ou *buis*. Spore (0mm 008-9) ocellée, blanc citrin.

Fr. Epic., p. 337. Ic., t. 169, f. 2. *victus*, Kromb., t. 14, f. 15 16.

Automne. — En cercle dans les bois de conifères humides. Jura. Vosges. Suspect.

circellatus. Stipe ferme, aminci en bas, glabre, *blanchâtre*, puis paille. Peridium convexe (0m 1), ombiliqué, *roux cendré* ou *brunâtre*, zoné, pâlissant. Chair compacte, grumeleuse, et lait abondant, *blancs* et âcres. Lamelles adnées, planes, fourchues, serrées, minces, étroites, *blanc paille*. Spore (0mm 01) fauvâtre.

Fr. Epic., p. 338. Batt., t. 13, f. D. *zonarius*, Sow., t. 203.

Eté. — Dans les forêts siliceuses et ombragées. Alsace, Vosges, Normandie. Vénéneux.

pyrogalus. Stipe pleine puis creux, blanc ou grisâtre. Peridium convexe, puis en coupe (0m 06-10), chagriné, *lubrifié*, à peine visqueux, zoné, *gris clair*, puis ocre bistré et luisant. Chair épaisse, ferme, âcre et blanche comme le lait. Lamelles adnées, espacées, crème incarnat, puis ocracées. Spore (0mm 01), ocellée, paille.

Bull., t. 529, f. 1. Fr. Epic., p. 339. Kromb., t. 11, f. 1-9.

Eté-automne. — En troupe dans les forêts de hêtres ombragées. Il ressemble à *azonites*. Vénéneux.

II. Pruinosi.

Voile pruineux, rarement visqueux

a. *cyathiformes*.

Peridium charnu et ample, convexe, puis en coupe.

piperatus. Stipe plein, ferme, aminci en bas, lisse ou finement ridé, pruineux et *blanc*. Peridium convexe, plan, ombiliqué, puis en entonnoir (0m 1-2), régulier, dur, lisse ou finement *ridé* ou *ruguleux*, *blanc*. Chair compacte, *blanche*, prenant souvent une teinte *vert cendré* clair, poivrée, brûlante; lait blanc, souvent *vert bleu* en séchant. Lamelles décurrentes, *serrées*, *étroites*, *dichotomes*, blanches, puis *paille*. Spore (0mm 01) blanche.

Scop. Carn., p. 149. Fr. Epic., p. 340. Sv. sv., t. 27. *acris*, Bull., t. 200. Paul., t. 68, f. 3, 4.

pergamenus. Peridium moins épais, *ridé ruguleux*. Stipe allongé.

Swartz, Vet. Ac. Handl. 1809. Fr. Epic., p. 340. Batsch., f. 59. Kromb., t. 57, f. 1-3.

Eté. — En troupe dans les forêts de la plaine. Comestible.

? **viridis**. Stipe plein, puis creux, épais, aminci en bas, *blanc verdâtre* ou *bistré*. Peridium convexe ombiliqué (0m 1-12), *vert pomme* cendré et clair. Chair compacte, *blanche* et poivrée comme le lait. Lamelles décurrentes, serrées, minces, *blanches*.

Paul. Ch., t. 69, f. 3, 4. Fr. Epic., p. 339[1].

Eté. — Dans les forêts ombragées. Comestible.

lactifluus. Stipe plein, gros, dur, pruineux, variant du *jonquille* au *souci* et au fauve safrané. Peridium convexe cyathiforme (0m 1-12), épais, *dur*, glabre, nankin, fauve ou mordoré, rarement crème jonquille ou brun safrané. Chair compacte, blanche, fauvâtre, d'un goût agréable; lait *blanc* et *doux*, très abondant. Lamelles adnées décurrentes, minces, crème, puis ocre incarnat, brunes par froissement. Spore (0mm 01) grenelée et crème citrin.

Schæf. Ic., t. 5. Paul., t. 80. *œdematopus*, Scop., p. 453. *dycmogalus*, Bull., t. 584. *testaceus*, Alb. et Schw., n° 610. *volemus*, Fr. Sv. sv., t. 10. Barla, t. 20, f. 1-3.

Eté. — En troupe dans les forêts ombragées et surtout sablonneuses. Comestible.

ichoratus. Stipe spongieux, dur, puis tendre, glabre, jonquille incarnat ou fauve, puis roux. Peridium convexe plan (0m 05-6), ombiliqué, parfois déjeté, rigide, puis flasque, *lisse*, très sec, nankin clair ou fauve briqueté, souvent brun au milieu ou zoné de roux. Chair molle, sapide, crème, aromatique ; lait abondant, *blanc* et *doux*. Lamelles adnées, uncinées, crème nankin. Spore (0mm 01) crème.

Batsch, El. t. 60. Fr. Epic., p. 345.

Eté-automne. — En troupe dans les forêts de hêtres. Plus petit que *lactifluus*, il ressemble à *tithymalinus*.

? **prægnantissimus.** Stipe plein, aminci en bas, *blanc*. Peridium glabre, *jaune roux* très pâle; chair et lait blancs et âcres. Lamelles étroites, serrées, crème ocracé.

Vaill. Bot., n° 9. Paul., t. 72, f. 1, 2. Environs de Paris.

b. *Umbonati.*

Peridium peu charnu, mamelonné, puis en coupe[2].

aurantiacus. Stipe plein, grêle, allongé, pruineux, *orangé roux*. Peridium convexe (0m 03-4), *mamelonné*, légèrement visqueux, couleur *brique orangé*. Chair jaune aurore ; lait *blanc*, *âcre*. Lamelles minces, adnées décurrentes, crème aurore. Spore (0mm 01), citrine.

Fl. dan., t. 1909, f. 2. Fr. Epic., p. 343.

[1] L'espèce des Vosges figurée par Mougeot (Icones inéd.) se rapporte à *L. viridis*, Schrad.

[2] Les espèces de ce groupe, réunies par des formes nombreuses, pourraient être considérées comme les variétés d'une même espèce.

Eté. — Dans les forêts de conifères montagneuses, Vosges, Jura, Alpes. Il ressemble à *mitissimus.*

subdulcis. Stipe spongieux, puis creux, fragile, pruineux, incarnat briqueté. Peridium convexe plan (0m 03-6), *mamelonné*, puis concave, poli, *cannelle briqueté*. Chair tendre, incarnate, puis rousse, amarescente. Lait *blanc*, douceâtre amarescent. Lamelles arquées, adnées, fragiles, crème incarnat, puis roussâtre. Spore (0mm 01), crème.

Pers. Syn. n° 334. *dulcis*, Bull., t. 224, f. A. Barla, t. 20, f. 4-10. Quél. Jura. I., t. 11, f. 3. *rubescens*, Schæf., t. 73, f. 1.

mitissimus. Stipe grêle, farci, puis creux, fragile, allongé, concolore, mais plus clair. Peridium mamelonné, *lubrifié*, couleur *brique* clair, plus ou moins *orangé* ou *jaune fauve* et brillant par le sec. Chair et lait un peu âcres. Lamelles crème souci, souvent pointillées de fauve. Spore grenelée (0mm 01), citrine.

Fr. Epic., p. 345. Sv. sv., t. 78.

Eté-automne. — En troupe dans les forêts ombragées. Comestible.

tabidus. Stipe spongieux, subfistuleux, fluet, aminci en bas, glabre, *incarnat* ou *briqueté pâle*. Peridium convexe plan (0m 02-3), mamelonné, mince, *ridé*, *chagriné*, glabre, *aurore* ou *incarnat briqueté*, puis blond. Lait blanc, peu abondant, douceâtre. Lamelles arquées, adnées, étroites, ténues, crème, puis incarnates. Spore (0mm 01) paille.

Fr. Epic., p. 346. Ic., t. 171, f. 3.

Eté-automne. — En troupe, autour les souches des forêts humides, saules et aune.

camphoratus. Stipe spongieux, grêle, onduleux, brun rouge ou briqueté. Peridium convexe, puis en coupe (0m 04-6), glabre, souvent *rugueux* ou *chagriné*, *bistre*, *bai* ou *brun* briqueté. Chair mince, rousse, douce; odeur de mélilot. Lait blanc et doux. Lamelles arquées, décurrentes, crème, incarnat puis roussâtres. Spore (0mm 009), ocellée, crème jonquille.

Bull., t. 567, f. 1. Barla, t. 20, f. 11-12.

serifluus. Stipe spongieux, grêle, fauve brique, *hérissé* à la base de poils *brun fauve*. Peridium brun ou bai clair. Lamelles crème, puis incarnates. Lait blanc, le plus souvent *sereux*. Odeur aromatique.

De Cand. Fl. fr. VI., p. 45. Barla, t. 20, f. 13.

Été-automne. — En troupe ou cespiteux dans les forêts. Ressemble au précédent.

decipiens. Stipe grêle, pruineux, ridé au sommet, incarnat roussâtre. Peridium convexe, puis cyathiforme (0m 03-5), humide, puis pubérulent, incarnat briqueté, plus clair au bord. Chair crème, fragile; lait *blanc*, *très âcre*. Lamelles adnées en pointe, étroites, serrées, *crème*, puis *incarnat rosé*. Spore (0mm 008-9) blanche.

Quél. As. fr. 1885, t. 12, f. 9.

Automne. — Dans les forêts gramineuses et arénacées, surtout sous les conifères. Ressemble à *subdulcis*.

obnubilus. Stipe grêle, farci, puis creux, chagriné, roux fuligineux. Peridium convexe (0m 01-3), roux bistré, avec le mamelon *bistre*, *bai* ou *brun*. Chair mince, rousse; lait blanchâtre, doux. Lamelles étroites, arquées, ocre pâle, puis roussâtres. Spore (0mm 01) grenelée, jaunâtre.

Lasch. Linn., n° 71. Luc. Ch., t. 193. *obscuratus*, Lasch. Quél. Jur. I., t. 11, f. 5. Bull., t. 224, f. B.

Été-automne. — En troupe dans les forêts humides. Plus sombre et plus petit que le suivant.

cimicarius. Stipe spongieux, grêle, glabre, *briqueté grisonnant*. Peridium convexe cyathiforme (0m 02-5), mamelonné, mince, fragile, lisse, grenelé ou ruguleux, briqueté, roux cendré ou bistré, pâlissant, *zoné* ou *tacheté*. Chair teintée de la même couleur, grumeleuse, balsamique; lait *blanc crème*, souvent *jonquille* à l'air, doux. Lamelles arquées, crème incarnat, puis ocracées. Spore (0mm 009) paille.

Batsch. El., f. 69. *subumbonatus*, Lindg. Bot. not. Quél. Ench., p. 131. *rubescens*, Schæf., t. 73, f. 5. Bull., t. 224, f. C.

Été-automne. — En troupe dans les prés moussus, les bruyères et les bois rocailleux. Comestible?

flammeolus. Stipe grêle, fistuleux, *safrané*. Peridium convexe (0m 025), mamelonné, mince, lisse, *orange feu*. Chair jaunissante; lait tardivement âcre et *rougissant*. Lamelles adnées, crème ocracé.

Pollini. Pl. nov., p. 34. Fr. Epic., p. 341. Kromb., t. 39, f. 10, 11.

Automne. — Dans les forêts des Alpes-Maritimes. Ressemble à *aurantiacus* d'après la figure citée et n'est peut-être qu'une forme de *sanguifluus*.

III. Velutini.

Voile pulvérulent ou villeux.

a. *Peridium pulvérulent ou farineux.*

lignyotus. Stipe spongieux, cortiqué, grêle, élégamment *cannelé* au sommet, pruineux tomenteux, *bistre noirâtre*, laineux et gris à la base. Peridium convexe plan (0m 05-8), avec un *mamelon pointu, ridé sillonné*, pruineux villeux, *bistre noirâtre.* Chair floconneuse et lait *blancs, rougissant* à l'air. Lamelles adnées, blanc de neige, puis d'un jonquille incarnat agréable. Spore (0mm 01) fortement aculéolée, crème ocracé.

Fr. Epic., p. 348. Ic., t. 171, f. 1.

Eté. — Dans les sapinières moussues des montagnes. Alpes, Jura, Vosges. Vénéneux.

azonites. Stipe spongieux, onduleux, ruguleux, pruineux, blanchâtre, puis ocracé ou fuligineux. Peridium convexe, puis cyathiforme (0m 03-10), flexueux, difforme, *blanchâtre, gris, ocracé* ou *fuligineux*, finement velouté et pruineux, puis lisse. Chair tendre, *blanche, rose safrané* à l'air ; lait *blanc*, puis *rouge rosé* et âcre. Lamelles adnées, rameuses et réunies par des veines, blanches, puis ocre incarnat. Spore (0mm 012) fortement aculéolée et ocre crème.

Bull., t. 567, f. 3, t. 559, f. 1. *fuliginosus*, Fr. Epic., p. 348. Kromb., t. 14, f. 10-12. Barla, t. 21, f. 6, 7.

argematus. *Blanc.* Peridium pruineux. Stipe glabre. Lait blanc, *rougissant* et tardivement âcre.

Fr. Epic., p. 340.

Eté-automne. — En troupe dans les clairières et à l'orée des bois, dans les prés moussus. Suspect.

picinus. Stipe plein, spongieux, pruineux, fuligineux ou gris bistré, cotonneux et blanc à la base. Peridium convexe, puis en coupe (0m 04-8), velouté pruineux, puis lisse, *bistre* ou *brun noir.* Chair ferme, blanche, crème jonquille au bord, *rouge rosé* à l'air. Lait *blanc* et âcre. Lamelles adnées, crème jonquille, puis jonquille ocracé. Spore (0mm 01) crème ocracé.

Fr. Epic., p. 348. *Persoonii*, Kromb., t. 40, f. 20-22.

Eté-automne. — En troupe dans les bois de conifères des montagnes. Alpes, Jura, Vosges. Variété montagneuse de *azonites.* Suspect.

b. *Peridium velouté ou tomenteux.*

mammosus. Stipe plein, puis creux, ferme, *pubescent*, crème ou paille. Peridium convexe (0m 03-6), avec un mamelon *pointu* et *élevé*, mou, couvert d'un *duvet apprimé*, quelquefois zoné, *gris chamois;* marge enroulée, pubescente et *blanche*. Chair tendre, blanc roussâtre, tardivement âcre; lait *blanc*. Lamelles décurrentes, serrées, blanc roussâtre ou incarnates.

Fr. Epic., p. 347. Ic., t. 170, f. 2. Quél. Jur. 1., t. 11, f. 6 (zoné). Mich., t. 80, f. 1.

Eté-automne. — En troupe dans les forêts de pins et de bouleaux. Jura.

glyciosmus. Stipe plein, grêle, *villeux pubescent*, blanc grisâtre, puis paille, velouté à la base. Peridium convexe plan (0m 02-5), *mamelonné*, mince, *floconneux*, *gris* perle, puis *chamois*, incarnat ocracé, rarement teinté de lilas. Chair tendre, blanche, puis crème incarnat; odeur de cannelle, de bergamotte; lait *blanc*, rarement verdâtre, doux, puis un peu âpre. Lamelles arquées, peu décurrentes, minces, serrées, crème jonquille, puis incarnates. Spore (0mm 009) ocellée, citrine.

Fr. Epic., p. 348. Ic., t. 170, f. 3.

Eté-automne. — En troupe dans les forêts sablonneuses et ombragées, aune, bouleau. Comestible.

helvus. Stipe plein, puis creux, pruineux, *incarnat ocracé*, renflé, *pubescent* et *blanc* à la base. Peridium convexe, puis cyathiforme (0m 05-10), charnu, fragile, finement *tomenteux* et *grenelé*, *ocracé incarnat*, puis café au lait. Chair jaunâtre, à odeur résineuse; lait peu abondant, souvent *séreux*, *doux* et blanc. Lamelles décurrentes, minces, souvent dichotomes, crème citrin, puis paille ou incarnates. Spore (0mm 01) citrine.

Fr. Epic., p. 347. *tomentosus*, Kromb., t. 40, f. 17, 18.

Été-automne. — Dans les bois de conifères humides et dans les tourbières. Jura et Vosges. Suspect.

rufus. Stipe plein, glabre ou *pruineux*, *roux incarnat*, pubescent et blanc à la base. Peridium convexe, *mamelonné*, puis cyathiforme (0m 06-9), *pubescent* ou soyeux, mais bientôt glabre et luisant, *roux brun* ou châtain briqueté, pâlissant à la fin; marge enroulée, finement *tomenteuse*. Chair blanche, crème jonquille au bord, inodore; lait *blanc*, âcre brûlant. Lamelles arquées, adnées décurrentes, serrées, crème ocracé, puis ocre fauve. Spore (0mm 01) grenelée et blanche.

Scop. Carn. II., p. 441. Fr. Sv. sv., t. 11. Kromb., t. 39, f. 12-15. *torminosum*, Paul., t. 22, bis.

Eté-automne. — En troupe dans les forêts de conifères sablonneuses et dans les tourbières. Vénéneux.

flexuosus. Stipe plein, épais, ferme, souvent lacuneux ou orné de petites fossettes, finement *pubescent*, blanc au sommet, *grisonnant*, *ocracé* à la base. Peridium convexe, puis déprimé (0m 06-9), pubescent, zoné, puis *aréolé*, *floconneux*, *gris* de *plomb ou lilacin;* marge enroulée, *veloutée* et blanchâtre. Chair dure, grumeleuse, blanche; lait blanc, très âcre. Lamelles arquées, épaisses, rameuses, crème jonquille, puis souci clair. Spore (0mm 008) grenelée, jonquille.

Fr. Epic., p. 338. Harz., t. 43.

roseozonatus. Rose violeté, avec des zones plus foncées.

Fr. Mon. II. Ic., t. 169, f. 3. Schæf., t. 235. Barla, t. 21, f. 8-12.

Eté-automne. — Dans les forêts ombragées, gramineuses, pins ou hêtres. Comestible ?

lilacinus. Stipe plein, puis creux, *crème incarnat* ou *ocracé*, *farineux* et *blanc* au sommet. Peridium convexe plan (0m 05), *mamelonné*, assez mince, tomenteux, *améthyste lilacin* pâlissant, à la fin granulé et crevassé. Chair blanc crème; lait âcre et *blanc*. Lamelles adnées, décurrentes, blanc jonquille, teinté d'incarnat. Spore (0mm 008) blanc citrin.

Lasch. Linn. III., n° 78. *helvus*, Bres. Fung., t. 39.

spinosulus. Stipe grêle, ridé chagriné, *concolore*. Peridium convexe, puis en coupe, avec un *mamelon pointu* (0m 02-4), orné de *petits aiguillons* (0mm 5), zoné ou tacheté, *incarnat briqueté*, teinté de rose lilacin. Chair mince, plus claire; lait *blanc*, tardivement poivré. Lamelles décurrentes, étroites, crème incarnat, puis jonquille.

Quél. Soc. sc. n. de Rouen, 1879, n° 48, t. 3, f. 10.

Automne. — Dans les forêts tourbeuses ou arénacées, aune et bouleau. Vosges, environs de Paris, Normandie. Ressemble à *torminosus*.

pubescens. Stipe spongieux, court, aminci en bas, comprimé, pubescent pruineux, *incarnat*, puis *blanc*. Peridium convexe, puis en entonnoir (0m 04-6), mince, lisse, *pubescent* ou *villeux* au bord, *blanchâtre*, puis *incarnat*, rarement jaunâtre, brillant. Chair tenace, *blanche* ou incarnate sous la cuticule, très âcre ; lait *blanc*. Lamelles adnées en pointe, serrées, crème teinté d'incarnat.

Schrad. Spic., p. 112? Fr. Epic., p. 335. Kromb., t. 13, f. 1-14. Grev. Scot., t. 76, f. 2.

Automne. — Dans les prés moussus, les tourbières et les sapinières. C'est une miniature de *controversus* qui a la couleur de *torminosus*.

umbrinus. Stipe plein, court, obconique, dur, blanc au sommet, *gris clair* ou concolore, jaunâtre à la base. Peridium convexe, puis en coupe (0m 05-8), sec, *floconneux*, *aréolé* ou *moutonné*, *bistre* ou *olive*, puis fuligineux. Chair ferme, *blanche*, vineuse sous la cuticule, avec des taches *gris cendré* au toucher, comme sur les lamelles; lait blanc et âcre. Lamelles décurrentes, serrées, fourchues, fragiles, crème ocracé.

Paul. Ch., t. 69, f. 1-2? Pers. Syn., p. 435. Fr. Epic., p. 339.

Automne. — Dans les forêts de conifères. Haut Jura.

vellereus. Stipe obèse, plein, court, finement *velouté* et blanc. Peridium convexe, puis en coupe (0m 1-2), compacte, finement *tomenteux* et blanc. Chair et lait *blancs*, offrant parfois une teinte *sulfurine* passagère, âcres et poivrés. Lamelles arquées, adnées décurrentes, espacées, épaisses, fourchues, blanc crème, puis ocre pâle. Spore (0mm 01-11) blanche.

Fr. Epic., p. 340. Kromb., t. 57, f. 10-13. Huss. I., t. 63. Roz. et Rich., t. 39, f. 1-2. *Listeri*, Sow., t. 104.

Eté-automne. — En troupe dans les forêts ombragées de la plaine. Comestible?

FAM. IV. SCHIZOPHYLLEI, *ROZE*.

Peridium flabelliforme ou cupuliforme. Hymenium formé de lamelles dont l'arête est divisée en deux lamellules libres.

Gen. SCHIZOPHYLLUM, Fr.

Peridium membraneux, coriace, cupulaire. Lamelles coriaces ; *arête dédoublée en deux lamellules*, incurvées en dehors. Spore ellipsoïde cylindrique, blanche[1].

commune. Peridium suspendu par le sommet, puis latéral

[1] Le genre exotique *Oudemansiella*, Speg., paraît se rattacher aussi à la famille des *Schizophyllei*, de même que les espèces à lamelles *canaliculées*, comprises dans le genre *Trogia*, Fr.

(0m 01-25), mince, sillonné, *lobulé*, tomenteux, *grisâtre* ou *incarnat*, puis *blanc*. Lamelles radiées, blanchâtres, puis *rosées*. Spore en saucisson (0mm 007), biocellée.

Fr. Obs. I., p. 103. Bull., t. 346, 581, f. 1. Grev. Scot., t. 61. Quél. Jur. I., t. 14, f. 3.

Toute l'année, sur toute espèce de bois.

FAM. V. POLYPOREI, *QUÉL.*

Hymenium formé de lamelles anastomosées, d'alvéoles, de pores ou de tubes.

Trib. I. DÆDALEI, Quél.

Hymenium lamellaire labyrinthé, alvéolaire, cellulaire ou réticulé denté, adhérant au peridium ou rarement séparable.

Gen. I. LENZITES, Fr. [1]

Peridium latéral, coriace subéreux, persistant, mais annuel. Lamelles fourchues, dichotomes, anastomosées, réticulées ou poriformes, *coriaces*, rigides. Spore ellipsoïde cylindrique, *blanche*. Lignicoles.

a. *Lamelles et chair blanches ou rouges.*

albida. Peridium dimidié, subéreux coriace, *mou*, mince, *tomenteux soyeux*, *blanc* de lait. Lamelles dichotomes, anastomosées, poriformes à la base, minces, blanches. Spore (0mm 012).

Fr. El., p. 64. Ic., t. 177, f. 1.

Automne. — Etalé, réfléchi ou imbriqué sur les troncs, frêne, bouleau.

flaccida. Peridium dimidié suborbiculaire (0m 02-3), coriace, mince, élastique, *zoné*, *hérissé velouté*, *blanc*, puis crème ou ocracé, quelquefois rosé. Lamelles larges, serrées,

[1] Ce genre, dont les lamelles sont souvent remplacées par des pores, diffère à peine de *Trametes* et relie les champignons lamellifères aux porifères.

droites, inégales et rameuses, *blanches*, puis crème jonquille, souvent violetées au bord. Spore (0mm 012).

Bull., t. 394. Fr. Epic., p. 406.

Automne. — Sur les souches, hêtre, charme, érable, etc.

variegata. Peridium dimidié, réniforme (0m 02-3), coriace, rigide, à zones *veloutées* et *soyeuses* alternées, *versicolores*, brunes, grises, fauves, incarnates, rougeâtres ou violacées, avec une bordure blanche. Lamelles larges, plus épaisses, puis amincies au bord, inégales, anastomosées et *blanches*. Spore (0mm 01) guttulée.

Fr. S. M. I., p. 337. Bull., t. 537, f. I, K, L.

betulina. Peridium épais, rigide, tomenteux, zoné, crème, gris, brun ou chamois. Lamelles épaisses, rameuses, anastomosées, poriformes, *blanc bistré*.

Fr. Epic., p. 405. Schæf., t. 57. Sow., t. 182. Fl. dan., t. 1555.

Automne. — Sur les troncs de peuplier, tremble, hêtre, bouleau.

cinerea. Dimidié (0m 05-6), épais, ondulé, *zoné*, velouté hérissé, chamois ou cendré. Chair zonée, ocracée. Lamelles labyrinthées, ou pores sinueux, arrondis et intriqués, blanchâtres ou grisâtres.

Fr. Obs. myc. I., p. 105. Ic., t. 192, f. 2.

Eté-automne. — Sur les vieux troncs, chêne, hêtre. Ressemble à *betulina*.

heteromorpha. Peridium étalé réfléchi, convexe (0m 03), bossu, mince, rugueux, fibreux, *blanc crème*, puis bistre et fendillé. Chair blanche. Lamelles serrées, très larges, bifurquées, *blanches*.

Fr. Epic., p. 407. Ic., t. 177, f. 3.

Eté. — Sur les souches de sapin, dans les forêts montagneuses.

trabea. Peridium orbiculaire, dimidié ou résupiné (0m 04), aplani, mince, ruguleux, finement tomenteux soyeux, un peu zoné au bord, fuligineux. Lamelles simples, dichotomes ou anastomosées, *incarnat rutilant*, concolores, puis « paillet violetâtre » (Sec.).

Pers. Syn., p. 29. Bull., t. 442. Corda. Ic. V., f. 89.

Eté. — Sur les bois et troncs de chêne.

? **cinnabarina**. Peridium dimidié (0m 03-5), tuberculeux, *zoné*, finement *velouté*, *brun rouge* nuancé de *cinabre orangé*, d'*olivâtre* et de *gris*, avec la marge épaissie, cotonneuse, *blanche* et marquée d'une ligne noire ; chair subéreuse, blanche. Lamelles anastomosées dédaliformes, pruineuses et *blanches*, tachées de roux ou de noir.

Sec. Myc. II., *dédale* n° 3.

Automne. — Imbriqué et confluent sur les troncs, noyer. Suisse.

b. *Chair et lamelles jaunes, fauves, brunes ou grises.*

tricolor. Dimidié, plan, bossu à la base (0m 03-8), *ridé*, scabre, *zoné riolé* de *brun*, de *purpurin* et de *safrané*. Chair subéreuse, paille bistré. Lamelles minces, anastomosées et poriformes en arrière, rameuses, dichotomes avec un cran à chaque division, *paille citrin*, puis *gris argenté*, chatoyant. Spore (0mm 009) arquée.

Bull., t. 541, f. 2. Sow., t. 193. Kalch. Ic., t. 30, f. 4.

trametea. Hymenium entièrement formé de pores oblongs [1].

Automne-hiver. — Sur les troncs champêtres, cerisier, noisetier, saule.

sæpiaria. Dimidié, subéreux coriace, convexe plan (0m 03-8), orbiculaire ou allongé, *zoné*, *hérissé tomenteux*, *bai*, *souci* ou *orangé* au bord, à la fin bistre noir. Chair fauve. Lamelles rameuses, anastomosées, souvent poriformes, rigides, jonquille, *orangées* en avant, puis fauves. Spore virguliforme (0mm 01).

Wulf., Jacq. Coll. I., p. 347. Quél. Jur. I., t. 14, f. 5. *hirsutus*, Schæf. Ic., t. 76. Sow., t. 418.

Eté-automne. — Souches et bois de conifères. Présente souvent la forme polyporée.

abietina. Etalé réfléchi, allongé, coriace, *mou*, tomenteux, fauve, *cendré* ou *bistré*, puis glabrescent et pâlissant. Chair très mince, fauve, puis bistrée. Lamelles inégales, *interrompues* ou *poriformes*, pubescentes au bord, pruineuses, fauve rougeâtre, puis *gris clair*. Spore pruniforme allongée (0mm 01).

Bull., t. 442, f. 2, 541, f. 1. Fr. Epic., p. 407.

protracta. Allongé, plus épais ; pores ronds ou oblongs (0mm 5-8), puis dédaliformes et déchirés.

Trametes protracta, Fr. Ic., t. 191, f. 3.

Eté-automne. — Sur le bois pourrissant de sapin. Il affecte

[1] Cette forme remarquable et assez fréquente peut être prise pour *Trametes rubescens*.

assez souvent la forme d'un *Irpex* à dents en forme de palettes ou d'aiguillons et disposées en rayons, qui paraît être *I. umbrinus*, Weinm. Ross., p. 362.

quercina. Dimidié (0m 1), épais, subéreux, *glabre*, rugueux, *zoné*, *ocracé*, *bistré*, couleur de liège. Chair élastique, subzonée, grisâtre ou bistrée, odorante. Lamelles larges, espacées, épaisses, rameuses, anastomosées, labyrinthées, grisâtres ou fuligineuses. Spore (0mm 012).

(*Agaricus*), Linn. Suec., nº 1213. *labyrinthiformis*, Bull., t. 352, 442, f. 1. Sow., t. 181.

Printemps-été. — Sur les bois et souches de chêne.

Gen. II. FAVOLUS, Fr.

Peridium *coriace*, dimidié conchoïde, sessile ou stipité. Hymenium alvéolaire, formé de *lamelles réticulées*. Spore ellipsoïde cylindrique et hyaline. Lignicoles.

alveolaris. Stipe latéral, court (0m 002-4), glabre, *paille* ou *fauve*, avec une zone *brune* ou *noire* à la base. Peridium conchoïde ou réniforme (0m 05-8), mince, *crème*, moucheté de fines *mèches fauves* ou *safranées* et caduques, puis glabre, luisant et blanc. Chair tenace; odeur agréable. Lamelles anastomosées en alvéoles (0m 003-5), *denticulées fimbriées*, crème jonquille, puis fauves. Spore en saucisson (0mm 013), guttulée.

(*Merulius*), De Cand. Fl. fr. VI., p. 43. *europæus*, Fr. Epic., p. 498. Bres. Fung., t. 27. *flaccidus*, Fr. Linn. 1830, t. 11, f. 1.

Automne-printemps. — Sur les troncs des arbres champêtres, griottier, noyer, mûrier. Provence, Jura. Affine à *Lentinus* et à *Lenzites*.

Gen. III. HEXAGONA, Poll.

Peridium dimidié, sessile, subéreux ligneux. Hymenium formé d'*alvéoles hexagones*, ligneux, accrescents. Lignicoles.

favus. Peridium triquètre (0m 05-6), *hérissé* de *fibres* imbriquées, *digitées* et *brunes*. Chair subéreuse, rousse ou fauve. Alvéoles profonds, amples (0m 0020-35), inégaux, arrondis, puis polygones, fauve incarnat.

(*Boletus*), Bull., t. 421. *Trametes gallica*, Fr. Epic., p. 489.
Automne. — Sur les troncs secs ou languissants, sapin, pin.

nitida. Peridium convexe, ténu, lisse et brillant, *brun bistre, zoné* par des *sillons* plus foncés. Alvéoles amples, profonds, ronds, puis hexagones, glabres, *noircissant*.
Mont. Syll., p. 70. Fr. Hym., n° 2.
Eté-automne. — Sur les troncs de chêne vert. Pyrénées.

Gen. IV. TRAMETES, Fr.

Peridium dimidié ou sessile, subéreux ou ligneux. Hymenium formé de pores ronds ou oblongs, continus avec la chair du peridium. Spore ovoïde, ellipsoïde oblongue. Lignicoles.

I. Peridium résupiné.

hexagonoides. Etalé retourné (0^m 2-5), mince (0^m 001-2), glabre, *blanc*. Chair subéreuse, blanche. Pores hexagones (0^m 002), très longs (0^m 01-2), puis labyrinthés. Spore oblongue (0^{mm} 01).
Quél. Jur. et Vosg. I., p. 272, t. 22, f. 2.
Printemps-été. — Sur les poutres, chêne, des lieux humides, souches de peuplier. Forme de *L. quercina ?*

serpens. Etalé (0^m 1-3), mince (0^m 001), pruineux, *blanc*. Chair subéreuse, coriace, blanche. Pores arrondis ou sinueux (0^m 002), puis labyrinthés, *blancs*, puis crème fuligineux.
Fr. S. M. I., p. 340. Ic., t. 192, f. 3.
Printemps. — Sur les troncs couchés, chêne. Très affine au précédent.

campestris. Étalé (0^m 02-3), convexe, glabre, crème ou paille. Chair très mince, subéreuse, molle, puis dure et fragile, paille, puis fauve. Pores amples (0^m 002), polygones, *dentelés*, crème, puis fauve pâle. Spore ellipsoïde cylindrique (0^{mm} 015-18), blanc paille.
Quél. Jur. et Vosg. I., p. 271, II., t. 2, f. 6.
Automne-printemps. — Sur les branches sèches, poirier, érable, chêne et pin.

isabellina. Etalé (0^m 02-4), bosselé, bordé d'un bourrelet cotonneux, couleur noisette. Chair *très élastique*, zonée, couleur de liège teinté de jaune, à odeur de *Lenzites quercina*. Pores irréguliers (0^m 001), ronds, anguleux, puis déchirés, café au lait. Spore ellipsoïde cylindrique (0^{mm} 01-12), blanc paille.
Fr. Hym., n° 18 ?

Automne-hiver. — Sur les vieux bois.

bombycina. Etalé, floconneux, blanc. Pores amples, alvéolaires (0m 001), immergés dans un tissu gonflé, blanc crème, puis ocre pâle. Spore ovoïde (0mm 006-7), allongée, paille.

Fr. El. I., p. 117. Forq. Ch. sup., f. 61. *terrestris*, Sow., t. 387, f. 5.

Printemps. — Sur l'écorce des arbres feuillés.

aneirina. Etalé, mince, byssoïde, avec une bordure blanche. Pores amples, alvéolaires, anguleux, glabres, blancs, puis fauve clair.

Somm. Lap., p. 276.

Hiver et printemps. — Sur les branches mortes, saule, tremble.

sinuosa. Etalé, membraneux (0m 03-6), blanc, puis jonquille. Pores amples, ténus, flexueux, puis dédaliformes, pruineux, blancs, puis crème jonquille. Odeur balsamique.

Fr. S. M. I., p. 381. Ic., t. 190, f. 1. *versiporus*, Somm., p. 278. *mellinus*, Pers. Myc. II., p. 96.

Hiver-printemps. — Souches et branches des forêts de conifères.

latissima. Etalé, ondulé, blanc de cire. Chair épaisse, subéreuse ou ligneuse, filamenteuse, radiée et zonée. Pores formant des sinus allongés, étroits, espacés, arrondis ou flexueux.

Fr. S. M. I., p. 310.

Eté-automne. — Sur les troncs pourrissants de hêtre. Suisse.

mollis. Etalé, arrondi ou oblong (0m 02-3), mince, pubescent tomenteux, *cendré*, *chamois* ou *brun;* marge *libre*, *incurvée* et *blanche*. Chair molle, puis coriace, blanche. Pores alvéolaires (0m 001), pruineux, *blanc crème* grisonnant. Spore ovoïde sphérique (0mm 005-6), hyaline.

Somm. Lap., p. 271. Fr. Nov. symb., p. 99. *Pol. cervinus*, Pers. Myc. II., p. 87.

Eté-automne. — Sur l'écorce du bouleau, de l'aune, de l'alisier. Alpes, Vosges.

II. Peridium dimidié, sessile.

a. *Pores et chair colorés.*

pini. Peridium épais, sec, *dur*, sillonné, zoné, bosselé, scabre, *brun*, avec le bord *ocracé*. Chair fauve rouillé, inodore, subéreuse. Pores amples, hexagones ou oblongs, *veloutés*, *jaune indien*, puis ocre fauve. Spore ovoïde sphérique (0mm 004), ocracée.

Brot. Lusit. II., p. 468. Fr. S. M. I., p. 336. Rostk., t. 50. Klotz. Bor., t. 380.

Automne. — Sur les troncs de pin et de sapin. Environs de Paris, Jura, Vosges, littoral girondin.

odorata. Orbiculaire ou demi-rond (0m 1-15), épais, bosselé, sillonné, *velouté*, *bai* ou *brun*, *souci* au bord. Chair subéreuse, tendre en dehors, fauve; odeur très parfumée, fenouil, vanille. Pores irréguliers, ronds ou oblongs, anguleux, fauves ou cannelle. Spore ellipsoïde, fauve.

Wulf. Jacq. Coll. II., p. 150. *annulatus*, Schæf., t. 106.

Automne. — Souches de sapin des forêts montagneuses. Jura.

hispida. Peridium sessile ou étalé réfléchi (0m 05-8), dimidié, conchoïde, aminci au bord, hérissé de *soies* longues (0m 003-4), *fauves* avec la pointe effilée et diaphane. Chair subéreuse, sèche, blanc crème, puis fauve ou brune. Pores cellulaires (0m 001), *dentelés*, polygones, ne formant, souvent, qu'un réseau au bord, blanc crème, puis café au lait. Spore ellipsoïde cylindrique (0mm 012-13), guttulée et hyaline.

Bagl. Erb. crit. Ital. *Trogii*, Bk. Trog. Schw. II., p. 52. *vulpinus*, Kalch., t. 37, f. 1.

rhodostoma. Pores *incarnat rosé*, puis rose jaunâtre.

Forq. lett. de Bordeaux, 1884.

Printemps-été. — Sur les troncs, chêne, saule, peuplier. Est, Ouest, Champagne, Gironde, Provence, Tyrol.

b. *Pores, spore et chair blancs.*

serialis. Etalé réfléchi, en bandelette étroite, onduleux, ridé, pubescent, *blanc*, puis *briqueté* ou *rouillé*, zoné de raies brunes. Chair élastique, blanche. Pores petits, ronds, *blancs*.

Fr. S. M. I., p. 370. Ic., t. 191, f. 2. *scalaris*, Pers. Myc. II., p. 90.

Printemps. — Sur les bois et souches de sapin des forêts montagneuses.

inodora. *Blanc*. Dimidié (0m 03-6), triquètre, finement tomenteux. Chair subéreuse, ferme, blanc de neige. Tubes courts (0m 002-3); pores *arrondis* ou *oblongs*, petits (0mm 5), pubescents, blanc crème. Spore ovoïde sphérique (0mm 006).

Fr. Mon. II., p. 273. Ic., t. 190, f. 1.

Automne. — Sur les souches, peuplier, chêne. Il ressemble à *gibbosa*.

odora. Dimidié, bossu, épais, velouté, *blanc*, puis *jonquille* au bord. Chair ferme, élastique, épaisse, *blanche*, anisée. Pores ronds, puis dentés, petits, égaux, crème, puis *jonquille* ou *nankin*. Spore ovoïde (0mm 007-8), ocellée, à reflet citrin.

Somm. Lap., n° 1642. Fr. Epic., p. 491. Bolt., t. 162.

Printemps. — Sur les souches de saule, de frêne.

suaveolens. Dimidié, triquètre (0m 05), épais, *pubescent*, *blanc crème*. Chair tendre, coriace, *blanche*; odeur fine de vanille, d'anis, de lavande. Pores arrondis (0m 001), dentelés, inégaux, *blanc* de lait, puis crème grisâtre. Spore ellipsoïde cylindrique (0mm 012), guttulée.

Linn. Suec., n° 1255. Bull., t. 310, f. A. Sow., t. 228. Tratt. Aust., t. 2.

Eté-automne. — Sur les souches de saule, au bord des ruisseaux.

gibbosa. Dimidié (0m 1-2), *aplani*, bossu au milieu, villeux, *pubescent*, zoné et *blanc*. Chair subéreuse, très tenace, blanchâtre. Pores *linéaires* (0m 0010-25), droits, égaux, parfois transformés en lamelles, *blancs*. Spore ellipsoïde cylindrique (0mm 006-7).

Pers. Syn., p. 501. Fl. dan., t. 1964. *sinuosa*, Sow., t. 194.

Printemps. — Sur les souches, hêtre, charme, chêne, frêne, saule.

rubescens. Dimidié, aplani (0m 1-12), aminci et zoné au bord, pubescent, blanc incarnat, puis chamois pâle. Chair subéreuse, molle, *blanche*, puis *incarnat rosé*, et enfin bistrée et zonée. Pores linéaires (0m 002-3), puis déchirés, pruineux, *blancs*, puis *incarnat rosé*. Spore cylindrique (0mm 01), arquée.

Alb. et Schw. Cons., t. 11, f. 2. *suaveolens*, Bull., t. 310, f. B, C. *Bulliardi*, Fr. Epic., p. 491.

Eté-automne. — Souches de saule fragile, cendré, le long des ruisseaux. Jura, Bretagne. Forme de *L. Tricolor*.

Gen. V. DÆDALEA, Pers.

Peridium spongieux coriace ou subéreux, substipité ou sessile. Pores *sinueux*, *anastomosés* en forme de dédale. Spore ovoïde ou ellipsoïde cylindrique, *blanche*. Lignicoles.

a. *Chair blanche ou rougeâtre.*

biennis. Stipité ou sessile, *blanc rosé, blanchissant.* Stipe court ou oblitéré, villeux, rouillé ou fauve. Peridium dimidié ou en coupe, épais, tomenteux, incarnat rosé, bordé de blanc. Chair spongieuse, coriace, *blanche;* odeur agréable. Pores *ténus, labyrinthés* ou *sinueux,* formant à la fin des lamellules, pruineux, *blancs,* puis *incarnat rosé.* Spore ovoïde (0^{mm} 006), ocellée.

Bull., t. 449, f. 1. Sow., t. 191. *rufescens,* Pers. *heteroporus,* Fr. Hym., n° 70.

capitata. Peridium globuleux, couvert de pores.

Bull., t. 449, f. 1, A. (*Ceriomyces*), Corda.

Été. — Cespiteux sur les souches ou racines enfouies des forêts humides.

borealis. Peridium dimidié (0^{m} 1), réniforme, hérissé, poilu, *blanc,* puis ocracé ou fauvâtre. Chair spongieuse, puis subéreuse, fibreuse (les fibres forment les mèches poilues de la surface), blanche, un peu amère; odeur de fruits. Pores inégaux, *flexueux, sinueux,* dédaliformes, blancs, puis ocracés. Spore ovoïde (0^{mm} 005), pointillée.

Wahlb. Succ., n° 2000. Fr. S. M. I., p. 366. Rostk., IV, t. 40. Kalch. Ic., t. 35, f. 2.

Eté. — Sur les souches de sapin et d'épicéa des forêts montagneuses[1]. Suspect.

Weinmanni. Peridium dimidié (0^{m} 1-15), versiforme, blanc, puis roux, *hérissé* de *soies brunes ;* marge mince et blanche. Chair spongieuse, tenace, blanche, acidule. Pores *labyrinthés,* inégaux, *blancs,* roux brun au toucher. Spore hyaline.

Fr. Epic., p. 459. *labyrinthicus,* Weinm. Ross., p. 313.

Automne. — Sur les souches de pin des forêts montagneuses.

unicolor. Conchoïde, dimidié (0^{m} 05-7), imbriqué, mince, sillonné zoné, *velouté hérissé, gris pâle,* avec la marge blanc crème, puis *cendré* ou *fuligineux.* Chair subéreuse, *blanche.* Pores très courts, sinueux, contournés, étroits, puis

[1] Le prétendu genre *Ptychogaster,* Cord. est une curieuse anamorphose de certains *Polypori,* dont l'intérieur, cellulaire, porte des conidies ou des spores : par exemple *albus,* Cord. Anl., t. 6, f. 32, produit par *D. borealis; citrinus,* Boud., par *L. amorphus,* et *rubescens,* Boud., par *P. vaporaria* (Journ. Bot. I., t. 1, f. 1 et 2.), etc.

dédaliformes, *blancs*, puis *gris*. Spore pruniforme (0mm 006-7), finement aculéolée.

Bull., t. 408, 501, f. 3. Bolt., t. 163. *Sistotrema cinereum*, Pers. Syn., n° 3.

Automne-printemps. — Sur les souches des forêts feuillées, charme, érable, chêne, marronnier.

gossypina. Peridium étalé réfléchi (0m 03-7), aplani, mince (0m 001), *tomenteux* et blanc. Chair tenace, blanche. Pores dédaléens, longs (0m 003-4), ténus, *blancs*, avec l'orifice *denticulé* et *gris*. Spore pruniforme (0mm 006), pointillée.

Mougeot, Lév. An. sc. n. 1848, p. 124.

Automne. — Sur les branches sèches, églantier, érable, hêtre, sureau noir.

saligna. Peridium étalé réfléchi, dimidié (0m 01), flexueux (0m 05-8), *zoné sillonné*, villeux, *blanchâtre*; marge bordée d'un bourrelet gonflé. Chair coriace et molle, blanchâtre. Pores longs, fins, arrondis, *sinueux*, labyrinthés, pruineux et *blancs*. Spore ellipsoïde oblongue (0mm 007-8).

Fr. Epic., p. 472. Ic., t. 181, f. 1. Bolt., t. 78. Batt., t. 38, f. E. Rostk., t. 27, f. 2.

Eté-automne. — Sur les vieux troncs, surtout des forêts arrosées, saule, cytise.

b. *Chair colorée.*

confragosa. Dimidié (0m 01). réniforme, rétréci à la base, bosselé, sinueux, *velu*, zoné, *brun mordoré* ou *briqueté*, *velouté* et *gris paille* au bord. Chair mince, fibreuse, subéreuse, *roussâtre*, puis *brune*. Pores sinueux, étroits, dédaliformes, incisés dentés, longs, pruineux, *gris*, puis *châtains*, chatoyants. Spore cylindrique (0mm 006-7), hyaline.

Bolt. Fung., t. 160. Pers. Syn., n° 3. *labyrinthiformis*, Bull., t. 491, f. 1.

Automne. — Sur les troncs des forêts feuillées, chêne, hêtre, alisier.

?aurea. Peridium triquêtre (0m 05), bossu, épaissi au bord, *velouté*, un peu zoné, *jaune d'or*; chair radiée, jaune. Pores arrondis, puis sinués labyrinthés, *jonquille*.

Batt., t. 35, f. F.

Eté. — Imbriqué sur les troncs de chêne. N'est peut-être qu'une forme de *In. croceus*.

Gen. VI. IRPEX, Fr.

Peridium membraneux, coriace, réfléchi ou résupiné. Hymenium formé d'alvéoles, puis de dents ou palettes coriaces, connées à la base. Spore oblongue, ellipsoïde ou ovoïde, hyaline. Lignicoles[1].

a. *Crustacés ou étalés.*

paradoxus. Etalé, mince, floconneux, *blanc*, puis crème ocracé avec une bordure byssoïde. Palettes *divergentes*, *foliacées*, *digitées* ou *laciniées*, ténues et *blanches*. Spore ovoïde pruniforme (0mm 005-6), finement aculéolée.
Schrad. Spic., t. 4, f. 1. *digitatum*, Pers. Syn., n° 10.
Automne-printemps. — Sur les souches et les feuilles, hêtre, charme. Lusus de *Poria radula?*

candidus. Etalé, membraneux, aranéeux, mince, séparable, avec la marge byssoïde. Palettes subulées ou lamelleuses, ténues, denticulées, *blanc de neige.*
Ehrenb. Sylv. ber., p. 19. Pers. Myc. II., p. 199.
Hiver-printemps. — Sur les souches, écorces et brindilles des bois de pins.

obliquus. Crustacé, pruineux, ténu, *blanc*, puis *crème ocracé* avec une bordure byssoïde et blanche. Dents obliques, plates, incisées, dentelées, poriformes à la base, blanches, puis crème jonquille.
Schrad. Spic. Fr. El., p. 147. Bolt., t. 167, f. 1.
Automne-printemps. — Sur les branches sèches, frêne, plaine.

deformis. Crustacé, mince, farineux avec une bordure pubescente, *blanc de lait*. Dents ténues, aiguës, incisées digitées, réunies en alvéoles à la base, blanc crème. Spore ovoïde (0mm 01), pointillée.
Fr. El., p. 147.
Automne. — Sur les bois et les écorces, chêne.

b. *Sessiles ou étalés réfléchis et marginés.*

violaceus. Etalé réfléchi ou dimidié, membraneux, coriace, tomenteux, *blanc grisonnant*. Dents lamelleuses, sériées, in-

[1] Ce genre renferme quelques fausses espèces, des lusus de *Lenzites (umbrinus)*, de *Coriolus (glaberrimus)* ou de *Dædalea biennis*, *unicolor*, etc.

cisées au sommet, *gris purpurin*, puis violettes. Spore ellipsoïde cylindrique (0mm 009-10), arquée.

Pers. Syn., n° 5. *fuscoviolaceus*, Fr. El., p. 144.

Eté-automne. — Imbriqué sur les sapins et les pins, quelquefois sur le hêtre.

paleaceus. Etalé réfléchi, coriace et mou, pubescent, *blanc* de lait. Dents ou lamellules dilatées au sommet, *crème ocracé*.

Thore, Chl. Land., p. 492.

Automne. — Sur les troncs de pins de l'Ouest.

lacteus. Dimidié, étalé (0m 03-4), charnu coriace, festonné, ridé, *tomenteux* et *blanc*. Palettes imbriquées, plates, sinueuses, canaliculées ou subulées, *blanc* de lait, puis crème ocracé. Spore ovoïde sphérique (0mm 005), pointillée.

Fr. El., p. 145.

Automne-hiver. — Imbriqué sur les troncs, hêtre, bouleau, noyer.

canescens. Dimidié, conchoïde et étalé (0m 02-3), mince, coriace, mou puis dur, zoné, finement tomenteux, blanc grisonnant. Lamellules *transversales*, incisées, minces, *blanc* de lait. Spore ovoïde (0mm 006-7), pointillée.

Fr. Epic., p. 522.

Automne-hiver. — Sur les branches et les souches, saule, prunellier.

glaberrimus. Etalé réfléchi, mince, *lisse*, *brun*. Dents aiguës, serrées, crème.

Pers. Myc. II., p. 214. Fr. Hym., n° 11.

Sur les troncs de noyer. Lusus de *Coriolus versicolor?*

pachyodon. Dimidié ou étalé (0m 05-8), charnu coriace, *glabre* et blanc. Palettes ou aiguillons allongés (0m 01-15), sinueux, canaliculés ou aigus, blanc crème. Spore ovoïde ou sphérique (0mm 006), ocellée.

Pers. Myc. eur. II., p. 174. Fr. Epic., p. 520.

Automne. — Sur les troncs, noyer, chêne, hêtre.

Gen. VII. SISTOTREMA, Pers.[1]

Peridium orbiculaire et stipité ou dimidié et sessile, *charnu*. Hymenium formé de *palettes* ou *lamellules libres*, séparables,

[1] Ce genre relie les *Erinacei* aux *Dædalei*.

céracées, inordinées. Spore ovoïde ou sphérique, *blanche*. Humicoles ou lignicoles.

? foliicola. Membraneux, résupiné (0m 02-3), *orangé;* lamellules irrégulières, contournées, dentelées, minces.

Libert, Exs. Lamb. Fl. Sup., p. 69.

Feuilles mortes de hêtre. Ardennes.

confluens. Stipe court, excentrique, pruineux, *blanc*. Peridium orbiculaire (0m 02-3), mince, tendre, villeux, *blanc de neige*, puis jonquille. Palettes flexueuses, rappelant les caractères d'imprimerie, pruineuses, *blanches*. Spore ovoïde (0mm 004-5), finement aculéolée. Odeur résineuse et vireuse.

Pers. Syn., n° 3. Grev. Scot., t. 248. *Hydnum sublamellosum*, Bull., t. 453, f. 1.

Eté-automne. — En cercle, souvent connés, sur l'humus des forêts de conifères. Suspect.

occarium. Dimidié, convexe (0m 06-8), *tendre, velouté, blanc*, puis ocracé, orangé à la base. Palettes *cordiformes*, labyrinthées, *incarnat orangé*.

Sec. Myc. II., n° 24. Fr. Epic., p. 520. Mich., t. 64, f. 3.

Automne. — Imbriqué sur les vieux troncs de la région australe.

Trib. II. POLYPORI, Quél.

Hymenium formé de tubes ou d'alvéoles, accolés, plus ou moins séparables du peridium. Charnus, coriaces ou subéreux, épixyles, rarement terrestres.

Sér. I. *RÉSUPINÉS*.

Gen. I. PORIA, Pers.[1]

Voile le plus souvent oblitéré. Peridium *membraneux* ou *oblitéré;* chair *mince*, tendre, coriace ou subéreuse. Tubes souvent *insérés sur le mycelium;* pores petits ou moyens, ronds ou polygones. Spore ovoïde ou oblongue. D'une saison ou annuels, lignicoles.

[1] Bien que je n'aie admis que peu d'espèces dans ce genre, je crains que certaines d'entre elles ne soient que des formes stationnelles, surtout celles à pores bruns.

a. *Pores bruns, rouillés ou fauves. Spore hyaline ou fauve.*

obliqua. Peridium large (0^m 05-10), très mince, coriace subéreux, avec la marge souvent réfléchie, ridée et laciniée, brun fauve. Tubes obliques, *bruns;* pores anguleux, gris chatoyant. Spore ovoïde sphérique (0^{mm} 004), hyaline.

Pers. Syn., nº 91. Fr. Ic., t. 188, f. 1. Rostk., 27, t. 4.

Eté-automne. — Sous l'écorce, qu'il soulève, des branches et des troncs secs, hêtre.

unita. Plaque unie, mince, *brune*, avec une *bordure byssoïde brun fauve*. Tubes très fins, naissant du mycelium, *brun foncé;* pores ponctiformes.

Pers. Myc. II., p. 93. Fr. Ic., t. 188, f. 2.

Eté-automne. — Sur le bois de sapin pourrissant des forêts montagneuses.

subspadicea. Plaque mince (0^m 002), coriace, molle, blanchâtre, puis *bistrée*, avec une bordure étroite et *blanchâtre*. Tubes courts et pores ténus, anguleux, pubescents, concolores. Spore en saucisson (0^{mm} 008-9), hyaline.

Fr. S. M. I., p. 378. *murinus*, Rostk. IV., t. 57.

Printemps. — Sur le bois de sapin et de hêtre des forêts montagneuses.

umbrina. *Ondulé*, *tuberculeux*, mince, *brun roux*, avec une marge glabre et fauve. Pores petits, ronds, concolores. Spore ovoïde (0^{mm} 006-7).

Fr. Hym., nº 182. *ferruginosus*, Rostk., 27, t. 6.

Automne. — Sur les troncs d'alisier rouge. Jura.

ferruginosa. Etalé (0^m 03), épais, ferme, *fauve rouillé*, avec une marge stérile. Tubes *longs*, fins et pores ronds, puis lacérés, cannelle.

Schrad. Spic., p. 172. Pers. Syn., nº 76. Grev. Scot., t. 155.

Eté-automne. — Sur les vieux troncs, aune, robinier, des forêts humides.

contigua. Etalé, épais, villeux au bord, *cannelle;* pores assez gros, égaux, ronds, plus épais.

Pers. Syn., p. 554. Fr. S. M. I., p. 378.

Printemps-automne. — Sur les bois pourris.

collabens. Croûte mince, molle, humide, *blond incarnadin* ou chocolat clair, formée de petits pores *alvéolaires*, tombant en poussière par la dessiccation. Spore ovoïde (0^{mm} 01), *bistre purpurin*.

Fr. Hym. eur., n° 189.

Hiver-printemps. — Sur les planches de sapin pourrissantes. Jura.

floccosa. Ténu, maculiforme, floconneux, fauve brun. Pores ronds, immergés dans le mycelium.

Fr. Hym. eur., n° 187. Rostk., 27, t. 8 ?

Eté. — Sur les branches de pommier.

undata. Etalé (0m 05-6), confluent, mince (0m 001-2), subéreux, *mou*, bosselé, *tomenteux*, *fauve cannelle*. Pores petits, arrondis, sinueux, souvent dédaliformes, finement *tomenteux*. Spore ovoïde (0mm 006-7), fauve.

Pers. Myc. eur., t. 16, f. 3.

En tout temps. — Sur les bois pourrissants, chêne. Normandie.

b. *Pores violets, purpurins ou rouges. Spore hyaline ou rosée* [1].

violacea. Membraneux, très adhérent, mince, céracé gélatineux, glabre, *améthyste*, puis *violet* ou sanguin obscur. Pores *alvéolaires* (0mm 5), translucides. Spore ovoïde (0mm 007), pointillée.

Alb. et Schw. Cons., p. 258. Fr. Obs. II., p. 263. *purpureus*, Rostk., 27, t. 3.

Automne. — Sur les branches dénudées de sapin. Il a l'aspect d'un *Merulius*.

purpurea. Croûte mince, tendre, glabre, *rose* ou *lilacine*, avec une étroite bordure *soyeuse* et *blanche*. Pores très petits (0mm 25), arrondis, polygones. Spore ellipsoïde oblongue (0mm 008).

Fr. S. M. I., p. 379. *lilacinus*, Schw. Car., n° 912.

Hiver-printemps. — Sur le bois pourrissant, aune, chêne, hêtre.

incarnata. Etalé, coriace subéreux, persistant, glabre, *incarnat*, avec une bordure soyeuse et *blanche*. Tubes longs, obliques et pores polygones, concolores. Spore ellipsoïde (0mm 006-7).

Alb. et Schw. Cons., p. 250. Fr. Ic., t. 189, f. 1. *cruentus*, Pers. Myc., t. 16, f. 4.

Printemps. — Sur les souches de pin. Vosges.

[1] Ce groupe relie le genre *Poria* au genre *Merulius*.

placenta. Etalé, orbiculaire (0^m 02), épais, *tendre*, séparable, avec une bordure byssoïde. Chair céracée, puis indurée, farineuse et *blanche*. Tubes souvent stratifiés et pores cellulaires (0^{mm} 5-9), inégaux, d'un beau *rose incarnat* à reflet orangé. Spore pruniforme allongée (0^{mm} 008).

Fr. Mon. II., p. 272. Ic., t. 188, f. 3.

Automne. — Sur les souches et les aiguilles de pin. Alpes, Tyrol.

terrestris. Etalé, aranéeux byssoïde, très ténu, très fugace, *blanc*. Pores très petits, arrondis, *blancs*, puis *rouges*.

De Cand. Fl. fr. VI., p. 39. Pers. Ic. pict., t. 16, f. 1?

Eté. — Sur la terre très ombragée. Ne paraît pas être une espèce distincte.

micans. Etalé, mince, tendre, *incarnat blanchâtre*, avec une bordure *byssoïde blanche*. Pores alvéolaires, ténus, anguleux, crénelés. Spore en saucisson (0^{mm} 008).

Ehrenb. Sylv. ber., p. 30. Fr. S. M. I., p. 383.

rhodella. Membraneux, mou, *blanc incarnat*, avec une marge nue. Pores disposés par taches, petits, urcéolés, pruineux, blanc incarnat. Spore ovoïde sphérique (0^{mm} 006), ocellée?

Fr. S. M. I., p. 380. Ic., t. 189, f. 2? Bull., t. 242, f. D.

Automne. — Sur les bois pourris des forêts montagneuses.

sanguinolenta. Etalé, ondulé, anfractueux, tendre, humide, *blanc*, puis *incarnat purpuracé*, avec une bordure byssoïde fugace. Pores inégaux, ronds, puis déchirés, avec l'orifice *pubescent* et *pruineux*, *blancs*, *rouges* par le froissement. Spore pruniforme (0^{mm} 006), incurvée. Odeur vireuse.

Alb. et Schw. Cons., p. 257. Fr. S. M. I., p. 383.

Automne-hiver. — Sur les vieilles souches, hêtre. Jura, Alpes, Champagne.

c. *Pores jaunes ou orangés. Spore hyaline.*

xantha. Etalé (0^m 1), épais, humide, glabre, *souci* ou *orangé*, avec une bordure radiée, fibrillosoyeuse, *sulfurine*. Tubes longs (0^m 01), obliques, *pourpre orangé* ou *violet safrané*. Pores petits, épais, arrondis ou elliptiques, *jaune safrané*. Spore ovoïde pruniforme (0^{mm} 004-6).

Fr. Obs. myc. I., p. 128. Pers. Myc., t. 6, f. 3. *contiguus*, Rostk., 27, t. 8.

Automne. — Sur les souches de pin. Vosges.

nitida. Etalé (0^m 01-3), membraneux, mince, avec une bordure (à la fin libre) *soyeuse* et *blanche*. Pores hémisphériques, alvéolés, ténus, finement crénelés, blancs, puis *jonquille aurore*, *abricot* ou *incarnat*, chatoyants. Spore ovoïde sphérique (0mm 004-5), pointillée.

Pers. Obs. myc. II., t. 4, f. 1. *micans*, Rostk. IV., f. 63. *euporus*, Karst. Fenn.

Hiver-printemps. — Sur les branches sèches, saule, tremble, des forêts ombragées.

d. *Pores petits et blancs. Spore hyaline.*

medulla panis. Etalé, *marginé*, ondulé, dur, blanc de neige. Tubes allongés, obliques et pores ronds, pruineux, blanc de craie.

Pers. Syn., n° 78. Jacq. Misc., t. 11. Bolt., t. 166, f. 2. Fr. Ic., t. 190, f. 2.

Automne. — Sur les troncs secs des forêts feuillées, cerisier.

obducens. Etalé, incrustant, dur, blanc. Tubes fins, *stratifiés*, blanc de neige (strates supérieures ocracées); pores ronds, très petits. Spore ovoïde oblongue (0mm 005).

Pers. Myc. II., p. 104. Fr. Epic., p. 485.

Printemps. — Dans les vieilles souches, chêne, orme, frêne, érable.

callosa. Plaque unie, tenace, molle, blanche, *séparable*, avec une bordure étroite et finement tomenteuse. Pores petits, arrondis, fermes, blanc hyalin, blanchissant. Spore pruniforme (0mm 006-8).

Fr. S. M. I., p. 381.

Hiver-printemps. — Sur le bois de sapin. Ressemble à *obducens*.

vulgaris. Etalé, mince, tenace, *blanc de neige*, subtilement tomenteux avec le bord glabre. Pores *très petits*, ronds, naissant du mycelium, *blancs*, chatoyants. Spore ovoïde pruniforme (0mm 006).

Fr. S. M. I., p. 381. Rostk., t. 60.

Eté-automne. — Sur le bois et les branches sèches des forêts ombragées.

mucida. Etalé, anfractueux, *mou*, immergé dans un mycelium aranéeux farineux et blanc. Pores polygones, puis dédaléens, pubescents, blanc de lait, teintés de fauve au toucher. Spore ovoïde pruniforme (0mm 005), ocellée.

Pers. Syn., n° 81. Fr. S. M. I., p. 381.

Automne-hiver. — Sur les troncs pourris, hêtre.

mollusca. Etalé, mince, mou, avec une bordure *radiée, fibrillo-soyeuse* et *blanche*. Tubes fins et ténus ; pores petits, ronds, puis lacérés, *blancs*, puis *crème*.

Pers. Obs. myc. II., p. 15. Fl. dan., t. 1299. Sow., t. 387, f. 9.

Automne-hiver. — Sur les souches pourries, pin, sapin.

vitrea. Membraneux, séparable, sur un mycelium tenace (*Xylostroma*), ondulé ou noueux, céracé, mou, bordé d'une frange byssoïde blanche. Tubes fins et longs; pores arrondis, *blanc hyalin*.

Pers. Obs. myc. I., p. 15. Fr. S. M. I., p. 381.

Eté. — Sur les troncs pourrissants, hêtre.

e. *Pores moyens, polygones, blancs. Spore hyaline.*

radula. Etalé sur un mycelium tomenteux, séparable, mou, blanc. Pores anguleux, *dentés*, pubescents, *blancs*, puis crème incarnat. Spore ovoïde pruniforme (0mm 006).

Pers. Obs. II., p. 14. Fr. S. M. I., p. 383.

Automne-printemps. — Sur les écorces et les branches, hêtre, saule, tremble, tilleul.

vaporaria. Etalé sur un mycelium floconneux, *blanc*. Pores alvéolaires (0mm 5), dentés, *blancs*, puis crème.

Pers. Syn., n° 83. Fr. S. M. I., p. 382. *bullosus*, Weinm. Ross., p. 336.

Hiver-printemps. — Sur le bois et les souches des sapinières montagneuses.

byssina. Etalé, séparable, aranéomembraneux, *bordé de filaments soyeux, radiés et blanc de neige*. Pores alvéolaires (0mm 2-5), dentés, ténus, pruineux, *blancs*, puis crème. Spore ovoïde (0mm 006).

Schrad. Spic., p. 172, t. 3, f. 1. Pers. Syn., n° 88.

Eté-automne. — Sur l'écorce des branches mortes, dans les forêts montagneuses. Jura.

farinella. Croûte ténue, *farineuse* ou villeuse à la loupe, *blanc de neige*, avec une jolie marge soyeuse. Pores *hexagones* (0mm 5), ténus, pubescents farineux, blancs. Spore ellipsoïde 0mm 007).

Fr. S. M. I., p. 384.

Printemps. — Sur les souches des forêts montagneuses, hêtre, sapin.

reticulata. *Blanc de neige*, ténu et fugace, avec une frange soyeuse et radiée. Pores cupuliformes, espacés, ronds, blancs, puis crème ou paille.

Pers. Syn., p. 584. Fr. Ic., t. 190, f. 3.

Automne. — Sur les bois pourrissants.

Sér. II. *SESSILES ou IMBRIQUÉS.*

Gen. II. LEPTOPORUS, Quél.

Voile continu, villeux, floconneux ou fibrilleux. Peridium sans cuticule ; chair fibreuse, zonée, molle, *putrescente*, *blanche*. Tubes fins, hétérogènes, souvent séparables ; pores ténus et petits. Spore ovoïde, ellipsoïde, *hyaline*. D'une saison, lignicoles.

I. **Chionoporus**, Quél.

Peridium charnu, mou, aqueux, fragile. Pores *blancs*.

a. *Pores ronds, à orifice uni.*

epileucus. Peridium dimidié (0m 1), épais (0m 03-6), raboteux, fibrilleux, floconneux, *blanc*. Chair caséeuse, zonée, blanche, puis bistrée. Tubes fins et pores petits, ronds. Spore ovoïde pruniforme (0mm 004-5).

Fr. Epic., p. 452. *spumeus*, Fl. dan., t. 1794.

Eté-automne. — Sur les souches, hêtre, peuplier.

tephroleucus. Peridium triquêtre (0m 05-6), villeux, peluché, *gris cendré* ou *chamois*, avec une bordure flexueuse, *blanche*, noircissant au toucher. Chair épaisse, molle, puis ferme, douce, *blanc de neige*, rayée concentriquement de *zones linéaires grises* ou *bistrées*. Tubes fins (0m 01-015) et pores ronds, puis fimbriés dentelés. Spore ellipsoïde (0mm 006-7), arquée.

Fr. S. M. I., p. 360. Rostk., t. 26.

Automne. — Imbriqué sur les souches pourries, pin, sapin. Forêt de Fontainebleau.

spumeus. Peridium dimidié (0m 1), bossu, épais, *hérissé de soies*, *blanc*. Chair fibreuse, humide, puis compacte, blanche, avec des zones rousses ou bistrées. Tubes courts et pores ponctiformes, incurvés ou linéaires, séparables. Spore ellipsoïde (0mm 005-6).

Sow. Eng. fung., t. 211. Fr. S. M. I., p. 358.

Automne. — Sur les vieux troncs, noyer, hêtre, orme, pommier.

stipticus. Peridium dimidié, imbriqué (0m 05-6), mou, puis induré, finement pubescent, *blanc*, puis roussâtre au bord. Chair fragile, fibreuse, blanche, fétide, âcre et amère. Tubes longs ; pores petits, ronds, couverts de *gouttelettes laiteuses* et âcres. Spore ellipsoïde (0mm 005-7).

Pers. Syn., n° 43. Fr. Ic., t. 181, f. 2.

Eté-automne.—Imbriqué concrescent sur les souches, pin, genévrier. Suspect.

chioneus. *Blanc de neige.* Dimidié (0m 02-3), tendre, glabre, blanc hyalin blanchissant. Chair molle, acidule. Tubes ténus; pores petits, arrondis, puis denticulés. Spore ellipsoïde (0mm 005), allongée, incurvée.

Fr. S. M. I., p. 359. *candidus*, Pers. Myc. II., t. 15, f. 2.

Eté. — Sur les branches sèches de bouleau. Vosges, Ouest.

b. *Pores oblongs, flexueux, déchirés, à orifice denté.*

lacteus. Peridium triquêtre, fibrocharnu, *pubescent, blanc.* Chair tendre, puis fragile, blanche, acidule. Tubes fins et pores ténus, *dentés*, puis lacérés dédaliformes. Spore ovoïde (0mm 005-6).

Fr. S. M. I., p. 359. Ic., t. 182, f. 1. Rostk., t. 23 (junior). *apalus*, Lév. An. sc. n. 1848.

Eté-automne. — Souches et branches sèches des forêts humides.

fragilis. *Blanc*, puis *taché* de *fauve safrané.* Peridium dimidié (0m 03-6), conchoïde, réniforme, tendre, *villeux*, ridé. Chair acidule, amarescente, blanche. Pores arrondis, puis sinueux et labyrinthés, pubescents. Spore ovoïde sphérique (0mm 006), ocellée.

Fr. El. I., p. 86. Ic., t. 182, f. 2.

Automne. — Sur les souches de pin et autres conifères.

Wynnei. Peridium conchoïde, rameux ou lobé, mince, rayé, soyeux, *blanc*, puis *safrané* ou fauve rouillé à la base. Chair blanche, tendre, puis dure et fragile. Pores petits, fimbriés. Spore sphérique (0mm 006).

Bk. and Br. An. n. h., n° 807.

Automne. — Cespiteux et empâtant les herbes, les mousses, les feuilles mortes, etc. Il ressemble à *amorphus* et surtout à *floriformis*.

mollis. Peridium étalé réfléchi (0^m 05-8), épais, aminci au bord, rugueux, *soyeux*, *incarnat*. Chair fibreuse, *molle*, dure par le sec, blanche. Tubes allongés et pores inégaux, flexueux, mous, tachés de rouge au toucher. Spore ovoïde sphérique (0^{mm} 006), finement aculéolée.

Pers. Obs. I., p. 22. Fr. Ic., t. 182, f. 3.

Automne-printemps. — Sur le bois pourri, pin, des forêts montagneuses.

cæsius. Peridium dimidié (0^m 02-8), souvent imbriqué, tendre, *villeux* ou *hérissé*, *blanc*, puis *bleu azuré*. Chair molle, humide, blanche. Pores petits, inégaux, dentés, flexueux, tachés de bleu cendré au toucher. Spore ellipsoïde cylindrique (0^{mm} 005).

Schrad. Spic., p. 167. Pers. Syn., n° 44. *candidus*, Roth. Cat. I., p. 244. *albidus*, Sow., t. 226. *cæruleus*, Fl. dan. t. 1963, f. 2.

Eté-automne. — Sur les souches des forêts ombragées.

trabeus. Peridium étalé réfléchi (0^m 05-7), allongé transversalement, mou, puis ferme, finement pubescent, *blanc*, *taché d'ocre* ou de *bistre*. Chair tendre, floconneuse, hyaline, *zonée*, odorante. Tubes courts et pores petits, ronds, dentés, labyrinthés. Spore ellipsoïde (0^{mm} 006-7), ocellée.

Fr. Epic., p. 434. Rostk., t. 28.

Automne. — Souches de conifères, pin, sapin. Vosges, Nord.

destructor. Peridium étalé réfléchi (0^m 04-6), onduleux, rugueux, pubescent, *brunâtre*. Chair fibreuse, humide, fragile, zonée, blanchâtre; odeur forte. Tubes allongés et pores dentés lacérés.

Schrad. Spic., p. 166. Pers. Syn., n° 73. Kromb., t. 5, f. 8. *alutaceus*, Rostk., t. 27.

Eté-automne. — Sur les souches et les bois pourrissants.

II. **Chrysoporus**, Quél.

Peridium ample, mou, caséeux, succulent. Pores *jaunes* ou *incarnats*.

sulfureus. Peridium multiple, imbriqué (0^m 1-4), ondulé, pruineux, *crème citrin*, *incarnat rosé* ou *aurore* sur la marge, à la fin *blanc*. Chair molle, puis dure, crayeuse, crème, puis blanche, aigrelette, amarescente. Pores petits, ronds, *sulfurins*. Spore ovoïde sphérique (0mm 006).

Bull., t. 429. Sow., t. 135. Fr. Sv. sv., t. 88. *caudicinus*, Scop. Schæf., t. 131-2. *ceratoniæ*, Barla, t. 30, f. 1-3.

ramosus. Ramifié; rameaux cylindriques, couverts de pores, citrins, puis ocre blanchissant.

Bull., t. 418.

Eté. — Cespiteux ou imbriqué sur les troncs, cerisier, pommier, chêne. Comestible?

officinalis. Sessile, imbriqué. Peridium épais, triquêtre (0m 1-4), pruineux, glabre, puis sillonné zoné et crevassé, *crème jonquille*, teinté d'*orangé* au bord, *blanchissant*. Chair molle, puis friable, crème, puis blanche, amère; odeur de farine. Tubes courts et pores fins, crème jonquille, aurore, argileux, puis brunâtres.

Vill. Delph., p. 1011. *laricis*, Jacq. Misc. II., t. 20. Bull., t. 296. *purgans*, Pers. Syn., n° 56.

Eté. — Sur les troncs de mélèzes des forêts montagneuses. Alpes, Tyrol.

imbricatus. Cespiteux imbriqué (0m 5-10), lobé, onduleux, festonné, glabre, chamois ou roux. Chair ferme, tendre, puis fragile et *farineuse*, blanche, amarescente; odeur de racine de gentiane (Bulliard). Tubes fins et pores ténus, incarnat fauve.

Bull., t. 366. Rostk., t. 21. *amaricans*, Pers. Syn., n° 55.

Eté. — Sur les troncs de chêne, dans les forêts de la plaine. N'est peut-être qu'une forme gigantesque et décolorée de *sulfureus*.

casearius, Fr. Epic. Sterb., t. 12. Peridium très large, *blanc*, puis chamois; chair caséeuse, acidule. Pores *blanc de lait*.

Imbriqué cespiteux au pied des chênes. Paraît être *sulfureus* altéré, décoloré par les intempéries.

III. **Chrooporus**, Quél.

Peridium charnu, élastique, tomenteux. *Pores colorés*.

amorphus. Peridium étalé ou réfléchi (0m 03-4), conchoïde, festonné, membraneux, tomenteux et *blanc*. Chair tendre, ténue, blanche. Tubes courts; pores ronds, *blancs*, puis *dorés* ou *orangé rosé*. Spore ovoïde (0mm 001-5).

Fr. Obs. II., p. 258. *aureolus*, Pers. Myc. II., p. 60. *roseoporus*, Rostk., t. 12. *irregularis*, Sow., t. 123.

Été-automne. — Sur les souches des forêts de conifères.

albus. Peridium dimidié (0m 03-9), conchoïde, mince, tenace, *lisse*, *blanc*, puis grisâtre. Chair molle, zonée et blanche. Tubes ténus, courts; pores petits, ronds, puis dédaliformes, *blancs*, puis *roux incarnat*. Spore ovoïde (0mm 006), ponctuée.

Huds. Ang., p. 626. Fr. Epic., p. 456. *salicinus*, Bull., t. 433, f. 1.

Hiver-printemps. — Sur les troncs des forêts de la plaine, saule, hêtre.

kymatodes. Peridium conchoïde (0m 02-3), mince, *ondulé*, pubescent, *brunâtre*, puis *blanc*. Pores moyens, ronds, *blancs*, puis gris.

Fr. Ic. sel., t. 183, f. 1. Rostk., IV, t. 24.

Automne. — Sur les troncs de pin.

adustus. Peridium étalé réfléchi ou dimidié (0m 03-4), conchoïde, mince, villeux, blanchâtre, gris, bistré, fuligineux, *noircissant* au bord. Chair molle, floconneuse, blanche, puis grise ou noire. Tubes *courts*, petits; pores ronds, *pruineux*, *gris argenté*, puis bistre noir. Spore ellipsoïde (0mm 005).

Wild. Ber., p. 392. Rostk., t. 38. Quél. Jur. I., t. 18, f. 2. *pelloporus*, Bull., t. 501, f. 2.

crispus. Peridium mince, festonné, *gris noircissant*, zoné et *lacinié* au bord. Pores plus grands, ronds, puis labyrinthés, *gris argenté*.

Pers. Obs. II., p. 8. Rostk., t. 37.

zonulatus. Peridium mince, gris blanc, orné de zones jaunes, grises et brunes.

Automne-hiver. — Sur les souches des forêts feuillées.

dichrous. Peridium étalé réfléchi, tendre, mince, tomenteux, blanc grisonnant. Chair molle, humide, puis floconneuse, blanche. Tubes courts et pores petits, polygones, *incarnat fauve*, puis bruns, liserés de blanc. Spore ellipsoïde (0mm 003-5), arquée.

Fr. Obs. I., p. 125. Rostk., t. 39.

Automne-hiver. — Sur les branches sèches, saule, chêne, des forêts humides.

imberbis. Peridium multiple, étalé imbriqué (0m 1-3), mince, lobé, atténué en stipe ou sessile, finement villeux, uni, puis zoné, *crème ocracé*, puis chamois pâle. Chair mince, molle, puis fragile, blanc crème, *zonée;* odeur de farine. Tubes très courts (0^{m} 001-2) et pores arrondis, puis polygones (0^{mm} 5), pubescents, *blancs*, puis isabelle ou tachés de gris. Spore ellipsoïde (0^{mm} 006-7).

Bull., t. 445, f. 1. *rugosus*, Sow., t. 422. *alligatus*, Fr. El., p. 78. *ravidus*, Fr. Epic., p. 475. Sow., t. 367. *pallescens*, Fr. El., p. 96. *pelloporus*, Sow., t. 320.

fumosus. Peridium dimidié adné (0^{m} 04-6), finement tomenteux, ocre pâle, puis fuligineux, *noircissant* au bord; chair ferme, zonulée, blanc crème. Pores petits, ronds, *blanc crème*, puis *gris* de plomb et enfin bistrés. Spore ellipsoïde pruniforme (0^{mm} 006-7).

Pers. Syn., p. 130. Klotz. Bor., t. 392. Rostk. Pol., t. 42.

Eté-automne. — Sur les vieilles souches, hêtre, érable, saule, peuplier, bouleau.

Gen. III. CORIOLUS, Quél.

Voile continu, pubescent, velouté ou hérissé. Peridium dimidié, conchoïde, *zoné* ou *sillonné* concentriquement; chair *très coriace*, *blanche*. Tubes homogènes et pores petits, ronds ou polygones, *blancs*. Spore pruniforme, ellipsoïde cylindrique, *hyaline*. Pérennes, lignicoles.

a. *Peridium mince. Tubes courts.*

hirsutus. Peridium dimidié (0^{m} 03-5), mince, zoné sillonné, *velouté laineux*, *blanc*, souvent bordé de *brun* ou de *fauve*. Chair très coriace. Pores ronds, épais, *blanc brunissant*. Spore ellipsoïde cylindrique (0^{mm} 007).

Wulf. Jacq. Coll. II., p. 149. Fr. S. M. I., p. 367.

lutescens. Peridium orné de zones, les unes *hérissées*, *fauve safrané*, les autres *pubescentes*, *jonquille*, et bordé d'un bourrelet *blanc* ou *gris clair*. Pores blancs, puis incarnats.

Pers. Disp. meth., p. 70.

Eté-automne. — Sur les arbres champêtres, cerisier, hêtre.

velutinus. Peridium dimidié (0^{m} 02-3), mince, aplani, finement *velouté* ou *pubescent*, légèrement zoné, *blanc de lait*, puis crème grisâtre. Chair coriace subéreuse. Pores petits, ronds, *blancs*. Spore ellipsoïde cylindrique (0^{mm} 006-8).

Fr. S. M. I., p. 568.

Eté-automne. — Sur les souches, chêne, saule, frêne, bouleau.

zonatus. Peridium dimidié (0m 03-5), convexe, bossu à la base, pruineux, rugulcux, *chamois* pâle, avec des *zones ocracées* et *grises*. Chair subéreuse. Pores ronds ou polygones, blancs, puis crème bistré. Spore ellipsoïde cylindrique (0mm 01).

Fr. S. M. I., p. 368. Rostk., t. 44. Quél. Jur. I., t. 18, f. 4. *multicolor*, Schæf., t. 269. *ochraceus*, Pers. Disp., p. 70.

Eté-automne. — Sur les souches, tremble, saule, des bois ombragés.

versicolor. Peridium dimidié ou orbiculaire (0m 02-3), imbriqué, plan, mince, rigide, *pubescent* ou velouté, crème ou paille, gris, fauve, lilas, violet ou bai noir, avec des *zones* satinées plus claires. Chair coriace. Pores petits, ronds, puis déchirés ou labyrinthés, blancs, puis crème ou paille. Spore ellipsoïde cylindrique (0mm 006-7).

Linn. Suec., n° 1254. Bull., t. 86. Quél. Jur. I., t. 18, f. 5. *variegatus*, Schæf., t. 263.

Toute l'année. — Sur les souches des arbres feuillés et aiguillés.

fibula. Peridium réniforme (0m 01-25) ou orbiculaire et fixé par le centre, mince, *velouté*, *poilu*, *blanc* grisâtre, puis chamois clair. Chair coriace et molle, très tenace, *blanc de neige*. Pores petits, arrondis, blancs, puis crème. Spore pruniforme (0mm 008-10), guttulée.

Fr. Epic., p. 475. Nov. symb., n° 32.

Eté. — Sur les rameaux secs, dans les forêts montagneuses. Ressemble à *hirsutus*.

stereoides. Peridium étalé réfléchi, réniforme (0m 02-3), rigide, *mince*, pubescent, puis glabre, marqué de fines zones déprimées, *gris brun*. Chair blanc crème. Pores moyens, inégaux, *dédaléens, blancs*. Spore ellipsoïde (0mm 009).

Fr. Obs. II., n° 211. Ic., t. 187, f. 3.

Eté-automne. — Imbriqué sur les souches de sapin des forêts montagneuses.

floriformis. *Blanc.* Peridium sessile, imbriqué ou *stipité pelté*, conchoïde ou orbiculaire (0m 02-3), *mince*, charnu coriace, *cannelé radié* et soyeux. Chair acidule amarescente. Tubes très courts (0m 001-2); pores petits, fimbriés denticulés. Spore pruniforme allongée (0mm 004).

Quél. Bres. Fung. trid., t. 68.
Automne. — Brindilles et humus des bois de mélèzes et de pins maritimes.

b. *Peridium épais. Tubes plus longs.*

connatus. Peridium étalé réfléchi (0m 02-5), étagé imbriqué, tomenteux, *blanc.* Chair floconneuse soyeuse. Tubes *stratifiés*, courts (0m 002), blancs, puis paille; pores ténus, fimbriés à la loupe, *blancs*, *chatoyants.* Spore ovoïde sphérique (0mm 004-5), ocellée.
Fr. Epic., p. 472. Ic., t. 185, f. 2. Batt., t. 37, f. G. *populinus*, Fr.? (non stratifié).
Automne-hiver. — Sur les troncs cariés, pommier, érable, sureau.

pubescens. Dimidié (0m 03-8), épais, *velouté*, *blanc*, puis *orné* d'une bordure et de zones *jonquille;* marge amincie, flexueuse, hérissée de petits aiguillons hyalins. Chair feutrée, *blanc de neige*, sapide. Tubes longs, souvent stratifiés et pores petits, ronds, puis dédaliformes, *blancs*, puis *crème jonquille.* Spore ellipsoïde oblongue (0mm 006-7).
Schum. Fl. dan., t. 1790, f. 1.
Automne. — Sur les branches du bouleau. Fontainebleau.

maritimus. Dimidié, villeux, finement tomenteux, *blanc*, puis paille jonquille; marge amincie, godronnée, hérissée et *chamois.* Chair subéreuse, molle. Tubes longs et pores arrondis, puis déchirés, blancs, puis paille. Spore ellipsoïde oblongue (0mm 01-12), 3-4 guttulée.
Quél. As. fr. 1886, t. 9, f. 8.
Eté. — Sur le pin maritime. Ile d'Oléron, Gironde.

abietinus, Pers. paraît être la forme jeune ou polyporée de *Irpex violaceus*, plus particulière au sapin.

Gen. IV. INODERMUS, Quél.

Voile continu, villeux, velouté ou hérissé de soies. Peridium triquêtre ou cespiteux ; chair *fibrospongieuse*, humide, puis indurée et fragile, *colorée.* Tubes hétérogènes, séparables et pores variables *colorés.* Spore sphérique, ellipsoïde, hyaline ou paille, puis fauve ou brune. D'une saison, lignicoles.

a. *Pores arrondis.*

rutilans. Peridium dimidié (0m 03-5) ou arrondi, très tendre, finement tomenteux, puis glabre, *incarnat fauve*. Chair molle et floconneuse, élastique, zonée, *incarnate;* odeur de fruits. Pores ronds, puis polygones, dentés, ténus, *incarnat crème*, *tachés* de *purpurin*, comme les autres parties du champignon. Spore ovoïde pruniforme (0mm 004).

Pers. Ic. et Desc., t. 6, f. 4. *suberosus*, Bull., t. 482. *nidulans*, Fr. S. M. I., p. 364. *sanguineus*, Kromb., t. 25, f. 6, 7.

Eté-automne. — Sur les branches mortes, chêne, bouleau, sapin, des forêts ombragées.

rheades. Peridium dimidié (0m 05-8), convexe, arrondi au bord, *hérissé velouté*, *chamois* pâle, puis glabre, finement *zoné* et fauve rouillé. Chair spongieuse, humide, puis dure et fragile, *rouillée* ou couleur *rhubarbe*. Tubes longs; pores (0mm 5) ronds, *crème ocracé*. Spore ovoïde ellipsoïde (0mm 006).

Pers. Myc. II., p. 69. *fulvus*, Fr. Ic., t. 184, f. 3.

Automne. — Groupé sur les troncs des forêts humides, tremble, bouleau.

croceus. Peridium dimidié (0m 1), épais, légèrement velouté, *jonquille* ou *orangé*. Chair fibrospongieuse, délicatement zonée, *aurore* ou *orangé* pâle. Tubes longs (0m 01), jaune fauvâtre; pores moyens, anguleux, finement fimbriés, chatoyants, d'un beau *jaune safrané* ou *orangé*. Spore ovoïde (0mm 008).

Pers. Obs. I., p. 87. Rostk., 27, f. 1. *corruscans*, Fr. Mon., p. 269 (« undique aureus »).

Automne. — Sur les troncs de chêne. Forêts de Compiègne, de Fontainebleau.

radiatus. Dimidié (0m 03-5), radié rugueux, finement *velouté*, jaune ou safrané, puis *glabre* et brun rouillé; marge amincie, d'abord *citrine*. Chair fibreuse, zonée, rigide, fauve. Tubes fins, fauve rouillé; pores petits, fauves, sous une pruine grise et chatoyante. Spore ellipsoïde (0mm 004-5).

Sow. Eng. fung., t. 196. Fr. S. M. I., p. 369. Klotz. Bor., t. 461.

Eté. — Sur les souches, bouleau, aune, coudrier, des forêts humides.

nodulosus. Triquêtre arrondi (0m 01-2), villeux, âpre, *fauve*, puis *rouillé;* chair très dure, brun fauve. Pores cannelle, argentés, chatoyants.

Fr. Ic. sel., t. 187, f. 2. *fuscolutescens*, Fuck. Symb., p. 18 (résupiné).

Eté. — Sur les branches mortes, hêtre, aune, des forêts humides.

cuticularis. Peridium dimidié, large (0m 1-3), imbriqué, mince, aplani, *velouté* de soies molles, *souci fauve*, puis rouillé et brun noir. Chair fibreuse, succulente, puis sèche, fauve rouillé. Tubes longs ; pores ronds, *fauves* sous une pruine blanche, puis rouillé olivâtre. Spore ellipsoïde (0mm 007), guttulée.

Bull., t. 462. Fr. S. M. I., p. 363.

Eté. — Sur les troncs des forêts feuillées, chêne, hêtre, charme.

hispidus. Peridium dimidié (0m 1-2), triquêtre, épais, *hérissé* de *soies raides*, *souci*, rouillé à la base. Chair *fibreuse*, humide, puis sèche et fragile, acide, jaune pâle, puis brun rouillé. Tubes longs et pores ronds, puis fimbriés, *jaune fauve*. Spore sphérique (0mm 01), *grenelée*.

Bull., t. 210, 493. Grev. Scot., t. 14. Quél. Jur., t. 18, f. 3. *velutinus*, Sow., t. 345.

Eté. — Sur les vieux arbres champêtres, frêne, noyer, pommier. Suspect.

fuliginosus. Dimidié, multiple (0m 1-3), imbriqué, *velouté*, *scabre*, ridé et plissé par le sec, *bai brun*, un peu zoné, avec un *enduit bleu noir* au bord. Chair floconneuse subéreuse, spongieuse, puis sèche, nankin, puis fauve brun. Tubes fins ; pores inégaux, dentelés à la loupe, *crème jonquille*, puis *bruns*. Spore ovoïde (0mm 007-8).

Scop. Carn. II., p. 470. *benzoinus*, Wahlb. Suec. Fr. Ic., t. 183, f. 2. *morosus*, Kalch., t. 36, f. 1.

Eté-automne. — Sur les souches, sapin, pin, des forêts montagneuses. Jura, Vosges.

b. ***Pores** alvéolés labyrinthés.*

vulpinus. Dimidié (0m 03-5), triquêtre, aminci et incurvé au bord, à peine zoné, *laineux*, *hérissé*, jonquille, puis fauve. Chair fibreuse, jonquille, puis fauve. Tubes longs, fins ; pores délicatement *fimbriés*, pruineux, blanc crème, puis fauves. Spore ellipsoïde (0mm 006).

Fr. Mon. II., p. 270. *hispidus*, Rostk., t. 31. *versicolor*, Schæf., t. 136.

Eté. — Sur les troncs de tremble et de bouleau des forêts humides. Vosges.

Schweinitzii. Stipe épais, court ou oblitéré, villeux, cannelle ou rouillé. Peridium multiple ou simple, convexe plan (0m 1-4), en éventail ou imbriqué, épais, spongieux, *tomenteux*, bosselé, *fauve cannelle*, puis *brun*. Chair très molle, puis fragile, fauve safrané, puis brune. Tubes courts ; pores alvéolaires (0m 001-2), puis sinués dédaliformes, *jonquille verdoyant*, puis bruns. Spore ellipsoïde (0mm 008).

Fr. S. M. I., p. 351. Ic., t. 179, f. 3. *sistotrema*, Alb. et Schw., p. 243. *maximus*, Brot. Lusit. II., p. 458.

Eté. — Sur les souches pourries de pin. Jura, Vosges. Fontainebleau.

spongia. Stipité ou dimidié sessile, en éventail ou imbriqué (0m 1-3), rugueux, hérissé tomenteux, *brun rouillé*, puis fauve. Chair spongieuse, à peine fibreuse, *molle*, puis *fragile*, rhubarbe. Tubes courts ; pores polygones (0m 001) ou arrondis, *citrins*, puis bruns. Spore ellipsoïde (0mm 008-9).

Fr. Mon. II., p. 268. Ic., t. 180, f. 2. Luc. Ch., t. 172.

Eté. — Cespiteux sur les souches de sapin des forêts montagneuses. Jura, Vosges. Moins épais que le précédent dont il paraît être une forme abiéticole.

Gen. V. PHELLINUS, Quél.

Voile continu, villeux, pubescent ou tomenteux. Peridium *subéreux*, *subpersistant ;* chair feutrée, puis indurée, *colorée*. Tubes homogènes, fins et pores petits, ronds, *colorés*. Spore ovoïde, hyaline ou fauve. Pérennes ou vivaces, lignicoles.

a. *Peridium épais. Spore hyaline ou paille.*

rubriporus. Dimidié (0m 1), conchoïde, sillonné zoné, villeux, *brun fauve*, bordé d'un bourrelet plus épais, pubescent, ocracé fauvé, et d'un sillon tomenteux, *bai rouillé*. Chair subéreuse, compressible, fauve pâle. Tubes stratifiés, courts (0m 001-2) ; pores très fins, cannelle, avec l'orifice *rouge sanguin* ou *violeté*, chatoyant. Spore ovoïde (0mm 005-6), hyaline, puis paille.

Quél. As. fr. 1880, p. 9. *fuscopurpureus*, Boud. Soc. bot. 1881, t. 2, f. 3.

Hiver-été. — Sur les souches des forêts ombragées, chêne, yeuse. Centre et Ouest, Pyrénées.

cryptarum. Etalé réfléchi (0m 1-2), étagé, imbriqué, épais ou mince, ridé plissé, soyeux, larmoyant, *fauve* ou *brun*, pâlissant. Chair spongieuse subéreuse, *cannelle*. Tubes très longs, fins, concolores, avec l'orifice crème ocracé.

Bull., t. 478. *undatus*, Pers. Myc. II., t. 16, f. 3 ?

Sur le bois de conifères pourrissant dans l'obscurité.

cinnabarinus. Dimidié (0m 03-4), tomenteux, *rouge orangé* clair. Chair élastique, zonée, incarnat rouge. Pores petits, polygones, pubescents, *vermillon*. Spore ovoïde sphérique (0mm 006), hyaline ou rosée.

Jacq. Aust., t. 304. *coccineus*, Bull., t. 501, f. 1.

Eté. — Sur les arbres champêtres, merisier, frêne, hêtre.

b. *Peridium mince. Spore jaune ou fauve.*

conchatus. Etalé réfléchi (0m 05), conchoïde, zoné sillonné, *pubescent*, brun. Chair subéreuse, dure, *brune*. Tubes courts et pores fins, cannelle sous une pruine cendrée et chatoyants. Spore ovoïde (0mm 005), jonquille fauve.

Pers. Obs. I., p. 24. Fr. S. M. I., p. 376.

salicinus. Etalé ou réfléchi, conchoïde (0m 05-9), dur, sillonné zoné, pubescent, cannelle, *crustacé* et *bai noir* à la base, crème grisâtre au bord. Chair subéreuse, mince, brun cannelle. Tubes courts, fins, cannelle ; orifice des pores gris argenté, chatoyant.

Pers. Syn., n° 74. Fr. Ic., t. 185, f. 1. Quél. Jur. I., t. 17, f. 6. Karst. Ic. fenn., f. 5.

Automne-printemps. — Sur les souches, saule, frêne, hêtre, érable.

pectinatus. Etalé, réfléchi ou dimidié (0m 03-5), conchoïde, mince, zoné sillonné, ou orné de crêtes concentriques, tomenteux, nankin, puis *fauve souci*, *jonquille* au bord, brun ou bai à la base. Chair subéreuse, floconneuse, brun fauve. Tubes souvent stratifiés, courts, fins, brun fauve, avec l'orifice des pores nankin, puis fauve olive. Spore ovoïde (0mm 003-4), jonquille.

Klotzch, Linn., VIII. *evonymi*, Kalch., t. 35, f. 3. *lonicerae*, Weinm. Mont. An. sc. n. 1836, t. 12, f. 6. *ribis*, Schum. Rostk., t. 53. *conchatus*, Quél. Jur. I., t. 17, f. 5.

Eté-automne. — Sur les souches, yeuse, chèvrefeuille, fusain, groseillier, aubépine.

Gen. VI. PLACODES, Quél.

Voile formé d'une pruine ou d'une villosité fugace. Peridium ample, dur, avec une *cuticule crustacée*, *résineuse* ou *carbonacée ;* chair *subéreuse*, *ligneuse*. Tubes hétérogènes, séparables, le plus souvent *stratifiés ;* pores arrondis, rarement polygones, petits. Spore sphérique, ovoïde, oblongue, hyaline ou fauve. Vivaces, rarement pérennes, lignicoles.

I. Chair spongieuse, puis indurée, subéreuse, blanche ou fauvatre. Spore hyaline ou paille.

Neesii. Peridium conchoïde avec le bord aminci, *villeux*, puis *très glabre*, *blanc* de *neige ;* chair rigide, très coriace et pores arrondis, inégaux, *blancs*.

Fr. S. M. I., p. 370.

Eté. — Sur les branches mortes, hêtre, aune, dans les forêts montagneuses.

betulinus. Peridium dimidié ou stipité (0^m1) ; cuticule mince, séparable, lisse, *grise* ou bistrée, puis aréolée et *blanchissant*. Chair tendre, puis subéreuse, *blanche*, acidule. Tubes courts et pores petits, ronds, *blancs*. Spore pruniforme (0^{mm} 009) oblongue, hyaline.

Bull., t. 312. Grev. Scot., t. 246. Rostk., t. 22.

Eté-automne. — Sur les troncs de bouleaux des forêts humides.

annosus. Sessile ou substipité, dimidié (0^m 1-15), aplani, mince, sillonné zoné, rugueux, tuberculeux, *bai purpurin*, soyeux, puis crustacé et brun noir. Chair sèche, subéreuse, *blanche*. Tubes longs et pores ronds ou polygones, *blancs*, puis crème aurore, chatoyants. Spore ovoïde sphérique (0^{mm} 006-7), finement aculéolée, hyaline.

Fr. Epic., p. 471. Ic., t. 186, f. 2. *resinosus*, Rostk., t. 29.

Eté. — Sur les vieilles souches, sapin, pin, des forêts de conifères. Il a les pores des *Trametes*.

marginatus. Dimidié (0^m 1-5), triquètre ou aplani, sillonné, zoné, *résineux*, brun, noircissant, avec le bourrelet extérieur *rouge* bordé de *jaune*. Chair subéreuse, dure, crème ; odeur résineuse, acidule. Tubes *stratifiés* et pores petits, larmoyants, crème ou paille. Spore pruniforme (0^{mm}01), paille.

Pers. Syn., n° 58. Quél. Jur. I., t. 19, f. 2. *fulvus*, Schæf., t. 262. *pinicola*, Fr. El., p. 105. Luc. Champ., t. 173.

Eté. — Sur les arbres résineux des forêts montagneuses, cerisier, chêne, sapin.

roseus. Dimidié (0m 05), épais, sillonné zoné, dur; croûte ténue, pruineuse, *rosée*, puis *brune*. Chair floconneuse subéreuse, *rosée* ou *violetée*. Tubes courts, stratifiés; pores petits, d'un beau *rose améthyste*. Spore ovoïde (0mm006), subtilement aculéolée, paille.

Alb. et Schw. Cons., p. 251. *rufopallidus*, Trog. Fr. Ic., t. 186, f. 1.

Eté. — Sur les troncs de sapin des forêts montagneuses. Alpes, Tyrol.

erubescens. Peridium triquètre (0m06-8), relevé; cuticule molle et scabre, cotonneuse, puis glabre, *incarnate*; chair épaisse, tendre, puis subéreuse, *isabelle*. Tubes courts et pores petits, arrondis, *blancs*, puis *incarnats*.

Fr. Epic., p. 461. *mollis*, Rostk. Pol., t. 25.

Automne. — Sur les troncs de pin. Plus mou que *incanus* auquel il ressemble.

incanus. Dimidié (0m 1-3), bosselé, sillonné, pubescent, puis crustacé, *blanc crème*, puis *grisâtre* et teinté de rose, d'incarnat ou de lilas et rouillé à la base. Chair compacte, puis dure, zonée, blanche, puis chamois, douce et parfumée. Tubes fins, parfois stratifiés et pores ronds, pruineux, *blancs*, puis *incarnat safrané* ou *briqueté*, grisonnant à la fin. Spore ovoïde sphérique (0mm 006-8), ocellée, hyaline à reflet rosé.

Quél. Ench., p. 172. *fraxineus*, Bull., t. 433, f. 2. *suberosus*, Sow., t. 288 et *ulmarius*, t. 88. Luc. Champ., t. 200. *cytisinus*, Bk. Eng. Fl.

Eté-automne. — Imbriqué sur les vieux troncs, frêne, peuplier, orme, cytise, chêne, robinier, marronnier.

quercinus. Peridium linguiforme (0m 1), *aminci* vers la base, chagriné, floconneux, *paille* ou *safrané*, plus pâle au bord, avec des *taches purpurines*; chair épaisse, molle, puis indurée, *blanche*. Tubes courts et pores petits, blanchâtres.

Schrad. Spic., p. 157. Huss. I., t. 52. *suberosus*, Kromb., t. 48, f. 11, 14.

Eté-automne. — Sur les vieux troncs, chêne.

? **variegatus.** Peridium dimidié (0m 04-5), décurrent, luisant, chiné de *brun pourpre* et d'*orangé*; chair subéreuse, dure, *crème*. Pores inégaux, ronds, lacérés, dentés, *sulfurins*.

Sec. Myc., n° 45. *castaneus*, Rostk. IV., t. 47. Sow., t. 368.
Automne. — Sur les troncs, hêtre. Suisse.

II. Chair spongieuse ou subéreuse, fauve ou brune.

a. *Spore hyaline ou paille.*

dryadeus. Dimidié (0^m 1-3), épais, recouvert d'une croûte mince, pruineuse, *crème jonquille*, puis *brune*, exsudant des gouttelettes olivâtres. Chair spongieuse, puis subéreuse, fibreuse, fragile, brun rouillé. Tubes longs; pores fins, mous, *brun safrané* ou *rouillé*, recouverts d'une pruine blanchâtre. Spore sphérique ou ovoïde (0^{mm} 009), ocellée, ambrée.

Pers. Syn., p. 537. *pseudoigniarius*, Bull., t. 458. *soloniensis*, Dub. Orl., p. 177.

Été-automne. — Sur les vieilles souches de chêne; bisannuel.

vegetus. Dimidié ou résupiné (0^m 2-3), très épais, spongieux subéreux, sillonné zoné et brun. Chair mince (0^m 001-2), floconneuse, *brune*, se détachant aisément des strates et de la cuticule épaisse. Tubes très fins, longs (0^m 015), brun bistre; pores petits, blanchâtres, puis brun foncé.

Fr. Epic., p. 464. Ic., t. 183, f. 3.

Été. — Sur les vieux bois, orme, tilleul. Gironde. *Pl. applanatus* présente aussi quelquefois ces strates minces et séparables.

fomentarius. Dimidié (0^m 3-6), épais (0^m 1-2), sillonné zoné, pruineux, *gris pâle*. Chair subéreuse, molle, floconneuse, fauve rouillé. Tubes longs, stratifiés et pores petits, blanchâtres, pruineux, puis fauves. Spore ellipsoïde cylindrique (0^{mm} 018), guttulée, hyaline.

Linn. Suec., n° 1252. Fr. Sv. sv., t. 62. Sow., t. 133. *ungulatus*, Bull., t. 491, f. 2.

Été. — Sur les vieux arbres, chêne, noyer, hêtre, bouleau.

nigricans. Dimidié (0^m 1), épais, sillonné zoné, couvert d'une croûte très dure, lisse, d'un *noir* brillant, avec une bordure blanche. Chair subéreuse, très dure, brun rouillé. Tubes stratifiés; pores petits, brun rouillé, recouverts d'une pruine blanche. Spore ovoïde sphérique (0^{mm} 008), hyaline.

Fr. S. M. I., p. 375. Ic., t. 184, f. 2. Rostk., t. 51. Quél. Jur. I., t. 19, f. 3. *igniarius*, Bull., t. 454, f. B, D.

Été. — Sur les souches des forêts humides, chêne, saule.

igniarius. Dimidié (0^m 1-2), en forme de sabot de cheval, zoné, crevassé, *fauve cannelle*, finement *tomenteux* et crème ou ocracé au bord. Chair subéreuse, puis subligneuse, zonée, fibreuse, brun rouillé. Tubes stratifiés, fins, bruns, avec l'orifice pubescent, ocracé fauve. Spore ovoïde (0^{mm} 006), hyaline.

Linn. Succ., n° 1250. Bull., t. 82 et *ungulatus*, t. 401.

pomaceus. Dimidié, triquètre (0^m 03-5), finement duveté, crème grisonnant; chair brun fauve. Pores petits, pruineux, chatoyants, gris blanc ou chamois.

Pers. Syn., n° 62. *prunastri*, Alb. et Schw. *cinnamomeus*, Trog. Verz.

fulvus. Dimidié, triquètre (0^m 1-2), zoné sillonné, pruineux tomenteux, *fauve blanchissant*. Chair subéreuse ligneuse, fibreuse, zonée, *brun* foncé. Tubes courts, très fins; pores cannelle, sous une pruine crème grisâtre.

Toute l'année. — Sur les vieux arbres, chêne, érable, prunier, pommier, sapin.

b. *Spore fauve ou brune*.

lucidus. Sessile, stipité ou dimidié (0^m 1), réniforme, recouvert d'une croûte polie, zonée, *purpurine*, *jonquille* au bord, puis *fauve* et *baie*. Chair spongieuse, puis subéreuse, fibreuse, zonée, hyaline, puis brune. Tubes courts et pores petits, blanc grisâtre, puis chamois. Spore ovoïde oblongue (0^{mm} 012-14), ocellée et brune.

Leys., Sow., t. 134. Schæf., t. 263. *nitens*, Batsch., f. 225. *obliquatus*, Bull., t. 7, 459.

Eté. — Sur les souches, sapin, poirier, chêne, charme. Bisannuel.

fucatus. Dimidié (0^m 05), conchoïde, *ondulé*, *ridé*, glabre ou pruineux, fauve roux, *teinté* de *pourpre*; marge amincie, zonée; chair subéreuse et soyeuse, mince, brun fauve. Tubes très fins (0^m 003-5), fauves; pores ronds, bruns sous une pruine fugace et blanche. Spore ovoïde ellipsoïde (0^{mm} 007-8), fauve.

Quél. Ench. add. As. fr. 1886, t. 9, f. 7.

Printemps. — Sur les troncs secs, chêne. Gironde, Pyrénées.

tinctorius. Dimidié (0^m 1), convexe, ombiliqué, déclive, épais, glabre, *rouillé*. Chair fibrospongieuse, molle et humide, puis dure et cassante, bai rhubarbe, pointillée de jaune. *Suc jaune*.

Tubes longs, *jaune souci* avec l'orifice polygone et *brun safrané*. Spore ellipsoïde ou sphérique (0mm 01), ocellée, jaune indien.

Quél. Soc. bot. 1881, p. 216.

Hiver. — Sur les troncs de *Pistacia atlantica*. Algérie.

resinosus. Dimidié (0m 2-3), épais, imbriqué, couvert d'une *croûte résineuse*, fendillée, *rosée*, puis *fauve purpurin* et sillonné zoné. Chair subéreuse, châtaine. Tubes stratifiés, longs et pores fins, *crème citrin*, puis *bruns*. Spore ovoïde (0mm 01-12), grenelée, brune.

Schrad. Spic., p. 168. Quél. Jur. I., t. 19, f. 1. *confluens*, Rostk., t. 34.

Eté. — Sur les vieilles souches, hêtre, des forêts montueuses. Jura.

roburneus. Dimidié (0m 2-3), épais, bosselé anfractueux, couvert d'une croûte résineuse ressemblant à de la laque, d'un *brun noir*, bordé de crème fauve. Chair subéreuse, compacte, dure et pesante, brune. Tubes stratifiés et pores petits, couleur de cire, puis *bistre purpuracé*.

Fr. Epic., p. 464. Ic., t. 184, f. 1.

Eté. — Sur les vieux chênes des forêts humides. Plus petit et plus dur que *resinosus*.

applanatus. Dimidié ou orbiculaire (0m 1-4), imbriqué, aplani, zoné, couvert d'une croûte unie, fragile, *poudreuse*, chamois clair, café au lait, blanchissant, bordée de blanc. Chair subéreuse floconneuse, blanchâtre, puis *châtaine*, odorante. Tubes fins, *bruns*, avec l'orifice *blanc*, tachés de brun au toucher. Spore ovoïde pruniforme (0mm 008), fauve.

Pers. Obs. II., p. 2. Klotz. Bor., t. 393. Quel. Jur. I., t. 19, f. 4. Batsch., f. 130. *igniarius*, Bull., t. 454, C.

Eté-automne. — Sur les souches des forêts montagneuses, hêtre, chêne, frêne.

Sér. III. *STIPITÉS* ou *CESPITEUX*.

Gen. VII. PELLOPORUS, Quél.

Voile continu, soyeux, tomenteux ou floconneux. Peridium *mince*, orbiculaire, cyathiforme; chair feutrée soyeuse, *colorée*. Stipe *grêle*, *fibrosubéreux*. Tubes homogènes, courts et pores polygones ou arrondis, *fauves* ou *bruns*. Spore ovoïde, pruniforme, *hyaline*. Pérennes, humicoles.

a. *Peridium tomenteux ou velouté.*

triqueter. Stipe central ou latéral, subéreux, *tomenteux* et *brun*, souvent recouvert de pores. Peridium campanulé, convexe (0m 05-7), *sillonné zoné*, onduleux ou lobé, finement tomenteux, *brun fuligineux*, pruineux et chamois au bord. Chair élastique, soyeuse, brun pâle, zonée; odeur de farine. Pores inégaux, arrondis (0mm 5), *brun pâle*, sous une *pruine argentée, chatoyante.*

Pers. Obs. I., p. 86. Fr. Ic., t. 187, f. 1. *rugosus*, Trog. Schw., n° 401. *corrugis*, Fr. Hym., n° 51.

Eté. — Sur l'humus ou les racines enfouies des bois de conifères montagneux. Jura, Vosges, Alpes.

tomentosus. Stipe spongieux, court, tomenteux, fauve. Peridium convexe cyathiforme (0m 1), bosselé au milieu, mince au bord, finement *tomenteux, nankin* ou *cannelle safrané.* Chair subéreuse, molle, souci. Pores *brun roux* sous une pruine *chatoyante, grise.* Spore pruniforme allongée (0mm 009-10).

Fr. S. M. I., p. 351. *rufescens*, Rostk. IV., t. 7. *Kalchbrenneri*, Fr. Kalch. Ic., t. 37, f. 1.

circinatus. Peridium couvert d'une *couche feutrée épaisse.* Stipe plus épais et plus long.

Fr. Ic. sel., t. 180, f. 1.

Eté. — Dans les forêts de conifères montagneux, mélèzes. Alpes, Pyrénées, Vosges.

b. *Peridium soyeux, satiné.*

Montagnei. Stipe inégal, soyeux, souci fauve. Peridium cyathiforme (0m 05-8), gonflé, anfractueux, aminci au bord, floconneux, satiné, fauve ou roux safrané. Chair fibreuse, soyeuse, fauve cannelle. Pores alvéolaires (0m 001), blanc crème, puis fauves. Spore ovoïde pruniforme (0mm 005-6), ocellée, pointillée.

Fr. Epic., p. 434. Quél. Jur. I., t. 17, f. 4.

Eté. — Près des souches, dans les forêts arides des collines du Jura, Ardennes, Pyrénées.

perennis. Stipe velouté, *jonquille*, puis *fauve.* Peridium orbiculaire (0m 03-8), plan ou cyathiforme, mince, *zoné*, finement tomenteux ou pubescent, *brun* ou *cannelle, grisonnant.* Chair fibrocoriace, soyeuse, brun fauve. Pores alvéolaires, petits (0mm 5), *gris argenté*, puis *bruns.* Spore pruniforme (0mm 008-9), ocellée.

Linn. Suec., n° 1245. *coriaceus*, Schæf., t. 125. Bull., t. 28, 449, f. 2.

Eté. — Sur la terre des charbonnières dans les forêts. Jura.

fimbriatus. Stipe fluet, raide, *pubescent*, *châtain*. Peridium convexe plan (0m 02-3), ombiliqué, ténu, avec le bord *fimbrié cilié*, à peine zoné, soyeux, puis poli, *brun marron* luisant. Chair subéreuse floconneuse, châtain rouillé. Pores alvéolés, puis évasés (0mm 5-8), ciliés à la loupe, crème ocracé, puis bruns. Spore ovoïde (0mm 005), ocellée.

Bull., t. 254. Mich., t. 70, f. 9. *pictus*, Schultz. Starg., p. 485. Quél. Jur. I., t. 17, f. 3.

Eté. — Chemins et talus des forêts sablonneuses. Jura, Vosges.

cinnamomeus. Peridium cyathiforme, villeux, fauve; chair *fragile*. Pores anguleux. Diffère de *perennis* par la consistance.

Jacq. Coll. I., t. 2. Bres. Fung., t. 99?

Gen. VIII. LEUCOPORUS, Quél.

Voile continu, pruineux, villeux ou velouté. Peridium *mince*, orbiculaire ou excentrique; chair *coriace*, *blanche*. Stipe ordinairement *grêle*, rarement ramifié, subéreux. Tubes hétérogènes et pores *ronds* ou *polygones*, petits, *blancs*. Spore ovoïde, pruniforme, *hyaline*. Pérennes et lignicoles.

a. *Peridium d'abord villeux ou velouté.*

arcularius. Stipe grêle, glabre, crème ocracé ou bistré, souvent réticulé. Peridium convexe plan (0m 03-5), mince, *gris bistré*, puis ocracé ou fauve, avec de fines mèches grisâtres au bord. Pores polygones (0m 001), *oblongs*, *blancs*, puis paille. Spore oblongue pruniforme (0mm 009).

Batsch. El., t. 42. Pers. Syn., n° 28. Mich., t. 70, f. 5. Rostk. Pol., t. 15.

Printemps. — Sur les souches de hêtres; pâturages, bois arides. Ne diffère de *brumalis* que par le voile et les pores.

tubarius. Stipe fluet, cotonneux, *ocracé*. Peridium charnu spongieux, mince, convexe (0m 02), *ombiliqué*, puis en trompette, *chamois* sous un léger duvet grisâtre, avec la marge ciliée fimbriée. Tubes décurrents, très ténus et pores polygones, denticulés, blancs, puis paille. Spore pruniforme (0mm 008-9), ponctuée.

Quél. Soc. bot. 1878, p. 289. Soc. sc. n. de Rouen, 1879, t. 3, f. 12. *lentus*, Bk. Outl., t. 16, f. 1 (sur l'ajonc.)?

Automne. — Sur les branches de bruyère, aux environs de Menton. Se rapproche de *vernalis*.

brumalis. Stipe grêle, *floconneux*, gris bistré, pâlissant. Peridium convexe plan (0m 03-8), mince, très coriace, villeux, *velouté* au bord, souvent *cilié*, *gris bistré*, puis glabre et chamois. Pores petits, ronds, denticulés et blancs. Spore pruniforme allongée (0mm 013-15), ocellée.

Pers. Syn., n° 27. Bull., t. 169. *tomentosus*, Rostk., t. 8, *substriatus*, t. 9 et *ciliatus*, t. 5.

Automne-printemps. — Sur les ramilles, les souches et les racines. Comestible.

vernalis. Stipe grêle, flexueux, *velouté*, hérissé de poils à la base, *gris clair*. Peridium convexe, ombiliqué, puis en coupe (0m 02-3), *velouté* de soies raides, *gris clair* avec le *bord jonquille*. Pores petits, ronds, fimbriés, *blanc* de neige, puis crème jonquille. Spore ellipsoïde cylindrique (0mm 006), guttulée.

Quél. Soc. sc. n. de Rouen, 1879, t. 3, f. 13.

Printemps. — Sur les ramilles, dans les forêts ombragées.

melanopus. Stipe grêle, évasé en haut, finement *velouté*, *brun* foncé ou *bistre*. Peridium convexe ombiliqué, puis en entonnoir (0m 03-10), mince, *pruineux floconneux*, *chamois* ou *gris bistré*. Chair molle, *blanche*, parfumée. Tubes décurrents, très courts; pores petits, blancs, fimbriés à la loupe. Spore ellipsoïde allongée (0mm 008), guttulée.

Swartz. Vet. Ac. hand. Fr. S. M. I., p. 347. *infundibuliformis*, Pers. Ic. pict., t. 4, f. 1. *flavescens*, Rostk., t. 4.

Eté. — Sur les racines et ramilles enfouies dans l'humus des forêts montagneuses.

b. *Peridium et stipe glabres. Stipe souvent noir à la base.*

leptocephalus. Stipe fluet, lisse, crème jonquille. Peridium charnu tenace, puis coriace, convexe plan (0m 02), *mince*, glabre, *crème jonquille*, puis *chamois*. Chair blanche. Tubes adnés; pores petits, arrondis et *blancs*. Spore pruniforme oblongue (0mm 008), guttulée.

Jacq. Misc. I., t. 12. Paul., t. 164, f. 12.

Eté-automne. — Sur les souches des forêts humides.

nummularius. Stipe fluet, puis *dur*, pruineux, *bistre noir*, blanc crème en haut. Peridium convexe plan, orbiculaire (0m 01-25), mince, rarement mamelonné, blanc crème, puis ocracé et *blanchissant.* Tubes décurrents et pores petits, ronds, polygones, *ciliés à la loupe, blancs*, puis paille. Spore ellipsoïde allongée (0mm 007-8).

Bull., t. 124. Rostk. Pol., t. 12.

Eté-automne. — Sur les branches sèches, saule, hêtre, des forêts humides.

picipes. Stipe ferme, *pruineux velouté*, puis glabre, *brun bistre* ou *olivâtre*, pointillé de noir. Peridium cyathiforme (0m 05-8), festonné, coriace, *rigide*, glabre, *crème*, puis *fauve* ou *châtain* au milieu. Chair tenace, blanche, parfumée. Tubes courts (0m 0015) et pores ronds, *blancs*, puis crème incarnat. Spore en amande (0mm 009), aculéolée.

Fr. Epic., p. 440. *varius*, Pers. Ic. pict., t. 4, f. 2. Grev., t. 202.

Eté. — Sur les souches des forêts sablonneuses, saule, orme, etc.

calceolus. Stipe central, excentrique ou latéral, glabre, blanc crème, puis ocracé, *cendré noir* à la base. Peridium cyathiforme ou conchoïde (0m 05-10), très coriace, puis induré, subligneux, glabre, *crème*, puis *chamois* ou *cannelle* et rayé de brun. Chair mince, élastique, blanche, puis ocracée, odorante, amère. Pores petits, ronds, décurrents, *blancs*, puis crème ocracé. Spore ovoïde allongée (0mm 007).

Bull., t. 360, 445, f. 2 et *elegans*, t. 46. Fl. dan., t. 1075. Batsch., f. 129. *varius*, Fr. S. M. I., p. 352.

Été. — Sur les souches, charme, hêtre, pommier, saule.

osseus. Stipe simple ou *ramifié*, dur et tenace, glabre, *blanc*. Peridium convexe, puis festonné (0m 05), glabre, *blanc*, puis *crème ocracé*. Chair compacte, puis *très dure*, blanc de neige, amère; odeur de rance. Tubes décurrents, courts (0m 001); pores ténus, dentelés, *blancs*. Spore ovoïde (0mm 004-5).

Kalch. Ic. hung., t. 34, f. 2. *albidus*, Schæf., t. 124.

Eté. — Cespiteux sur le bois pourrissant de sapin et de mélèze. Alpes, Tyrol, Suisse.

Gen. IX. CALOPORUS, Quél.

Voile continu, pruineux, villeux ou velouté. Peridium unique ou multiple, *stipité* ou *cespiteux;* chair tendre ou peu coriace, fragile ou tenace, *blanche*. Tubes hétérogènes et pores *ronds* ou *polygones*, *moyens*, *blancs*. Spore sphérique, ovoïde, *hyaline*. Annuels, humicoles, rarement lignicoles.

a. *Peridium pruineux ou glabre.*

ovinus. Stipe difforme, pruineux, *blanc*. Peridium convexe (0^m 05), flexueux, lobé, fragile, pruineux, puis gercé aréolé, *blanc*. Chair compacte, fragile, *blanche*, puis *citrine* comme les autres parties du champignon; odeur agréable, goût d'amande. Pores arrondis (0^{mm} 5), puis labyrinthés, *blancs*, puis *citrins*. Spore ovoïde sphérique (0^{mm} 005-6), ocellée.

Schæf., t. 121, 122. Fr. Sv. sv., t. 8. Rostk., t. 3.

Eté-automne. — Dans les forêts de conifères, pins, sapins. Jura, Vosges, Esterel, Alpes. Comestible.

subsquamosus. Stipe dur, épais, glabre, blanc grisonnant. Peridium convexe (0^m 1-15), tenace, épais, glabre, taché rayé, *gris clair*, gercé aréolé à la fin. Chair compacte, fragile, *blanche*, sapide. Pores ovales, puis flexueux (0^m 001), mous et *blancs*. Spore sphérique (0^{mm} 006-9), *verruqueuse*, ocellée.

Linn. Suec., n° 1250. Fr. Sv. sv., t. 53. *carbonarius*, Paul., t. 164, f. 3-4. *tessulatus*, Fr. Mich., t. 71, f. 2.

leucomelas. Stipe compacte, dur, pubescent, fuligineux. Peridium convexe plan (0^m 1), onduleux, festonné, velouté, soyeux, *fuligineux* puis *bistre*. Chair fragile, *blanche*, puis *rosée* ou *violetée* et *bistre noir* dans le stipe, amarescente. Pores amples (0^m 0012), *dentelés*, polygones, *blancs*, puis *gris*. Spore sphérique (0^{mm} 006), *tuberculeuse*.

Pers. Syn., n° 23. Fr. Ic., t. 179, f. 1.

Automne. — Dans les sapinières montagneuses. Alpes, Jura, Vosges. Comestible.

? **viscosus.** Stipe grêle, court, concolore. Peridium convexe (0^m 05-9), charnu, fragile, glabre, *visqueux*, *bai rougeâtre*. Pores décurrents, amples, concolores.

Pers. Myc. II., p. 41. Fr. El., p. 74.

Automne. — Dans les forêts du sud de la France.

confluens. Stipe charnu, épais (0^m 02-3), simple ou rameux, *radicant*, pruineux, blanc crème. Peridium en éventail (0^m 1-2), souvent multiple, épais, fragile, glabre, puis gercé et *excorié*, *incarnat*, jonquille ou souci, puis aurore ou fauve. Chair compacte, élastique, humide, blanc crème, à odeur de pomme, amarescente. Tubes courts (0^m 002) et pores petits, arrondis, puis *dédaliformes*, pruineux, blanc crème. Spore ovoïde (0mm 006-7), pointillée.

Alb. et Schw. Cons., p. 244. Fr. Sv. sv., t. 24. Barla, t. 29, f. 2, 3. *artemidorus*, Lenz., f. 43.

Automne. — Dans les forêts arénacées. Ouest, Alpes, Pyrénées. Comestible.

b. *Peridium villeux ou velouté.*

cristatus. Stipe difforme, glabre, *blanc*, ou citrin à la base. Peridium orbiculaire ou spatulé (0m 1), festonné ou lobé, poudré pubescent, puis crevassé aréolé, *vert* d'herbe, pâlissant, purpuracé. Chair fragile, blanche. Pores polygones (0m 001), denticulés, *blanc de neige*. Spore ovoïde (0mm 006), ocellée.

Pers. Syn., n° 35. *flabelliformis*, Schæf., t. 113. Rostk., t. 16. Barla, t. 29, f. 4-7. *virellus*, Fr ? Epic., p. 429.

Été. — Cespiteux. Dans les forêts de conifères montueux. Vosges, Alpes, Cévennes. Suspect.

frondosus. Stipe épais, peu rameux, glabre, blanc. Peridium (40-80 sur un même stipe), spatuliforme ou conchoïde (0m 04-6), recourbé, mince, rayé, pruineux ou villeux, *gris chamois*. Chair fibreuse, fragile, blanche, sapide; odeur de farine. Pores décurrents, polygones (0mm 5), denticulés, *blancs*. Spore ovoïde (0mm 006), pointillée.

Fl. dan., t. 952. Paul., t. 29. Fr. Sv. sv., t. 44. Clusius et Bauhin.

Été. — Sur les souches, charme, chêne, des forêts ombragées. Comestible.

intybaceus. Peridium multiple (0m 1-2), très rameux; lobes dimidiés, puis spatulés, ondulés, sinués, connés sur un tronc très court, ridés, *blonds* ou *noisette*, brunissant. Chair tendre et fragile, douce, blanc roussâtre. Pores arrondis (0mm 5), dentés, lamellés dans la position oblique, à cloisons épaisses, *blancs*, puis brunâtres. Spore ovoïde (0mm 007).

Fr. Epic., p. 446. Fl. dan., t. 1793. *ramosissimus*, Schæf., t. 128-9. J. Bauhin ?

Été-automne. — Cespiteux, au pied des troncs ou sur les souches des forêts de la plaine, chêne, etc. Comestible.

acanthoides. Peridium multiple (0m 5-8), étalé cyathiforme sur un stipe tubéreux, rigide, finement *velouté* et *granulé*, *cannelé radié*, *zoné* au bord, *paille*, puis *roux*. Chair *fibreuse*, blanche, noircissant; odeur aigre. Tubes longs et pores fins, ronds, *blanc crème*, *fuligineux* et *noirs* au toucher.

Bull., t. 486. *giganteus*, Pers. Syn., n° 33.
Été. — Sur les vieilles souches des forêts ombragées, chêne. Comestible ?

Gen. X. CERIOPORUS, Quél.

Voile continu, variable. Peridium unique ou multiple, *stipité* ou *cespiteux;* chair tendre ou coriace, *blanche*. Tubes hétérogènes et pores *alvéolaires*, *amples*, *blancs*. Spore oblongue, fusiforme, rarement ovoïde ou sphérique, *hyaline*. Saisonniers ou annuels, lignicoles ou humicoles.

a. *Peridium velouté, hérissé ou pelucheux.*

squamosus. Stipe épais, très tenace, crème, *réticulé* en *haut*, bistre à la base. Peridium en éventail (0m 2-4), *crème* ou *paille*, moucheté de *mèches* fibrilleuses, *fauves* ou *brunes*. Chair tendre, puis coriace, blanche; odeur de miel. Pores amples (0m 001-2), dentés, blancs, puis crème ocracé. Spore ellipsoïde allongée (0mm 012-15), 1-2 ocellée.
Huds. Bolt., t. 77. Rostk., t. 2. *juglandis*, Schæf., t. 101-102. *polymorphus*, Bull., t. 114.
Été. — Groupé ou imbriqué sur les vieux troncs, frêne, saule, noyer, érable, mûrier, marronnier.

scobinaceus. Stipe compacte, *blanc*, réticulé au sommet, jonquille à la base. Peridium en éventail (0m 1), flexueux, lobé, *velouté*, moucheté de petites mèches scabres, *brun* marron. Chair épaisse, dure, fragile, *blanche*, sapide. Pores alvéolaires (0m 0010-15), *dentelés*, *blanc* de lait, *citrins*, puis *verdoyants* au toucher. Spore ovoïde sphérique (0mm 01), ocellée.
Cumin. Act. Taur., 1805. *tuberosus* et *badius*, Paul., t. 31, f. 1-4. *pes capræ*, Pers. Ch. com., t. 5. Quél. Jur. I., t. 17, f. 2.
Eté-automne. — Dans les forêts de conifères. Alpes, Vosges. Comestible.

montanus. Stipe épais, très court, villeux, blanchâtre. Peridium en éventails rameux (0m 3-5), onduleux, lobés, sillonnés, veloutés, *chamois* pâle. Chair spongieuse, fragile, *blanche*, *amère*. Pores alvéolaires (0m 001-2), puis labyrinthés et dentés, minces, pubescents à la loupe, *blanc crème*. Spore sphérique (0mm 006-8), *aculéolée*.

Quél. As. fr. 1887, f. 10. Sow., t. 87 ? *acanthoides*, Fr. Hym., n° 61 ? Quél. Ench., p. 168.

Eté. — A la base des sapins des forêts montagneuses. Jura, Pyrénées, Alpes-Maritimes. Comestible ?

hirtus. Stipe court, latéral ou excentrique, *velouté*, crème grisâtre. Peridium réniforme, conchoïde (0m 1), festonné, *velouté* de *poils* simples ou divisés, *chamois grisonnant*. Chair coriace, *blanche*, amère. Pores hexagones (0m 001-2), *denticulés*, blanc de lait. Spore fusiforme (0mm 012), guttulée.

Quél. Jur. et Vosg. II., p. 346, t. 2, f. 7.

Eté. — Sur les souches de sapin des forêts montagneuses du Jura.

inflexus. Stipe central ou excentrique, glabre, *jaunâtre*. Peridium convexe, flexueux (0m 05-8), *fauve* ou *ocracé*, moucheté, sur la marge, de petites *mèches brun fauve*. Chair blanc citrin. Pores alvéolaires, oblongs (0m 001), blanc crème. Spore ellipsoïde oblongue (0mm 01).

Schulzer, Fung. Sclav., fol. II, n° 945.

Été-automne. — Sur les souches. Alpes.

Michelii. Stipe excentrique, court, bulbeux, scabre et *blanc*, brunissant vers la base. Peridium conchoïde (0m 05-7), soyeux, villeux, *blanc*, jaunissant. Chair charnue tenace, blanche. Pores amples (0m 002), arrondis ou oblongs, *blancs*. Spore oblongue.

Fr. S. M. I., p. 343. Rostk. Pol. IV., t. 1.

Été-automne. — Sur les souches de saule.

b. *Peridium pruineux ou pubescent.*

Forquignoni. Stipe grêle, hérissé de poils et d'écailles palmées, blanc de lait. Peridium cyathiforme (0m 05-20), soyeux à la loupe, *blanc crème*, puis ocracé, *parsemé d'aiguillons mous* et *hyalins*. Chair tendre, fragile, douce et blanche; odeur faible de mousseron. Pores alvéolaires (0m 0010-15), très décurrents, inégaux, *dentelés*, ciliés laineux, blancs. Spore ellipsoïde oblongue (0mm 01-11), 2-3 guttulée.

Quél. As. fr. 1884, t. 8, f. 12.

Eté. — Sur les branches tombées, chêne, hêtre. Gironde, Touraine, Jura et Vosges.

Rostkowii. Stipe excentrique, long, réticulé, grenelé, *bistre noir*. Peridium cyathiforme (0m 03-5), ondulé, mince, lisse, *chamois* pâle, puis bistré. Chair tendre, blanche, sapide. Pores très décurrents, jusqu'à la base du stipe du côté libre, pentagones, oblongs (0m 0010-15), denticulés, ténus, *blancs*,

puis ocrés. Spore ellipsoïde oblongue (0mm 012), guttulée.
Fr. Epic., p. 439. *infundibuliformis*, Rostk., t. 17.
Eté. — Cespiteux ou connés sur les troncs, frêne, érable.

umbellatus. Stipe formant un tronc ramifié, charnu, pruineux et blanc. Peridium (50 à 100 sur un seul stipe) convexe ombiliqué (0m 02-3), *orbiculaire*, pruineux ou villeux, *gris bistré* ou chamois. Chair mince, molle, blanche, sapide; odeur de farine. Pores décurrents, anguleux (0m 001-15), *blancs*. Spore ellipsoïde cylindrique (0mm 01), guttulée.
Schæf. Ic., t. 111. Kromb., t. 52, f. 3-9. Quél. Jur. I., t. 18, f. 1. Roz. et Rich., t. 63, f. 1, 2.
Eté. — Près des vieilles souches des forêts de hêtres. Jura, Vosges. Comestible.

Trib. III. BOLETI, Quél.[1]

Hymenium formé de tubes ou d'alvéoles contigus, accolés, séparables. Charnus, putrescents et terrestres.

Sér. I. *PARADOXI*, Quél.

Hymenium formé d'alvéoles ou de lamelles anastomosées réticulées.

Gen. I. PHYLLOPORUS, Quél.

Voile continu, tomenteux. Peridium et stipe charnus; chair tendre, *colorée*. Hymenium formé de *lamelles anastomosées, réticulées*, ou seulement *réticulées* en arrière. Spore fusoïde, *jaune*[2].

Pelletieri. Stipe ferme, fibrilleux, *côtelé*, *jonquille*, *pointillé* ou *poudré* de *rose rouge*. Peridium charnu, convexe (0m 05-8), puis flexueux, souvent excentrique, finement tomenteux, bai ou brun purpurin. Chair tendre, jonquille, rosée ou vineuse sous la cuticule. Lamelles arquées, adnées, subdécurrentes, espacées, épaisses, larges, *rameuses* ou *alvéolées*, *jonquille*, rougissant au toucher. Spore (0mm 013) 1-4 guttulée.
Lév. Guern. fig. inéd. Crn. Fl. Fin., 1867. *Flammula paradoxa*, Kalch. Ic., t. 16, f. 1.

[1] Cette tribu comprend les espèces du genre *Boletus*, Fr. (Hym. eur.)

[2] Ce genre est, dans les *Boleti*, l'analogue du genre *Lenzites* dans les *Dædalei*. Au premier aspect, il semble être une anamorphose d'un *Xerocomus*, par exemple de *spadiceus*, dont il offre tous les caractères essentiels.

Eté. — Dans les forêts argilosableuses. Jura, Alsace, Morvan, Normandie, Provence, etc.

Gen. II. EURYPORUS, Quél.

Voile continu, peluché. Peridium charnu ; chair tendre, colorée. Stipe fibrocharnu, pourvu d'un *anneau épais* et *floconneux*. Tubes *alvéolaires*, décurrents en réseau. Spore ellipsoïde fusiforme, jaune.

cavipes. Stipe tenace, incurvé, moelleux, puis *tubuleux*, bulbeux, *creux* à la base, réticulé et citrin au sommet, laineux, *fauve* ou *châtain* au-dessous d'un anneau floconneux et *blanc*. Peridium campanulé convexe (0m 05-8), *mamelonné*, *peluché* et *brun fauve*. Chair tendre, tenace, citrine, douce et inodore. Pores composés, amples (0m 001-2), alvéolés réticulés, ondulés, *sulfurins*, verdoyants. Spore (0mm 01).

Klotzsch. Opatowski, Mon., p. 11. Kalch. Ic., t. 31.

Automne. — Dans les forêts de conifères, mélèzes. Vosges, Alpes. Comestible.

Sér. II. *VISCIPELLES*, Fr.

Voile glutineux, rarement lubrifié pubescent.

Gen. III. ULOPORUS, Quél.

Voile continu, variable. Peridium charnu ; chair tendre, colorée, *changeante*. Stipe fibrocharnu. Tubes décurrents, *très courts* (0m 001-3) ; pores *pliciformes*, *sinueux réticulés*[1]. Spore ovoïde ou oblongue, jaune.

lividus. Stipe dilaté en haut, *sulfurin* pâle, puis taché de *vert* et de *roux*. Peridium convexe (0m 05-7), lubrifié ou un peu visqueux, paille ou blanc citrin, taché de *bistre* et de *gris*. Chair molle, douce, crème citrin, puis purpurine, vert cendré ou bleuâtre. Tubes courts (0m 001-2) et pores amples, plissés dentelés, *sulfurins*, puis *verdoyants*. Spore ovoïde (0mm 006-7), ocellée, ocracée.

Bull., t. 490, f. 2. Quél. Jur. I., t. 15, f. 2.

[1] Les pores des *Uloporus*, *Ixocomus* et *Xerocomus*, vus à la loupe, rappellent les logettes des *Hypogei* et paraissent toujours ouverts, même sous le voile.

rubescens. *Serin*, puis *rougissant* ainsi que la chair.

Trog. Fl., 1839. *sistotrema*, Rostk., t. 19.

Eté-automne. — Dans les forêts humides de la plaine, aunes et bouleaux.

placidus. Stipe obèse, subbulbeux, *blanc*, strié et tacheté de *rouge rouillé*. Peridium convexe turbiné (0m 08-10), visqueux, *jaune*, puis *blanc*. Chair blanche. Tubes courts, décurrents et pores sinueux, *jaunes*, puis *rouges* et *rouillés*.

Bon. Bot. Zeit., 1861, p. 204.

Dans les forêts de la Westphalie. Rappelle *Boudieri* qui n'en diffère peut-être pas spécifiquement.

sistotrema. Stipe grêle, lisse, citrin pâle, purpurascent. Peridium convexe (0m 06-8), mince, finement *pubescent*, *roux* ou *brun olive*. Chair ferme, crème, fauve sous la cuticule, acidule. Tubes courts (0m 002-3), adnés et pores *sinueux*, *circulaires*, jonquille, puis fauves. Spore ellipsoïde cylindrique (0mm 01-14), guttulée, crème olive.

Fr. Obs. I., p. 120. *brachyporus*, Rostk. Bol., t. 11.

Eté. — Dans les forêts de conifères montagneuses.

Mougeotii. Stipe pruineux pubescent, *jonquille*, *rouge aurore* au milieu. Peridium convexe (0m 03-6), flexueux, finement *tomenteux*, crème olivâtre, *panaché* de *rose* et *d'olive* clair, puis *brun bistre*. Chair tendre, acidule, jonquille, instantanément *bleu* verdoyant, puis violette, rouge à la base du stipe. Tubes adnés, courts (0m 001) ; pores sinueux circulaires, *crème jonquille*, puis verts. Spore ellipsoïde oblongue (0mm 01-12), 3-4 guttulée, jonquille.

Quél. As. fr. 1886, t. 9, f. 6.

Eté. — Dans les forêts arénacées. Vosges. Rappelle *radicans*.

volvatus. Stipe *gris*, muni, à la base, d'un voile lâche et déchiré. Peridium convexe, *gris* brillant. Chair, tubes et pores sinueux et lacérés, *blancs*.

Pers. Myc. eur. II., p. 124, t. 17, f. 2.

Printemps. — Dans les forêts de l'Ouest. Lusus d'*A. vaginata* dont l'hymenium est transformé par un *Hypomyces*.

Gen. IV. IXOCOMUS, Quél.

Voile contigu, *glutineux*. Peridium très tendre ; chair *mollasse*, *jaune*. Stipe charnu et mou. Tubes et pores composés, souvent *irréguliers*, primitivement fermés par la contiguïté de l'orifice, *unicolores*. Spore ellipsoïde fusiforme, *jaune* ou *fauve*.

I. **Gymnopus**, Quél.

Stipe nu, sans anneau.

a. *Tubes et pores jaunes.*

badius. Stipe *paille*, couvert d'une pruine ou d'une pubescence *brune*. Peridium hémisphérique (0m 03-5), visqueux, puis pubescent, *bai* ou *brun*. Chair molle, blanc citrin, *bleuissant* au bord, douce. Tubes adnés et pores polygones, *crème citrin*, tachés de bleu verdâtre au toucher. Spore (0mm 015).

Fr. Epic., p. 411. Sv. sv., t. 50. Rostk. Bol., t. 5. Klotz. Bor., t. 379.

Eté-automne. — Dans les bois de conifères. Vosges. Comestible.

collinitus. Stipe aminci en bas, *blanc*, *brunissant*, avec un réseau floconneux apprimé. Peridium convexe (0m 05-6), *châtain*, pâlissant. Chair ferme, *blanche*, douce. Tubes adnés, longs et pores géminés, crème jonquille.

Fr. Epic., p. 410. Luc. Ch., t. 240. *circinans*, Pers. *inunctus*, Kromb., t. 76, f. 10-11?

Eté. — Dans les forêts de pins. Vosges. Ressemble à *luteus*.

granulatus. Stipe *citrin*, orné de *grains floconneux* et *crème* au sommet, cotonneux et blanc à la base. Peridium convexe (0m 03-6), *brun rouillé*, puis ocracé. Chair molle, jaune serin, douce et sapide. Tubes adnés, courts et pores grenelés, *crème sulfurin*, couverts de gouttelettes laiteuses. Spore (0mm 008).

Linn. Suec., n° 1249. Fr. Sv. sv., t. 23. Rostk., t. 3. Barla, t. 31, f. 4-12. *flavorufus*, Schæf., t. 123. *lactifluus*, With. Sow., t. 420.

Eté-automne. — En cercle dans les forêts de pins. Comestible.

sanguineus. Stipe allongé, grêle, *crème jonquille*, rayé ou panaché de *rose purpurin*. Peridium convexe (0m 05-7), glabre, *rouge sanguin*. Chair molle, blanc crème, puis *rosée*, aigrelette. Tubes adnés, citrins, puis verdoyants : pores anguleux, amples, *jaune d'or*, puis *orangés*. Spore (0mm 015-18), guttulée.

With. Arr. IV., p. 419. Sow., t. 225. Paul., t. 181, f. 3, 4. *lilaceus*, Rostk., t. 46. *cramesinus*, Sec., n° 36. *rubellus*, Kromb., t. 36, f. 21-23.

Eté-automne. — Dans les forêts de hêtres de la plaine. Comestible?

gentilis. Stipe grêle, aminci en bas, fibrillostrié, *citrin pâle, rosé* en bas. Peridium convexe (0^m 03-4), *rose incarnat, rayé* par de *fines rides* plus foncées. Chair molle, humide, marbrée de citrin et de blanc hyalin, puis *rosée*, douce; odeur de fruits. Tubes adnés décurrents et pores composés, dentelés, d'un jaune *sulfurin* brillant. Spore (0^{mm} 011-15) guttulée.

Quél. As. fr. 1883, t. 6, f. 13. *sanguineus*, Roz. et Rich., t. 59, f. 4.

Eté. — Dans les forêts ombragées de chênes. Comestible?

b. *Tubes et pores olive, rouillés ou bistre.*

fusipes. Stipe subfusiforme, *blanc* ou blanc citrin, avec des *taches en relief*, plus ou moins *réticulées*, d'un *brun chocolat*. Peridium convexe (0^m 05), *blanc d'ivoire*. Chair tendre, douce, *blanche*, citrine au bord, puis rosée ou lilacine sous la cuticule. Tubes courts, adnés et pores sinués dentelés, jaune souci pâle, puis *olive*, un peu visqueux et larmoyants. Suc laiteux acidule. Spore (0^{mm} 01).

Rab. Exs., n° 712. Fr. Hym., n° 17.

Eté. — Dans les forêts de conifères, pins, surtout *strobus*, et mélèzes. Vosges, Alpes.

Boudieri. Stipe *blanc*, lavé de citrin au sommet, *pointillé* de *grains gélatineux, rouge sanguin*. Peridium convexe (0^m 1), glabre, *blanc*, puis violeté ou *brunâtre*, avec le bord citrin. Chair humide, *blanche*, puis citrine, douce. Tubes décurrents et pores *amples*, sinueux, jaune souci pâle, puis bistre olivâtre, tachetés comme le stipe de grains résineux et rouges. Spore (0^{mm} 01).

Quél. Soc. bot. 1878, t. 3, f. 3. *Bellini*, Inz. Sic., t. 6, f. 1-5.

Fin automne. — Sous les pins d'Alep, aux environs de Menton et de Nice.

bovinus. Stipe cylindrique, glabre, *fauve incarnat*, blanchâtre à la base. Peridium hémisphérique, puis convexe (0^m 05-7), glabre, fauve incarnat, nankin rougeâtre. Chair tendre, crème incarnat, douce. Tubes décurrents et pores amples, composés, dentelés, *crème olive*, puis bistre olive ou bruns. Spore (0^{mm} 008-9) crème olivâtre.

Linn. Suec., n° 1246. Fr. S. M. I., p. 388. Klotz. Bor., t. 378. *gregarius*, Fl. dan., t. 1018. *macroporus*, Rostk., t. 13.

mitis. Stipe incarnat fauve ou purpurin. Peridium fauve incarnat, *rosé*, *améthyste* ou *lilacin* au bord. Chair incarnate. Pores jonquille grisonnant, puis *olive rouillé*.

Kromb. Abb., t. 36, f. 8-11. *bovinus*, Rostk. Bol., t. 4.

Automne. — En cercle ou cespiteux dans les forêts de pins. Comestible.

variegatus. Stipe cylindrique, ferme, *paille*, blanc à la base. Peridium convexe (0^m 06-8), humide, *lubrifié*, paille ou ocracé, *pointillé* de *flocons granuleux* et *bruns*. Chair tendre, *jonquille*, bleuissant légèrement; odeur de chlore. Tubes adnés et pores assez grands, *jonquille olive*, puis bistrés. Spore (0^{mm} 012) fauve bistré.

Swartz. Vet. Ac. hand. 1810, p. 8. Fr. Sv. sv., t. 66. Lenz., t. 39. Rostk., t. 16. *aureus*, Schæf., t. 115.

Eté-automne. — Dans les bois de pins. Comestible?

piperatus. Stipe grêle, fragile, *nankin fauve*, *jonquille* à la base. Peridium hémisphérique (0^m 02-4), glabre, *nankin cuivré* ou cannelle clair. Chair tendre, sulfurine, incarnat rosé en haut, *lactescente* à la base du stipe, poivrée. Tubes adnés décurrents[1] et pores amples, anguleux, dentelés, *cuivrés*, puis briquetés ou rouillés. Spore (0^{mm} 01-12) fauve purpurin.

Bull., t. 451, f. 2. Sow., t. 34. Batsch., f. 128. Rostk., t. 6. Fr. Sv. sv., t. 67. Roques., t. 7, f. 4.

Eté-automne. — Dans les forêts de pins. Comestible?

II. **Peplopus**, Quél.

Stipe lisse, portant un voile annulaire.

a. *Tubes et pores jaunes*.

luteus. Stipe crème jonquille, grenelé au sommet; anneau membraneux, ample, blanc crème, puis brun ou bai. Peridium convexe (0^m 04-8), *brun*, *bai* ou *roux*, pâlissant, puis *rayé*. Chair blanchâtre, molle, douce. Tubes adnés, fins et pores ronds, jonquille. Spore (0^{mm} 011) guttulée.

Linn. Schæf., t. 114. Fr. Sv. sv., t. 22. Barla, t. 31, f. 1-3. *annularius*, Bull., t. 332.

Eté-automne. — Dans les bois gramineux de pins. Comestible.

[1] Les tubes sont souvent décurrents *par une dent, comme des lamelles*; cette espèce se rapproche du genre *Phylloporus*.

flavus. Stipe *réticulé alvéolé* au sommet, crème jonquille, floconneux et safrané en bas ; anneau membraneux, *ténu*, fugace, *blanc crème*. Peridium convexe (0^m 04-6), *souci* ou *fauve*, pâlissant. Chair tendre, crème jonquille, douce. Tubes adnés et pores anguleux, amples, jonquille. Spore (0^{mm} 01) guttulée.

With. Arr. Kromb., t. 36, f. 2. *annularius*, Bolt., t. 169. *luteus*, Sow., t. 265.

elegans. Stipe *grenelé réticulé* au sommet, blanc crème, floconneux et fauve safrané en bas ; anneau *blanc crème*. Peridium *jonquille*, *doré* ou *fauve* au milieu. Chair molle, crème jonquille, douce. Tubes décurrents et pores anguleux, jonquille doré.

Schum. Sæll. Fr. Sv. sv., t. 76. *luteus*, Grev., t. 183. *flavus*, Roz. et Rich., t. 55, f. 1-6.

Eté-automne. — Dans les forêts de pins et de mélèzes. Comestible ?

pulchellus. Stipe grêle, lisse, jonquille ; anneau ténu, se réduisant à une ligne plus foncée. Peridium convexe (0^m 03-4), légèrement visqueux, *jonquille verdoyant*. Chair crème jonquille ou incarnate. Tubes adnés et pores polygones ou oblongs, *jaune d'or*.

Fr. Hym. eur., p. 497. Ic., t. 178, f. 1.

Eté. — Forêts de conifères. Suisse, Belgique.

sphærocephalus. Stipe ventru, chagriné, sillonné lacuneux, fauve jaunâtre, glabre et jonquille au sommet ; anneau membraneux, peluché, épais, jonquille, souvent suspendu comme une frange au bord de la marge. Peridium globuleux (0^m 1-2), *jaune clair* et brillant, plus foncé ou fauve au centre. Chair très épaisse, molle, aqueuse, crème jonquille, plus colorée à l'air, *bleuâtre* sous la cuticule. Tubes courts, fins et pores ronds, jonquille, puis fauves ou brunâtres. Spore (0^{mm} 01) biocellée.

Barla, Ch. de Nice, t. 36.

Automne. — Dans les forêts de conifères, sur la sciure pourrie. Alpes-Maritimes.

flavidus. Stipe grêle, farineux, *blanc citrin*, *granulé* au sommet, cotonneux et blanc à la base ; anneau gélatineux, ténu, étroit, blanc glauque, floconneux et visqueux au bord. Peridium campanulé (0^m 02-3), mamelonné, mince, *ridé radié*, *citrin*, puis gris glauque. Chair ferme, tenace, douce, blanc citrin, *rosée* à l'air. Tubes composés, décurrents et pores petits, crêpés, jonquille. Spore (0mm 011).

Fr. Obs. 1., p. 110. Kromb., t. 4, f. 35-37. *velatus*, Pers. Myc., t. 20, f. 1-3.

Été. — Sous les pins des forêts marécageuses et des tourbières. Vosges, Jura.

b. *Tubes et pores blancs, gris ou verts.*

viscidus. Stipe mou, *floconneux*, *visqueux*, blanc grisonnant ou verdoyant, *alvéolé réticulé* et blanc verdâtre au sommet; anneau membraneux, large, ténu et blanc. Peridium campanulé convexe (0m 06-10), *floconneux*, rugueux, *blanc grisâtre* ou verdoyant, puis *jaunâtre*, *rougeâtre* et *vert-de-gris*. Chair molle, humide, blanche, puis lilacine et verdâtre à la base du stipe, *douce* et inodore. Tubes décurrents et pores amples, dentelés, blancs, puis gris perle à reflet verdâtre. Spore (0mm 013) brunâtre.

Linn. Suec., n° 1248. Fr. Ic., t. 178, f. 3. *æruginascens*, Sec., n° 6. *laricinus*, Bk. Eng. Fl. Huss. I., t. 25.

Automne. — Dans les bois de mélèzes avec *elegans*. Comestible.

Bresadolæ. Stipe *réticulé* et blanc crème au sommet, jonquille ou rougeâtre, tacheté de fauve; anneau membraneux, mince, *jonquille*. Peridium campanulé convexe (0m 04-7), ruguleux, puis lisse, *jonquille*, *aurore* au milieu. Chair tendre, jonquille, rosée, puis gris lilacin sous la cuticule séparable; odeur et saveur agréables. Tubes décurrents et pores amples, arrondis, *blancs*, puis *gris cendré*. Spore (0mm 012) brunâtre rouillée.

Quél. Bres. Fung. trid., p. 13, t. 14.

Automne. — Dans les forêts de sapins subalpines. Tyrol, Alpes. Comestible.

velifer. Stipe épais et long, jonquille et luisant au sommet, jaunâtre *chiné* de *vert grisâtre* au-dessous d'un anneau membraneux et fugace. Peridium convexe (0m 1-2), *jonquille*, plus clair au bord, *grenelé pubescent* et *brun rougeâtre* clair au milieu. Chair molle, gris de corne, puis jaune et gris violet; odeur agréable, aigrelette. Tubes longs et pores amples, dentelés, *vert* sombre, puis *jaunes*.

Sec. Myc. (*luteus velifer*), n° 4. *squalidus*, Fr. Epic., p. 413.

Automne. — Dans les bois de pins. Jura méridional.

Sér. III. *VERSIPELLES*, Quél.

Voile pruineux, pubescent ou tomenteux.

Gen. V. XEROCOMUS, Quél.

Peridium tendre ; chair *légère*, crème, citrin, jonquille. Stipe fibrocharnu, ordinairement *grêle*. Tubes simples ou composés, *crème jonquille* ou *sulfurins*; pores souvent inégaux et irréguliers, primitivement fermés par la contiguïté de l'orifice. Spore ellipsoïde oblongue ou fusiforme, *jaune*.

a. *Peridium pubescent ou tomenteux.*

impolitus. Stipe obèse, subbulbeux, finement *pubescent*, *jonquille* pâle, rayé *tacheté* de *brun*. Peridium convexe (0m 1-2), épais, finement peluché, puis ridé, chagriné et gercé, *châtain*. Chair tendre, blanche, jonquille clair sous la cuticule, sapide ; odeur douce. Tubes libres, crème citrin, teintés de vert ; pores ronds, petits, *sulfurins*. Spore (0mm 016-18).

Fr. Epic., p. 421. Sv. sv., t. 42. *sapidus*, Harz., t. 51. *fragrans*, Vitt. Fung., t. 19.

Eté. — Dans les forêts de conifères. Fontainebleau, Morvan, Vosges, Jura. Comestible.

radicans. Stipe ferme, pruineux pubescent, *crème citrin* ou ocracé, aminci radicant, taché de bistre au toucher. Peridium convexe (0m 06-8), épais, pubescent subtomenteux, ocracé olivâtre ou blond cendré ; marge amincie et incurvée. Chair tendre, humide, *amère*, citrin pâle, *bleuissant* fortement et instantanément à l'air. Tubes adnés et pores amples, anguleux, *citrins*, tachés de vert ou de bleu au toucher. Spore (0mm 012-14).

Pers. Syn., n° 8. *pulverulentus*, Opat. Bol., t. 1.

Automne. — Dans les forêts montagneuses. Alpes, Pyrénées, Jura. Il ressemble à *badius*.

spadiceus. Stipe pruineux pubescent, *jonquille*, avec de *fines côtes fauves* anastomosées. Peridium convexe (0m 06-8), tomenteux, *brun*. Chair compacte, *blanche*, crème jonquille dans le stipe, brun rouge sous la cuticule. Tubes adnés et pores *amples*, arrondis dentés, *sulfurin doré*. Spore (0mm 01-2) 2-4 guttulée.

Schæf. Ic., t. 126. Quél. Jur. I., t. 15, f. 3. *tomentosus*, Kromb., t. 36, f. 19, 20.

Automne. — Dans les forêts de conifères et de hêtres. Vosges, Jura.

parasiticus. Stipe recourbé, fibrilleux, *jonquille*, couvert de petits *flocons frisés* et *fauves* au sommet. Peridium globuleux, puis convexe (0m 03-5), finement tomenteux, puis tessellé par le sec, *jaune indien* à reflet verdoyant. Chair ferme, jonquille. Tubes courts, subdivisés et pores amples, ronds, jaune d'or, puis vineux. Spore (0mm 016-17) guttulée, fauve rouillé.

Bull., t. 451, f. 1. Rostk. Bol., t. 7.

Automne. — Sur *Scleroderma vulgare* et *verrucosum*, dans les forêts des environs de Paris, Provence, Jura.

chrysenteron. Stipe *jonquille*, plus ou moins *rayé* ou *pointillé* de *rose*, orné de fines côtes fibreuses. Peridium convexe (0m 04-6), tendre, finement tomenteux, chamois, brun pâle ou briqueté, rougissant, souvent gercé aréolé. Chair molle, jonquille, bleuissant à peine, *rouge sanguin* sous la cuticule. Tubes sulfurins; pores *anguleux*, composés, *sulfurins*, puis verdoyants. Spore (0mm 012-13) 3-4 guttulée.

Bull., t. 490, f. 3. Quél. Jur. I., t. 16, f. 4. *pascuus*, Corda, Sturm., 19, t. 1. *radicans*, Quél. Jur. I., t. 16, f. 3.

versicolor. Stipe pruineux pulvérulent, *jonquille*, *rouge rosé* au milieu. Peridium convexe (0m 03-5), velouté pruineux, *rouge sanguin* ou *rosé*. Chair tendre, crème citrin. Pores sinués, anguleux, *crème sulfurin*.

Rostk. Bol., t. 10. Fr. Hym., n° 30.

Été-automne. — Dans les forêts ombragées. Comestible.

subtomentosus. Stipe pointillé pulvérulent, crème jonquille, orné de *fines côtes* libres ou anastomosées et *fauves*. Peridium convexe (0m 06-8), *tomenteux*, *brun olive* plus ou moins foncé. Chair tendre, crème jonquille, *rouillée* sous la cuticule. Tubes adnés et pores *amples*, anguleux, *sulfurin doré*. Spore (0mm 012).

Linn. Suec., n° 1251. Fr. S. M. I., p. 389. *eriophorus*, Rostk., t. 20, *pannosus*, t. 22.

striæpes. Stipe *crème jonquille*, orné de fines *côtes bistre*, brun roux à la base. Peridium soyeux, bistre olive. Chair blanc crème, *rouillée* sous la cuticule.

Sec. Myc., n° 38.

Été. — Dans les forêts arénacées. Se distingue du précédent par sa couleur brune, par ses pores plus larges et d'un jaune d'or. Comestible.

armeniacus. Stipe grêle, flexueux, subradicant, *pruineux tomenteux*, *incarnat rosé*, avec le sommet *crème* et la base *souci*. Peridium convexe (0m 03-7), *pubescent tomenteux*, jonquille incarnat, nuancé de *rose groseille* ou *améthyste*, puis couleur *abricot*. Chair ferme, sapide, douce, crème citrin, puis azurée ou rosée, souvent pointillée d'orangé dans le stipe. Tubes sinués, citrin pâle; pores chiffonnés, dentés, puis arrondis, *crème citrin*, bleuissant au toucher, puis vert bouteille. Spore (0mm 01-13) guttulée, olive.

Quél. As. fr. 1884, t. 8, f. 11.

Eté. — Dans les bois sablonneux. Alpes-Maritimes, Gironde, Tyrol, Forêt Noire.

sulfureus. Stipe fusiforme, glabre, sulfurin, naissant d'un *tapis laineux* jaune d'or. Peridium convexe (0m 05-6), compacte, jonquille sulfurin, *tacheté* de larges *mèches soyeuses* et plus foncées. Chair ferme, jonquille, *bleuissant*, puis jaune d'or, rougissant un peu près des tubes. Tubes adnés, courts et pores composés, *sulfurins*, tachés de rouille et verdoyants à la fin. Spore (0mm 008).

Fr. Epic., p. 413. Quél. As. fr. 1887, f. 9.

Eté. — Dans les brindilles des bois de pins des forêts montagneuses. Alpes, Tyrol.

amarellus. Stipe mince, flexueux, creux au sommet, pointillé, jonquille aurore. Peridium convexe (0m 03-6), satiné, ocracé ou purpurascent, avec la marge *veloutée et jonquille*. Chair molle, aigrette, un peu poivrée, *citrine*, puis vineuse à l'air. Tubes décurrents, composés, citrins; pores sinueux, anguleux, grands, *rose rouge*. Spore (0mm 008-10).

Quél. As. fr. 1882. *piperatus*, Barla, t. 32, f. 5-10.

Hiver. — Dans les bois de pins. Alpes-Maritimes. Suspect. Peu différent de *piperatus* dont il est peut-être une variété montagneuse.

b. *Peridium pruineux ou soyeux.*

obsonium. Stipe ferme, aminci en bas, lisse, striolé, jonquille incarnat, villeux et fauve à la base. Peridium convexe, puis déprimé (0m 05-7), *soyeux*, *crème ocracé*, *aurore* sur la marge. Chair douce, crème jonquille, avec une teinte lilacine au bord. Tubes libres, crème jonquille, puis olivâtres; pores ronds, petits, jonquille, puis blonds ou aurore. Spore (0mm 011-12), 3 guttulée.

Paul. Ch., t. 171, f. 2-3. *leoninus*, Kromb., t. 76, f. 12-14. *buxeus*, Rostk. Bol., t. 30.

Eté-automne. — Dans les forêts montagneuses. Alpes-Maritimes. Comestible.

pruinatus. Stipe cylindrique, glabre, crème jonquille, *rayé pointillé*, vers le bas, de *rose purpurin*. Peridium convexe (0m 05-6), bosselé, glabre, *bai purpurin*, recouvert d'une *pruine blanchâtre* ou *grise*. Chair ferme, crème, rouge sous la cuticule, verdoyant et rougissant. Tubes adnés, fins et pores légèrement anguleux, crème jonquille. Spore (0mm 015).

Fr. Bol., p. 9. *cupreus*, Schæf., t. 133. Bull., t. 393, f. B. C.

Eté. — Dans les forêts sablonneuses et gramineuses.

Barlæ. Stipe plein, puis creux, *fibrillostrié*, *rosé* ou *rougeâtre*, *pointillé* de *rouge*. Peridium convexe (0m 06-8), velouté, tomenteux ou pruineux, *vineux carminé*, souvent taché de jaune ou de vert. Chair spongieuse, *blanc crème*, *rosée* ou *carnée* à l'air, douceâtre. Tubes longs, décurrents et pores amples, anguleux, *crème citrin*, puis verts ou brun olive.

Fr. Hym., n° 29. *rubropruinosus*, Barla, t. 32, f. 1-4.

Eté-automne. — Dans les forêts de châtaigniers. Alpes-Maritimes.

Gen. VI. DICTYOPUS, Quél.

Voile pruineux ou villeux. Peridium ample, ferme ; chair compacte, puis spongieuse. Stipe épais, fibrocharnu, dur, orné d'un *réseau veineux* homogène [1]. Tubes simples, longs, accolés, séparables ; pores ronds ou polygones, réguliers, d'abord fermés par la connivence de l'orifice, tardant de s'ouvrir. Spore fusiforme, versicolore.

a. *Chair blanche. Pores blancs, puis crème ocré. Spore jonquille, ocracée.*

edulis. Stipe obèse, crème bistré, orné d'un joli *réseau veineux* et blanc. Peridium convexe (0m 1-2), épais, bai, brun, fuligi-

[1] Ce réseau, indépendant du voile, est une sorte de decurrence de l'hymenium analogue a celle des lamelles en filet chez les *Polyphyllei*. Il est quelquefois oblitéré par l'effet d'une végétation anormale.

neux ou bistre, finement villeux ou glabre. Chair tendre, blanche, rougeâtre sous la cuticule, sapide; odeur agréable. Tubes libres, fins, *blanchâtres*, puis ocracés et verdâtres; pores *blanc grisâtre*. Spore (0mm 015-17), triocellée.

Bull., t. 60, 494. Fr. Sv. sv., t. 13. Roques, t. 5. *reticulatus*, Schæf., t. 108, *bulbosus*, t. 134, 135.

Printemps-été. — Dans les forêts feuillées et aiguillées. Comestible.

æstivalis. Stipe ovoïde bulbeux, glabre ou finement *réticulé*, *blanc crème* ou *paille*. Peridium convexe (0m 1-2), glabre, puis grenelé, *blanchâtre, crème bistré* ou *roussâtre*. Chair ferme, blanche; odeur et saveur agréables (rougissant à la base du stipe, Fr.). Tubes libres, fins et pores crème ou grisâtres. Spore (0mm 016).

Paul. Ch., t. 170. Fr. Sv. sv., t. 43? Huss. II., t. 25.

Printemps-été. — Dans les bruyères et les bois arénacés. Ressemble à *candicans*. Comestible.

æreus. Stipe gros, glabre, *chamois clair*, orné d'un *beau réseau* veineux. Peridium hémisphérique, puis convexe (0m 06-9), compacte, pubescent ou villeux, *bai* ou *bistre* noir, souvent pointillé de villosités grises. Chair ferme, tendre, blanche, purpurine sous la cuticule, sapide; odeur agréable. Tubes libres, fins et pores ronds, blancs, puis jonquille. Spore (0mm 015-02) guttulée.

Bull., t. 385 (minor). Roques, t. 3. Quél. Jur. I., t. 16, f. 2.

Eté. — Dans les forêts ombragées (années très chaudes). Comestible.

b. *Chair et pores blancs, puis incarnat rosé* (*Rhodoporus*, *Quél.*)

felleus. Stipe épaissi à la base, crème jonquille, orné d'un *réseau tomenteux* et *chamois*. Peridium hémisphérique, (0m 06-9), épais, villeux pubescent, chamois pâle. Chair tendre, blanche, très amère et acidule. Tubes blancs, puis incarnat rosé; pores assez larges, anguleux, blancs, puis rosés. Spore (0mm 01-15) guttulée.

Bull., t. 379. Fr. Sv. sv., t. 52. Rostk., t. 43. Roz. et Rich., t. 57, f. 1,2.

Eté-automne. — Dans les forêts arénacées. Environs de Paris, Vosges, Alpes. Vénéneux [1].

[1] Il peut être considéré comme le type du genre *Rhodoporus*, analogue au genre *Rhodophyllus*.

c. *Pores d'abord rouges ou orangés. Spore jonquille.*

luridus. Stipe cylindrique, jonquille ou ocracé, orné d'un *réseau* veineux *rouge sanguin*. Peridium hémisphérique (0m 1), finement pubescent, café au lait, chamois ou olivâtre. Chair épaisse, compacte, crème jonquille, purpurine, puis verte à l'air, douce. Tubes libres, jonquille, puis vert olivâtre; pores ronds, *rouge orangé*. Spore (0mm 012) biguttulée.

Schæf. Ic., t. 107. Fr. Sv. sv., t. 12. Roz. et Rich., t. 57, f. 4. *rubeolarius*, Bull., t. 490, f. 1.

Eté. — Dans les bois secs, les bruyères et les pâturages. Vénéneux ?

discolor. Stipe *jonquille*, *pointillé* de granules *rouge orangé*, velouté et brun à la base. Peridium convexe plan, pruineux, puis lisse, *jaune* clair. Tubes jaunes; pores petits, *rouge orangé*, *jaunes* sous le bord du peridium.

Eté. — Dans les forêts sablonneuses du centre et du nord de la France.

erythropus. Stipe épais, ventru, finement tomenteux, jonquille, *pointillé* de *rouge orangé*. Peridium convexe (0m 1-12), épais, finement pubérulent, *brun* ou *bai*. Chair compacte, crème jonquille, *bleue*, verte et violette à l'air, douce et vireuse. Tubes fins, libres, jonquille; pores *rouge sanguin* sombre. Spore (0mm 012).

Pers. Syn., no 19. Barla, t. 33, f. 6-7. Let., t. 612. Roq., t. 7, f. 1-3. *satanas*, Rostk., t. 31.

Eté. — Dans les forêts montagneuses, surtout de conifères.

purpureus. Stipe long, crème citrin, pointillé et réticulé de veines purpurines. Peridium hémisphérique (0m 1), pruineux pubescent, *incarnat purpuracé* ou *violeté*. Chair compacte, crème citrin, bleuissant à l'air. Tubes libres, fins, crème ocracé, puis verdâtres; pores ronds, *orangé purpurin*. Spore (0mm 013).

Fr. Bol., p. 11. Sv. sv., t. 41. Barla, t. 33, f. 8-10. Roz. et Rich., t. 60, f. 17.

Eté. — Dans les forêts et pâturages des montagnes. Alpes, Jura. Peut-être une variété de *luridus*. Vénéneux.

tuberosus. Stipe ovoïde (0m 03-5), pruineux, crème jonquille, orné d'un *réseau* veineux, *rouge sang.* Peridium globuleux, puis convexe (0m 2-3), compacte, lubrifié, puis pruineux, *blanc grisâtre*, verdoyant à peine. Chair épaisse, blanche, puis crème, bleuissant ou verdissant à l'air, rougissant dans le stipe, douce, puis vireuse. Tubes libres, jonquille; pores ronds, d'un beau *rouge sanguin*. Spore (0^{mm} 013) guttulée.

Bull., t. 100. *satanas*, Lenz., f. 31. Quél. Jur. I., t. 15, f. 1. *marmoreus*, Roq., t. 6. *sanguineus*, Kromb., t. 38, f. 1-6. *lupinus*, Fr. Epic., p. 418.

Eté. — Cespiteux dans les bruyères et les pâturages. Jura, Provence, etc. Vénéneux.

d. *Pores d'abord crème, citrin ou paille. Spore jonquille ou olivâtre.*

torosus. Stipe épais, pulvérulent, *pointillé*, rosé, puis pourpre obscur, *jonquille* et orné d'un *fin réseau poriforme* au sommet; base ovoïde. Peridium hémisphérique (0^{m} 1), finement tomenteux à la loupe, grisâtre, nuancé de rose et d'olive, puis ocracé et *taché*, ainsi que le stipe, de *pourpre noir*. Chair épaisse, molle, jonquille, bleuissant ou verdissant à l'air, douce et parfumée. Tubes sulfurins, puis verts et enfin purpurins; pores petits, arrondis, *jonquille*, *rougissant* à la fin. Spore (0^{mm} 010-12) guttulée, olive.

Fr. Epic., p. 417.

Eté. — Dans les forêts mêlées. Jura méridional, Fontainebleau. Intermédiaire entre *purpureus* et *appendiculatus*.

calopus. Stipe épais, d'un beau *rouge purpurin*, jaune sous les tubes, orné d'un *réseau veineux blanc* ou *incarnat*. Peridium hémisphérique, puis convexe (0^{m} 1-15), épais, *tomenteux, chamois olivâtre*. Chair compacte, crème jonquille, bleuissant à l'air. Tubes adnés, fins, crème citrin, puis vert clair; pores ronds, crème jonquille, se tachant de bleu vert. Spore (0^{mm} 016) 3-4 guttulée.

Fr. S. M. I., p. 390. Sv. sv., t. 69. *pachypus*, t. 68. Rostk., t. 27.

Eté-automne. — Dans les forêts de conifères, surtout montagneuses. Vénéneux?

pachypus. Stipe ovoïde bulbeux, jonquille, orné d'un *réseau veineux* et *blanc* avec une large zone rose purpurin au sommet. Peridium convexe (0^{m} 01-15), épais, pruineux subtomenteux, *crème ocracé* ou *grisâtre*. Chair compacte, *jonquille*, puis bleu violacé, rose aurore dans le stipe. Tubes libres, fins, jonquille, puis verdoyants; pores ronds, *jonquille*, puis tachés de vert ou de bleu. Spore (0^{mm} 016-18) ocracée olive.

Fr. S. M. I., p. 390. Lenz., t. 60. Kromb., t. 35, f. 13-15. Rostk., t. 28.

albidus. Stipe épais, ovoïde, finement réticulé, blanc citrin. Peridium *blanchâtre*, avec une légère teinte verdâtre. Chair douce, blanc crème ou citrine, bleuissant. Pores petits, *blanc citrin*.

Roques, t. 8, f. 2. Kromb., t. 35, f. 10-12.

Eté-automne. — Dans les bruyères et les bois arides. Vénéneux?

olivaceus. Stipe fusiforme en bas, *crème citrin*, orné au sommet d'un fin *réseau veineux* et *blanc*, *pointillé* et *rose rouge* à la base. Peridium convexe (0m 06-8), pruineux pubérulent, *chamois olive*. Chair dure, blanc crème, *bleuissant* à l'air. Tubes sinués, fins, *crème jonquille*, puis *crème olive;* pores ronds, *crème citrin*. Spore (0mm 017) 2-5 guttulée.

Schæf. Ic., t. 105. Fr. Epic., p. 416. Vent., t. 36, f. 3, 4. Rostk., t. 32.

Eté-automne. — Dans les forêts ombragées. Suspect.

appendiculatus. Stipe épais, bulbeux radicant, *sulfurin*, orné, au sommet, d'un fin *réseau veineux* et *blanc*, souvent *tacheté* de *rose* vers la base. Peridium convexe (0m 1-2), épais, *brun*, *bai clair*, puis *purpurin bistré*. Chair compacte, tendre, douce, jonquille, bleuissant à l'air, rosée à la base du stipe. Tubes sinués, fins et pores ronds, petits, *sulfurins*, verdissant au toucher. Spore (0mm 012) biguttulée.

Schæf. Ic., t. 130. Fr. Epic., p. 416.

regius. Peridium ample, incarnat rosé, purpurin, rouge sanguin ou olivâtre.

Kromb. Abb., t. 7.

Eté. — Dans les forêts, surtout feuillées et sablonneuses. Comestible.

amarus. Pers. Syn., n° 16. *Blanc paille*. Stipe fusiforme, lisse; chair bleuissant; pores jonquille.

Gen. VII. GYROPORUS, Quél.

Voile pubescent, velouté ou peluché. Peridium épais; chair dure, puis tendre, humide, *blanche*, changeante. Stipe gros, *mou* et *villeux*. Tubes *longs*, *simples* et pores réguliers, ronds ou polygones, *blancs* ou *gris*, d'abord fermés par la connivence de l'orifice, s'ouvrant de bonne heure. Spore ellipsoïde ou fusiforme, versicolore.

a. *Stipe caverneux. Pores blancs, jaunissant souvent. Spore blanche, puis citrine.*

cyanescens. Stipe *caverneux*, ventru, dur, fragile, à moelle soyeuse, *villeux*, jaune *citrin* ou *paille*. Peridium convexe (0m 06-9), ferme, finement *peluché*, *crème citrin*. Chair *dure*, blanche, *bleuissant* instantanément à l'air. Tubes et pores ronds, *blancs*, se tachant de bleu. Spore (0mm 01) 2-3 guttulée.

Bull., t. 369. Fr. Sv. sv., t. 80. Rostk., t. 44. Barl., t. 37. *constrictus*, Pers. Syn., nº 11.

Eté-automne. — Dans les forêts montagneuses et siliceuses. Comestible?

lacteus. Stipe spongieux, caverneux, épaissi à la base, dur, velouté, puis crevassé, blanc. Peridium convexe (0m 1), bossu, finement tomenteux, *blanc* pur. Chair d'un *bleu indigo* intense à l'air. Tubes libres, courts et pores arrondis ou anguleux, blancs.

Lév. An. sc. n. 1848, p. 124, t. 9, f. 1-2. *candicans*, Fr. Hym., p. 507?

Eté. — Dans les bois sablonneux de l'Ouest. Comestible?

castaneus. Stipe farci, puis creux, finement velouté, brun fauve. Peridium convexe plan (0m 06-8), ferme, finement *velouté*, *châtain fauve*. Chair très dure, blanche, d'un goût de noisette. Tubes libres, courts; pores ronds, *blancs*, puis blanc citrin. Spore (0mm 012).

Bull., t. 328. Barla, t. 32, f. 11-15. *fulvidus*, Fr. Obs. II., p. 247. Rostk., t. 45.

Eté-automne. — Dans les forêts ombragées et siliceuses. Comestible.

b. *Tubes et pores blanc grisonnant. Spore ocracée.*

rufus. Stipe épais, mou, rugueux, couvert de flocons mucronés, grisâtre. Peridium hémisphérique (0m 1), épais, *tomenteux*, *orange briqueté* ou *brun roux*, avec la *marge* prolongée en *voile membraneux*. Chair molle, subfloconneuse, humide, blanche, vert bistré à l'air, douce. Tubes fins, longs, blanchâtres; pores arrondis, *grisâtres*. Spore (0mm 02) 3-4 guttulée.

Schæf., t. 103. *aurantiacus*, Bull., t. 236, 489, f. 2. Roq., t. 9, f. 2-3. *scaber*, Fr. Sv. sv., t. 14.

duriusculus. Peridium roux, brun ou bai fuligineux. Chair *dure*, rougissant.

Kalch. Ic. hung., t. 33, f. 1.
Été-automne. — Dans les bruyères et forêts ombragées. Comestible.

scaber. Stipe mou, villeux, blanc grisâtre ou bistré, *hérissé* de *flocons mucronés*, gris bistré. Peridium hémisphérique (0m 04-8), à peine pubérulent, humide, *chagriné*, puis *ridé*, gercé par le sec, ocracé fuligineux, gris cendré ou bistré, souvent *ocré* au bord. Chair humide, *molle*, blanchâtre, puis bistre violacé, douce. Tubes fins, longs, blanchâtres; pores ronds, blanc grisonnant. Spore (0mm 016-18) guttulée.
Bull., t. 132, 489, f. 1. Barla, t. 35, f. 6-12. Roz. et Rich., t. 54, f. 1. *nigrescens*, t. 60, f. 5-9. *bovinus*, Schæf., t. 104.

niveus. *Blanc*, puis *vert-de-gris* au milieu du peridium et à la base du stipe.
Fr. Obs. myc. I., n° 140. *holopus*, Rostk., t. 48.
Eté. — Dans les forêts humides. Comestible.

? umbrinus. Stipe aminci en haut, glabre, *fuligineux*, avec des côtes anastomosées ou réticulées au sommet. Peridium convexe (0m 05-7), pubescent, *brun bistre*. Chair molle, blanche. Tubes adnés et pores arrondis, blanchâtres, puis crème ocracé.
Pers. Myc. II., p. 140. Fr. Ic., t. 178, f. 2.
Eté. — Dans les forêts du Nord.

c. *Pores gris. Spore rosée ou purpurine.*

porphyrosporus. Stipe épais, *velouté*, *bistre noir*. Peridium hémisphérique, puis convexe (0m 1-15), épais, finement *tomenteux*, *olive* brunissant, puis taché de purpurin. Chair compacte, blanche, *bleuissant* à l'air, odorante. Tubes gris pâle ou olivâtres; pores amples, *polygones*, *gris olivâtre* ou gris purpurin, *bleu vert* au toucher, tachant le papier en vert *émeraude*. Spore *violette* ou *purpurine* (0mm 012), 3 guttulée.
Fr. Bol., n° 36. Kalch. Ic., t. 32, f. 1. *pseudoscaber*, Sec., n° 14.
Eté. — Dans les forêts montagneuses. Vosges. Suspect.

Gen. VIII. ERIOCORYS, Quél.

Voile formé de *mèches floconneuses très épaisses*. Peridium mou et stipe fibreux, *épais;* chair *subfloconneuse, changeante*. Tubes longs, cellulaires; pores *amples, polygones*. Spore *sphérique*, purpurine. Marcescents.

strobilacea. Stipe fibrocharnu, nu, sillonné et blanc au sommet, couvert de mèches floconneuses *grises*, formant une gaîne épaisse terminée en anneau. Peridium sphérique, puis convexe (0m 1-15), couvert de grosses mèches imbriquées ou dressées, soyeuses, *grises*, puis *bistre*. Chair légère, *blanche*, puis *rosée* et enfin bistre noir. Tubes adnés et pores amples, anguleux, blancs, puis gris, rouges au toucher, puis bistre. Spore ovoïde sphérique (0mm 015), ornée de globules, *pourpre noir*.

Scop. An. h. n. IV., t. 1, f. 1. Rostk., t. 38. Quél. Jur. I., t. 16, f. 1. *floccopus*, Vahl. Fl. dan., t. 1252. *lepiota*, Vent., t. 43, f. 1-2.

Eté-automne. — Dans les forêts ombragées et surtout feuillées. Comestible ?

Trib. IV. POROTHELI, Quél.

Hymenium formé de pores urcéolés ou tubuleux, libres ou séparés. Charnus, coriaces ou gélatineux. Epixyles.

Gen. I. POROTHELIUM, Fr.

Peridium *membraneux*, coriace, résupiné. Hymenium floconneux, d'abord parsemé de *papilles hémisphériques*, qui se transforment en *pores urcéolés* ou *tubuleux*. Spore ovoïde, *hyaline*. Lignicoles.

Vaillantii. Membraneux, ténu, translucide, peu adhérent, avec le bord lacinié et muni de cordonnets rhizomorphes très longs, *blanc*. Pores petits, *cupuliformes*, inégaux, ténus et *blancs*. Spore (0mm 005).

Fr. S. M. I., p. 383. Sow., t. 326.

Eté-automne. — Sur le bois, les briques, la terre.

fimbriatum. Membraneux (0m 1), rigide, séparable, finement tomenteux, pruineux, *blanc de neige*, avec une bordure fimbriée et soyeuse, fixé par un mycelium formé de *cordonnets blancs*. Pores agglomérés par places, papilliformes, puis *urcéolés*, pubescents, *blancs*, bordés d'un *liséré incarnat*, ce qui produit un pointillé incarnat sur un fond blanc. Spore (0mm 005).

Pers. Syn., n° 82. Sow., t. 387, f. 1. *lacerum*, Fr. Ic., t. 192, f. 1.
Printemps. — Souches de hêtre, charme. C'est un *Grandinia* qui se transforme en *Poria*.

Friesii. Membrane floconneuse, blanche, puis crème ocracé. Pores formant des papilles arrondies, immergées, puis ouvertes et urcéolées, blanc jonquille.
Mont. An. sc. n. 1836. Cooke, Handb., f. 69.
Printemps. — Sur les branches tombées dans les forêts. Ardennes.

Gen. II. FISTULINA, Bull.

Peridium charnu gélatineux, sessile ou stipité. Hymenium formé d'abord de *papilles*, puis de *tubes allongés* et *libres* entre eux. Spore ovoïde, *ocracée*.

hepatica. Peridium linguiforme, épais, glutineux, pubérulent, incarnat ou purpurin brunâtre. Chair subgélatineuse, fibreuse, ferme, *succulente*, rayée, panachée, rouge purpurin, aigrelette. Tubes fins et pores ronds, *crème*, puis *rosés*. Spore ovoïde (0mm 006), virguliforme, ocellée.
Huds. Fr. Sv. sv., t. 25. Barla, t. 30, f. 4-7. *buglossoides*, Bull., t. 74.
Été. — Sur les souches, chêne, des forêts de plaine. Comestible.

FAM. VI. ERINACEI, *QUÉL.*

Hymenium inférieur ou amphigène, formé de papilles, d'aiguillons, de dents ou de tubercules.

Gen. I. THELEPHORA, Ehrh.

Peridium fibrocharnu, spongieux ou coriace, versiforme, ondulé, lacinié ou fibrilleux. Hymenium céracé, *radié*, *veiné rugueux* ou *chagriné grenelé*. Spore arrondie ou subréniforme, *muriquée* ou *aculéolée*, hyaline ou colorée. Annuels, humicoles, subépiphytes [1].

[1] Ce genre relie les *Erinacei* aux *Auricularii*.

a. *Incrustants, coralloïdes.*

cæsia. Etalé, suborbiculaire (0^m 03-6), mou, tomenteux, *brun bistre.* Hymenium céracé, bosselé, *finement pubescent, gris noir* à reflet *bleu*, blanchissant par le sec. Spore (0^{mm} 01-12) aculéolée, hyaline, puis lilacin bistré.

Pers. Obs. I., t. 3, f. 6. Nees. Syst., f. 254.

Eté. — Sur l'humus, les brindilles et les mousses, dans les forêts ombragées.

cristata. Crustacé, ramifié, divisé en lanières fimbriées et subulées, pruineux, *blanc crème*, puis ocracé ou bistré. Hymenium papillé, blanc crème ou citrin. Spore ovoïde pyriforme (0^{mm} 012-13), aculéolée, hyaline.

(*Merisma*), Pers. Syn., n° 3. Fl. dan., t. 2272. *Clav. laciniata*, Bull., t. 415, f. 1.

Eté. — Sur les brindilles et les mousses des forêts de hêtres.

spiculosa. Etalé crustacé, charnu, puis coriace, couronné de rameaux aplatis, fimbriés et *blancs.* Hymenium tomenteux pubescent, *lilas cendré* ou brunâtre. Spore (0^{mm} 019) muriquée, fauve.

Fr. S. M. I., p. 434.

Eté. — Sur l'humus des forêts de conifères. Jura, Alpes.

fastidiosa. Crustacé, charnu céracé, puis induré, *divisé en lanières membraneuses, blanc.* Hymenium *papillé, rougeâtre.* Spore ovoïde (0^{mm} 006-7), aculéolée, hyaline à reflet citrin. Odeur stercorale.

(*Merisma*), Pers. Syn., n° 1. Fr. S. M. I., p. 435. Saund. and Sm., t. 41, f. 1.

Automne. — Tapisse les feuilles mortes, les mousses et les graminées des forêts.

b. *Substipités, foliacés, connés ou cespiteux.*

biennis. Membraneux, étalé (0^m 1-3), étroitement réfléchi, mou, tomenteux, frangé au bord, *gris*, puis *bai.* Hymenium plissé à la base, glabre, avec des poils rares, blanc paille, puis bistré et brun noir. Spore (0^{mm} 009) aculéolée, fauve.

Fr. S. M. I., p. 449. *Auricularia phylacteris*, Bull., t. 436, f. 2.

Automne-été. — Sur les troncs et l'humus des forêts humides.

atrocitrina. Peridium foliacé ou conchoïde (0^m 05-8), spongieux, *gris noircissant;* lobes larges, épais, *mous*, crispés, ondulés, *blanc citrin* sur la marge. Hymenium pruineux, *gris noirâtre*. Spore (0mm 008) verruqueuse, paille, puis fauve purpurin.

Quél. Jur. et Vosg. III., p. 15, t. 2, f. 8.

Été. — Sur la terre humide des forêts ombragées.

terrestris. Peridium conchoïde ou cyathiforme (imbriqués ou engainés), épais, *spongieux*, *hispide*, *brun rouillé*, puis bai ou bistre, avec une frange *blanche*, puis concolore. Hymenium ridé, chagriné, pruineux, puis pubescent, *brun chocolat*. Spore (0mm 01-12) muriquée, brune.

Ehrh. Cr., n° 178. *caryophyllea*, Bolt., t. 173. Bull., t. 278, 483, f. 6,7. *laciniata*, Pers. Obs. I., p. 36. *tristis*, Batsch, f. 121.

Été-automne. — Sur l'humus et les brindilles, bruyère, des forêts arénacées. Ressemble à du cuir mouillé (Bull.).

intybacea. Peridium foliacé, *en cornet* (imbriqués ou engainés et concrescents), *fibreux*, rayé, hérissé de fibres rigides, *crème roussâtre*, puis ocre rouillé, fimbrié et *blanc* au bord. Hymenium ridé, papillé, *crème* ou *paille*, puis roux. Spore (0mm 006) aculéolée, paille.

Pers. Syn., p. 567. *Elvella pannosa*, Sow., t. 155. *Sowerbeii*, Bk. Outl., p. 266 (*blanc*, puis paille ou fauve). *multizonata*, Bk. and Br. An. n. h. n° 1028, t. 13, f. 4 (blanc, puis incarnat, *zoné* de fauve rouillé).

pallida. Paille, puis roussâtre. Hymenium hérissé de fines soies.

Pers. Ic. et Desc., t. 1, f. 3.

Automne. — En cercle dans les forêts ombragées, hêtres.

c. *Stipités, coralloïdes, digités ou cyathiformes.*

coralloides. Peridium divisé en rameaux un peu aplatis, *striés*, épaissis et fimbriés au sommet, très coriaces, d'un *gris brun* ou *bistré*, puis brun noir; les divisions extérieures sont plus fines.

Fr. S. M. I., p. 432. *Clavaria coriacea*, Bull., t. 452, f. 2.

Automne. — Cespiteux dans les forêts humides. Se rompt difficilement sous la dent (Bull.).

anthocephala. Peridium divisé en *lanières aplaties*, *verticillées* ou *digitées*, dilatées au sommet, pubescent, *bai rouillé*, avec le bord *fimbrié* et *blanc*. Stipe velouté. Hymenium chagriné, pruineux, gris violeté. Spore (0mm 006) aculéolée, paille ocracé.

(*Clavaria*), Bull., t. 452, f. 1. Sow., t. 156.

clavularis. Stipe subtubéreux. Lanières *arrondies* et *pointues*, disposées en rameaux, roux brun, puis bai noir, avec la pointe blanche.

Fr. Obs. I., f. 1. Ic., t. 196, f. 3.

Eté. — En troupe sur la terre des forêts ombragées.

caryophyllea. Peridium en entonnoir, incisé ou divisé en lanières, coriace, hérissé de fibres, *brun pourpre*, avec la marge *fimbriée* et *blanche;* stipe (0m 01-2). Hymenium pruineux, *brun violacé*. Spore (0mm 007) muriquée, paille fauvâtre.

(*Elvela*), Schæf. Ic., t. 325. Pers. Obs. I., t. 6, f. 8-10. Saund. and Sm., t. 41, f. 2.

Eté. — Dans les forêts ombragées, chênes, bouleaux.

radiata. Cyathiforme (0m 02), coriace, *mince*, *rayé* et *fascié*, glabre, bai foncé, avec un stipe court (0m 002-5), *bai noir*. Hymenium *strié*, pruineux, *brun rouillé*. Spore (0mm 007-8) ocellée, aculéolée, fauve.

Holmsk. Ot. II., p. 56, t. 29. Nees, Syst., f. 250.

Eté. — En troupe sur l'humus des forêts de conifères. Jura, Pyrénées, Alpes.

palmata. Très rameux sur un tronc très court. Lanières aplaties, dilatées et fimbriées au sommet, molles, puis coriaces, pruineuses, *gris violet*, puis *baies* avec l'extrémité *blanche*. Hymenium uni, pruineux, violacé, puis bai noir. Spore (0mm 007-8) muriquée, fauve. *Odeur très fétide*.

(*Clavaria*), Scop. Carn. II., p. 483. Holmsk. Ot. I., t. 10. *Merisma fœtidum*, Pers. Syn., p. 584. *diffusa*, Fr. Ic., t. 196, f. 4.

Eté-automne. — En troupe dans les bois humides de pins.

Gen. II. MUCRONELLA, Fr.

Aiguillons subulés, charnus, naissant d'un mycelium aranéeux ou pruineux. Spore *sphérique*, *hyaline*. Lignicoles.

fascicularis. Aiguillons fins, longs (0m 005-6), *fasciculés* connés à la base, *pendants*, pruineux et *blancs*. Spore (0mm 006-7).

Alb. et Schw. Cons., p. 269, t. 10, f. 9. Fr. Epic., p. 519.

Hiver et printemps. — Sur les troncs pourris de pin.

calva. Aiguillons (0^{m} 001-2) ténus, aigus, rigides, flexueux par le sec, obliques, *blanc hyalin* et naissant d'un fin *réseau* aranéeux. Spore (0^{mm} 005) ponctuée.

Alb. et Schw. Cons., p. 271, t. 10, f. 8. Forq. Ch. sup., f. 64.

Été. — Dans les souches creuses de conifères, sapin. Jura.

aggregata. Aiguillons *courts, épais*, réunis en groupes séparés, pruineux et *blancs*.

Fr. Mon. II., p. 280, Ic., t. 194, f. 4.

Été-automne. — Sur le bois pourrissant.

Le genre *Grandinia*. Fr. ne paraît pas autonome et semble formé soit de très jeunes *Odontia*, soit de lusus de *Corticium*.

Gen. III. KNEIFFIA, Fr.

Peridium charnu floconneux, étalé. Hymenium formé d'aiguillons fins, sétiformes. Spore *ellipsoïde, hyaline*. Lignicoles.

setigera. Étalé ou convexe, *floconneux* et *blanc*. Aiguillons *rigides*, serrés, *finement épineux*, translucides, *blancs*. Spore (0^{mm} 012) biocellée.

Fr. Epic., p. 529. Bk. et Br. An. n. h., n° 1299, t. 18, f. 1. *Thelephora aspera*, Pers. Myc. II., t. 5, f. 4.

Printemps. — Sur les brindilles et les souches, charme.

Gen. IV. ODONTIA, Pers.

Peridium *membraneux* ou *crustacé*, floconneux ou feutré. Hymenium formé d'*aiguillons* ordinairement *hérissés* au sommet de *pointes hyalines*. Spore *ovoïde* ou *sphérique*, muriquée ou aculéolée. Lignicoles.

a. *Aiguillons et spore fauves ou bruns.*

barba Jovis. Membraneux byssoïde, étalé, blanc crème, puis *jaune fauve*. Aiguillons coniques, gris ou bruns, avec la pointe fimbriée, ornée de filaments soyeux et *orangés*. Spore sphérique (0^{mm} 01).

With. Sow. Fung., t. 328. *barba Jobi*, Bull., t. 481, f. 2.

Automne. — Sur le bois sec des forêts ombragées, charme, hêtre, orme, peuplier.

membranacea. Membraneux, charnu céracé, glabre, jonquille, puis *fauve rouillé*. Aiguillons aigus, égaux, *fauves*, terminés par des soies. Spore sphérique (0mm 006).

Bull., t. 481, f. 1. Sow., t. 327. Fr. S. M. I., p. 315.

Automne. — Sur les souches, chêne, hêtre, des forêts ombragées.

fuscoatra. Crustacé, largement étalé, pruineux floconneux, puis glabre, glauque, puis *gris* et *rouillé* ou *brun*, souvent violacé. Aiguillons courts, inclinés, *bruns* à la base, *gris lilacin* au sommet.

Fr. S. M. I., p. 416.

Automne. — Sur les souches et les branches mortes, hêtre, charme, aune.

ferruginea. Crustacé, tomenteux, *fauve*, puis *rouillé*. Aiguillons coniques, aigus, pubescents, serrés, *roux*.

Pers. Syn., n° 22. *H. tomentosum*, Schrad. Spic., t. 4, f. 2. Nees. Syst., f. 248. *ferruginosum*, Fr. S. M. I., p. 416.

Hiver. — Sur le bois pourri, sous l'écorce.

variecolor. Etalé, crustacé, *furfuracé*, *blanc*. Aiguillons courts, fins, *coniques*, inégaux, apprimés et serrés, *chamois*.

Fr. Epic., p. 516.

Dans les souches de chêne.

b. *Aiguillons jaunes ou verts. Spore hyaline ou verdâtre.*

aurea. Crustacé, mince, farineux, *jaune sulfurin*, avec une bordure *byssoïde*, fimbriée et *blanche*, *violetée* par le sec. Aiguillons ténus, aigus, peu serrés, *sulfurins*, avec la pointe *sétacée* et *hyaline*. Spore sphérique (0mm 005). Mycelium sulfurin, puis violeté.

Fr. El., p. 137. Quél. As. fr. 1885.

Automne. — Sur l'écorce des branches mortes, charme, coudrier. Centre de la France.

denticulata. Crustacé, ténu, céracé, glabre, *jonquille aurore*, avec une bordure farineuse et blanche. Aiguillons fins, égaux, *denticulés*, *souci* clair. Spore ovoïde (0mm 005).

Pers. Myc. II., p. 181. Fr. Hym., p. 74.

limonicolor. Bordure floconneuse et *blanche*. Aiguillons *sulfurins*.

Bk. and Br. An. n. h. *Bresadolæ*, Quél., Bres. Fung. trid., t. 11, f. 2.

Automne. — Sur les bois secs des forêts montagneuses, pin, mélèze.

alutacea. Crustacé, glabre, *ocracé chamois*, avec une bordure pruineuse et blanchâtre. Aiguillons très fins, égaux, nankin pâle.

Fr. S. M. I., p. 417. Ic., t. 194, f. 1.

Eté. — Sur les souches, pins, des forêts de conifères.

junquillea. Etalé, mince, tomenteux, *jonquille* ou crème incarnat, avec une bordure farineuse et blanche. Aiguillons papillaires, fimbriés et couronnés par des soies hyalines, crème, puis jonquille. Spore sphérique (0mm 006), paille.

Quél. Soc. bot. 1878, nº 18.

Automne-printemps. — Sur les branches sèches, chêne, érable.

pinastri. Membraneux, séparable, mince, *blanc*, avec une bordure soyeuse. Aiguillons fins, inégaux, courts (0mm 5), denticulés, fimbriés, couronnés par des soies courtes, farineux, *blancs*, puis *jonquille*. Spore pruniforme (0mm 006), pointillée.

Fr. S. M. I., p. 417. Pers. Myc. II., t. 22, f. 3.

Eté. — Sur les troncs des forêts de conifères, pins.

viridis. Etalé, tomenteux, d'un beau *bleu d'acier*, puis *vert* ou *olive*, naissant d'un mycélium aranéeux et gris. Aiguillons courts, coniques, toruleux ou verruqueux, bleu indigo, *verdoyants*, couronnés de très fins poils divariqués et blancs. Spore sphérique (0mm 007), *azurée verdoyante*.

Alb. et Schw. Cons., p. 262, t. 6, f. 4. *Sobolewskii*, Weinm. (sur bois de pin.)

Hiver-printemps. — Sur l'écorce des arbres, pommier, chêne. Forêts du Centre et du Nord.

c. *Aiguillons incarnats, purpurins ou lilacins. Spore hyaline.*

fimbriata. Etalé, membraneux, séparable, *veiné*, fimbrié, *blanchâtre violeté*. Aiguillons courts, grenelés, *incarnat lilacin*, couronnés de poils hyalins. Spore ovoïde oblongue (0mm 008).

Pers. Obs. I., p. 88. Fr. Ic., t. 196, f. 1.

Automne-printemps. — Souches et branches, hêtre, bouleau, coudrier, etc.

cristulata. Crustacé, ténu, farineux, *incarnat rosé*, avec une bordure byssoïde blanche. Aiguillons pubescents, grenelés, *rosés*, couronnés de soies hyalines.

Fr. Epic., p. 529.

Printemps. — Souches, orme, tilleul.

d. *Aiguillons blancs, puis crème ou jonquille. Spore hyaline.*

diaphana. Crustacé, mince, *pellucide*, pruineux, *blanc hyalin*. Aiguillons effilés, ténus, *translucides*, blanc de neige, puis paille. Spore ovoïde (0mm 004), biguttulée.

Schrad. Spic., t. 3, f. 3. Fr. S. M. I., p. 418.

Automne. — Sur les branches pourries, chêne, charme, tilleul, etc.

nivea. Membraneux, ténu, blanc de neige, avec une bordure byssoïde. Aiguillons fins, aigus, courts, glabres et blancs. Spore (0mm 006), ocellée, pointillée.

Pers. Disp., t. 4, f. 6, 7. Fr. S. M. I., p. 419.

Hiver-printemps. — Sur les bois pourris des forêts ombragées.

farinacea. Crustacé, pulvérulent, avec une bordure floconneuse, *blanc*, puis taché de crème ocracé. Aiguillons courts (0m 001), aigus, couronnés de 2-3 soies, blancs, puis crème ocracé. Spore ovoïde (0mm 005-6).

Pers. Syn., nº 20. Fr. S. M. I., p. 419.

Printemps. — Sur les branches sèches, sapin, pin.

arguta. Crustacé, finement tomenteux, avec une bordure villeuse, *blanc*, puis crème ocracé. Aiguillons inégaux, subulés, hérissés de fines pointes ou denticulés, blancs, puis jaunâtres. Spore ovoïde (0mm 005-6).

Fr. S. M. I., p. 424.

Hiver-printemps. — Sur l'écorce et le bois sec, bouleau, orme.

stipata. Crustacé, floconneux farineux, *blanc*, puis crème sulfurin. Aiguillons courts, granuleux, denticulés, farineux, blancs, puis crème et blanc citrin. Spore ovoïde (0mm 008-9).

Fr. S. M. I., p. 425. Ic., t. 194, f. 2. *H. ochroleucum*, Pers. Myc. II., p. 186.

Hiver-printemps. — Sur les vieilles souches, aune, orme.

subtilis. Crustacé, ténu, *lisse*, blanc hyalin. Aiguillons courts, aigus ou incisés, espacés, débiles, fugaces, blanc hyalin. Spore ellipsoïde (0mm 01), guttulée.

Fr. S. M. I., p. 425.

Eté-automne. — Sur les écorces et les souches des forêts humides.

hyalina. Maculiforme (0m 02-3), céracé, pruineux, hyalin ou glauque grisâtre, *byssoïde* et *blanc* au bord. Aiguillons papilliformes, hyalins, puis crème, libres, surmontés de 1-3 fines soies divariquées et blanches. Spore ovoïde (0mm 011-15), verdâtre.

Quél. As. fr. 1884, p. 6.

Printemps. — Sur le bois pourrissant, orme, hêtre.

crustosa. Membraneux floconneux, très ténu, *blanc de neige.* Aiguillons granulés, obtus, blancs. Spore ovoïde (0mm 005-6), incurvée.

Pers. Syn., n° 19. (*Grandinia*), Fr. S. M. I., p. 419. Nees, Syst., f. 247.

Automne. — Sur les branches, saule, coudrier.

Gen. V. RADULUM, Fr.

Peridium *crustacé* ou *membraneux,* feutré ou coriace. Hymenium formé d'*aiguillons cylindriques,* difformes, irrégulièrement espacés. Spore ellipsoïde, oblongue, hyaline. Annuels et lignicoles.

tomentosum. Crustacé, floconneux, avec une bordure gonflée et tomenteuse, *blanc,* puis crème. Aiguillons obtus, anguleux, serrés, confluents, glabres et *blancs.*

Fr. Epic., p. 525.

Automne-hiver. — Sur les branches sèches, prunellier, saule.

quercinum. Crustacé, bosselé, villeux, *blanc,* puis crème fauvâtre, avec une bordure fibrillosoyeuse et blanche. Aiguillons fasciculés, connés en bas, fourchus, comprimés *farineux, poilus* au sommet, blancs, puis isabelle. Spore (0mm 008-9).

Fr. Epic., p. 525. Raii, Syn., t. 1, f. 4.

Hiver-printemps. — Sur les branches sèches, chêne. Ressemble à *Dr. squalinum* et à *Od. variecolor.*

orbiculare. Orbiculaire, membraneux, avec une bordure byssoïde, pruineux, *blanc,* puis *crème* ou *ocracé* pâle. Aiguillons allongés, épars ou fasciculés, bosselés ou flexueux, blanc crème. Spore (0mm 012) arquée.

Fr. El., p. 149. Grev. Scot., t. 278. *H. fagineum,* Pers. Syn., n° 7. *cerasi,* Rostk., t. 61.

junquillinum. Membraneux, pruineux, *jonquille* clair. Aiguillons *blanc* de neige.

Quél. Enchir., p. 199.

Automne-hiver. — Sur les branches et les souches, cerisier, aune, bouleau, sapin.

molare. Crustacé, coriace, finement tomenteux, *blanc*, puis crème. Aiguillons comprimés, connés, fasciculés, cannelés, pruineux et *blancs*. Spore (0mm 01).
Fr. El. I., p. 151. Pers. Myc. II., t. 22, f. 1.
Automne-hiver. — Sur les branches sèches, cerisier, chêne. Paraît être une forme d'*orbiculare*.

pendulum. Membraneux, allongé, tendre, suspendu par le milieu, pruineux floconneux, *blanc*, puis crème ocracé. Aiguillons *pendants*, espacés, simples ou fourchus, claviformes ou cylindriques. Spore (0mm 012) arquée.
Fr. El., p. 149. Ic., t. 195, f. 1.
Eté-automne. — Sur les branches sèches, aune, bouleau.

? aterrimum. Crustacé, *décorticant*, hérissé, noir. Aiguillons espacés, difformes, allongés, *noirs*.
Fr. El., p. 151. Ic., t. 195, f. 2.
Hiver. — Sur les troncs et les branches, bouleau. Peut-être une déformation de *Cort. nigrescens*.

lætum est un lusus de *Corticium incarnatum*, *botrytes*, de *Cort. comedens* et *fagineum*, de *Cort. confluens*? *carneum*. Fuck. de *Phlebia merismoides*.

Gen. VI. DRYODON, Quél.

Peridium charnu ou coriace, dendroïde, tubéreux ou crustacé. Hymenium formé d'aiguillons *fasciculés* ou *ramifiés* et *recourbés en bas*. Spore ellipsoïde ou sphérique, *hyaline*. Saisonniers, arboricoles.

a. *Aiguillons courts*, *fasciculés*, *pendants ou obliques*.

luteocarneum. Etalé, tuberculeux, pruineux, *blanc crème* ou teinté d'*orangé* et naissant d'un mycelium *citrin*. Chair tendre, *jonquille* ou *sulfurine*, âcre et acidule. Aiguillons subulés (0m 003-5), rameux, incisés ou fimbriés, blanc crème, puis *rose saumon*. Spore ovoïde (0mm 007).
(*Hydnum*), Sec. Myc., n° 26. *setosum*, Pers. Myc. II., p. 213. *Schiedermayeri*, Heufl. Kalch. Ic., t. 38, f. 4.
Printemps-automne. — Sous l'écorce des pommiers secs. Normandie, Touraine, Suisse.

opalinum. Etalé, bosselé, pruineux, *glauque* ou *lilacin*, puis jonquille, avec une bordure radiée, pubescente et *blanche* comme le mycelium. Chair céracée, tendre, hyaline, aigrelette. Aiguillons ramifiés ou fasciculés, pendants, aciculaires

(0m 001-2), glabres, *hyalins* ou *opalins*. Spore sphérique (0mm 007), finement grenelée.

Quél. As. fr. 1882, t. 11, f. 15.

Automne. — Sur les souches pourrissantes, peuplier. Champagne, Saintonge.

flexuosum. Etalé (0m 03-4), membraneux, uni, pruineux, *crème*, puis *incarnat*. Aiguillons subulés (0m 003-4), flexueux, égaux, blancs, puis rosés. Spore ovoïde (0mm 008), grenelée.

Pers. Ic. pict. I., t. 7, f. 1. *subcarnaceum*, Fr. S. M. I., p. 418.

Automne. — Sur les troncs, bouleau, aune.

squalinum. Crustacé, coriace, céracé, pruineux, jaune de buis pâle, blanc en dedans, avec une étroite bordure villeuse et blanche. Aiguillons subulés (0m 002-3), comprimés, souvent connés en gouttière, translucides, *jaune d'ambre*, *brunâtre* à la base. Spore ovoïde (0mm 004), aculéolée, à reflet citrin.

Fr. S. M. I., p. 420. Raii, Syn., t. 1, f. 5.

Automne. — Sur les vieux troncs, hêtre, chêne. Il a l'aspect d'un *Radulum*.

mucidum. Etalé (0m 1-2), membraneux, mou, finement *tomenteux*, blanc de neige. Aiguillons effilés (0m 006-7), subfasciculés, flexueux, rarement connés ou divisés, pruineux, blanc crème. Spore ovoïde sphérique (0mm 006-7), ocellée.

Pers. Syn., n° 18. Fr. S. M. I., p. 418.

Automne. — Sur les troncs pourrissants, hêtre, des forêts montagneuses.

b. *Aiguillons longs et pendants* (*Hericium*, Pers. p.).

coralloides. Peridium formant un tronc épais, très rameux (0m 1-3), pruineux, *blanc* de neige, prenant parfois une teinte *dorée* ou *citrine*. Chair fibrocharnue, blanche et sapide. Aiguillons atténués, *fasciculés* à l'extrémité de rameaux entrelacés, *blancs*, puis crème citrin. Spore sphérique (0mm 007-8), ocellée.

Scop. Carn. II., p. 472. Schæf., t. 142. Fr. Sv. sv., t. 34. *ramosum*, Bull., t. 390.

caput ursi. Tronc très épais, *plein*, avec des rameaux courts très ramifiés.

Fr. Mon. II., p. 278. Ic., t. 7.

Eté-automne. — Sur les troncs secs des forêts montagneuses, sapins. Comestible.

erinaceus. Peridium en forme de spatule ou d'épaulette

(0^m 1-2), couvert d'aiguillons flexueux, courts et stériles, *blanc*, puis crème et bistré. Chair tenace, élastique, blanche, acidule, puis douce, à odeur de fruits. Aiguillons droits, simples, égaux, *longs* et *pendants*, pruineux et *blancs*. Spore ovoïde sphérique (0^{mm} 006-7), ocellée.

Bull., t. 34. Vitt. fung., t. 26. Kromb., t. 51, f. 1-3.

Eté-automne. — Sur les troncs des forêts ombragées, chêne pommier. Comestible.

? **caput Medusæ**. Peridium globuleux, substipité, *blanc*, puis *gris bistré clair*, hérissé d'aiguillons *tordus* et d'aiguillons *droits* et *longs*, *verticaux*, puis *recourbés*, Chair fibrilleuse, tendre et *blanche*.

Bull., t. 412. Fr. S. M. I., p. 409.

Automne. — Sur les troncs pourris des forêts du Sud-Ouest. Pourrait être une forme du précédent. Comestible.

cirratum. Peridium dimidié, conchoïde (0^m 1), sinueux, *blanc* ou *crème*, hérissé de lanières crochues et pointues, avec une bordure fimbriée et aurore. Chair épaisse, molle, *blanche*, sapide; odeur agréable. Aiguillons longs (0^m 01), élastiques, blanc crème. Spore ovoïde sphérique (0^{mm} 003-4).

Pers. Syn., n° 9. Fr. Ic., t. 71, f. 1, Fl. dan., t. 1789.

Eté. — Sur les troncs des forêts montagneuses, hêtre, chêne, bouleau, sapin. Comestible.

diversidens. *Blanc de neige*, prenant un *reflet incarnadin*. Peridium dimidié, conchoïde (0^m 05-8), sessile ou substipité, souvent imbriqué, flexueux ou lobé, *hérissé d'aiguillons* incurvés, *simples*, *incisés* ou *palmés*; marginelle *membraneuse*, festonnée et denticulée. Chair tendre, humide, sapide, à odeur de mirabelle. Aiguillons longs (0^m 01), subulés, pubescents à la loupe, blanc de lait. Spore ovoïde sphérique (0^{mm} 003-4), ocellée.

Fr. S. M. I., p. 411. Sv. sv., t. 71, f. 2.

Eté. — Sur les souches, bouleau, hêtre. Collines du Jura. Comestible.

Hericium (Pers. p.), Fr.

Peridium claviforme, charnu, divisé en *aiguillons dirigés en haut*. Arboricoles.

echinus. Tronc épais, divisé en aiguillons fistuleux, longs et *jaunes*.
Pers. Com., p. 28

hystrix. Tronc cylindrique, court. Aiguillons serrés, divergents et *blancs*.
Pers. Com., p. 27. Mich., t. 64, f. 1,

alpestre. Tronc ramifié Aiguillons longs, serrés, droits, *blanchâtres*.
Pers. Myc. II., p. 151. Sur le sapin.

Gen. VII. TREMELLODON, Pers.

Peridium *gélatineux*, substipité. Aiguillons subulés, gélatineux. Spore ovoïde ou sphérique, *hyaline*, portée sur un *long spicule*. Lignicoles.

cristallinum. Peridium dimidié, sessile ou brièvement stipité, épais, tendre, *papillé*, avec des poils hyalins à la base, *blanc glauque* ou fuligineux. Chair hyaline, tremblotante, sapide. Aiguillons mous, diaphanes, glauques ou hyalins. Spore finement aculéolée (0mm 006-7).

Fl. dan., t. 717. *gelatinosum*, Scop. Carn. II., p. 472. Schæf., f. 144-5.

auriculatum. Sessile, imbriqué, mince, conchoïde, *lisse*, *gris de souris*. Chair hyaline. Aiguillons courts, hyalins.

Fr. Epic., p. 512. Roz. et Rich., t. 65, f. 12-17.

Eté-automne. — Sur les souches des forêts de conifères. Comestible.

? candidum. Stipe central, épais et long, tubéreux, *blanc*, *lilacin* au toucher. Peridium convexe plan, orbiculaire (0m 05-12), pruineux; chair *gélatineuse*, plus compacte dans le stipe, douce, blanc de lait. Aiguillons serrés, courts et *hyalins*.

Schm. Myc. Heft. I., p. 89.

Dans les forêts de hêtres. Saxe.

Gen. VIII. LEPTODON, Quél.

Peridium *membraneux*, coriace. Stipe *excentrique* ou *latéral*, souvent ramifié ou oblitéré. Spore ovoïde sphérique, aculéolée, *hyaline*. Annuels et lignicoles.

a. *Peridium latéral ou résupiné.*

pudorinum. Peridium conchoïde, dimidié (0m 01-15) ou étalé, mince, souvent zoné, *tomenteux*, blanc ou taché d'incarnat purpurin. Aiguillons courts (0m 001-2), comprimés, bifurqués ou rameux, pubescents, hérissés de fines soies au sommet, *blancs*, puis *incarnats*, chatoyants, à reflet orangé. Spore (0mm 005) pointillée, ocellée.

Fr. El., p. 133. Quél. As. fr. 1884, t. 8, f. 13. *dichroum*, Pers. Myc. II., p. 213.

Automne. — Imbriqué ou conné sur l'écorce des souches, charme, chêne, bouleau, aune.

ochraceum. Etalé réfléchi, dimidié (0m 02), mince, tomenteux, *zoné*, *crème jonquille*, puis *nankin*. Aiguillons fins, courts, blanc crème, incarnadins. Spore (0mm 005), grenelée.

Pers. Syn., n° 13, t. 5, f. 5. *Daviesii*, Sow., t. 15. *pinastri*, Sec., n° 25.

Eté. — Imbriqué sur les branches et les brindilles des bois de conifères, marronnier.

hirtum. Conchoïde ou étalé réfléchi, zoné, velouté hérissé, rouillé pâle. Aiguillons fins, courts, *roux*.

Desmaz. Fr. Epic., p. 514.

Eté. — Sur les souches.

luteolum. Peridium charnu, spatuliforme ou réniforme, glabre, *jonquille*, ainsi que le stipe court et *latéral*. Aiguillons fins, crème jonquille.

Fr. S. M. I., p. 408. *auriscalpium*, Vill. Delph., p. 1013.

Sur les ramilles du putier.

b. *Stipe central ou latéral.*

auriscalpium. Stipe fluet, long, très tenace, *poilu*, ocracé, puis bistre. Peridium *réniforme* (0m 02), rarement orbiculaire, coriace, *velouté*, paille ou incarnat, puis roux et brun. Aiguillons ténus, coriaces, blanc crème ou incarnats, puis cendrés et bruns. Spore (0mm 006-7) finement aculéolée.

Linn. Suec., n° 1260. Schæf., t. 142. Bull., t. 481, f. 3.

Toute l'année, sur les cônes de pin enfouis dans l'humus.

pusillum. Stipe grêle, excentrique, rameux ou oblitéré, pubescent, *blanc*. Peridium cyathiforme (0m 01-2), pétaloïde ou réniforme, ténu, soyeux, *blanc de neige*, souvent orné de zones filiformes incarnates ou aurore. Aiguillons fins, courts, *blancs*. Spore (0mm 004-5) grenelée.

Brot. Lusit. II., p. 470. Fr. S. M. I., p. 407. Quél. II., p. 347, t. 2, f. 5.

papyraceum. Etalé réfléchi. Aiguillons simples ou rameux.

Wulf., Fr. S. M. I., p. 413.

Eté-automne. — Sur les ramilles et les souches, coudrier, charme, des forêts ombragées. Jura.

Gen. IX. CALODON, Quél.

Peridium *coriace subéreux*, élastique ; *stipe central*. Aiguillons *ténus*, *coriaces*, *tenaces*. Spore sphérique, grenelée ou aculéolée. Pérennes et terrestres.

a. *Blancs*, *bleus*, *lilacins ou jaunes*. *Spore paille ou fauve*.

suaveolens. Stipe court, épais, tomenteux, *azuré* lilacin. Peridium convexe plan (0m 1), épais, cotonneux, *blanc* ou teinté de bleu lilacin. Chair subéreuse, molle, puis dure, *jonquille*, *zonée* de *blanc* et de *bleu d'azur* ; odeur fine, anis ou lavande. Aiguillons fins, blanc bleuâtre, puis *châtains*, avec la pointe blanche. Spore (0mm 006-7) grenelée.

Scop. Carn. II., p. 472. Strauss, Sturm., 33, t. 7. Quél. Jur. I., t. 20, f. 1.

Eté. — En cercle dans les forêts de sapins. Alpes, Jura, Vosges.

cæruleum. Stipe court, épais, tomenteux, *orangé* safrané, puis fauve brun. Peridium orbiculaire (0m 1), onduleux, tomenteux, d'un beau *bleu d'azur*, lilacin et clair, puis fauve au milieu. Chair fibreuse, blanche, puis jaune, *zonée* de *bleu lilas* en haut et de *jaune safrané* en bas. Aiguillons *blancs*, puis brun chocolat avec la pointe *lilacine* ou *améthyste*. Spore (0mm 005-6) grenelée.

Fl. dan., t. 1374. Bres. Fung., t. 100. *compactum*, Kromb., t. 50, f. 13-14.

Eté. — En cercle dans les sapinières montagneuses. Jura, Tyrol, Finlande.

aurantiacum. Stipe court, obconique, jaune orangé. Peridium convexe, ondulé (0m 05), *tomenteux*, *crème jonquille*. Chair fibreuse, *zonée*, jonquille, inodore. Aiguillons courts, *blancs*, sur un fond *jonquille safrané*. Spore (0mm 005) grenelée.

Alb. et Schw. Cons., p. 265. Fl. dan., t. 1439. Batsch, f. 222.

Eté. — Dans les forêts de conifères montagneuses. Vosges, Jura, Alpes, Ecosse.

floriforme. Stipe court, épais, rouillé ou bai purpurin. Peridium orbiculaire (0m 1), anfractueux, bosselé, floconneux, *blanc*, puis purpurin rouillé. Chair spongieuse, puis cotonneuse, zonée, rouillée ou bai purpurin clair, pleine d'un *suc purpurin*, formant souvent des *gouttes limpides*, comme du vin, sur toute la surface. Aiguillons fins, blancs, puis incarnats et enfin *châtains* avec la pointe blanche. Spore (0^{mm} 005-6) grenelée. Odeur balsamique.

Schæf. Ic., t. 146. *ferrugineum*, Fr. Ic., t. 4. *carbunculus*, Sec., n° 9.

Eté. — En cercle dans les forêts de conifères. Vosges, Jura, Alpes-Maritimes.

sulfureum. Stipe court, *jonquille*, puis fauve roux, souvent oblitéré dans un *mycelium soyeux* et sulfurin. Peridium cyathiforme ou conchoïde (0^{m} 03-5), mince, coriace, aranéeux villeux, *sulfurin*, puis roux. Chair *sulfurine*, *verdoyante*, puis *olive noir*. Aiguillons fins, courts (0^{m} 001), *sulfurins*, roux à la base et *couronnés* de *fines soies hyalines*. Spore (0^{mm} 004) épineuse.

Kalch. Enum., fig. *geogenium*, Fr. Mon. II., p. 279. Ic., t. 8.

Eté. — Cespiteux ou connés dans les forêts subalpines. Alpes, Tyrol.

b. *Bruns, rouillés ou briquetés. Spore fauve.*

velutinum. Stipe spongieux subéreux, *velouté*, fauve rouillé. Peridium épais, bosselé, orbiculaire (0^{m} 1), *tomenteux*, *ocracé*, puis *roux* ou *briqueté* et taché de brun; marge blanchâtre, puis brune. Chair fibreuse, zonée, brun rouillé, à odeur de mousseron. Aiguillons ténus, longs (0^{m} 006), *brun purpurin* avec la pointe incarnate. Spore (0^{mm} 006) grenelée.

Fr. S. M. I., p. 404. *hybridum*, Bull., t. 453.

Eté. — Cespiteux dans les bois de pins sablonneux. Environs de Paris, de Nice, Vosges.

zonatum. Stipe grêle, court, villeux, *bai* clair avec la base bulbeuse. Peridium mince, cyathiforme (0^{m} 03-4), ridé, radié, *zoné*, soyeux, d'un rose rouillé, puis chocolat et brun; marge amincie, blanchâtre, stérile. Chair coriace, fibreuse, brun rouillé, aromatique. Aiguillons fins, roux briqueté avec la pointe grise et chatoyante. Spore (0^{mm} 005-6) grenelée.

Batsch, El., f. 224. Fr. S. M. I., p. 405.

scrobiculatum. Stipe ferme, court, radicant. Peridium plan, cyathiforme, anfractueux, écailleux, *pubescent*, brun rouillé. Aiguillons courts, roux briqueté avec la pointe incarnate.

Fr. Obs. I., p. 143. Ic., t. 5, f. 1. *cyathiforme*, Bull., t. 156.

Eté. — En cercle dans les forêts ombragées, hêtres et chênes.

Queletii. Stipe très court (0m 01), grêle, soyeux, cotonneux à la base, châtain. Peridium submembraneux, ombiliqué, soyeux, *châtain*, puis brun foncé, *orné de crêtes ténues* et *radiées*, hérissé de pointes et de lanières au milieu; marge *blanche*. Aiguillons fins, *gris clair*, puis bais. Spore (0mm 006) grenelée.

Fr., Quél. Jur. I., p. 277, t. 20, f. 2.

Eté. — En cercle dans les forêts sablonneuses, chêne et hêtre.

c. *Peridium submembraneux, d'abord gris. Spore hyaline.*

amicum. Stipe court, grêle, fibreux, tomenteux aranéeux, *fauve pâle*. Peridium mince, orbiculaire (0m 1), anfractueux, festonné, tomenteux, *gris perle* avec le bord blanc. Chair fibro-charnue, cotonneuse en haut, gris pâle, puis lilacine, acidule. Aiguillons fins, courts (0m 002), *gris* argenté avec une teinte *améthyste* ou *lilacine*. Spore (0mm 004-5) aculéolée.

Quél. As. fr. 1883, t. 6, f. 14.

Eté. — En cercle dans les forêts sablonneuses. Vosges, environs de Paris, Normandie.

nigrum. Stipe épais, épaissi et tomenteux à la base, *noir*. Peridium turbiné, puis étalé (0m 05-6), anfractueux, tuberculeux, tomenteux, *bleu noir*, avec une *bordure blanche*. Chair subéreuse, rigide, *noire*, *inodore*. Aiguillons fins, courts, *blancs*, puis *cendrés*. Spore (0mm 004-5) grenelée.

Fr. Obs. I., p. 134. Ic., t. 5, f. 2. *olivaceonigrum*, Sec., nº 15.

Eté. — Cespiteux dans les forêts de conifères, surtout de sapins.

melilotinum. Stipe grêle, fusiforme, dur, couvert d'une couche cotonneuse, épaisse, *grise*, puis olivâtre. Peridium convexe ou en coupe (0m 02-3), couvert d'une toison épaisse et soyeuse, *gris*, puis teinté d'olive, avec le bord *lilacin* ou blanc. Chair subéreuse, dure, *gris violacé*, *noircissant* dans le stipe, d'une odeur prononcée et persistante de *mélilot bleu*. Aiguillons fins, courts, *gris perle* avec la pointe blanche. Spore (0mm 005) aculéolée.

Quél. Soc. bot. 1878, nº 17. *cinereum*, Batsch, f. 223. *fuscum fœtens*, Sec., nº 14 ?

Eté-automne. — Cespiteux ou connés dans les forêts sablonneuses. Environs de Paris, Provence, Alpes-Maritimes.

graveolens. Stipe fluet, inégal, épaissi au sommet, glabre, *brun noir*. Peridium orbiculaire (0m 02-5), mou, sinué, mince, bosselé, soyeux, *bistre noircissant*, puis cendré avec le bord *blanc*. Chair subéreuse, molle, bistre, odeur de *Trigonelle fénu grec*. Aiguillons ténus, courts, blancs, puis *gris clair*. Spore (0mm 003-4) aculéolée.

Delast. litt. Fr. Ic., t. 6, f. 1.

Eté-automne. — Dans les sapinières montagneuses. Alpes, Jura, Vosges.

melaleucum. Stipe fluet, glabre, *noir*. Peridium plan (0m 03), irrégulier, mince, rigide, *strié*, hérissé de pointes ou de crêtes au milieu, soyeux, violet grisâtre, puis *noir*, bordé de *blanc*. Chair coriace, *violetée*, zonée de noir, inodore. Aiguillons fins, *blancs*, puis *incarnadins*.

Fr. S. M. I., p. 406. *pullum*, Schæf., t. 272.

Eté-automne. — Dans les forêts de pins. Vosges, Alpes.

cyathiforme. Stipe fluet, glabre, *gris clair*, souvent violeté. Peridium en coupe (0m 025), mou, mince, soyeux, *gris clair* ou *lilacin*, bordé de blanc. Chair coriace, blanc grisonnant. Aiguillons ténus, courts, *blancs*. Spore (0mm 003-4) aculéolée.

Schæf. Ic., t. 139. Fr. Hym., nº 35.

candicans. Entièrement blanc de lait. Peridium non zoné.

Fr. Epic., p. 510. *tomentosum*, Kromb., t. 5, f. 12. *flabelliforme*, Paul., t. 35, f. 4 (noisette pâle).

Eté-automne. — Dans les forêts sablonneuses et montagneuses. Jura, Vosges, Auvergne.

variecolor. Stipe fluet, court (0m 01), glabre, incarnat grisâtre, puis briqueté. Peridium en coupe (0m 02-3), membraneux, uni ou muni de petites crêtes, soyeux, zoné de *gris*, d'*aurore*, de *fauve*, de *rouge* et de *châtain*, bordé de blanc et de jonquille, puis gris noisette par le sec. Aiguillons fins et courts (0m 001-2), pruineux, *incarnats* ou *orangé pâle*. Spore (0mm 003-4) aculéolée.

Sec. Myc., nº 18 (papillon). Vahl. Fl. dan., t. 1020, f. 2. *connatum*, Schulz. Starg., p. 491.

Automne. — Dans les forêts de conifères montagneuses. Alpes, Tyrol. Diffère de *cyathiforme* par les zones versicolores.

?**compactum.** Pers. Com., p. 57. Stipe turbiné, court. Peridium charnu, puis subéreux, obconique (0m 05), flexueux, rugueux, *grisonnant*. Aiguillons *bais*. Dans les bruyères.

Gen. X. SARCODON, Quél.

Peridium et stipe central *charnus* et fragiles. Aiguillons *charnus céracés*, très fragiles. Spore sphérique, grenelée ou aculéolée, hyaline ou colorée. Marcescents, terrestres.

a. *Peridium lisse. Aiguillons changeant de couleur.*

lævigatum. Stipe napiforme, épais, rugulcux, glabre, grisâtre ou lilacin. Peridium convexe, puis déprimé (0m 2-3), épais, *lisse*, enroulé et pubescent au bord, *gris chamois* teinté de lilas ou de bistre. Chair compacte, tendre, *blanche*, sapide, amarescente, exhalant, en séchant, l'odeur d'immortelle sauvage. Aiguillons (0m 01-15) flexibles, *violacés*, puis *brun chocolat*. Spore (0mm 007) verruqueuse, citrin pâle.

Swartz. Vet. Ac. hand. 1810, p. 243. Fr. Sv. sv., t. 81. Barla, t. 32.

Automne. — Dans les bois et bruyères des Alpes, environs de Nice. Comestible.

infundibulum. Stipe inégal, chagriné, aminci en bas, lisse, *blanc*, puis roussâtre ou brunâtre. Peridium en entonnoir (0m, 1-2), inégal, lisse; *brun*. Chair charnue, coriace, fibreuse, blanche. Aiguillons décurrents, *blancs*, puis *bais* ou *bruns*.

Swartz, p. 244. Fr. S. M., I. p. 401. *fusipes*, Pers. Myc., t. 29, f. 4-6.

Eté-Automne. — Dans les bois de pins. Vosges, Jura.

gracile. Stipe grêle, long et *gris*. Peridium convexe plan (0m 04), *gris cendré*. Chair mince, tenace, *blanche*. Aiguillons effilés, blanchâtres, puis *incarnats*.

Fr. Mon. I., p. 276.

Eté. — Dans les forêts de conifères. Alpes.

b. *Peridium tomenteux. Aiguillons ne changeant pas de couleur.*

repandum. Stipe épais, difforme, *blanc*, ocracé à la base. Peridium convexe bosselé, difforme (0m 1), dur, villeux ou pruineux, *crème incarnat* ou *nankin*. Chair ferme, fragile, blanche, sapide, amère. Aiguillons décurrents, inégaux, *blancs*, puis *crème incarnat*. Spore (0mm 007) aculéolée, hyaline.

Linn. Suec., n° 1258. Fr. Sv. sv., t. 15. Schæf., t. 141, 318. Bull., t. 172. Barla, t. 39, f. 1-9.

album. Peridium pruineux, blanc de lait. Aiguillons et stipe blanc crème ou incarnat pâle.

Eté. — En cercle dans toutes les forêts ombragées. Comestible.

rufescens. Stipe grêle, pruineux, crème, puis fauve safrané. Peridium convexe plan (0m 03-5), mince, *pelucheux*, d'un *fauve orangé* ou *safrané*. Chair tendre, fragile, blanche à teinte aurore, sapide, amarescente. Aiguillons courts, très fragiles, *crème*, puis *incarnat fauve*. Spore (0mm 008) grenelée, jonquille fauve.

Pers. Syn., nº 3. Bolt., t. 89. Barla, t. 39, f. 10, 11.

Eté. — Dans les forêts sablonneuses et ombragées. Comestible.

violascens. Stipe fusiforme, pruineux, *blanc*, vineux à la base. Peridium convexe plan (0m 05-8), finement pubescent, *améthyste*, bordé de blanc, puis *violeté*. Chair épaisse, compacte, fragile, *blanche*, puis violetée ; odeur amère. Aiguillons courts (0m 002-3), aigus et *blancs*. Spore (0mm 004) verruqueuse, hyaline.

Alb. et Schw. Cons., p. 265. Kromb., t. 5, f. 11. Quél. As. fr. 1887, t. 21, f. 11.

Eté. — Dans les forêts de conifères des montagnes. Alpes-Maritimes et Tyrol. Comestible ?

fuligineoalbum. Stipe furfuracé, *blanc*, puis roussâtre ou grisâtre fuligineux. Peridium cyathiforme (0m 1), glabrescent, *blanc*, un peu *rosé*, puis taché, bistre pâle, *pointillé* de *papilles caduques d'un rose rouge* (Schmidt). Chair *blanche*, *incarnate* à l'air, douce ; odeur de réglisse. Aiguillons *blancs*, puis *rosés* ou *améthyste*. Spore (0mm 006) grenelée, hyaline.

Schm. Myc. Heft. I., p. 88. Fr. Ic., t. 3, f. 1. *fuligineoviolaceum*, Kalchb., t. 32, f. 2.

Eté. — Dans les forêts de conifères. Vosges, Tyrol. Suspect.

c. *Peridium tomenteux ou pelucheux. Aiguillons changeant de couleur.*

imbricatum. Stipe court, épais, glabre, grisâtre. Peridium convexe ombiliqué, puis en entonnoir (0m 2-5), épais, un peu zoné au bord, *cendré*, taché de larges *mèches* ou *écailles gris brun*. Chair dure, fragile, zonée, *grisâtre*, puis *bistre noir*, amère. Aiguillons décurrents, *blanc cendré*. Spore (0mm 006) muriquée, hyaline.

Linn. Suec., n° 1257. Schæf., t. 140. Fr. Sv. sv., t. 33. Barla, t. 38, f. 1-4.

Eté. — En cercle dans les forêts de conifères. Comestible.

squamosum. Stipe court, aminci en bas, glabre, *blanc*. Peridium convexe bosselé, puis déprimé (0m 05-8), glabre, roussâtre, couvert de *mèches fibrilleuses châtaines*. Chair ferme, épaisse, *blanche*, sapide. Aiguillons fins, roux clair avec la pointe blanche. Spore (0mm 007) grenelée, jaune fauve.

Schæf. Ic., t. 273. Fr. Epic., p. 505. *fœtidum*, Sec., n° 3 *leucopus*, Pers. Myc. II., p. 158.

Eté. — Dans les forêts sablonneuses, surtout de conifères. Environs de Paris, Nord, Sud. Comestible.

cinereum. Stipe court, aminci en bas, souvent rameux, dur glabre, blanc, puis gris. Peridium convexe ombiliqu (0m 05-9), finement tomenteux ou pubescent, *blanc grisonnant*, prenant une teinte lilacine ou chocolat. Chair tendre, fragile, blanchâtre ou lilacine. Aiguillons décurrents, fins, *blancs*, puis *gris clair*. Spore (0mm 006) grenelée, hyaline.

Bull., t. 419. *striatum*, Schæf., t. 247. *torulosum*, Fr. Ic., t. 2, f. 2.

molle. Stipe court, conique, fragile, blanc, puis gris. Peridium couvert d'un voile *floconneux épais*, *blanc* grisonnant ou teinté de chocolat. Aiguillons fins et longs, *blancs*, puis gris. Spore muriquée (0mm 006), hyaline.

Fr. Ic. sel., t. 2, f. 1.

Eté, — Dans les forêts de conifères. Environs de Paris, Alpes, Vosges. Comestible.

subsquamosum. Stipe épais, glabre, blanc ou incarnat roussâtre, *gris noirâtre* en bas. Peridium (0m 01) fauve incarnat ou rouillé, couvert de fines *mèches fugaces plus foncées*. Chair ferme, *blanche*, puis jaune pâle. Aiguillons fins, *gris clair*, avec la pointe blanche. Spore (0mm 005) aculéolée, hyaline.

Batsch, El., f. 43. *badium*, Pers. Myc. II., t. 21. *versipelle*, Fr. Ic., t. 1 (forme cespiteuse).

Eté. — Dans les forêts de conifères montagneuses. Alpes, Vosges. Comestible ?

amarescens. Stipe court, aminci en bas, radicant, glabre, *incarnat fauve*, *bleu bistré* ou *gris olive* à la base. Peridium convexe ombiliqué (0m 06-9), ondulé, *velouté*, incarnat fauve ou abricot, puis châtain pâle. Chair dure, cassante, *blanche*, puis vineuse ou *violacée* et *olivâtre*, vert noir à la base du stipe, tardivement *amère ;* odeur de noyau de pêche. Aiguillons fins, blanc grisonnant, puis *châtains* avec la pointe blanche. Spore (0mm 004-5) tuberculeuse, ocracée.

Quél. Soc. sc. n. de Rouen, 1879, n° 62. As. fr. 1882, t. 11, f. 14. *scabrosum*, Fr. (chair blanche)? Schæf., t. 271.

Automne. — Dans les bruyères et les bois arénacés. Environs de Paris, Provence, Alpes, Tyrol. Suspect.

acre. Stipe ovoïde, souvent ramifié, villeux, crème olivâtre, cendré olive à la base. Peridium plan (0m 1), *hérissé velouté*, *jonquille*, puis *olivâtre* ou *bistré*. Chair humide, *jonquille*, très âcre, amère et poivrée. Aiguillons fins, blancs, puis *bruns* avec la pointe *jonquille*. Spore (0mm 006) aculéolée, jonquille.

Quél. Soc. bot. 1877, n° 36, t. 6, f. 1. *Scutiger spinosus*, Paul., t. 32?

Eté. — Dans les forêts sablonneuses, pins et bouleaux. Environs de Paris, Alpes-Maritimes. Vénéneux?

FAM. VII. CLAVARIEI, *FR.*

Peridium charnu, simple ou rameux, fusiforme, claviforme, filiforme ou dendroïde; stipe continu ou indistinct. Hymenium recouvrant toute la surface du peridium. Spore ovoïde ou ellipsoïde, hyaline ou ocracée.

Gen. I. PISTILLINA, Quél.

Peridium hémisphérique ou lenticulaire, suspendu par un stipe capillaire. Hymenium tapissant la surface inférieure. Spore pruniforme, hyaline. Epiphytes.

hyalina. *Blanc* et *diaphane*. Capitule semi-globuleux, puis lentiforme (0mm 2-3), lubrifié, puis pruineux; stipe très fin, droit (0m 001), dilaté au sommet, bulbilleux à la base, pubérulent. Spore (0mm 01-12) 1-2 ocellée, finement aculéolée.

Quél. As. fr. 1880, t. 8, f. 12.

Eté. — Suspendu aux feuilles de graminées sèches, dans les forêts. Jura.

Patouillardii. *Blanc*. Capitule globuleux (0mm 5-6), avec la base *déprimée* autour du stipe, tendre et pruineux; stipe très ténu, droit (0m 001-2), *villeux* et diaphane. Spore (0mm 007?).

Quél. As. fr. 1883, p. 9. *Sphærula capitata*, Pat., tab. 60.
Printemps. — Sur les tiges et feuilles sèches de ronce. Jura.

Gen. II. PISTILLARIA, Fr.

Peridium ovoïde ou fusiforme, induré par le sec et aminci en stipe très court ou presque nul. Hymenium amphigène. Spore ovoïde ou pruniforme, hyaline. Epiphytes.

a. *Clavule rosée, rouge ou fauve.*

sclerotioides. Clavule ellipsoïde (0m 002-3), *purpurine*, puis *baie*, amincie en stipe court (0m 002), inséré sur un sclérote globuleux, chagriné et bistre, avec un mycelium fibrilleux et blanc.
De Cand. Fl. fr. VI., p. 29. Pers. Myc. I., t. 11, f. 3-4.
Automne. — Sur les tiges de gentiane jaune.

fulgida. Clavule cylindrique (0m 001-2), flexueuse, glabre, *fauve orangé;* stipe court (0mm 5), aminci au sommet, *jonquille*. Spore ovoïde oblongue (0mm 008).
Fr. Epic., p. 587. *minuta*, Sow, t. 391. Pat., tab. 47.
Automne. — Sur les feuilles pourrissantes, pivoine. Jura.

micans. Clavule ovoïde, fusiforme (0m 001-2), tendre, glabre (pubérulente à la loupe), translucide, *rosée* ou *incarnate*, amincie en stipe très court (0m 001), améthyste ou hyalin. Spore ovoïde pruniforme (0mm 008).
Pers. Com., p. 85. Hoffm. Germ., t. 7, f. 2. *coccinea*, Corda, Sturm, t. 27. *carnea*, Preuss, Linn. 1851, p. 151.

granulata. Clavule cylindrique, obtuse, *blanchâtre*, puis incarnate et *granuleuse*.
Pat. Tab. an., 266.
Sur les feuilles, les brindilles, etc.

incarnata. Clavule ovoïde claviforme, un peu comprimée, *sillonnée*, incarnate, puis brique. Spore sphérique.
Desm. An. sc. n. 1843, p. 375.
Sur les feuilles de scirpe.

rosella. Clavule lancéolée (0m 002), *acuminée*, souvent bifurquée, pruineuse, *rose incarnat*, amincie en stipe court (0m 001), dilaté à la base, pellucide et hyalin. Spore ellipsoïde allongée (0mm 008).
Fr. Epic., p. 587. Pat., tab. 53.
Automne. — Sur les feuilles des plantes cultivées. Jura.

syringæ. Clavule linéaire, glabre, *écarlate*, amincie en stipe très court, *sulfurin*.
Fuck. Enum., p. 100, t. 1, f. 24.
Sur les feuilles pourrissantes, seringat.

b. *Clavule jaune ou blanche.*

maculæcola. Clavule ovoïde, subfusiforme (0^{mm} 5-8), glabre, *jonquille*, atténuée en stipe fluet, glabre, blanc hyalin. Spore ovoïde pruniforme (0^{mm} 006-7).
Fuck. Symb., p. 31. Pat., tab. 50.
Automne. — Sur les feuilles mortes de tremble, etc.

abietina. Clavule ovoïde ou lancéolée, obtuse, comprimée, *paille;* stipe distinct (0^{m} 002-4), glabre, hyalin, diaphane. Spore ovoïde (0^{mm} 007 ?).
Fuck. Symb. Sup., p. 4.
Sur les brindilles de sapin.

diaphana. Clavule fusiforme (0^{m} 001-2), glabre, diaphane, *blanche*, atténuée en stipe court (0^{m} 002), *bulbilleux*, glabre, *jonquille*. Spore ovoïde pruniforme (0^{mm} 005-6).
Schum. Sæll., p. 405. Fl. dan., t. 1783, f. 1. Pat., tab. 51.

albobrunnea. Clavule fusiforme, souvent bifurquée, glabre, blanc hyalin, atténuée en stipe ténu (0^{m} 001-2), dilaté à la base, glabre et *brun*.
Quél. As. fr. 1883, p. 9. Pat., tab. 52.
Automne. — Sur les feuilles pourrissantes, aune, poirier.

quisquiliaris. Clavule ovoïde pyriforme (0^{m} 002), rarement bifide, un peu comprimée, atténuée en stipe ténu, flexueux (0^{m} 003-5), molle, pruineuse et *blanche*. Spore virguliforme (0^{mm} 015), guttulée.
Fr. Obs. II., p. 294. *obtusa*, Sow., t. 334, f. 1.
Eté-automne. — Sur les tiges de fougère impériale.

inæqualis. Clavule pyriforme (0^{m} 001-2), triangulaire, spatuliforme, recourbée, pruineuse, *blanche*, atténuée en stipe filiforme (0^{m} 002-3), *pubérulent*. Spore pruniforme oblongue (0^{mm} 012), pointillée.
Lasch. Exsic., n° 1930. Fr. Hym., n° 11.
Printemps. — Sur du papier gris.

culmigena. Clavule ellipsoïde ou ovoïde (0^{m} 001-2), comprimée, tendre, pruineuse, *diaphane* et *blanche*, atténuée en stipe capillaire, très court (0^{mm} 5-7), hyalin. Spore ellipsoïde cylindrique (0^{mm} 006-7).
Fr. Mont. An. sc. n. 1843, p. 375. Pat., tab. 265.

puberula. Clavule ovoïde ou oblongue (0m 001-2), pruineuse, blanche, atténuée en stipe très court (0mm 5), *villeux*, hyalin.
Bk. Outl., p. 286. *obtusa*, Sow., t. 334, f. 2. Pat., tab. n° 46.
Automne. — Sur les graminées sèches des lieux ombragés.

cardiospora. Clavule ovoïde oblongue (0mm 5-7), glabre, *blanc de neige*, atténuée en stipe très court (0mm 5), glabre ou pubérulent, blanc hyalin. Spore triangulaire *cordiforme* (0mm 0035).
Quél. As. fr. 1883, p. 10. Pat., tab. 55.
Hiver-printemps. — Sur les feuilles sèches de graminées. Jura. Affine à *culmigena*.

ovata. Clavule ovoïde, obovoïde (0m 002-3), subsphérique, pyriforme, turbinée, *creuse*, *blanche*, atténuée en stipe capillaire (0m 002-3), glabre, pellucide et blanc. Spore pruniforme (0mm 012), allongée.
Pers. Com., p. 85. Sow., t. 276. Pat., tab. 54.
Automne. — Sur les feuilles mortes, orme, ronce, etc.

bulbosa. Clavule (0m 001-2) lancéolée, amincie en stipe bulbilleux, pubérulent, *blanc de neige*. Spore ovoïde allongée. Sclérote bosselé, brunâtre. Conidies cylindriques sur des clavules turbinées.
Pat. Soc. bot. fr., 1885. Tab. 173.
Eté. — Sur les tiges d'eupatoire. Jura.

pusilla. Clavule cylindrique (0m 001-2), obtuse, parfois lancéolée ou géminée, glabre, *blanche*, atténuée en stipe très court (0m 001-2), glabre et blanc. Spore ovoïde oblongue (0mm 008-9).
Pers. Com., p. 86. Fr. S. M. I., p. 498. Pat., tab. 49. *mucor*, Pat, t. 472.
Automne. — Sur les brindilles et les feuilles mortes, bouleau.

lanceolata. Clavule lancéolée fusiforme (0mm 5-10), blanche ou crème, atténuée en stipe à peine visible.
sagittæformis, Pat. Tab. an., 56.
Sur les feuilles mortes, tremble. Jura.

c. *Clavule surmontée d'une pointe stérile.*

Patouillardii. Clavule fusiforme (0m 002), grêle, *pointue*, pruineuse, blanche ; stipe court (0mm 2-4), glabre, *fauve*, naissant, rarement, d'un *sclérote* globuleux, bosselé et *chamois*. Spore ovoïde oblongue (0mm 008 ?).

Quél. As. fr. 1883, p. 10. Pat., tab. 48.

Automne. — Sur les tiges de cirse. Affine à *pusilla*, il représente une miniature de *Clavaria acuta*.

Helenæ. Clavule filiforme (0m 005-6), onduleuse, souvent rameuse, glabre, *blanche* ou *incarnate*, surmontée d'une *pointe* stérile, *flexueuse* et *rosée*; stipe court (0m 002-3), fibreux, glabre, *rosé*, puis *bai* ou *bistre*. Spore pruniforme (0mm 005 ?).

Pat. Tab. an., 57.

Automne-hiver. — Cespiteux sur les feuilles et les ramilles, orme. Jura.

acuminata. Clavule fusiforme (0mm 5-8), effilée, glabre, *blanche*; stipe très court (0mm 1-2), pubérulent, hyalin. Spore ovoïde pruniforme (0mm 005-6).

Fuck. Symb., t. 4, f. 39. *aculeata*,, Pat. tab. 58.

Hiver. — Epars sur les feuilles mortes, orme. Jura.

Queletii. Clavule cylindrique (0m 001-2), *sessile*, *blanche*, avec une pointe effilée, flexueuse (0m 001), *hyaline*. Spore pruniforme (0mm 008 ?).

Pat. Tab. an., 45.

Automne-hiver. — Sur les tiges d'armoise. Jura.

Gen. III. TYPHULA, Pers.

Peridium en clavule cylindrique. Stipe filiforme, distinct. Hymenium entourant la clavule. Spore ellipsoïde, oblongue, hyaline. Epiphytes.

a. *Naissant d'un sclérote*.

sclerotioides. Clavule linéaire, subulée, *blanchâtre*; stipe aminci, naissant d'un sclérote globuleux et *noirâtre*.

Fr. Epic., p. 585. Moug. et Nestl. Exsic., p. 885.

Eté. — Sur les tiges du *Mulgedium alpinum* et du *Cacalia albifrons*.

erythropus. Clavule cylindrique (0m 005), glabre et blanche; stipe filiforme, *villeux*, *fauve purpurin* naissant d'un sclérote ellipsoïde et *brun*. Spore oblongue (0mm 01).

Bolt. Fung., t. 112. Grev., t. 43.

Automne. — Sur les brindilles et feuilles des bois ombragés.

neglecta. Stipe filiforme, *glabre*, noir violacé. Spore cunéiforme (0mm 01), guttulée.
Pat. Tab. an., 471.
Sur pétioles de noyer, peuplier.

villosa. Clavule cylindrique (0m 005), finement villeuse, crème jonquille; stipe atténué en haut, glabre, *rougeâtre*. Sclérote sphérique, brun.
Schum. Sæll., p. 406. Fl. dan., t. 1967, f. 2. *capillaris*, Holmsk. Ot. I., p. 3.
Automne. — Parmi les brindilles et les feuilles mortes.

variabilis. Clavule cylindrique, simple ou subrameuse, *gris jaunâtre;* stipe grisâtre, villeux à la base. Sclérote globuleux, *blanc jaunâtre*.
Riess, Kickx, p. 121. Fr. Hym., n° 7.
Sur la terre des jardins et des champs.

semen. Clavule cylindrique (0m 01-015), tubuleuse, cannelée, glabre, *grisâtre* ou *bistrée;* stipe capillaire (0m 01), subtilement pubescent, *blanc hyalin*, villeux à la base. Sclérote sphérique, *grenelé* et *noir*. Spore lancéolée (0mm 012).
Quél. Soc. bot. 1877, n° 51, t. 6, f. 2. *Sclerotium semen*, Tode.
Automne. — Dans l'humus des lieux cultivés.

gyrans. Clavule cylindrique subfusiforme (0m 003-5), glabre, *blanche*, puis *paille;* stipe capillaire (0m 02-4), pubescent, pellucide hyalin. Sclérote ellipsoïde, argileux ou brunâtre. Spore oblongue (0mm 01-11).
(Clavaria), Batsch, El., f. 164, et *Sclerotium complanatum*, Tode, I., t. 5, f. 9. Pat., t. 262.
Automne. — Parmi les brindilles et les feuilles mortes.

stolonifera. Clavule fusiforme (0m 002-3), obtuse, glabre, blanche; stipe capillaire (0m 004-6), *poilu* et blanc, fixé par un stolon filiforme et *brun* sur un sclérote globuleux et *noir*. Spore ovoïde pruniforme (0mm 007).
Quél. As. fr. 1883, t. 6, f. 17.
Automne. — Dans les feuilles pourrissantes.

corallina. Clavule filiforme (0m 005), flexueuse, simple ou bitrifurquée, glabre, blanc de neige, atténuée en stipe très court et naissant d'un sclérote arrondi ou oblong et *brun*. Spore ovoïde pruniforme (0mm 006).
Quél. As. fr. 1883, p. 9, t. 6, f. 16.
Automne. — Sur tiges pourrissantes de Menthe sylvestre.

ramealis. Clavule simple ou rameuse, *pubescente*, blanche,

naissant d'un sclérote sphérique et *noir*. Spore ovoïde (0mm 004).
Libert, Exsic., Lamb. Sup. I.
Sur l'écorce de lilas et de framboisier.

b. *Dépourvus de sclérote.*

peronata. Clavule fusiforme (0m 003-5), *blanchâtre;* stipe filiforme (0m 01-2), *pubescent*, naissant d'un mycelium cotonneux.
Pers. Myc. I., p. 190.
Sur les cônes de pin. Vosges.

Grevillei. Clavule ellipsoïde (0m 002-3), obtuse, *blanche;* stipe capillaire (0m 012), *poilu* et blanc. Spore oblongue (0mm 008).
Fr. Epic., p. 585. Grev., t. 49. Pat., tab. 263.
Automne. — Sur les feuilles et les ramilles.

Todei. Clavule fusiforme (0m 002-3), épaissie et obtuse au sommet, glabre, *jonquille;* stipe filiforme (0m 012), pubérulent à la base, *blanc*. Spore virguliforme (0mm 012), triguttulée, à reflet citrin.
Fr. Obs. II., p. 298. *chordostyla*, Pers. Myc., p. 189.
Automne. — Sur les tiges de fougère.

filiformis. Clavule cylindrique, fusiforme, *blanche;* stipe capillaire, *rameux*, couché, glabre, *jaune paille* ou *brun*.
Bull., t. 448, f. 1. Sow., t. 387, f. 4. *ramentacea*, Fr. Epic., p. 586. *tortilis*, Pers. Myc. I., p. 187.
Automne. — Sur les feuilles mortes.

fuscipes. Clavule fusiforme (0m 01), obtuse, flexueuse, rayée, *souci;* stipe filiforme (0m 01), glabre, *bistre*.
Pers. Myc., p. 188. Fr. Epic., p. 586.
Été. — Sur les ramilles des forêts humides.

tenuis. Clavule ellipsoïde pyriforme (0m 001), glabre, *bistre;* stipe capillaire (0m 002), glabre, bistre.
Sow. Eng. Fung., t. 386, f. 5. Fr. S. M. I., p. 495.
Groupé sur des brindilles.

Gen. IV. PTERULA, Fr.

Peridium filiforme, simple ou ramifié, sec, sans stipe distinct. Hymenium amphigène, pubescent. Spore ovoïde, hyaline.

subulata. Clavule ténue, effilée (0m 03), tenace, peu ramifiée;

rameaux serrés, *gris*, divisés en pointes glabres et *jaunâtres*.
Fr. Linn., 1830, t. 11, f. 4.
Sur la terre des forêts humides de l'Ouest.

multifida. Ramifié dès la base (0^m 03-5), tenace, fragile, pruineux pubérulent, *blanc argenté* ou *gris perle*, parfois un peu lilacin, puis chocolat ou châtain ; rameaux *en balai*, filiformes, intriqués, flexueux, effilés, puis frisés à l'extrémité. Spore (0^{mm} 006).
Fr. Ic. sel., t. 200, f. 2.
Eté. — Sur les ramilles et le bois pourrissant des conifères. Environs de Paris.

Gen. V. CALOCERA, Fr.

Peridium gélatineux coriace, corné par le sec, en clavule simple ou ramifiée ; stipe indistinct. Hymenium amphigène. Spore pruniforme allongée, hyaline. Epixyles.

a. *Simples et isolés.*

stricta. Clavule allongée, linéaire, lisse, *sulfurine*, avec la base prémorse, tomenteuse et blanche.
Fr. Epic., p. 581.
Eté-automne. — Sur les souches et les aiguilles de pin.

striata. Clavule lancéolée (0^m 05-7), aiguë, tenace, *striée* par le sec, *ambrée*, translucide.
Hoffm. Germ., t. 7, f. 1. Fr. Epic., p. 582.
Automne. — Sur les souches des forêts humides.

glossoides. Clavule lancéolée (0^m 01), *comprimée*, glutineuse, *paille ;* stipe *cylindrique* (0^m 005), cotonneux et blanc à la base. Spore virguliforme (0^{mm}01).
Pers. Com., p. 68. Fr. S. M. I., p. 487.
Eté-automne. — Sur le bois pourrissant des forêts humides, chêne.

b. *Cespiteux.*

tuberosa. Clavule linéaire (0^m 03-5), tenace, lisse, *jonquille*, avec une *base bulbilleuse*, villeuse et radicante. Spore ellipsoïde virguliforme (0^{mm} 01), pointillée.
Fr. S. M. I., p. 486. Sow., t. 199.
Cespiteux sur le bois pourrissant.

cornea. Clavule corniforme (0^m 01), radicante, lisse, visqueuse, couleur *sucre d'orge*, arrondie, villeuse et blanche à la base. Spore ellipsoïde virguliforme (0^{mm} 01), pointillée.

Batsch, El., f. 161. Sow., t. 40. *aculeiformis*, Bull., t. 463, f. 4.

Automne. — Cespiteux connés sur les troncs.

corticalis. Clavule subulée, molle, pellucide, *crème incarnadin*.

Fr. El., p. 233.

Eté. — Cespiteux sur les branches sèches.

c. *Rameux.*

flammea. Longuement radicant, tenace, visqueux, *jaune d'or*; rameaux dressés, cylindriques, dichotomes. Odeur de réséda (Barla). Spore virguliforme (0^{mm} 012).

Schæf. Ic., t. 174. *viscosa*, Pers. Com., t. 1, f. 5. Quél. Jur. I., t. 21, f. 5.

Eté-automne. — Sur les souches de conifères. Suspect.

furcata. Clavule cylindrique (0^{m} 02-3), simple ou à 2-3 rameaux, pointue, *sulfurine*, *villeuse* et *blanche* à la base. Spore ellipsoïde oblongue (0^{mm} 01).

Fr. S. M. I., p. 486. Fl. dan., t. 1305, f. 1.

Eté-automne. — Sur les souches de pin des forêts montagneuses.

palmata. Comprimé, dilaté au sommet, *orangé*, puis *jaune*; rameaux subcylindriques, divariqués, obtus. Spore pruniforme oblongue (0^{mm} 01-11).

Schum. Sæll. II., p. 442. Fr. Epic., p. 581.

Eté. — Sur les troncs, etc., chêne.

expallens. Dichotome (0^{m} 01), *rubané, ambré, jaune de cire* ou *opalin* par la pluie; base *lenticulaire*, hérissée et blanche. Spore oblongue (0^{mm} 01).

Eté. — Branches tombées, merisier, Alsace.

Gen. VI. CLAVARIA, Linn.

Peridium claviforme, fusiforme ou filiforme, charnu et fragile. Spore ellipsoïde, ovoïde ou pruniforme. Humicoles ou épiphytes.

I. Ceratella, Quél.

Clavule exiguë, filiforme. Spore pruniforme ou ellipsoïde, hyaline. Épiphytes.

mucida. Clavule (0m 01) très mince, *tenace*, incisée ou fourchue, pruineuse, *blanche*, puis jaunâtre au sommet. Spore ellipsoïde (0mm 006).
Pers. Com., t. 2, f. 3.
Eté. — Sur les souches de sapin. Jura, Vosges, etc.

uncialis. Clavule filiforme, obtuse, pleine, amincie à la base, glabre et *blanche*.
Grev. Scot., t. 98. *obtusa*, Pers. Myc. I., p. 190.
Eté. — Sur les herbes pourrissantes. Alpes.

epiphylla. Clavule filiforme (0m 01), aiguë ou obtuse, pruineuse, blanc de neige, translucide et atténuée en stipe très court (0m 001-2). Spore pruniforme allongée (0mm 006).
Quél. As. fr. 1883, t. 6, f. 15.
Cespiteux sur les feuilles pourrissantes d'aune. Jura.

Bresadolæ. Clavule subulée (0m 003-5), *villeuse*, translucide, blanche, puis ocracée, parfois verdâtre ou rosée, fixée par de fins filaments radiés et blancs. Spore pruniforme (0mm 01-12), finement aculéolée.
Eté. — Fasciculé, souvent suspendu, sur bois pourrissant.

aculina. Clavule corniforme (0m 001-2), incurvée, oblique, renflée et villeuse à la base, pruineuse, *blanche*, terminée par une *pointe hyaline*. Spore pruniforme allongée (0mm 012).
Quél. As. fr. 1880, p. 10, t. 8, f. 11.
Printemps. — Sur les joncs pourrissants.

Brunaudii. Clavule capillaire (0m 001-2), flexueuse, puis circinée, *veloutée*, blanc de neige. Spore ovoïde fusiforme (0mm 01), aculéolée.
Quél. As. fr. 1884, t. 8, f. 14.
Eté. — Sur les graminées, maïs. Saintonge.

muscicola. *Blanc de neige*. Clavule (0m 01-015) obtuse ou 2-3 dentée, pruineuse; stipe ténu, fibrilleux, *bulbeux*. Spore fusoïde ou larmiforme (0mm 024), ocellée.
Pers. Obs. Myc., t. 3, f. 2. Nees. Syst., f. 154.
Eté. — Sur les mousses, *H. triquetrum*, *fissidens*.

II. **Holocoryne**, Fr.

Isolés ou groupés, mais non connés à la base. Spore ellipsoïde hyaline.

a. *Clavule jaune, ocracée ou fauve.*

truncata. Claviforme (0m 05-8), aplati au sommet, veiné

rugueux, pruineux, citrin jonquille, souci à la base. Spore ellipsoïde (0^{mm} 01-11), guttulée.

Quél. Ench., p. 220. *pistillaris*, Schæf., t. 169. (*Craterellus*), Fr. Epic., p. 534.

Eté-automne. — Dans les forêts de sapins montagneuses.

pistillaris. Claviforme (0^m 1), obtus, pruineux, crème jonquille, puis souci. Spore amygdaliforme (0^{mm} 012), paille.

Linn., n° 1246. Bull., t. 244. Quél. Jur. I., t. 21, f. 2.

Eté-automne. — Dans les bois ombragés.

ligula. Clavule fusiforme (0^m 03-6), obtuse, crème, puis jonquille ocracé, cotonneuse et blanche à la base. Spore ellipsoïde (0^{mm} 01).

Schæf. Ic., t. 171. Schmied. Ic., t. 5.

Eté-automne. — Sur les brindilles, dans les forêts de sapins montagneuses.

fistulosa. Clavule droite (0^m 1-2), terminée en fine massue obtuse, *tubuleuse*, pruineuse, jonquille fauve ; stipe poli, concolore, velouté et blanc à la base. Spore subfusiforme (0^{mm} 015), verruqueuse.

Fl. dan., t. 1256. Holmsk. Cor. I., f. 1. *ardenia*, Sow., t. 215.

Automne. — Sur les brindilles des forêts montagneuses. Il peut être enroulé autour du doigt lorsqu'il a perdu son humidité (Holmsk.).

juncea. Clavule filiforme, fistuleuse, aiguë, flasque, *jonquille olivâtre*, avec la base stoloniforme, fibrilleuse et blanche. Spore pruniforme (0^{mm} 008), finement grenelée.

Alb. et Schw. Cons., p. 289. Fr. Obs. II., p. 291.

vivipara. Clavule portant d'autres clavules filiformes.

Fr. Hym., p. 678. *fistulosa*, Bull. t. 463, f. 2.

phacorhiza. Naît du *Sclerotium scutellatum*, ocracé pâle.

Lév. An. sc. n. 1843, t. 7, f. 1.

Arrière-automne. — Sur les feuilles mortes des bois ombragés.

luticola. Clavule courbe (0^m 01-2), ténue, épaissie en haut, obtuse et stipitée, crème jonquille, puis brunâtre.

Lasch. Fr. Hym., n° 63.

Sur l'humus des bois humides.

paludicola. Clavule courte, légèrement comprimée, obtuse, ruguleuse, *jaune*, orangée par le sec.

Libert. Fr. Hym., n° 64.
Lieux humides des Ardennes.

b. *Clavule blanche ou rosée.*

canaliculata. Clavule longue (0m 1-2), fistuleuse, cylindrique, puis comprimée ou canaliculée, parfois bifurquée, fissile, *blanc de neige.* Spore ellipsoïde sphérique (0mm 012-13).
Fr. Obs. II., p. 294. Bull., t. 496, f. L, M. Quél. Jur. I., t. 21, f. 1.
Automne. — Dans les bois gramineux et ombragés.

falcata. Clavule épaissie au sommet, pleine, droite ou arquée, obtuse, atténuée en stipe ténu, blanc de neige. Spore ovoïde (0mm 01), finement grenelée.
Pers. Com., t. 1, f. 3. *affinis*, Pat., tab. 470.
Eté. — Dans les forêts ombragées.

incarnata. Clavule cylindrique, pleine, aiguë, pruineuse, *rose incarnat;* stipe blanc, hérissé de soies à la base. Spore ovoïde (0mm 008), guttulée.
Weinm. Ross., p. 510. Fr. Hym., n° 68.
Eté. — Dans les forêts ombragées du Jura.

acuta. Clavule très aiguë, ferme, pruineuse, blanc de neige; stipe cylindrique, court, pellucide. Spore ovoïde (0mm 009), sphérique, ocellée.
Sow. Eng. fung., t. 333. Fr. S. M. I., p. 485.
Automne. — Dans les bois ombragés de la plaine.

exilis. Clavule filiforme, cylindrique (0m 01-15), obtuse, *blanc crème;* stipe très fin et blanc. Spore ellipsoïde allongée (0mm 012-15), pointillée.
Pers. Myc. I., n° 65.
Eté. — Dans les forêts de conifères.

candida. Clavule filiforme, acuminée, pruineuse et blanche; stipe court, blanc hyalin, laineux à la base. Spore pruniforme (0mm 01), aculéolée.
Weinm. Ross., p. 514.
Automne. — En troupe dans les forêts marécageuses.

minor. Clavule filiforme (0m 02-3), acuminée, glabre, *blanche* naissant d'un *tubercule subglobuleux* et *jaune paille.*
Lév. An. sc. n. 1843, II., t. 7, f. 2.
Automne. — Groupé sur l'humus. Environs de Paris.

III. **Syncoryne**, Fr.

Fasciculés ou cespiteux, connés à la base. Spore ovoïde, hyaline. Terrestres.

a. *Clavule rouge.*

purpurea. Clavule allongée (0m 1), creuse, fusiforme, comprimée, flexueuse, aiguë, *pourpre;* stipe farineux et blanchâtre.
Pers. Com., p. 68. Fl. dan., t. 837, f. 2.
Cespiteux, dans les forêts de sapins montagneuses.

rubella. Clavule fusiforme (0m 02-3), creuse, obtuse, comprimée, fragile, *purpurine*, puis *ocracée ;* stipe fistuleux (0m 03), radicant, onduleux, satiné, rosé, pruineux et blanc à la base. Spore ovoïde pruniforme (0mm 01).
Pers. Com., p. 81. *rosea*, Fr. Obs. II., t. 5, f. 2. Kromb., t. 53, f. 21.
Automne. — En troupe dans les prés moussus et moutueux. Jura.

b. *Clavule jaune.*

ericetorum. Clavule cylindrique (0m 03-7), pleine, puis comprimée, fragile, pruineuse, crème citrin ; stipe (0m 01), *citrin* brillant. Spore pruniforme (0mm 012), allongée, pointillée.
Pers. Obs. II., p. 60. *flavipes*, Pers. Com., t. 1, f. 4.

citrina. Clavule *citrine ;* stipe *citrin verdoyant.* Spore oblongue (0mm 01).
Quél. Soc. bot. 1876, t. 3, f. 14.

argillacea. Clavule argileuse ; stipe sulfurin. Spore oblongue (0mm 012).
Pers. Com. Fl. dan., t. 1852, f. 2.
Eté. — Dans les bruyères et bois arénacés.

fusiformis. Clavule longue (0m 1), *tubuleuse*, amincie à chaque bout, *sulfurine.* Spore ovoïde sphérique (0mm 006-7), finement grenelée.
Sow. Eng. fung., t. 234. Fr. S. M. I., p. 480.
Automne. — Cespiteux dans les bruyères et les bois arides.

inæqualis. Clavule pointue (0m 03-6), *pleine*, simple ou fourchue, jaune d'or, sulfurine en bas. Spore ovoïde sphérique (0mm 007).
Fl. dan., t. 873, f. 1. Pers. Com., t. 1, f. 3. Grev., t. 37. *bifurca*, Bull., t. 264.
Eté. — Dans les bois gramineux et arénacés.

c. *Clavule blanche.*

vermicularis. Clavule farcie, fragile, *subulée*, souvent courbée ou flexueuse, blanc d'ivoire. Spore ovoïde pruniforme (0mm 007), pointillée.
Scop. Carn. Fr. S. M. I., p. 484. Fl. dan., t. 1966, f. 1. 775, f. 2. Quél. Jur. I., t. 21, f. 3.
Eté-automne. — Cespiteux dans les vergers et les prés moussus. Comestible.

fragilis. Clavule cylindrique, *creuse*, à pointe obtuse, très fragile, *blanc* de neige. Spore ovoïde sphérique (0mm 009), grenelée.
Holmsk. Ot. I., t. 7. *nivea*, Bull., t. 463, f. 1.
Eté-automne. — Cespiteux dans les prés et les bruyères. Comestible.

d. *Clavule bistre ou noire.*

tenacella. Clavule droite, souvent connée, peu rameuse, un peu coriace, *violet fuligineux*, puis cendrée, avec la base blanchâtre; rameaux serrés, allongés, épais, fourchus, obtus.
Pers. Com., t. 3, f. 5.
Eté-automne. — Dans les clairières et les bruyères.

striata. Clavule fistuleuse, *longue*, flexueuse, *striée* par places, *fuligineuse.*
Pers. Ic., et Desc., t. 3, f. 5.
Eté. — Sur l'humus des forêts ombragées.

nigrita. Clavule cylindrique (0m 1), fistuleuse, fragile, aiguë, *roux fuligineux*, puis *noire*, pruineuse et blanche à la base; chair cendrée; odeur de farine. Spore ovoïde pruniforme (0mm 006), ocellée.
Pers. Com., p. 79. Bres., t. 67, f. 4. *fumosa*, Pers. Com., p. 76 (junior).
Eté-automne. — En groupes dans les forêts herbeuses et dans les pâturages.

Gen. VII. RAMARIA, Holmsk.

Peridium dendroïde, ramifié, charnu, fragile. Spore ellipsoïde ou sphérique. Humicoles ou lignicoles.

I. Lignicoles.

a. *Blancs. Spore hyaline.*

byssiseda. Tronc grêle, peu ramifié, *villeux*, *blanc de neige*, puis incarnat roussâtre; mycelium filamenteux, rampant et blanc. Spore pruniforme (0mm 006-7), ponctuée.

Pers. Com., t. 3, f. 7. Holmsk. Ot. I., f. 98.

Automne-hiver. — Sur l'écorce des vieux chênes.

delicata. Rameux dès la base, villeux, *blanc;* rameaux grêles, droits ou incurvés, aigus. Spore ovoïde pruniforme (0mm 009).

Fr. S. M. I., p. 475.

Eté-automne. — Sur le bois pourri, hêtre, etc.

epichnoa. Rameux, courbé, *blanc;* rameaux fastigiés, comprimés. Mycelium aranéeux. Spore ovoïde (0mm 006).

Fr. Ic. sel., t. 199, f. 3.

Automne. — Sur les souches pourries de sapin.

pyxidata. *Blanc crème,* puis *chamois.* Tronc grêle et glabre; rameaux dilatés en cupule; ramuscules verticillés. Spore pruniforme (0mm 006-7).

Pers. Com., t. 1, f. 1.

Eté-automne. — Sur le bois pourri, tremble. Rappelle le *Cladonia* de même nom.

b. *Gris ou bistrés. Spore hyaline.*

corticalis. Arbustule (0m 002-3), bis ou trifurqué; rameaux cylindriques, tendres, diaphanes, pruineux, *grisâtres.* Spore ovoïde (0mm 005).

Batsch, El., f. 162.

Printemps. — Sur les branches moussues, lilas, sureau.

virgata. *Blanchâtre,* puis *bistré.* Tronc allongé, très rameux; rameaux longs, *sillonnés* et aigus.

Fr. S. M. I., p. 472.

Automne. — Dans les forêts de pins, sur le bois pourri.

afflata. Blanc grisonnant; rameaux peu nombreux, translucides, *violacés,* puis *bruns* au sommet.

Lagg. Fl., 1836. Fr. Hym., n° 18.

Sur les troncs de pin pourris.

c. *Jaunes ou fauves. Spore ocracée.*

gracilis. Tronc très grêle, ferme, glabre, crème; rameaux dressés, dichotomes, *crème jonquille.* Spore ovoïde (0mm 008), finement grenelée.

Pers. Com., p. 50.

Eté-automne. — Dans les forêts de pins, sur les brindilles ou les écorces. Ressemble à *subtilis.*

stricta. Tronc assez épais, très rameux, *jonquille*, *brunissant* au toucher; rameaux raides, pressés l'un contre l'autre.

Pers. Com., t. 4, f. 1. Kromb., t. 54, f. 23.

Automne. — Sur les souches, hêtre, peuplier.

crispula. Tronc grêle, très rameux, radicant par des fibrilles, *chamois*, puis *ocracé;* rameaux *flexueux*, *divariqués*.

Fr. S. M. I., p. 470. Bull., t. 358, f. 1, A, B.

Eté. — Sur la base des troncs.

II. Terrestres.

a. *Blancs. Spore hyaline.*

subtilis. Grêle, un peu tenace, *blanc crème*, puis paille; rameaux peu nombreux, fourchus, filiformes.

Pers. Com., t. 4, f. 2. Fr. S. M. I., p. 479.

Eté. — Sur l'humus des forêts montueuses.

fimbriata. Grêle, tenace, *blanc*, puis incarnat roussâtre. Tronc entouré de filaments filiformes; rameaux comprimés, *dilatés* et *fimbriés* au sommet. Spore pruniforme oblongue (0mm 008-9), finement grenelée.

Pers. Com., p. 49. Quél. As. fr. 1887, t. 21, f. 12.

Automne. — Cespiteux sur l'humus des sapinières montagneuses. Vosges, Pyrénées. Ressemble aux formes grêles de *cristata*.

cristata. Tronc *tenace*, villeux, *blanc;* rameaux aplatis et *laciniés* au sommet ou terminés en crête. Spore ovoïde sphérique (0mm 008), ocellée.

Holmsk. Ot., f. 92. Pers. Syn., p. 591. Fr. Sv. sv., t. 92, f. 1-3. *albida*, Schæf., t. 170.

Eté-automne. — Dans les forêts ombragées.

rugosa. Clavule amincie à la base, plissée, rugueuse, tuberculeuse ou brièvement ramifiée, pruineuse, *blanc de lait*, à la fin fuligineuse. Spore ellipsoïde sphérique (0mm 013).

Bull., t. 448, f. 2. Quél. Jur. I., t. 20, f. 5.

Eté-automne. — Dans les forêts de la plaine. Comestible.

grossa. Tronc peu rameux, fragile et blanc; rameaux comprimés, difformes, blanc de neige. Spore ellipsoïde (0mm 012).

Pers. Comm., t. 2, f. 2. Bull., t. 496, f. 3. *Krombholzii*. Fr. Kromb., t. 53, f. 15, 16 et 18-20.

Eté-automne. — Dans les forêts humides.

Kunzei. Tronc mince, tendre, très ramifié, *blanc de neige;*

rameaux cylindriques, grêles, translucides, aplatis aux bifurcations. Spore pruniforme ou virguliforme (0^{mm} 01).
Fr. S. M. I., p. 474. Quél. Jur. III., t. 2, f. 11.

chionea. Blanc de neige. Tronc très grêle, très rameux; rameaux très fins, effilés.
Pers. Myc. I., n° 17.
Automne. — Sur l'humus des forêts ombragées. Comestible.

coralloides. *Blanc*. Tronc court, souvent creux; rameaux fragiles, inégaux, dilatés en haut; ramuscules nombreux, aigus. Spore ovoïde (0^{mm} 005-6), ocellée.
Linn., n° 1268., Fr. Sv. sv., t. 92, f. 4, 5. Holmsk., Ot. I., f. 113.
Eté-automne. — Dans les forêts humides. Comestible.

b. *Gris ou violacés. Spore hyaline ou roussâtre.*

grisea. Tronc coriace, *grisonnant*, souvent noirci par le *Lachnella clavariarum;* rameaux grêles, ruguleux, *cendrés*, à la fin poudrés de roux. Spore ellipsoïde (0^{mm} 015), roussâtre.
Pers. Com., p. 44. *fallax*, p. 48.
Eté-automne. — Dans les forêts de la plaine.

cinerea. Tronc court, fragile, blanchâtre; rameaux dilatés, inégaux, rugueux, pruineux, *gris clair*. Spore ovoïde sphérique (0^{mm} 011-12), ocellée, hyaline.
Bull., t. 354. Fr. S. M. I., p. 468. *grisea*, Kromb., t. 53, f. 9, 10.
Eté-automne. — Dans les forêts ombragées. Comestible.

lilascens. Tronc tendre, blanc; rameaux épais, ondulés, *lilacin grisonnant* avec l'extrémité *blanc crème*. Spore ovoïde sphérique (0^{mm} 01-12), hyaline.
Eté. — Forêts arénacées. Ouest, Provence, Pyrénées.

rufoviolacea. Tronc tendre, blanc; rameaux *violet* grisonnant, avec l'extrémité *paille* ou *rousse*. Spore oblongue, rouillée.
Barla, Ch. de Nice, t. 41, f. 6.
Eté. — Forêts arénacées. Provence, Alpes.

amethystina. Tronc grêle, fragile, blanchâtre ou violeté; rameaux cylindriques, ruguleux, *violacés* ou *lilacins*. Spore ovoïde sphérique (0^{mm} 005-8), ocellée, hyaline.
Batt., t. 1, f. C. Bull., t. 496, f. 2. Holmsk. Ot., t. 110.

lilacina. Grêle, rigide, *lilacin*, *purpurascent*, brunissant; rameaux peu nombreux, dentés, souvent tortus.
Fr. Hym., n° 4. *purpurea*, Schæf., t. 172.

pulchella. Grêle, dichotome (0m 01-2), *azurin violeté* avec la base blanche; rameaux aplatis, bidentés. Spore ovoïde (0mm 004-5), ocellée.

Boud. Soc. Myc. 1887, t. 13, f. 2.

Eté. — Dans les forêts ombragées. Comestible.

c. *Jaunes ou rouges. Spore citrine ou hyaline.*

corniculata. Tronc grêle, tenace, nankin, naissant d'un mycelium filamenteux et blanc; rameaux cylindriques, divariqués, incurvés, *terminés en croissant*, jaune d'œuf. Spore sphérique (0mm 006), hyaline.

Schæf. Ic., t. 173. *muscoides*, Linn. Bull., t. 496, f. O, Q. Holmsk. Ot., t. 89.

Eté-automne. — Dans les prés et bois moussus, souvent caché dans l'herbe.

fastigiata. Tronc grêle, mou, crème ocreux, naissant d'un mycelium filiforme et *blanc;* rameaux cylindriques, divariqués, élastiques, pruineux, *crème* ou *incarnadins*, à la fin ocracés. Odeur de mirabelle. Spore pruniforme (0mm 006-7), citrine.

Linn., n° 1269. Bull., t. 358, f. D, E. Holmsk. Ot. I., t. 90. *pratensis*, Pers. Com., t. 4, f. 5.

Eté. — Cespiteux dans les prés montueux.

flava. Tronc épais, fragile et *blanc;* rameaux cylindriques, fastigiés, obtus, *jonquille* ou *sulfurins*. Spore ellipsoïde cylindrique (0mm 012), 2-3 guttulée, citrine.

Schæf. Ic., t. 175. Fr. Sv. sv., t. 26. Barla, t. 40, f. 5.

Eté-automne. — Dans les bois ombragés. Comestible.

acroporphyrea. Tronc très épais, blanc ou teinté de citrin; rameaux cylindriques, irréguliers, blanc citrin avec l'extrémité *rosée* ou *purpurine*. Spore ellipsoïde cylindrique (0mm 012), citrine.

Schæf. Ic., t. 176. *botrytis*, Pers. Syn., p. 587. Fr. Sv. sv., t. 35. Quél. Jur. I., t. 21, f. 4.

Eté-automne. — Dans les forêts ombragées. Comestible.

formosa. Tronc épais, puis allongé, *incarnat rosé;* rameaux cylindriques, longs, *rose orangé* ou aurore avec l'extrémité *citrine*. Spore ovoïde pruniforme (0mm 012), ocellée, citrine.

Pers. Ic. et Desc., t. 3, f. 5. Holmsk. Ot., t. 13. Roz. et Rich., t. 66, f. 1.

Eté.— En troupe dans les forêts de conifères montagneuses. Comestible.

sanguinea. Tronc succulent, *rouge;* rameaux allongés; ramuscules dentés ou multifides, *jonquille.*

Pers. Obs. II., t. 3, f. 3.

Dans les forêts arénacées.

d. *Ocracés, fauves, etc. Spore ocracée.*

? **crocea.** Tronc filiforme, ramifié, glabre, *safrané.*

Pers. Ic. et Desc., t. 11, f. 6.

Eté. — Dans les forêts de hêtres.

palmata. Tronc grêle, très ramifié, glabre, crème ocré; rameaux ténus, *aplatis* aux bifurcations, *digités, crème jonquille;* odeur d'anis ou d'amande. Spore ellipsoïde allongée (0mm 006-8), pointillée.

Pers. Com., p. 45. Fr. Epic., p. 588.

Automne. — Cespiteux dans les bois de conifères, pins, mélèzes.

abietina. Tronc grêle, flasque, pruineux, crème; rameaux très fins, *jonquille,* puis *souci, verdissant.* Chair tenace, blanche et *amère.* Mycelium filamenteux et blanc de neige. Spore pruniforme ou virguliforme (0mm 006).

Pers. Com., p. 47. *flaccida,* Fr. Ic., t. 199, f. 4. *ochraceovirens,* Jungh. Linn., t. 7, f. 3.

Eté. — Fréquent sur l'humus des sapinières. Comestible.

condensata. Tronc assez épais, *crème ocracé, tomenteux* et *blanc* à la base; rameaux serrés, dressés, *fastigiés, ocre violeté,* avec l'extrémité bi-tridentée et *citrine.* Spore pruniforme (0mm 009) ou en virgule, bi-guttulée.

Fr. Epic., p. 575. Bres. Fung., t. 101. *rubella,* Schæf., t. 177 ?

Eté-automne. — Dans les forêts de conifères.

aurea. Tronc épais, élastique, crème, ocracé ou fauvâtre; rameaux raides, très divisés, *jaune d'œuf.* Spore pruniforme oblongue (0mm 01), bi-guttulée.

Schæf. Ic., t. 287, et *flavescens,* t. 285. *coralloides,* Bull., t. 222. *aurea,* Roz. et Rich., t. 66, f. 3.

rufescens. Tronc crème, puis chamois; rameaux serrés, subfastigiés, *purpurins* ou *violacés.*

Schæf. Ic., t. 288. *testaceoflava,* Bres. Fung., t. 69.

Eté-automne. — Dans les forêts de conifères. Comestible?

spinulosa. Tronc court, paille; rameaux grêles, effilés, serrés, *souci bistré*. Spore pruniforme (0^{mm} 01-12), guttulée.

Pers. Obs. II., t. 3, f. 1. *flava*, Kromb., t. 53, f. 8. *fennica*, Karst. Bres. Fung., t. 28 (tronc *lilacin*).

Eté. — Dans les forêts ombragées et montagneuses. Comestible ?

ADDITIONS

Craterellus auratus. Jonquille doré. Stipe fluet, souvent comprimé, court (0^m 01), pruineux, subbulbeux. Peridium convexe, puis flexueux (0^m 005-10), membraneux, pruineux, *sulfurin*, puis *souci*. Hymenium marqué de nervures fines et rares, pruineux. Spore ellipsoïde (0^{mm} 008-10), subréniforme, hyaline.

Quél. As. fr. 1887, t. 21, f. 7.

Automne. — Dans les bois de châtaigniers, sur micaschistes. Pyrénées.

Coprinus pyrenæus. Stipe long (0^m 1-15), à moelle soyeuse, fibrillostrié, *blanc*; bulbe ovoïde, entouré d'un voile fugace. Peridium ellipsoïde (0^m 1), strié, argenté, puis gris de lin, sous un voile de *fibrilles blanches* serrées, retroussées et caduques. Lamelles sinuées libres, blanc incarnat, puis bistre. Spore ellipsoïde ou sphérique (0^{mm} 012-18), guttulée, brun bistre.

Quél. As. fr. 1887, t. 21, f. 6.

Automne. — En troupe sur les talus schisteux des Hautes-Pyrénées. Affine à *fuscescens*.

Coprinus Queletii. Stipe fluet, fibrilleux floconneux à la loupe, blanc, naissant d'un bulbille hémisphérique, floconneux et *fauve*. Peridium campanulé conique, puis étalé et retroussé (0^m 008-10), *marcescent*, blanc, puis gris perle, couvert de *larges écailles membraneuses* et *fauve ocracé*. Lamelles serrées, minces, très étroites, bistre purpurin ou chocolat foncé. Spore ovoïde (0^{mm} 009), bistre.

Forq. Soc. myc. 1888, t. 1, f. 2.

Eté. — Sur les pétioles et les nervures des feuilles pourrissantes, dans les bois ombragés. Bourgogne.

ERRATA

Page 24, lig. 13, ajouter : Quél. Jur., I. t. 20 f. 3.
— » lig. 22, — Quél. Jur., I. t. 22, f. 6.
— 26, lig. 29, au lieu de : $0^{m}5$; lire : $0^{mm}5$.
— 28, lig. 1 et 33, — $0^{m}5$-10, lire : $0^{mm}5$-10.
— 29, lig. 3, — $0^{m}2$-5, — $0^{mm}2$-5.
29, lig. 22 et 38, — $0^{m}5$, — $0^{mm}5$.
— » lig. 33, — $0^{m}5$-7 — $0^{mm}5$-7.
— 30, lig. 5, — $0^{m}5$-6, — $0^{mm}5$-6.
— 33, lig. 15 et 21, — $0^{m}2$-5. — $0^{mm}2$-5.
— 34, lig. 12, — t. f., — f. 8. f. 4.
— 35, lig. 5, ajouter après n° 14 : Quél. Jur., I. t. 13, f. 2.
— 42, lig. 16, — Quél. Jur., I. t. 8. f. 4.
— 49, lig. 35, au lieu de : **ellaris** ; lire : **stellaris**,
— 54, lig. 35, — f. 5, — f. 7.
— 59, lig. 9, ajouter : Quél. Jur., I. t. 8, f. 9.
— 63, lig. 28, — avant *macropus* : Quél. Jur., I. t. 8, f. 2.
— 64, lig. 24, — Quél. Jur., I. t. 7. f. 6,
— 67, lig. 2, — Quél. As. fr. 1887, f. 5.
— 88, lig. 36, au lieu de : $0^{mm}02$, lire : $0^{mm}01$-12.
— 94, lig. 14, ajouter : Quél. As. fr. 1887, f. 4.
— 157, lig. 8, au lieu de : 1887, f. 2 ; lire : 1887, f. 3.
— 197, lig. 39, — f. 5, — f. 3.
— 199, lig. 10, — très, — *sinuées*.
— 208, lig. 18, ajouter : Quél. Jur., I. t. 4. f. 5.
— 211, lig. 6, — $0^{mm}1$, — $0^{mm}01$.
— 215, lig. 15, — 0^{m} 20-4 — 0^{m} 02-4.
— 240, lig. 14, au lieu de : 278 ; lire 248.
— 290, lig. 2, ajouter : f., avant le premier chiffre.
— 305, lig. 30, au lieu de : bulbê ; lire : bulbe.
— 308, lig. 17, — ilacin — lilacin.
— 309, lig. 5, — t. 23 — t. 22.
— 318, lig. 4, — brindille. — brindilles.
— 321, lig. 3, — **planeus**, — **plancus**.
— 329, lig. 22, ajouter : Kalch. Ic., t. 21. f. 3.
— 343, lig. 22, au lieu de : rose, — rosé.
— 344, lig. 33, — laudanum — laudanum.
— 358, lig. 30, — **pergamenus** — **pergamenus**.
— 360, lig. 12, — **mitissimus**. [**mitissimus**.
— 370, lig. 35, — *Tricolor* — *tricolor*.

TABLE SYSTÉMATIQUE

Fam. I. AURICULARII

Trib. I. **Frondini**

Les noms marqués d'un astérique (*) sont ceux des espèces et des variétés de nouvelle création : les noms des variétés sont imprimés en *italique*.

Trib. II. **Tremellini**

Trib. III. **Cyathini**

Fam. II. PTYCHOPHYLLEI

Fam. III POLYPHYLLEI

Trib. I. **Fungidi**

Sér. I. *Melanospori*

Sér. II. *Ianthinospori*

Sér. III. *Phæospori*

Sér. IV. *Rhodospori*

Sér. V. *Leucospori*

Trib. II. Lenti

Trib. III. **Asterospori**

Fam. IV. SCHIZOPHYLLEI

Fam. V. POLYPOREI

Trib. I. **Dædalei**

Trib. II. **Polypori**

Sér. I. *Résupinés*

Sér. II. *Sessiles*

Sér. III. *Stipités*

Trib. III. **Boleti**

Sér. I. *Paradoxi*

Sér. II. *Viscipelles*

Sér. III. *Versipelles*

Trib. IV. **Porotheli**

Fam. VI. ERINACEI

Fam. VII. CLAVARIEI

EVREUX, IMPRIMERIE DE CHARLES HÉRISSEY

ÉVREUX, IMPRIMERIE DE CHARLES HÉRISSEY

www.ingramcontent.com/pod-product-compliance
Ingram Content Group UK Ltd.
Pitfield, Milton Keynes, MK11 3LW, UK
UKHW020256230726
13925UKWH00001B/71